数值优化

（第2版）·上·

Numerical Optimization

(Second Edition)

[美] Jorge Nocedal　Stephen J. Wright　著
王鼎　栾银森　陈田田　李冰　译

中国教育出版传媒集团
高等教育出版社·北京

SHUZHI YOUHUA

图字：01-2018-4476 号

图书在版编目（CIP）数据

数值优化：第 2 版．上 /（美）乔治·诺塞达尔（Jorge Nocedal），（美）斯蒂芬·J. 赖特（Stephen J. Wright）著；王鼎等译．-- 北京：高等教育出版社，2024. 8

书名原文：Numerical Optimization, Second Edition

ISBN 978-7-04-061900-3

Ⅰ．①数… Ⅱ．①乔… ②斯… ③王… Ⅲ．①最优化算法 Ⅳ．① O242. 23

中国国家版本馆 CIP 数据核字（2024）第 052086 号

策划编辑 冯 英　责任编辑 刘 英　封面设计 王 洋　版式设计 童 丹
责任绘图 于 博　责任校对 张 然　责任印制 存 怡

出版发行 高等教育出版社
社　　址 北京市西城区德外大街4号
邮政编码 100120
印　　刷 北京华联印刷有限公司
开　　本 787mm × 1092mm　1/16
印　　张 22.25
字　　数 440 千字
购书热线 010-58581118
咨询电话 400-810-0598
网　　址 http://www.hep.edu.cn
　　　　 http://www.hep.com.cn
网上订购 http://www.hepmall.com.cn
　　　　 http://www.hepmall.com
　　　　 http://www.hepmall.cn
版　　次 2024 年 8 月第 1 版
印　　次 2024 年 8 月第 1 次印刷
定　　价 109.00 元

物 料 号 61900-00

译者序

优化理论与方法属于应用数学领域中的一个重要分支, 在电子通信、自动控制、经济管理、资源调度、建筑设计、应急救援、汽车制造、电工电气、航天航空、国防安全等多个工业与信息领域都发挥着重要的作用。因此, 优化技术对于现代科技甚至是人文科学的发展都具有不可替代的作用。

译者团队多年来一直从事信息与通信工程专业的教学与科研工作, 无论是在教学还是在科研过程中, 都需要求解大量优化问题, 例如数字滤波器的最优设计、阵列波束最优赋形、通信链路优化、雷达信号波形最优设计、无人机路径最优规划等。面对各式各样复杂的优化问题, 我们深刻地认识到现有的数学知识储备似乎还难以充分解决这些问题。提升求解优化问题能力的最直接方法就是学习经典, 于是我们决定精读一本优化领域的大部头经典著作, 由 Springer 出版的 *Numerical Optimization* (2nd ed, 2006) 成了我们的选择。

在精读此著作的过程中, 我们感受到了其巨大的价值。此书凝聚了两位大师级作者丰富的科研成果以及深入浅出的评论总结。为了能让更多的中国读者受益, 我们决定将其翻译成中文。阅读一本书和翻译一本书是两种截然不同的工作, 前者仅需要自己理解就可以, 并且能根据需求选择性地忽略一些内容, 但后者则需要将原著的全部内容尽最大努力表述准确。对于翻译一本大部头的英文著作而言, 其工作量是巨大的, 但我们乐在其中, 并且在整个过程中受益匪浅。

Numerical Optimization 的两位作者是 Jorge Nocedal 教授和 Stephen J. Wright 教授, 他们都是优化领域国际顶尖的学者。Jorge Nocedal 是美国西北大学教授, 同时他还是冯・诺依曼奖得主、美国国家工程院院士以及美国工业和应用数学学会会士, 在非线性优化领域做出了杰出的贡献。Stephen J. Wright 是威斯康星大学教授, 他还曾在阿贡国家实验室和芝加哥大学任职, 发表过大量关于优化理论、算法、软件以及应用的优秀论文, 并且担任多个国际顶级数学期刊的主编或者副主编。

在翻译过程中, 我们总结本书具有以下特点: (1) 注重阐述算法背后的思想理念, 使读者更直观地掌握算法的来龙去脉; (2) 数学分析缜密, 但并不执着于烦琐的数学细节, 增加了本书的可读性; (3) 对算法的计算步骤总结细致且全面, 便于从事应用型工作的读者直接使用书中的成果; (4) 侧重于算法总结与评述, 有助于加深读者对算法的理解; (5) 知识循序渐进, 信息量大, 能使读者从多个角度掌握优化技术; (6) 参考文献丰富, 便于读者进行扩展性阅读; (7) 各章的理论练习题质量高, 计算机实践题丰富, 有助于读者消化吸收书中的理论与算法。

本书的翻译工作持续了 3 年之久, 由于中英文语言表述上的差异性, 我们的翻译理念是, 在 "无失真" 保留作者原意的前提下, 尽可能符合中文语言习惯。由于译者水平有限, 在翻译过程中还是会遇见难以理解的段落和语句, 对此我们也请教了从事优化研究的一些优秀学者, 在此向他们表示感谢。尽管翻译本书的工作量巨大, 但我们坚信这项工作有价值、有意义, 值得付出时间和精力。翻译版分为上、下两册出版, 其中上册对应原著第 1 部分 (即无约束优化部分), 主要译者包括王鼎、栾银森、陈田田、李冰; 下册对应原著第 2 部分 (即约束优化部分), 主要译者包括王鼎、徐文艳、张连成、赖涛。本书上下册均由王鼎完成统稿和校对。译者团队中除中山大学赖涛老师以外, 其余译者均为战略支援部队信息工程大学的教师。

本书的出版得到了 "军队院校双重教材建设项目" 的支持, 各级领导以及高等教育出版社冯英编辑与王超编辑的支持, 在此一并感谢。限于译者水平, 该译著中难免有疏漏和不妥之处, 恳请读者批评指正, 并通过电子邮件 (wang_ding814@aliyun.com) 与作者联系, 以便再版时更正。

译　者

2024 年 4 月

第 2 版序

在本书第 1 版问世的 6 年时间里, 连续优化领域持续发展和演进。本书第 2 版在理论和算法层面对约束优化问题进行了更加透彻的描述, 并且更好地解释了由实际应用所产生的需求。尤其值得关注的是, 第 2 版增加了两个重要主题的新章节, 分别是无导数优化 (第 9 章) 与非线性规划的内点方法 (第 19 章), 前者在实际应用中引起了人们的极大兴趣, 后者则在近年来形成了一个研究主题, 并且已经成为一些成功的非线性规划代码的基础。

除新增章节以外, 在第 2 版中我们还对全书进行了修改和更新, 精简或省略了一些并不重要的主题, 对于一些热点主题则增加了讨论, 并且在很多地方补充了新的内容。我们对第 1 部分 (即无约束优化部分) 进行了重新梳理, 以使其结构更加清晰。关于牛顿方法 (求解无约束优化问题的试金石) 的讨论, 我们将其更自然地贯穿于第 1 部分, 而不是作为独立章节进行描述。此外, 第 7 章针对大规模优化问题进行了扩展讨论。

第 2 版第 2 部分 (即约束优化部分) 的结构也得到了调整。我们将序列二次规划方法与内点方法的共同内容移至非线性规划方法基础这一章 (即第 15 章), 将原始障碍函数方法移至新增加的内点方法这一章。此外, 第 2 版第 2 部分还补充了很多新的内容, 具体而言, 其中讨论了非线性规划对偶问题, 扩展讨论了不等式约束二次规划方法, 讨论了线性规划中的对偶单纯形法与预处理问题, 总结了实现线性规划中的内点方法的实际问题, 描述了二次规划中的共轭梯度方法, 讨论了非线性规划中的滤波方法与非光滑罚函数方法。

在第 2 版很多章的结尾处, 我们基于前文讨论的背景补充了前景展望与软件描述, 其中还包括当前最先进的软件成果。我们还对书中的附录重新进行了调整, 增加了一些新的主题, 可以使附录内容更加自成一体, 能够覆盖书中前面两大部分所需要的数学背景知识。此外, 在第 2 版中, 大多数章的练习题也得到了调整。经过上述新增、删除以及修改等操作, 第 2 版篇幅仅比第 1 版篇幅稍长一点, 这也体现了我们的理念, 即对于优化领域的书籍作者而言, 一项重要的责任是慎重选择书中的内容。

本书的网站还会保留一份书中的错误列表, 读者可以通过两位作者的网页进入该网站。

我们十分感谢很多读者对于本书第 1 版所提出的评论与建议, 他们指出了第 1 版中的很多错误, 并提出了更正意见, 还为书中的内容提供了非常宝贵的观点，这往往能够实质性地提升本书质量。这里我们特别需要感谢 Frank Curtis, Michael Ferris, Andreas Griewank, Jacek Gondzio, Sven Leyffer, Philip Loewen, Rembert Reemtsen, David Stewart。

我们还需要感谢 Michael Overton, 他使用第 2 版的初稿进行了教学，并且提出了很多具体的、高质量的建议。我们还要感谢在第 2 版成稿过程中仔细阅读其中各章节的同事们，他们是 Richard Byrd, Nick Gould, Paul Hovland, Gabo Lopéz-Calva, Long Hei, Katya Scheinberg, Andreas Wächter, Richard Waltz。最后我们还要感谢 Jill Wright, 因为她改进了书中的一些插图，并且设计了新书的封面。

我们在第 1 版序言中曾提到本书未曾涉及的几个优化领域。然而，在过去的 6 年时间里，随着优化不断朝着新的方向发展，这份名单的列表越来越长。就这一点而言，下面的研究方向尤其值得关注：互补约束优化问题、二阶锥规划与半正定规划、基于仿真的优化问题、鲁棒优化问题以及混合整数非线性规划问题。近年来，上述领域都在理论和算法层面取得了进步，在很多情况下，新的应用正在推动这些领域的发展。尽管本书并未直接讨论这些主题，但是提供了研究这些问题所需要的基础。

Jorge Nocedal
伊利诺伊州埃文斯顿
Stephen J. Wright
威斯康星州麦迪逊

第 1 版序

本书专门写给对求解优化问题感兴趣的读者。由于优化技术在科学、工程、经济以及工业领域中得到了广泛且持续增长的应用, 因此对于相关专业的学生和从业者而言, 理解优化算法是十分必要的。了解各种优化算法的能力与局限性, 可有助于理解它们在各个应用领域中的影响, 并能为改进和推广优化算法及软件指明今后的研究方向。本书旨在对求解连续优化问题目前最重要、最先进的技术进行全面的描述。通过阐述各种优化算法背后的思想, 我们尝试激发读者的直觉思考, 并使书中的技术细节更容易得到理解。阅读本书并不需要读者具备很高的数学水准。

由于本书重点关注的是连续优化问题, 因而忽略了对其他一些重要优化问题的讨论, 例如离散优化问题和随机优化问题。现实中很多应用问题都可以表示为连续优化问题, 例如:

(1) 为飞机或者机械臂寻找最佳轨迹;

(2) 将来自记录站网络的一组读数与所研究区域的模型进行拟合, 判断一块地壳的抗震性能;

(3) 设计投资组合, 使得预期回报最大化, 并且保持可接受的风险水平;

(4) 控制化学过程或者机械设备, 以优化性能或者符合鲁棒性标准;

(5) 计算汽车或者飞机零件的最优形状。

每年都有比往年规模更大、更复杂的优化问题需要借助优化算法进行求解。因此, 本书重点介绍大规模优化技术, 例如内点方法、非精确牛顿方法、有限内存方法以及部分可分离函数和自动微分的作用。相比于现有优化教材, 本书对于信赖域方法和序列二次规划方法等重要主题的描述更加透彻。此外, 对于优化课程中的一些核心内容, 例如约束优化理论、牛顿方法和拟牛顿方法、非线性最小二乘方法和非线性方程组的求解方法、单纯形法以及非线性规划中的罚函数方法和障碍函数方法, 本书均给出了全面的讨论。

1. 读者群

我们期望本书能作为工程、运筹学、计算机科学以及应用数学等相关专业研究生层次的优化课程教材。本书素材丰富, 可以支撑两个学期 (或者 3/4 学年) 的课程内容。此外, 我们希望本书能被工程、基础科学以及工业领域的从业者使用, 全书的叙述风格有助于读者自学。由于书中描述的很多新算法和新思想并未在以往的优化教材中出现, 所以我们期望该书也能成为优化研究人员的有用参考书。

阅读本书需要先修线性代数 (包括数值线性代数) 的一些知识, 以及微积分课程的标准化内容。为了使书中内容尽可能自成一体, 附录中给出了很多与上述领域相关的知识点。在对工科学生的教学过程中, 我们总结的经验表明, 如果能与计算机编程实例相结合, 可以很好地帮助学生理解书中的内容。通过完成计算机编程实例, 可以使学生对优化算法原理 (包括计算复杂度、内存需求与数学优美性) 及其应用理解得更加透彻。书中的大多数章节都提供了一些简单的计算机练习题, 读者并不需要具有很高的编程能力就可以完成这些编程实践。

2. 全书重点与写作风格

本书采用对话式写作风格引出优化背后的思想, 并且提出相应的数值算法。本书的目标并非使内容尽可能简洁, 而是以一种自然流畅的方式讨论问题。因此, 本书的篇幅相对较长, 但我们相信读者可以快速阅读全书内容。教师可以从本书中为学生布置大量阅读作业, 而在课堂上仅侧重于传授主要思想即可。

在书中的每个典型章节中, 刚开始主要是对相关主题进行直观的讨论, 其中包括插图和表格, 并且尽可能舍弃具体的技术细节。在随后各节中则阐述算法思想, 对算法进行讨论, 并给出算法的计算步骤。对于重要的理论结果, 本书以较严谨的方式进行论述, 并且在大部分情况下给出数学证明。对于希望避免烦琐数学推导的读者而言, 在阅读时可以直接跳过这些内容。

在优化实践中, 不仅需要设计高效鲁棒的算法, 还需要良好的建模技术、对结果的深入分析以及用户友好的软件。本书讨论了优化过程的多个方面, 其中包括数学建模、最优性条件、优化算法、算法实现以及结果分析, 我们并不是同等权重地对各个问题都进行讨论。虽然书中的所有案例都能说明如何将实际问题转化为优化问题, 但是全书的重点并不在于对模型进行讨论, 建立模型的目的只是为设计优化算法奠定基础。关于优化模型更全面的讨论, 这里推荐感兴趣的读者参阅文献 [86] 和文献 [112]。针对最优性条件问题, 书中的论述虽然比较充分, 但无法面面俱到, 文献 [62] 和文献 [198] 更全面地讨论了一些概念。如上所述, 本书对于优化算法的讨论是十分全面的。

3. 未讨论的主题

本书并未对一些重要主题进行讨论, 其中包括网络优化、整数规划、随机规划、非光滑优化以及全局优化。其他一些优秀教材中描述了网络优化和整数规划, 例如文献 [1] 描述了网络优化, 文献 [224]、文献 [235] 以及文献 [312] 描述了整数规划。关于随机优化的著作于近期刚刚出版, 其中包括文献 [22] 和文献 [174]。非光滑优化有多种形式, 相对简单的数学形式源自鲁棒数据拟合问题 (有时基于 ℓ_1 范数), 文献 [101] 和文献 [232] 对该问题进行了讨论。文献 [101] 还讨论了约束优化问题中的非光滑罚函数算法, 本书第 18 章也简要对其进行了讨论。文献 [170] 则以更加解析的方式对非光滑优化进行了讨论。对于一些当前研究的重要热点问题, 本书也未给出详细的讨论, 其中包括非线性规划中的内点方法与互补问题的算法。

4. 其他资源

一个名为 NEOS 指南的在线资源可对本书的内容进行补充, 读者可以在万维网上找寻该资源。该指南包含了大多数优化领域中的信息, 并且提供了大量研究案例, 其中描述了各种优化算法在现实问题中的应用, 例如投资组合优化问题与最佳饮食问题。这些材料中的一些内容在本质上是紧密相关的, 并且广泛用于课堂练习。

在大多数情况下, 本书并未对具体的软件包进行详细讨论, 我们推荐读者参阅文献 [217] 或者 NEOS 指南中的软件指南部分。优化软件的用户会经常浏览该网站, 此网站会持续更新, 以显示最新的软件包以及对现有软件的改进。

5. 感谢

我们十分感谢很多同事对本书各章节提供的意见和反馈, 这里要感谢的同事包括 Chris Bischof, Richard Byrd, George Corliss, Bob Fourer, David Gay, Jean-Charles Gilbert, Phillip Gill, Jean-Pierre Goux, Don Goldfarb, Nick Gould,Andreas Griewank, Matthias Heinkenschloss, Marcelo Marazzi, Hans Mittelmann, Jorge Moré, Will Naylor, Michael Overton, Bob Plemmons, Hugo Scolnik, David Stewart, Philippe Toint, Luis Vicente, Andreas Wächter, Ya-xiang Yuan。我们还要感谢 Guanghui Liu 和 Jill Lavelle, Guanghui Liu 对于设计本书练习题提供了很多帮助, 而 Jill Lavelle 则提供了书中的大量插图。最后还要感谢美国能源部和美国国家科学基金会的支持, 这两个机构多年来一直大力支持我们从事优化领域的研究工作。

本书的作者之一 (Jorge Nocedal) 还想对 Richard Byrd 教授表示深深的感谢, 因为 Richard Byrd 传授给 Jorge Nocedal 很多优化方面的知识, 并且在 Jorge Nocedal 的职业生涯中, Richard Byrd 在很多方面都曾提供帮助。

6. 结束语

Roger Fletcher 在 1987 年出版的著作 (见文献 [101]) 的序言中将优化领域描述为是将理论与计算、启发性与严谨性完美融合的知识领域。日益丰富的应用领域与爆炸式增长的计算能力正在推动优化研究朝着新的、令人振奋的方向发展。Roger Fletcher 所论述的优化内容还将在未来很多年持续发挥重要作用。

Jorge Nocedal
伊利诺伊州埃文斯顿
Stephen J. Wright
伊利诺伊州阿贡国家实验室

目录

第 1 章

引言 …… 1

1.1 数学模型 …… 2

1.2 例: 运输问题 …… 3

1.3 连续优化问题与离散优化问题 …… 4

1.4 约束优化问题与无约束优化问题 …… 5

1.5 全局优化问题与局部优化问题 …… 5

1.6 随机型优化问题与确定型优化问题 …… 6

1.7 凸性 …… 6

1.8 优化算法 …… 7

1.9 注释与参考文献 …… 8

第 2 章

无约束优化基础 …… 9

2.1 解的定义 …… 10

2.1.1 判别局部极小值点 …… 11

2.1.2 非光滑问题 …… 14

2.2 算法综述 …… 15

2.2.1 两种策略: 线搜索与信赖域 …… 16

2.2.2 线搜索方法的搜索方向 …… 17

2.2.3 信赖域方法模型 …… 22

2.2.4 变量缩放 …… 22

2.3 练习题 …… 24

第 3 章
线搜索方法 …… 27
3.1 步长 …… 28
3.1.1 Wolfe 条件 …… 29
3.1.2 Goldstein 条件 …… 31
3.1.3 充分下降和回溯策略 …… 32
3.2 线搜索方法的收敛性 …… 33
3.3 收敛速度 …… 36
3.3.1 最速下降方法的收敛速度 …… 37
3.3.2 牛顿方法的收敛速度 …… 39
3.3.3 拟牛顿方法的收敛速度 …… 41
3.4 基于修正 Hessian 矩阵的牛顿方法 …… 42
3.4.1 特征值修正 …… 44
3.4.2 校正矩阵为单位矩阵与标量的乘积 …… 46
3.4.3 修正 Cholesky 分解 …… 46
3.4.4 修正对称非正定矩阵分解 …… 48
3.5 步长选择算法 …… 50
3.5.1 内插 …… 51
3.5.2 步长初始值 …… 53
3.5.3 针对 Wolfe 条件的线搜索算法 …… 53
3.6 注释与参考文献 …… 55
3.7 练习题 …… 56
第 4 章
信赖域方法 …… 59
4.1 信赖域方法概述 …… 61
4.2 基于 Cauchy 点的方法 …… 63
4.2.1 Cauchy 点 …… 63
4.2.2 Cauchy 点的改进 …… 65
4.2.3 折线方法 …… 65

4.2.4 二维子空间最小化方法 ………… 68
4.3 全局收敛性 ………… 69
4.3.1 由 Cauchy 点所取得的模型函数的减少量 ………… 69
4.3.2 收敛到平稳点 ………… 71
4.4 子问题的迭代解 ………… 75
4.4.1 困难的情况 ………… 78
4.4.2 定理 4.1 的证明 ………… 79
4.4.3 基于近似解的方法的收敛性 ………… 82
4.5 信赖域牛顿方法的局部收敛性 ………… 83
4.6 其他改进策略 ………… 85
4.6.1 标定 ………… 85
4.6.2 基于其他形式范数的信赖域 ………… 87
4.7 注释与参考文献 ………… 88
4.8 练习题 ………… 89

第 5 章

共轭梯度方法 ………… 91

5.1 线性共轭梯度方法 ………… 91
5.1.1 共轭方向方法 ………… 92
5.1.2 共轭梯度方法的基本性质 ………… 96
5.1.3 共轭梯度方法的一种实用形式 ………… 99
5.1.4 收敛速度 ………… 100
5.1.5 预处理 ………… 105
5.1.6 实际的预处理器 ………… 107
5.2 非线性共轭梯度方法 ………… 108
5.2.1 Fletcher–Reeves 算法 ………… 108
5.2.2 Polak–Ribière 算法及其变形 ………… 109
5.2.3 二次终止和重启 ………… 111
5.2.4 Fletcher–Reeves 算法的性能 ………… 112
5.2.5 全局收敛性 ………… 114
5.2.6 数值性能 ………… 117

5.3 注释与参考文献 ……118
5.4 练习题 ……119

第 6 章
拟牛顿方法 ……121

6.1 BFGS 方法 ……121
6.1.1 BFGS 方法的若干性质 ……126
6.1.2 实现策略 ……128
6.2 SR1 方法 ……129
6.3 Broyden 族方法 ……134
6.4 收敛性分析 ……138
6.4.1 BFGS 方法的全局收敛性 ……138
6.4.2 BFGS 方法的超线性收敛性 ……141
6.4.3 SR1 方法的收敛性分析 ……144
6.5 注释与参考文献 ……145
6.6 练习题 ……146

第 7 章
大规模无约束优化方法 ……149

7.1 非精确牛顿方法 ……150
7.1.1 非精确牛顿方法的局部收敛性 ……150
7.1.2 基于线搜索的牛顿共轭梯度方法 ……153
7.1.3 信赖域牛顿共轭梯度方法 ……155
7.1.4 预处理信赖域牛顿共轭梯度方法 ……158
7.1.5 信赖域 Newton–Lanczos 方法 ……159
7.2 有限记忆拟牛顿方法 ……160
7.2.1 有限记忆 BFGS 方法 ……161
7.2.2 与共轭梯度方法之间的关系 ……164
7.2.3 一般性的有限记忆更新 ……165
7.2.4 BFGS 更新的紧凑表示 ……165
7.2.5 展开更新公式 ……167

7.3 稀疏拟牛顿更新 ······ 168
7.4 针对部分可分离函数的优化方法 ······ 170
7.5 观点与软件 ······ 173
7.6 注释与参考文献 ······ 174
7.7 练习题 ······ 174

第 8 章
计算导数 ······ 177

8.1 基于有限差分法近似计算导数 ······ 178
8.1.1 近似计算梯度向量 ······ 178
8.1.2 近似计算稀疏 Jacobian 矩阵 ······ 180
8.1.3 近似计算 Hessian 矩阵 ······ 184
8.1.4 近似计算稀疏 Hessian 矩阵 ······ 185
8.2 基于自动微分法近似计算导数 ······ 187
8.2.1 一个实例 ······ 187
8.2.2 前向模式 ······ 188
8.2.3 逆向模式 ······ 190
8.2.4 向量函数与部分可分离性 ······ 193
8.2.5 计算向量函数的 Jacobian 矩阵 ······ 194
8.2.6 计算 Hessian 矩阵: 前向模式 ······ 195
8.2.7 计算 Hessian 矩阵: 逆向模式 ······ 197
8.2.8 目前的局限性 ······ 197
8.3 注释与参考文献 ······ 198
8.4 练习题 ······ 199

第 9 章
无导数优化 ······ 201

9.1 有限差分方法和噪声 ······ 202
9.2 基于模型的方法 ······ 203
9.2.1 插值和多项式基函数 ······ 206

9.2.2 更新内插点集合 …… 207
9.2.3 Hessian 矩阵变化量最小的方法 …… 208
9.3 坐标搜索方法与模式搜索方法 …… 209
9.3.1 坐标搜索方法 …… 210
9.3.2 模式搜索方法 …… 211
9.4 共轭方向方法 …… 214
9.5 Nelder–Mead 单纯形反射方法 …… 217
9.6 隐式滤波方法 …… 220
9.7 注释与参考文献 …… 221
9.8 练习题 …… 222

第 10 章

最小二乘问题 …… 225

10.1 问题背景 …… 226
10.2 线性最小二乘问题 …… 229
10.3 非线性最小二乘问题的求解方法 …… 232
10.3.1 高斯–牛顿方法 …… 232
10.3.2 高斯–牛顿方法的收敛性 …… 234
10.3.3 Levenberg–Marquardt 方法 …… 236
10.3.4 Levenberg–Marquardt 方法的实现 …… 237
10.3.5 Levenberg–Marquardt 方法的收敛性 …… 240
10.3.6 求解大残差问题的方法 …… 241
10.4 正交距离回归问题 …… 243
10.5 注解与参考文献 …… 246
10.6 练习题 …… 247

第 11 章

非线性方程组 …… 249

11.1 局部方法 …… 252
11.1.1 求解非线性方程组的牛顿方法 …… 252

11.1.2 非精确牛顿方法 ······ 255
11.1.3 Broyden 族拟牛顿方法 ······ 257
11.1.4 张量方法 ······ 261
11.2 实用方法 ······ 262
11.2.1 评价函数 ······ 262
11.2.2 线搜索方法 ······ 264
11.2.3 信赖域方法 ······ 268
11.3 延拓/同伦方法 ······ 273
11.3.1 基本原理 ······ 273
11.3.2 实用的延拓方法 ······ 274
11.4 注解与参考文献 ······ 278
11.5 练习题 ······ 278

附录 A 背景知识 ······ 281

A.1 线性代数的基础知识 ······ 281
A.1.1 向量与矩阵 ······ 281
A.1.2 范数 ······ 282
A.1.3 子空间 ······ 284
A.1.4 特征值、特征向量以及奇异值分解 ······ 286
A.1.5 行列式与迹 ······ 287
A.1.6 矩阵分解: Cholesky 分解、LU 分解以及 QR 分解 ······ 288
A.1.7 对称不定矩阵分解 ······ 292
A.1.8 Sherman–Morrison–Woodbury 公式 ······ 294
A.1.9 交错特征值定理 ······ 294
A.1.10 误差分析与浮点运算 ······ 295
A.1.11 条件性与稳定性 ······ 297
A.2 分析、几何以及拓扑基础 ······ 298
A.2.1 序列 ······ 298
A.2.2 收敛速度 ······ 300
A.2.3 欧氏空间 $\mathbb{R}^n$ 的拓扑 ······ 301
A.2.4 $\mathbb{R}^n$ 中的凸集 ······ 302
A.2.5 连续性与极限 ······ 304

A.2.6 导数 ······ 306
A.2.7 方向导数 ······ 308
A.2.8 中值定理 ······ 309
A.2.9 隐函数定理 ······ 310
A.2.10 阶数符号 ······ 311
A.2.11 标量方程求根 ······ 312

参考文献 ······ 315

第 1 章

引言

人们会在多个领域进行优化。投资者寻找最优投资组合, 以在避免高风险的同时获得高回报率。制造商的目标是在生产的设计和操作过程中实现最大效率。工程师则通过调整参数来优化设计性能。

自然界也在进行优化。物理系统向能量最小的状态进行演变。在一个孤立的化学系统中, 分子间会相互反应, 直至它们的电子总势能最小。光线会沿着时延最小的路径进行传播。

在决策科学和物理系统分析中, 优化是一种重要的数学工具。使用优化工具需要先明确目标, 也就是定量刻画所研究系统的性能。目标可以是利润、时间、势能, 或者是由单个数字表示的任意数或数的组合。目标与系统的某些特征有关, 这些特征被称为变量或者未知数。优化的目的是确定变量的值, 以使目标达到最优值。变量通常以某种方式受到限制或者满足某些约束条件。例如, 分子中的电子密度、贷款利率等数量都不能取负值。

对于给定的问题, 将确定其目标、变量以及约束的过程称为建模。在优化过程中, 构建合适的数学模型是第一步, 有时也是最重要的环节。如果模型过于简单, 则无法对实际问题提供准确的解释; 如果模型过于复杂, 则难以对其进行有效求解。

一旦模型被建立, 我们可以在计算机的帮助下使用优化算法来找寻其最优解。虽然没有通用的优化算法, 但针对特定类型的优化问题的算法集是存在的。针对具体的应用场景, 设计者需要选择合适的优化算法, 这是非常重要的, 因为这将决定问题的求解速度以及能否获得问题的最优解。

当一种优化算法用于求解模型时, 我们必须能够判断该算法是否获得了问题的最优解。在很多情况下, 存在优美的数学表达式, 也就是最优性条件, 能够判定当前结果是否是问题的最优解。即使最优性条件没有得到满足, 这些条件仍然会提供一些有用信息, 用于指明如何对当前估计结果进行改进。可以通过灵敏度分析等技术来改进模型, 该技术能够揭示最优解对模型和数据变化的敏感度。根据应用对解的解释也可能会提出改良或者修正模型的方法。一旦模型发生改变, 就需要对优化问题重新求解, 并且该过程可以重复进行。

1.1 数学模型

从数学上说, 优化是指在变量满足一定约束的条件下对目标函数最小化或者最大化。本书使用以下数学符号:

(1) $\boldsymbol{x}$ 是由变量组成的向量, 可称其为未知数或者参数;

(2) f 是目标函数, 它是关于 $\boldsymbol{x}$ 的标量函数, 需要对其最大化或者最小化;

(3) c_i 是约束函数, 它也是关于 $\boldsymbol{x}$ 的标量函数, 描述了 $\boldsymbol{x}$ 服从的等式或者不等式约束。

利用上面的数学符号可以将优化问题描述为

$$\begin{cases} \min\limits_{\boldsymbol{x}\in\mathbb{R}^n}\{f(\boldsymbol{x})\} \\ \text{s.t.} \quad c_i(\boldsymbol{x}) = 0 \quad (i \in E) \\ \qquad\quad c_i(\boldsymbol{x}) \geqslant 0 \quad (i \in I) \end{cases} \tag{1.1}$$

式中 I 和 E 分别表示不等式约束和等式约束的索引集合。

下面讨论一个简单的优化例子, 如下所示:

$$\begin{cases} \min\limits_{x_1,x_2}\{(x_1-2)^2+(x_2-1)^2\} \\ \text{s.t.} \quad x_1^2 - x_2 \leqslant 0 \\ \qquad\quad x_1 + x_2 \leqslant 2 \end{cases} \tag{1.2}$$

如果要将式 (1.2) 描述成式 (1.1) 的标准形式, 则有

$$f(\boldsymbol{x}) = (x_1-2)^2+(x_2-1)^2, \quad \boldsymbol{x} = \begin{bmatrix} x_1 \\ x_2 \end{bmatrix}$$

$$\boldsymbol{c}(\boldsymbol{x}) = \begin{bmatrix} c_1(\boldsymbol{x}) \\ c_2(\boldsymbol{x}) \end{bmatrix} = \begin{bmatrix} -x_1^2 + x_2 \\ -x_1 - x_2 + 2 \end{bmatrix}, \quad I = \{1,2\}, E = \varnothing$$

图 1.1 描绘了优化问题 (1.2) 的几何示意图, 其中每条虚线对应的目标函数 $f(\boldsymbol{x})$ 的值相等。该图还描绘了可行域和问题的最优解 $\boldsymbol{x}^*$, 可行域内的每个点满足所有的约束条件 (也就是两个约束边界之间的区域)。不满足约束的区域使用阴影表示。

上面的例子表明, 若要将优化问题表示成式 (1.1) 的标准形式, 通常需要进行一些转换。一般利用两个或者 3 个下标来表示未知数会更加自然方便, 也可以利用不同的数学符号来表示不同的变量, 但此时需要对变量进行排序, 以使得优化模型具有式 (1.1) 的形式。另一种常见的情形是对目标函数 f 最大化, 而并非最小化。在数学上可以很容易应对此改变, 仅需在式 (1.1) 中对 $-f$ 最小化即可。好的建模系统会以对用户透明的方式将问题转化成式 (1.1) 的标准形式。

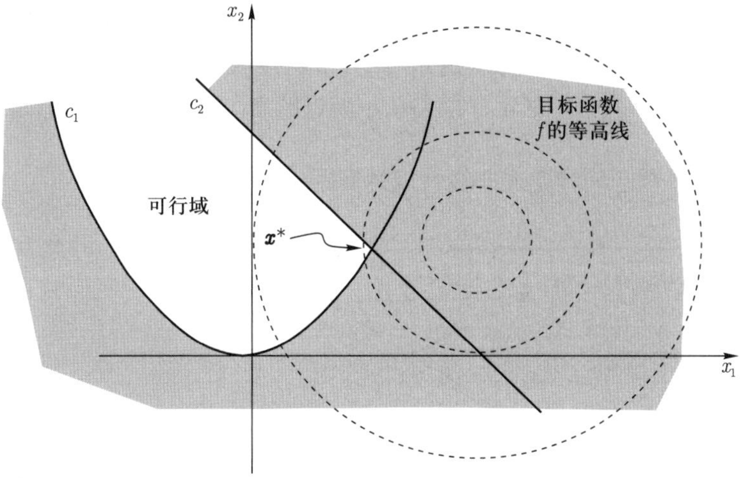

图 1.1　优化问题 (1.2) 的几何示意图

1.2　例: 运输问题

讨论一个源自制造和运输领域的简单例子。现有一家化工公司, 其拥有两个工厂 (记为 F_1 和 F_2) 和 12 个零售店 (记为 $R_1, R_2, \cdots, R_{12}$)。第 i 个工厂 F_i 每周能够生产 a_i 吨化工产品, a_i 表示该工厂的生产能力。第 j 个零售店 R_j 每周需要 b_j 吨化工产品。从工厂 F_i 运输 1 吨化工产品到零售店 R_j 的成本为 c_{ij}。

优化问题可以描述为, 这两个工厂应向 12 家零售店运输多少吨化工产品才能满足需求, 并且使总成本最小。不妨将该问题的变量记为 x_{ij} $(i = 1,2; j = 1,2,\cdots,12)$, 表示工厂 F_i 向零售店 R_j 运输的化工产品吨数 (如图 1.2 所示)。基于上述讨论, 可以将此运输问题的数学模型表示为

$$\min \left\{ \sum_{i,j} c_{ij} x_{ij} \right\} \tag{1.3a}$$

$$\text{s.t.} \quad \sum_{j=1}^{12} x_{ij} \leqslant a_i \quad (i = 1, 2) \tag{1.3b}$$

$$\sum_{i=1}^{2} x_{ij} \geqslant b_j \quad (j = 1, 2, \cdots, 12) \tag{1.3c}$$

$$x_{ij} \geqslant 0 \quad (i = 1, 2; j = 1, 2, \cdots, 12) \tag{1.3d}$$

该问题属于线性规划问题, 因为目标函数和约束函数都是关于变量的线性函

数。在更实际的数学模型中, 需要考虑与产品制造和存储相关的成本。此外, 在运输产品时还可能存在批量折扣, 此时可以将式 (1.3a) 中的目标函数改写为 $\sum_{i,j} c_{ij}\sqrt{\delta + x_{ij}}$, 其中 $\delta > 0$ 表示小额订购费。此时, 因为目标函数是非线性函数, 问题已经转变成非线性规划问题。

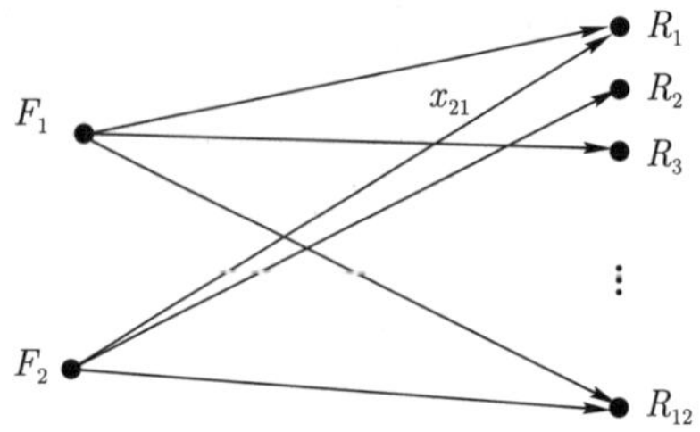

图 1.2 运输问题

1.3 连续优化问题与离散优化问题

在一些优化问题中, 只有当变量取整数时才有意义。例如, 变量 x_i 可以表示一家电力供应商在未来 5 年内建造第 i 型发电厂的数量, 也可以表示某个工厂是否应坐落于某个城市。除式 (1.1) 中的约束外, 该类问题的数学模型中还包含整数约束 (形式为 $x_i \in \mathbf{Z}$, 其中 $\mathbf{Z}$ 表示整数集合) 或者二元约束 (形式为 $x_i \in \{0,1\}$), 因此被称为整数规划问题。如果问题中有部分变量不限于整数或者二元变量, 则可以将该问题称为混合整数规划问题, 简称为 MIPs。

整数规划问题是离散优化问题中的一类。一般而言, 离散优化问题中的变量不仅包含整数或者二元数, 还可能包含一些更抽象的变量, 例如有序集合的排列方式。离散优化问题的显著特点在于, 变量 $\boldsymbol{x}$ 取自一个有限集合, 而且集合规模通常比较大。与之不同的是, 本书研究的连续优化问题的可行解集是无限不可数集合, 因为 $\boldsymbol{x}$ 中的元素可以取实数。连续优化问题往往更容易求解, 因为利用函数的光滑性, 可以基于目标函数和约束函数在特定点 $\boldsymbol{x}$ 的信息推断出目标函数和约束函数在点 $\boldsymbol{x}$ 邻域内的信息。相比之下, 对于离散优化问题, 目标函数和约束函数在两个可行解上的特征差异可能非常显著, 即使这两个点在某种测度上是接近的。离散优化问题的可行解集可以理解为是展现非凸性的一种极端形式, 因为两个可行解的凸组合大多是不可行解。

本书并不直接研究离散优化问题, 我们向读者推荐文献 [77]、[224]、[235] 以及 [312], 这些教材针对离散优化问题给出了全面的论述。需要指出的是, 连续优化技术经常能在求解离散优化问题的过程中发挥重要作用。例如, 在求解整数线性规划问题的分支定界法中, 需要多次对线性规划进行松弛求解, 其仅将部分整数变量限定为整数, 并且暂时性地忽略其他变量的整数约束。这些子问题可以由单纯形法进行求解, 本书第 13 章将对该方法进行讨论。

1.4 约束优化问题与无约束优化问题

我们可以从多种角度对优化问题式 (1.1) 进行分类。例如, 目标函数和约束函数的特性 (包括线性函数、非线性函数以及凸函数)、优化变量的个数 (包括小规模问题和大规模问题)、函数的光滑性 (包括可微函数和不可微函数) 等。此外, 依据变量是否含有约束条件也可以将优化问题分成无约束优化问题与约束优化问题两大类。

无约束优化问题, 此时在式 (1.1) 中, $E = I = \varnothing$, 该类优化问题直接出现在很多实际应用中。即使某些问题的变量服从一些自然约束, 也可以直接忽略它们, 因为这些约束并不会影响问题的解, 也不会对算法产生影响。无约束优化问题还可以由约束优化问题转换而来, 此时约束条件会被作为惩罚项叠加在目标函数中, 而惩罚项能起到阻止解违反约束的作用。

约束优化问题, 该类优化问题中的约束条件会发挥重要作用, 例如, 在经济问题中施加预算约束, 或者在设计问题中引入形状约束。约束可以是简单的边界形式 (例如 $0 \leqslant x_1 \leqslant 100$), 也可以是更具一般性的线性约束 (例如 $\sum\limits_i x_i \leqslant 1$), 还可以是非线性不等式, 用于刻画变量之间的复杂关系。

当目标函数和所有约束函数都是变量 $\boldsymbol{x}$ 的线性函数时, 此时的问题就是线性规划问题。该类问题可能是所有优化问题中应用最广泛的, 尤其在管理、金融以及经济应用中。如果在目标函数或者约束函数中存在至少一个非线性函数, 此时的问题就变成了非线性规划问题, 该类问题经常出现在物理科学和工程领域, 并且在管理和经济科学中也得到越来越广泛的应用。

1.5 全局优化问题与局部优化问题

很多求解非线性优化问题的算法仅能找寻局部最优解, 该解的目标函数值比其邻域内所有其他可行解的目标函数值都要小。优化算法并非总能找到全局最优解, 也就是在所有可行解中使目标函数取值最小的点。在一些应用中需要全局最优解, 但是对于很多问题难以判定其是否是全局最优解, 更难以获得全局最优解。对于凸规划问题, 尤其是线性规划问题, 局部最优解也是全局最优解。然而, 对于常规的非线性规划问题, 无论是否含有约束条件, 都可能存在非全局最优的局部最优解。

本书仅简单讨论全局优化问题, 重点阐述局部最优解的计算及其性质。事实上, 很多成功的全局优化算法都需要求解一些局部优化问题, 而本书描述的算法可用于求解这些问题。

读者可以在文献 [109] 以及期刊 *Journal of Global Optimization* 中查阅全局优化的研究论文。

1.6 随机型优化问题与确定型优化问题

对于某些优化问题, 我们无法完全充分地表述其数学模型, 这是因为其中所需的一些参数在建模时是未知的。该特性是很多经济和金融规划模型中所共有的, 例如, 这些模型可能与未来的利率、产品的未来需求以及将来的商品价格有关。事实上, 几乎在所有类型的应用中都可能出现不确定性。

针对不确定参数, 我们可以将关于它们的附加信息融入优化模型中, 用于获得更优解, 而非仅仅给出不确定参数的最佳估计。例如, 我们可能知道关于不确定需求的多种可能场景, 以及每种场景的概率估计。随机优化算法利用不确定性的量化值来获得最优解, 用于优化模型的预期性能。

处理模型中不确定数据的例子包括机会约束优化和鲁棒优化。前者可以确保未知变量 $\boldsymbol{x}$ 以某个指定概率满足给定的约束条件; 后者则要求不确定数据所有可能的取值都满足某些约束。

本书并不深入研究随机型优化问题, 而是将重点放在确定型优化问题上, 其数学模型是完全已知的。然而, 很多随机优化算法都需要求解一个或者多个确定型优化子问题, 并且每个子问题都可以利用本书描述的方法进行求解。

随机型优化和鲁棒型优化问题是近年来人们研究的热点问题。若要进一步了解随机型优化问题, 读者可以参阅文献 [22] 和文献 [174]。此外, 文献 [15] 讨论了鲁棒型优化问题。

1.7 凸性

凸性的概念是优化的基础。很多实际问题都具有此性质, 其能使优化问题在理论和实践上更容易求解。

凸性的概念不仅用于集合, 还可用于函数。令集合 $S \in \mathbb{R}^n$, 如果连接 S 中任意两点的直线段完全位于 S 中, 则称 S 为凸集。正式的定义为: 对于凸

集 S 中的任意两个点 $\boldsymbol{x} \in S$ 和 $\boldsymbol{y} \in S$, 若 $\alpha \in [0,1]$, 则有 $\alpha\boldsymbol{x}+(1-\alpha)\boldsymbol{y} \in S$。若函数 f 的定义域 S 为凸集, 并且对于定义域 S 中的任意两个点 $\boldsymbol{x}$ 和 $\boldsymbol{y}$ 均满足

$$f(\alpha\boldsymbol{x}+(1-\alpha)\boldsymbol{y}) \leqslant \alpha f(\boldsymbol{x})+(1-\alpha)f(\boldsymbol{y}) \quad (\text{对于所有的 } \alpha \in [0,1]) \tag{1.4}$$

则称 f 是凸函数。

凸集的简单实例包括单位球 $\{\boldsymbol{y} \in \mathbb{R}^n | \|\boldsymbol{y}\|_2 \leqslant 1\}$ 和任意多面体。多面体是由线性等式和线性不等式所定义的集合, 如下所示:

$$\{\boldsymbol{x} \in \mathbb{R}^n | \boldsymbol{A}\boldsymbol{x}=\boldsymbol{b}, \boldsymbol{C}\boldsymbol{x} \leqslant \boldsymbol{d}\}$$

式中 $\boldsymbol{A}$ 和 $\boldsymbol{C}$ 均为具有合适阶数的矩阵, $\boldsymbol{b}$ 和 $\boldsymbol{d}$ 均为向量。凸函数的简单实例包括线性函数 $f(\boldsymbol{x})=\boldsymbol{c}^{\mathrm{T}}\boldsymbol{x}+\alpha$ (其中 $\boldsymbol{c} \in \mathbb{R}^n$ 和 α 分别为任意常数向量和标量), 以及凸二次函数 $f(\boldsymbol{x})=\boldsymbol{x}^{\mathrm{T}}\boldsymbol{H}\boldsymbol{x}$ (其中 $\boldsymbol{H}$ 为对称半正定矩阵)。

如果对于任意 $\boldsymbol{x} \neq \boldsymbol{y}$ 和 $\alpha \in (0,1)$, 式 (1.4) 是严格不等式, 则称 f 是严格凸函数。如果 $-f$ 是凸函数, 则称 f 为凹函数。

如果优化问题式 (1.1) 中的目标函数与可行域都是凸的, 那么该问题的任意局部最优解都是全局最优解。

凸规划问题是优化问题式 (1.1) 的一种特殊形式, 需要满足以下 3 个条件:

(1) 目标函数为凸函数;

(2) 等式约束函数 $c_i(\cdot)(i \in E)$ 为线性函数;

(3) 不等式约束函数 $c_i(\cdot)(i \in I)$ 为凹函数。

1.8 优化算法

优化算法通常需要迭代。算法从变量 $\boldsymbol{x}$ 的迭代起始点开始进行, 由此产生一组改进的迭代序列, 直至收敛至某个解, 并且希望该解是唯一的。不同优化算法的迭代策略是有差异的。大多数迭代策略需要利用目标函数 f 和约束函数 c_i 的值, 还可能利用这些函数的一阶和二阶导数。一些算法会累积前面的迭代信息, 另一些算法则仅利用当前迭代值的局部信息。不管具体细节怎样 (本书将对此进行大量讨论), 优秀的优化算法应当具备以下特性:

鲁棒性: 对于所有合理的迭代起始点, 算法应能对各种问题都表现出良好的性能。

效率: 算法不应耗费过多计算时间或者存储空间。

精确性: 算法应能获得精确的解, 既不会对数据误差十分敏感, 也不会对计算机运行算法时的舍入误差过于敏感。

这些特性相互之间可能存在冲突。例如，求解大型无约束非线性优化问题的快速收敛方法可能需要非常多的存储空间。鲁棒的优化方法速度也可能是最缓慢的。收敛速度与存储空间之间的折中，以及鲁棒性与运行速度之间的平衡等都是数值优化中的核心问题。本书将对这些问题展开深入研究。

优化理论可用于描述最优解的性质，也可为大多数优化算法提供理论基础。如果不牢牢掌握该支撑理论，就不可能对数值优化有很好的理解。因此，本书针对最优性条件与收敛性分析进行了深入的研究 (虽然并不全面)，其中的收敛性分析揭示了一些重要算法的优缺点。

1.9 注释与参考文献

优化的起源可以追溯到变分法以及欧拉与拉格朗日的工作。20 世纪 40 年代线性规划的发展拓宽了这一领域，并且在过去的 60 年中极大地推动了现代优化理论及其实践的发展。

最优化 (optimization) 通常称为数学规划 (mathematical programming)，是人们在 20 世纪 40 年代提出的令人有些费解的术语，当时单词 “programming” 还没有与计算机软件密不可分。这个词的原意 (也是本书的含义) 更具有包容性，具有算法设计与分析的含义。

本书并未对数学建模展开广泛的讨论。事实上，建模本身也是一个非常重要的领域，它一方面将优化算法与软件联系在一起，另一方面将优化算法与应用联系在一起。关于各个应用领域的建模技术，读者可以参阅文献 [1]、[86]、[112]、[262] 以及 [308]。

第 2 章

无约束优化基础

无约束优化问题指最小化一个依赖实数变量的目标函数, 且这些变量的取值没有任何约束, 相应的数学模型为

$$\min_{\boldsymbol{x}\in\mathbb{R}^n}\{f(\boldsymbol{x})\} \tag{2.1}$$

式中 $\boldsymbol{x}\in\mathbb{R}^n$ 为实向量, 包含 $n\geqslant 1$ 个元素; $f\colon\mathbb{R}^n\to\mathbb{R}$ 是一个光滑函数。

人们通常难以掌握关于目标函数 f 的全部信息, 所获得的只是函数 f 在一组点集 $\boldsymbol{x}_0,\boldsymbol{x}_1,\boldsymbol{x}_2,\cdots$ 上的取值, 或许还有其在具体点上的导数。幸运的是, 算法可通过选择这些点尝试获得可靠的解, 其中并不需要太多的计算时间和存储空间。一般而言, 关于函数 f 的信息并不容易获取, 所以我们会更青睐不需要这些信息的算法。

【例 2.1】假设需要找寻一条曲线, 用于拟合一些实验数据。图 2.1 展示了一个最小二乘数据拟合问题, 其描述了信号在时间点 $t_1,t_2,\cdots,t_m$ 处的观测值 $y_1,y_2,\cdots,y_m$。通过对实验数据的观察以及对背景知识的了解, 可以判断信号波形具有某种类型的指数和振荡特性, 于是选择如下函数进行建模:

$$\phi(t;\boldsymbol{x})=x_1+x_2\mathrm{e}^{-(x_3-t)^2/x_4}+x_5\cos(x_6 t)$$

式中 $\{x_i\}_{1\leqslant i\leqslant 6}$ 表示模型中的实参数, 通过选择这些参数, 希望使函数值 $\phi(t_j;\boldsymbol{x})$ 与观测数据 y_j 尽可能接近。为了将拟合问题描述成优化问题, 将参数 $\{x_i\}_{1\leqslant i\leqslant 6}$ 组合成一个未知向量 $\boldsymbol{x}=[x_1\ \ x_2\ \ x_3\ \ x_4\ \ x_5\ \ x_6]^{\mathrm{T}}$, 并定义残差

$$r_j(\boldsymbol{x})=y_j-\phi(t_j;\boldsymbol{x})\quad(1\leqslant j\leqslant m) \tag{2.2}$$

用于刻画模型函数与观测数据之间的差异。因此, 参数 $\boldsymbol{x}$ 的估计值可以通过求解下式获得:

$$\min_{\boldsymbol{x}\in\mathbb{R}^6}\{f(\boldsymbol{x})\}=\min_{\boldsymbol{x}\in\mathbb{R}^6}\{r_1^2(\boldsymbol{x})+r_2^2(\boldsymbol{x})+\cdots+r_m^2(\boldsymbol{x})\} \tag{2.3}$$

式 (2.3) 是非线性最小二乘问题, 是无约束优化问题的一种特例。式 (2.3) 表明, 即使变量个数较少, 一些目标函数的计算量也会较大。在该例中, 虽然变

量个数仅为 6, 但如果观测量个数 m 非常大 (例如, 取 10^5), 此时对于给定的参数向量 $\boldsymbol{x}$, 计算目标函数 $f(\boldsymbol{x})$ 的复杂度也会非常高。

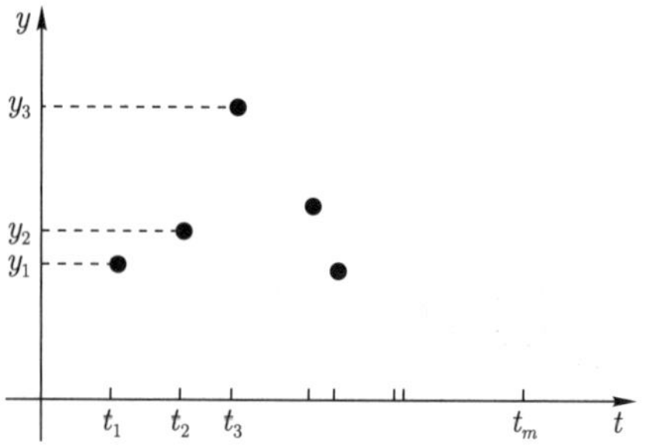

图 2.1　最小二乘数据拟合问题

对于图 2.1 中的数据, 假设式 (2.3) 的最优解近似为 $\boldsymbol{x}^* = [1.1\ \ 0.01\ \ 1.2\ \ 1.5\ \ 2.0\ \ 1.5]^{\mathrm{T}}$, 所对应的目标函数值为 $f(\boldsymbol{x}^*) = 0.34$。由于目标函数的最优值并不等于零, 所以一定存在某个 j(通常占据大多数) 对应的观测值 y_j 与模型预测值 $\phi(t_j; \boldsymbol{x}^*)$ 之间存在差异, 也就是模型函数无法准确刻画全部的观测数据。那应如何验证向量 $\boldsymbol{x}^*$ 确实是函数 f 的极小值点呢? 为了回答此问题, 需要先对 "解" 进行定义, 并明确如何辨别 "解", 只有这样才能进一步讨论无约束优化问题的求解算法。

2.1　解的定义

通常希望获得目标函数 f 的全局最小值点, 即目标函数取值最小的点。全局最小值点的正式定义如下:

【定义 2.1】 对于任意 $\boldsymbol{x}$, 若 $\boldsymbol{x}^*$ 满足 $f(\boldsymbol{x}^*) \leqslant f(\boldsymbol{x})$, 则称 $\boldsymbol{x}^*$ 是全局最小值点。

全局最小值点是难以获得的, 因为我们通常只能掌握目标函数 f 的局部信息。由于优化算法并不会遍历很多点 (我们也希望如此!), 所以一般难以准确描绘目标函数 f 的整体形状, 而且对于优化算法未遍历的区域, 也无法确定目标函数 f 是否会急剧下降。大多数优化算法仅能找寻局部极小值点, 也就是在其邻域内, 目标函数 f 在该点处的取值是最小的。关于局部极小值点的正式定义如下:

【定义 2.2】 令 N 表示 $\boldsymbol{x}^*$ 的一个邻域, 对于任意 $\boldsymbol{x} \in N$, 若 $\boldsymbol{x}^*$ 满足 $f(\boldsymbol{x}^*) \leqslant f(\boldsymbol{x})$, 则称 $\boldsymbol{x}^*$ 是局部极小值点。

该定义中的邻域 N 是包含 $\boldsymbol{x}^*$ 的一个开集。满足定义 2.2 的解有时也称为弱局部极小值点, 其与严格局部极小值点有所区别, 后者在其邻域内的地位更加突显，其正式定义如下：

【**定义 2.3**】令 N 表示 $\boldsymbol{x}^*$ 的一个邻域，对于任意 $\boldsymbol{x} \in N$ 且 $\boldsymbol{x} \neq \boldsymbol{x}^*$，若 $\boldsymbol{x}^*$ 满足 $f(\boldsymbol{x}^*) < f(\boldsymbol{x})$，则称 $\boldsymbol{x}^*$ 是严格局部极小值点，也称为强局部极小值点。

对于常数函数 $f(x) = 2$，每个点 x 都是其弱局部极小值点；对于函数 $f(x) = (x-2)^4$，$x^* = 2$ 是其严格局部极小值点。

下面介绍一种更特殊的局部极小值点，其正式定义如下：

【**定义 2.4**】若 x^* 是其邻域 N 内唯一的局部极小值点，则称 x^* 是孤立局部极小值点。

一些严格局部极小值点并不孤立，考虑如下函数：

$$f(x) = x^4 \cos(1/x) + 2x^4, \quad f(0) = 0$$

该函数是二次连续可微的，并且存在一个严格局部极小值点 $x^* = 0$。然而，在其邻域内还存在很多严格局部极小值点 x_j，我们描述这些点的方式是，当 $j \to +\infty$ 时，满足 $x_j \to 0$。

虽然严格局部极小值点并不总是孤立的，但是所有的孤立局部极小值点都是严格局部极小值点。

图 2.2 描绘了一个难以实现全局优化的目标函数，该函数具有多个局部极小值点。对于此类函数，优化算法往往很难获其全局最小值点，因为算法容易“陷入”局部极小值点。这个例子并不是病态问题。在确定分子构象的优化问题中，待优化的势函数可能具有数百万个局部极小值点。

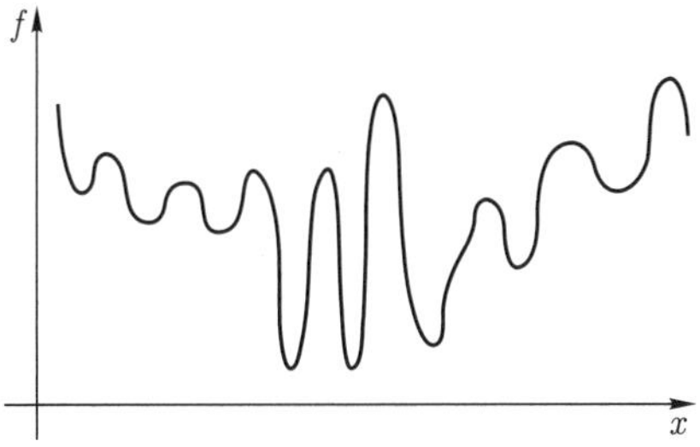

图 2.2　难以实现全局优化的目标函数

在一些情况下，我们还掌握着关于目标函数 f 的其他“全局”信息，这会有助于获其全局最小值点。一种特殊且重要的例子就是凸函数，其每个局部极小值点都是全局最小值点。

2.1.1　判别局部极小值点

根据上面的定义可知，判定 $\boldsymbol{x}^*$ 是否是局部极小值点的唯一方法似乎需要检查 $\boldsymbol{x}^*$ 附近的所有点，并且确保没有任何点的目标函数值小于 $\boldsymbol{x}^*$ 的函数值。然而, 如果 f 是光滑函数, 则存在一些更有效且更实用的方法来判别局部极小值点。特别地, 如果 f 是二次连续可微函数, 则仅通过梯度向量 $\nabla f(\boldsymbol{x}^*)$ 和 Hessian 矩阵 $\nabla^2 f(\boldsymbol{x}^*)$ 就能判断 $\boldsymbol{x}^*$ 是否为局部极小值点 (甚至是严格局部极小值点)。

泰勒定理是研究光滑函数最小化的数学工具, 也是本书数学分析的基础结论。下面描述该定理, 关于其证明过程, 读者可以参阅有关微积分的教材。

【定理 2.1　泰勒定理】 假设函数 $f:\mathbb{R}^n \to \mathbb{R}$ 是连续可微的, 并且定义向量 $\boldsymbol{p} \in \mathbb{R}^n$, 则存在 $t \in (0,1)$ 使得

$$f(\boldsymbol{x}+\boldsymbol{p}) = f(\boldsymbol{x}) + (\nabla f(\boldsymbol{x}+t\boldsymbol{p}))^{\mathrm{T}}\boldsymbol{p} \tag{2.4}$$

如果函数 f 是二次连续可微的, 则有

$$\nabla f(\boldsymbol{x}+\boldsymbol{p}) = \nabla f(\boldsymbol{x}) + \int_0^1 \nabla^2 f(\boldsymbol{x}+t\boldsymbol{p})\boldsymbol{p}\mathrm{d}t \tag{2.5}$$

且存在 $t \in (0,1)$ 满足

$$f(\boldsymbol{x}+\boldsymbol{p}) = f(\boldsymbol{x}) + (\nabla f(\boldsymbol{x}))^{\mathrm{T}}\boldsymbol{p} + \frac{1}{2}\boldsymbol{p}^{\mathrm{T}}\nabla^2 f(\boldsymbol{x}+t\boldsymbol{p})\boldsymbol{p} \tag{2.6}$$

假设 $\boldsymbol{x}^*$ 是局部极小值点, 下面推导最优性的必要条件, 主要是关于 $\nabla f(\boldsymbol{x}^*)$ 和 $\nabla^2 f(\boldsymbol{x}^*)$ 的一些结论。

【定理 2.2　一阶必要条件】 假设 $\boldsymbol{x}^*$ 是函数 f 的局部极小值点, 且 f 在点 $\boldsymbol{x}^*$ 的开邻域内是连续可微的, 则有 $\nabla f(\boldsymbol{x}^*) = \boldsymbol{0}$。

【证明】 采用反证法进行证明。假设 $\nabla f(\boldsymbol{x}^*) \neq \boldsymbol{0}$, 定义向量 $\boldsymbol{p} = -\nabla f(\boldsymbol{x}^*)$, 则有 $\boldsymbol{p}^{\mathrm{T}}\nabla f(\boldsymbol{x}^*) = -\|\nabla f(\boldsymbol{x}^*)\|_2^2 < 0$。由于 ∇f 在点 $\boldsymbol{x}^*$ 附近是连续的, 则存在标量 $T > 0$, 对于任意 $t \in [0,T]$ 均满足

$$\boldsymbol{p}^{\mathrm{T}}\nabla f(\boldsymbol{x}^*+t\boldsymbol{p}) < 0$$

根据泰勒定理可知, 对于任意 $\bar{t} \in (0,T]$, 存在 $t \in (0,\bar{t})$ 使得

$$f(\boldsymbol{x}^*+\bar{t}\boldsymbol{p}) = f(\boldsymbol{x}^*) + \bar{t}\boldsymbol{p}^{\mathrm{T}}\nabla f(\boldsymbol{x}^*+t\boldsymbol{p})$$

于是对于任意 $\bar{t} \in (0,T]$ 均满足 $f(\boldsymbol{x}^*+\bar{t}\boldsymbol{p}) < f(\boldsymbol{x}^*)$。在点 $\boldsymbol{x}^*$ 处找到了使函数 f 下降的方向, 由此可知, $\boldsymbol{x}^*$ 不是局部极小值点, 从而产生矛盾。证毕。

如果 $\nabla f(\boldsymbol{x}^*) = \boldsymbol{0}$, 则称 $\boldsymbol{x}^*$ 是平稳点。根据定理 2.2 可知, 任意局部极小值点一定都是平稳点。

在给出下面的结论之前, 先回顾正定矩阵与半正定矩阵的性质。如果矩阵 $\boldsymbol{B}$ 是正定的, 则对于任意具有合适维数的向量 $\boldsymbol{p} \neq \boldsymbol{0}$, 均有 $\boldsymbol{p}^{\mathrm{T}}\boldsymbol{B}\boldsymbol{p} > 0$; 如果矩阵 $\boldsymbol{B}$ 是半正定的, 则对于任意具有合适维数的向量 $\boldsymbol{p}$, 均有 $\boldsymbol{p}^{\mathrm{T}}\boldsymbol{B}\boldsymbol{p} \geqslant 0$ (读者可参见附录 A)。

【**定理 2.3　二阶必要条件**】如果 $\boldsymbol{x}^*$ 是函数 f 的局部极小值点, $\nabla^2 f$ 存在且在点 $\boldsymbol{x}^*$ 的开邻域内连续, 则有 $\nabla f(\boldsymbol{x}^*) = \boldsymbol{0}$, 以及 $\nabla^2 f(\boldsymbol{x}^*)$ 是半正定矩阵。

【**证明**】由定理 2.2 可知 $\nabla f(\boldsymbol{x}^*) = \boldsymbol{0}$, 下面利用反证法证明 $\nabla^2 f(\boldsymbol{x}^*)$ 是半正定矩阵。假设 $\nabla^2 f(\boldsymbol{x}^*)$ 不是半正定矩阵, 则存在具有合适维数的向量 $\boldsymbol{p}$ 满足 $\boldsymbol{p}^{\mathrm{T}}\nabla^2 f(\boldsymbol{x}^*)\boldsymbol{p} < 0$。由于 $\nabla^2 f$ 在点 $\boldsymbol{x}^*$ 附近是连续的, 于是存在标量 $T > 0$, 对于任意 $t \in [0, T]$ 均满足

$$\boldsymbol{p}^{\mathrm{T}}\nabla^2 f(\boldsymbol{x}^* + t\boldsymbol{p})\boldsymbol{p} < 0$$

在点 $\boldsymbol{x}^*$ 处进行泰勒级数展开可知, 对于任意 $\bar{t} \in (0, T]$, 存在 $t \in (0, \bar{t})$ 使得

$$\begin{aligned} f(\boldsymbol{x}^* + \bar{t}\boldsymbol{p}) &= f(\boldsymbol{x}^*) + \bar{t}\boldsymbol{p}^{\mathrm{T}}\nabla f(\boldsymbol{x}^*) + \frac{1}{2}\bar{t}^2\boldsymbol{p}^{\mathrm{T}}\nabla^2 f(\boldsymbol{x}^* + t\boldsymbol{p})\boldsymbol{p} \\ &= f(\boldsymbol{x}^*) + \frac{1}{2}\bar{t}^2\boldsymbol{p}^{\mathrm{T}}\nabla^2 f(\boldsymbol{x}^* + t\boldsymbol{p})\boldsymbol{p} < f(\boldsymbol{x}^*) \end{aligned}$$

因此, 在点 $\boldsymbol{x}^*$ 处找到了函数 f 的下降方向, 这意味着向量 $\boldsymbol{x}^*$ 不是局部极小值点, 从而产生矛盾。证毕。

下面描述充分条件, 它们是关于函数 f 的导数所满足的条件, 以保证向量 $\boldsymbol{x}^*$ 是局部极小值点。

【**定理 2.4　二阶充分条件**】假设 $\nabla^2 f$ 在点 $\boldsymbol{x}^*$ 的开邻域内是连续的, $\nabla f(\boldsymbol{x}^*) = \boldsymbol{0}$, 且 $\nabla^2 f(\boldsymbol{x}^*)$ 是正定矩阵, 则 $\boldsymbol{x}^*$ 是函数 f 的严格局部极小值点。

【**证明**】利用 Hessian 矩阵的连续性以及 $\nabla^2 f(\boldsymbol{x}^*)$ 的正定性可知, 我们可以选择半径 $r > 0$, 使得对于开球 $D = \{\boldsymbol{z} | \ \|\boldsymbol{z} - \boldsymbol{x}^*\| < r\}$ 内的任意点 $\boldsymbol{x}$, $\nabla^2 f(\boldsymbol{x})$ 都是正定矩阵。现取满足 $\|\boldsymbol{p}\| < r$ 的任意非零向量 $\boldsymbol{p}$, 则有 $\boldsymbol{x}^* + \boldsymbol{p} \in D$, 根据泰勒定理可得

$$f(\boldsymbol{x}^* + \boldsymbol{p}) = f(\boldsymbol{x}^*) + \boldsymbol{p}^{\mathrm{T}}\nabla f(\boldsymbol{x}^*) + \frac{1}{2}\boldsymbol{p}^{\mathrm{T}}\nabla^2 f(\boldsymbol{z})\boldsymbol{p} = f(\boldsymbol{x}^*) + \frac{1}{2}\boldsymbol{p}^{\mathrm{T}}\nabla^2 f(\boldsymbol{z})\boldsymbol{p}$$

式中 $\boldsymbol{z} = \boldsymbol{x}^* + t\boldsymbol{p}$, 其中 $t \in (0, 1)$。由于 $\boldsymbol{z} \in D$, $\nabla^2 f(\boldsymbol{z})$ 是正定矩阵, 于是有 $\boldsymbol{p}^{\mathrm{T}}\nabla^2 f(\boldsymbol{z})\boldsymbol{p} > 0$, 进一步可得 $f(\boldsymbol{x}^* + \boldsymbol{p}) > f(\boldsymbol{x}^*)$, 这意味着向量 $\boldsymbol{x}^*$ 是函数 f 的严格局部极小值点。证毕。

相比于前面讨论的必要条件, 定理 2.4 中的二阶充分条件给出的结论更强, 因为其中的极小值点是严格局部极小值点。注意到二阶充分条件并不是必要条件, 也就是说如果向量 $\boldsymbol{x}^*$ 是严格局部极小值点, 定理 2.4 中的充分条件可能并不满足。为了说明此问题, 可以考虑一个简单的例子, 假设函数 $f(x) = x^4$, 显然 $x^* = 0$ 是其严格局部极小值点, 但是该点处的 Hessian 矩阵等于零, 肯定不是正定的。

当目标函数是凸函数时, 其局部极小值点和全局最小值点会更容易描述。

【**定理 2.5**】如果 f 是凸函数, 其任意局部极小值点 $\boldsymbol{x}^*$ 都是全局最小值

点。此外, 如果 f 是可微的凸函数, 其任意平稳点 $\boldsymbol{x}^*$ 也是全局最小值点。

【证明】首先, 利用反证法证明定理 2.5 的前半部分。假设向量 $\boldsymbol{x}^*$ 是局部极小值点但不是全局最小值点, 则一定存在某个点 $\boldsymbol{z} \in \mathbb{R}^n$ 使得 $f(\boldsymbol{z}) < f(\boldsymbol{x}^*)$。考虑连接点 $\boldsymbol{x}^*$ 和点 $\boldsymbol{z}$ 的线段, 该线段上的任意点都可以表示为

$$\boldsymbol{x} = \lambda \boldsymbol{z} + (1-\lambda)\boldsymbol{x}^* \tag{2.7}$$

式中 $\lambda \in (0,1]$。由于 f 是凸函数, 则有

$$f(\boldsymbol{x}) \leqslant \lambda f(\boldsymbol{z}) + (1-\lambda) f(\boldsymbol{x}^*) < f(\boldsymbol{x}^*) \tag{2.8}$$

点 $\boldsymbol{x}^*$ 的任意邻域 N 都会包含该线段的一部分, 因此总会存在 $\boldsymbol{x} \in N$, 使得式 (2.8) 成立, 这与向量 $\boldsymbol{x}^*$ 是局部极小值点相矛盾。

其次, 利用反证法证明定理的后半部分。假设向量 $\boldsymbol{x}^*$ 是平稳点但不是全局最小值点, 则一定存在某个点 $\boldsymbol{z} \in \mathbb{R}^n$ 使得 $f(\boldsymbol{z}) < f(\boldsymbol{x}^*)$。利用函数 f 的可微性和凸性可得

$$\begin{aligned}
(\nabla f(\boldsymbol{x}^*))^{\mathrm{T}}(\boldsymbol{z}-\boldsymbol{x}^*) &= \left.\frac{\mathrm{d}}{\mathrm{d}\lambda} f(\boldsymbol{x}^* + \lambda(\boldsymbol{z}-\boldsymbol{x}^*))\right|_{\lambda=0} \\
&= \lim_{\lambda \downarrow 0} \frac{f(\boldsymbol{x}^* + \lambda(\boldsymbol{z}-\boldsymbol{x}^*)) - f(\boldsymbol{x}^*)}{\lambda} \\
&\leqslant \lim_{\lambda \downarrow 0} \frac{\lambda f(\boldsymbol{z}) + (1-\lambda) f(\boldsymbol{x}^*) - f(\boldsymbol{x}^*)}{\lambda} \\
&= f(\boldsymbol{z}) - f(\boldsymbol{x}^*) < 0
\end{aligned}$$

式中第 1 个等号可见附录 A。由该式可知 $\nabla f(\boldsymbol{x}^*) \neq \boldsymbol{0}$, 这与向量 $\boldsymbol{x}^*$ 是平稳点相矛盾。证毕。

上述基于初等微积分推导的结论是无约束优化算法的基础, 所有算法都是以某种方式找寻使梯度向量 $\nabla f(\cdot)$ 等于零的点。

2.1.2 非光滑问题

本书重点讨论的是光滑函数, 也就是指二阶导数存在且连续的函数。然而, 我们也发现其他有趣的问题, 其中的函数可能是非光滑的, 甚至是不连续的。通常难以确定一般间断函数的极小值点。但是, 如果函数由若干光滑片段构成, 而且片段之间不连续, 则可以分别对每个光滑片段进行最小化, 以找寻极小值点。

如果一个非光滑函数处处连续, 但在某些点不可微 (如图 2.3 所示), 我们可以利用次梯度或者广义梯度来确定问题的解, 次梯度和广义梯度是梯度的概念面向非光滑函数进行的推广。非光滑优化超出了本书的研究范畴, 我们向读者推荐文献 [170], 其对非光滑优化理论进行了全面讨论。此处重点强

调的是, 对图 2.3 中的非光滑函数进行最小化是困难的, 该函数在极小值点处的一阶导数 $f'(\boldsymbol{x})$ 具有跳跃不连续性, 因而无法预测函数 f 在非光滑点附近的特性。换言之, 难以利用函数 f 在某个点的信息推断该函数在其邻近点的任意信息, 因为不可微点将会带来干扰。幸运的是, 某些特殊不可微函数的最小化问题可以转化成光滑的约束优化问题, 具体可见第 12 章练习题 12.5 以及第 17 章式 (17.31)。下面给出两个不可微函数的例子:

$$f(\boldsymbol{x}) = \|\boldsymbol{r}(\boldsymbol{x})\|_1, \quad f(\boldsymbol{x}) = \|\boldsymbol{r}(\boldsymbol{x})\|_\infty \tag{2.9}$$

式中 $\boldsymbol{r}(\boldsymbol{x})$ 表示向量函数。式 (2.9) 中的函数常用于数据拟合, 此时 $\boldsymbol{r}(\boldsymbol{x})$ 表示残差向量, 其中的元素定义见式 (2.2)。

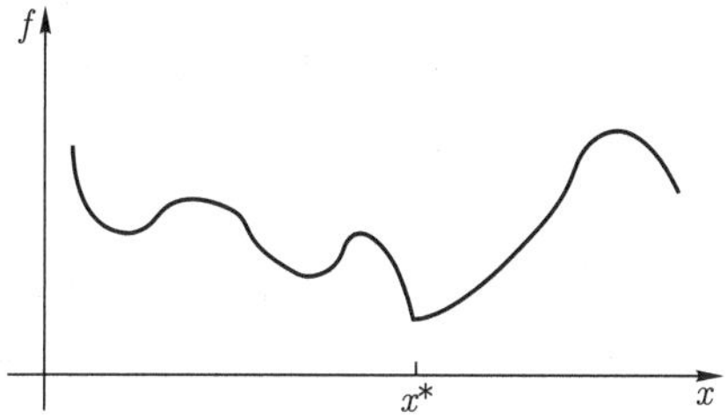

图 2.3 非光滑函数 (极小值点在扭折处)

2.2 算法综述

在过去的 40 年里, 学者们针对光滑函数的无约束优化问题已经提出了一系列性能优越的算法, 本节仅大致描述它们的主要性质, 本书第 3 章至第 7 章将针对这些算法给出更加详细的论述。所有的无约束优化算法都需要一个迭代起始点, 可以将其记为 $\boldsymbol{x}_0$。如果了解优化问题的应用背景及其数据集的相关知识, 则有助于选择一个合理的估计值作为迭代起始点 $\boldsymbol{x}_0$。否则, 迭代起始点必须通过算法来确定, 算法既可以是系统性的, 也可以是其他任意的方式。

优化算法从迭代起始点 $\boldsymbol{x}_0$ 出发, 并产生一组迭代序列 $\{\boldsymbol{x}_k\}_{k=0}^{+\infty}$。当迭代无法取得实质进展, 或迭代序列已经足够逼近解时, 迭代将会终止。在决定如何从当前点 $\boldsymbol{x}_k$ 获得下一次迭代点的过程中, 算法不仅需要函数 f 在当前迭代点 $\boldsymbol{x}_k$ 处的信息, 有时还需要函数 f 在前期迭代点 $\boldsymbol{x}_0, \boldsymbol{x}_1, \cdots, \boldsymbol{x}_{k-1}$ 处的信息。算法利用这些信息找寻新的迭代点 $\boldsymbol{x}_{k+1}$, 并使函数 f 在点 $\boldsymbol{x}_{k+1}$ 处的取值小于在点 $\boldsymbol{x}_k$ 处的取值。需要指出的是, 存在一些非单调算法, 它们并不能保证目标函数 f 的取值在每一次迭代都有所降低, 但能使目标函数 f 的取值在指定的迭代次数 m 之后开始下降, 即有 $f(\boldsymbol{x}_k) < f(\boldsymbol{x}_{k-m})$。

由当前迭代点 $\boldsymbol{x}_k$ 获得下一次迭代点 $\boldsymbol{x}_{k+1}$ 的基本策略有线搜索与信赖域两种，本书描述的大多数算法都遵循其中一种策略。

2.2.1 两种策略：线搜索与信赖域

在线搜索策略 (又称线搜索方法) 中，算法先选择一个搜索方向 $\boldsymbol{p}_k$，再沿此方向以迭代点 $\boldsymbol{x}_k$ 为起点确定下一次迭代点，从而使目标函数 f 的取值降低。在方向 $\boldsymbol{p}_k$ 上的步长 α 可以通过求解一维最小化问题来获得，如下所示:

$$\min_{\alpha>0}\{f(\boldsymbol{x}_k+\alpha\boldsymbol{p}_k)\} \tag{2.10}$$

通过精确求解式 (2.10)，可以在搜索方向 $\boldsymbol{p}_k$ 上获得最大的收益。然而，精确求解式 (2.10) 可能付出较高的代价，一般是不必要的。线搜索算法并非要精确求解式 (2.10)，而是产生有限个试验步长，直至找到一个接近式 (2.10) 极小值点的步长。在新的迭代点上重新计算搜索方向和步长，并重复此过程。

在信赖域策略 (又称信赖域方法) 中，需要利用函数 f 的信息来构造模型函数 m_k，该函数在当前迭代点 $\boldsymbol{x}_k$ 附近的特性与实际目标函数 f 的特性相似。当 $\boldsymbol{x}$ 远离 $\boldsymbol{x}_k$ 时，模型函数 m_k 与目标函数 f 的差异增大，所以当对函数 m_k 最小化时，需要将搜索区域限定在点 $\boldsymbol{x}_k$ 的周边。因此，可以通过求解如下子优化问题来获得候选迭代点:

$$\begin{cases}\min\limits_{\boldsymbol{p}}\{m_k(\boldsymbol{x}_k+\boldsymbol{p})\}\\ \text{s.t.}\ \ \boldsymbol{x}_k+\boldsymbol{p}\ \text{位于信赖域}\end{cases} \tag{2.11}$$

如果该候选解不能使目标函数 f 的取值显著降低，则可以认为信赖域面积太大，此时应当缩小信赖域面积，并重新求解式 (2.11)。信赖域通常是球体，其定义为 $\|\boldsymbol{p}\|_2\leqslant\varDelta$，其中标量 $\varDelta>0$ 称为信赖域半径。此外，还可以将信赖域选为椭圆形或者盒形。

通常将式 (2.11) 中的模型函数 m_k 定义为二次函数，如下所示:

$$m_k(\boldsymbol{x}_k+\boldsymbol{p})=f_k+\boldsymbol{p}^{\mathrm{T}}\nabla f_k+\frac{1}{2}\boldsymbol{p}^{\mathrm{T}}\boldsymbol{B}_k\boldsymbol{p} \tag{2.12}$$

式中 f_k、∇f_k 以及 $\boldsymbol{B}_k$ 分别为标量、向量以及矩阵。从公式中可以看出，f_k 和 ∇f_k 分别为目标函数 f 及其梯度向量 ∇f 在迭代点 $\boldsymbol{x}_k$ 处的取值，因此在当前迭代点 $\boldsymbol{x}_k$ 处，模型函数 m_k 是目标函数 f 的二阶近似。矩阵 $\boldsymbol{B}_k$ 既可以选为 Hessian 矩阵 $\nabla^2 f_k$，又可以选为其他近似值。

考虑目标函数 $f(\boldsymbol{x})=10(x_2-x_1^2)^2+(1-x_1)^2$，其在迭代点 $\boldsymbol{x}_k=[0\ \ 1]^{\mathrm{T}}$ 处的梯度向量和 Hessian 矩阵分别为

$$\nabla f_k = \begin{bmatrix} -2 \\ 20 \end{bmatrix}, \quad \nabla^2 f_k = \begin{bmatrix} -38 & 0 \\ 0 & 20 \end{bmatrix}$$

图 2.4 描绘了二次模型函数式 (2.12) 的等高线图 (其中 $\boldsymbol{B}_k = \nabla^2 f_k$)、目标函数 f 的等高线以及信赖域。此外, 图中还指明了模型函数 m_k 取值为 1 和 12 两种情形下的等高线。从图 2.4 中可以看出, 如果未找到合适的迭代点, 则将缩小信赖域面积, 从而减少当前迭代点 $\boldsymbol{x}_k$ 与下一次迭代点之间的距离, 并且迭代更新方向也会发生变化。信赖域策略在这方面有别于线搜索方法, 后者每一次迭代都始终在同一方向进行寻优。

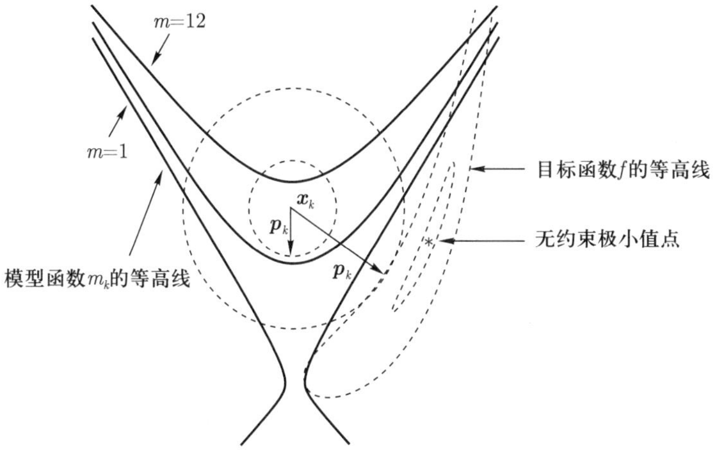

图 2.4 两种可能的信赖域 (图中的圆形虚线) 和相应的迭代更新向量 $\boldsymbol{p}_k$, 以及模型函数 m_k 的等高线 (实线)

从某种意义上说, 线搜索方法与信赖域方法选择迭代搜索方向和迭代距离的顺序是不同的。线搜索方法首先固定搜索方向 $\boldsymbol{p}_k$, 然后确定迭代距离, 即迭代步长 α_k。信赖域方法则首先选择最大迭代距离 (即信赖域半径 Δ_k), 然后在满足距离约束的条件下确定迭代更新向量, 以使得目标函数获得最优的改进。如果更新结果不能令人满意, 则可减少距离半径 Δ_k, 并重新进行优化计算。

第 3 章将详细讨论线搜索方法, 第 4 章则全面讨论信赖域策略, 其中包括如何选择和调整信赖域大小以及如何计算信赖域问题式 (2.11) 的近似解。下面预先讨论两个问题: (1) 线搜索方法中搜索方向 $\boldsymbol{p}_k$ 的选择; (2) 信赖域方法中 Hessian 矩阵 $\boldsymbol{B}_k$ 的选择。这两个问题是紧密相关的。

2.2.2 线搜索方法的搜索方向

在线搜索方法中, 最常使用的搜索方向应该是最速下降方向 $-\nabla f_k$。这是很直观的选择, 因为在以向量 $\boldsymbol{x}_k$ 为起点的所有搜索方向中, $-\nabla f_k$ 是使

函数 f 下降最快的方向。为了说明此结论, 需要再次利用泰勒定理 (即定理 2.1), 由该定理可知, 对于任意给定的搜索方向 $\boldsymbol{p}$ 和步长 α, 可以得到如下关系式:

$$f(\boldsymbol{x}_k+\alpha\boldsymbol{p})=f(\boldsymbol{x}_k)+\alpha\boldsymbol{p}^{\mathrm{T}}\nabla f_k+\frac{1}{2}\alpha^2\boldsymbol{p}^{\mathrm{T}}\nabla^2 f(\boldsymbol{x}_k+t\boldsymbol{p})\boldsymbol{p}\quad(\text{存在 } t\in(0,\alpha))$$

该式可以由式 (2.6) 推得。函数 f 在迭代点 $\boldsymbol{x}_k$ 处沿搜索方向 $\boldsymbol{p}$ 的变化率是 α 的系数, 即为 $\boldsymbol{p}^{\mathrm{T}}\nabla f_k$。因此, 函数下降最快的单位方向应该是下式的最优解:

$$\begin{cases}\min\limits_{\boldsymbol{p}}\{\boldsymbol{p}^{\mathrm{T}}\nabla f_k\}\\ \text{s.t.}\ \ \|\boldsymbol{p}\|=1\end{cases}\tag{2.13}$$

由于 $\boldsymbol{p}^{\mathrm{T}}\nabla f_k=\|\boldsymbol{p}\|\ \|\nabla f_k\|\cos\theta=\|\nabla f_k\|\cos\theta$, 其中 θ 表示向量 $\boldsymbol{p}$ 与 ∇f_k 之间的夹角, 容易证明式 (2.13) 的最优解应满足 $\cos\theta=-1$, 于是有

$$\boldsymbol{p}=-\frac{\nabla f_k}{\|\nabla f_k\|}$$

如图 2.5 所示, 该搜索方向与函数的等高线正交。

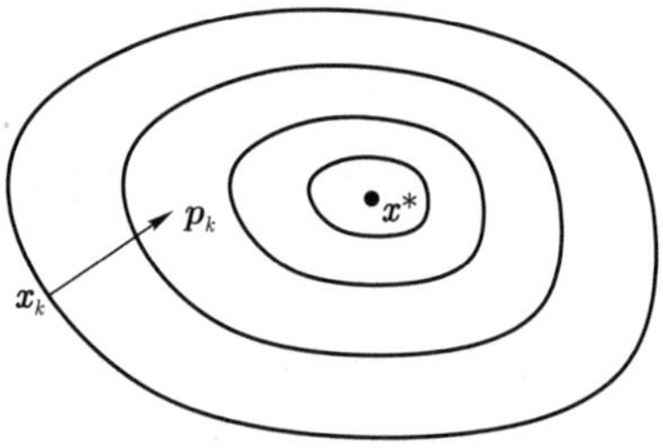

图 2.5　双变量函数的最速下降方向

最速下降方法是一种线搜索方法, 每次迭代均沿着方向 $\boldsymbol{p}_k=-\nabla f_k$ 进行寻优。该方法选取步长 α_k 的方式有多种, 本书将在第 3 章对其进行讨论。最速下降方向的主要优势在于, 其仅需计算梯度向量 ∇f_k, 无须计算函数的二阶导数。然而, 对于复杂的问题, 该方法的收敛速度可能会极其缓慢。

线搜索方法采用的搜索方向并不局限于最速下降方向。一般而言, 只要步长足够小, 任何与方向 $-\nabla f_k$ 的夹角小于 $\pi/2$ 弧度的搜索方向均能使函数 f 的取值得到降低 (如图 2.6 所示)。利用泰勒定理可以证明此结论, 由式 (2.6) 可得

$$f(\boldsymbol{x}_k+\varepsilon\boldsymbol{p}_k)=f(\boldsymbol{x}_k)+\varepsilon\boldsymbol{p}_k^{\mathrm{T}}\nabla f_k+O(\varepsilon^2)$$

如果向量 $\boldsymbol{p}_k$ 是下降方向, 此时 $\boldsymbol{p}_k$ 与 ∇f_k 之间的夹角 θ_k 应满足 $\cos\theta_k<0$,

于是有

$$\boldsymbol{p}_k^{\mathrm{T}} \nabla f_k = \|\boldsymbol{p}_k\| \, \|\nabla f_k\| \cos\theta_k < 0$$

因此, 对于充分小的正数 ε 满足 $f(\boldsymbol{x}_k + \varepsilon \boldsymbol{p}_k) < f(\boldsymbol{x}_k)$。

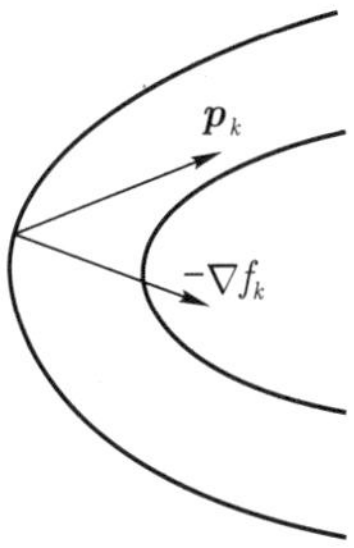

图 2.6　下降方向 $\boldsymbol{p}_k$ 示意图

另一个重要的 (也许是最重要的) 搜索方向是牛顿方向。该方向是通过对 $f(\boldsymbol{x}_k + \boldsymbol{p})$ 进行二阶泰勒级数近似所获得的, 如下所示:

$$f(\boldsymbol{x}_k + \boldsymbol{p}) \approx f_k + \boldsymbol{p}^{\mathrm{T}} \nabla f_k + \frac{1}{2} \boldsymbol{p}^{\mathrm{T}} \nabla^2 f_k \boldsymbol{p} \xlongequal{\text{定义}} m_k(\boldsymbol{p}) \tag{2.14}$$

假设 $\nabla^2 f_k$ 是正定矩阵, 牛顿方向是使 $m_k(\boldsymbol{p})$ 取值最小的向量 $\boldsymbol{p}$。因此, 仅需要将函数 $m_k(\boldsymbol{p})$ 的导数设为零, 就可以得到牛顿方向的显式表达式, 如下所示:

$$\boldsymbol{p}_k^{\mathrm{N}} = -(\nabla^2 f_k)^{-1} \nabla f_k \tag{2.15}$$

如果真实函数 $f(\boldsymbol{x}_k + \boldsymbol{p})$ 与其二次模型函数 $m_k(\boldsymbol{p})$ 的差异较小, 牛顿方向是可靠的。比较式 (2.14) 与式 (2.6) 可知, 两者的主要区别在于, 式 (2.6) 中的第 3 项 $\nabla^2 f(\boldsymbol{x} + t\boldsymbol{p})$ 被 $\nabla^2 f_k$ 所替代。如果 $\nabla^2 f$ 充分光滑, 在泰勒级数展开中引入的扰动项仅为 $O(\|\boldsymbol{p}\|^3)$, 因此当 $\|\boldsymbol{p}\|$ 较小时, $f(\boldsymbol{x}_k + \boldsymbol{p})$ 与 $m_k(\boldsymbol{p})$ 是非常接近的。

当 $\nabla^2 f_k$ 是正定矩阵时, 线搜索方法可以使用牛顿方向, 此时存在标量 $\sigma_k > 0$ 满足

$$\nabla f_k^{\mathrm{T}} \boldsymbol{p}_k^{\mathrm{N}} = -(\boldsymbol{p}_k^{\mathrm{N}})^{\mathrm{T}} \nabla^2 f_k \boldsymbol{p}_k^{\mathrm{N}} \leqslant -\sigma_k \|\boldsymbol{p}_k^{\mathrm{N}}\|^2$$

当梯度向量 ∇f_k 为非零向量时 (否则更新方向 $\boldsymbol{p}_k^{\mathrm{N}}$ 为零向量), 可得 $\nabla f_k^{\mathrm{T}} \boldsymbol{p}_k^{\mathrm{N}} < 0$, 此时牛顿方向是下降方向。

与最速下降方向不同的是, 牛顿方向的步长默认为 1。在牛顿方法中实现线搜索大多采用单位步长, 只有当目标函数 f 的取值下降不能令人满意时, 才需要调整步长 α。

当 $\nabla^2 f_k$ 不是正定矩阵时, 可能无法对牛顿方向进行定义, 因为 $(\nabla^2 f_k)^{-1}$

也许并不存在。即使可以对其进行定义，也未必满足下降条件 $\nabla f_k^{\mathrm{T}} \boldsymbol{p}_k^{\mathrm{N}} < 0$，此时 $\boldsymbol{p}_k^{\mathrm{N}}$ 并不适合作为搜索方向。在此情况下，线搜索方法需要对搜索方向 $\boldsymbol{p}_k$ 进行修正，以使其满足下降条件，同时还保留 $\nabla^2 f_k$ 中包含的二阶导数信息。本书将在第 3 章对这些修正进行讨论。

基于牛顿方向的线搜索方法具有快速局部收敛速度，通常具有二次收敛速度。当迭代至最优解的邻域范围内时，仅需要几次迭代即可收敛至很高的精度。牛顿方法的主要缺点是需要计算 Hessian 矩阵 $\nabla^2 f(\boldsymbol{x})$。计算此二阶导数矩阵有时会比较复杂，计算成本较高，还容易出错。第 8 章介绍的有限差分和自动微分技术可用于避免手工计算二阶导数。

拟牛顿搜索方向可作为牛顿方法一种有吸引力的替代方案，因为其不需要计算 Hessian 矩阵，但仍具有超线性收敛速度。该类方法使用近似矩阵 $\boldsymbol{B}_k$ 替代真实 Hessian 矩阵 $\nabla^2 f_k$，并且根据每一次迭代中获得的额外信息对矩阵 $\boldsymbol{B}_k$ 进行更新。梯度的改变量包含了函数 f 在搜索方向上的二阶导数信息，拟牛顿方法正是基于此事实对矩阵 $\boldsymbol{B}_k$ 进行更新。回顾泰勒定理中的式 (2.5)，在该式的基础上同时加上并减去 $\nabla^2 f(\boldsymbol{x})\boldsymbol{p}$ 可得

$$\nabla f(\boldsymbol{x}+\boldsymbol{p}) = \nabla f(\boldsymbol{x}) + \nabla^2 f(\boldsymbol{x})\boldsymbol{p} + \int_0^1 (\nabla^2 f(\boldsymbol{x}+t\boldsymbol{p}) - \nabla^2 f(\boldsymbol{x}))\boldsymbol{p}\mathrm{d}t$$

由于 $\nabla f(\cdot)$ 是连续函数，该式最后的积分项大小为 $o(\|\boldsymbol{p}\|)$。若令 $\boldsymbol{x} = \boldsymbol{x}_k$ 和 $\boldsymbol{p} = \boldsymbol{x}_{k+1} - \boldsymbol{x}_k$，则有

$$\nabla f_{k+1} = \nabla f_k + \nabla^2 f_k(\boldsymbol{x}_{k+1} - \boldsymbol{x}_k) + o(\|\boldsymbol{x}_{k+1} - \boldsymbol{x}_k\|)$$

如果 $\boldsymbol{x}_k$ 和 $\boldsymbol{x}_{k+1}$ 位于最优解 $\boldsymbol{x}^*$ 的周边区域，且在此区域内 $\nabla^2 f$ 始终具有正定性，那么相比于 $\nabla^2 f_k(\boldsymbol{x}_{k+1} - \boldsymbol{x}_k)$，最后一项 $o(\|\boldsymbol{x}_{k+1} - \boldsymbol{x}_k\|)$ 可以逐渐被忽略，于是有

$$\nabla^2 f_k(\boldsymbol{x}_{k+1} - \boldsymbol{x}_k) \approx \nabla f_{k+1} - \nabla f_k \tag{2.16}$$

Hessian 矩阵的近似更新值 $\boldsymbol{B}_{k+1}$ 应满足式 (2.16)，也就是真实 Hessian 矩阵所满足的条件，即有

$$\boldsymbol{B}_{k+1}\boldsymbol{s}_k = \boldsymbol{y}_k \tag{2.17}$$

式中

$$\boldsymbol{s}_k = \boldsymbol{x}_{k+1} - \boldsymbol{x}_k, \quad \boldsymbol{y}_k = \nabla f_{k+1} - \nabla f_k$$

式 (2.17) 称为割线方程。此外，我们还可以对矩阵 $\boldsymbol{B}_{k+1}$ 增加一些其他约束，例如，对称性 (源自真实 Hessian 矩阵的对称性)，以及相邻两次迭代中近似矩阵 $\boldsymbol{B}_k$ 与 $\boldsymbol{B}_{k+1}$ 之间的差值具有低秩性。

下面给出更新 Hessian 矩阵 $\boldsymbol{B}_k$ 的两个常用公式。第 1 个是对称秩

1(SR1) 公式, 如下所示:

$$\boldsymbol{B}_{k+1}=\boldsymbol{B}_k+\frac{(\boldsymbol{y}_k-\boldsymbol{B}_k\boldsymbol{s}_k)(\boldsymbol{y}_k-\boldsymbol{B}_k\boldsymbol{s}_k)^{\mathrm{T}}}{(\boldsymbol{y}_k-\boldsymbol{B}_k\boldsymbol{s}_k)^{\mathrm{T}}\boldsymbol{s}_k} \tag{2.18}$$

第 2 个是 BFGS 公式, 它是由 Broyden、Fletcher、Goldfarb 以及 Shanno 提出的, 因此以他们的名字命名, 其更新公式为

$$\boldsymbol{B}_{k+1}=\boldsymbol{B}_k-\frac{\boldsymbol{B}_k\boldsymbol{s}_k\boldsymbol{s}_k^{\mathrm{T}}\boldsymbol{B}_k}{\boldsymbol{s}_k^{\mathrm{T}}\boldsymbol{B}_k\boldsymbol{s}_k}+\frac{\boldsymbol{y}_k\boldsymbol{y}_k^{\mathrm{T}}}{\boldsymbol{y}_k^{\mathrm{T}}\boldsymbol{s}_k} \tag{2.19}$$

在式 (2.18) 中, 矩阵 $\boldsymbol{B}_k$ 和 $\boldsymbol{B}_{k+1}$ 之间的差值是秩 1 矩阵; 在式 (2.19) 中, 两者的差值是秩 2 矩阵。这两个更新公式都满足割线方程, 并且都具有对称性。可以证明, 只要初始矩阵 $\boldsymbol{B}_0$ 具有正定性以及 $\boldsymbol{s}_k^{\mathrm{T}}\boldsymbol{y}_k>0$, 那么由式 (2.19) 得到的更新矩阵一定是正定的。本书将在第 6 章进一步讨论这些问题。

利用近似矩阵 $\boldsymbol{B}_k$ 代替式 (2.15) 中的精确 Hessian 矩阵可以得到拟牛顿搜索方向, 如下所示:

$$\boldsymbol{p}_k=-\boldsymbol{B}_k^{-1}\nabla f_k \tag{2.20}$$

在拟牛顿方法的实现过程中, 可以直接对逆矩阵 $\boldsymbol{B}_k^{-1}$ 进行更新, 而不是对矩阵 $\boldsymbol{B}_k$ 进行更新, 从而在每次迭代中避免对矩阵 $\boldsymbol{B}_k$ 进行分解运算。定义 $\boldsymbol{H}_k=\boldsymbol{B}_k^{-1}$, 若对矩阵 $\boldsymbol{H}_k$ 进行更新, 则与式 (2.18) 和式 (2.19) 等价的公式为

$$\boldsymbol{H}_{k+1}=(\boldsymbol{I}-\rho_k\boldsymbol{s}_k\boldsymbol{y}_k^{\mathrm{T}})\boldsymbol{H}_k(\boldsymbol{I}-\rho_k\boldsymbol{y}_k\boldsymbol{s}_k^{\mathrm{T}})+\rho_k\boldsymbol{s}_k\boldsymbol{s}_k^{\mathrm{T}},\rho_k=\frac{1}{\boldsymbol{y}_k^{\mathrm{T}}\boldsymbol{s}_k} \tag{2.21}$$

于是迭代更新向量 $\boldsymbol{p}_k$ 的计算公式应为 $\boldsymbol{p}_k=-\boldsymbol{H}_k\nabla f_k$。实现该式所需的矩阵与向量的乘积比实现式 (2.20) 所需的矩阵分解/反向替换过程更加简单。

当求解大规模优化问题时, 拟牛顿方法存在两种变形形式, 分别为部分可分离和有限存储更新, 第 7 章将对它们进行讨论。

这里介绍的最后一类搜索方向是由非线性共轭梯度方法生成的, 具有如下形式:

$$\boldsymbol{p}_k=-\nabla f(\boldsymbol{x}_k)+\beta_k\boldsymbol{p}_{k-1}$$

式中 β_k 是标量, 可确保 $\boldsymbol{p}_k$ 与 $\boldsymbol{p}_{k-1}$ 之间相互共轭。在二次函数最小化问题中, “共轭” 是一个很重要的概念, 第 5 章将给出其定义。共轭梯度方法最初用于求解线性方程组 $\boldsymbol{A}\boldsymbol{x}=\boldsymbol{b}$, 其中系数矩阵 $\boldsymbol{A}$ 具有对称正定性。求解线性方程组 $\boldsymbol{A}\boldsymbol{x}=\boldsymbol{b}$ 等价于对下面的凸二次函数最小化:

$$\phi(\boldsymbol{x})=\frac{1}{2}\boldsymbol{x}^{\mathrm{T}}\boldsymbol{A}\boldsymbol{x}-\boldsymbol{b}^{\mathrm{T}}\boldsymbol{x}$$

为了求解更具一般形式的无约束最小化问题, 人们会对共轭梯度方法进行推

广。通常, 非线性共轭梯度方向比最速下降方向更加有效, 并且两者的计算过程相当且都比较简单。它们虽然不像牛顿方法和拟牛顿方法具有快速收敛速度, 但具有不需要存储矩阵的优势。第 5 章将对非线性共轭梯度方法进行全面的讨论。

截至目前讨论的所有搜索方向都可以直接应用于线搜索框架中, 进而产生最速下降方法、牛顿方法、拟牛顿方法以及共轭梯度方法。除共轭梯度方向以外, 其他搜索方向还可以应用于信赖域框架中, 下面将对其进行讨论。

2.2.3 信赖域方法模型

如果在式 (2.12) 中令 $\boldsymbol{B}_k=\boldsymbol{0}$, 并利用欧几里得范数定义信赖域, 此时信赖域子问题式 (2.11) 可以表示为

$$\begin{cases}\min\limits_{\boldsymbol{p}}\{f_k+\boldsymbol{p}^{\mathrm{T}}\nabla f_k\}\\ \text{s.t. } \|\boldsymbol{p}\|_2\leqslant\Delta_k\end{cases}$$

该问题的最优显式表达式为

$$\boldsymbol{p}_k=-\frac{\Delta_k\nabla f_k}{\|\nabla f_k\|_2}$$

该迭代更新向量即为最速下降方向, 只是步长由信赖域半径所确定。因此, 在此情况下信赖域方法与线搜索方法基本是相同的。

如果将二次函数式 (2.12) 中的矩阵 $\boldsymbol{B}_k$ 选为 Hessian 矩阵的精确值 $\nabla^2 f_k$, 就能得到一种更有意义的信赖域算法。在信赖域约束 $\|\boldsymbol{p}\|_2\leqslant\Delta_k$ 条件下, 即使 $\nabla^2 f_k$ 不是正定矩阵, 子问题式 (2.11) 也一定存在最优解 (如图 2.4 所示)。根据第 7 章的讨论可知, 信赖域牛顿方法在实践中被证明是非常有效的。

如果在二次模型函数式 (2.12) 中, 矩阵 $\boldsymbol{B}_k$ 是基于拟牛顿方法近似所获得, 则可以得到信赖域拟牛顿方法。

2.2.4 变量缩放

一种算法的性能可能在很大程度上取决于对问题的数学建模方式。在建模过程中, 一个重要的问题是变量缩放 (或称变量标定)。在无约束优化问题中, 如果变量 $\boldsymbol{x}$ 某个元素的改变所引起函数 f 的变化量比其他元素大得多, 则说明该问题缩放较差。不妨考虑一个简单例子, 其函数定义为 $f(\boldsymbol{x})=10^9x_1^2+x_2^2$, 显然该函数对 x_1 的微小变化量非常敏感, 但是对 x_2 的扰动量并不敏感。

例如, 在模拟物理和化学系统时, 不同过程的演化速率差异很大, 从而产生缩放较差的函数。更具体地说, 考虑一个发生 4 个反应的化学系统。与每

个反应相关的是一个速率常数，其刻画了此反应发生的速率。因此，优化问题可以描述为，通过观察该系统中每种化学物质在不同时间的浓度来求解这些速率常数。由于反应发生的速度差异很大，导致 4 个常数的差别很大。假设对这些常数有以下粗略估计值：

$$x_1 \approx 10^{-10}, \quad x_2 \approx x_3 \approx 1, \quad x_4 \approx 10^5$$

显然，每个估计值的数量级并不相同，在解决该问题之前，可以首先引入新的变量 $\boldsymbol{z}$，其定义为

$$\begin{bmatrix} x_1 \\ x_2 \\ x_3 \\ x_4 \end{bmatrix} = \begin{bmatrix} 10^{-10} & 0 & 0 & 0 \\ 0 & 1 & 0 & 0 \\ 0 & 0 & 1 & 0 \\ 0 & 0 & 0 & 10^5 \end{bmatrix} \begin{bmatrix} z_1 \\ z_2 \\ z_3 \\ z_4 \end{bmatrix}$$

然后针对变量 $\boldsymbol{z}$ 重新构建并求解优化问题。向量 $\boldsymbol{z}$ 中的每个元素均与常数 1 在同一个数量级上，这使得解在数值上更加平衡。此类变量缩放方式称为对角缩放。

当表示变量的单位发生变化时，就需要进行变量缩放 (有时是无意的)。在建模过程中，我们可能会改变某些变量的单位，例如，从米到毫米。如果进行了这些处理，这些变量的范围以及它们相对于其他变量的大小都将发生显著变化。

一些优化算法对差的缩放比较敏感，例如最速下降方法，而另一些优化算法，则不受其影响，例如牛顿方法。图 2.7 描绘了两个凸近似二次函数的等高线图，其中第 1 个函数的变量缩放较差，而第 2 个函数的变量缩放较好。对于第 1 个问题，由于等高线被拉得太长，最速下降方法并不能使函数值明显下降；对于第 2 个问题，最速下降方法可以使函数值下降更加明显。对于这两个问题，牛顿方法都能获得更好的迭代更新向量，因为式 (2.14) 给出的二次模型函数 m_k 与目标函数 f 非常接近。

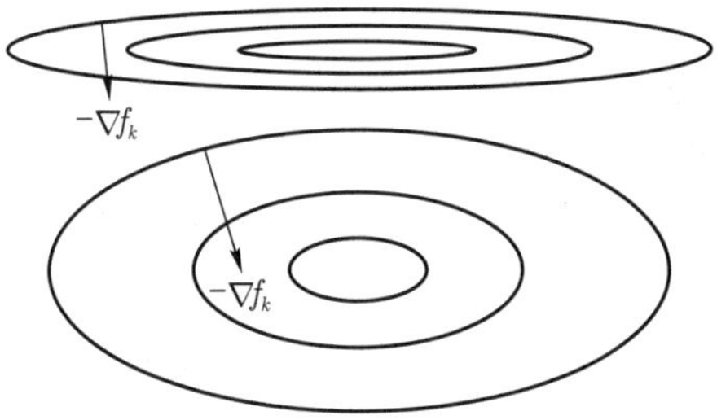

图 2.7　两个函数的等高线图及其最速下降方向 (1 个变量缩放较差；1 个变量缩放较好)

当选择优化算法时，应该倾向于选择对缩放不敏感的算法，因为它们可以更鲁棒地求解缩放较差的问题。在设计完整算法时，我们尝试将尺度不变

性融入算法的各个方面，包括线搜索或者信赖域算法以及收敛性测试。一般而言，线搜索算法比信赖域算法更容易保持尺度不变性。

2.3 练习题

2.1 考虑如下 Rosenbrock 函数:

$$f(\boldsymbol{x})=100(x_2-x_1^2)^2+(1-x_1)^2 \tag{2.22}$$

计算该函数的梯度向量 $\nabla f(\boldsymbol{x})$ 和 Hessian 矩阵 $\nabla^2 f(\boldsymbol{x})$，然后证明 $\boldsymbol{x}^*=[1\ \ 1]^{\mathrm{T}}$ 是该函数的唯一局部极小值点，且在该点处的 Hessian 矩阵是正定的。

2.2 证明函数 $f(\boldsymbol{x})=8x_1+12x_2+x_1^2-2x_2^2$ 只有唯一的平稳点，且该点既不是极小值点，也不是极大值点，而是鞍点。此外，画出函数 f 的等高线图。

2.3 假设 $\boldsymbol{a}$ 为 n 维向量，$\boldsymbol{A}$ 为 n 阶对称矩阵，分别计算函数 $f_1(\boldsymbol{x})=\boldsymbol{a}^{\mathrm{T}}\boldsymbol{x}$ 和 $f_2(\boldsymbol{x})=\boldsymbol{x}^{\mathrm{T}}\boldsymbol{A}\boldsymbol{x}$ 的梯度向量和 Hessian 矩阵。

2.4 根据式 (2.6) 写出函数 $\cos(1/x)$ 在非零点 x 处的二阶泰勒级数展开式，以及函数 $\cos x$ 在任意点 x 处的三阶泰勒级数展开式。最后固定 $x=1$，针对第 2 个泰勒级数展开式进行评估。

2.5 假设函数 $f:\mathbb{R}^2\to\mathbb{R}$ 为 $f(\boldsymbol{x})=\|\boldsymbol{x}\|^2$，证明迭代序列 $\{\boldsymbol{x}_k\}$

$$\boldsymbol{x}_k=\left(1+\frac{1}{2^k}\right)\begin{bmatrix}\cos k\\ \sin k\end{bmatrix}$$

满足 $f(\boldsymbol{x}_{k+1})<f(\boldsymbol{x}_k)$ $(k=0,1,2,\cdots)$。此外，证明单位圆 $\{\boldsymbol{x}|\ \|\boldsymbol{x}\|^2=1\}$ 上的每一个点都是序列 $\{\boldsymbol{x}_k\}$ 的极限点。(提示: 定义序列

$$\xi_k=k\ (\mathrm{mod}\ 2\pi)=k-2\pi\left\lfloor\frac{k}{2\pi}\right\rfloor$$

式中 $\lfloor\cdot\rfloor$ 表示向下取整，每一个相位值 $\theta\in[0,2\pi]$ 都是序列 $\{\xi_k\}$ 的极限点。)

2.6 证明所有孤立局部极小值点都是严格局部极小值点。(提示: 取孤立局部极小值点 $\boldsymbol{x}^*$ 及其邻域 N，证明任意 $\boldsymbol{x}\in N$ 且 $\boldsymbol{x}\neq\boldsymbol{x}^*$，一定满足 $f(\boldsymbol{x})>f(\boldsymbol{x}^*)$。)

2.7 假设 $f(\boldsymbol{x})=\boldsymbol{x}^{\mathrm{T}}\boldsymbol{Q}\boldsymbol{x}$，其中 $\boldsymbol{Q}$ 为 n 阶对称半正定矩阵，根据式 (1.4) 证明 $f(\boldsymbol{x})$ 在定义域 $\mathbb{R}^n$ 上是凸函数。(提示: 证明与式 (1.4) 等价的不等式，如下所示:

$$f(\boldsymbol{y}+\alpha(\boldsymbol{x}-\boldsymbol{y}))-\alpha f(\boldsymbol{x})-(1-\alpha)f(\boldsymbol{y})\leqslant 0$$

式中 $\boldsymbol{x}, \boldsymbol{y} \in \mathbb{R}^n$, 且 $\alpha \in [0,1]$。)

2.8 假设 f 是凸函数, 证明函数 f 的全局最小值点构成的集合是凸集。

2.9 假设函数 $f(x_1, x_2) = (x_1 + x_2^2)^2$, 在点 $\boldsymbol{x} = [1 \ \ 0]^{\mathrm{T}}$ 处观察搜索方向 $\boldsymbol{p} = [-1 \ \ 1]^{\mathrm{T}}$, 证明 $\boldsymbol{p}$ 是该函数的下降方向, 并求解式 (2.10) 的全部极小值点。

2.10 假设 $\widetilde{f}(\boldsymbol{z}) = f(\boldsymbol{x})$, 其中 $\boldsymbol{x} = \boldsymbol{S}\boldsymbol{z} + \boldsymbol{s}$, 矩阵 $\boldsymbol{S} \in \mathbb{R}^{n \times n}$ 和向量 $\boldsymbol{s} \in \mathbb{R}^{n \times 1}$ 均为常量。试证明

$$\nabla \widetilde{f}(\boldsymbol{z}) = \boldsymbol{S}^{\mathrm{T}} \nabla f(\boldsymbol{x}), \quad \nabla^2 \widetilde{f}(\boldsymbol{z}) = \boldsymbol{S}^{\mathrm{T}} \nabla^2 f(\boldsymbol{x}) \boldsymbol{S}$$

(提示: 根据链式求导法则, 利用 $\mathrm{d}f \,/\, \mathrm{d}x_i$ 和 $\mathrm{d}x_i \,/\, \mathrm{d}z_j$ $(i, j = 1, 2, \cdots, n)$ 来表示 $\mathrm{d}\widetilde{f} \,/\, \mathrm{d}z_j$。)

2.11 如果 Hessian 矩阵的初始近似值 $\boldsymbol{B}_0$ 选择合理, 证明式 (2.18) 给出的对称秩 1 更新公式和式 (2.19) 给出的 BFGS 更新公式均具有尺度不变性。如果使用第 2.10 题中的符号, 等价于证明, 若利用它们对函数 $f(\boldsymbol{x})$ 进行优化, 其迭代起始点为 $\boldsymbol{x}_0 = \boldsymbol{S}\boldsymbol{z}_0 + \boldsymbol{s}$, Hessian 矩阵的初始近似值为 $\boldsymbol{B}_0$, 还利用它们对函数 $\widetilde{f}(\boldsymbol{z})$ 进行优化, 其迭代起始点为 $\boldsymbol{z}_0$, Hessian 矩阵的初始近似值为 $\boldsymbol{S}^{\mathrm{T}} \boldsymbol{B}_0 \boldsymbol{S}$, 那么这两种变量的迭代序列满足 $\boldsymbol{x}_k = \boldsymbol{S}\boldsymbol{z}_k + \boldsymbol{s}$。(为简单起见, 假设它们均采用单位步长。)

2.12 假设双变量函数 f 在解 $\boldsymbol{x}^*$ 处缩放较差, 写出函数 f 在点 $\boldsymbol{x}^*$ 处的两个泰勒级数展开式, 每个坐标方向写一个, 并进而证明 Hessian 矩阵 $\nabla^2 f(\boldsymbol{x}^*)$ 是病态的。

2.13 (为了回答该问题以及下面 3 个问题, 读者可以参考附录 A.2 节中关于收敛速度的讨论。) 虽然序列 $x_k = 1/k$ 收敛至 0, 证明它并不是 Q 线性收敛。(可称其为次线性收敛。)

2.14 证明序列 $x_k = 1 + 0.5^{2^k}$ Q 二次收敛于 1。

2.15 分析序列 $x_k = 1/k!$ 是 Q 超线性收敛还是 Q 二次收敛。

2.16 定义序列 $\{x_k\}$ 为

$$x_k = \begin{cases} (1/4)^{2^k} & (k \text{ 为偶数}) \\ \dfrac{1}{k} x_{k-1} & (k \text{ 为奇数}) \end{cases}$$

分析该序列是 Q 超线性收敛、Q 二次收敛还是 R 二次收敛的。

第 3 章

线搜索方法

在线搜索方法中, 每次迭代都需要计算搜索方向 $\boldsymbol{p}_k$, 并确定沿着该方向搜索的长度, 其迭代公式为

$$\boldsymbol{x}_{k+1} = \boldsymbol{x}_k + \alpha_k \boldsymbol{p}_k \tag{3.1}$$

式中 α_k 为正实数, 表示步长。线搜索方法能否成功取决于搜索方向 $\boldsymbol{p}_k$ 与步长 α_k 的有效选择。

大多数线搜索算法都需要选择 $\boldsymbol{p}_k$ 为下降方向, 即满足 $\boldsymbol{p}_k^{\mathrm{T}}\nabla f_k < 0$。根据第 2 章的讨论可知, 该性质可以确保目标函数 f 沿着搜索方向 $\boldsymbol{p}_k$ 的取值得到降低, 搜索方向通常具有如下形式:

$$\boldsymbol{p}_k = -\boldsymbol{B}_k^{-1}\nabla f_k \tag{3.2}$$

式中 $\boldsymbol{B}_k$ 是某个非奇异对称矩阵。在最速下降方法中, $\boldsymbol{B}_k$ 是单位矩阵 $\boldsymbol{I}$; 在牛顿方法中, $\boldsymbol{B}_k$ 是 Hessian 矩阵 $\nabla^2 f(\boldsymbol{x}_k)$; 在拟牛顿方法中, $\boldsymbol{B}_k$ 是 Hessian 矩阵的近似估计, 并在每次迭代中利用低秩公式进行更新。如果搜索方向 $\boldsymbol{p}_k$ 由式 (3.2) 定义, 且 $\boldsymbol{B}_k$ 是对称正定矩阵, 则有

$$\boldsymbol{p}_k^{\mathrm{T}}\nabla f_k = -\nabla f_k^{\mathrm{T}}\boldsymbol{B}_k^{-1}\nabla f_k < 0$$

此时 $\boldsymbol{p}_k$ 为下降方向。

本章讨论如何选择步长 α_k 和方向 $\boldsymbol{p}_k$, 使得算法能从远处的起始点开始进行迭代, 并最终达到收敛。此外, 本章还研究最速下降方法、牛顿方法以及拟牛顿方法的收敛速度。如果当前迭代点尚未接近问题的解, 牛顿方法无法确保一定产生下降方向, 因此本章第 3.4 节将讨论如何对该方法进行修正, 以使其适用于任意迭代起始点。

下面先深入讨论如何选择步长 α_k。

3.1 步长

在确定步长 α_k 时将面临折中。一方面, 我们希望通过选择 α_k 以显著降低目标函数 f 的取值; 但另一方面, 并不希望为选择步长花费太多资源。最理想的步长应取如下一元函数 $\phi(\cdot)$ 的全局最小值点:

$$\phi(\alpha) = f(\boldsymbol{x}_k + \alpha \boldsymbol{p}_k) \quad (\text{其中 } \alpha > 0) \tag{3.3}$$

然而, 找寻全局最小值点通常需要付出较高的代价 (如图 3.1 所示)。即便仅求解一元函数 $\phi(\cdot)$ 的局部极小值点以获得适中精度, 也需要多次计算目标函数 f, 并且可能还需要计算梯度 ∇f。因此, 更实际的策略应该采取非精确线搜索方法, 以最小的代价获得能使目标函数 f 取值明显下降的步长。

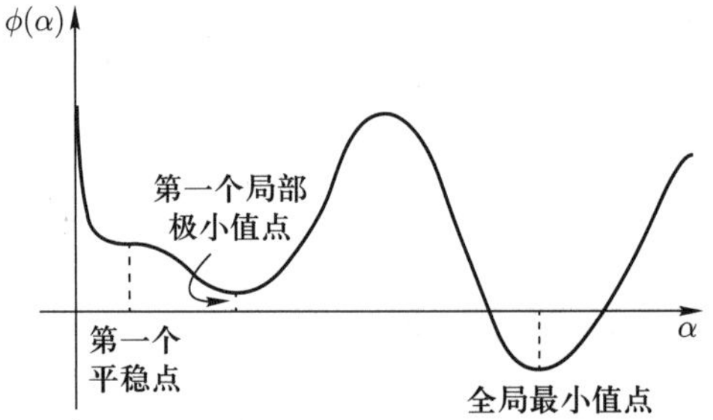

图 3.1　理想步长是函数的全局最小值点

典型的线搜索算法致力于获得步长 α 的一组候选序列, 当满足某些条件时, 则停止计算, 并从中选择一个值作为步长。线搜索包括两个阶段: 第 1 个阶段是确定包含期望步长的区间; 第 2 个阶段则在该区间内利用二分法或者插值运算获得合理的步长值。线搜索算法可能会非常复杂, 所以本章直至第 3.5 节才给出其完整描述。

下面讨论线搜索算法中的各种终止条件, 并说明有效的步长未必要位于一元函数 $\phi(\cdot)$ (见式 (3.3)) 的极小值点附近。

选择 α_k 的一个直观条件是使目标函数 f 取值下降, 也就是满足 $f(\boldsymbol{x}_k + \alpha_k \boldsymbol{p}_k) < f(\boldsymbol{x}_k)$。然而, 如图 3.2 所示, 仅有此条件还不足以确保收敛至局部极小值点 $\boldsymbol{x}^*$。在图 3.2 中, 函数最小值为 $f^* = -1$, 迭代序列 $\{x_k\}$ 满足 $f(x_k) = 5/k$ $(k = 0, 1, \cdots)$, 虽然函数值在每次迭代中都有所下降, 但是其极限值为 0, 而非 -1。由于函数 f 在每次迭代中下降不够充分, 致使迭代序列无法收敛至该凸函数的极小值点。为了避免此情形发生, 需要引入充分下降条件, 下面将对此概念进行讨论。

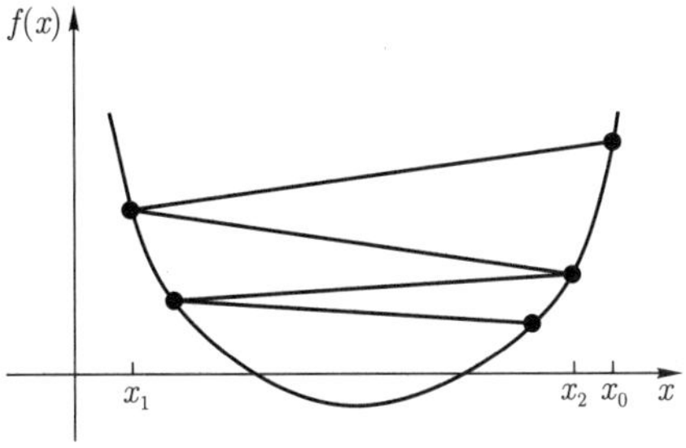

图 3.2 目标函数 f 在每次迭代中下降不充分

3.1.1 Wolfe 条件

一种常用的非精确线搜索条件要求步长 α_k 能使目标函数 f 得到充分下降, 其可由如下不等式来描述:

$$f(\boldsymbol{x}_k+\alpha_k\boldsymbol{p}_k)\leqslant f(\boldsymbol{x}_k)+c_1\alpha_k\nabla f_k^{\mathrm{T}}\boldsymbol{p}_k \tag{3.4}$$

式中 $c_1\in(0,1)$。因此, 目标函数 f 的下降值与步长 α_k 和方向导数 $\nabla f_k^{\mathrm{T}}\boldsymbol{p}_k$ 成正比。不等式 (3.4) 被称为 Armijo 条件。

图 3.3 描绘了充分下降条件。式 (3.4) 的右侧是关于 α 的线性函数, 可将其记为 $l(\alpha)$。由于函数 $l(\cdot)$ 具有负斜率 $c_1\nabla f_k^{\mathrm{T}}\boldsymbol{p}_k$, 且 $c_1\in(0,1)$, 因此当 α 取值较小时, $l(\alpha)$ 的曲线会在 $\phi(\alpha)$ 的曲线上方。充分下降条件要求步长 α 满足 $\phi(\alpha)\leqslant l(\alpha)$。图 3.3 给出了满足该条件的区间。在实际计算中, c_1 的取值会非常小, 例如 $c_1=10^{-4}$。

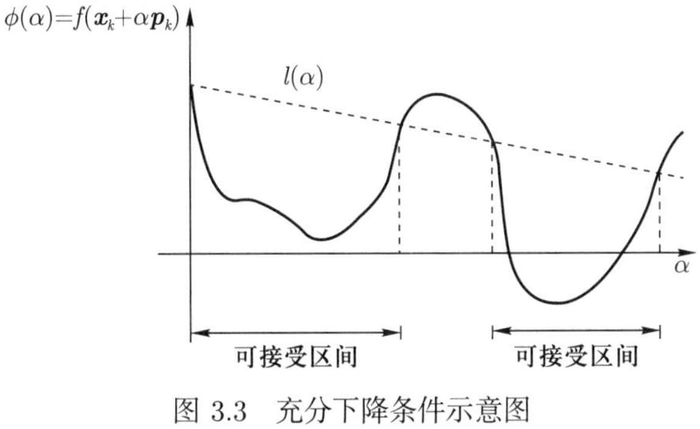

图 3.3 充分下降条件示意图

仅通过充分下降条件还不足以确保算法取得有效进展, 因为从图 3.3 中可以看出, 对于所有充分小的步长 α, 该条件均能得到满足。为了排除数值很小的步长, 下面引入第 2 个条件, 并称其为曲率条件, 该条件需要步长 α_k 满足

$$(\nabla f(\boldsymbol{x}_k+\alpha_k\boldsymbol{p}_k))^{\mathrm{T}}\boldsymbol{p}_k\geqslant c_2\nabla f_k^{\mathrm{T}}\boldsymbol{p}_k \tag{3.5}$$

式中 $c_2 \in (c_1, 1)$, 其中 c_1 为式 (3.4) 中的常数。式 (3.5) 的左侧为导数 $\phi'(\alpha_k)$, 因此曲率条件要求函数 ϕ 在点 α_k 处的斜率大于初始斜率 $\phi'(0)$ 的 c_2 倍。该条件是有意义的, 因为如果斜率 $\phi'(\alpha)$ 是一个绝对值很大的负数, 这意味着沿搜索方向函数 f 还能继续显著降低。

如果斜率 $\phi'(\alpha_k)$ 是一个绝对值很小的负数, 甚至正数, 这意味着函数 f 沿着搜索方向不能显著降低, 此时应该终止线搜索。图 3.4 描绘了曲率条件。如果搜索方向 $\boldsymbol{p}_k$ 由牛顿方法或者拟牛顿方法获得, 则 c_2 的典型值取 0.9; 如果搜索方向 $\boldsymbol{p}_k$ 由非线性共轭梯度方法获得, 则 c_2 的典型值取 0.1。

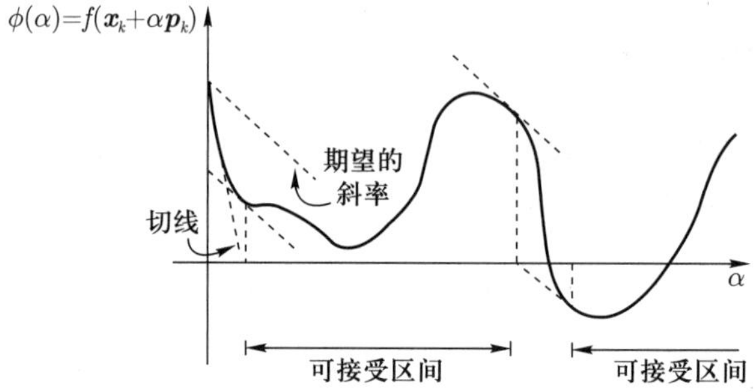

图 3.4　曲率条件示意图

充分下降条件和曲率条件统称为 Wolfe 条件, 图 3.5 对曲率条件进行了描绘。为了便于下文参考使用, 这里将这两个条件合并在一起, 如下所示:

$$f(\boldsymbol{x}_k + \alpha_k \boldsymbol{p}_k) \leqslant f(\boldsymbol{x}_k) + c_1 \alpha_k \nabla f_k^{\mathrm{T}} \boldsymbol{p}_k \tag{3.6a}$$

$$(\nabla f(\boldsymbol{x}_k + \alpha_k \boldsymbol{p}_k))^{\mathrm{T}} \boldsymbol{p}_k \geqslant c_2 \nabla f_k^{\mathrm{T}} \boldsymbol{p}_k \tag{3.6b}$$

式中 $0 < c_1 < c_2 < 1$。

如图 3.5 所示, 满足 Wolfe 条件的步长未必十分接近函数 ϕ 的极小值点。对此, 我们可以调整曲率条件, 以使得 α_k 位于函数 ϕ 的一个局部极小值点或者平稳点的宽邻域内, 从而得到强 Wolfe 条件, 如下所示:

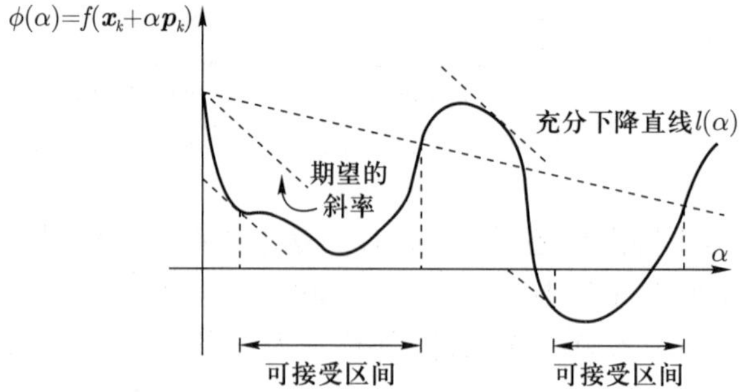

图 3.5　满足 Wolfe 条件的步长区间示意图

$$f(\boldsymbol{x}_k + \alpha_k \boldsymbol{p}_k) \leqslant f(\boldsymbol{x}_k) + c_1 \alpha_k \nabla f_k^{\mathrm{T}} \boldsymbol{p}_k \tag{3.7a}$$

$$|(\nabla f(\boldsymbol{x}_k + \alpha_k \boldsymbol{p}_k))^{\mathrm{T}} \boldsymbol{p}_k| \leqslant c_2 |\nabla f_k^{\mathrm{T}} \boldsymbol{p}_k| \tag{3.7b}$$

式中 $0 < c_1 < c_2 < 1$。与 Wolfe 条件的唯一区别在于, 强 Wolfe 条件不允许导数 $\phi'(\alpha_k)$ 成为数值很大的正数, 从而排除远离函数 ϕ 平稳点的步长。

不难证明, 对于任意光滑且有下界的函数 f, 一定存在满足 Wolfe 条件的步长。

【引理 3.1】 假设函数 $f : \mathbb{R}^n \to \mathbb{R}$ 是连续可微的。令向量 $\boldsymbol{p}_k$ 为点 $\boldsymbol{x}_k$ 处的下降方向, 并假设函数 f 沿着射线方向 $\{\boldsymbol{x}_k + \alpha \boldsymbol{p}_k | \alpha > 0\}$ 存在下界。若有 $0 < c_1 < c_2 < 1$, 则一定存在满足 Wolfe 条件和强 Wolfe 条件的步长区间。

【证明】 根据假设条件可知, 对于所有的 $\alpha > 0$, 函数 $\phi(\alpha) = f(\boldsymbol{x}_k + \alpha \boldsymbol{p}_k)$ 有下界。由于 $0 < c_1 < 1$, 于是线性函数 $l(\alpha) = f(\boldsymbol{x}_k) + \alpha c_1 \nabla f_k^{\mathrm{T}} \boldsymbol{p}_k$ 没有下界, 其与函数 ϕ 的曲线至少有一个交点。若令 $\alpha' > 0$ 是最小的交点, 则有

$$f(\boldsymbol{x}_k + \alpha' \boldsymbol{p}_k) = f(\boldsymbol{x}_k) + \alpha' c_1 \nabla f_k^{\mathrm{T}} \boldsymbol{p}_k \tag{3.8}$$

因此, 对于所有小于 α' 的步长都满足充分下降条件 (式 (3.6a))。

由中值定理 (见式 (A.55)) 可知, 存在 $\alpha'' \in (0, \alpha')$ 满足

$$f(\boldsymbol{x}_k + \alpha' \boldsymbol{p}_k) - f(\boldsymbol{x}_k) = \alpha' (\nabla f(\boldsymbol{x}_k + \alpha'' \boldsymbol{p}_k))^{\mathrm{T}} \boldsymbol{p}_k \tag{3.9}$$

结合式 (3.8) 和式 (3.9) 可得

$$(\nabla f(\boldsymbol{x}_k + \alpha'' \boldsymbol{p}_k))^{\mathrm{T}} \boldsymbol{p}_k = c_1 \nabla f_k^{\mathrm{T}} \boldsymbol{p}_k > c_2 \nabla f_k^{\mathrm{T}} \boldsymbol{p}_k \tag{3.10}$$

式中大于号利用了假设条件 $c_1 < c_2$ 和 $\nabla f_k^{\mathrm{T}} \boldsymbol{p}_k < 0$。由式 (3.10) 可知, α'' 满足 Wolfe 条件, 并且式 (3.6a) 与式 (3.6b) 中的不等号均严格成立 (也就是其中 "$\leqslant$" 为 "$<$")。因此, 根据函数 f 的光滑性假设可知, 在点 α'' 附近存在一个满足 Wolfe 条件的区间。此外, 由于式 (3.10) 的左侧是负数, 因此强 Wolfe 条件在该区间内也成立。证毕。

Wolfe 条件在广义上是尺度不变的, 也就是将目标函数乘以常数或是对变量进行仿射变换都不会改变该条件。Wolfe 条件可用于大多数线搜索方法, 并且本书第 6 章还将指出, 该条件对于实现拟牛顿方法特别重要。

3.1.2 Goldstein 条件

与 Wolfe 条件类似, Goldstein 条件给出的步长也能使目标函数得到充分下降, 与此同时还可以保证步长不会太短。Goldstein 条件也由一对不等式来描述, 如下所示:

$$f(\boldsymbol{x}_k)+(1-c)\alpha_k\nabla f_k^{\mathrm{T}}\boldsymbol{p}_k \leqslant f(\boldsymbol{x}_k+\alpha_k\boldsymbol{p}_k) \leqslant f(\boldsymbol{x}_k)+c\alpha_k\nabla f_k^{\mathrm{T}}\boldsymbol{p}_k \quad (3.11)$$

式中 $0<c<1/2$。该式中的第 2 个不等式就是充分下降条件 (式 (3.4)), 而第 1 个不等式则用于控制步长的大小, 如图 3.6 所示。

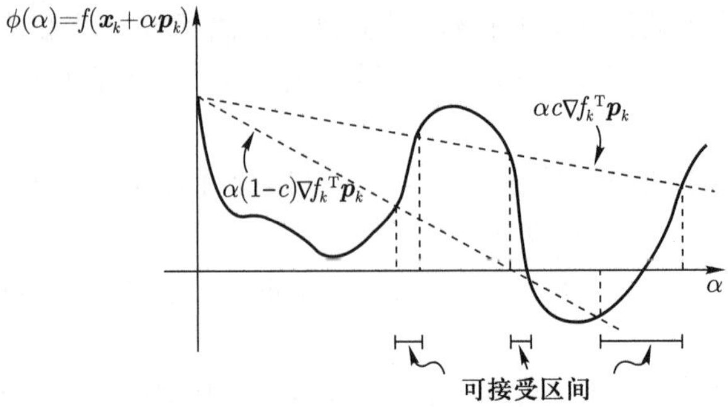

图 3.6　Goldstein 条件示意图

与 Wolfe 条件相比, Goldstein 条件的缺点在于式 (3.11) 中的第 1 个不等式可能排除函数 ϕ 的所有极小值点。然而, Wolfe 条件与 Goldstein 条件有很多共同点, 它们的收敛理论也十分相似。Goldstein 条件经常应用于牛顿方法中, 但是该条件不适用于拟牛顿方法, 因为拟牛顿方法需要保持 Hessian 矩阵的正定性。

3.1.3　充分下降和回溯策略

前面已经提到, 仅基于充分下降条件 (式 (3.6a)) 还不足以确保算法沿着给定的搜索方向取得有效进展。然而, 如果线搜索算法使用 "回溯" 策略来选择合适的候选步长, 就可以摒弃式 (3.6b) 所表示的条件, 仅使用充分下降条件就可以终止线搜索过程。回溯的基本形式如下:

【算法 3.1 基于回溯的线搜索算法】

步骤 1: 设置 $\overline{\alpha}>0$, $\rho\in(0,1)$ 以及 $c\in(0,1)$, 并令 $\alpha\leftarrow\overline{\alpha}$。

步骤 2: 若满足 $f(\boldsymbol{x}_k+\alpha\boldsymbol{p}_k)\leqslant f(\boldsymbol{x}_k)+c\alpha\nabla f_k^{\mathrm{T}}\boldsymbol{p}_k$, 则转至步骤 3; 否则, 令 $\alpha\leftarrow\rho\alpha$, 并重复步骤 2。

步骤 3: 令 $\alpha_k:=\alpha$, 并终止计算。

对于牛顿方法和拟牛顿方法, 算法 3.1 中的初始步长 $\overline{\alpha}$ 可以设为 1, 但是对于最速下降方法和共轭梯度方法, 算法 3.1 中的初始步长 $\overline{\alpha}$ 可以选为其他值。经过有限次试验, 总能得到一个可以接受的步长, 因为 α_k 最终会变得非常小, 从而使充分下降条件得以满足 (见图 3.3)。在实际计算中, 通常允许收缩因子 ρ 在每次线搜索迭代时发生变化。例如, 可以由带有保护措施的插值方法来获得 (见第 3.5 节)。我们仅需要确保每次迭代都满足 $\rho\in[\rho_{\mathrm{lo}},\rho_{\mathrm{hi}}]$, 其中 ρ_{lo} 和 ρ_{hi} 是满足 $0<\rho_{\mathrm{lo}}<\rho_{\mathrm{hi}}<1$ 的固定常数。

回溯方法所选择的步长 α_k 可能是某个固定值 (例如初始值 $\bar{\alpha}$), 也可能是步长足够小 (但不会太小) 以满足充分下降条件。后者成立是由于所选步长 α_k 是在前一次计算结果 α_k/ρ 的基础上乘以 ρ, 而 α_k/ρ 没有被选为步长是由于其值太大而未能满足充分下降条件。

此类用于终止线搜索的简单且常用策略很适合牛顿方法, 但不太适用于拟牛顿方法和共轭梯度方法。

3.2 线搜索方法的收敛性

为了实现全局收敛性, 我们不仅需要选择合适的步长, 还需要选择合适的搜索方向 $\boldsymbol{p}_k$。本节将讨论对搜索方向的要求, 并重点关注搜索方向 $\boldsymbol{p}_k$ 与最速下降方向 $-\nabla f_k$ 之间的夹角 θ_k, 该参数定义为

$$\cos\theta_k = \frac{-\nabla f_k^{\mathrm{T}} \boldsymbol{p}_k}{\|\nabla f_k\| \, \|\boldsymbol{p}_k\|} \tag{3.12}$$

由 Zoutendijk 提出的以下定理具有深远意义。该定理对合理选择步长 α_k 的影响进行了定量描述, 并可用于验证最速下降方法的全局收敛性。对于其他优化算法, 该定理描述了搜索方向 $\boldsymbol{p}_k$ 可以与最速下降方向偏离多远, 仍能保持全局收敛性。基于很多线搜索终止条件都能获得下面的结论, 这里仅考虑 Wolfe 条件。尽管 Zoutendijk 提出的结论乍看技术性强, 且晦涩难懂, 但其意义却可以直接得到显现。

【定理 3.2】 考虑迭代公式 (3.1), 其中向量 $\boldsymbol{p}_k$ 是下降方向, 步长 α_k 满足 Wolfe 条件。假设函数 f 在 $\mathbb{R}^n$ 中有下界, 且在开集 $\mathcal{N}$ 上连续可微, 该开集包含水平集 $\mathcal{L} \xlongequal{\text{定义}} \{\boldsymbol{x} : f(\boldsymbol{x}) \leqslant f(\boldsymbol{x}_0)\}$, 其中向量 $\boldsymbol{x}_0$ 表示迭代起始点。此外, 假设梯度向量 ∇f 在开集 $\mathcal{N}$ 上 Lipschitz 连续, 也就是存在常数 $L > 0$ 满足

$$\|\nabla f(\boldsymbol{x}) - \nabla f(\widetilde{\boldsymbol{x}})\| \leqslant L\|\boldsymbol{x} - \widetilde{\boldsymbol{x}}\| \quad (\text{对于所有的 } \boldsymbol{x}, \widetilde{\boldsymbol{x}} \in \mathcal{N}) \tag{3.13}$$

则有

$$\sum_{k \geqslant 0} (\cos\theta_k)^2 \|\nabla f_k\|^2 < +\infty \tag{3.14}$$

【证明】 结合式 (3.6b) 和式 (3.1) 可得

$$(\nabla f_{k+1} - \nabla f_k)^{\mathrm{T}} \boldsymbol{p}_k \geqslant (c_2 - 1)\nabla f_k^{\mathrm{T}} \boldsymbol{p}_k$$

利用 Lipschitz 条件 (式 (3.13)) 可知

$$(\nabla f_{k+1} - \nabla f_k)^{\mathrm{T}} \boldsymbol{p}_k \leqslant \alpha_k L \|\boldsymbol{p}_k\|^2$$

联立上面两个关系式可得

$$\alpha_k \geqslant \frac{c_2 - 1}{L} \frac{\nabla f_k^{\mathrm{T}} \boldsymbol{p}_k}{\|\boldsymbol{p}_k\|^2}$$

将此不等式代入 Wolfe 条件中, 并利用 $\nabla f_k^{\mathrm{T}} \boldsymbol{p}_k < 0$ 可得

$$f_{k+1} \leqslant f_k - c_1 \frac{1 - c_2}{L} \frac{(\nabla f_k^{\mathrm{T}} \boldsymbol{p}_k)^2}{\|\boldsymbol{p}_k\|^2}$$

根据式 (3.12) 可以将此不等式表示为

$$f_{k+1} \leqslant f_k - c(\cos\theta_k)^2 \|\nabla f_k\|^2$$

式中 $c = c_1(1 - c_2)/L$。将上式从 0 至 k 求和可得

$$f_{k+1} \leqslant f_0 - c \sum_{j=0}^{k} (\cos\theta_j)^2 \|\nabla f_j\|^2 \tag{3.15}$$

由于函数 f 存在下界, 于是对于所有的 k, $f_0 - f_{k+1}$ 一定小于某个正数。因此, 对式 (3.15) 取极限可得

$$\sum_{k=0}^{+\infty} (\cos\theta_k)^2 \|\nabla f_k\|^2 < +\infty$$

证毕。

如果使用 Goldstein 条件或者强 Wolfe 条件代替 Wolfe 条件, 可以得到与该定理类似的结论。对于所有这些策略, 其步长选择都能使不等式 (3.14) 成立, 我们称其为 Zoutendijk 条件。

需要指出的是, 定理 3.2 中的假设条件并没有给实际应用带来太多限制。首先, 如果函数 f 没有下界, 则说明对优化问题的建模并不合理。其次, 在第 6 章和第 7 章的局部收敛定理中, 所使用的很多光滑条件都能使光滑假设 (即梯度向量的 Lipschitz 连续性) 成立, 该假设在实际应用中一般都能得到满足。

由 Zoutendijk 条件可得

$$(\cos\theta_k)^2 \|\nabla f_k\|^2 \to 0 \tag{3.16}$$

利用该极限结果可进而证明线搜索算法的全局收敛性。

如果式 (3.1) 中的搜索方向 $\boldsymbol{p}_k$ 与最速下降方向 $-\nabla f_k$ 之间的夹角 θ_k 的界限偏离 90°, 则存在正常数 δ 满足

$$\cos\theta_k \geqslant \delta > 0 \quad (\text{对于所有的 } k) \tag{3.17}$$

结合式 (3.16) 和式 (3.17) 可得

$$\lim_{k\to+\infty}\|\nabla f_k\|=0 \tag{3.18}$$

换言之, 只要搜索方向不与梯度正交的方向接近, 就可以确保梯度向量的范数 $\|\nabla f_k\|$ 收敛于零。例如, 对于最速下降方法而言, 其搜索方向平行于负梯度方向, 此时只要使用 Wolfe 条件或者 Goldstein 条件进行线搜索, 就将产生收敛于零的梯度序列。

我们使用术语 "全局收敛" 来描述满足式 (3.18) 的算法, 但需要注意的是, 在其他问题背景下, 该术语还具有不同的含义。对于式 (3.1) 的线搜索方法, 式 (3.18) 的极限是所能得到的最强全局收敛结果。如果式 (3.18) 成立, 并不能说明该方法收敛至极小值点, 仅能说明其收敛至平稳点。只有对搜索方向 $\boldsymbol{p}_k$ 增加额外的条件, 例如, 从 Hessian 矩阵 $\nabla^2 f(\boldsymbol{x}_k)$ 中引入负曲率信息, 我们才能进一步完善该结论, 包括收敛至局部极小值点。关于该问题的进一步讨论, 请参阅本章最后的注释和参考资料。

下面考虑由式 (3.1) 和式 (3.2) 给出的牛顿方法, 假设 $\boldsymbol{B}_k$ 是具有一致有界条件数的对称正定矩阵, 也就是存在常数 M 满足

$$\|\boldsymbol{B}_k\|\|\boldsymbol{B}_k^{-1}\|\leqslant M \quad (\text{对于所有的 } k)$$

根据定义式 (3.12) 容易验证 (见练习题 3.5)

$$\cos\theta_k\geqslant 1/M \tag{3.19}$$

结合式 (3.19) 和式 (3.16) 可知

$$\lim_{k\to+\infty}\|\nabla f_k\|=0 \tag{3.20}$$

因此, 如果矩阵 $\boldsymbol{B}_k$ 的条件数有界, 且其具有正定性 (以确保 $\boldsymbol{p}_k$ 是下降方向), 以及步长满足 Wolfe 条件, 牛顿方法和拟牛顿方法就能全局收敛。

对于某些算法, 例如共轭梯度方法, 我们可以获得一个比式 (3.18) 更弱的结论, 如下所示:

$$\lim_{k\to+\infty}\inf\|\nabla f_k\|=0 \tag{3.21}$$

由该式可知, 仅存在梯度向量范数的一个子序列 $\{\|\nabla f_{k_j}\|\}$ 收敛至零, 而并非整个序列收敛至零 (见附录 A)。该结论也可以通过 Zoutendijk 条件进行证明。不妨采用反证法进行证明, 假设式 (3.21) 不成立, 则梯度向量范数的界限偏离零, 此时存在常数 $\gamma>0$ 满足

$$\|\nabla f_k\|\geqslant\gamma \quad (\text{对于所有充分大的 } k) \tag{3.22}$$

结合式 (3.16) 和式 (3.22) 可得

$$\cos\theta_k \to 0 \tag{3.23}$$

这意味着整个序列 $\{\cos\theta_k\}$ 收敛至零。因此, 为得到式 (3.21) 所表示的结论, 仅需要证明存在一个子序列 $\{\cos\theta_{k_j}\}$ 具有非零界即可。本书第 5 章将基于此研究非线性共轭梯度方法的收敛性。

基于以上证明思路, 我们可以证明某类算法在式 (3.20) 或者式 (3.21) 意义下的全局收敛性。考虑满足下面两个条件的算法: (1) 每次迭代都能使目标函数的取值得到下降; (2) 每 m 次迭代中将出现一次最速下降迭代, 且步长满足 Wolfe 条件或者 Goldstein 条件。最速下降迭代可以使得 $\cos\theta_k = 1$, 此时式 (3.21) 成立。当然, 我们可以通过设计算法, 使其在其他 $m-1$ 次迭代中获得比最速下降迭代更大的进展。偶尔使用一次最速下降迭代未必会使迭代取得较大进展, 但至少可以获得整体的全局收敛性。

注意到本节仅使用了 "Zoutendijk 条件隐含式 (3.16)" 这一结论。在后面的章节中, 我们还将使用有界和式 (3.14), 使得序列 $\{(\cos\theta_k)^2\|\nabla f_k\|^2\}$ 以较快的速度收敛至零。

3.3 收敛速度

设计具有良好收敛特性的优化算法也许并不困难, 因为仅需要避免搜索方向 $\boldsymbol{p}_k$ 接近梯度向量 ∇f_k 的正交方向, 或是有规律地执行最速下降迭代即可。我们只需要在每次迭代中计算 $\cos\theta_k$, 如果 $\cos\theta_k$ 小于某个预先指定的常数 δ ($\delta > 0$) 时, 就将搜索方向 $\boldsymbol{p}_k$ 向着最速下降方向进行调整。这种角度测试方法虽然可以保证全局收敛性, 但却并不可取, 主要有以下两个方面的原因。首先, 该方法一般不利于快速收敛, 因为对于病态 Hessian 矩阵问题而言, 有时会产生与梯度向量几乎正交的搜索方向, 如果参数 δ 选择不合理, 就有可能会舍弃此迭代步骤。其次, 角度测试会破坏拟牛顿方法的不变性。

实现快速收敛的算法策略有时会与全局收敛的要求相矛盾, 反之亦然。例如, 最速下降方法是典型的全局收敛算法, 但在实际应用中其收敛速度非常缓慢, 下面将证明此事实。此外, 当迭代起始点接近问题的解时, 牛顿迭代的收敛速度会很快, 但是其迭代更新向量有可能不是下降方向。设计优化算法的挑战在于如何使其能同时具备良好的全局收敛性和快速收敛速度。

下面研究线搜索方法的收敛速度, 先讨论最速下降方法, 因为它是优化方法中最基本的方法。

3.3.1 最速下降方法的收敛速度

考虑一种目标函数是二次函数且线搜索是精确的理想情况, 我们可以获得关于最速下降方法的很多特性。假设目标函数为

$$f(\boldsymbol{x})=\frac{1}{2}\boldsymbol{x}^{\mathrm{T}}\boldsymbol{Q}\boldsymbol{x}-\boldsymbol{b}^{\mathrm{T}}\boldsymbol{x} \tag{3.24}$$

式中 $\boldsymbol{Q}$ 为对称正定矩阵。该函数的梯度向量为 $\nabla f(\boldsymbol{x})=\boldsymbol{Q}\boldsymbol{x}-\boldsymbol{b}$, 其极小值点 $\boldsymbol{x}^*$ 是线性方程 $\boldsymbol{Q}\boldsymbol{x}=\boldsymbol{b}$ 的唯一解。

求解使函数 $f(\boldsymbol{x}_k-\alpha\nabla f_k)$ 最小化的步长 α_k 并不复杂。由式 (3.24) 可知

$$f(\boldsymbol{x}_k-\alpha\nabla f_k)=\frac{1}{2}(\boldsymbol{x}_k-\alpha\nabla f_k)^{\mathrm{T}}\boldsymbol{Q}(\boldsymbol{x}_k-\alpha\nabla f_k)-\boldsymbol{b}^{\mathrm{T}}(\boldsymbol{x}_k-\alpha\nabla f_k)$$

将该式对 α 求导, 并令其等于零可得

$$\alpha_k=\frac{\nabla f_k^{\mathrm{T}}\nabla f_k}{\nabla f_k^{\mathrm{T}}\boldsymbol{Q}\nabla f_k} \tag{3.25}$$

若将此精确值作为步长, 则对式 (3.24) 最小化的最速下降迭代公式为

$$\boldsymbol{x}_{k+1}=\boldsymbol{x}_k-\left(\frac{\nabla f_k^{\mathrm{T}}\nabla f_k}{\nabla f_k^{\mathrm{T}}\boldsymbol{Q}\nabla f_k}\right)\nabla f_k \tag{3.26}$$

注意到 $\nabla f_k=\boldsymbol{Q}\boldsymbol{x}_k-\boldsymbol{b}$, 因此式 (3.26) 给出了利用向量 $\boldsymbol{x}_k$ 表示向量 $\boldsymbol{x}_{k+1}$ 的显式表达式。图 3.7 描绘了利用最速下降方法对两维二次目标函数进行优化的典型迭代序列。函数 f 的等高线为椭圆形, 其轴线方向与矩阵 $\boldsymbol{Q}$ 的特征向量方向一致。从图 3.7 可以看出, 迭代序列按照锯齿形路径趋近于最优解。

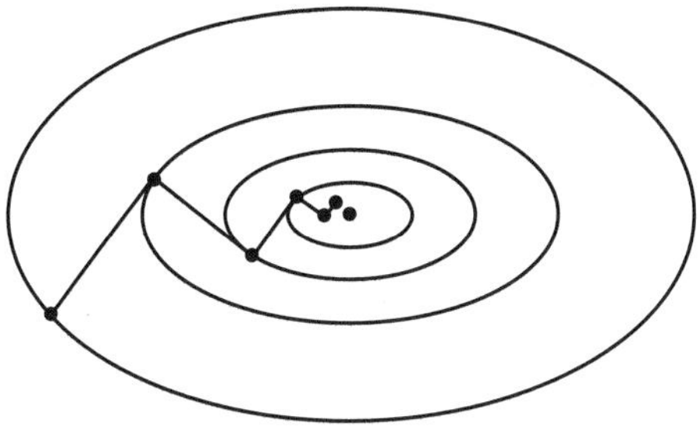

图 3.7 利用最速下降方法对两维二次目标函数进行优化的典型迭代序列示意图

为了对收敛速度进行量化, 需要引入加权范数 $\|\boldsymbol{x}\|_{\boldsymbol{Q}}^2=\boldsymbol{x}^{\mathrm{T}}\boldsymbol{Q}\boldsymbol{x}$。利用关系式 $\boldsymbol{Q}\boldsymbol{x}^*=\boldsymbol{b}$ 可得

$$\frac{1}{2}\|\boldsymbol{x}-\boldsymbol{x}^*\|_{\boldsymbol{Q}}^2=f(\boldsymbol{x})-f(\boldsymbol{x}^*) \tag{3.27}$$

从式 (3.27) 中可以看出, 加权范数可以表示当前迭代目标函数值与最优目标函数值之间的差值。结合式 (3.26) 和梯度 $\nabla f_k = \boldsymbol{Q}\boldsymbol{x}_k - \boldsymbol{b} = \boldsymbol{Q}(\boldsymbol{x}_k - \boldsymbol{x}^*)$ 可得 (见练习题 3.7)

$$\|\boldsymbol{x}_{k+1} - \boldsymbol{x}^*\|_{\boldsymbol{Q}}^2 = \left(1 - \frac{(\nabla f_k^{\mathrm{T}} \nabla f_k)^2}{(\nabla f_k^{\mathrm{T}} \boldsymbol{Q} \nabla f_k)(\nabla f_k^{\mathrm{T}} \boldsymbol{Q}^{-1} \nabla f_k)}\right) \|\boldsymbol{x}_k - \boldsymbol{x}^*\|_{\boldsymbol{Q}}^2 \tag{3.28}$$

该式虽然能精确表征函数 f 在每次迭代中的下降值, 但是难以对括号里的项给出合理解释。因此, 利用问题的条件数给出其界会更有意义, 具体可见如下定理。

【**定理 3.3**】若利用基于精确线搜索的最速下降迭代式 (3.26) 对严格凸二次函数式 (3.24) 进行优化, 则误差范数式 (3.27) 满足

$$\|\boldsymbol{x}_{k+1} - \boldsymbol{x}^*\|_{\boldsymbol{Q}}^2 \leqslant \left(\frac{\lambda_n - \lambda_1}{\lambda_n + \lambda_1}\right)^2 \|\boldsymbol{x}_k - \boldsymbol{x}^*\|_{\boldsymbol{Q}}^2 \tag{3.29}$$

式中 $0 < \lambda_1 \leqslant \lambda_2 \leqslant \cdots \leqslant \lambda_n$ 为矩阵 $\boldsymbol{Q}$ 的特征值。

定理 3.3 的证明见文献 [195]。结合不等式 (3.29) 和式 (3.27) 可知, 函数值 $f_k = f(\boldsymbol{x}_k)$ 以线性速度收敛至最小值 $f_* = f(\boldsymbol{x}^*)$。考虑定理 3.3 的一个特例, 假设矩阵 $\boldsymbol{Q}$ 的所有特征值均相等, 此时经过一次迭代即可实现收敛。在这种情况下, 矩阵 $\boldsymbol{Q}$ 等于某个标量乘以单位矩阵, 而图 3.7 中的等高线变成了圆形, 此时最速下降方向总指向问题的解。一般来说, 当矩阵 $\boldsymbol{Q}$ 的条件数 $\kappa(\boldsymbol{Q}) = \lambda_n/\lambda_1$ 增加时, 二次函数的等高线会变得更加细长, 图 3.7 中的锯齿形也会变得更加明显, 此时由式 (3.29) 可知, 其收敛速度会有所降低。尽管式 (3.29) 给出的是最差情形下的界, 但却能反映算法在 $n > 2$ 时的特性。

对于一般的非线性目标函数, 最速下降方法的收敛速度基本是相同的。在下面的定理中, 我们将步长选为沿搜索方向的全局最小值点。

【**定理 3.4**】假设函数 $f : \mathbb{R}^n \to \mathbb{R}$ 是二次连续可微的, 并且采用精确步长的最速下降迭代收敛至极小值点 $\boldsymbol{x}^*$, Hessian 矩阵 $\nabla^2 f(\boldsymbol{x}^*)$ 是正定的。令标量 r 满足

$$r \in \left(\frac{\lambda_n - \lambda_1}{\lambda_n + \lambda_1}, 1\right)$$

式中 $\lambda_1 \leqslant \lambda_2 \leqslant \cdots \leqslant \lambda_n$ 为矩阵 $\nabla^2 f(\boldsymbol{x}^*)$ 的特征值。对于所有充分大的正整数 k, 有如下关系式:

$$f(\boldsymbol{x}_{k+1}) - f(\boldsymbol{x}^*) \leqslant r^2[f(\boldsymbol{x}_k) - f(\boldsymbol{x}^*)]$$

一般而言, 若采用非精确的步长搜索策略, 不能期望最速下降方法的迭代速度得到提升。因此, 定理 3.4 表明, 即使 Hessian 矩阵具有很好的条件, 最速下降方法的收敛速度也可能非常缓慢以至难以接受。若假设 $\kappa(\boldsymbol{Q}) = 800$,

$f(\boldsymbol{x}_1)=1$, $f(\boldsymbol{x}^*)=0$, 如果采用基于精确步长的最速下降方法进行迭代, 根据定理 3.4 可知, 即使进行了1 000 次迭代, 其函数值仍可达到 0.08。

3.3.2 牛顿方法的收敛速度

下面考虑牛顿迭代方法, 其迭代更新向量为

$$\boldsymbol{p}_k^{\mathrm{N}}=-(\nabla^2 f_k)^{-1}\nabla f_k \tag{3.30}$$

由于 Hessian 矩阵 $\nabla^2 f_k$ 未必一定具有正定性, $\boldsymbol{p}_k^{\mathrm{N}}$ 可能不是下降方向。在此情况下, 本章截至目前讨论的很多结论都将不再适用。本章第 3.4 节和第 4 章描述了两种利用牛顿迭代更新向量获得全局收敛的迭代方法。具体而言, 第 3.4 节描述了一种线搜索方法, 该方法在需要时对 Hessian 矩阵 $\nabla^2 f_k$ 进行修正, 以使其变成对称正定矩阵, 从而产生下降方向; 第 4 章描述了一种信赖域方法, 该方法利用 Hessian 矩阵 $\nabla^2 f_k$ 构建二次目标函数, 并在当前迭代点 $\boldsymbol{x}_k$ 附近的一个球体内对此函数进行寻优计算。

这里仅讨论牛顿方法的局部收敛速度和性质。众所周知, 如果解 $\boldsymbol{x}^*$ 对应的 Hessian 矩阵 $\nabla^2 f(\boldsymbol{x}^*)$ 具有正定性, 那么解 $\boldsymbol{x}^*$ 的某个邻域内所有向量 $\boldsymbol{x}$ 对应的 Hessian 矩阵也具有正定性。在此区域内, 可以进行牛顿迭代, 并且只要步长 α_k 最终保持为 1, 该方法就具有二次收敛速度, 具体可见如下定理。

【定理 3.5】 假设函数 f 是二次可微的, 且 Hessian 矩阵 $\nabla^2 f(\boldsymbol{x})$ 在解 $\boldsymbol{x}^*$ 的某个邻域内满足 Lipschitz 连续性 (见附录式 (A.42)), 函数 f 在点 $\boldsymbol{x}^*$ 处满足定理 2.4 中的充分条件。考虑迭代公式 $\boldsymbol{x}_{k+1}=\boldsymbol{x}_k+\boldsymbol{p}_k$, 其中 $\boldsymbol{p}_k$ 由式 (3.30) 给出, 则可以得到如下结论:

(1) 如果迭代起始点 $\boldsymbol{x}_0$ 与解 $\boldsymbol{x}^*$ 足够接近, 则迭代序列 $\{\boldsymbol{x}_k\}$ 收敛于解 $\boldsymbol{x}^*$;

(2) 迭代序列 $\{\boldsymbol{x}_k\}$ 具有二次收敛速度;

(3) 梯度向量的范数序列 $\{\|\nabla f_k\|\}$ 二次收敛于零。

【证明】 首先结合牛顿迭代更新向量的定义和最优性条件 $\nabla f_*=\nabla f(\boldsymbol{x}^*)=\mathbf{0}$ 可得

$$\begin{aligned}\boldsymbol{x}_k+\boldsymbol{p}_k^{\mathrm{N}}-\boldsymbol{x}^*&=\boldsymbol{x}_k-\boldsymbol{x}^*-(\nabla^2 f_k)^{-1}\nabla f_k\\&=(\nabla^2 f_k)^{-1}[\nabla^2 f_k(\boldsymbol{x}_k-\boldsymbol{x}^*)-(\nabla f_k-\nabla f_*)]\end{aligned} \tag{3.31}$$

利用泰勒定理 (即第 2 章定理 2.1) 可得

$$\nabla f_k-\nabla f_*=\int_0^1\nabla^2 f(\boldsymbol{x}_k+t(\boldsymbol{x}^*-\boldsymbol{x}_k))(\boldsymbol{x}_k-\boldsymbol{x}^*)\mathrm{d}t$$

于是有

$$\begin{aligned}
&\|\nabla^2 f(\boldsymbol{x}_k)(\boldsymbol{x}_k-\boldsymbol{x}^*)-(\nabla f_k-\nabla f(\boldsymbol{x}^*))\| \\
&=\left\|\int_0^1[\nabla^2 f(\boldsymbol{x}_k)-\nabla^2 f(\boldsymbol{x}_k+t(\boldsymbol{x}^*-\boldsymbol{x}_k))](\boldsymbol{x}_k-\boldsymbol{x}^*)\mathrm{d}t\right\| \\
&\leqslant \int_0^1\|\nabla^2 f(\boldsymbol{x}_k)-\nabla^2 f(\boldsymbol{x}_k+t(\boldsymbol{x}^*-\boldsymbol{x}_k))\|\|\boldsymbol{x}_k-\boldsymbol{x}^*\|\mathrm{d}t \\
&\leqslant \|\boldsymbol{x}_k-\boldsymbol{x}^*\|^2\int_0^1 Lt\mathrm{d}t=\frac{1}{2}L\|\boldsymbol{x}_k-\boldsymbol{x}^*\|^2
\end{aligned}\tag{3.32}$$

式中 L 表示 Hessian 矩阵函数 $\nabla^2 f(\boldsymbol{x})$ 的 Lipschitz 常数 (向量 $\boldsymbol{x}$ 在解 $\boldsymbol{x}^*$ 的邻域内)。$\nabla^2 f(\boldsymbol{x}^*)$ 是非奇异矩阵, 因此存在半径 $r>0$, 使得球体 $\|\boldsymbol{x}_k-\boldsymbol{x}^*\|\leqslant r$ 内的所有向量 $\boldsymbol{x}_k$ 均满足 $\|(\nabla^2 f_k)^{-1}\|\leqslant 2\|(\nabla^2 f(\boldsymbol{x}^*))^{-1}\|$。将该不等式与式 (3.31) 和式 (3.32) 相结合可得

$$\|\boldsymbol{x}_k+\boldsymbol{p}_k^{\mathrm{N}}-\boldsymbol{x}^*\|\leqslant L\|(\nabla^2 f(\boldsymbol{x}^*))^{-1}\|\ \|\boldsymbol{x}_k-\boldsymbol{x}^*\|^2=\widetilde{L}\|\boldsymbol{x}_k-\boldsymbol{x}^*\|^2 \tag{3.33}$$

式中 $\widetilde{L}=L\|(\nabla^2 f(\boldsymbol{x}^*))^{-1}\|$。如果迭代起始点 $\boldsymbol{x}_0$ 满足 $\|\boldsymbol{x}_0-\boldsymbol{x}^*\|\leqslant\min\{r,1/(2\widetilde{L})\}$, 则对不等式 (3.33) 使用归纳法可知, 迭代序列 $\{\boldsymbol{x}_k\}$ 收敛于 $\boldsymbol{x}^*$, 且收敛速度是二次的。

其次, 利用关系式 $\boldsymbol{x}_{k+1}-\boldsymbol{x}_k=\boldsymbol{p}_k^{\mathrm{N}}$ 和 $\nabla f_k+\nabla^2 f_k\boldsymbol{p}_k^{\mathrm{N}}=\mathbf{0}$ 可得

$$\begin{aligned}
&\|\nabla f(\boldsymbol{x}_{k+1})\|=\|\nabla f(\boldsymbol{x}_{k+1})-\nabla f_k-\nabla^2 f(\boldsymbol{x}_k)\boldsymbol{p}_k^{\mathrm{N}}\| \\
&=\left\|\int_0^1\nabla^2 f(\boldsymbol{x}_k+t\boldsymbol{p}_k^{\mathrm{N}})(\boldsymbol{x}_{k+1}-\boldsymbol{x}_k)\mathrm{d}t-\nabla^2 f(\boldsymbol{x}_k)\boldsymbol{p}_k^{\mathrm{N}}\right\| \\
&\leqslant\int_0^1\|\nabla^2 f(\boldsymbol{x}_k+t\boldsymbol{p}_k^{\mathrm{N}})-\nabla^2 f(\boldsymbol{x}_k)\|\ \|\boldsymbol{p}_k^{\mathrm{N}}\|\mathrm{d}t \\
&\leqslant\frac{1}{2}L\|\boldsymbol{p}_k^{\mathrm{N}}\|^2 \\
&\leqslant\frac{1}{2}L\|(\nabla^2 f(\boldsymbol{x}_k))^{-1}\|^2\|\nabla f_k\|^2 \\
&\leqslant 2L\|(\nabla^2 f(\boldsymbol{x}^*))^{-1}\|^2\|\nabla f_k\|^2
\end{aligned}$$

由该式可知, 梯度向量的范数序列二次收敛于零。证毕。

当牛顿方法产生的迭代序列接近问题的解时, 对于所有充分大的 k, 步长 $\alpha_k=1$ 均满足 Wolfe 条件或者 Goldstein 条件, 该结论可以由下面的定理 3.6 证得。事实上, 如果搜索方向由牛顿方法给出, 极限式 (3.35) 总能成立, 因为对于所有的 k, 该比值均为零。当利用这些线搜索条件实现牛顿方法时, 总是先尝试单位步长, 对于所有充分大的正整数 k, 可以将步长设为 $\alpha_k=1$, 从而获得局部二次收敛速度。

3.3.3 拟牛顿方法的收敛速度

假设搜索方向具有如下形式:

$$\boldsymbol{p}_k = -\boldsymbol{B}_k^{-1}\nabla f_k \tag{3.34}$$

式中 $\boldsymbol{B}_k$ 为对称正定矩阵, 在每次迭代中, 该矩阵都需要利用拟牛顿公式进行更新。本书第 2 章已经给出了一个拟牛顿公式, 即 BFGS 公式, 第 6 章还将描述其他拟牛顿公式。假设步长 α_k 通过非精确线搜索获得, 且满足 Wolfe 条件或者强 Wolfe 条件。与上述牛顿方法使用的策略相同, 这里的线搜索算法也是先尝试步长 $\alpha = 1$, 如果其满足 Wolfe 条件就接受此步长。例如, 可以在算法 3.1 中设置 $\overline{\alpha} = 1$。这个实现细节对于获得快速收敛速度至关重要。

下面的定理 3.6 表明, 如果拟牛顿方法的搜索方向与牛顿方法的搜索方向足够接近, 当迭代序列收敛至问题的解时, 步长 $\alpha = 1$ 满足 Wolfe 条件。该结论还指出产生超线性收敛迭代序列时, 搜索方向需要满足的条件。为了使结论具有较强的普适性, 下面首先使用一般的下降迭代公式进行描述, 然后分析其对牛顿方法和拟牛顿方法的影响。

【定理 3.6】假设函数 $f: \mathbb{R}^n \to \mathbb{R}$ 二次连续可微。考虑迭代公式 $\boldsymbol{x}_{k+1} = \boldsymbol{x}_k + \alpha_k \boldsymbol{p}_k$, 其中 $\boldsymbol{p}_k$ 是下降方向, α_k 满足 Wolfe 条件, 且 $c_1 \leqslant 1/2$。如果迭代序列 $\{\boldsymbol{x}_k\}$ 收敛至点 $\boldsymbol{x}^*$, 且 $\nabla f(\boldsymbol{x}^*) = \boldsymbol{0}$ 以及 $\nabla^2 f(\boldsymbol{x}^*)$ 具有正定性, 若搜索方向满足

$$\lim_{k\to+\infty} \frac{\|\nabla f_k + \nabla^2 f_k \boldsymbol{p}_k\|}{\|\boldsymbol{p}_k\|} = 0 \tag{3.35}$$

则有如下结论:

(1) 存在某个正整数 k_0, 使得对于任意正整数 $k > k_0$, 步长 $\alpha_k = 1$ 都可以被接受;

(2) 如果对所有正整数 $k > k_0$, 设置 $\alpha_k = 1$, 则迭代序列 $\{\boldsymbol{x}_k\}$ 将以超线性速度收敛至点 $\boldsymbol{x}^*$。

容易验证, 当 $c_1 > 1/2$ 时, 线搜索方法会排除二次函数的极小值点, 此时可能无法接受单位步长。

如果 $\boldsymbol{p}_k$ 是式 (3.34) 给出的拟牛顿搜索方向, 则式 (3.35) 等价于

$$\lim_{k\to+\infty} \frac{\|(\boldsymbol{B}_k - \nabla^2 f(\boldsymbol{x}^*))\boldsymbol{p}_k\|}{\|\boldsymbol{p}_k\|} = 0 \tag{3.36}$$

基于式 (3.36) 可以得到一个重要结论: 即使拟牛顿矩阵序列 $\{\boldsymbol{B}_k\}$ 未收敛至 $\nabla^2 f(\boldsymbol{x}^*)$, 该方法也能获得超线性收敛速度, 只要矩阵 $\boldsymbol{B}_k$ 沿着搜索方向 $\boldsymbol{p}_k$ 逐渐逼近矩阵 $\nabla^2 f(\boldsymbol{x}^*)$ 就足够了。重要的是, 式 (3.36) 是拟牛顿方法获得超线性收敛速度的充分必要条件, 具体可见如下定理。

【定理 3.7】假设函数 $f: \mathbb{R}^n \to \mathbb{R}$ 二次连续可微。考虑迭代公式 $\boldsymbol{x}_{k+1} =$

$\boldsymbol{x}_k+\boldsymbol{p}_k$ (即步长 α_k 始终为 1), 搜索方向 $\boldsymbol{p}_k$ 由式 (3.34) 获得。如果迭代序列 $\{\boldsymbol{x}_k\}$ 收敛至点 $\boldsymbol{x}^*$, 且 $\nabla f(\boldsymbol{x}^*)=\mathbf{0}$ 以及 $\nabla^2 f(\boldsymbol{x}^*)$ 具有正定性, 则式 (3.36) 是序列 $\{\boldsymbol{x}_k\}$ 超线性收敛的充要条件。

【证明】证明式 (3.36) 等价于下式:

$$\boldsymbol{p}_k-\boldsymbol{p}_k^{\mathrm{N}}=o(\|\boldsymbol{p}_k\|) \tag{3.37}$$

式中 $\boldsymbol{p}_k^{\mathrm{N}}=-(\nabla^2 f_k)^{-1}\nabla f_k$ 是牛顿方法的迭代更新向量。假设式 (3.36) 成立, 由于 Hessian 矩阵 $\nabla^2 f(\boldsymbol{x}^*)$ 是正定的, 当迭代序列 $\{\boldsymbol{x}_k\}$ 充分接近点 $\boldsymbol{x}^*$ 时, $\|(\nabla^2 f_k)^{-1}\|$ 存在上界, 于是有

$$\begin{aligned}\boldsymbol{p}_k-\boldsymbol{p}_k^{\mathrm{N}}&=(\nabla^2 f_k)^{-1}(\nabla^2 f_k\boldsymbol{p}_k+\nabla f_k)\\&=(\nabla^2 f_k)^{-1}(\nabla^2 f_k-\boldsymbol{B}_k)\boldsymbol{p}_k\\&=O(\|(\nabla^2 f_k-\boldsymbol{B}_k)\boldsymbol{p}_k\|)\\&=o(\|\boldsymbol{p}_k\|)\end{aligned}$$

反之, 假设式 (3.37) 成立, 将该式两边同时乘以 $\nabla^2 f_k$, 并结合式 (3.30) 和式 (3.34) 可知式 (3.36) 成立。

利用式 (3.33) 和式 (3.37) 可得

$$\|\boldsymbol{x}_k+\boldsymbol{p}_k-\boldsymbol{x}^*\|\leqslant\|\boldsymbol{x}_k+\boldsymbol{p}_k^{\mathrm{N}}-\boldsymbol{x}^*\|+\|\boldsymbol{p}_k-\boldsymbol{p}_k^{\mathrm{N}}\|=O(\|\boldsymbol{x}_k-\boldsymbol{x}^*\|^2)+o(\|\boldsymbol{p}_k\|)$$

由该不等式不难证明 $\|\boldsymbol{p}_k\|=O(\|\boldsymbol{x}_k-\boldsymbol{x}^*\|)$, 于是有

$$\|\boldsymbol{x}_k+\boldsymbol{p}_k-\boldsymbol{x}^*\|\leqslant o(\|\boldsymbol{x}_k-\boldsymbol{x}^*\|)$$

由此可得超线性收敛性。证毕。

从第 6 章可以看出, 拟牛顿方法一般都满足式 (3.36), 因而具有超线性收敛速度。

3.4 基于修正 Hessian 矩阵的牛顿方法

当向量 $\boldsymbol{x}$ 偏离解 $\boldsymbol{x}^*$ 较远时, Hessian 矩阵 $\nabla^2 f(\boldsymbol{x})$ 可能不具有正定性, 此时牛顿方向 $\boldsymbol{p}_k^{\mathrm{N}}$ 未必是下降方向。由式 (3.30) 可知, 向量 $\boldsymbol{p}_k^{\mathrm{N}}$ 满足如下关系式:

$$\nabla^2 f(\boldsymbol{x}_k)\boldsymbol{p}_k^{\mathrm{N}}=-\nabla f(\boldsymbol{x}_k) \tag{3.38}$$

当使用常规线性代数技术 (例如高斯消元法) 求解牛顿方程式 (3.38) 时, 下面描述一种能克服 Hessian 矩阵非正定性的有效方法。该方法通过求解一个

与式 (3.38) 相近的线性方程组来获得迭代更新向量 $\boldsymbol{p}_k$, 与式 (3.38) 的不同之处在于, 其系数矩阵将被一个与其近似的对称正定矩阵替代, 并且该矩阵是在问题求解前或是求解过程中构造而成。修正的 Hessian 矩阵是将一个正定对角矩阵或满元素矩阵加至真实 Hessian 矩阵 $\nabla^2 f(\boldsymbol{x}_k)$ 所获得的。算法 3.2 给出了该方法的一般性描述。

【算法 3.2 修正的线搜索牛顿方法】

步骤 1: 确定迭代起始点 $\boldsymbol{x}_0$。

步骤 2:

for $k = 0, 1, 2, \cdots$

构造矩阵 $\boldsymbol{B}_k = \nabla^2 f(\boldsymbol{x}_k) + \boldsymbol{E}_k$, 如果 $\nabla^2 f(\boldsymbol{x}_k)$ 是充分正定的矩阵, 则令 $\boldsymbol{E}_k = \boldsymbol{0}$; 否则选择 $\boldsymbol{E}_k$, 以确保矩阵 $\boldsymbol{B}_k$ 具有充分正定性;

求解线性方程组 $\boldsymbol{B}_k \boldsymbol{p}_k = -\nabla f(\boldsymbol{x}_k)$;

令 $\boldsymbol{x}_{k+1} \leftarrow \boldsymbol{x}_k + \alpha_k \boldsymbol{p}_k$, 其中步长 α_k 满足 Wolfe 条件、Goldstein 条件或者 Armijo 回溯条件;

end (for)

有些方法并不是直接计算矩阵 $\boldsymbol{E}_k$, 而是在标准矩阵分解中引入额外步骤和测试环节, 并动态修改其中的计算步骤, 以得到对称正定矩阵的分解因子。本节将描述基于 Hessian 矩阵的修正 Cholesky 分解方法和修正对称非正定分解方法。

算法 3.2 是一种实用的牛顿方法, 其可以从任意迭代起始点开始进行计算。对于此算法, 我们可以建立令人满意的全局收敛结果, 前提是矩阵 $\boldsymbol{E}_k$ (或者矩阵 $\boldsymbol{B}_k$) 满足有界修正矩阵分解性质。该性质是指, 只要 Hessian 矩阵序列 $\{\nabla^2 f(\boldsymbol{x}_k)\}$ 是有界的, 则矩阵序列 $\{\boldsymbol{B}_k\}$ 的条件数就有界, 如下所示:

$$\kappa(\boldsymbol{B}_k) = \|\boldsymbol{B}_k\| \, \|\boldsymbol{B}_k^{-1}\| \leqslant C \quad (k = 0, 1, 2, \cdots) \tag{3.39}$$

式中 $C > 0$。根据第 3.2 节的结论可知, 如果上述性质成立, 修正的线搜索牛顿方法就具有全局收敛性。

【定理 3.8】 假设函数 f 在开集 D 上是二次连续可微的, 且对于算法 3.2 选定的迭代起始点 $\boldsymbol{x}_0$, 水平集 $L = \{\boldsymbol{x} \in D : f(\boldsymbol{x}) \leqslant f(\boldsymbol{x}_0)\}$ 是紧凑的。如果有界修正矩阵分解性质成立, 则有

$$\lim_{k \to +\infty} \nabla f(\boldsymbol{x}_k) = \boldsymbol{0}$$

该定理的证明可见文献 [215]。

下面讨论算法 3.2 的收敛速度。假设迭代序列 $\{\boldsymbol{x}_k\}$ 收敛至点 $\boldsymbol{x}^*$, 且 Hessian 矩阵 $\nabla^2 f(\boldsymbol{x}^*)$ 是充分正定的, 这意味着在第 3.4.1 小节描述的修正方法中, 对于所有充分大的 k, 修正矩阵均能满足 $\boldsymbol{E}_k = \boldsymbol{0}$。根据定理 3.6 可知, 对于所有充分大的 k, 可以将步长设为 $\alpha_k = 1$, 此时算法 3.2 将退化为牛

顿方法, 因而具有二次收敛速度。

当 Hessian 矩阵 $\nabla^2 f^*$ 接近奇异时, 难以确保修正矩阵 $\boldsymbol{E}_k$ 最终趋近于零, 此时的收敛速度可能仅是线性的。除了要求修正后的矩阵 $\boldsymbol{B}_k$ 具有良好的条件外 (使定理 3.8 成立), 我们还希望修正矩阵尽可能小, 从而尽可能多地保留 Hessian 矩阵中目标函数的二阶信息。当然, 我们也希望修正矩阵分解具有适中的计算量。

为了给算法 3.2 中的矩阵分解技术奠定基础, 我们先假设可以获得矩阵 $\nabla^2 f(\boldsymbol{x}_k)$ 的特征值分解。尽管这对于大规模问题并不现实, 因为这种分解的计算量很大, 但有助于产生一些实际的修正策略。

3.4.1 特征值修正

考虑如下优化问题, 其在当前迭代点 $\boldsymbol{x}_k$ 处满足 $\nabla f(\boldsymbol{x}_k) = [1 \quad -3 \quad 2]^{\mathrm{T}}$ 和 $\nabla^2 f(\boldsymbol{x}_k) = \mathrm{diag}(10, 3, -1)$, 该矩阵显然不具有正定性。根据谱分解定理 (见附录 A) 可得 $\boldsymbol{Q} = \boldsymbol{I}$ 和 $\boldsymbol{\Lambda} = \mathrm{diag}(\lambda_1, \lambda_2, \lambda_3)$, 并且有

$$\nabla^2 f(\boldsymbol{x}_k) = \boldsymbol{Q}\boldsymbol{\Lambda}\boldsymbol{Q}^{\mathrm{T}} = \sum_{i=1}^{n} \lambda_i \boldsymbol{q}_i \boldsymbol{q}_i^{\mathrm{T}} \tag{3.40}$$

此时由式 (3.38) 给出的牛顿迭代更新向量为 $\boldsymbol{p}_k^{\mathrm{N}} = [-0.1 \quad 1 \quad 2]^{\mathrm{T}}$, 由于 $(\nabla f(\boldsymbol{x}_k))^{\mathrm{T}} \boldsymbol{p}_k^{\mathrm{N}} > 0$, 该向量并不是一个下降方向。一种修正策略是利用一个正定的近似矩阵 $\boldsymbol{B}_k$ 来代替 Hessian 矩阵 $\nabla^2 f(\boldsymbol{x}_k)$, 该矩阵将一个数值很小的正数 δ 替换矩阵 $\nabla^2 f(\boldsymbol{x}_k)$ 的所有负特征值, 正数 δ 比机器精度 u 略大, 可设为 $\delta = \sqrt{u}$。针对上述例子, 如果计算机的精度为 10^{-16}, 则可以将矩阵 $\boldsymbol{B}_k$ 设为

$$\boldsymbol{B}_k = \sum_{i=1}^{2} \lambda_i \boldsymbol{q}_i \boldsymbol{q}_i^{\mathrm{T}} + \delta \boldsymbol{q}_3 \boldsymbol{q}_3^{\mathrm{T}} = \mathrm{diag}(10, 3, 10^{-8}) \tag{3.41}$$

该矩阵在数值上是正定的, 且沿着特征向量 $\boldsymbol{q}_1$ 和 $\boldsymbol{q}_2$ 方向上的曲率保持不变。基于此修正 Hessian 矩阵, 搜索方向将变为

$$\boldsymbol{p}_k = -\boldsymbol{B}_k^{-1} \nabla f_k = -\sum_{i=1}^{2} \frac{1}{\lambda_i} \boldsymbol{q}_i (\boldsymbol{q}_i^{\mathrm{T}} \nabla f_k) - \frac{1}{\delta} \boldsymbol{q}_3 (\boldsymbol{q}_3^{\mathrm{T}} \nabla f(\boldsymbol{x}_k)) \approx -2 \times 10^8 \boldsymbol{q}_3 \tag{3.42}$$

从式 (3.42) 中可以看出, 当 δ 取值很小时, 迭代更新向量基本与特征向量 $\boldsymbol{q}_3$ 平行, 且步长很大, 此时特征向量 $\boldsymbol{q}_1$ 和 $\boldsymbol{q}_2$ 的贡献相对较小。尽管目标函数 f 沿着搜索方向 $\boldsymbol{p}_k$ 的取值会有所降低, 但是步长太大却违背牛顿方法的基本原理, 牛顿方法假设目标函数在当前迭代点 $\boldsymbol{x}_k$ 邻域内的二次近似是

有效的。因此，很难判断上面给出的搜索方向是否有效。

除上述方法外，还可以采取其他特征值修正策略。例如，我们可以将式 (3.40) 中的负特征值的符号取反，使其变成正特征值。我们也可以将式 (3.42) 中的最后一项设为 0，从而使搜索方向中没有负曲率方向上的分量。我们还可以改变参数 δ 的选取方法，以确保步长不能太大，该策略具有信赖域方法的特点。综上所述，存在很多特征值修正策略，但目前还没有一种策略被公认为是最好的。

这里暂且不考虑参数 δ 的选择问题，我们将重点放在将矩阵修正为对称正定矩阵的过程。将式 (3.40) 修正为式 (3.41)，其在下面描述的意义下是最优的。如果 $\boldsymbol{A}$ 是对称矩阵，且具有谱分解 $\boldsymbol{A}=\boldsymbol{Q}\boldsymbol{\Lambda}\boldsymbol{Q}^{\mathrm{T}}$，若校正矩阵 $\Delta\boldsymbol{A}$ 满足 $\lambda_{\min}(\boldsymbol{A}+\Delta\boldsymbol{A})\geqslant\delta$，则具有最小 Frobenius 范数的校正矩阵应取为

$$\Delta\boldsymbol{A}=\boldsymbol{Q}\mathrm{diag}(\tau_i)\boldsymbol{Q}^{\mathrm{T}}\quad\left(\text{其中 }\tau_i=\begin{cases}0, & \lambda_i\geqslant\delta\\ \delta-\lambda_i, & \lambda_i<\delta\end{cases}\right)\tag{3.43}$$

$\lambda_{\min}(\cdot)$ 表示取矩阵的最小特征值，Frobenius 范数的定义为 $\|\boldsymbol{A}\|_F^2=\sum\limits_{i,j=1}^{n}a_{ij}^2$ (见式 (A.9))。注意到式 (3.43) 给出的校正矩阵 $\Delta\boldsymbol{A}$ 一般不会是对角矩阵，修正后的矩阵将变为

$$\boldsymbol{A}+\Delta\boldsymbol{A}=\boldsymbol{Q}(\boldsymbol{\Lambda}+\mathrm{diag}(\tau_i))\boldsymbol{Q}^{\mathrm{T}}$$

如果使用其他形式的范数，还可以得到对角形式的校正矩阵。仍然假设 $\boldsymbol{A}$ 为对称矩阵，且具有谱分解 $\boldsymbol{A}=\boldsymbol{Q}\boldsymbol{\Lambda}\boldsymbol{Q}^{\mathrm{T}}$。满足 $\lambda_{\min}(\boldsymbol{A}+\Delta\boldsymbol{A})\geqslant\delta$，并且具有最小欧氏范数的校正矩阵 $\Delta\boldsymbol{A}$ 应为

$$\Delta\boldsymbol{A}=\tau\boldsymbol{I}\quad(\text{其中 }\tau=\max\{0,\delta-\lambda_{\min}(\boldsymbol{A})\})\tag{3.44}$$

相应的修正矩阵为

$$\boldsymbol{A}+\tau\boldsymbol{I}\tag{3.45}$$

其恰好与第 4 章 (未标定) 信赖域方法中出现的矩阵具有相同形式。相比于矩阵 $\boldsymbol{A}$，矩阵式 (3.45) 中的所有特征值都进行了平移，并且都大于 δ。

上面的讨论表明，校正矩阵既可以是对角形式，也可以是非对角形式。尽管我们还没有回答怎样才是好的修正策略，但已经提出并通过软件实现了各种实用的对角和非对角修正方法。这些方法并未利用 Hessian 矩阵的谱分解，因为该分解通常需要复杂的运算。它们使用高斯消元法，选择间接进行修正，并希望以某种方式产生好的迭代更新向量。数值经验表明，下面描述的策略通常能够 (但并不总能) 获得好的搜索方向。

3.4.2 校正矩阵为单位矩阵与标量的乘积

最简单的方法也许是确定标量 $\tau > 0$, 以使 $\nabla^2 f(x_k) + \tau \boldsymbol{I}$ 变成充分正定的矩阵。根据前面的讨论可知, τ 必须满足式 (3.44), 但是想要获得 Hessian 矩阵最小特征值的有效估计值, 通常并不容易。下面描述的算法尝试连续获得更大的 τ, 直至满足要求, 其中 $\{a_{ii}\}$ 表示矩阵 $\boldsymbol{A}$ 的对角元素。

【算法 3.3】

步骤 1: 选择 $\beta > 0$, 如果 $\min\limits_i\{a_{ii}\} > 0$, 则令 $\tau_0 \leftarrow 0$, 否则令 $\tau_0 := -\min\limits_i\{a_{ii}\} + \beta$。

步骤 2:

for $k = 0, 1, 2, \cdots$

尝试利用 Cholesky 分解算法获得 $\boldsymbol{L}\boldsymbol{L}^{\mathrm{T}} = \boldsymbol{A} + \tau_k \boldsymbol{I}$, 如果分解完全成功, 则停止循环计算, 并输出矩阵 $\boldsymbol{L}$; 否则令 $\tau_{k+1} \leftarrow \max\{2\tau_k, \beta\}$。

end (for)

参数 β 的设置是启发式的, 其典型值可以设为 $\beta = 10^{-3}$。我们可以将初始试验 τ_0 与当前最近一次 Hessian 矩阵修正中最终使用的 τ 成比例, 也可见算法 B.1。算法 3.3 的实现策略是非常简单的, 其可能优于下面描述的修正矩阵分解技术, 但是该算法也存在一个缺点。具体而言, 每当得到一个试验值 τ_k, 就需要对矩阵 $\boldsymbol{A} + \tau_k \boldsymbol{I}$ 重新进行一次矩阵分解, 如果生成很多试验值, 算法计算量就会变得非常庞大。因此, 提高 τ 的增长速度可能更加有利, 例如, 可以将算法 3.3 最后的因子 2 变为 10。

3.4.3 修正 Cholesky 分解

另一种对非正定 Hessian 矩阵进行修正的方法是对矩阵 $\nabla^2 f(x_k)$ 进行 Cholesky 分解, 并且在分解过程中增大对角元素 (如有必要), 使其成为数值较大的正数。修正 Cholesky 分解的目的有两个: (1) 能使修正 Cholesky 分解矩阵存在, 并且相对于实际 Hessian 矩阵的范数有界; (2) 如果 Hessian 矩阵是充分正定的, 就不对其进行修正。

在描述修正 Cholesky 分解以前, 先简要回顾基本的 Cholesky 分解。每个对称正定矩阵 $\boldsymbol{A}$ 都可以表示成如下形式:

$$\boldsymbol{A} = \boldsymbol{L}\boldsymbol{D}\boldsymbol{L}^{\mathrm{T}} \tag{3.46}$$

式中 $\boldsymbol{L}$ 是下三角矩阵, 其对角元素均为 1; $\boldsymbol{D}$ 是对角矩阵, 其对角元素均为正数。通过逐列对比式 (3.46) 两边的元素, 不难获得矩阵 $\boldsymbol{L}$ 和 $\boldsymbol{D}$ 中元素的计算公式。

【例 3.1】 考虑三阶矩阵, 由等式 $\boldsymbol{A} = \boldsymbol{L}\boldsymbol{D}\boldsymbol{L}^{\mathrm{T}}$ 可得

$$\begin{bmatrix} a_{11} & a_{21} & a_{31} \\ a_{21} & a_{22} & a_{32} \\ a_{31} & a_{32} & a_{33} \end{bmatrix} = \begin{bmatrix} 1 & 0 & 0 \\ l_{21} & 1 & 0 \\ l_{31} & l_{32} & 1 \end{bmatrix} \begin{bmatrix} d_1 & 0 & 0 \\ 0 & d_2 & 0 \\ 0 & 0 & d_3 \end{bmatrix} \begin{bmatrix} 1 & l_{21} & l_{31} \\ 0 & 1 & l_{32} \\ 0 & 0 & 1 \end{bmatrix}$$

观察矩阵 $\boldsymbol{A}$ 中的元素可知其是对称矩阵。首先对比该式左右两边第 1 列中的元素可知

$$\begin{cases} a_{11} = d_1 \\ a_{21} = d_1 l_{21} \Rightarrow l_{21} = a_{21}/d_1 \\ a_{31} = d_1 l_{31} \Rightarrow l_{31} = a_{31}/d_1 \end{cases}$$

然后对比该式左右两边第 2 列和第 3 列中的元素可得

$$\begin{cases} a_{22} = d_1 l_{21}^2 + d_2 \Rightarrow d_2 = a_{22} - d_1 l_{21}^2 \\ a_{32} = d_1 l_{31} l_{21} + d_2 l_{32} \Rightarrow l_{32} = (a_{32} - d_1 l_{31} l_{21})/d_2 \\ a_{33} = d_1 l_{31}^2 + d_2 l_{32}^2 + d_3 \Rightarrow d_3 = a_{33} - d_1 l_{31}^2 - d_2 l_{32}^2 \end{cases}$$

上述计算过程可以通过下面的算法实现。

【算法 3.4 Cholesky 分解, 将矩阵 $\boldsymbol{A}$ 分解为 $\boldsymbol{LDL}^{\mathrm{T}}$ 的形式】

for $j = 1, 2, \cdots, n$

  $c_{jj} \leftarrow a_{jj} - \sum_{s=1}^{j-1} d_s l_{js}^2$

  $d_j \leftarrow c_{jj}$

  for $i = j+1, j+2, \cdots, n$

    $c_{ij} \leftarrow a_{ij} - \sum_{s=1}^{j-1} d_s l_{is} l_{js}$

    $l_{ij} \leftarrow c_{ij}/d_j$

  end

end

可以证明 (见文献 [136] 第 4.2.3 小节), 只要 $\boldsymbol{A}$ 是对称正定矩阵, 所有的对角元素 $\{d_{jj}\}_{1\leqslant j\leqslant n}$ 均为正数。算法中引入标量 $\{c_{ij}\}$ 只是为了便于描述下文的修正矩阵分解。注意到上面描述的算法 3.4 与标准 Cholesky 分解略有不同, 后者是产生下三角矩阵 $\boldsymbol{M}$ 以满足

$$\boldsymbol{A} = \boldsymbol{M}\boldsymbol{M}^{\mathrm{T}} \tag{3.47}$$

事实上, 矩阵 $\boldsymbol{M}$ 与算法 3.4 给出的矩阵 $\boldsymbol{L}$ 和 $\boldsymbol{D}$ 之间的关系为 $\boldsymbol{M} = \boldsymbol{L}\boldsymbol{D}^{1/2}$。附录 A 中的算法 A.2 描述了计算矩阵 $\boldsymbol{M}$ 的基本步骤。

如果 $\boldsymbol{A}$ 是非正定矩阵, 矩阵分解式 $\boldsymbol{A} = \boldsymbol{LDL}^{\mathrm{T}}$ 可能并不存在。即使该

分解式存在, 将算法 3.4 应用于此矩阵时在数值上也不稳定, 因为矩阵 $\boldsymbol{L}$ 和 $\boldsymbol{D}$ 中的元素会变得非常大。因此, 当获得分解式 $\boldsymbol{LDL}^{\mathrm{T}}$ 以后, 直接修正对角元素, 使其变成正数, 这种策略往往会失败, 最终得到的矩阵可能与原矩阵 $\boldsymbol{A}$ 截然不同。

与上述不同的是, 我们可以在分解过程中对矩阵 $\boldsymbol{A}$ 进行修正, 使矩阵 $\boldsymbol{D}$ 中的所有元素均为较大的正数, 此时矩阵 $\boldsymbol{D}$ 和 $\boldsymbol{L}$ 中的元素就不会太大。为了控制修正质量, 需要设置两个正参数 δ 和 β。当计算矩阵 $\boldsymbol{L}$ 和 $\boldsymbol{D}$ 中的第 j 列元素时 (也就是执行算法 3.4 的外层循环), 需要满足如下边界条件:

$$d_j \geqslant \delta, |m_{ij}| \leqslant \beta \quad (i = j+1, j+2, \cdots, n) \tag{3.48}$$

式中 $m_{ij} = l_{ij}\sqrt{d_j}$。为了满足这些边界条件, 仅需要改变算法 3.4 中的一个步骤即可, 也就是将对角元素 d_j 的计算公式修改为

$$d_j = \max\left\{|c_{jj}|, \left(\frac{\theta_j}{\beta}\right)^2, \delta\right\} \quad \left(\text{其中 } \theta_j = \max_{j<i\leqslant n}\{|c_{ij}|\}\right) \tag{3.49}$$

由算法 3.4 可得 $c_{ij} = l_{ij}d_j$, 于是有

$$|m_{ij}| = |l_{ij}\sqrt{d_j}| = \frac{|c_{ij}|}{\sqrt{d_j}} \leqslant \frac{|c_{ij}|\beta}{\theta_j} \leqslant \beta \quad (\text{对于所有的 } i > j)$$

由该式可知, 式 (3.48) 中的第 2 个关系式成立。

注意到可以在计算 d_j 之前先计算 θ_j, 因为在算法 3.4 的第 2 层循环中, 计算 c_{ij} 时并不需要 d_j, 这也是该算法引入变量 c_{ij} 的原因。

上述讨论是文献 [130] 中描述的修正 Cholesky 分解算法的基础, 该修正算法引入了行与列的对称交换, 以减少修正量。若令 $\boldsymbol{P}$ 表示行与列交换所对应的置换矩阵, 则该算法是对经置换和修正后的矩阵 $\boldsymbol{PAP}^{\mathrm{T}} + \boldsymbol{E}$ 进行 Cholesky 分解, 如下所示:

$$\boldsymbol{PAP}^{\mathrm{T}} + \boldsymbol{E} = \boldsymbol{LDL}^{\mathrm{T}} = \boldsymbol{MM}^{\mathrm{T}} \tag{3.50}$$

式中 $\boldsymbol{E}$ 为对角矩阵, 其中的元素均为非负数。如果 $\boldsymbol{A}$ 是充分正定矩阵, 则 $\boldsymbol{E}$ 为零矩阵。文献 [215] 表明, 若将修正 Cholesky 分解算法应用于 Hessian 矩阵 $\nabla^2 f(x_k)$, 则所得到的矩阵 $\boldsymbol{B}_k$ 的条件数有界, 也就是存在某个常数 C, 使不等式 (3.39) 成立。

3.4.4 修正对称非正定矩阵分解

另一种修正非正定 Hessian 矩阵的方法是进行对称非正定矩阵分解。任意对称矩阵 $\boldsymbol{A}$, 无论其是否正定, 都可以表示为

$$\boldsymbol{PAP}^{\mathrm{T}}=\boldsymbol{LBL}^{\mathrm{T}} \tag{3.51}$$

式中 $\boldsymbol{L}$ 是单位下三角矩阵; $\boldsymbol{B}$ 是块状对角矩阵, 其对角矩阵块为 1×1 的或者 2×2 的; $\boldsymbol{P}$ 是置换矩阵 (见附录 A 中的讨论和文献 [136] 中的第 4.4 节)。前面已经提到, 我们不建议计算非正定矩阵的 Cholesky 分解 $\boldsymbol{LDL}^{\mathrm{T}}$ (其中 $\boldsymbol{D}$ 为对角矩阵), 因为即使矩阵因子 $\boldsymbol{L}$ 和 $\boldsymbol{D}$ 存在, 它们的元素在数值上会大于矩阵 $\boldsymbol{A}$ 中的元素, 从而放大了计算过程中出现的舍入误差。然而, 如果使用块状对角矩阵 $\boldsymbol{B}$, 其对角矩阵块既可以是 2×2 的, 也可以是 1×1 的, 此时矩阵分解式 (3.51) 总能存在, 并且计算过程在数值上是鲁棒的。

【**例 3.2**】考虑矩阵

$$\boldsymbol{A}=\begin{bmatrix}0&1&2&3\\1&2&2&2\\2&2&3&3\\3&2&3&4\end{bmatrix}$$

可以写成式 (3.51) 的形式, 其中 $\boldsymbol{P}=[\boldsymbol{e}_1\ \ \boldsymbol{e}_4\ \ \boldsymbol{e}_3\ \ \boldsymbol{e}_2]$,

$$\boldsymbol{L}=\begin{bmatrix}1&0&0&0\\0&1&0&0\\1/9&2/3&1&0\\2/9&1/3&0&1\end{bmatrix},\quad \boldsymbol{B}=\begin{bmatrix}0&3&0&0\\3&4&0&0\\0&0&7/9&5/9\\0&0&5/9&10/9\end{bmatrix} \tag{3.52}$$

矩阵 $\boldsymbol{B}$ 中的两个对角矩阵块均为 2×2 的。附录 A 中的第 A.1 节描述了一些计算对称非正定矩阵分解算法。

对称非正定矩阵分解可用于确定一个矩阵的惯性, 也就是矩阵的正、零以及负特征值的个数。可以验证, 矩阵 $\boldsymbol{B}$ 的惯性等于矩阵 $\boldsymbol{A}$ 的惯性, 而且矩阵 $\boldsymbol{B}$ 中的 2×2 对角块一定包含一个正特征值和一个负特征值。因此, 矩阵 $\boldsymbol{A}$ 的正特征值个数等于矩阵 $\boldsymbol{B}$ 中 1×1 正对角元素的个数加上 2×2 对角块的个数。

类似于 Cholesky 分解, 我们也可以针对对称非正定矩阵分解算法进行修正, 使修正后的矩阵因子是对称正定矩阵的矩阵因子。该方法首先计算分解式 (3.51) 和谱分解 $\boldsymbol{B}=\boldsymbol{Q}\boldsymbol{\Lambda}\boldsymbol{Q}^{\mathrm{T}}$, 由于矩阵 $\boldsymbol{B}$ 具有块状对角形式, 因此其谱分解的计算量并不大 (见练习题 3.12)。然后构造修正矩阵 $\boldsymbol{F}$, 使得 $\boldsymbol{L}(\boldsymbol{B}+\boldsymbol{F})\boldsymbol{L}^{\mathrm{T}}$ 是一个充分正定矩阵。基于修正谱分解式 (3.43), 我们可以选择参数 $\delta>0$, 并且将矩阵 $\boldsymbol{F}$ 定义为

$$\boldsymbol{F}=\boldsymbol{Q}\mathrm{diag}(\tau_i)\boldsymbol{Q}^{\mathrm{T}},\quad \tau_i=\begin{cases}0, & \lambda_i\geqslant\delta\\ \delta-\lambda_i, & \lambda_i<\delta\end{cases}\qquad (i=1,2,\cdots,n) \tag{3.53}$$

式中 $\{\lambda_i\}$ 为矩阵 $\boldsymbol{B}$ 的特征值。因此, 矩阵 $\boldsymbol{F}$ 是具有最小 Frobenius 范数的校正矩阵, 并且可以使矩阵 $\boldsymbol{B}+\boldsymbol{F}$ 的所有特征值都不小于 δ。利用此方法可以对矩阵分解式 (3.51) 进行改进, 得到如下形式:

$$\boldsymbol{P}(\boldsymbol{A}+\boldsymbol{E})\boldsymbol{P}^{\mathrm{T}}=\boldsymbol{L}(\boldsymbol{B}+\boldsymbol{F})\boldsymbol{L}^{\mathrm{T}}$$

式中 $\boldsymbol{E}=\boldsymbol{P}^{\mathrm{T}}\boldsymbol{L}\boldsymbol{F}\boldsymbol{L}^{\mathrm{T}}\boldsymbol{P}$。注意到矩阵 $\boldsymbol{E}$ 一般不会是对角矩阵, 因此与修正 Cholesky 分解不同, 这里的策略是对矩阵 $\boldsymbol{A}$ 中的全部元素进行修正, 而不仅仅修正其对角元素。式 (3.53) 的目的在于, 当矩阵 $\boldsymbol{A}$ 的最小特征值满足 $\lambda_{\min}(\boldsymbol{A})<\delta$ 时, 就可以使修正矩阵 $\boldsymbol{A}+\boldsymbol{E}$ 的最小特征值满足 $\lambda_{\min}(\boldsymbol{A}+\boldsymbol{E})\approx\delta$。然而, 尚不确定是否总能实现此目的。

3.5 步长选择算法

下面讨论求解一维函数极小值点的方法, 或是确定满足第 3.1 节终止条件的步长 α_k。考虑如下一维函数:

$$\phi(\alpha)=f(\boldsymbol{x}_k+\alpha\boldsymbol{p}_k) \tag{3.54}$$

式中 $\boldsymbol{p}_k$ 表示下降方向, 满足 $\phi'(0)<0$, 这限定了 α 的搜索区域为正值区域。

如果 f 是凸二次函数 $f(\boldsymbol{x})=\dfrac{1}{2}\boldsymbol{x}^{\mathrm{T}}\boldsymbol{Q}\boldsymbol{x}-\boldsymbol{b}^{\mathrm{T}}\boldsymbol{x}$, 此时沿着射线 $\boldsymbol{x}_k+\alpha\boldsymbol{p}_k$ 方向上的一维极小值点具有显式表达式, 如下所示:

$$\alpha_k=-\frac{\nabla f_k^{\mathrm{T}}\boldsymbol{p}_k}{\boldsymbol{p}_k^{\mathrm{T}}\boldsymbol{Q}\boldsymbol{p}_k} \tag{3.55}$$

然而, 对于一般的非线性函数, 需要使用迭代程序。线搜索程序应该得到特别的重视, 因为其对于所有的非线性优化方法的鲁棒性和效率都有着重要影响。

线搜索方法可以依据使用的导数信息的类型进行分类。如果算法仅利用函数值信息, 其效率可能会比较低, 因为理论上算法此时需要持续迭代, 直至极小值点的搜索范围缩减成非常小的区间。相比之下, 梯度信息可用于判断是否已经获得合理的步长, 例如, 可以依据 Wolfe 条件或者 Goldstein 条件进行判断。当迭代点 $\boldsymbol{x}_k$ 接近问题的解时, 步长 α 的初始值通常能够满足这些条件, 此时无须调用线搜索程序。下文仅讨论利用导数信息的算法, 而在本章结尾的注释部分将介绍无须求导的算法。

所有线搜索程序都需要步长初始值 α_0, 并由此产生序列 $\{\alpha_i\}$。该序列要么终止于满足指定条件 (例如 Wolfe 条件) 的步长, 要么确定步长并不存在。典型的计算过程包含两个阶段: 第一阶段用于确定步长所在的区间 $[\bar{a},\bar{b}]$; 第二阶段则用于确定最终的步长。第二阶段在确定步长的过程中会不断压缩区间的长度, 并利用前面步骤中积累的函数值及导数信息进行内插, 以确定极小值点。下面讨论如何进行内插。

在下面的描述中, 分别令 α_k 和 α_{k-1} 表示优化算法在第 k 次和第 $k-1$ 次迭代中所使用的步长; 将线搜索过程中产生的试验步长记为 α_i、α_{i-1} 以及 α_j, 并将步长初始值记为 α_0。

3.5.1 内插

下面描述基于内插的线搜索方法, 并利用 ϕ 已知的函数值及其导数值进行内插。该过程可以看成是对算法 3.1 的改进和完善, 其目的在于找寻步长 α 以满足充分下降条件 (式 (3.6a)), 且步长值不能太小。因此, 该方法将生成一组下降序列 $\{\alpha_i\}$, 并要求试验步长 α_i 在数值上不会比前面生成的试验步长 α_{i-1} 小很多。

利用式 (3.54) 中的符号可以将充分下降条件表示为

$$\phi(\alpha_k) \leqslant \phi(0) + c_1\alpha_k\phi'(0) \tag{3.56}$$

由于实际中常数 c_1 的取值通常较小 (例如 $c_1 = 10^{-4}$), 这个条件基本只要求函数 f 的取值有所下降。下面设计的方法是有效的, 理由是它能尽可能减少计算导数 $\nabla f(\boldsymbol{x})$ 的次数。

假设已经获得步长的初始值 α_0, 如果满足下面的充分下降条件:

$$\phi(\alpha_0) \leqslant \phi(0) + c_1\alpha_0\phi'(0)$$

则停止搜索步长; 否则, 就认为区间 $[0, \alpha_0]$ 内包含满足条件的步长 (见图 3.3)。下面构造二次函数 $\phi_{\rm q}(\alpha)$, 用以逼近函数 ϕ。构造该二次函数需要对 3 个已知信息进行插值, 分别为 $\phi(0)$、$\phi'(0)$ 以及 $\phi(\alpha_0)$, 二次函数的表达式为

$$\phi_{\rm q}(\alpha) = \left(\frac{\phi(\alpha_0) - \phi(0) - \alpha_0\phi'(0)}{\alpha_0^2}\right)\alpha^2 + \phi'(0)\alpha + \phi(0) \tag{3.57}$$

注意到该函数满足 3 个插值条件: $\phi_{\rm q}(0) = \phi(0)$、$\phi'_{\rm q}(0) = \phi'(0)$ 以及 $\phi_{\rm q}(\alpha_0) = \phi(\alpha_0)$。若对该二次函数最小化, 则可以得到新的试验步长 α_1, 如下所示:

$$\alpha_1 = -\frac{\phi'(0)\alpha_0^2}{2[\phi(\alpha_0) - \phi(0) - \phi'(0)\alpha_0]} \tag{3.58}$$

如果步长 α_1 满足充分下降条件 (式 (3.56)), 则停止搜索步长。否则, 将对 4 个信息进行插值, 分别为 $\phi(0)$、$\phi'(0)$、$\phi(\alpha_0)$ 以及 $\phi(\alpha_1)$, 用以构造三次函数, 其表达式为

$$\phi_{\rm c}(\alpha) = a\alpha^3 + b\alpha^2 + \alpha\phi'(0) + \phi(0)$$

式中

$$\begin{bmatrix} a \\ b \end{bmatrix} = \frac{1}{\alpha_0^2\alpha_1^2(\alpha_1-\alpha_0)} \begin{bmatrix} \alpha_0^2 & -\alpha_1^2 \\ -\alpha_0^3 & \alpha_1^3 \end{bmatrix} \begin{bmatrix} \phi(\alpha_1)-\phi(0)-\phi'(0)\alpha_1 \\ \phi(\alpha_0)-\phi(0)-\phi'(0)\alpha_0 \end{bmatrix}$$

通过对函数 $\phi_{\mathrm{c}}(\alpha)$ 求导可以获得其极小值点 α_2, 可以发现 α_2 位于区间 $[0,\alpha_1]$ 内, 表达式为

$$\alpha_2 = \frac{-b+\sqrt{b^2-3a\phi'(0)}}{3a}$$

如果步长 α_2 能使式 (3.56) 得到满足, 则停止搜索步长。否则, 利用 4 个信息 $\phi(0)$、$\phi'(0)$ 以及函数 ϕ 在两个最新试验步长处的取值重新构造三次函数, 直至获得一个满足式 (3.56) 的步长。如果某次试验步长 α_i 与其前面的步长 α_{i-1} 非常接近, 或者比前面的步长 α_{i-1} 小太多, 则重新设置 $\alpha_i=\alpha_{i-1}/2$。该保护措施可以确保在每次迭代中都能取得有效的进展, 并且最终得到的步长 α 不至于太小。

上面描述的策略假设计算函数的导数比计算函数值要复杂得多。然而, 根据第 8 章的讨论可知, 在计算函数值的同时有可能获得其方向导数, 并且基本没有增加额外的计算量。因此, 我们可以设计另一种插值方法来构造三次函数, 需要函数 ϕ 及其导数 ϕ' 在两个最新试验步长处的取值。

当函数曲率发生显著变化时, 三次插值将会是一个良好的模型。假设区间 $[\bar{a},\bar{b}]$ 包含所期望的步长, 并且前面生成的两个步长 α_{i-1} 和 α_i 都在该区间内, 下面对 4 个信息进行插值, 分别为 $\phi(\alpha_{i-1})$、$\phi'(\alpha_{i-1})$ 以及 $\phi(\alpha_i)$ 和 $\phi'(\alpha_i)$, 以获得三次插值函数。根据文献 [41] 第 52 页中的描述可知, 该三次函数总能存在且唯一。此外, 在区间 $[\bar{a},\bar{b}]$ 上, 该三次函数的极小值点要么是区间的一个端点, 要么位于区间内部, 此时的表达式为

$$\alpha_{i+1} = \alpha_i - (\alpha_i-\alpha_{i-1})\left[\frac{\phi'(\alpha_i)+d_2-d_1}{\phi'(\alpha_i)-\phi'(\alpha_{i-1})+2d_2}\right] \tag{3.59}$$

式中

$$d_1 = \phi'(\alpha_{i-1})+\phi'(\alpha_i)-3\frac{\phi(\alpha_{i-1})-\phi(\alpha_i)}{\alpha_{i-1}-\alpha_i}$$

$$d_2 = \mathrm{sign}(\alpha_i-\alpha_{i-1})[d_1^2-\phi'(\alpha_{i-1})\phi'(\alpha_i)]^{1/2}$$

上述插值过程可以重复进行, 并利用 $\phi(\alpha_{i+1})$ 和 $\phi'(\alpha_{i+1})$ 代替步长 α_{i-1} 或者 α_i 处的函数值和导数值。至于究竟保留或舍弃步长 α_{i-1} 还是 α_i, 则取决于终止线搜索的具体条件。下文还将基于 Wolfe 条件进一步讨论此问题。总而言之, 三次插值方法是一种非常有效的策略, 因为迭代公式 (3.59) 通常会以二次速度收敛至步长 α 的极小值点。

3.5.2 步长初始值

对于牛顿方法和拟牛顿方法, 应始终将初始试验步长设为 $\alpha_0 = 1$。此选择能确保在满足终止条件时使用单位步长, 并使得这些方法保持快速收敛的性质。

对于最速下降方法和共轭梯度方法, 其搜索方向在数值上未能得到较好的标定, 此时应该利用优化问题和算法的当前信息来确定初始步长, 这是十分重要的。一种常用的方法是, 假设函数在迭代点 $\boldsymbol{x}_k$ 处的一阶变化量与前一次迭代点 $\boldsymbol{x}_{k-1}$ 处的一阶变化量相同, 并由此确定步长的初始值。换言之, 就是选择初始步长 α_0 满足等式 $\alpha_0 \nabla f_k^{\mathrm{T}} \boldsymbol{p}_k = \alpha_{k-1} \nabla f_{k-1}^{\mathrm{T}} \boldsymbol{p}_{k-1}$, 从而有

$$\alpha_0 = \alpha_{k-1} \frac{\nabla f_{k-1}^{\mathrm{T}} \boldsymbol{p}_{k-1}}{\nabla f_k^{\mathrm{T}} \boldsymbol{p}_k}$$

另一种有效的方法是对数据 $f(\boldsymbol{x}_{k-1})$、$f(\boldsymbol{x}_k)$ 以及 $\nabla f_{k-1}^{\mathrm{T}} \boldsymbol{p}_{k-1}$ 进行二次插值, 并取初始步长 α_0 为二次函数的极小值点, 由此可得

$$\alpha_0 = \frac{2(f_k - f_{k-1})}{\phi'(0)} \tag{3.60}$$

可以验证, 如果 $\boldsymbol{x}_k$ 以超线性速度收敛于 $\boldsymbol{x}^*$, 则该表达式中的比值将收敛于 1。若对式 (3.60) 进行如下调整:

$$\alpha_0 \leftarrow \min\{1, 1.01\alpha_0\}$$

我们会发现, 最终总能尝试和接受单位初始步长 $\alpha_0 = 1$, 并且还能观察到牛顿方法和拟牛顿方法的超线性收敛速度。

3.5.3 针对 Wolfe 条件的线搜索算法

Wolfe 条件 (或者强 Wolfe 条件) 是应用最广泛且最有效的终止条件之一。下面详细描述一维搜索方法, 对于满足 $0 < c_1 < c_2 < 1$ 的任意参数 c_1 和 c_2, 该方法能找到满足强 Wolfe 条件的步长。如前所述, 假设向量 $\boldsymbol{p}$ 为下降方向, 且函数 f 沿着方向 $\boldsymbol{p}$ 存在下界。

下面描述的算法包含两个阶段。第一阶段是以试验步长 α_1 为起点, 并不断将其增大, 直至找到可以接受的步长或是确定期望步长所在的区间。针对后面一种情形, 其第二阶段需要调用 zoom 函数 (或称 zoom 算法, 见下文算法 3.6), 该函数会连续缩小区间的长度, 直至获得能够被接受的步长。

下面给出线搜索算法的标准形式。将式 (3.7a) 称为充分下降条件, 将式 (3.7b) 称为曲率条件。$\alpha_{\max}$ 是用户设置的步长最大上限值。线搜索算法终止于 α_*, 其满足强 Wolfe 条件。

【**算法 3.5 线搜索算法**】

初始化: 令 $\alpha_0 \leftarrow 0$ 和 $i \leftarrow 1$, 选择 $\alpha_{\max} > 0$ 和 $\alpha_1 \in (0, \alpha_{\max})$。

依次循环计算:

步骤 1: 计算 $\phi(\alpha_i)$, 如果满足 $\phi(\alpha_i) > \phi(0) + c_1\alpha_i\phi'(0)$ 或者 $\phi(\alpha_i) \geqslant \phi(\alpha_{i-1})$ (当 $i > 1$ 时), 则调用 zoom 函数得到步长 $\alpha_* \leftarrow \text{zoom}(\alpha_{i-1}, \alpha_i)$, 并跳出循环, 停止计算。

步骤 2: 计算 $\phi'(\alpha_i)$, 如果满足 $|\phi'(\alpha_i)| \leqslant -c_2\phi'(0)$, 则令步长 $\alpha_* \leftarrow \alpha_i$, 并跳出循环, 停止计算; 如果 $\phi'(\alpha_i) \geqslant 0$, 则调用 zoom 函数得到步长 $\alpha_* \leftarrow$ zoom (α_i, α_{i-1}), 并跳出循环, 停止计算。

步骤 3: 选择 $\alpha_{i+1} \in (\alpha_i, \alpha_{\max})$, 令 $i \leftarrow i+1$, 并转至步骤 1。

注意到试验步长序列 $\{\alpha_i\}$ 是单调递增的, 但是输入 zoom 函数的变量顺序可能会发生变化。如果下面 3 个条件中的任意一个成立:

(1) α_i 不满足充分下降条件;

(2) $\phi(\alpha_i) \geqslant \phi(\alpha_{i-1})$;

(3) $\phi'(\alpha_i) \geqslant 0$,

算法就认为区间 (α_{i-1}, α_i) 包含满足强 Wolfe 条件的步长。

上述算法中的最后一步是通过外推来获得下一个试验步长 α_{i+1}。为了实现此步骤, 我们可以使用前面描述的插值方法, 或者只简单地将 α_{i+1} 设为 α_i 的某个倍数。无论采用何种策略, 重要的是使相邻两个步长的增加速度足够快, 以便在有限的迭代次数内达到上限值 $\alpha_{\max}$。

下面描述 zoom 函数, 并给出一些解释。该函数输入变量的顺序使得每次调用都具有形式 zoom $(\alpha_{\text{lo}}, \alpha_{\text{hi}})$, 其中:

(a) 由 α_{lo} 和 α_{hi} 界定的区间包含满足强 Wolfe 条件的步长;

(b) 在当前产生的所有满足充分下降条件的步长中, α_{lo} 对应的函数值最小;

(c) α_{hi} 满足 $\phi'(\alpha_{\text{lo}})(\alpha_{\text{hi}} - \alpha_{\text{lo}}) < 0$。

zoom 算法的每次迭代都会在 α_{lo} 和 α_{hi} 之间产生一个迭代点 α_j, 并使用 α_j 替代其中一个端点, 以使得性质 (a)、(b) 以及 (c) 始终成立。

【**算法 3.6 zoom 算法**】

依次循环计算:

步骤 1: 使用二次插值、三次插值或者二分法插值在 α_{lo} 和 α_{hi} 之间找寻一个试验步长 α_j。

步骤 2: 计算 $\phi(\alpha_j)$, 如果满足 $\phi(\alpha_j) > \phi(0) + c_1\alpha_j\phi'(0)$ 或者 $\phi(\alpha_j) \geqslant \phi(\alpha_{\text{lo}})$, 则令 $\alpha_{\text{hi}} \leftarrow \alpha_j$, 并转至步骤 1; 否则计算 $\phi'(\alpha_j)$。

步骤 3: 如果满足 $|\phi'(\alpha_j)| \leqslant -c_2\phi'(0)$, 则令步长 $\alpha_* \leftarrow \alpha_j$, 并跳出循环, 停止计算; 如果满足 $\phi'(\alpha_j)(\alpha_{\text{hi}} - \alpha_j) \geqslant 0$, 则令 $\alpha_{\text{hi}} \leftarrow \alpha_{\text{lo}}$。

步骤 4: 令 $\alpha_{\text{lo}} \leftarrow \alpha_j$, 并转至步骤 1。

如果新得到的估计值 α_j 恰好满足强 Wolfe 条件, 表明 zoom 算法已达到目的, 此时算法可以终止, 并取步长为 $\alpha_* = \alpha_j$。否则, 如果 α_j 满足充分下降条件, 且比 $\alpha_{\rm lo}$ 具有更小的函数值, 则令 $\alpha_{\rm lo} \leftarrow \alpha_j$, 以使得条件 (b) 成立。如果该设置导致条件 (c) 不成立, 则可以将 $\alpha_{\rm hi}$ 取 $\alpha_{\rm lo}$ 的旧值来进行弥补。读者可以画一些图形来理解 zoom 算法的工作机理。

如前所述, 利用插值运算确定步长 α_j 时应该采取保护措施, 以使得新步长不会非常接近区间的两个端点。实际的线搜索算法还可以利用插值多项式的性质, 预测下一个步长的大小 (见文献 [39] 和文献 [216])。实际可能出现的问题是, 当优化算法的迭代点接近于问题的解时, 两个连续的函数值 $f(\boldsymbol{x}_k)$ 和 $f(\boldsymbol{x}_{k-1})$ 在有限算术精度条件下可能难以区分。因此, 如果经过一定数量 (典型值为 10) 的试验步长后, 无法获得数值更低的函数值, 则线搜索方法必须增加一个停止测试环节。此外, 当变量 $\boldsymbol{x}$ 的相对变化量接近机器精度, 或者接近用户指定的某个阈值时, 有些程序也将停止计算。

满足上述所有要求的线搜索算法是很难编程实现的, 我们建议使用优秀的通用软件来实现。读者可以参考文献 [92]、[101]、[161]、[189] 以及 [216], 其中文献 [216] 尤为重要。

人们还可能关心的问题是, 使用强 Wolfe 条件比使用 Wolfe 条件需要增加多少计算量。通常的经验是, 对于 "宽松" 的线搜索 (例如 $c_1 = 10^{-4}$ 和 $c_2 = 0.9$), 两种条件所需的计算量相当。强 Wolfe 条件的优点是, 通过减少 c_2, 并迫使步长 α 更接近局部极小值点, 就可以直接控制搜索质量。该特征对于最速下降方法和非线性共轭梯度方法非常重要, 因此, 基于强 Wolfe 条件的步长选择策略具有广泛的适用性。

3.6 注释与参考文献

文献 [230] 针对线搜索终止条件进行了全面的讨论。文献 [2] 提出了针对最速下降方法的概率分析, 并在二次函数上进行了精确线搜索。该文献指出, 当 $n > 2$ 时, 最差情形下的界式 (3.29) 对于大多数迭代起始点都能成立。当 $n = 2$ 时, 文献 [14] 以闭式形式进行了研究。

只要负曲率方向存在, 一些线搜索方法就会计算负曲率方向 (见文献 [132] 和文献 [213]), 以防止迭代收敛至非极小值点的平稳点。负曲率方向 $\boldsymbol{p}_-$ 满足不等式 $\boldsymbol{p}_-^{\rm T} \nabla^2 f(\boldsymbol{x}_k) \boldsymbol{p}_- < 0$。这些算法将负曲率方向 $\boldsymbol{p}_-$ 与最速下降方向 $-\nabla f_k$ 相结合以产生搜索方向, 并且经常执行曲线回溯线搜索。由于很难判定最速下降方向和负曲率方向的相对贡献大小, 因此当引入信赖域方法后, 该方法就不再得到学者们的关注。

文献 [92] 和文献 [130] 针对修正 Cholesky 分解给出了更加深入的讨论。文献 [276] 描述了一种基于 Gershgorin 圆盘估计的修正 Cholesky 矩阵分解方法。文献 [58] 描述了修正非正定矩阵分解方法。

当 Hessian 矩阵具有负特征值时, 另一种线搜索牛顿方法的实现策略是计算负曲率方向, 并利用它来定义搜索方向, 读者可参见文献 [132] 和文献 [213]。

无须求导的线搜索算法包括黄金分割和 Fibonacci 搜索。它们与本章给出的线搜索方法具有一些共同的特征。它们通常存储 3 个试验点, 可用于确定一维极小值点的所在区间。黄金分割和 Fibonacci 搜索在生成试验步长的方式上有所区别, 读者可参见文献 [39] 和文献 [79]。

本章关于插值运算的讨论参考了文献 [92], 文献 [101] 给出了找寻满足强 Wolfe 条件的步长的算法。

3.7 练习题

3.1 使用基于回溯的线搜索算法 (即算法 3.1) 对最速下降方法和牛顿方法进行编程, 并利用它们对第 2 章式 (2.22) 中的 Rosenbrock 函数最小化。设置初始步长为 $\alpha_0 = 1$, 画出这两种算法每次迭代所得到的步长曲线。首先将迭代起始点设为 $\boldsymbol{x}_0 = [1.2\ \ 1.2]^{\mathrm{T}}$, 然后将迭代起始点设为 $\boldsymbol{x}_0 = [-1.2\ \ 1]^{\mathrm{T}}$, 后者收敛会更加困难。

3.2 如果 $0 < c_2 < c_1 < 1$, 证明满足 Wolfe 条件的步长可能并不存在。

3.3 对于严格凸二次函数, 证明其步长的一维极小值点由式 (3.55) 给出。

3.4 对于严格凸二次函数, 证明其最优步长总能满足 Goldstein 条件。

3.5 对于任意非奇异矩阵 $\boldsymbol{B}$, 证明不等式 $\|\boldsymbol{B}\boldsymbol{x}\| \geqslant \|\boldsymbol{x}\|/\|\boldsymbol{B}^{-1}\|$ 成立, 并利用该结论证明式 (3.19) 成立。

3.6 使用基于精确线搜索的最速下降方法对凸二次函数式 (3.24) 进行优化。利用本章给出的性质证明: 如果迭代起始点 $\boldsymbol{x}_0$ 可使得向量 $\boldsymbol{x}_0 - \boldsymbol{x}^*$ 与矩阵 $\boldsymbol{Q}$ 的某个特征向量平行, 则最速下降方法仅需要一步就可以获得问题的解。

3.7 通过下面描述的步骤证明式 (3.28) 成立。首先, 利用式 (3.26) 证明

$$\|\boldsymbol{x}_k - \boldsymbol{x}^*\|_{\boldsymbol{Q}}^2 - \|\boldsymbol{x}_{k+1} - \boldsymbol{x}^*\|_{\boldsymbol{Q}}^2 = 2\alpha_k \nabla f_k^{\mathrm{T}} \boldsymbol{Q}(\boldsymbol{x}_k - \boldsymbol{x}^*) - \alpha_k^2 \nabla f_k^{\mathrm{T}} \boldsymbol{Q} \nabla f_k$$

式中 $\|\cdot\|_{\boldsymbol{Q}}$ 的定义见式 (3.27)。然后, 利用梯度向量 $\nabla f_k = \boldsymbol{Q}(\boldsymbol{x}_k - \boldsymbol{x}^*)$ 证明下面两个等式:

$$\|\boldsymbol{x}_k - \boldsymbol{x}^*\|_{\boldsymbol{Q}}^2 - \|\boldsymbol{x}_{k+1} - \boldsymbol{x}^*\|_{\boldsymbol{Q}}^2 = \frac{2(\nabla f_k^{\mathrm{T}} \nabla f_k)^2}{\nabla f_k^{\mathrm{T}} \boldsymbol{Q} \nabla f_k} - \frac{(\nabla f_k^{\mathrm{T}} \nabla f_k)^2}{\nabla f_k^{\mathrm{T}} \boldsymbol{Q} \nabla f_k}$$

$$\|\boldsymbol{x}_k - \boldsymbol{x}^*\|_{\boldsymbol{Q}}^2 = \nabla f_k^{\mathrm{T}} \boldsymbol{Q}^{-1} \nabla f_k$$

3.8 假设 $\boldsymbol{Q}$ 为对称正定矩阵。对于维数匹配的任意向量 $\boldsymbol{x}$, 证明如下不等式:

$$\frac{(\boldsymbol{x}^{\mathrm{T}}\boldsymbol{x})^2}{(\boldsymbol{x}^{\mathrm{T}}\boldsymbol{Q}\boldsymbol{x})(\boldsymbol{x}^{\mathrm{T}}\boldsymbol{Q}^{-1}\boldsymbol{x})} \geqslant \frac{4\lambda_n\lambda_1}{(\lambda_n + \lambda_1)^2}$$

式中 λ_n 和 λ_1 分别为矩阵 $\boldsymbol{Q}$ 的最大和最小特征值。该不等式称为 Kantorovich 不等式, 结合该关系式和式 (3.28) 证明式 (3.29)。

3.9 使用本章描述的基于强 Wolfe 条件的线搜索算法对 BFGS 算法进行编程, 并利用程序验证 $\boldsymbol{y}_k^{\mathrm{T}}\boldsymbol{s}_k$ 总为正。利用该程序对第 2 章式 (2.22) 中的 Rosenbrock 函数最小化, 迭代起始点的设置同练习题 3.1。

3.10 计算式 (3.52) 中矩阵 $\boldsymbol{B}$ 的两个对角块的特征值, 并验证每个对角块都包含一个正特征值和一个负特征值。然后计算矩阵 $\boldsymbol{A}$ 的特征值, 并验证矩阵 $\boldsymbol{A}$ 的惯性与矩阵 $\boldsymbol{B}$ 的惯性相等。

3.11 描述修正 Cholesky 分解式 (3.50) 对 Hessian 矩阵 $\nabla^2 f(\boldsymbol{x}_k) = \mathrm{diag}(-2, 12, 4)$ 的影响。

3.12 考虑块状对角矩阵 $\boldsymbol{B}$, 其对角矩阵块为一阶或者二阶。证明矩阵 $\boldsymbol{B}$ 的特征值和特征向量可以通过计算每个对角矩阵块的谱分解来获得。

3.13 若利用 3 个已知信息 $\phi(0)$、$\phi'(0)$ 以及 $\phi(\alpha_0)$ 进行二次插值, 证明二次函数的表达式由式 (3.57) 给出。若步长 α_0 不满足式 (3.6a), 证明该二次函数具有正的曲率, 且其极小值点满足

$$\alpha_1 < \frac{\alpha_0}{2(1 - c_1)}$$

由于实际中 c_1 的取值会非常小, 该不等式表明 α_1 不会比 1/2 大很多 (可能还会较小), 这就为新步长提供了更多信息。

3.14 如果 $\phi(\alpha_0)$ 的取值较大, 利用式 (3.58) 证明 α_1 的取值可以非常小。给出一个满足此情形的函数和步长 α_0 的例子。(注意到我们并不希望步长的估计值出现剧烈变化, 因为这表明当前使用的插值函数不能很好地逼近目标函数, 因而在被信任产生一个好的步长估计值之前, 应对其进行修正。在实际计算中, 可以施加一个下限, 典型值为 $\rho = 0.1$, 并将新步长定义为 $\alpha_i = \max\{\rho\alpha_{i-1}, \widehat{\alpha}_i\}$, 其中 $\widehat{\alpha}_i$ 为插值函数的极小值点。)

3.15 若利用信息 $\phi(0)$、$\phi'(0)$、$\phi(\alpha_0)$ 以及 $\phi(\alpha_1)$ 进行三次插值, 并假设步长 α_0 和 α_1 不满足式 (3.6a)。通过画图说明这种情况有可能出现, 并证明该三次函数的极小值点位于区间 $[0, \alpha_1]$ 中。如果满足 $\phi(0) < \phi(\alpha_1)$, 证明该极小值点小于 $2\alpha_1/3$。

第 4 章

信赖域方法

线搜索方法和信赖域方法均利用关于目标函数的二次模型函数获得迭代更新向量, 但是它们利用此模型函数的方式不同。线搜索方法首先利用模型函数获得一个搜索方向, 然后沿着此搜索方向找寻一个合适的步长 α。信赖域方法则在当前迭代点附近定义一个区域, 并在此区域内认为二次模型函数能够充分近似地表示目标函数, 然后在该区域内找寻模型函数的近似极小值点。事实上, 信赖域方法同时选择搜索方向和步长。如果得到的迭代更新向量不能令人满意, 则减少信赖域面积, 并重新求解极小值点。通常, 只要改变信赖域的大小, 搜索方向就会发生相应的变化。

信赖域的大小对于每次迭代的效率至关重要。如果区域太小, 则算法难以取得有效的进展, 不能使新的迭代点更加逼近目标函数的极小值点。如果区域太大, 那么在此区域内, 模型函数的极小值点可能与目标函数的极小值点相差甚远, 此时就需要减少区域面积, 并重新进行优化求解。在实际算法中, 我们会依据算法在之前迭代过程中的性能来选择区域大小。如果模型函数始终可靠, 能获得良好的迭代更新向量, 并且沿着这些方向可以准确预测目标函数的特性, 此时可以增加信赖域面积, 以获得步长更大的迭代更新向量。如果迭代更新向量比较差, 则表明在当前信赖域中, 模型函数并不能准确表征目标函数, 那么随后就需要减少信赖域面积, 并重新进行优化求解。

图 4.1 考虑一个含有双重变量的目标函数 f, 当前迭代点 $\boldsymbol{x}_k$ 和极小值点 $\boldsymbol{x}^*$ 位于图中 “弯曲山谷” 的两端。图中的虚线描述了二次模型函数 m_k 的椭圆形等高线, 构造该模型函数需要利用向量 $\boldsymbol{x}_k$ 处的目标函数及其导数信息, 还可能利用由前面的迭代更新向量所累积的信息。从图中可以看出, 线搜索方法可以沿着搜索方向逼近模型函数 m_k 的极小值点, 但即使选用了最优的步长, 沿着该搜索方向最多能使目标函数 f 的取值得到小幅降低。信赖域方法则是在图中的虚线圆周内求解模型函数 m_k 的极小值点, 它能使目标函数 f 的取值下降得更为显著, 所得到的迭代点也更加逼近问题的解。

本章假设每次迭代中所使用的模型函数 m_k 均为二次函数, 而且 m_k 是基于目标函数 f 在迭代点 $\boldsymbol{x}_k$ 处的泰勒级数展开所获得的, 如下所示:

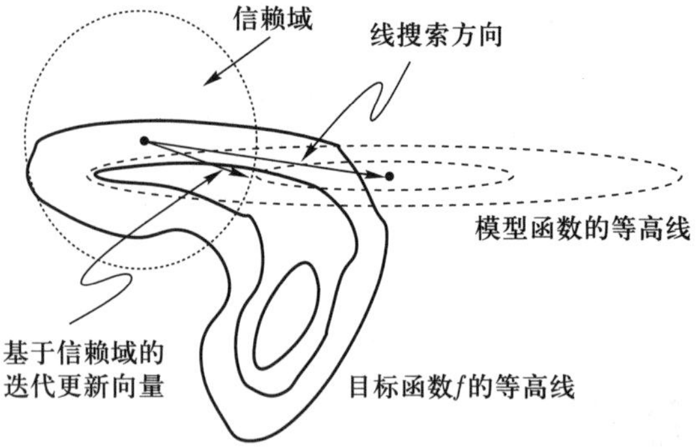

图 4.1　信赖域方法与线搜索方法的迭代更新向量

$$f(\boldsymbol{x}_k+\boldsymbol{p}) = f_k + \boldsymbol{g}_k^{\mathrm{T}}\boldsymbol{p} + \frac{1}{2}\boldsymbol{p}^{\mathrm{T}}\nabla^2 f(\boldsymbol{x}_k+t\boldsymbol{p})\boldsymbol{p} \tag{4.1}$$

式中 $f_k = f(\boldsymbol{x}_k)$, $\boldsymbol{g}_k = \nabla f(\boldsymbol{x}_k)$, t 是区间 $(0,1)$ 中的某个值。将式 (4.1) 中的二阶项用近似矩阵 $\boldsymbol{B}_k$ 替换, 可以得到如下模型函数:

$$m_k(\boldsymbol{p}) = f_k + \boldsymbol{g}_k^{\mathrm{T}}\boldsymbol{p} + \frac{1}{2}\boldsymbol{p}^{\mathrm{T}}\boldsymbol{B}_k\boldsymbol{p} \tag{4.2}$$

式中 $\boldsymbol{B}_k$ 为某个对称矩阵。模型函数 $m_k(\boldsymbol{p})$ 与目标函数 $f(\boldsymbol{x}_k+\boldsymbol{p})$ 的差为 $O(\|\boldsymbol{p}\|^2)$, 当向量 $\boldsymbol{p}$ 较小时, $O(\|\boldsymbol{p}\|^2)$ 也会很小。

当矩阵 $\boldsymbol{B}_k$ 取真实 Hessian 矩阵 $\nabla^2 f(\boldsymbol{x}_k)$ 时, 模型函数 m_k 中的近似误差为 $O(\|\boldsymbol{p}\|^3)$, 此时当 $\|\boldsymbol{p}\|$ 取值很小时, 该模型函数会非常准确。如果选择 $\boldsymbol{B}_k = \nabla^2 f(\boldsymbol{x}_k)$, 就将得到信赖域牛顿方法, 第 4.5 节将对其展开讨论。在本章后续的内容中, 我们强调信赖域方法的一般普适性, 除假设矩阵 $\boldsymbol{B}_k$ 具有对称性和一致有界性以外, 几乎不对矩阵 $\boldsymbol{B}_k$ 施加其他限定条件。

为了在每次迭代中获得迭代更新向量, 需要求解下面的子问题:

$$\begin{cases} \min\limits_{\boldsymbol{p}\in\mathbb{R}^n}\{m_k(\boldsymbol{p})\} = \min\limits_{\boldsymbol{p}\in\mathbb{R}^n}\left\{f_k + \boldsymbol{g}_k^{\mathrm{T}}\boldsymbol{p} + \dfrac{1}{2}\boldsymbol{p}^{\mathrm{T}}\boldsymbol{B}_k\boldsymbol{p}\right\} \\ \text{s.t.}\quad \|\boldsymbol{p}\| \leqslant \Delta_k \end{cases} \tag{4.3}$$

式中 $\Delta_k > 0$ 表示信赖域半径。在大部分讨论中, 我们将 $\|\cdot\|$ 定义为欧几里得范数, 此时式 (4.3) 中的解 $\boldsymbol{p}_k^*$ 应能在半径为 Δ_k 的球内使模型函数 m_k 取极小值。因此, 信赖域方法需要求解一系列子问题式 (4.3), 其中目标函数和约束条件 (可以表示为 $\boldsymbol{p}^{\mathrm{T}}\boldsymbol{p} \leqslant \Delta_k^2$) 都是二次函数。当 $\boldsymbol{B}_k$ 为正定矩阵, 且满足 $\|\boldsymbol{B}_k^{-1}\boldsymbol{g}_k\| \leqslant \Delta_k$ 时, 容易获得式 (4.3) 中的解, 它就是二次函数 $m_k(\boldsymbol{p})$ 在无约束条件下的极小值点 $\boldsymbol{p}_k^{\mathrm{B}} = -\boldsymbol{B}_k^{-1}\boldsymbol{g}_k$。在此情形下, $\boldsymbol{p}_k^{\mathrm{B}}$ 称为完全更新向量。在其他情形下, 式 (4.3) 的解并不会十分明显, 但要获得它的解也不需要付出太多计算量。正如下文所述, 在任何情况下, 我们仅需要一个近似解来获得良好的收敛性能和实际数值性能。

4.1 信赖域方法概述

在每次迭代中, 信赖域方法的一个关键环节是选择信赖域半径 Δ_k 的策略。我们可以基于模型函数 m_k 和目标函数 f 在之前迭代中的一致性来进行选择。对于所获得的迭代更新向量 $\boldsymbol{p}_k$, 定义如下比例因子:

$$\rho_k = \frac{f(\boldsymbol{x}_k) - f(\boldsymbol{x}_k + \boldsymbol{p}_k)}{m_k(\mathbf{0}) - m_k(\boldsymbol{p}_k)} \tag{4.4}$$

式中分子为目标函数的实际减少量, 分母为预测减少量 (即利用模型函数预测目标函数 f 的减少量)。由于迭代更新向量 $\boldsymbol{p}_k$ 是通过在包含 $\boldsymbol{p} = \mathbf{0}$ 的区域对模型函数 m_k 最小化所获得的, 因此预测减少量 (即式 (4.4) 中的分母) 总是非负数。如果 ρ_k 是个负数, 则说明新的目标函数值 $f(\boldsymbol{x}_k + \boldsymbol{p}_k)$ 大于当前目标函数值 $f(\boldsymbol{x}_k)$, 此时不能接受迭代更新向量 $\boldsymbol{p}_k$。此外, 如果 ρ_k 接近于 1, 则说明模型函数 m_k 与目标函数 $f(\boldsymbol{x}_k + \boldsymbol{p}_k)$ 充分接近, 此时应当在下一次迭代中扩大信赖域的面积; 如果 ρ_k 是正数, 但是明显比 1 小, 则不改变信赖域的大小; 如果 ρ_k 接近于零或者为负数, 则应该在下一次迭代中通过减少 Δ_k 来缩小信赖域的面积。

上述过程可以通过下面的算法来描述。

【算法 4.1 信赖域算法】

步骤 1: 设置 $\widehat{\Delta} > 0$、$\Delta_0 \in (0, \widehat{\Delta})$ 以及 $\eta \in [0, 1/4)$。

步骤 2:

for $k = 0, 1, 2, \cdots$

  求解式 (4.3) 获得近似解 $\boldsymbol{p}_k$;

  利用式 (4.4) 计算比例因子 ρ_k;

  如果 $\rho_k < 1/4$, 则令 $\Delta_{k+1} = \dfrac{1}{4}\Delta_k$;

  在满足 $\rho_k \geqslant 1/4$ 的情形下, 如果 $\rho_k > 3/4$ 且 $\|\boldsymbol{p}_k\| = \Delta_k$, 则令 $\Delta_{k+1} = \min\{2\Delta_k, \widehat{\Delta}\}$, 否则, 令 $\Delta_{k+1} = \Delta_k$;

  如果 $\rho_k > \eta$, 则令 $\boldsymbol{x}_{k+1} = \boldsymbol{x}_k + \boldsymbol{p}_k$, 否则, 令 $\boldsymbol{x}_{k+1} = \boldsymbol{x}_k$;

end (for)

在算法 4.1 中, $\widehat{\Delta}$ 表示所有信赖域半径的上界。此外, 只有当向量 $\boldsymbol{p}_k$ 的长度 $\|\boldsymbol{p}_k\|$ 达到信赖域的边界时, 才会增加信赖域半径。如果向量 $\boldsymbol{p}_k$ 严格位于信赖域的内部, 则可以推断当前半径 Δ_k 还不会影响到优化进程, 此时可以在下一次迭代中保持半径不变。

显然, 为了使算法 4.1 变成一个实际可操作的算法, 还需要求解信赖域子问题式 (4.3)。在讨论这个问题的过程中, 我们有时会舍去迭代序数 k, 并将问题式 (4.3) 描述为如下形式:

$$\begin{cases}\min\limits_{\boldsymbol{p}\in\mathbb{R}^n}\{m(\boldsymbol{p})\} \xlongequal{\text{定义}} \min\limits_{\boldsymbol{p}\in\mathbb{R}^n}\left\{f+\boldsymbol{g}^{\mathrm{T}}\boldsymbol{p}+\dfrac{1}{2}\boldsymbol{p}^{\mathrm{T}}\boldsymbol{B}\boldsymbol{p}\right\} \\ \text{s.t.}\quad \|\boldsymbol{p}\|\leqslant\varDelta\end{cases} \tag{4.5}$$

下面的定理 4.1 给出了式 (4.5) 的精确解, 该定理源自文献 [214], 表明式 (4.5) 的解 $\boldsymbol{p}^*$ 满足

$$(\boldsymbol{B}+\lambda\boldsymbol{I})\boldsymbol{p}^*=-\boldsymbol{g} \tag{4.6}$$

式中 $\lambda\geqslant 0$。

【**定理 4.1**】考虑如下信赖域子问题:

$$\begin{cases}\min\limits_{\boldsymbol{p}\in\mathbb{R}^n}\{m(\boldsymbol{p})\} = \min\limits_{\boldsymbol{p}\in\mathbb{R}^n}\left\{f+\boldsymbol{g}^{\mathrm{T}}\boldsymbol{p}+\dfrac{1}{2}\boldsymbol{p}^{\mathrm{T}}\boldsymbol{B}\boldsymbol{p}\right\} \\ \text{s.t.}\quad \|\boldsymbol{p}\|\leqslant\varDelta\end{cases} \tag{4.7}$$

向量 $\boldsymbol{p}^*$ 是该问题的全局最优解, 则当且仅当向量 $\boldsymbol{p}^*$ 是可行解, 并且存在标量 $\lambda\geqslant 0$ 满足下面 3 个条件:

$$(\boldsymbol{B}+\lambda\boldsymbol{I})\boldsymbol{p}^*=-\boldsymbol{g} \tag{4.8a}$$

$$\lambda(\varDelta-\|\boldsymbol{p}^*\|)=0 \tag{4.8b}$$

$$\boldsymbol{B}+\lambda\boldsymbol{I}\geqslant\boldsymbol{0} \tag{4.8c}$$

定理 4.1 的证明将在第 4.4 节进行描述, 这里仅基于图 4.2 讨论该定理的关键特征。式 (4.8b) 是一组互补条件, 指出两个非负标量 λ 和 $\varDelta-\|\boldsymbol{p}^*\|$ 中至少有一个等于零。因此, 当解严格位于信赖域的内部时 (对应于图 4.2 中 $\varDelta=\varDelta_1$ 的情形), 则有 $\lambda=0$, 此时根据式 (4.8a) 和式 (4.8c) 可得 $\boldsymbol{B}\boldsymbol{p}^*=-\boldsymbol{g}$, 且 $\boldsymbol{B}$ 为半正定矩阵。当 $\|\boldsymbol{p}^*\|=\varDelta$ 时 (对应于图 4.2 中 $\varDelta=\varDelta_2$ 和 $\varDelta=\varDelta_3$ 的情形), 此时 λ 可以取正数, 并且由式 (4.8a) 可得

$$\lambda\boldsymbol{p}^*=-\boldsymbol{B}\boldsymbol{p}^*-\boldsymbol{g}=-\nabla m(\boldsymbol{p}^*)$$

由该式可知, 当 $\lambda>0$ 时, 解 $\boldsymbol{p}^*$ 与函数 m 的负梯度共线, 且垂直于函数 m 的等高线。从图 4.2 中可以观察到这些性质。

第 4.2 节将描述两种求解子问题式 (4.3) 近似解的方法, 它们所取得的模型函数 m_k 的减少量至少与所谓 Cauchy 点所取得的减少量相同。Cauchy 点是指模型函数 m_k 在满足信赖域边界约束的条件下, 沿着最速下降方向 $-\boldsymbol{g}_k$ 的极小值点。第 1 种近似方法称为折线方法, 适用于模型函数的 Hessian 矩阵 $\boldsymbol{B}_k$ 为对称正定矩阵的情形。第 2 种近似方法称为二维子空间最小化方法, 可应用于 $\boldsymbol{B}_k$ 为不定矩阵的情形, 并且需要估计该矩阵绝对值最大的负

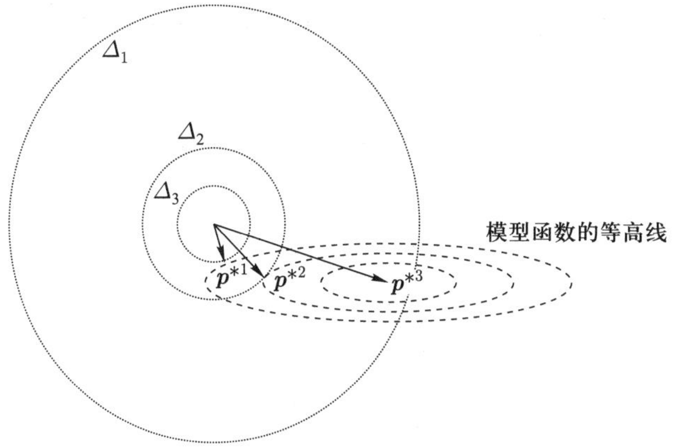

图 4.2　对应于半径为 Δ_1、Δ_2 以及 Δ_3 时的信赖域子问题的解

特征值。第 7.1 节还描述了第 3 种方法, 利用共轭梯度方法对模型函数 m_k 最小化, 因此可应用于 $\boldsymbol{B}_k$ 为高阶稀疏矩阵的情形。

第 4.4 节描述了一种求解 λ 的迭代方法, 以使其满足式 (4.6) (即子问题最优解满足的条件)。第 4.3 节证明了一些全局收敛结果。第 4.5 节讨论了信赖域牛顿方法, 其中模型函数的 Hessian 矩阵 $\boldsymbol{B}_k$ 等于目标函数的 Hessian 矩阵 $\nabla^2 f(\boldsymbol{x}_k)$。第 4.5 节中的一个关键结论是: 如果信赖域牛顿方法收敛得到的解 $\boldsymbol{x}^*$ 满足二阶充分条件, 则该方法具有超线性收敛速度。

4.2　基于 Cauchy 点的方法

4.2.1　Cauchy 点

根据第 3 章的描述可知, 即使线搜索方法在每次迭代中没有使用最优步长, 此类方法仍然可以获得全局收敛性。事实上, 步长 α_k 需要满足的条件十分宽松。对于信赖域方法也有着类似的情形。尽管原则上我们需要找寻子问题式 (4.3) 的最优解, 但只要能在信赖域中找到一个近似解 $\boldsymbol{p}_k$, 并能使模型函数的取值得到充分下降, 就足以获得全局收敛性。模型函数是否充分下降可以利用 Cauchy 点进行量化, 我们使用向量 $\boldsymbol{p}_k^{\mathrm{C}}$ 来表示 Cauchy 点, 并通过下面的简单方法获得向量 $\boldsymbol{p}_k^{\mathrm{C}}$。

【算法 4.2 计算 Cauchy 点】

步骤 1: 通过求解式 (4.3) 的线性形式来获得向量 $\boldsymbol{p}_k^{\mathrm{S}}$, 如下所示:

$$\begin{cases} \boldsymbol{p}_k^{\mathrm{S}} = \underset{\boldsymbol{p}\in\mathbb{R}^n}{\operatorname{argmin}}\{f_k + \boldsymbol{g}_k^{\mathrm{T}}\boldsymbol{p}\} \\ \text{s.t.} \quad \|\boldsymbol{p}\| \leqslant \Delta_k \end{cases} \tag{4.9}$$

步骤 2: 在满足信赖域边界约束的条件下, 计算使模型函数 $m_k(\tau \boldsymbol{p}_k^{\mathrm{S}})$ 最小化的标量 $\tau_k > 0$, 如下所示:

$$\begin{cases} \tau_k = \underset{\tau>0}{\operatorname{argmin}}\{m_k(\tau \boldsymbol{p}_k^{\mathrm{S}})\} \\ \text{s.t.} \quad \|\tau \boldsymbol{p}_k^{\mathrm{S}}\| \leqslant \Delta_k \end{cases} \tag{4.10}$$

步骤 3: 计算 Cauchy 点 $\boldsymbol{p}_k^{\mathrm{C}} = \tau_k \boldsymbol{p}_k^{\mathrm{S}}$。

不难得到 Cauchy 点的显式表达式。首先, 式 (4.9) 的最优解可以表示为

$$\boldsymbol{p}_k^{\mathrm{S}} = -\frac{\Delta_k}{\|\boldsymbol{g}_k\|}\boldsymbol{g}_k$$

其次, 为了得到标量 τ_k 的显式表达式, 需要分别考虑 $\boldsymbol{g}_k^{\mathrm{T}}\boldsymbol{B}_k\boldsymbol{g}_k \leqslant 0$ 和 $\boldsymbol{g}_k^{\mathrm{T}}\boldsymbol{B}_k\boldsymbol{g}_k > 0$ 两种情形。对于第 1 种情形, 当 $\boldsymbol{g}_k \neq \boldsymbol{0}$ 时, 函数 $m_k(\tau \boldsymbol{p}_k^{\mathrm{S}})$ 将随着 τ 单调下降, 此时 τ_k 应取满足信赖域边界约束的最大值, 即 $\tau_k = 1$。对于第 2 种情形, $m_k(\tau \boldsymbol{p}_k^{\mathrm{S}})$ 是关于 τ 的凸二次函数, 此时 τ_k 可能取该二次函数的无约束极小值点 $\|\boldsymbol{g}_k\|^3/(\Delta_k \boldsymbol{g}_k^{\mathrm{T}}\boldsymbol{B}_k\boldsymbol{g}_k)$, 也可能取可以达到信赖域边界约束的值 1, 关键取决于这两个数的大小, 谁更小就取谁。总结上述两种情形可得

$$\boldsymbol{p}_k^{\mathrm{C}} = -\tau_k \frac{\Delta_k}{\|\boldsymbol{g}_k\|}\boldsymbol{g}_k \tag{4.11}$$

式中

$$\tau_k = \begin{cases} 1, & \boldsymbol{g}_k^{\mathrm{T}}\boldsymbol{B}_k\boldsymbol{g}_k \leqslant 0 \\ \min\left\{\dfrac{\|\boldsymbol{g}_k\|^3}{\Delta_k \boldsymbol{g}_k^{\mathrm{T}}\boldsymbol{B}_k\boldsymbol{g}_k}, 1\right\}, & \text{其他} \end{cases} \tag{4.12}$$

图 4.3 考虑一个 $\boldsymbol{B}_k$ 为对称正定矩阵的子问题, 并画出其中的 Cauchy 点。在此例中, 向量 $\boldsymbol{p}_k^{\mathrm{C}}$ 严格位于信赖域的内部。

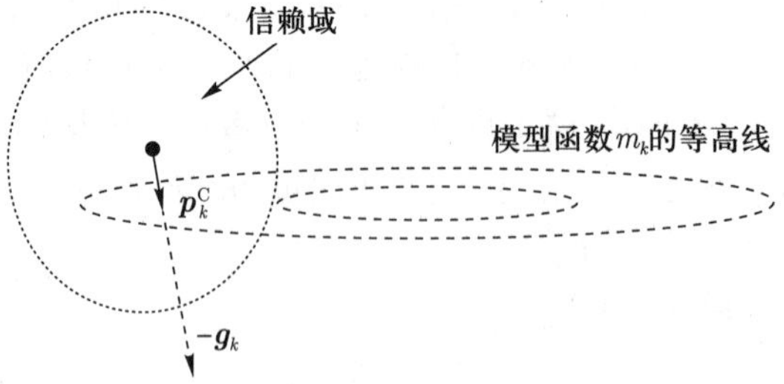

图 4.3 Cauchy 点示意图

计算 Cauchy 点 $\boldsymbol{p}_k^{\mathrm{C}}$ 的过程并不复杂, 其中不需要矩阵分解。Cauchy 点对于能否接受信赖域子问题的近似解至关重要。具体而言, 如果由迭代更新

向量 $\boldsymbol{p}_k$ 所取得的模型函数 m_k 的减少量至少是由 Cauchy 点所取得的减少量的某个倍数, 那么信赖域方法就具有全局收敛性。

4.2.2 Cauchy 点的改进

Cauchy 点 $\boldsymbol{p}_k^{\mathrm{C}}$ 能使模型函数 m_k 得到充分下降, 以获得全局收敛性, 并且计算 Cauchy 点的复杂度也较低, 那为什么还要进一步找寻子问题式 (4.3) 更好的近似解呢? 原因在于, 如果总是将 Cauchy 点作为迭代更新向量, 等同于实现了具有特殊步长的最速下降方法。第 3 章已经指出, 即使在每次迭代中使用最优的步长, 最速下降方法也未必具有很好的性能。

Cauchy 点的计算并没有十分依赖矩阵 $\boldsymbol{B}_k$, 因为仅在计算步长时才需要矩阵 $\boldsymbol{B}_k$。只有当矩阵 $\boldsymbol{B}_k$ 包含有效的函数曲率信息, 且矩阵 $\boldsymbol{B}_k$ 在确定搜索方向以及步长中发挥一定作用时, 我们才能期望取得快速收敛性能。

很多信赖域方法都会计算 Cauchy 点, 并尝试对其进行改进。当 $\boldsymbol{B}_k$ 为对称正定矩阵且满足 $\|\boldsymbol{p}_k^{\mathrm{B}}\| = \|-\boldsymbol{B}_k^{-1}\boldsymbol{g}_k\| \leqslant \Delta_k$ 时, 改进策略通常会选择完全更新向量 $\boldsymbol{p}_k^{\mathrm{B}} = -\boldsymbol{B}_k^{-1}\boldsymbol{g}_k$。当 $\boldsymbol{B}_k$ 为 Hessian 矩阵 $\nabla^2 f(\boldsymbol{x}_k)$, 或是拟牛顿方法中的近似矩阵时, 可以预期, 该策略将产生超线性收敛速度。

下面讨论两种求解子问题式 (4.3) 近似解的方法, 它们具有上述特征。由于本节仅关注单次迭代内的求解问题, 为了简化符号表述, 下面省略变量 Δ_k、$\boldsymbol{p}_k$、m_k 以及 $\boldsymbol{g}_k$ 中的迭代序数 k, 并参考子问题式 (4.5) 中的表述。本节将式 (4.5) 的解记为 $\boldsymbol{p}^*(\Delta)$, 这是为了突出该解与 Δ 有关。

4.2.3 折线方法

我们讨论的第 1 种方法为折线方法, 适用于 $\boldsymbol{B}$ 为对称正定矩阵的情形。

为了引出该方法, 先观察信赖域半径 Δ 对子问题式 (4.5) 的解 $\boldsymbol{p}^*(\Delta)$ 的影响。当 $\boldsymbol{B}$ 为对称正定矩阵时, 模型函数 m 的无约束极小值点应为 $\boldsymbol{p}^{\mathrm{B}} = -\boldsymbol{B}^{-1}\boldsymbol{g}$。如果向量 $\boldsymbol{p}^{\mathrm{B}}$ 属于式 (4.5) 的可行解集, 那么它显然就是式 (4.5) 的最优解, 从而有

$$\boldsymbol{p}^*(\Delta) = \boldsymbol{p}^{\mathrm{B}} \quad (\text{当 } \Delta \geqslant \|\boldsymbol{p}^{\mathrm{B}}\| \text{ 时}) \tag{4.13}$$

当半径 Δ 相对于向量 $\boldsymbol{p}^{\mathrm{B}}$ 较小时, 约束 $\|\boldsymbol{p}\| \leqslant \Delta$ 将使得模型函数 m 中的二次项对式 (4.5) 的解的影响很小。在此情况下, 我们可以忽略式 (4.5) 中的二次项, 从而得到一个近似解, 如下所示:

$$\boldsymbol{p}^*(\Delta) \approx -\Delta\frac{\boldsymbol{g}}{\|\boldsymbol{g}\|} \quad (\text{当 } \Delta \text{ 很小时}) \tag{4.14}$$

因此, 对于任意半径 Δ, 解 $\boldsymbol{p}^*(\Delta)$ 通常对应于一条曲线轨迹, 如图 4.4 所示。

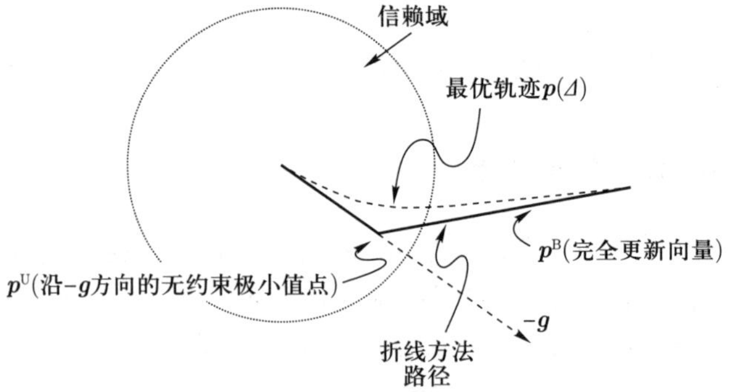

图 4.4　最优解轨迹与折线方法轨迹示意图

与解 $\boldsymbol{p}^*(\Delta)$ 对应的曲线轨迹不同, 折线方法的路径仅由两条线段构成, 用于获得近似解。第 1 条线段的起点为圆心, 并沿着最速下降方向对模型函数 m 最小化, 其对应的向量如下所示:

$$\boldsymbol{p}^{\mathrm{U}}=-\frac{\boldsymbol{g}^{\mathrm{T}}\boldsymbol{g}}{\boldsymbol{g}^{\mathrm{T}}\boldsymbol{B}\boldsymbol{g}}\boldsymbol{g} \tag{4.15}$$

第 2 条线段则连接向量 $\boldsymbol{p}^{\mathrm{U}}$ 与向量 $\boldsymbol{p}^{\mathrm{B}}$ (见图 4.4)。从数学上, 可以将这两条线段连接的轨迹表示成如下形式:

$$\widetilde{\boldsymbol{p}}(\tau)=\begin{cases}\tau\boldsymbol{p}^{\mathrm{U}} & (0\leqslant\tau\leqslant 1)\\ \boldsymbol{p}^{\mathrm{U}}+(\tau-1)(\boldsymbol{p}^{\mathrm{B}}-\boldsymbol{p}^{\mathrm{U}}) & (1\leqslant\tau\leqslant 2)\end{cases} \tag{4.16}$$

折线方法正是在信赖域边界约束的条件下, 沿着上述路径对模型函数 m 最小化, 并获得迭代更新向量 $\boldsymbol{p}$。下面的引理表明, 沿着此折线路径找寻极小值点是相对容易的。

【引理 4.2】 如果 $\boldsymbol{B}$ 为对称正定矩阵, 则有: (1) $\|\widetilde{\boldsymbol{p}}(\tau)\|$ 是关于 τ 的单调递增函数; (2) $m(\widetilde{\boldsymbol{p}}(\tau))$ 是关于 τ 的单调递减函数。

【证明】 当 $\tau\in[0,1]$ 时, 容易验证结论 (1) 和结论 (2) 都成立, 因此, 下面仅需要证明 $\tau\in[1,2]$ 的情形即可。

首先, 证明结论 (1)。定义如下函数:

$$\begin{aligned}h(\alpha)&=\frac{1}{2}\|\widetilde{\boldsymbol{p}}(1+\alpha)\|^2\\&=\frac{1}{2}\|\boldsymbol{p}^{\mathrm{U}}+\alpha(\boldsymbol{p}^{\mathrm{B}}-\boldsymbol{p}^{\mathrm{U}})\|^2\\&=\frac{1}{2}\|\boldsymbol{p}^{\mathrm{U}}\|^2+\alpha(\boldsymbol{p}^{\mathrm{U}})^{\mathrm{T}}(\boldsymbol{p}^{\mathrm{B}}-\boldsymbol{p}^{\mathrm{U}})+\frac{1}{2}\alpha^2\|\boldsymbol{p}^{\mathrm{B}}-\boldsymbol{p}^{\mathrm{U}}\|^2\end{aligned}$$

如果能够证明, 当 $\alpha\in(0,1)$ 时, $h'(\alpha)\geqslant 0$, 则结论 (1) 成立。根据函数 $h(\alpha)$ 的定义可得

$$
\begin{aligned}
h'(\alpha) &= -(\boldsymbol{p}^{\mathrm{U}})^{\mathrm{T}}(\boldsymbol{p}^{\mathrm{U}}-\boldsymbol{p}^{\mathrm{B}})+\alpha\|\boldsymbol{p}^{\mathrm{U}}-\boldsymbol{p}^{\mathrm{B}}\|^2 \\
&\geqslant -(\boldsymbol{p}^{\mathrm{U}})^{\mathrm{T}}(\boldsymbol{p}^{\mathrm{U}}-\boldsymbol{p}^{\mathrm{B}}) \\
&= \frac{\boldsymbol{g}^{\mathrm{T}}\boldsymbol{g}}{\boldsymbol{g}^{\mathrm{T}}\boldsymbol{B}\boldsymbol{g}}\boldsymbol{g}^{\mathrm{T}}\left(-\frac{\boldsymbol{g}^{\mathrm{T}}\boldsymbol{g}}{\boldsymbol{g}^{\mathrm{T}}\boldsymbol{B}\boldsymbol{g}}\boldsymbol{g}+\boldsymbol{B}^{-1}\boldsymbol{g}\right) \\
&= \boldsymbol{g}^{\mathrm{T}}\boldsymbol{g}\frac{\boldsymbol{g}^{\mathrm{T}}\boldsymbol{B}^{-1}\boldsymbol{g}}{\boldsymbol{g}^{\mathrm{T}}\boldsymbol{B}\boldsymbol{g}}\left[1-\frac{(\boldsymbol{g}^{\mathrm{T}}\boldsymbol{g})^2}{(\boldsymbol{g}^{\mathrm{T}}\boldsymbol{B}\boldsymbol{g})(\boldsymbol{g}^{\mathrm{T}}\boldsymbol{B}^{-1}\boldsymbol{g})}\right] \\
&\geqslant 0
\end{aligned}
$$

式中最后一个不等式可以由 Cauchy–Schwarz 不等式证得 (本章将其作为练习题留给读者证明)。

其次, 证明结论 (2)。不妨定义函数 $\widehat{h}(\alpha)=m(\widetilde{\boldsymbol{p}}(1+\alpha))$, 下面仅需要证明, 当 $\alpha\in(0,1)$ 时, $\widehat{h}'(\alpha)\leqslant 0$ 即可。将式 (4.16) 代入式 (4.5), 并对变量 α 求导可得

$$
\begin{aligned}
\widehat{h}'(\alpha) &= (\boldsymbol{p}^{\mathrm{B}}-\boldsymbol{p}^{\mathrm{U}})^{\mathrm{T}}(\boldsymbol{g}+\boldsymbol{B}\boldsymbol{p}^{\mathrm{U}})+\alpha(\boldsymbol{p}^{\mathrm{B}}-\boldsymbol{p}^{\mathrm{U}})^{\mathrm{T}}\boldsymbol{B}(\boldsymbol{p}^{\mathrm{B}}-\boldsymbol{p}^{\mathrm{U}}) \\
&\leqslant (\boldsymbol{p}^{\mathrm{B}}-\boldsymbol{p}^{\mathrm{U}})^{\mathrm{T}}[\boldsymbol{g}+\boldsymbol{B}\boldsymbol{p}^{\mathrm{U}}+\boldsymbol{B}(\boldsymbol{p}^{\mathrm{B}}-\boldsymbol{p}^{\mathrm{U}})] \\
&= (\boldsymbol{p}^{\mathrm{B}}-\boldsymbol{p}^{\mathrm{U}})^{\mathrm{T}}(\boldsymbol{g}+\boldsymbol{B}\boldsymbol{p}^{\mathrm{B}})=0
\end{aligned}
$$

证毕。

由引理 4.2 可知, 如果 $\|\boldsymbol{p}^{\mathrm{B}}\|\geqslant\Delta$, 那么 $\widetilde{\boldsymbol{p}}(\tau)$ 的路径将会与信赖域边界 $\|\boldsymbol{p}\|=\Delta$ 相交于一点, 否则就没有交点。由于模型函数 m 沿着该路径单调递减, 因此若 $\|\boldsymbol{p}^{\mathrm{B}}\|\leqslant\Delta$, 则应将 $\boldsymbol{p}^{\mathrm{B}}$ 作为迭代更新向量, 否则应将折线与信赖域边界的交点对应的向量作为迭代更新向量。针对第 2 种情形, 需要求解下面的一元二次方程来获得 τ 的值:

$$
\|\boldsymbol{p}^{\mathrm{U}}+(\tau-1)(\boldsymbol{p}^{\mathrm{B}}-\boldsymbol{p}^{\mathrm{U}})\|^2=\Delta^2
$$

假设 Hessian 矩阵 $\nabla^2 f(\boldsymbol{x}_k)$ 精确已知, 且其可应用于求解子问题式 (4.5)。如果 $\nabla^2 f(\boldsymbol{x}_k)$ 是正定矩阵, 则可以令 $\boldsymbol{B}=\nabla^2 f(\boldsymbol{x}_k)$ (从而有 $\boldsymbol{p}^{\mathrm{B}}=-(\nabla^2 f(\boldsymbol{x}_k))^{-1}\boldsymbol{g}_k$), 此时可以根据上面描述的方法获得牛顿折线迭代更新向量。如果 $\nabla^2 f(\boldsymbol{x}_k)$ 不是正定矩阵, 则可以利用第 3.4 节描述的方法, 将矩阵 $\boldsymbol{B}$ 设为正定的修正 Hessian 矩阵, 并基于该矩阵计算向量 $\boldsymbol{p}^{\mathrm{B}}$, 然后利用上面描述的方法获得迭代更新向量。如果解满足二阶充分条件 (见第 2 章定理 2.4), 在该解的邻域内, $\boldsymbol{p}^{\mathrm{B}}$ 将选为常规的牛顿迭代更新向量, 从而可能获得牛顿方法的快速局部收敛性 (见第 4.5 节)。

然而, 从直观上来看, 在牛顿折线方法中使用修正 Hessian 矩阵并不能完全令人满意。修正矩阵分解会以某种无法预料的方式破坏矩阵 $\nabla^2 f(\boldsymbol{x}_k)$ 的对角元素, 这可能导致信赖域方法的优势无法实现。事实上, 从某种意义上

看, 在 Hessian 矩阵分解中引入修正策略或许是多余的, 因为信赖域方法自身也会引入修正策略。正如第 4.4 节所描述的, 当 $\boldsymbol{B}_k = \nabla^2 f(\boldsymbol{x}_k)$ 时, 信赖域子问题式 (4.3) 的精确解为 $-(\nabla^2 f(\boldsymbol{x}_k) + \lambda \boldsymbol{I})^{-1}\boldsymbol{g}_k$, 其中 λ 应取得足够大以使得 $\nabla^2 f(\boldsymbol{x}_k) + \lambda \boldsymbol{I}$ 为正定矩阵, 并且 λ 的取值取决于信赖域半径 Δ_k。因此, 我们得到的结论是, 牛顿折线方法最适合目标函数为凸函数的情形 (此时 $\nabla^2 f(\boldsymbol{x}_k)$ 始终是半正定矩阵)。下面描述的另一种方法更适用于一般的情形。

当矩阵 $\boldsymbol{B}$ 为不定矩阵时, 可以对折线策略进行调整, 以使其适用于此情形。然而, 这么做并没有太大的意义, 因为此时完全更新向量 $\boldsymbol{p}^{\mathrm{B}}$ 并不是模型函数 m 的无约束极小值点。下面将描述另一种策略, 其目的是使信赖域迭代更新向量的候选空间中包含负曲率方向 (即方向 $\boldsymbol{d}$ 满足 $\boldsymbol{d}^{\mathrm{T}}\boldsymbol{B}\boldsymbol{d} < 0$)。

4.2.4 二维子空间最小化方法

当 $\boldsymbol{B}$ 为对称正定矩阵时, 若将迭代更新向量 $\boldsymbol{p}$ 的搜索范围扩展为由向量 $\boldsymbol{p}^{\mathrm{U}}$ 和向量 $\boldsymbol{p}^{\mathrm{B}}$ (等价于向量 $\boldsymbol{g}$ 和向量 $-\boldsymbol{B}^{-1}\boldsymbol{g}$) 张成的二维子空间, 则可以使折线方法变得稍微复杂一些, 此时子问题式 (4.5) 将变为

$$\begin{cases} \min\limits_{\boldsymbol{p}\in\mathbb{R}^n}\{m(\boldsymbol{p})\} = \min\limits_{\boldsymbol{p}\in\mathbb{R}^n}\left\{f + \boldsymbol{g}^{\mathrm{T}}\boldsymbol{p} + \dfrac{1}{2}\boldsymbol{p}^{\mathrm{T}}\boldsymbol{B}\boldsymbol{p}\right\} \\ \text{s.t.}\quad \|\boldsymbol{p}\| \leqslant \Delta \\ \qquad\quad \boldsymbol{p} \in \mathrm{span}[\boldsymbol{g}, \boldsymbol{B}^{-1}\boldsymbol{g}] \end{cases} \tag{4.17}$$

该优化问题仅涉及两个优化变量, 因此其求解过程并不复杂。经过一系列代数运算, 该问题的求解可以简化为找寻一个四次多项式的根。容易验证, Cauchy 点 $\boldsymbol{p}^{\mathrm{C}}$ 是子问题式 (4.17) 的一个可行解, 因此其最优解所取得的模型函数 m 的减少量至少应与 Cauchy 点所取得的减少量相当。显然, 二维子空间最小化方法是折线方法的扩展方法, 因为整个折线路径均位于二维子空间 $\mathrm{span}[\boldsymbol{g}, \boldsymbol{B}^{-1}\boldsymbol{g}]$ 中。

当 $\boldsymbol{B}$ 为不定矩阵时, 可以对上述方法进行修正, 并且修正方式直观、实用且理论上合理。这里仅简述处理不定问题的关键要点, 关于其详细内容, 读者可以参阅文献 [54] 和文献 [279]。当矩阵 $\boldsymbol{B}$ 具有负特征值时, 式 (4.17) 中的二维子空间需要调整为

$$\mathrm{span}[\boldsymbol{g}, (\boldsymbol{B} + \alpha\boldsymbol{I})^{-1}\boldsymbol{g}] \tag{4.18}$$

式中 $\alpha \in (-\lambda_1, -2\lambda_1]$, 其中 λ_1 表示矩阵 $\boldsymbol{B}$ 中绝对值最大的负特征值。α 的设置可以确保 $\boldsymbol{B} + \alpha\boldsymbol{I}$ 是正定矩阵, 选择 α 具有一定的灵活性, 因而可以使用数值方法 (例如 Lanczos 方法) 来得到它。当 $\|(\boldsymbol{B} + \alpha\boldsymbol{I})^{-1}\boldsymbol{g}\| \leqslant \Delta$ 时, 我们将舍弃式 (4.17) 和式 (4.18) 中的子空间搜索, 而将迭代更新向量定义为

$$\boldsymbol{p} = -(\boldsymbol{B} + \alpha \boldsymbol{I})^{-1}\boldsymbol{g} + \boldsymbol{v} \tag{4.19}$$

式中向量 $\boldsymbol{v}$ 需要满足 $\boldsymbol{v}^{\mathrm{T}}(\boldsymbol{B}+\alpha\boldsymbol{I})^{-1}\boldsymbol{g} \leqslant 0$, 以确保 $\|\boldsymbol{p}\| \geqslant \|(\boldsymbol{B}+\alpha\boldsymbol{I})^{-1}\boldsymbol{g}\|$。如果矩阵 $\boldsymbol{B}$ 仅有零特征值, 没有负特征值, 则可以将迭代更新向量取为 Cauchy 点, 即有 $\boldsymbol{p} = \boldsymbol{p}^{\mathrm{C}}$。

如果 Hessian 矩阵精确已知, 则可以令 $\boldsymbol{B} = \nabla^2 f(\boldsymbol{x}_k)$, 此时 $-\boldsymbol{B}^{-1}\boldsymbol{g}$ 就是牛顿迭代更新向量。因此, 当 Hessian 矩阵在解 $\boldsymbol{x}^*$ 处正定, 且 $\boldsymbol{x}_k$ 接近于 $\boldsymbol{x}^*$, 与此同时 Δ 足够大时, 牛顿迭代更新向量将成为子空间最小化问题式 (4.17) 的最优解。

二维子空间最小化方法所取得的模型函数 m 的减少量通常接近于式 (4.5) 的精确解所取得的减少量。大部分计算量主要集中在对矩阵 $\boldsymbol{B}$ 或者矩阵 $\boldsymbol{B} + \alpha\boldsymbol{I}$ 的分解上 (估计 α 以及求解式 (4.17) 的计算量相对较少), 由第 4.4 节可知, 要想获得式 (4.5) 的近似解, 通常需要两次或者 3 次这样的矩阵分解。

4.3 全局收敛性

4.3.1 由 Cauchy 点所取得的模型函数的减少量

在前面讨论求解信赖域子问题的方法时, 我们多次强调, 信赖域方法若要获得全局收敛性, 子问题的近似解所取得的模型函数 m 的减少量至少应与 Cauchy 点所取得的减少量相当。事实上, 前者是后者的某个分数倍就足够了。为了进行全局收敛性分析, 需要先估计由 Cauchy 点所取得的模型函数 m 的减少量, 并利用此估计值证明, 由算法 4.1 产生的梯度序列 $\{\boldsymbol{g}_k\}$ 的聚点为零, 事实上, 当 η 取正数时, 该序列将收敛至零。

这里给出的第 1 个主要结论是, 若折线方法、二维子空间最小化方法以及 Steihaug 方法 (见第 7 章算法 7.2) 所得到的子问题式 (4.3) 的近似解为 $\boldsymbol{p}_k$, 那么其所取得的模型函数的减少量应满足如下关系式:

$$m_k(\boldsymbol{0}) - m_k(\boldsymbol{p}_k) \geqslant c_1 \|\boldsymbol{g}_k\| \min\left\{\Delta_k, \frac{\|\boldsymbol{g}_k\|}{\|\boldsymbol{B}_k\|}\right\} \tag{4.20}$$

式中 $c_1 \in (0,1]$ 为某个常数。该式的作用将在下面两节中得以展现。如果 Δ_k 是式 (4.20) 中的最小值, 那么此关系式易使人回想起第 3 章第 1 个 Wolfe 条件, 也就是模型函数的期望减少量正比于梯度向量与步长的大小。

下面证明 Cauchy 点 $\boldsymbol{p}_k^{\mathrm{C}}$ 满足式 (4.20), 且 $c_1 = 1/2$。

【引理 4.3】 Cauchy 点 $\boldsymbol{p}_k^{\mathrm{C}}$ 满足式 (4.20), 且 $c_1 = 1/2$, 即有

$$m_k(\mathbf{0}) - m_k(\boldsymbol{p}_k^{\mathrm{C}}) \geqslant \frac{1}{2}\|\boldsymbol{g}_k\| \min\left\{\Delta_k, \frac{\|\boldsymbol{g}_k\|}{\|\boldsymbol{B}_k\|}\right\} \tag{4.21}$$

【证明】 为了简化表述, 在下面的证明中省略迭代序数 k。

首先考虑 $\boldsymbol{g}^{\mathrm{T}}\boldsymbol{B}\boldsymbol{g} \leqslant 0$ 的情形。联合式 (4.11) 和式 (4.12) 可得

$$\begin{aligned} m(\boldsymbol{p}^{\mathrm{C}}) - m(\mathbf{0}) &= m\left(-\frac{\Delta \boldsymbol{g}}{\|\boldsymbol{g}\|}\right) - f = -\frac{\Delta}{\|\boldsymbol{g}\|}\|\boldsymbol{g}\|^2 + \frac{1}{2}\frac{\Delta^2}{\|\boldsymbol{g}\|^2}\boldsymbol{g}^{\mathrm{T}}\boldsymbol{B}\boldsymbol{g} \\ &\leqslant -\Delta\|\boldsymbol{g}\| \leqslant -\|\boldsymbol{g}\| \min\left\{\Delta, \frac{\|\boldsymbol{g}\|}{\|\boldsymbol{B}\|}\right\} \end{aligned}$$

由该式可知, 式 (4.21) 一定成立。

其次考虑 $\boldsymbol{g}^{\mathrm{T}}\boldsymbol{B}\boldsymbol{g} > 0$ 和

$$\frac{\|\boldsymbol{g}\|^3}{\Delta \boldsymbol{g}^{\mathrm{T}}\boldsymbol{B}\boldsymbol{g}} \leqslant 1 \tag{4.22}$$

同时满足的情形。由式 (4.12) 可知, $\tau = \|\boldsymbol{g}\|^3/(\Delta \boldsymbol{g}^{\mathrm{T}}\boldsymbol{B}\boldsymbol{g})$, 将其代入式 (4.11) 中可得

$$\begin{aligned} m(\boldsymbol{p}^{\mathrm{C}}) - m(\mathbf{0}) &= -\frac{\|\boldsymbol{g}\|^4}{\boldsymbol{g}^{\mathrm{T}}\boldsymbol{B}\boldsymbol{g}} + \frac{1}{2}\boldsymbol{g}^{\mathrm{T}}\boldsymbol{B}\boldsymbol{g}\frac{\|\boldsymbol{g}\|^4}{(\boldsymbol{g}^{\mathrm{T}}\boldsymbol{B}\boldsymbol{g})^2} = -\frac{1}{2}\frac{\|\boldsymbol{g}\|^4}{\boldsymbol{g}^{\mathrm{T}}\boldsymbol{B}\boldsymbol{g}} \\ &\leqslant -\frac{1}{2}\frac{\|\boldsymbol{g}\|^4}{\|\boldsymbol{B}\|\,\|\boldsymbol{g}\|^2} = -\frac{1}{2}\frac{\|\boldsymbol{g}\|^2}{\|\boldsymbol{B}\|} \\ &\leqslant -\frac{1}{2}\|\boldsymbol{g}\| \min\left\{\Delta, \frac{\|\boldsymbol{g}\|}{\|\boldsymbol{B}\|}\right\} \end{aligned}$$

由该式可知, 式 (4.21) 仍然成立。

最后考虑 $\boldsymbol{g}^{\mathrm{T}}\boldsymbol{B}\boldsymbol{g} > 0$ 但式 (4.22) 并不满足的情形, 此时有

$$\boldsymbol{g}^{\mathrm{T}}\boldsymbol{B}\boldsymbol{g} < \frac{\|\boldsymbol{g}\|^3}{\Delta} \tag{4.23}$$

由式 (4.12) 可知, $\tau = 1$, 将其代入式 (4.11) 中, 并联合式 (4.23) 可得

$$\begin{aligned} m(\boldsymbol{p}^{\mathrm{C}}) - m(\mathbf{0}) &= -\frac{\Delta}{\|\boldsymbol{g}\|}\|\boldsymbol{g}\|^2 + \frac{1}{2}\frac{\Delta^2}{\|\boldsymbol{g}\|^2}\boldsymbol{g}^{\mathrm{T}}\boldsymbol{B}\boldsymbol{g} \leqslant -\Delta\|\boldsymbol{g}\| + \frac{1}{2}\frac{\Delta^2}{\|\boldsymbol{g}\|^2}\frac{\|\boldsymbol{g}\|^3}{\Delta} \\ &= -\frac{1}{2}\Delta\|\boldsymbol{g}\| \leqslant -\frac{1}{2}\|\boldsymbol{g}\| \min\left\{\Delta, \frac{\|\boldsymbol{g}\|}{\|\boldsymbol{B}\|}\right\} \end{aligned}$$

从而再次证明了式 (4.21) 成立。证毕。

为了使式 (4.20) 成立, 要求近似解 $\boldsymbol{p}_k$ 所取得的模型函数 m 的减少量至少是 Cauchy 点所取得的减少量的某个分数 c_2 倍。我们将此结论描述为下面的定理形式。

【定理 4.4】 若向量 $\boldsymbol{p}_k$ 满足 $\|\boldsymbol{p}_k\| \leqslant \Delta_k$ 以及 $m_k(\mathbf{0}) - m_k(\boldsymbol{p}_k) \geqslant$

$c_2(m_k(\mathbf{0}) - m_k(\boldsymbol{p}_k^{\mathrm{C}}))$, 则向量 $\boldsymbol{p}_k$ 满足式 (4.20), 且 $c_1 = c_2/2$。特别地, 如果 $\boldsymbol{p}_k$ 是式 (4.3) 的最优解 $\boldsymbol{p}_k^*$, 则满足式 (4.20), 且 $c_1 = 1/2$。

【证明】 由于 $\|\boldsymbol{p}_k\| \leqslant \Delta_k$, 根据引理 4.3 可得

$$m_k(\mathbf{0}) - m_k(\boldsymbol{p}_k) \geqslant c_2(m_k(\mathbf{0}) - m_k(\boldsymbol{p}_k^{\mathrm{C}})) \geqslant \frac{1}{2}c_2\|\boldsymbol{g}_k\| \min\left\{\Delta_k, \frac{\|\boldsymbol{g}_k\|}{\|\boldsymbol{B}_k\|}\right\}$$

证毕。

需要指出的是, 折线方法和二维子空间最小化方法均满足式 (4.20), 且 $c_1 = 1/2$, 这是因为它们所得到的近似解 $\boldsymbol{p}_k$ 均满足 $m_k(\boldsymbol{p}_k) \leqslant m_k(\boldsymbol{p}_k^{\mathrm{C}})$。

4.3.2 收敛到平稳点

这里将给出两种不同形式的信赖域方法的全局收敛结果, 分别对应于参数 η (定义见算法 4.1) 等于零的情形, 以及参数 η 等于某个较小正数的情形。当 $\eta = 0$ 时, 意味着只要能让目标函数 f 的取值得到下降, 就进行迭代更新, 此时可以证明梯度序列 $\{\boldsymbol{g}_k\}$ 存在一个极限点零。当 $\eta > 0$ 时, 进行迭代更新的条件将变得更加严格, 要求目标函数 f 的减少量至少是模型函数减少量的某个分数倍, 此时将得到更好的收敛结果, 即有 $\boldsymbol{g}_k \to \mathbf{0}$。

本小节将分别针对上面两种情形证明全局收敛结果, 假设近似 Hessian 矩阵 $\boldsymbol{B}_k$ 的范数一致有界, 并且目标函数 f 在水平集

$$S \xlongequal{\text{定义}} \{\boldsymbol{x} | f(\boldsymbol{x}) \leqslant f(\boldsymbol{x}_0)\} \tag{4.24}$$

上存在下界。此外, 定义该集合的一个开邻域如下:

$$S(R_0) \xlongequal{\text{定义}} \{\boldsymbol{x} | \|\boldsymbol{x} - \boldsymbol{y}\| < R_0, \boldsymbol{y} \in S\}$$

式中 R_0 表示某个正常数。

为了使收敛结论具有更广泛的应用, 这里还允许式 (4.3) 的近似解 $\boldsymbol{p}_k$ 的长度 (即 $\|\boldsymbol{p}_k\|$) 可以超出信赖域的边界约束, 但前提是其长度在信赖域半径的某个倍数内, 如下所示:

$$\|\boldsymbol{p}_k\| \leqslant \gamma\Delta_k \tag{4.25}$$

式中 $\gamma \geqslant 1$。

第 1 个全局收敛结果对应于 $\eta = 0$ 的情形。

【定理 4.5】 在算法 4.1 中令 $\eta = 0$。假设存在某个常数 β 使得 $\|\boldsymbol{B}_k\| \leqslant \beta$ (对于所有的迭代序数 k), 目标函数 f 在式 (4.24) 定义的水平集 S 上存在下界, 并且存在某个常数 $R_0 > 0$, 使得目标函数 f 在邻域 $S(R_0)$ 中满足 Lipschitz 连续可微。如果存在某个正常数 c_1 和 γ, 使得子问题式 (4.3) 的所有近似解均满足式 (4.20) 和式 (4.25), 则有

$$\lim_{k \to +\infty} \inf \|\boldsymbol{g}_k\| = 0 \tag{4.26}$$

【**证明**】基于比例因子 ρ_k 的定义式 (4.4) 可得

$$\begin{aligned}|\rho_k - 1| &= \left|\frac{(f(\boldsymbol{x}_k) - f(\boldsymbol{x}_k + \boldsymbol{p}_k)) - (m_k(\boldsymbol{0}) - m_k(\boldsymbol{p}_k))}{m_k(\boldsymbol{0}) - m_k(\boldsymbol{p}_k)}\right| \\ &= \left|\frac{m_k(\boldsymbol{p}_k) - f(\boldsymbol{x}_k + \boldsymbol{p}_k)}{m_k(\boldsymbol{0}) - m_k(\boldsymbol{p}_k)}\right|\end{aligned}$$

利用泰勒定理 (即第 2 章定理 2.1) 可知

$$f(\boldsymbol{x}_k + \boldsymbol{p}_k) = f(\boldsymbol{x}_k) + (\boldsymbol{g}(\boldsymbol{x}_k))^{\mathrm{T}} \boldsymbol{p}_k + \int_0^1 [\boldsymbol{g}(\boldsymbol{x}_k + t\boldsymbol{p}_k) - \boldsymbol{g}(\boldsymbol{x}_k)]^{\mathrm{T}} \boldsymbol{p}_k \mathrm{d}t$$

根据模型函数 m_k 的定义式 (4.2) 可得

$$\begin{aligned}|m_k(\boldsymbol{p}_k) - f(\boldsymbol{x}_k + \boldsymbol{p}_k)| &= \left|\frac{1}{2}\boldsymbol{p}_k^{\mathrm{T}} \boldsymbol{B}_k \boldsymbol{p}_k - \int_0^1 [\boldsymbol{g}(\boldsymbol{x}_k + t\boldsymbol{p}_k) - \boldsymbol{g}(\boldsymbol{x}_k)]^{\mathrm{T}} \boldsymbol{p}_k \mathrm{d}t\right| \\ &\leqslant (\beta/2)\|\boldsymbol{p}_k\|^2 + \beta_1 \|\boldsymbol{p}_k\|^2 \end{aligned} \tag{4.27}$$

式中 β_1 表示函数 $\boldsymbol{g}$ 在集合 $S(R_0)$ 中的 Lipschitz 常数, 并假设 $\|\boldsymbol{p}_k\| \leqslant R_0$, 以确保向量 $\boldsymbol{x}_k$ 和向量 $\boldsymbol{x}_k + t\boldsymbol{p}_k$ $(0 \leqslant t \leqslant 1)$ 均在集合 $S(R_0)$ 的内部。

下面利用反证法进行证明。假设存在 $\varepsilon > 0$ 和正整数 K 满足

$$\|\boldsymbol{g}_k\| \geqslant \varepsilon \quad (\text{对于所有的 } k \geqslant K) \tag{4.28}$$

当 $k \geqslant K$ 时, 结合式 (4.20) 和式 (4.28) 可知

$$m_k(\boldsymbol{0}) - m_k(\boldsymbol{p}_k) \geqslant c_1 \|\boldsymbol{g}_k\| \min\left\{\Delta_k, \frac{\|\boldsymbol{g}_k\|}{\|\boldsymbol{B}_k\|}\right\} \geqslant c_1 \varepsilon \min\left\{\Delta_k, \frac{\varepsilon}{\beta}\right\} \tag{4.29}$$

联合式 (4.27)、式 (4.29) 以及边界约束式 (4.25) 可得

$$|\rho_k - 1| \leqslant \frac{\gamma^2 \Delta_k^2 (\beta/2 + \beta_1)}{c_1 \varepsilon \min\{\Delta_k, \varepsilon/\beta\}} \tag{4.30}$$

下面对于所有充分小的 Δ_k (即 $\Delta_k \leqslant \overline{\Delta}$), 其中

$$\overline{\Delta} = \min\left\{\frac{1}{2} \frac{c_1 \varepsilon}{\gamma^2(\beta/2 + \beta_1)}, \frac{R_0}{\gamma}\right\} \tag{4.31}$$

推导式 (4.30) 右侧的界。注意到式 (4.31) 中的 R_0/γ 项是为了确保式 (4.27) 右侧的界成立 (这是因为 $\|\boldsymbol{p}_k\| \leqslant \gamma\Delta_k \leqslant \gamma\overline{\Delta} \leqslant R_0$)。又因为 $c_1 \leqslant 1$ 和 $\gamma \geqslant 1$, 于是有 $\overline{\Delta} \leqslant \varepsilon/\beta$, 由该式可知, 对于所有的 $\Delta_k \in [0, \overline{\Delta}]$, 均满足 $\min\{\Delta_k, \varepsilon/\beta\} = \Delta_k$, 此时结合式 (4.30) 和式 (4.31) 可得

$$|\rho_k - 1| \leqslant \frac{\gamma^2 \varDelta_k^2(\beta/2+\beta_1)}{c_1\varepsilon\varDelta_k} = \frac{\gamma^2\varDelta_k(\beta/2+\beta_1)}{c_1\varepsilon} \leqslant \frac{\gamma^2\overline{\varDelta}(\beta/2+\beta_1)}{c_1\varepsilon} \leqslant \frac{1}{2}$$

由该式可得, $\rho_k > 1/4$, 根据算法 4.1 中的计算步骤可知, 当 $\varDelta_k$ 低于门限 $\overline{\varDelta}$ 时, 有 $\varDelta_{k+1} \geqslant \varDelta_k$。因此, 只有当条件 $\varDelta_k \geqslant \overline{\varDelta}$ 满足时, 算法 4.1 中的 $\varDelta_k$ 才可能会降低 (以比例 1/4 降低)。至此可得

$$\varDelta_k \geqslant \min\{\varDelta_K, \overline{\varDelta}/4\} \quad (\text{对于所有的 } k \geqslant K) \tag{4.32}$$

假设存在一个无限长子序列 $\mathcal{K}$, 对于所有的 $k \in \mathcal{K}$ 均满足 $\rho_k \geqslant 1/4$。当 $k \in \mathcal{K}$ 且 $k \geqslant K$ 时, 根据式 (4.29) 可得

$$\begin{aligned} f(\boldsymbol{x}_k) - f(\boldsymbol{x}_{k+1}) = f(\boldsymbol{x}_k) - f(\boldsymbol{x}_k + \boldsymbol{p}_k) &\geqslant \frac{1}{4}[m_k(\mathbf{0}) - m_k(\boldsymbol{p}_k)] \\ &\geqslant \frac{1}{4}c_1\varepsilon\min\left\{\varDelta_k, \frac{\varepsilon}{\beta}\right\} \end{aligned}$$

由于 f 存在下界, 利用上面的不等式可知

$$\lim_{k\in\mathcal{K}, k\to+\infty} \varDelta_k = 0$$

这与式 (4.32) 相矛盾。因此, 无限长子序列 $\mathcal{K}$ 并不存在, 于是对于所有充分大的 k, 恒有 $\rho_k < 1/4$。在此情形下, $\varDelta_k$ 最终将在每次迭代中以因子 1/4 降低, 从而有 $\lim\limits_{k\to+\infty} \varDelta_k = 0$, 这仍然与式 (4.32) 相矛盾。因此, 最初的假设式 (4.28) 并不成立, 因而式 (4.26) 成立。证毕。

第 2 个全局收敛结果对应于 $\eta > 0$ 的情形, 并且借鉴了定理 4.5 中的分析结论。我们的理论分析方法参考了文献 [279]。

【定理 4.6】在算法 4.1 中令 $\eta \in (0, 1/4)$。假设存在某个常数 β 使得 $\|\boldsymbol{B}_k\| \leqslant \beta$ (对于所有的迭代序数 k), 目标函数 f 在式 (4.24) 定义的水平集 S 上存在下界, 且存在某个常数 $R_0 > 0$, 使得目标函数 f 在邻域 $S(R_0)$ 中满足 Lipschitz 连续可微。如果存在某个正常数 c_1 和 γ, 使得子问题式 (4.3) 的所有近似解均满足式 (4.20) 和式 (4.25), 则有

$$\lim_{k\to+\infty} \boldsymbol{g}_k = \mathbf{0} \tag{4.33}$$

【证明】考虑某个迭代序数 m 满足 $\boldsymbol{g}_m \neq \mathbf{0}$。将函数 $\boldsymbol{g}$ 在集合 $S(R_0)$ 中的 Lipschitz 常数记为 β_1, 于是有

$$\|\boldsymbol{g}(\boldsymbol{x}) - \boldsymbol{g}_m\| \leqslant \beta_1\|\boldsymbol{x} - \boldsymbol{x}_m\| \quad (\text{对于所有的 } \boldsymbol{x} \in S(R_0))$$

分别定义下面的标量 ε 和 R:

$$\varepsilon = \frac{1}{2}\|\boldsymbol{g}_m\|, \quad R = \min\left\{\frac{\varepsilon}{\beta_1}, R_0\right\}$$

然后定义如下球体:

$$B(\boldsymbol{x}_m, R) = \{\boldsymbol{x} | \|\boldsymbol{x} - \boldsymbol{x}_m\| \leqslant R\}$$

显然, 该球体包含在集合 $S(R_0)$ 中, 因此函数 $\boldsymbol{g}$ 的 Lipschitz 连续性在球体 $B(\boldsymbol{x}_m, R)$ 中仍然成立, 从而有

$$\text{若 } \boldsymbol{x} \in B(\boldsymbol{x}_m, R) \Rightarrow \|\boldsymbol{g}(\boldsymbol{x})\| \geqslant \|\boldsymbol{g}_m\| - \|\boldsymbol{g}(\boldsymbol{x}) - \boldsymbol{g}_m\| \geqslant \frac{1}{2}\|\boldsymbol{g}_m\| = \varepsilon$$

如果序列 $\{\boldsymbol{x}_k\}_{k \geqslant m}$ 都在球体 $B(\boldsymbol{x}_m, R)$ 的内部, 则对于所有的 $k \geqslant m$, 均有 $\|\boldsymbol{g}_k\| \geqslant \varepsilon > 0$。根据定理 4.5 中的分析过程可知, 此情形不会发生。因此, 序列 $\{\boldsymbol{x}_k\}_{k \geqslant m}$ 最终会离开球体 $B(\boldsymbol{x}_m, R)$。

假设向量 $\boldsymbol{x}_{l+1}$ 是向量 $\boldsymbol{x}_m$ 之后第 1 个在球体 $B(\boldsymbol{x}_m, R)$ 外部的迭代点, 其中 $l \geqslant m$。由于 $\|\boldsymbol{g}_k\| \geqslant \varepsilon$ $(k = m, m+1, \cdots, l)$, 利用式 (4.29) 可得

$$\begin{aligned} f(\boldsymbol{x}_m) - f(\boldsymbol{x}_{l+1}) &= \sum_{k=m}^{l} [f(\boldsymbol{x}_k) - f(\boldsymbol{x}_{k+1})] \geqslant \sum_{\substack{k=m \\ \boldsymbol{x}_k \neq \boldsymbol{x}_{k+1}}}^{l} \eta [m_k(\boldsymbol{0}) - m_k(\boldsymbol{p}_k)] \\ &\geqslant \sum_{\substack{k=m \\ \boldsymbol{x}_k \neq \boldsymbol{x}_{k+1}}}^{l} \eta c_1 \varepsilon \min\left\{\Delta_k, \frac{\varepsilon}{\beta}\right\} \end{aligned}$$

式中 η 的定义见算法 4.1; 累加求和限定为满足 $\boldsymbol{x}_k \neq \boldsymbol{x}_{k+1}$ 的迭代序数 k, 也就是对迭代点进行更新的迭代序数。如果 $\Delta_k \leqslant \varepsilon/\beta$ $(k = m, m+1, \cdots, l)$, 则有

$$f(\boldsymbol{x}_m) - f(\boldsymbol{x}_{l+1}) \geqslant \eta c_1 \varepsilon \sum_{\substack{k=m \\ \boldsymbol{x}_k \neq \boldsymbol{x}_{k+1}}}^{l} \Delta_k \geqslant \eta c_1 \varepsilon R = \eta c_1 \varepsilon \min\left\{\frac{\varepsilon}{\beta_1}, R_0\right\} \quad (4.34)$$

否则, 存在某个 $k \in \{m, m+1, \cdots, l\}$, 满足 $\Delta_k > \varepsilon/\beta$, 于是有

$$f(\boldsymbol{x}_m) - f(\boldsymbol{x}_{l+1}) \geqslant \eta c_1 \varepsilon \frac{\varepsilon}{\beta} \quad (4.35)$$

由于序列 $\{f(\boldsymbol{x}_k)\}_{k=0}^{+\infty}$ 是单调递减的, 且存在下界, 则有

$$f(\boldsymbol{x}_k) \downarrow f^* \quad (\text{对于某个 } f^* > -\infty) \quad (4.36)$$

结合式 (4.34) 和式 (4.35) 可得

$$f(\boldsymbol{x}_m) - f^* \geqslant f(\boldsymbol{x}_m) - f(\boldsymbol{x}_{l+1}) \geqslant \eta c_1 \varepsilon \min\left\{\frac{\varepsilon}{\beta}, \frac{\varepsilon}{\beta_1}, R_0\right\}$$

$$= \frac{1}{2}\eta c_1 \|\boldsymbol{g}_m\| \min\left\{\frac{\|\boldsymbol{g}_m\|}{2\beta}, \frac{\|\boldsymbol{g}_m\|}{2\beta_1}, R_0\right\} > 0$$

由于 $f(\boldsymbol{x}_m) - f^* \downarrow 0$, 则必然有 $\boldsymbol{g}_m \to \boldsymbol{0}$, 由该式可知式 (4.33) 成立。证毕。

4.4　子问题的迭代解

针对子问题的解所满足的特征方程式 (4.6), 本节将描述一种基于牛顿迭代的方法, 以求解其中的 λ, 并匹配式 (4.5) 中的信赖域半径 $\varDelta$。此外, 本节还将证明关于子问题式 (4.3) 解特性的定理 4.1。

尽管第 4.2 节中的方法并未精确获得子问题式 (4.5) 的最优解, 但其中的方法确实利用了模型函数的 Hessian 矩阵 $\boldsymbol{B}_k$, 且具有合理的计算复杂度和良好的全局收敛性等优势。

当优化问题的规模相对较小 (即 n 不是太大) 时, 通过更充分地利用模型函数的信息获得关于子问题更好的近似解是有价值的。相比于折线方法和二维子空间最小化方法中的一次矩阵分解, 本节中的方法需要对矩阵 $\boldsymbol{B}$ 进行更多次的分解 (典型值是 3 次), 以获得一个较好的近似解。该方法利用了定理 4.1 中描述的关于最优解的特性, 并巧妙地利用了基于单个变量的牛顿方法, 其实质是找寻使得式 (4.6) 与式 (4.5) 的解相匹配的 λ。

定理 4.1 描述了式 (4.7) 的解的特性, 其中包含两种可能的情形。第 1 种情形是 $\lambda = 0$, 且式 (4.8a) 与式 (4.8c) 成立, 与此同时 $\|\boldsymbol{p}\| \leqslant \varDelta$。在第 2 种情形中, 需要定义如下向量:

$$\boldsymbol{p}(\lambda) = -(\boldsymbol{B} + \lambda \boldsymbol{I})^{-1}\boldsymbol{g}$$

式中 $\lambda > 0$ 以确保 $\boldsymbol{B} + \lambda\boldsymbol{I}$ 是正定矩阵, 并满足

$$\|\boldsymbol{p}(\lambda)\| = \varDelta \tag{4.37}$$

此时需要求解一次方程的根来获得 λ。

为了验证具有上述 (期望) 性质的 λ 是存在的, 我们需要对矩阵 $\boldsymbol{B}$ 进行特征值分解, 并利用该分解研究 $\|\boldsymbol{p}(\lambda)\|$ 的性质。由矩阵 $\boldsymbol{B}$ 具有对称性可知存在一个正交矩阵 $\boldsymbol{Q}$ 和一个对角矩阵 $\boldsymbol{\varLambda}$, 满足 $\boldsymbol{B} = \boldsymbol{Q}\boldsymbol{\varLambda}\boldsymbol{Q}^{\mathrm{T}}$, 其中

$$\boldsymbol{\varLambda} = \mathrm{diag}(\lambda_1, \lambda_2, \cdots, \lambda_n)$$

式中 $\lambda_1 \leqslant \lambda_2 \leqslant \cdots \leqslant \lambda_n$ 表示矩阵 $\boldsymbol{B}$ 的特征值 (见附录 A 式 (A.16))。显然, 对于 $\lambda \neq -\lambda_j$ $(j = 1, 2, \cdots, n)$, 我们有 $\boldsymbol{B} + \lambda\boldsymbol{I} = \boldsymbol{Q}(\boldsymbol{\varLambda} + \lambda\boldsymbol{I})\boldsymbol{Q}^{\mathrm{T}}$, 进一步可得

$$\boldsymbol{p}(\lambda) = -\boldsymbol{Q}(\boldsymbol{\Lambda} + \lambda \boldsymbol{I})^{-1}\boldsymbol{Q}^{\mathrm{T}}\boldsymbol{g} = -\sum_{j=1}^{n} \frac{\boldsymbol{q}_j^{\mathrm{T}}\boldsymbol{g}}{\lambda_j + \lambda}\boldsymbol{q}_j \tag{4.38}$$

式中 $\boldsymbol{q}_j$ 表示矩阵 $\boldsymbol{Q}$ 中的第 j 列向量。因此, 利用向量组 $\boldsymbol{q}_1, \boldsymbol{q}_2, \cdots, \boldsymbol{q}_n$ 之间的正交性可知

$$\|\boldsymbol{p}(\lambda)\|^2 = \sum_{j=1}^{n} \frac{(\boldsymbol{q}_j^{\mathrm{T}}\boldsymbol{g})^2}{(\lambda_j + \lambda)^2} \tag{4.39}$$

从该表达式中可以得到关于 $\|\boldsymbol{p}(\lambda)\|$ 的很多信息。如果 $\lambda > -\lambda_1$, 则有 $\lambda_j + \lambda > 0\ (j = 1, 2, \cdots, n)$, 于是 $\|\boldsymbol{p}(\lambda)\|$ 在区间 $(-\lambda_1, +\infty)$ 上是关于 λ 的连续且非递增函数。事实上, 我们有

$$\lim_{\lambda \to +\infty} \|\boldsymbol{p}(\lambda)\| = 0 \tag{4.40}$$

此外, 若 $\boldsymbol{q}_j^{\mathrm{T}}\boldsymbol{g} \neq 0$, 则有

$$\lim_{\lambda \to -\lambda_j} \|\boldsymbol{p}(\lambda)\| = +\infty \quad (j = 1, 2, \cdots, n) \tag{4.41}$$

图 4.5 描绘了函数 $\|\boldsymbol{p}(\lambda)\|$ 关于 λ 的曲线, 其中 $\boldsymbol{q}_1^{\mathrm{T}}\boldsymbol{g}$、$\boldsymbol{q}_2^{\mathrm{T}}\boldsymbol{g}$ 以及 $\boldsymbol{q}_3^{\mathrm{T}}\boldsymbol{g}$ 均不为零。可以看出, 式 (4.40) 和式 (4.41) 均能成立, 并且 $\|\boldsymbol{p}(\lambda)\|$ 在区间 $(-\lambda_1, +\infty)$ 上是关于 λ 的非递增函数。特别地, 当 $\boldsymbol{q}_1^{\mathrm{T}}\boldsymbol{g} \neq 0$ 时, 一定存在唯一的 $\lambda^* \in (-\lambda_1, +\infty)$, 满足 $\|\boldsymbol{p}(\lambda^*)\| = \Delta$。从图 4.5 中还能看出, 可能存在一些更小的 λ, 满足 $\|\boldsymbol{p}(\lambda)\| = \Delta$, 但是它们并不能使式 (4.8c) 成立。

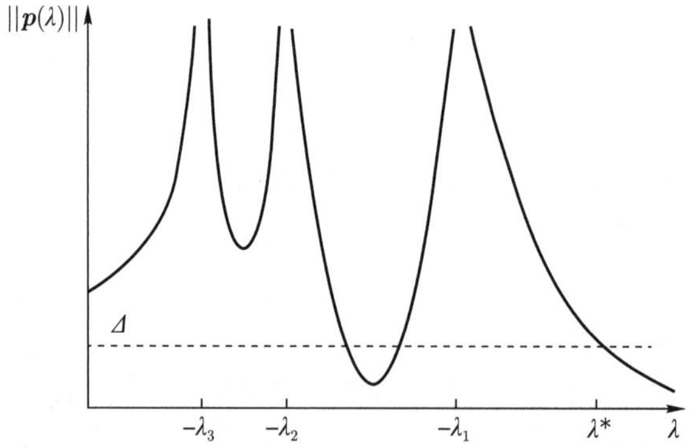

图 4.5 函数 $\|\boldsymbol{p}(\lambda)\|$ 关于 λ 的曲线

下面将在 $\boldsymbol{q}_1^{\mathrm{T}}\boldsymbol{g} \neq 0$ 的情形下, 简述如何确定 $\lambda^* \in (-\lambda_1, +\infty)$, 以满足 $\|\boldsymbol{p}(\lambda^*)\| = \Delta$ (后面还将讨论 $\boldsymbol{q}_1^{\mathrm{T}}\boldsymbol{g} = 0$ 的情形)。注意到当 $\boldsymbol{B}$ 为正定矩阵, 并满足 $\|\boldsymbol{B}^{-1}\boldsymbol{g}\| \leqslant \Delta$ 时, $\lambda = 0$ 可使得式 (4.8) 成立, 此时将在 $\lambda^* = 0$ 处终止计算。否则, 我们可以利用牛顿求根方法 (见附录 A) 寻找 $\lambda > -\lambda_1$, 以满足

$$\phi_1(\lambda) = \|\boldsymbol{p}(\lambda)\| - \varDelta = 0 \tag{4.42}$$

然而, 该方法存在一个缺点, 下面对其进行描述。当 λ 大于并且接近 $-\lambda_1$ 时, ϕ_1 可以近似为一个有理函数, 如下所示:

$$\phi_1(\lambda) \approx \frac{C_1}{\lambda + \lambda_1} + C_2$$

式中 $C_1 > 0$ 和 C_2 均为常数。显然, 此时函数 ϕ_1 具有高度的非线性特性, 这易导致牛顿求根方法不鲁棒, 收敛速度较慢。为了克服此问题, 不妨将式 (4.42) 表示成另一种形式, 如下所示:

$$\phi_2(\lambda) = \frac{1}{\varDelta} - \frac{1}{\|\boldsymbol{p}(\lambda)\|}$$

由式 (4.39) 可知, 当 λ 略大于 $-\lambda_1$ 时, 我们有

$$\phi_2(\lambda) \approx \frac{1}{\varDelta} - \frac{\lambda + \lambda_1}{C_3}$$

式中 $C_3 > 0$。因此, 函数 ϕ_2 在 $-\lambda_1$ 附近可以近似为一个线性函数 (见图 4.6), 此时当 $\lambda > -\lambda_1$ 时, 牛顿求根方法具有良好的性能。当牛顿求根方法应用于函数 ϕ_2 时, 将产生一组迭代序列 $\{\lambda^{(l)}\}$, 相应的迭代公式为

$$\lambda^{(l+1)} = \lambda^{(l)} - \frac{\phi_2(\lambda^{(l)})}{\phi_2'(\lambda^{(l)})} \tag{4.43}$$

经过一些初等代数处理, 算法 4.3 描述了实现该迭代更新公式的计算步骤。

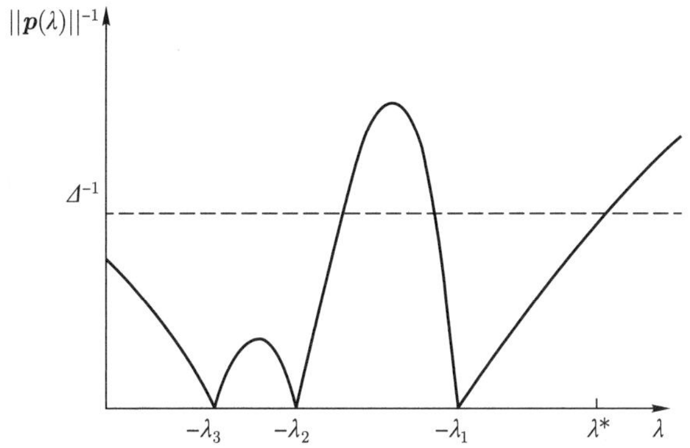

图 4.6　函数 $1/\|\boldsymbol{p}(\lambda)\|$ 关于 λ 的曲线

【算法 4.3 求解信赖域子问题】

步骤 1: 设置 $\lambda^{(0)}$ 和 $\varDelta > 0$。

步骤 2:

for $l = 0, 1, 2, \cdots$

进行矩阵分解 $\boldsymbol{B}+\lambda^{(l)}\boldsymbol{I}=\boldsymbol{R}^{\mathrm{T}}\boldsymbol{R}$;

求解线性方程组 $\boldsymbol{R}^{\mathrm{T}}\boldsymbol{R}\boldsymbol{p}_l=-\boldsymbol{g}$ 和 $\boldsymbol{R}^{\mathrm{T}}\boldsymbol{q}_l=\boldsymbol{p}_l$;

计算更新公式

$$\lambda^{(l+1)}=\lambda^{(l)}+\left(\frac{\|\boldsymbol{p}_l\|}{\|\boldsymbol{q}_l\|}\right)^2\frac{\|\boldsymbol{p}_l\|-\Delta}{\Delta} \tag{4.44}$$

end (for)

为了使算法 4.3 更加实用化, 需要对其增加一些保护措施。例如, 当 $\lambda^{(l)}<-\lambda_1$ 时, Cholesky 分解 $\boldsymbol{B}+\lambda^{(l)}\boldsymbol{I}=\boldsymbol{R}^{\mathrm{T}}\boldsymbol{R}$ 可能并不存在。在大多数情况下, 对算法 4.3 稍加改进即可收敛至式 (4.37) 的解。

显然, 在算法 4.3 的每次迭代中, 其计算量主要集中对矩阵 $\boldsymbol{B}+\lambda^{(l)}\boldsymbol{I}$ 的 Cholesky 分解。在实际计算中, 并不需要该算法一直进行迭代, 直至获得一个很高精度的最优解 λ, 而是满足于一个近似解, 且该近似解仅通过 $2\sim3$ 次迭代即可获得。

4.4.1 困难的情况

在上面的讨论中, 我们假设 $\boldsymbol{q}_1^{\mathrm{T}}\boldsymbol{g}\neq0$。事实上, 即使绝对值最大的负特征值为多重特征值 (即有 $0>\lambda_1=\lambda_2=\cdots$), 上面描述的方法仍然适用, 只要满足条件 $\boldsymbol{Q}_1^{\mathrm{T}}\boldsymbol{g}\neq0$ 即可, 其中 $\boldsymbol{Q}_1$ 的列空间 (即值域空间) 为特征值 λ_1 的特征向量张成的子空间。当条件 $\boldsymbol{q}_1^{\mathrm{T}}\boldsymbol{g}\neq0$ 不成立时, 问题就会变得有些复杂, 这是因为极限式 (4.41) 对于 λ_1 并不成立, 此时可能并不存在 $\lambda\in(-\lambda_1,+\infty)$, 使得等式 $\|\boldsymbol{p}(\lambda)\|=\Delta$ 成立 (见图 4.7)。文献 [214] 将此情况称为困难的情况, 此时如何选择满足式 (4.8) 的向量 $\boldsymbol{p}$ 和标量 λ 并不容易。显然, 求根方法已经不再适用, 因为在开区间 $(-\lambda_1,+\infty)$ 上并没有解。然而, 定理 4.1 表明, 问题的解 λ 一定位于区间 $[-\lambda_1,+\infty)$ 上, 于是仅剩下唯一的可能, 即 $\lambda=-\lambda_1$。为找寻向量 $\boldsymbol{p}$, 我们并不能直接将式 (4.38) 中对应于 λ_1 的求和项删除, 从而得

$$\boldsymbol{p}=-\sum_{j:\lambda_j\neq\lambda_1}\frac{\boldsymbol{q}_j^{\mathrm{T}}\boldsymbol{g}}{\lambda_j+\lambda}\boldsymbol{q}_j$$

注意到此时 $\boldsymbol{B}+\lambda\boldsymbol{I}=\boldsymbol{B}-\lambda_1\boldsymbol{I}$ 是奇异矩阵, 于是存在一个向量 $\boldsymbol{z}$ 满足 $\|\boldsymbol{z}\|=1$ 和 $(\boldsymbol{B}-\lambda_1\boldsymbol{I})\boldsymbol{z}=0$。事实上, $\boldsymbol{z}$ 是矩阵 $\boldsymbol{B}$ 中对应于 λ_1 的特征向量, 此时利用矩阵 $\boldsymbol{Q}$ 的正交性可知, 对于 $\lambda_j\neq\lambda_1$, 我们有 $\boldsymbol{q}_j^{\mathrm{T}}\boldsymbol{z}=0$。利用此性质, 可以将向量 $\boldsymbol{p}$ 设为

$$\boldsymbol{p}=-\sum_{j:\lambda_j\neq\lambda_1}\frac{\boldsymbol{q}_j^{\mathrm{T}}\boldsymbol{g}}{\lambda_j+\lambda}\boldsymbol{q}_j+\tau\boldsymbol{z} \tag{4.45}$$

式中 τ 为某个标量。由该式可得

$$\|\boldsymbol{p}\|_2^2=\sum_{j:\lambda_j\neq\lambda_1}\frac{(\boldsymbol{q}_j^{\mathrm{T}}\boldsymbol{g})^2}{(\lambda_j+\lambda)^2}+\tau^2$$

在此情况下 (如图 4.7 所示), 总存在 τ 可使得 $\|\boldsymbol{p}\|=\varDelta$ 成立。容易验证, 如此选择的向量 $\boldsymbol{p}$ 和标量 $\lambda=-\lambda_1$ 能使得式 (4.8) 成立。

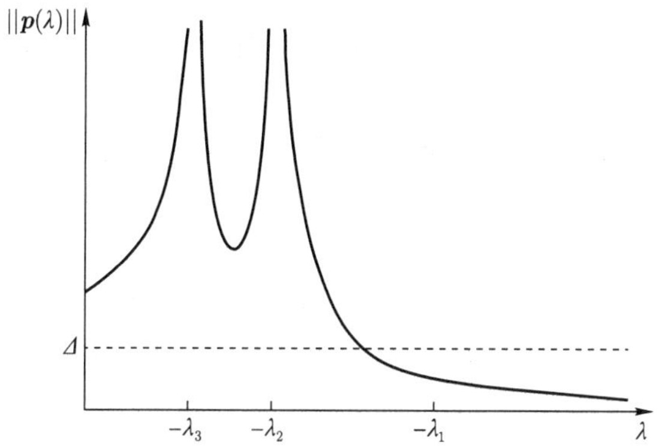

图 4.7　困难的情况: 对于所有 $\lambda\in(-\lambda_1,+\infty)$ 有 $\|\boldsymbol{p}(\lambda)\|<\varDelta$

4.4.2　定理 4.1 的证明

下面对定理 4.1 进行证明, 该定理给出了子问题式 (4.5) 的最优解所满足的条件。为证明定理 4.1, 需要利用下面的引理 4.7 中的结论, 其中研究了无约束二次目标函数的极小值点所满足的条件, 尤其关注了 Hessian 矩阵是半正定矩阵的情形。

【引理 4.7】假设模型函数 m 为如下二次函数:

$$m(\boldsymbol{p})=\boldsymbol{g}^{\mathrm{T}}\boldsymbol{p}+\frac{1}{2}\boldsymbol{p}^{\mathrm{T}}\boldsymbol{B}\boldsymbol{p} \tag{4.46}$$

式中 $\boldsymbol{B}$ 为任意对称矩阵, 于是下面的两个结论成立:

(1) 模型函数 m 存在极小值点当且仅当 $\boldsymbol{B}$ 是半正定矩阵, 且向量 $\boldsymbol{g}$ 属于矩阵 $\boldsymbol{B}$ 的值域空间 (即 $\mathrm{Range}(\boldsymbol{B})$)。此外, 如果 $\boldsymbol{B}$ 是半正定矩阵, 则所有满足等式 $\boldsymbol{B}\boldsymbol{p}=-\boldsymbol{g}$ 的向量 $\boldsymbol{p}$ 均为模型函数 m 的全局最小值点。

(2) 模型函数 m 具有唯一的极小值点当且仅当 $\boldsymbol{B}$ 是正定矩阵。

【证明】下面依次针对上面两个结论进行证明。

(1) 假设 $\boldsymbol{B}$ 是半正定矩阵, 且向量 $\boldsymbol{g}$ 属于矩阵 $\boldsymbol{B}$ 的值域空间, 于是存在向量 $\boldsymbol{p}$ 满足 $\boldsymbol{B}\boldsymbol{p}=-\boldsymbol{g}$。此时, 对于任意向量 $\boldsymbol{w}\in\mathbb{R}^n$ 均有

$$m(\boldsymbol{p}+\boldsymbol{w})=\boldsymbol{g}^{\mathrm{T}}(\boldsymbol{p}+\boldsymbol{w})+\frac{1}{2}(\boldsymbol{p}+\boldsymbol{w})^{\mathrm{T}}\boldsymbol{B}(\boldsymbol{p}+\boldsymbol{w})$$

$$= \left(\boldsymbol{g}^{\mathrm{T}}\boldsymbol{p} + \frac{1}{2}\boldsymbol{p}^{\mathrm{T}}\boldsymbol{B}\boldsymbol{p}\right) + \boldsymbol{g}^{\mathrm{T}}\boldsymbol{w} + (\boldsymbol{B}\boldsymbol{p})^{\mathrm{T}}\boldsymbol{w} + \frac{1}{2}\boldsymbol{w}^{\mathrm{T}}\boldsymbol{B}\boldsymbol{w} \tag{4.47}$$

$$= m(\boldsymbol{p}) + \frac{1}{2}\boldsymbol{w}^{\mathrm{T}}\boldsymbol{B}\boldsymbol{w} \geqslant m(\boldsymbol{p})$$

式中最后一个不等式利用了矩阵 $\boldsymbol{B}$ 的半正定性。因此, 向量 $\boldsymbol{p}$ 是模型函数 m 的极小值点, 也是全局最小值点。

接着假设向量 $\boldsymbol{p}$ 是模型函数 m 的极小值点。由 $\nabla m(\boldsymbol{p}) = \boldsymbol{B}\boldsymbol{p} + \boldsymbol{g} = \boldsymbol{0}$ 可知, 向量 $\boldsymbol{g}$ 属于矩阵 $\boldsymbol{B}$ 的值域空间。此外, $\nabla^2 m(\boldsymbol{p}) = \boldsymbol{B}$ 是半正定矩阵。至此证得结论 (1)。

(2) 假设 $\boldsymbol{B}$ 是正定矩阵, 此时存在唯一的向量 $\boldsymbol{p}$ 满足 $\boldsymbol{B}\boldsymbol{p} = -\boldsymbol{g}$。对于任意的非零向量 $\boldsymbol{w} \in \mathbb{R}^n$, 恒有 $\boldsymbol{w}^{\mathrm{T}}\boldsymbol{B}\boldsymbol{w} > 0$, 利用式 (4.47) 可得 $m(\boldsymbol{p}+\boldsymbol{w}) > m(\boldsymbol{p})$, 由该式可知, 向量 $\boldsymbol{p}$ 是唯一的极小值点。

接着假设模型函数 m 存在唯一的极小值点, 并将其记为向量 $\boldsymbol{p}$, 此时根据结论 (1) 可知, $\boldsymbol{B}$ 是半正定矩阵, 并且满足 $\boldsymbol{B}\boldsymbol{p} = -\boldsymbol{g}$。不妨采用反证法进行证明, 假设 $\boldsymbol{B}$ 不是正定矩阵, 则存在非零向量 $\boldsymbol{w} \in \mathbb{R}^n$ 满足 $\boldsymbol{B}\boldsymbol{w} = \boldsymbol{0}$, 此时根据式 (4.47) 可得 $m(\boldsymbol{p}+\boldsymbol{w}) = m(\boldsymbol{p})$, 这意味着极小值点 $\boldsymbol{p}$ 并不唯一, 从而产生矛盾。至此证得结论 (2)。证毕。

下面举例对结论 (1) 进行解释。不妨将矩阵 $\boldsymbol{B}$ 设为

$$\boldsymbol{B} = \begin{bmatrix} 1 & 0 & 0 \\ 0 & 0 & 0 \\ 0 & 0 & 2 \end{bmatrix}$$

该矩阵的 3 个特征值分别为 0、1 以及 2, 由此可知, $\boldsymbol{B}$ 为奇异矩阵。如果向量 $\boldsymbol{g}$ 中的第 2 个元素等于零, 那么向量 $\boldsymbol{g}$ 一定属于矩阵 $\boldsymbol{B}$ 的值域空间, 此时二次函数 m 将存在极小值点。如果向量 $\boldsymbol{g}$ 中的第 2 个元素不为零, 此时函数 m 会沿着方向 $\boldsymbol{p} = [0 \quad -g_2 \quad 0]^{\mathrm{T}}$ 一直降低, 且始终没有下界。

下面考虑信赖域边界约束 $\|\boldsymbol{p}\| \leqslant \varDelta$, 并证明定理 4.1 成立。

【证明】 首先假设存在 $\lambda \geqslant 0$, 可使得式 (4.8) 成立。引理 4.7 中的结论 (1) 表明, 向量 $\boldsymbol{p}^*$ 是如下二次函数 $\widehat{m}(\boldsymbol{p})$ 的全局最小值点:

$$\widehat{m}(\boldsymbol{p}) = \boldsymbol{g}^{\mathrm{T}}\boldsymbol{p} + \frac{1}{2}\boldsymbol{p}^{\mathrm{T}}(\boldsymbol{B} + \lambda\boldsymbol{I})\boldsymbol{p} = m(\boldsymbol{p}) + \frac{\lambda}{2}\boldsymbol{p}^{\mathrm{T}}\boldsymbol{p} \tag{4.48}$$

由 $\widehat{m}(\boldsymbol{p}) \geqslant \widehat{m}(\boldsymbol{p}^*)$ 可知

$$m(\boldsymbol{p}) \geqslant m(\boldsymbol{p}^*) + \frac{\lambda}{2}((\boldsymbol{p}^*)^{\mathrm{T}}\boldsymbol{p}^* - \boldsymbol{p}^{\mathrm{T}}\boldsymbol{p}) \tag{4.49}$$

又因为 $\lambda(\varDelta - \|\boldsymbol{p}^*\|) = 0$, 从而有 $\lambda(\varDelta^2 - (\boldsymbol{p}^*)^{\mathrm{T}}\boldsymbol{p}^*) = 0$, 将该式与式 (4.49) 相结合可得

$$m(\boldsymbol{p}) \geqslant m(\boldsymbol{p}^*) + \frac{\lambda}{2}(\varDelta^2 - \boldsymbol{p}^{\mathrm{T}}\boldsymbol{p})$$

由 $\lambda \geqslant 0$ 可知, 当向量 $\boldsymbol{p}$ 满足 $\|\boldsymbol{p}\| \leqslant 0$ 时, 恒有 $m(\boldsymbol{p}) \geqslant m(\boldsymbol{p}^*)$。因此, 向量 $\boldsymbol{p}^*$ 是子问题式 (4.7) 的全局最小值点。

其次假设向量 $\boldsymbol{p}^*$ 是子问题式 (4.7) 的全局最小值点, 最后证明存在标量 $\lambda \geqslant 0$ 满足式 (4.8)。

若 $\|\boldsymbol{p}^*\| < \varDelta$, 则向量 $\boldsymbol{p}^*$ 是函数 m 的无约束极小值点, 于是有

$$\nabla m(\boldsymbol{p}^*) = \boldsymbol{B}\boldsymbol{p}^* + \boldsymbol{g} = \boldsymbol{0}, \quad \nabla^2 m(\boldsymbol{p}^*) = \boldsymbol{B} \geqslant \boldsymbol{0}$$

此时当 $\lambda = 0$ 时, 式 (4.8) 成立。

下面仅需要考虑 $\|\boldsymbol{p}^*\| = \varDelta$ 的情形。显然, 此时式 (4.8b) 是成立的, 而向量 $\boldsymbol{p}^*$ 则是如下约束优化问题的最优解:

$$\begin{cases} \min\{m(\boldsymbol{p})\} \\ \text{s.t.} \quad \|\boldsymbol{p}\| = \varDelta \end{cases}$$

将约束优化问题的最优性条件 (见第 12 章式 (12.34)) 应用于该问题中可知, 存在 λ 使得拉格朗日函数

$$L(\boldsymbol{p}, \lambda) = m(\boldsymbol{p}) + \frac{\lambda}{2}(\boldsymbol{p}^{\mathrm{T}}\boldsymbol{p} - \varDelta^2)$$

的一个平稳点为向量 $\boldsymbol{p}^*$。令 $\nabla_{\boldsymbol{p}} L(\boldsymbol{p}^*, \lambda) = \boldsymbol{0}$ 可得

$$\boldsymbol{B}\boldsymbol{p}^* + \boldsymbol{g} + \lambda\boldsymbol{p}^* = \boldsymbol{0} \Rightarrow (\boldsymbol{B} + \lambda\boldsymbol{I})\boldsymbol{p}^* = -\boldsymbol{g} \tag{4.50}$$

由该式可知式 (4.8a) 成立。当向量 $\boldsymbol{p}$ 满足 $\boldsymbol{p}^{\mathrm{T}}\boldsymbol{p} = (\boldsymbol{p}^*)^{\mathrm{T}}\boldsymbol{p}^* = \varDelta^2$ 时, 恒有 $m(\boldsymbol{p}) \geqslant m(\boldsymbol{p}^*)$, 由该式可得

$$m(\boldsymbol{p}) \geqslant m(\boldsymbol{p}^*) + \frac{\lambda}{2}((\boldsymbol{p}^*)^{\mathrm{T}}\boldsymbol{p}^* - \boldsymbol{p}^{\mathrm{T}}\boldsymbol{p})$$

若将式 (4.50) 中的向量 $\boldsymbol{g}$ 的表达式代入此不等式中, 并通过一些简单的代数处理可得

$$\frac{1}{2}(\boldsymbol{p} - \boldsymbol{p}^*)^{\mathrm{T}}(\boldsymbol{B} + \lambda\boldsymbol{I})(\boldsymbol{p} - \boldsymbol{p}^*) \geqslant 0 \tag{4.51}$$

由于方向集合

$$\left\{\boldsymbol{w} : \boldsymbol{w} = \pm\frac{\boldsymbol{p} - \boldsymbol{p}^*}{\|\boldsymbol{p} - \boldsymbol{p}^*\|}, \text{其中 } \|\boldsymbol{p}\| = \varDelta\right\}$$

在单位球面上是稠密的, 由式 (4.51) 可知式 (4.8c) 成立。

最后仅需要证明 $\lambda \geqslant 0$。由于向量 $\boldsymbol{p}^*$ 满足式 (4.8a) 和式 (4.8c), 利用引

理 4.7 中的结论 (1) 可知, 向量 $\boldsymbol{p}^*$ 是函数 $\widehat{m}$ 的全局最小值点, 因而式 (4.49) 成立。不妨采用反证法进行证明, 假设当 $\lambda<0$ 时, 式 (4.8a) 和式 (4.8c) 才能成立。此时由式 (4.49) 可知, 当向量 $\boldsymbol{p}$ 满足 $\|\boldsymbol{p}\| \geqslant \|\boldsymbol{p}^*\| = \Delta$ 时, 恒有 $m(\boldsymbol{p}) \geqslant m(\boldsymbol{p}^*)$, 且向量 $\boldsymbol{p}^*$ 是函数 m 在约束 $\|\boldsymbol{p}\| \leqslant \Delta$ 条件下的全局最小值点, 综上可知, 向量 $\boldsymbol{p}^*$ 应是函数 m 在无约束条件下的全局最小值点。此时利用引理 4.7 中的结论 (1) 可得, $\boldsymbol{B}$ 是半正定矩阵, 且 $\boldsymbol{B}\boldsymbol{p}^* = -\boldsymbol{g}$。因此, 当 $\lambda=0$ 时, 式 (4.8a) 和式 (4.8c) 成立, 这与假设相矛盾, 由此可知 $\lambda \geqslant 0$。证毕。

4.4.3 基于近似解的方法的收敛性

在前面讨论算法 4.3 时曾指出, 在实际计算过程中, 并不需要该算法一直对子问题式 (4.5) 中的 λ 和 $\boldsymbol{p}$ 进行循环迭代, 直至获得很高精度的最优解。相反, 该算法可以只进行 $2\sim3$ 次迭代就终止计算, 从而获得一个比较粗略的近似解。这个近似解的不精确度可以通过折线方法和子空间最小化方法中的一些方式进行度量。我们可以对牛顿求根方法增加一些保护措施, 以使得近似解满足定理 4.5 和定理 4.6 中的关键假设。具体而言, 假设向量 $\boldsymbol{p}^*$ 是式 (4.3) 的精确解, 我们要求近似解满足下面的关系式:

$$m(\boldsymbol{0}) - m(\boldsymbol{p}) \geqslant c_1(m(\boldsymbol{0}) - m(\boldsymbol{p}^*)) \tag{4.52a}$$

$$\|\boldsymbol{p}\| \leqslant \gamma\Delta \tag{4.52b}$$

式中 $c_1 \in (0,1]$ 和 $\gamma>0$ 均为某个常数。式 (4.52a) 表明, 近似解所取得的模型函数 m 的减少量占据最大减少量较高的比重。实际中未必需要已知向量 $\boldsymbol{p}^*$, 可以通过一些终止准则来实现式 (4.52a)。将准则式 (4.52a) 与前面的准则式 (4.20) 相比可知, 两者的主要区别在于, 式 (4.52a) 更好地利用了模型函数 $m(\cdot)$ 中的二阶项, 也就是 $\boldsymbol{p}^{\mathrm{T}}\boldsymbol{B}\boldsymbol{p}$ 项。下面举例说明两者的区别。假设 $\boldsymbol{g}=\boldsymbol{0}$, 且矩阵 $\boldsymbol{B}$ 中含有负特征值, 这表明当前迭代点 $\boldsymbol{x}_k$ 是一个鞍点, 此时式 (4.20) 中的右侧等于零, 于是前面描述的各种方法可能终止于该迭代点。然而, 式 (4.52a) 的右侧是一个正数, 这表明仍然可能使模型函数的取值得到进一步降低, 从而迫使远离迭代点 $\boldsymbol{x}_k$, 并继续进行计算。

只有当二阶项反映目标函数 f 的实际特性时, 在上面的近似方法中利用二阶项才值得, 事实上, 信赖域牛顿方法 (其中 $\boldsymbol{B}=\nabla^2 f(\boldsymbol{x})$) 是文献中唯一研究的方法。为了进行全局收敛性分析, 使用精确的 Hessian 矩阵可以使我们了解关于算法极限点更多的信息 (相比于仅为平稳点而言)。下面的结论表明, 极限点满足二阶必要条件 (见第 2 章定理 2.3)。

【定理 4.8】 假设定理 4.6 中的假设条件成立, 且目标函数 f 在水平集 S 上是二次连续可微的。若对于所有的迭代序数 k, 令 $\boldsymbol{B}_k=\nabla^2 f(\boldsymbol{x}_k)$, 且存

在某个常数 $\gamma > 0$, 使得每次迭代中式 (4.3) 的近似解 $\boldsymbol{p}_k$ 均满足式 (4.52), 则有 $\lim\limits_{k\to+\infty}\|\boldsymbol{g}_k\| = 0$。此外, 如果式 (4.24) 中的水平集 S 是紧集, 则要么算法终止点 $\boldsymbol{x}_k$ 满足局部最优解的二阶必要条件 (见第 2 章定理 2.3), 要么序列 $\{\boldsymbol{x}_k\}$ 在水平集 S 上的极限点 $\boldsymbol{x}^*$ 满足二阶必要条件。

该定理的证明见文献 [214] 中的第 4 节。

4.5 信赖域牛顿方法的局部收敛性

由于前面已经建立了基于 Hessian 矩阵 $\nabla^2 f(\boldsymbol{x})$ 的信赖域方法的全局收敛性, 因此下面重点讨论其局部收敛问题。若要获得与牛顿方法类似的快速收敛速度, 其关键在于, 当迭代点接近问题的解时, 信赖域边界约束将不再起作用。具体而言, 当迭代点接近问题的解时, 我们希望信赖域子问题的 (近似) 解在信赖域的内部, 并且越来越接近牛顿迭代更新向量。将满足此性质的迭代更新向量称为渐近相似于牛顿迭代更新向量。

下面证明一个适用于算法 4.1 的一般性结论, 并假设只要牛顿迭代更新向量满足信赖域边界约束, 该算法产生的迭代更新向量会渐近相似于牛顿迭代更新向量。研究结果表明, 对于具有该性质的算法, 信赖域边界约束最终将不起作用, 且迭代序列具有超线性收敛速度。该结论还假设, 当迭代点 $\boldsymbol{x}_k$ 接近于满足二阶充分条件 (见第 2 章定理 2.4) 的解 $\boldsymbol{x}^*$ 时, 在式 (4.3) 中将 $\boldsymbol{B}_k$ 设为 Hessian 矩阵 (即 $\boldsymbol{B}_k = \nabla^2 f(\boldsymbol{x}_k)$)。此外, 对于算法中采用的式 (4.3) 的近似解 $\boldsymbol{p}_k$, 假设其所取得的模型函数 m_k 的减少量与 Cauchy 点相近。

【定理 4.9】 对于目标函数 f, 假设点 $\boldsymbol{x}^*$ 满足二阶充分条件 (见第 2 章定理 2.4), 且函数 f 在点 $\boldsymbol{x}^*$ 的邻域内满足二次 Lipschitz 连续可微。假设序列 $\{\boldsymbol{x}_k\}$ 收敛于向量 $\boldsymbol{x}^*$, 对于充分大的整数 k, 基于式 (4.3)(其中 $\boldsymbol{B}_k = \nabla^2 f(\boldsymbol{x}_k)$) 的信赖域方法所选择的迭代更新向量 $\boldsymbol{p}_k$ 满足式 (4.20) (即基于 Cauchy 点的模型函数减少量准则), 并且当牛顿迭代更新向量 $\boldsymbol{p}_k^{\mathrm{N}}$ 满足 $\|\boldsymbol{p}_k^{\mathrm{N}}\| \leqslant \Delta_k/2$ 时, 向量 $\boldsymbol{p}_k$ 渐近相似于牛顿迭代更新向量 $\boldsymbol{p}_k^{\mathrm{N}}$, 即有

$$\|\boldsymbol{p}_k - \boldsymbol{p}_k^{\mathrm{N}}\| = o(\|\boldsymbol{p}_k^{\mathrm{N}}\|) \tag{4.53}$$

于是对于充分大的整数 k, 信赖域边界 Δ_k 的约束将不起作用, 并且序列 $\{\boldsymbol{x}_k\}$ 超线性收敛于向量 $\boldsymbol{x}^*$。

【证明】 对于充分大的整数 k, 我们将验证 $\|\boldsymbol{p}_k^{\mathrm{N}}\| \leqslant \Delta_k/2$ 和 $\|\boldsymbol{p}_k\| \leqslant \Delta_k$, 于是近似最优的迭代更新向量 $\boldsymbol{p}_k$ 满足式 (4.53)。

针对充分大的整数 k, 推导模型函数减少量 $m_k(\boldsymbol{0}) - m_k(\boldsymbol{p}_k)$ 的下界。假设 k 足够大, 使得式 (4.53) 中的 $o(\|\boldsymbol{p}_k^{\mathrm{N}}\|)$ 小于 $\|\boldsymbol{p}_k^{\mathrm{N}}\|$。当 $\|\boldsymbol{p}_k^{\mathrm{N}}\| \leqslant \Delta_k/2$

时, 我们有 $\|\boldsymbol{p}_k\| \leqslant \|\boldsymbol{p}_k^{\mathrm{N}}\| + o(\|\boldsymbol{p}_k^{\mathrm{N}}\|) \leqslant 2\|\boldsymbol{p}_k^{\mathrm{N}}\|$; 当 $\|\boldsymbol{p}_k^{\mathrm{N}}\| > \Delta_k/2$ 时, 可知 $\|\boldsymbol{p}_k\| \leqslant \Delta_k < 2\|\boldsymbol{p}_k^{\mathrm{N}}\|$。结合这两种情况可得

$$\|\boldsymbol{p}_k\| \leqslant 2\|\boldsymbol{p}_k^{\mathrm{N}}\| \leqslant 2\|(\nabla^2 f(\boldsymbol{x}_k))^{-1}\|\|\boldsymbol{g}_k\|$$

由该式可知 $\|\boldsymbol{g}_k\| \geqslant \dfrac{1}{2}\|\boldsymbol{p}_k\|/\|(\nabla^2 f(\boldsymbol{x}_k))^{-1}\|$。

根据式 (4.20) 可得

$$\begin{aligned} m_k(\mathbf{0})-m_k(\boldsymbol{p}_k) &\geqslant c_1\|\boldsymbol{g}_k\| \min\left\{\Delta_k, \frac{\|\boldsymbol{g}_k\|}{\|\nabla^2 f(\boldsymbol{x}_k)\|}\right\} \\ &\geqslant c_1 \frac{\|\boldsymbol{p}_k\|}{2\|(\nabla^2 f(\boldsymbol{x}_k))^{-1}\|} \min\left\{\|\boldsymbol{p}_k\|, \frac{\|\boldsymbol{p}_k\|}{2\|\nabla^2 f(\boldsymbol{x}_k)\|\|(\nabla^2 f(\boldsymbol{x}_k))^{-1}\|}\right\} \\ &= c_1 \frac{\|\boldsymbol{p}_k\|^2}{4\|(\nabla^2 f(\boldsymbol{x}_k))^{-1}\|^2\|\nabla^2 f(\boldsymbol{x}_k)\|} \end{aligned}$$

已知 $\boldsymbol{x}_k \to \boldsymbol{x}^*$, 对于充分大的整数 k, 利用 $\nabla^2 f(\boldsymbol{x})$ 的连续性和矩阵 $\nabla^2 f(\boldsymbol{x}^*)$ 的正定性可知

$$\frac{c_1}{4\|(\nabla^2 f(\boldsymbol{x}_k))^{-1}\|^2\|\nabla^2 f(\boldsymbol{x}_k)\|} \geqslant \frac{c_1}{8\|(\nabla^2 f(\boldsymbol{x}^*))^{-1}\|^2\|\nabla^2 f(\boldsymbol{x}^*)\|} \xlongequal{\text{定义}} c_3$$

式中 $c_3 > 0$。因此, 对于充分大的整数 k, 我们有

$$m_k(\mathbf{0}) - m_k(\boldsymbol{p}_k) \geqslant c_3\|\boldsymbol{p}_k\|^2 \tag{4.54}$$

$\nabla^2 f(\boldsymbol{x})$ 在点 $\boldsymbol{x}^*$ 的邻域内具有 Lipschitz 连续性, 利用泰勒定理 (见第 2 章定理 2.1) 可得

$$\begin{aligned} &|(f(\boldsymbol{x}_k) - f(\boldsymbol{x}_k + \boldsymbol{p}_k)) - (m_k(\mathbf{0}) - m_k(\boldsymbol{p}_k))| \\ =&\left|\frac{1}{2}\boldsymbol{p}_k^{\mathrm{T}}\nabla^2 f(\boldsymbol{x}_k)\boldsymbol{p}_k - \frac{1}{2}\int_0^1 \boldsymbol{p}_k^{\mathrm{T}}\nabla^2 f(\boldsymbol{x}_k + t\boldsymbol{p}_k)\boldsymbol{p}_k \mathrm{d}t\right| \\ \leqslant&\frac{L}{4}\|\boldsymbol{p}_k\|^3 \end{aligned}$$

式中 $L > 0$ 表示函数 $\nabla^2 f(\cdot)$ 的 Lipschitz 常数。因此, 对于充分大的整数 k, 根据 ρ_k 的定义式 (4.4) 可知

$$|\rho_k - 1| \leqslant \frac{\|\boldsymbol{p}_k\|^3(L/4)}{c_3\|\boldsymbol{p}_k\|^2} = \frac{L}{4c_3}\|\boldsymbol{p}_k\| \leqslant \frac{L}{4c_3}\Delta_k \tag{4.55}$$

由算法 4.1 可知, 只有当 $\rho_k < 1/4$ (或者其他某个小于 1 的常数) 时, 信赖域半径才会减小, 于是利用式 (4.55) 可知, 序列 $\{\Delta_k\}$ 存在非零下界。由 $\boldsymbol{x}_k \to \boldsymbol{x}^*$ 可知 $\|\boldsymbol{p}_k^{\mathrm{N}}\| \to 0$, 由式 (4.53) 可以进一步推得 $\|\boldsymbol{p}_k\| \to 0$。因此, 对于充分大的整数 k, 信赖域边界约束将不再起作用, 且 $\|\boldsymbol{p}_k^{\mathrm{N}}\| \leqslant \Delta_k/2$ 最终能

够得到满足。

为了证明超线性收敛速度, 需要利用牛顿方法的二次收敛性 (见第 3 章定理 3.5)。由第 3 章式 (3.33) 可知

$$\|\boldsymbol{x}_k + \boldsymbol{p}_k^{\mathrm{N}} - \boldsymbol{x}^*\| = o(\|\boldsymbol{x}_k - \boldsymbol{x}^*\|^2)$$

由该式可得 $\|\boldsymbol{p}_k^{\mathrm{N}}\| = O(\|\boldsymbol{x}_k - \boldsymbol{x}^*\|)$, 于是利用式 (4.53) 可知

$$\begin{aligned}\|\boldsymbol{x}_k + \boldsymbol{p}_k - \boldsymbol{x}^*\| &\leqslant \|\boldsymbol{x}_k + \boldsymbol{p}_k^{\mathrm{N}} - \boldsymbol{x}^*\| + \|\boldsymbol{p}_k^{\mathrm{N}} - \boldsymbol{p}_k\| \\ &= o(\|\boldsymbol{x}_k - \boldsymbol{x}^*\|^2) + o(\|\boldsymbol{p}_k^{\mathrm{N}}\|) = o(\|\boldsymbol{x}_k - \boldsymbol{x}^*\|)\end{aligned}$$

由此证得迭代序列 $\{\boldsymbol{x}_k\}$ 超线性收敛于向量 $\boldsymbol{x}^*$。证毕。

对于充分大的整数 k, 如果 $\boldsymbol{p}_k = \boldsymbol{p}_k^{\mathrm{N}}$, 则根据第 3 章定理 3.5 可知, 迭代序列 $\{\boldsymbol{x}_k\}$ 将二次收敛于向量 $\boldsymbol{x}^*$。

在定理 4.9 的假设条件下, 当 $\boldsymbol{B}_k = \nabla^2 f(\boldsymbol{x}_k)$ 时, 折线方法、二维子空间最小化方法以及第 4.4 节中的近似方法最终得到的迭代更新向量满足 $\boldsymbol{p}_k = \boldsymbol{p}_k^{\mathrm{N}}$, 因此它们具有二次收敛速度。在折线方法和二维子空间最小化方法中, 牛顿迭代更新向量 $\boldsymbol{p}_k^{\mathrm{N}}$ 是 $\boldsymbol{p}_k$ 的一个候选解, 沿着折线路径在信赖域的内部, 并且在二维子空间的内部。在定理 4.9 的假设条件下, 对于充分大的整数 k, 向量 $\boldsymbol{p}_k^{\mathrm{N}}$ 是模型函数 m_k 的无约束极小值点, 同时也是在更多约束域下的极小值点, 从而有 $\boldsymbol{p}_k = \boldsymbol{p}_k^{\mathrm{N}}$。对于第 4.4 节中的方法, 如果在执行算法 4.3 之前先判断向量 $\boldsymbol{p}_k^{\mathrm{N}}$ 是否是式 (4.3) 的解, 那么最终也将得到 $\boldsymbol{p}_k = \boldsymbol{p}_k^{\mathrm{N}}$。

4.6 其他改进策略

4.6.1 标定

正如第 2 章所讨论的, 优化问题的变量经常未能得到良好的标定, 也就是说目标函数 f 对向量 $\boldsymbol{x}$ 中的某些变量的变化十分敏感, 但是对另一些变量的变化则相对不那么敏感。从拓扑上看, 对于差的标定问题, 其目标函数 $f(\cdot)$ 的等高线在极小值点 $\boldsymbol{x}^*$ 的附近会呈现狭长的椭圆形。如果算法未能对差的标定问题进行修正, 就难以获得良好的性能。第 2 章图 2.7 描述的例子表明, 对于差的标定问题, 最速下降方法的效率将变得很低。

回顾信赖域的定义可知, 其表示在当前迭代点附近的一个区域, 其中模型函数 $m_k(\cdot)$ 能够充分近似目标函数 $f(\cdot)$。不难想象, 如果目标函数 f 未能得到良好的标定, 选择球形信赖域也许并不合适。即使模型函数的 Hessian 矩阵 $\boldsymbol{B}_k$ 是精确的, 如果函数 f 沿着某些方向具有快速变化率, 也可能会使

模型函数 m_k 沿着这些方向无法与函数 f 足够接近。此外, 对于函数 f 变化较缓慢的方向, 模型函数 m_k 对函数 f 的近似程度可能更高。由于对信赖域中的每一点, 模型函数与目标函数的近似程度应当比较接近, 因此我们可以考虑椭圆形信赖域, 并且该椭圆在目标函数敏感方向上的轴较短, 在目标函数不敏感方向上的轴较长。

椭圆形信赖域的定义如下:

$$\|\boldsymbol{D}\boldsymbol{p}\| \leqslant \varDelta \tag{4.56}$$

式中 $\boldsymbol{D}$ 为对角矩阵, 其中的对角元素均为正数, 于是可以得到如下标定信赖域子问题:

$$\begin{cases} \min\limits_{\boldsymbol{p}\in\mathbb{R}^n}\{m_k(\boldsymbol{p})\} \xlongequal{\text{定义}} \min\limits_{\boldsymbol{p}\in\mathbb{R}^n}\left\{f_k+\boldsymbol{g}_k^{\mathrm{T}}\boldsymbol{p}+\dfrac{1}{2}\boldsymbol{p}^{\mathrm{T}}\boldsymbol{B}_k\boldsymbol{p}\right\} \\ \text{s.t.}\quad \|\boldsymbol{D}\boldsymbol{p}\| \leqslant \varDelta_k \end{cases} \tag{4.57}$$

如果函数 $f(\boldsymbol{x})$ 对向量 $\boldsymbol{x}$ 中的第 i 个元素 x_i 十分敏感, 则应将矩阵 $\boldsymbol{D}$ 中相应的对角元素 d_{ii} 设为较大的数, 否则就将其设为较小的数。

我们可以从二阶导数 $\partial^2 f/\partial x_i^2$ 中获得构造标定矩阵 $\boldsymbol{D}$ 的信息。矩阵 $\boldsymbol{D}$ 可以随着迭代而变化, 并且只要每个 d_{ii} 保持在某个预先指定的区间 $[d_{\mathrm{lo}}, d_{\mathrm{hi}}]$ 内 (其中 $0 < d_{\mathrm{lo}} \leqslant d_{\mathrm{hi}} < \infty$), 本章的大多数理论在经过局部调整后仍能适用。当然, 并不需要矩阵 $\boldsymbol{D}$ 能够精确反映优化问题的标定信息, 因此没有必要通过设计复杂的启发式方法或者大量的计算来获得准确的矩阵 $\boldsymbol{D}$。

下面的算法 4.4 对算法 4.2 进行了修正, 其能在使用标定信赖域的情况下计算 Cauchy 点。

【算法 4.4 计算广义 Cauchy 点】

步骤 1: 通过求解式 (4.58) 获得向量 $\boldsymbol{p}_k^{\mathrm{S}}$, 如下所示:

$$\begin{cases} \boldsymbol{p}_k^{\mathrm{S}} = \operatorname*{argmin}\limits_{\boldsymbol{p}\in\mathbb{R}^n}\{f_k+\boldsymbol{g}_k^{\mathrm{T}}\boldsymbol{p}\} \\ \text{s.t.}\quad \|\boldsymbol{D}\boldsymbol{p}\| \leqslant \varDelta_k \end{cases} \tag{4.58}$$

步骤 2: 在满足信赖域边界约束的条件下, 计算使模型函数 $m_k(\tau\boldsymbol{p}_k^{\mathrm{S}})$ 最小化的标量 $\tau_k > 0$, 如下所示:

$$\begin{cases} \tau_k = \operatorname*{argmin}\limits_{\tau>0}\{m_k(\tau\boldsymbol{p}_k^{\mathrm{S}})\} \\ \text{s.t.}\quad \|\tau\boldsymbol{D}\boldsymbol{p}_k^{\mathrm{S}}\| \leqslant \varDelta_k \end{cases} \tag{4.59}$$

步骤 3: 计算 Cauchy 点 $\boldsymbol{p}_k^{\mathrm{C}} = \tau_k\boldsymbol{p}_k^{\mathrm{S}}$。

针对上述对变量标定版本的算法, 我们有

$$\boldsymbol{p}_k^{\mathrm{S}} = -\frac{\Delta_k}{\|\boldsymbol{D}^{-1}\boldsymbol{g}_k\|}\boldsymbol{D}^{-2}\boldsymbol{g}_k \tag{4.60}$$

对式 (4.12) 稍做调整即可得到步长 τ_k 的表达式, 如下所示:

$$\tau_k = \begin{cases} 1, & \boldsymbol{g}_k^{\mathrm{T}}\boldsymbol{D}^{-2}\boldsymbol{B}_k\boldsymbol{D}^{-2}\boldsymbol{g}_k \leqslant 0 \\ \min\left\{\dfrac{\|\boldsymbol{D}^{-1}\boldsymbol{g}_k\|^3}{\Delta_k\boldsymbol{g}_k^{\mathrm{T}}\boldsymbol{D}^{-2}\boldsymbol{B}_k\boldsymbol{D}^{-2}\boldsymbol{g}_k}, 1\right\}, & \text{其他} \end{cases} \tag{4.61}$$

式 (4.60) 和式 (4.61) 的证明作为本章的练习题, 留给读者完成。

为了调整 Cauchy 点的定义以及本章的各种算法, 以使它们适用于椭圆形信赖域的情形, 另一种简单的处理方法是对子问题式 (4.57) 中的变量 $\boldsymbol{p}$ 进行标定, 以使得关于新变量的信赖域是球形。为此可以定义如下新的 (标定) 变量

$$\widetilde{\boldsymbol{p}} \xlongequal{\text{定义}} \boldsymbol{D}\boldsymbol{p}$$

将其代入式 (4.57) 中可得

$$\begin{cases} \min\limits_{\widetilde{\boldsymbol{p}}\in\mathbb{R}^n}\{\widetilde{m}_k(\widetilde{\boldsymbol{p}})\} \xlongequal{\text{定义}} \min\limits_{\widetilde{\boldsymbol{p}}\in\mathbb{R}^n}\left\{f_k + \boldsymbol{g}_k^{\mathrm{T}}\boldsymbol{D}^{-1}\widetilde{\boldsymbol{p}} + \dfrac{1}{2}\widetilde{\boldsymbol{p}}^{\mathrm{T}}\boldsymbol{D}^{-1}\boldsymbol{B}_k\boldsymbol{D}^{-1}\widetilde{\boldsymbol{p}}\right\} \\ \text{s.t.} \quad \|\widetilde{\boldsymbol{p}}\| \leqslant \Delta_k \end{cases}$$

若分别利用向量 $\widetilde{\boldsymbol{p}}$ 代替向量 $\boldsymbol{p}$, 利用向量 $\boldsymbol{D}^{-1}\boldsymbol{g}_k$ 代替向量 $\boldsymbol{g}_k$, 利用矩阵 $\boldsymbol{D}^{-1}\boldsymbol{B}_k\boldsymbol{D}^{-1}$ 代替矩阵 $\boldsymbol{B}_k$ 等, 通过类似的方式即可得到针对椭圆形信赖域的理论与算法。

4.6.2 基于其他形式范数的信赖域

信赖域也可以利用欧几里得范数以外的其他范数进行定义。例如, 可以将其定义为

$$\|\boldsymbol{p}\|_1 \leqslant \Delta_k \quad \text{或者} \quad \|\boldsymbol{p}\|_\infty \leqslant \Delta_k$$

变量标定版本的信赖域可以定义为

$$\|\boldsymbol{D}\boldsymbol{p}\|_1 \leqslant \Delta_k \quad \text{或者} \quad \|\boldsymbol{D}\boldsymbol{p}\|_\infty \leqslant \Delta_k$$

式中 $\boldsymbol{D}$ 为前面定义的对角矩阵。对于中小规模的无约束优化问题而言, 这些范数并没有表现出明显的优势, 但是对于约束优化问题而言可能会带来一些益处。举例而言, 考虑下面的边界约束问题:

$$\begin{cases} \min\limits_{\boldsymbol{x}\in\mathbb{R}^n}\{f(\boldsymbol{x})\} \\ \text{s.t.} \quad \boldsymbol{x} \geqslant \boldsymbol{0} \end{cases}$$

其信赖域子问题具有如下形式:

$$\begin{cases}\min\limits_{\boldsymbol{p}\in\mathbb{R}^n}\{m_k(\boldsymbol{p})\}=\min\limits_{\boldsymbol{p}\in\mathbb{R}^n}\left\{f_k+\boldsymbol{g}_k^{\mathrm{T}}\boldsymbol{p}+\dfrac{1}{2}\boldsymbol{p}^{\mathrm{T}}\boldsymbol{B}_k\boldsymbol{p}\right\}\\ \text{s.t.}\quad \boldsymbol{x}_k+\boldsymbol{p}\geqslant\boldsymbol{0}\\ \qquad\ \ \|\boldsymbol{p}\|\leqslant\Delta_k\end{cases}\tag{4.62}$$

如果式 (4.62) 中的信赖域由欧几里得范数定义, 那么式 (4.62) 中的可行域由一个球体与非负象限的交集构成, 从几何上看, 这是一个难以处理的形状。然而, 当使用范数 $\|\cdot\|_\infty$ 时, 可行域变成由下式定义的矩形区域:

$$\boldsymbol{x}_k+\boldsymbol{p}\geqslant\boldsymbol{0},\quad \boldsymbol{p}\geqslant-\Delta_k\boldsymbol{e},\quad \boldsymbol{p}\leqslant\Delta_k\boldsymbol{e}$$

式中 $\boldsymbol{e}=[1\ \ 1\ \ \cdots\ \ 1]^{\mathrm{T}}$, 此时利用边界约束二次规划技术即可获得该子问题的最优解。

对于大规模优化问题, 分解或者构造模型函数 Hessian 矩阵 $\boldsymbol{B}_k$ 的计算量都很大, 此时使用范数 $\|\cdot\|_\infty$ 也可以得到一个边界约束子问题, 这可能会比标准子问题式 (4.3) 更容易求解。针对大规模优化问题, 使用不同形状的信赖域能够得到不同的性能, 但据我们所掌握的资料, 目前尚没有太多文献对它们的相对性能进行研究。

4.7 注释与参考文献

关于信赖域方法的一个早期工作可以参阅文献 [307]。文献 [244] 是一篇具有影响力的论文, 其中针对 $\eta=0$ 的情形 (即只要目标函数取值下降, 算法就更新迭代点), 证明了一个与定理 4.5 相似的结论。文献 [244] 对矩阵范数 $\|\boldsymbol{B}\|$ 做出的假设比定理 4.5 更弱, 但是其中的理论分析却比定理 4.5 更复杂。文献 [211] 总结了 1982 年以前关于信赖域算法与软件的发展, 尤其关注了使用标定信赖域范数的重要性。

文献 [54] 和文献 [279] 提供了一个关于非精确信赖域方法的一般性理论, 不但引出了二维子空间最小化的思想, 还重点关注了如何处理不定矩阵 $\boldsymbol{B}$ 的情形, 从而获得比定理 4.5 和定理 4.6 更强的局部收敛结果。文献 [93] 将信赖域方法作为无约束优化问题的一部分, 对信赖域方法进行了概述, 并为文献中很多重要的发展提供了一些建议。

文献 [74](专著) 对无约束信赖域方法和有约束信赖域方法的最新技术给出了详尽的论述, 并较全面地列出了该领域的参考文献。

4.8 练习题

4.1 假设目标函数为 $f(\boldsymbol{x})=10(x_2-x_1^2)^2+(1-x_1)^2$。在点 $\boldsymbol{x}=[0\ \ -1]^{\mathrm{T}}$ 处, 画出二次模型函数式 (4.2) 的等高线图, 假设 $\boldsymbol{B}$ 为目标函数 f 的 Hessian 矩阵, 接着将信赖域半径从 $\Delta=0$ 增至 $\Delta=2$, 画出式 (4.3) 的解族。然后在点 $\boldsymbol{x}=[0\ \ 0.5]^{\mathrm{T}}$ 处完成同样的要求。

4.2 编写一个实现折线方法的程序, 将 $\boldsymbol{B}_k$ 设为 Hessian 矩阵。利用该程序对第 2 章式 (2.22) 中的 Rosenbrock 函数进行优化。在数值实验中, 可以通过改变算法 4.1 中的常数, 或是自行设计规则更新信赖域。

4.3 基于第 7 章算法 7.2 编程实现信赖域方法, 将 $\boldsymbol{B}_k$ 设为 Hessian 矩阵, 并利用该程序求解如下优化问题:

$$\min\{f(\boldsymbol{x})\}=\min\left\{\sum_{i=1}^{n}[(1-x_{2i-1})^2+10(x_{2i}-x_{2i-1}^2)^2]\right\}$$

式中 $n=10$。数值实验使用共轭梯度方法中的迭代起始点和终止测试。然后令 $n=50$, 并完成同样的优化计算。

该程序应能在每次迭代中指出, 第 7 章算法 7.2 是否出现负曲率现象, 是否达到信赖域的边界, 以及是否满足终止测试。

4.4 定理 4.5 指出, 迭代序列 $\{\|\boldsymbol{g}_k\|\}$ 存在一个聚点为零。证明如果迭代点始终位于一个有界集 B 中, 则迭代序列 $\{\boldsymbol{x}_k\}$ 存在一个极限点 $\boldsymbol{x}_\infty$ 满足 $\boldsymbol{g}(\boldsymbol{x}_\infty)=\boldsymbol{0}$。

4.5 证明由式 (4.12) 定义的标量 τ_k 确实可以表示模型函数 m_k 沿着方向 $-\boldsymbol{g}_k$ 的极小值点。

4.6 Cauchy–Schwarz 不等式表明, 对于任意的向量 $\boldsymbol{u}$ 和向量 $\boldsymbol{v}$ 均满足

$$|\boldsymbol{u}^{\mathrm{T}}\boldsymbol{v}|\leqslant(\boldsymbol{u}^{\mathrm{T}}\boldsymbol{u})(\boldsymbol{v}^{\mathrm{T}}\boldsymbol{v})$$

当且仅当向量 $\boldsymbol{u}$ 与向量 $\boldsymbol{v}$ 相互平行时, 该式中的等号才能成立。假设 $\boldsymbol{B}$ 为正定矩阵, 利用 Cauchy–Schwarz 不等式证明

$$\gamma\xlongequal{\text{定义}}\frac{\|\boldsymbol{g}\|^4}{(\boldsymbol{g}^{\mathrm{T}}\boldsymbol{B}\boldsymbol{g})(\boldsymbol{g}^{\mathrm{T}}\boldsymbol{B}^{-1}\boldsymbol{g})}\leqslant 1$$

当且仅当向量 $\boldsymbol{g}$ 与向量 $\boldsymbol{B}\boldsymbol{g}$ (亦与向量 $\boldsymbol{B}^{-1}\boldsymbol{g}$) 相互平行时, 该式中的等号才能成立。

4.7 假设 $\boldsymbol{B}$ 为正定矩阵, 下面描述一种双折线方法, 该方法构造的路径从源点出发至完全更新向量, 其中包含 3 条线段。整个路径中的 4 个点的定义如下:

(1) 源点;

(2) 无约束 Cauchy 更新向量 $\boldsymbol{p}^{\mathrm{C}} = -\dfrac{\boldsymbol{g}^{\mathrm{T}}\boldsymbol{g}}{\boldsymbol{g}^{\mathrm{T}}\boldsymbol{B}\boldsymbol{g}}\boldsymbol{g}$;

(3) 部分完全更新向量 $\overline{\gamma}\boldsymbol{p}^{\mathrm{B}} = -\overline{\gamma}\boldsymbol{B}^{-1}\boldsymbol{g}$, 其中 $\overline{\gamma} \in (\gamma, 1]$, γ 的定义见练习题 4.6;

(4) 完全更新向量 $\boldsymbol{p}^{\mathrm{B}} = -\boldsymbol{B}^{-1}\boldsymbol{g}$。

证明 $\|\boldsymbol{p}\|$ 沿着该路径单调递增。(文献 [92] 第 6.4.2 小节中讨论了双折线方法, 其性能曾经一度被认为优于标准的折线方法, 但随后的测试发现两者在性能上并没有太大的差别。)

4.8 证明式 (4.43) 与式 (4.44) 是等价的。提示: 由式 (4.39) 可得

$$\frac{\mathrm{d}}{\mathrm{d}\lambda}\left(\frac{1}{\|\boldsymbol{p}(\lambda)\|}\right) = \frac{\mathrm{d}}{\mathrm{d}\lambda}(\|\boldsymbol{p}(\lambda)\|^2)^{-1/2} = -\frac{1}{2}(\|\boldsymbol{p}(\lambda)\|^2)^{-3/2}\frac{\mathrm{d}}{\mathrm{d}\lambda}\|\boldsymbol{p}(\lambda)\|^2$$

$$\frac{\mathrm{d}}{\mathrm{d}\lambda}\|\boldsymbol{p}(\lambda)\|^2 = -2\sum_{j=1}^{n}\frac{(\boldsymbol{q}_j^{\mathrm{T}}\boldsymbol{g})^2}{(\lambda_j+\lambda)^3}$$

以及

$$\|\boldsymbol{q}\|^2 = \|\boldsymbol{R}^{-\mathrm{T}}\boldsymbol{p}\|^2 = \boldsymbol{p}^{\mathrm{T}}(\boldsymbol{B}+\lambda\boldsymbol{I})^{-1}\boldsymbol{p} = \sum_{j=1}^{n}\frac{(\boldsymbol{q}_j^{\mathrm{T}}\boldsymbol{g})^2}{(\lambda_j+\lambda)^3}$$

4.9 当 $\boldsymbol{B}$ 为正定矩阵时, 推导二维子空间最小化问题的最优解。

4.10 如果 $\boldsymbol{B}$ 为任意对称矩阵, 证明存在 $\lambda \geqslant 0$, 使得 $\boldsymbol{B}+\lambda\boldsymbol{I}$ 是正定矩阵。

4.11 针对椭圆形信赖域的情形, 证明式 (4.60) 定义的向量 $\boldsymbol{p}_k^{\mathrm{S}}$ 和式 (4.61) 定义的标量 τ_k 均为相应问题的最优解。(提示: 根据第 12 章的理论可以证明, 式 (4.58) 的最优解对于某个标量 $\alpha \geqslant 0$ 满足 $\boldsymbol{g}_k + \alpha\boldsymbol{D}^2\boldsymbol{p}_k^{\mathrm{S}} = \boldsymbol{0}$。)

4.12 下面的例子表明, 由二维最小化策略所取得的模型函数 m 的减少量可以比由式 (4.5) 的精确解所取得的模型函数 m 的减少量小很多。

在式 (4.5) 中, 我们令

$$\boldsymbol{g} = \begin{bmatrix} -\dfrac{1}{\varepsilon} & -1 & -\varepsilon^2 \end{bmatrix}^{\mathrm{T}}$$

$$\boldsymbol{B} = \mathrm{diag}\left(\frac{1}{\varepsilon^3}, 1, \varepsilon^3\right), \quad \varDelta = 0.5$$

证明式 (4.5) 的最优解可以表示为 $[O(\varepsilon) \;\; O(\varepsilon)+1/2 \;\; O(\varepsilon)]^{\mathrm{T}}$, 该解所取得的模型函数 m 的减少量为 $O(\varepsilon)+3/8$。对于二维最小化策略, 证明最优解为向量 $\boldsymbol{B}^{-1}\boldsymbol{g}$ 的倍数, 该解所取得的模型函数 m 的减少量为 $O(\varepsilon)$。

第 5 章

共轭梯度方法

我们对共轭梯度方法产生兴趣的原因有两点: 首先, 共轭梯度方法是求解大规模线性方程组最有效的方法之一; 其次, 该方法也适用于求解非线性优化问题。本章将描述线性共轭梯度方法和非线性共轭梯度方法的重要特性。

线性共轭梯度方法是 20 世纪 50 年代由 Hestenes 和 Stiefel 提出的一种迭代方法, 可用于求解系数矩阵为对称正定矩阵的线性方程组。它是高斯消元方法的一种替代方法, 很适合求解大规模问题。线性共轭梯度方法的性能由系数矩阵的特征值分布所决定。通过对线性方程组进行变换或者预处理, 可以使其特征值分布变得更有利于问题的求解, 从而显著提升该方法的收敛性能。在设计实用的共轭梯度策略时, 预处理能起到至关重要的作用。本章对线性共轭梯度方法的描述将突出该方法在优化问题中的重要性质。

第一种非线性共轭梯度方法是 20 世纪 60 年代由 Fletcher 和 Reeves 提出的, 它是已知的最早求解大规模非线性优化问题的技术之一。多年来, 学者们对该方法进行了改进, 提出了很多变形形式, 其中一些在实际中已经得到广泛的应用。这些算法的关键特征在于, 不需要存储矩阵, 且收敛速度快于最速下降方法。

5.1 线性共轭梯度方法

本节将推导线性共轭梯度方法, 并讨论它的基本收敛性质。为了简化描述, 文中省略了 “线性” 这一限定词。

共轭梯度方法是一种求解线性方程组的迭代方法。不妨考虑如下线性方程组:

$$\boldsymbol{A}\boldsymbol{x} = \boldsymbol{b} \tag{5.1}$$

式中 $\boldsymbol{A}$ 表示 n 阶对称正定矩阵。求解线性方程组式 (5.1) 等价于求解如下最小化问题:

$$\min_{\boldsymbol{x}}\{\phi(\boldsymbol{x})\} \xlongequal{\text{定义}} \min_{\boldsymbol{x}}\left\{\frac{1}{2}\boldsymbol{x}^{\mathrm{T}}\boldsymbol{A}\boldsymbol{x} - \boldsymbol{b}^{\mathrm{T}}\boldsymbol{x}\right\} \tag{5.2}$$

也就是说, 式 (5.1) 与式 (5.2) 具有相同的唯一解。基于此等价性, 我们既能将共轭梯度方法解释为求解线性方程组的算法, 又能将其看成是最小化凸二次函数的算法。为了供后续参考, 这里指出函数 ϕ 的梯度向量等于线性方程组的残差向量, 如下所示:

$$\nabla\phi(\boldsymbol{x}) = \boldsymbol{A}\boldsymbol{x} - \boldsymbol{b} \xlongequal{\text{定义}} \boldsymbol{r}(\boldsymbol{x}) \tag{5.3}$$

特别地, 当 $\boldsymbol{x} = \boldsymbol{x}_k$ 时可得

$$\boldsymbol{r}_k = \boldsymbol{A}\boldsymbol{x}_k - \boldsymbol{b} \tag{5.4}$$

5.1.1 共轭方向方法

共轭梯度方法的一个重要性质是, 它能很容易产生一组具有共轭特性的向量。现假设有一组非零的向量集 $\{\boldsymbol{p}_0, \boldsymbol{p}_1, \cdots, \boldsymbol{p}_l\}$, 如果满足如下等式:

$$\boldsymbol{p}_i^{\mathrm{T}}\boldsymbol{A}\boldsymbol{p}_j = 0 \quad (\text{对于所有的 } i \neq j) \tag{5.5}$$

则称它们关于对称正定矩阵 $\boldsymbol{A}$ 共轭。容易证明, 满足该性质的任意向量组线性独立 (第 9.4 节给出了共轭方向的几何描述)。

共轭的重要性在于, 可以逐次沿着共轭集合中的每个方向对函数 $\phi(\cdot)$ 最小化, 且总共需要 n 步即可完成此过程。为了验证此结论, 考虑下面的共轭方向方法。随着讨论的逐渐深入, 共轭梯度方法与共轭方向方法之间的区别将更加清晰。给定一个迭代起始点 $\boldsymbol{x}_0 \in \mathbb{R}^n$ 和一组共轭方向集 $\{\boldsymbol{p}_0, \boldsymbol{p}_1, \cdots, \boldsymbol{p}_{n-1}\}$, 现利用式 (5.6) 产生一组迭代序列 $\{\boldsymbol{x}_k\}$

$$\boldsymbol{x}_{k+1} = \boldsymbol{x}_k + \alpha_k\boldsymbol{p}_k \tag{5.6}$$

式中 α_k 是二次函数 $\phi(\cdot)$ 沿着方向 $\boldsymbol{x}_k + \alpha\boldsymbol{p}_k$ 的一维极小值点, 表达式为

$$\alpha_k = -\frac{\boldsymbol{r}_k^{\mathrm{T}}\boldsymbol{p}_k}{\boldsymbol{p}_k^{\mathrm{T}}\boldsymbol{A}\boldsymbol{p}_k} \tag{5.7}$$

该式可由第 3 章式 (3.55) 获得。我们可以得到如下结论。

【定理 5.1】 对于任意迭代起始点 $\boldsymbol{x}_0 \in \mathbb{R}^n$, 若由共轭方向算法式 (5.6) 和式 (5.7) 产生迭代序列 $\{\boldsymbol{x}_k\}$, 则至多需要 n 次迭代即可收敛至线性方程组式 (5.1) 的解 $\boldsymbol{x}^*$。

【证明】 由于向量组 $\{\boldsymbol{p}_i\}_{0\leqslant i\leqslant n-1}$ 线性独立, 所以它们一定可以张成整个空间 $\mathbb{R}^n$。因此, 可以将迭代起始点 $\boldsymbol{x}_0$ 与解 $\boldsymbol{x}^*$ 之间的差向量写成如下形式:

$$x^* - x_0 = \sigma_0 p_0 + \sigma_1 p_1 + \cdots + \sigma_{n-1} p_{n-1}$$

式中标量 σ_k $(k = 0, 1, \cdots, n-1)$ 表示待定系数。将该等式两边左乘向量 $\boldsymbol{p}_k^{\mathrm{T}} \boldsymbol{A}$, 并利用式 (5.5) 中的共轭性质可得

$$\sigma_k = \frac{\boldsymbol{p}_k^{\mathrm{T}} \boldsymbol{A}(\boldsymbol{x}^* - \boldsymbol{x}_0)}{\boldsymbol{p}_k^{\mathrm{T}} \boldsymbol{A} \boldsymbol{p}_k} \tag{5.8}$$

下面证明式 (5.8) 产生的系数 σ_k 与式 (5.7) 产生的步长 α_k 相等, 由此得到所要证明的结论。

如果向量 $\boldsymbol{x}_k$ 是由式 (5.6) 和式 (5.7) 产生, 则有

$$\boldsymbol{x}_k = \boldsymbol{x}_0 + \alpha_0 \boldsymbol{p}_0 + \alpha_1 \boldsymbol{p}_1 + \cdots + \alpha_{k-1} \boldsymbol{p}_{k-1}$$

将该等式两边左乘向量 $\boldsymbol{p}_k^{\mathrm{T}} \boldsymbol{A}$, 并利用共轭性质可知

$$\boldsymbol{p}_k^{\mathrm{T}} \boldsymbol{A}(\boldsymbol{x}_k - \boldsymbol{x}_0) = 0$$

由该式可以进一步推得

$$\boldsymbol{p}_k^{\mathrm{T}} \boldsymbol{A}(\boldsymbol{x}^* - \boldsymbol{x}_0) = \boldsymbol{p}_k^{\mathrm{T}} \boldsymbol{A}(\boldsymbol{x}^* - \boldsymbol{x}_k) = \boldsymbol{p}_k^{\mathrm{T}} (\boldsymbol{b} - \boldsymbol{A}\boldsymbol{x}_k) = -\boldsymbol{p}_k^{\mathrm{T}} \boldsymbol{r}_k$$

将该式代入式 (5.8) 中, 再与式 (5.7) 进行比较可知 $\sigma_k = \alpha_k$。证毕。

这里给出一种关于共轭方向性质的简单解释。如图 5.1 所示, 如果式 (5.2) 中的 $\boldsymbol{A}$ 是对角矩阵, 则函数 $\phi(\cdot)$ 的等高线是椭圆, 且椭圆的长短轴方向与坐标轴方向一致。逐次沿着坐标轴方向 $\boldsymbol{e}_1, \boldsymbol{e}_2, \cdots, \boldsymbol{e}_n$ 进行一维优化, 就可以获得该函数的极小值点。如果 $\boldsymbol{A}$ 不是对角矩阵, 等高线仍然是椭圆, 但是椭圆的长短轴方向不再与坐标轴方向对齐。若此时依然沿坐标轴方向进行优化, 在 n 次迭代 (甚至更多次迭代) 中无法获得问题的解。图 5.2 以二维优化为

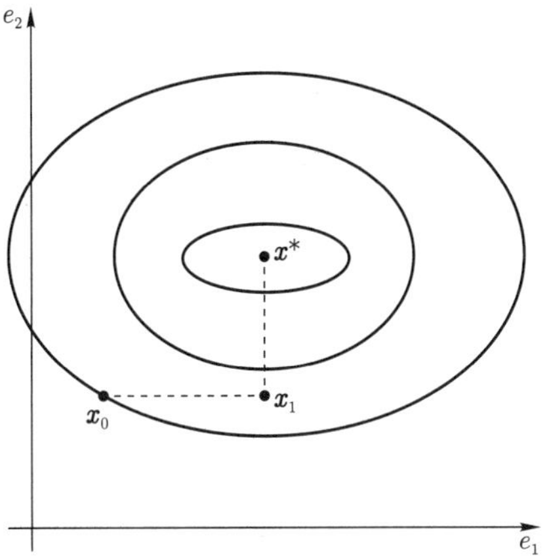

图 5.1 针对 Hessian 矩阵为对角矩阵的二次函数, 逐次沿着坐标轴方向进行优化, 在 n 次迭代中获得问题的解

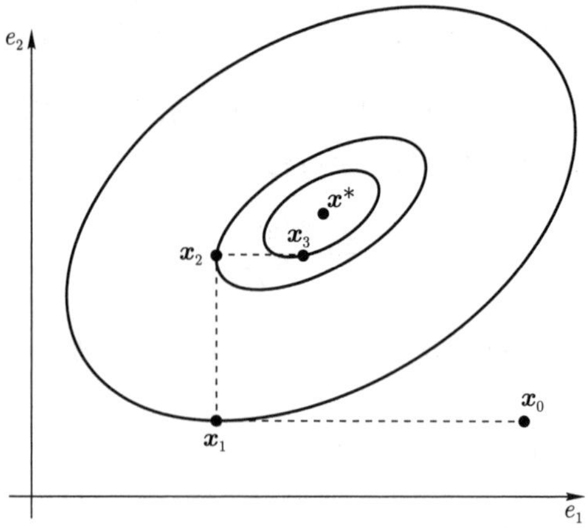

图 5.2　对于一般的凸二次函数, 逐次沿着坐标轴方向进行优化, 在 n 次迭代中无法获得问题的解

例对此现象进行了解释。然而, 如果我们对问题进行转换, 使矩阵 $\boldsymbol{A}$ 具有对角形式, 且逐次沿坐标轴方向进行优化, 就可以重新获得图 5.1 中描述的良好性质。

为了对问题进行转换, 需要定义一个新的变量, 如下所示:

$$\widehat{\boldsymbol{x}} = \boldsymbol{S}^{-1}\boldsymbol{x} \tag{5.9}$$

式中 $\boldsymbol{S}$ 是 n 阶矩阵, 其按列分块形式为

$$\boldsymbol{S} = [\boldsymbol{p}_0 \ \ \boldsymbol{p}_1 \ \ \cdots \ \ \boldsymbol{p}_{n-1}]$$

式中 $\{\boldsymbol{p}_0, \boldsymbol{p}_1, \cdots, \boldsymbol{p}_{n-1}\}$ 表示关于矩阵 $\boldsymbol{A}$ 的共轭方向集。此时式 (5.2) 定义的二次函数 ϕ 将变为

$$\widehat{\phi}(\widehat{\boldsymbol{x}}) \xlongequal{\text{定义}} \phi(\boldsymbol{S}\widehat{\boldsymbol{x}}) = \frac{1}{2}\widehat{\boldsymbol{x}}^{\mathrm{T}}(\boldsymbol{S}^{\mathrm{T}}\boldsymbol{A}\boldsymbol{S})\widehat{\boldsymbol{x}} - (\boldsymbol{S}^{\mathrm{T}}\boldsymbol{b})^{\mathrm{T}}\widehat{\boldsymbol{x}}$$

根据式 (5.5) 中的共轭性质可知, $\boldsymbol{S}^{\mathrm{T}}\boldsymbol{A}\boldsymbol{S}$ 是个对角矩阵, 此时逐次沿着变量 $\widehat{\boldsymbol{x}}$ 的坐标轴方向进行 n 次一维优化即可获得函数 $\widehat{\phi}$ 的极小值点。然而, 由式 (5.9) 可知, 变量 $\widehat{\boldsymbol{x}}$ 空间中的第 i 个坐标轴方向对应于变量 $\boldsymbol{x}$ 空间中的方向 $\boldsymbol{p}_i$。因此, 针对函数 $\widehat{\phi}$ 的坐标搜索策略等价于式 (5.6) 和式 (5.7) 给出的共轭方向算法。根据定理 5.1 可知, 共轭方向算法最多进行 n 次迭代即可终止于问题的解。

再次回到图 5.1 中, 这里指出另一个有趣的性质: 如果 Hessian 矩阵是对角矩阵, 当沿着每个坐标轴方向进行优化时, 都能精确获得解向量 $\boldsymbol{x}^*$ 所对应的分量。换言之, 当完成 k 次一维优化时, 相当于对二次函数在向量组 $\boldsymbol{e}_1, \boldsymbol{e}_2, \cdots, \boldsymbol{e}_k$ 张成的子空间中进行优化。下面的定理表明, 对于更一般的情形, 也就是当二次函数的 Hessian 矩阵并不是对角矩阵时, 上述结论仍然成

立。将符号 $\mathrm{span}\{\boldsymbol{p}_0,\boldsymbol{p}_1,\cdots,\boldsymbol{p}_k\}$ 表示向量组 $\boldsymbol{p}_0,\boldsymbol{p}_1,\cdots,\boldsymbol{p}_k$ 所有的线性组合。为了证明此结论, 需要利用如下关系式:

$$\boldsymbol{r}_{k+1}=\boldsymbol{r}_k+\alpha_k\boldsymbol{A}\boldsymbol{p}_k \tag{5.10}$$

该式可以由式 (5.4) 和式 (5.6) 直接推得。

【定理 5.2】 扩展子空间最小化定理。假设 $\boldsymbol{x}_0\in\mathbb{R}^n$ 为任意迭代起始点, $\{\boldsymbol{x}_k\}$ 是由共轭方向算法式 (5.6) 和式 (5.7) 得到的迭代序列, 则有

$$\boldsymbol{r}_k^{\mathrm{T}}\boldsymbol{p}_i=0\quad(i=0,1,\cdots,k-1) \tag{5.11}$$

此外, 向量 $\boldsymbol{x}_k$ 是函数 $\phi(\boldsymbol{x})=\dfrac{1}{2}\boldsymbol{x}^{\mathrm{T}}\boldsymbol{A}\boldsymbol{x}-\boldsymbol{b}^{\mathrm{T}}\boldsymbol{x}$ 在集合

$$\{\boldsymbol{x}|\boldsymbol{x}=\boldsymbol{x}_0+\mathrm{span}\{\boldsymbol{p}_0,\boldsymbol{p}_1,\cdots,\boldsymbol{p}_{k-1}\}\} \tag{5.12}$$

中的极小值点。

【证明】 先证明, 向量 $\widetilde{\boldsymbol{x}}$ 是函数 ϕ 在集合式 (5.12) 中的极小值点, 当且仅当等式 $(\boldsymbol{r}(\widetilde{\boldsymbol{x}}))^{\mathrm{T}}\boldsymbol{p}_i=0\ (i=0,1,\cdots,k-1)$ 成立。定义函数 $h(\boldsymbol{\sigma})=\phi(\boldsymbol{x}_0+\sigma_0\boldsymbol{p}_0+\sigma_1\boldsymbol{p}_1+\cdots+\sigma_{k-1}\boldsymbol{p}_{k-1})$, 其中 $\boldsymbol{\sigma}=[\sigma_0\ \ \sigma_1\ \ \cdots\ \ \sigma_{k-1}]^{\mathrm{T}}$。由于 $h(\boldsymbol{\sigma})$ 是强凸二次函数, 存在唯一的极小值点 $\boldsymbol{\sigma}^*=[\sigma_0^*\ \ \sigma_1^*\ \ \cdots\ \ \sigma_{k-1}^*]^{\mathrm{T}}$, 并且满足

$$\frac{\partial h(\boldsymbol{\sigma}^*)}{\partial\sigma_i^*}=0\quad(i=0,1,\cdots,k-1)$$

利用链式法则可得

$$(\nabla\phi(\boldsymbol{x}_0+\sigma_0^*\boldsymbol{p}_0+\sigma_1^*\boldsymbol{p}_1+\cdots+\sigma_{k-1}^*\boldsymbol{p}_{k-1}))^{\mathrm{T}}\boldsymbol{p}_i=0\quad(i=0,1,\cdots,k-1)$$

回顾定义式 (5.3) 可知, 集合式 (5.12) 中的极小值点 $\widetilde{\boldsymbol{x}}=\boldsymbol{x}_0+\sigma_0^*\boldsymbol{p}_0+\sigma_1^*\boldsymbol{p}_1+\cdots+\sigma_{k-1}^*\boldsymbol{p}_{k-1}$ 满足 $(\boldsymbol{r}(\widetilde{\boldsymbol{x}}))^{\mathrm{T}}\boldsymbol{p}_i=0\ (i=0,1,\cdots,k-1)$。

下面采用归纳法证明向量 $\boldsymbol{x}_k$ 满足式 (5.11)。当 $k=1$ 时, 由于步长 α_0 是函数 ϕ 沿着方向 $\boldsymbol{p}_0$ 的极小值点, 此时可以验证向量 $\boldsymbol{x}_1=\boldsymbol{x}_0+\alpha_0\boldsymbol{p}_0$ 满足 $\boldsymbol{r}_1^{\mathrm{T}}\boldsymbol{p}_0=0$。下面进行归纳假设, 假设关系式 $\boldsymbol{r}_{k-1}^{\mathrm{T}}\boldsymbol{p}_i=0\ (i=0,1,\cdots,k-2)$ 成立。由式 (5.10) 可得

$$\boldsymbol{r}_k=\boldsymbol{r}_{k-1}+\alpha_{k-1}\boldsymbol{A}\boldsymbol{p}_{k-1}$$

结合式 (5.7) 中 α_{k-1} 的定义可知

$$\boldsymbol{p}_{k-1}^{\mathrm{T}}\boldsymbol{r}_k=\boldsymbol{p}_{k-1}^{\mathrm{T}}\boldsymbol{r}_{k-1}+\alpha_{k-1}\boldsymbol{p}_{k-1}^{\mathrm{T}}\boldsymbol{A}\boldsymbol{p}_{k-1}=0$$

与此同时, 对于其他向量 $\boldsymbol{p}_i\ (i=0,1,\cdots,k-2)$ 可得

$$\boldsymbol{p}_i^{\mathrm{T}}\boldsymbol{r}_k = \boldsymbol{p}_i^{\mathrm{T}}\boldsymbol{r}_{k-1} + \alpha_{k-1}\boldsymbol{p}_i^{\mathrm{T}}\boldsymbol{A}\boldsymbol{p}_{k-1} = 0 \quad (i = 0, 1, \cdots, k-2)$$

式中第 2 个等号成立的原因包含两点: (1) 由归纳假设可得 $\boldsymbol{p}_i^{\mathrm{T}}\boldsymbol{r}_{k-1} = 0\ (i = 0, 1, \cdots, k-2)$; (2) 关于矩阵 $\boldsymbol{A}$ 的共轭性可知 $\boldsymbol{p}_i^{\mathrm{T}}\boldsymbol{A}\boldsymbol{p}_{k-1} = 0\ (i = 0, 1, \cdots, k-2)$。至此已经证得 $\boldsymbol{r}_k^{\mathrm{T}}\boldsymbol{p}_i = 0\ (i = 0, 1, \cdots, k-1)$。证毕。

式 (5.11) 表明, 由当前迭代所得到的残差向量与之前所有搜索方向均正交, 本章将多次使用该性质。

目前的讨论具有一定的普适性, 因为由式 (5.6) 和式 (5.7) 给出的共轭方向方法适用于任意共轭方向集 $\{\boldsymbol{p}_0, \boldsymbol{p}_1, \cdots, \boldsymbol{p}_{n-1}\}$。事实上, 选择共轭方向集的方法有多种。例如, 一种方法, 矩阵 $\boldsymbol{A}$ 的特征向量 $\boldsymbol{v}_1, \boldsymbol{v}_2, \cdots, \boldsymbol{v}_n$ 是相互正交的, 与此同时也关于矩阵 $\boldsymbol{A}$ 共轭, 于是它们可以作为共轭方向集 $\{\boldsymbol{p}_0, \boldsymbol{p}_1, \cdots, \boldsymbol{p}_{n-1}\}$。然而, 对于大规模优化问题, 计算完整的特征向量集需要庞大的计算量。另一种方法是调整 Gram–Schmidt 正交化过程, 产生一组共轭方向, 而不是一组正交方向。这种修正容易实现, 因为共轭性与正交性在本质上是紧密相关的。然而, 实现 Gram–Schmidt 方法也要付出很大代价, 因为该方法需要存储整个方向集。

5.1.2 共轭梯度方法的基本性质

共轭梯度方法是一种具有特殊性质的共轭方向方法, 其特殊性主要表现在生成共轭向量集的方法。具体而言, 当计算新的共轭向量 $\boldsymbol{p}_k$ 时, 仅仅需要前面的向量 $\boldsymbol{p}_{k-1}$, 而不需要之前的其他共轭向量集元素 $\boldsymbol{p}_0, \boldsymbol{p}_1, \cdots, \boldsymbol{p}_{k-2}$, 向量 $\boldsymbol{p}_k$ 会自动与这些向量共轭。这个重要特性意味着该方法需要较少的存储空间和计算量。

在共轭梯度方法中, 每个方向 $\boldsymbol{p}_k$ 均为负残差向量 $-\boldsymbol{r}_k$ 与前一次迭代的共轭方向 $\boldsymbol{p}_{k-1}$ 的线性组合, 由式 (5.3) 可知, 负残差向量即为函数 ϕ 的最速下降方向。向量 $\boldsymbol{p}_k$ 的表达式为

$$\boldsymbol{p}_k = -\boldsymbol{r}_k + \beta_k\boldsymbol{p}_{k-1} \tag{5.13}$$

式中 β_k 是待确定的系数, 其应使向量 $\boldsymbol{p}_{k-1}$ 与向量 $\boldsymbol{p}_k$ 关于矩阵 $\boldsymbol{A}$ 共轭。将式 (5.13) 两边左乘向量 $\boldsymbol{p}_{k-1}^{\mathrm{T}}\boldsymbol{A}$, 并利用共轭关系 $\boldsymbol{p}_{k-1}^{\mathrm{T}}\boldsymbol{A}\boldsymbol{p}_k = 0$ 可知

$$\beta_k = \frac{\boldsymbol{r}_k^{\mathrm{T}}\boldsymbol{A}\boldsymbol{p}_{k-1}}{\boldsymbol{p}_{k-1}^{\mathrm{T}}\boldsymbol{A}\boldsymbol{p}_{k-1}}$$

我们可以将第 1 个搜索方向 $\boldsymbol{p}_0$ 选为在迭代起始点 $\boldsymbol{x}_0$ 处的最速下降方向。与一般的共轭方向方法类似, 若逐次沿着每个搜索方向进行一维优化, 就能够得到一个完整算法, 现将其正式描述为如下形式。

【算法 5.1 共轭梯度算法 (初级版本)】

步骤 1: 确定迭代起始点 $\boldsymbol{x}_0$。

步骤 2: 设置 $\boldsymbol{r}_0 \leftarrow \boldsymbol{A}\boldsymbol{x}_0 - \boldsymbol{b}$、$\boldsymbol{p}_0 \leftarrow -\boldsymbol{r}_0$ 以及 $k \leftarrow 0$。

步骤 3: 只要 $\boldsymbol{r}_k \neq \boldsymbol{0}$, 就依次循环计算:

$$\alpha_k \leftarrow -\frac{\boldsymbol{r}_k^{\mathrm{T}}\boldsymbol{p}_k}{\boldsymbol{p}_k^{\mathrm{T}}\boldsymbol{A}\boldsymbol{p}_k} \tag{5.14a}$$

$$\boldsymbol{x}_{k+1} \leftarrow \boldsymbol{x}_k + \alpha_k\boldsymbol{p}_k \tag{5.14b}$$

$$\boldsymbol{r}_{k+1} \leftarrow \boldsymbol{A}\boldsymbol{x}_{k+1} - \boldsymbol{b} \tag{5.14c}$$

$$\beta_{k+1} \leftarrow \frac{\boldsymbol{r}_{k+1}^{\mathrm{T}}\boldsymbol{A}\boldsymbol{p}_k}{\boldsymbol{p}_k^{\mathrm{T}}\boldsymbol{A}\boldsymbol{p}_k} \tag{5.14d}$$

$$\boldsymbol{p}_{k+1} \leftarrow -\boldsymbol{r}_{k+1} + \beta_{k+1}\boldsymbol{p}_k \tag{5.14e}$$

$$k \leftarrow k+1 \tag{5.14f}$$

这个版本的算法对于研究共轭梯度方法的基本性质是有意义的, 但是本节还将提出另一个更有效的算法。我们证明了方向集 $\boldsymbol{p}_0, \boldsymbol{p}_1, \cdots, \boldsymbol{p}_{n-1}$ 确实是共轭的, 于是由定理 5.1 可知, 最多进行 n 次迭代即可终止。下面的定理证明了这个性质以及两个其他重要结论: (1) 残差向量 $\{\boldsymbol{r}_i\}$ 相互正交; (2) 每个搜索方向 $\{\boldsymbol{p}_k\}$ 和残差向量 $\{\boldsymbol{r}_k\}$ 均包含在由向量 $\boldsymbol{r}_0$ 和矩阵 $\boldsymbol{A}$ 生成的 $k+1$ 维 Krylov 子空间中, 该子空间的定义如下:

$$K(\boldsymbol{r}_0; k) \xlongequal{\text{定义}} \operatorname{span}\{\boldsymbol{r}_0, \boldsymbol{A}\boldsymbol{r}_0, \cdots, \boldsymbol{A}^k\boldsymbol{r}_0\} \tag{5.15}$$

【定理 5.3】 假设由共轭梯度方法产生的第 k 次迭代点尚不是问题的解 $\boldsymbol{x}^*$, 则下面的 4 个性质成立:

$$\boldsymbol{r}_k^{\mathrm{T}}\boldsymbol{r}_i = 0 \quad (i = 0, 1, \cdots, k-1) \tag{5.16}$$

$$\operatorname{span}\{\boldsymbol{r}_0, \boldsymbol{r}_1, \cdots, \boldsymbol{r}_k\} = \operatorname{span}\{\boldsymbol{r}_0, \boldsymbol{A}\boldsymbol{r}_0, \cdots, \boldsymbol{A}^k\boldsymbol{r}_0\} \tag{5.17}$$

$$\operatorname{span}\{\boldsymbol{p}_0, \boldsymbol{p}_1, \cdots, \boldsymbol{p}_k\} = \operatorname{span}\{\boldsymbol{r}_0, \boldsymbol{A}\boldsymbol{r}_0, \cdots, \boldsymbol{A}^k\boldsymbol{r}_0\} \tag{5.18}$$

$$\boldsymbol{p}_k^{\mathrm{T}}\boldsymbol{A}\boldsymbol{p}_i = 0 \quad (i = 0, 1, \cdots, k-1) \tag{5.19}$$

因此, 最多需要 n 次迭代, 序列 $\{\boldsymbol{x}_k\}$ 即可收敛至问题的解 $\boldsymbol{x}^*$。

【证明】 采用归纳法进行证明。当 $k=0$ 时, 式 (5.17) 和式 (5.18) 显然成立; 而当 $k=1$ 时, 由构造法可知式 (5.19) 成立。假设对于某个整数 k, 式 (5.17) 至式 (5.19) 均成立 (归纳假设), 下面证明这 3 个等式对于整数 $k+1$ 依然成立。

为了证明式 (5.17), 需先证明该式左侧的集合包含于右侧的集合中。综合归纳假设以及式 (5.17) 和式 (5.18) 可得

$$\boldsymbol{r}_k \in \operatorname{span}\{\boldsymbol{r}_0, \boldsymbol{A}\boldsymbol{r}_0, \cdots, \boldsymbol{A}^k\boldsymbol{r}_0\}, \quad \boldsymbol{p}_k \in \operatorname{span}\{\boldsymbol{r}_0, \boldsymbol{A}\boldsymbol{r}_0, \cdots, \boldsymbol{A}^k\boldsymbol{r}_0\}$$

将第 2 个关系式左乘矩阵 $\boldsymbol{A}$ 可得

$$\boldsymbol{A}\boldsymbol{p}_k \in \operatorname{span}\{\boldsymbol{A}\boldsymbol{r}_0, \boldsymbol{A}^2\boldsymbol{r}_0, \cdots, \boldsymbol{A}^{k+1}\boldsymbol{r}_0\} \tag{5.20}$$

利用式 (5.10) 可得

$$\boldsymbol{r}_{k+1} \in \operatorname{span}\{\boldsymbol{r}_0, \boldsymbol{A}\boldsymbol{r}_0, \cdots, \boldsymbol{A}^{k+1}\boldsymbol{r}_0\}$$

将该式与关于式 (5.17) 的归纳假设相结合可知

$$\operatorname{span}\{\boldsymbol{r}_0, \boldsymbol{r}_1, \cdots, \boldsymbol{r}_k, \boldsymbol{r}_{k+1}\} \subset \operatorname{span}\{\boldsymbol{r}_0, \boldsymbol{A}\boldsymbol{r}_0, \cdots, \boldsymbol{A}^{k+1}\boldsymbol{r}_0\}$$

接着证明式 (5.17) 右侧的集合也包含于左侧的集合中。根据关于式 (5.18) 的归纳假设可得

$$\boldsymbol{A}^{k+1}\boldsymbol{r}_0 = \boldsymbol{A}(\boldsymbol{A}^k\boldsymbol{r}_0) \in \operatorname{span}\{\boldsymbol{A}\boldsymbol{p}_0, \boldsymbol{A}\boldsymbol{p}_1, \cdots, \boldsymbol{A}\boldsymbol{p}_k\}$$

由式 (5.10) 可知 $\boldsymbol{A}\boldsymbol{p}_i = (\boldsymbol{r}_{i+1} - \boldsymbol{r}_i)/\alpha_i \ (i = 0, 1, \cdots, k)$, 于是有

$$\boldsymbol{A}^{k+1}\boldsymbol{r}_0 \in \operatorname{span}\{\boldsymbol{r}_0, \boldsymbol{r}_1, \cdots, \boldsymbol{r}_{k+1}\}$$

将该式与关于式 (5.17) 的归纳假设相结合可知

$$\operatorname{span}\{\boldsymbol{r}_0, \boldsymbol{A}\boldsymbol{r}_0, \cdots, \boldsymbol{A}^{k+1}\boldsymbol{r}_0\} \subset \operatorname{span}\{\boldsymbol{r}_0, \boldsymbol{r}_1, \cdots, \boldsymbol{r}_k, \boldsymbol{r}_{k+1}\}$$

因此, 式 (5.17) 对于 $k+1$ 仍然成立。

下面证明式 (5.18) 对于 $k+1$ 依然成立, 可由以下推导证得:

$$\begin{aligned}
&\operatorname{span}\{\boldsymbol{p}_0, \boldsymbol{p}_1, \cdots, \boldsymbol{p}_k, \boldsymbol{p}_{k+1}\} \\
=\ &\operatorname{span}\{\boldsymbol{p}_0, \boldsymbol{p}_1, \cdots, \boldsymbol{p}_k, \boldsymbol{r}_{k+1}\} \quad (\text{利用式 (5.14e)}) \\
=\ &\operatorname{span}\{\boldsymbol{r}_0, \boldsymbol{A}\boldsymbol{r}_0, \cdots, \boldsymbol{A}^k\boldsymbol{r}_0, \boldsymbol{r}_{k+1}\} \quad (\text{根据关于式 (5.18) 的归纳假设}) \\
=\ &\operatorname{span}\{\boldsymbol{r}_0, \boldsymbol{r}_1, \cdots, \boldsymbol{r}_k, \boldsymbol{r}_{k+1}\} \quad (\text{利用整数 } k \text{ 对应的式 (5.17)}) \\
=\ &\operatorname{span}\{\boldsymbol{r}_0, \boldsymbol{A}\boldsymbol{r}_0, \cdots, \boldsymbol{A}^k\boldsymbol{r}_0, \boldsymbol{A}^{k+1}\boldsymbol{r}_0\} \quad (\text{利用整数 } k+1 \text{ 对应的式 (5.17)})
\end{aligned}$$

下面证明共轭关系式 (5.19) 对于 $k+1$ 依然成立。将式 (5.14e) 取转置, 并右乘向量 $\boldsymbol{A}\boldsymbol{p}_i \ (i = 0, 1, \cdots, k)$ 可得

$$\boldsymbol{p}_{k+1}^{\mathrm{T}}\boldsymbol{A}\boldsymbol{p}_i = -\boldsymbol{r}_{k+1}^{\mathrm{T}}\boldsymbol{A}\boldsymbol{p}_i + \beta_{k+1}\boldsymbol{p}_k^{\mathrm{T}}\boldsymbol{A}\boldsymbol{p}_i \quad (i = 0, 1, \cdots, k) \tag{5.21}$$

利用 β_k 的定义式 (5.14d) 可知, 当 $i = k$ 时, 式 (5.21) 右侧等于零, 下面考虑 $i \leqslant k-1$ 的情形。利用关于式 (5.19) 的归纳假设可知, 方向集 $\boldsymbol{p}_0, \boldsymbol{p}_1, \cdots, \boldsymbol{p}_k$ 关于矩阵 $\boldsymbol{A}$ 共轭, 于是由定理 5.2 可得

$$\boldsymbol{r}_{k+1}^{\mathrm{T}}\boldsymbol{p}_i = 0 \quad (i=0,1,\cdots,k) \tag{5.22}$$

重复应用式 (5.18), 对于 $i=0,1,\cdots,k-1$ 可知

$$\begin{aligned}\boldsymbol{A}\boldsymbol{p}_i &\in \boldsymbol{A}\,\mathrm{span}\{\boldsymbol{r}_0,\boldsymbol{A}\boldsymbol{r}_0,\cdots,\boldsymbol{A}^i\boldsymbol{r}_0\}\\ &= \mathrm{span}\{\boldsymbol{A}\boldsymbol{r}_0,\boldsymbol{A}^2\boldsymbol{r}_0,\cdots,\boldsymbol{A}^{i+1}\boldsymbol{r}_0\}\subset \mathrm{span}\{\boldsymbol{p}_0,\boldsymbol{p}_1,\cdots,\boldsymbol{p}_{i+1}\}\end{aligned} \tag{5.23}$$

结合式 (5.22) 和式 (5.23) 可得

$$\boldsymbol{r}_{k+1}^{\mathrm{T}}\boldsymbol{A}\boldsymbol{p}_i = 0 \quad (i=0,1,\cdots,k-1)$$

由该式可知, 当 $i=0,1,\cdots,k-1$ 时, 式 (5.21) 右侧第 1 项等于零。利用关于式 (5.19) 的归纳假设可知, 式 (5.21) 右侧第 2 项也等于零。至此已经证得, $\boldsymbol{p}_{k+1}^{\mathrm{T}}\boldsymbol{A}\boldsymbol{p}_i = 0$ $(i=0,1,\cdots,k)$。因此, 共轭关系式 (5.19) 对于 $k+1$ 依然成立。

综上可知, 利用共轭梯度方法产生的方向集确实是一个共轭方向集, 于是由定理 5.1 可知, 算法最多需要 n 次迭代即可收敛至问题的解。

最后, 采用非归纳法证明式 (5.16) 成立。由于方向集关于矩阵 $\boldsymbol{A}$ 共轭, 由式 (5.11) 可知, 对于任意 $k=1,2,\cdots,n-1$, 均有 $\boldsymbol{r}_k^{\mathrm{T}}\boldsymbol{p}_i=0$ $(i=0,1,\cdots,k-1)$。由式 (5.14e) 可得

$$\boldsymbol{p}_i = -\boldsymbol{r}_i + \beta_i\boldsymbol{p}_{i-1}$$

此时对于所有 $i=1,2,\cdots,k-1$, 均有 $\boldsymbol{r}_i\in\mathrm{span}\{\boldsymbol{p}_i,\boldsymbol{p}_{i-1}\}$, 由此可知, $\boldsymbol{r}_k^{\mathrm{T}}\boldsymbol{r}_i=0$ $(i=1,2,\cdots,k-1)$。此外, 根据算法 5.1 中对向量 $\boldsymbol{p}_0$ 的定义和式 (5.11) 可得, $\boldsymbol{r}_k^{\mathrm{T}}\boldsymbol{r}_0 = -\boldsymbol{r}_k^{\mathrm{T}}\boldsymbol{p}_0 = 0$, 从而完成对式 (5.16) 的证明。证毕。

定理 5.3 的证明利用了 "第 1 个搜索方向 $\boldsymbol{p}_0$ 是最速下降方向 $-\boldsymbol{r}_0$" 这一事实, 如果 $\boldsymbol{p}_0$ 选择其他值, 定理中的结论将不再成立。此外, 由于梯度向量 $\{\boldsymbol{r}_k\}$ 是相互正交的, 关于矩阵 $\boldsymbol{A}$ 共轭的是搜索方向, 而并非梯度方向, 因此使用 "共轭梯度方法" 命名此方法其实并不恰当。

5.1.3 共轭梯度方法的一种实用形式

若联合定理 5.2 和定理 5.3 中的结论, 可以得到共轭梯度方法更加简化的形式。首先, 结合式 (5.14e) 和式 (5.11) 可以将式 (5.14a) 中的 α_k 重新表示为

$$\alpha_k = \frac{\boldsymbol{r}_k^{\mathrm{T}}\boldsymbol{r}_k}{\boldsymbol{p}_k^{\mathrm{T}}\boldsymbol{A}\boldsymbol{p}_k}$$

其次, 由式 (5.10) 可得 $\alpha_k\boldsymbol{A}\boldsymbol{p}_k = \boldsymbol{r}_{k+1}-\boldsymbol{r}_k$, 再次利用式 (5.14e) 和式 (5.11), 可以将式 (5.14d) 中的 β_{k+1} 简写为

$$\beta_{k+1} = \frac{\boldsymbol{r}_{k+1}^{\mathrm{T}} \boldsymbol{r}_{k+1}}{\boldsymbol{r}_k^{\mathrm{T}} \boldsymbol{r}_k}$$

将上述公式与式 (5.10) 相结合, 就可以得到共轭梯度方法的标准形式。

【算法 5.2 共轭梯度算法 (标准版本)】

步骤 1: 确定迭代起始点 $\boldsymbol{x}_0$。

步骤 2: 设置 $\boldsymbol{r}_0 \leftarrow \boldsymbol{A}\boldsymbol{x}_0 - \boldsymbol{b}$、$\boldsymbol{p}_0 \leftarrow -\boldsymbol{r}_0$ 以及 $k \leftarrow 0$。

步骤 3: 只要 $\boldsymbol{r}_k \neq \boldsymbol{0}$, 就依次循环计算:

$$\alpha_k \leftarrow \frac{\boldsymbol{r}_k^{\mathrm{T}} \boldsymbol{r}_k}{\boldsymbol{p}_k^{\mathrm{T}} \boldsymbol{A} \boldsymbol{p}_k} \tag{5.24a}$$

$$\boldsymbol{x}_{k+1} \leftarrow \boldsymbol{x}_k + \alpha_k \boldsymbol{p}_k \tag{5.24b}$$

$$\boldsymbol{r}_{k+1} \leftarrow \boldsymbol{r}_k + \alpha_k \boldsymbol{A} \boldsymbol{p}_k \tag{5.24c}$$

$$\beta_{k+1} \leftarrow \frac{\boldsymbol{r}_{k+1}^{\mathrm{T}} \boldsymbol{r}_{k+1}}{\boldsymbol{r}_k^{\mathrm{T}} \boldsymbol{r}_k} \tag{5.24d}$$

$$\boldsymbol{p}_{k+1} \leftarrow -\boldsymbol{r}_{k+1} + \beta_{k+1} \boldsymbol{p}_k \tag{5.24e}$$

$$k \leftarrow k + 1 \tag{5.24f}$$

算法 5.2 中的所有迭代步骤都仅需要向量 $\boldsymbol{x}$、$\boldsymbol{r}$ 以及 $\boldsymbol{p}$ 在最近一次迭代的结果。因此, 该算法的实现过程可以覆盖这些向量的旧值以节省存储空间。每次迭代的主要计算量包括矩阵与向量的乘积运算 $\boldsymbol{A}\boldsymbol{p}_k$、内积运算 $\boldsymbol{p}_k^{\mathrm{T}} \boldsymbol{A} \boldsymbol{p}_k$ 和 $\boldsymbol{r}_{k+1}^{\mathrm{T}} \boldsymbol{r}_{k+1}$, 以及 3 个向量的求和运算。内积运算与向量求和运算的计算量为 n 次浮点运算的较小的倍数, 而矩阵与向量乘积的计算量则取决于问题本身。共轭梯度方法仅被推荐用于求解大规模问题; 否则, 高斯消元算法或者其他矩阵分解算法 (例如奇异值分解) 将会是首选, 因为它们对舍入误差不太敏感。对于大规模问题, 共轭梯度方法的优势在于其不会改变系数矩阵, 与矩阵分解方法不同, 该方法不会对存储矩阵的数组进行填充。其一个关键性质是, 共轭梯度方法有时会快速收敛至问题的解, 这将在下一小节展开讨论。

5.1.4 收敛速度

根据前面的讨论可知, 若通过精确计算, 共轭梯度方法最多经历 n 次迭代即可获得问题的解。更值得注意的是, 当矩阵 $\boldsymbol{A}$ 的特征值分布具有某些有利的特性时, 算法获得问题解的迭代次数可以远小于 n。为了解释该性质, 下面将以一种 (稍微) 不同的方式观察定理 5.2 中的扩展子空间最小化性质, 并以此说明算法 5.2 在某种 (重要) 意义上是最优的。

由式 (5.24b) 和式 (5.18) 可知, 存在标量 $\{\gamma_i\}_{0 \leqslant i \leqslant k}$ 使得

$$
\begin{aligned}
\boldsymbol{x}_{k+1} &= \boldsymbol{x}_0 + \alpha_0 \boldsymbol{p}_0 + \alpha_1 \boldsymbol{p}_1 + \cdots + \alpha_k \boldsymbol{p}_k \\
&= \boldsymbol{x}_0 + \gamma_0 \boldsymbol{r}_0 + \gamma_1 \boldsymbol{A}\boldsymbol{r}_0 + \cdots + \gamma_k \boldsymbol{A}^k \boldsymbol{r}_0
\end{aligned} \tag{5.25}
$$

定义 $\boldsymbol{P}_k^*(\cdot)$ 为系数为 $\gamma_0, \gamma_1, \cdots, \gamma_k$ 的 k 次多项式。与任意多项式类似, 多项式 $\boldsymbol{P}_k^*$ 的自变量既可以是标量, 也可以是方阵。若将矩阵 $\boldsymbol{A}$ 作为其自变量, 则有

$$
\boldsymbol{P}_k^*(\boldsymbol{A}) = \gamma_0 \boldsymbol{I} + \gamma_1 \boldsymbol{A} + \cdots + \gamma_k \boldsymbol{A}^k
$$

此时可以将式 (5.25) 表示为

$$
\boldsymbol{x}_{k+1} = \boldsymbol{x}_0 + \boldsymbol{P}_k^*(\boldsymbol{A}) \boldsymbol{r}_0 \tag{5.26}
$$

下面将要证明, 在将前 $k+1$ 次迭代更新向量限制在 Krylov 子空间 $K(\boldsymbol{r}_0; k)$ (由式 (5.15) 定义) 的所有算法中, 算法 5.2 可以将第 $k+1$ 次迭代点 $\boldsymbol{x}_{k+1}$ 与解向量 $\boldsymbol{x}^*$ 的距离最小化, 并且此距离是由加权范数 $\|\cdot\|_{\boldsymbol{A}}$ 来进行度量的, 其定义为

$$
\|\boldsymbol{z}\|_{\boldsymbol{A}}^2 = \boldsymbol{z}^{\mathrm{T}} \boldsymbol{A} \boldsymbol{z} \tag{5.27}
$$

注意到本书第 3 章描述最速下降方法时也曾使用此范数。根据函数 ϕ 的定义式 (5.2), 并假设向量 $\boldsymbol{x}^*$ 是函数 ϕ 的极小值点, 则容易验证

$$
\frac{1}{2}\|\boldsymbol{x} - \boldsymbol{x}^*\|_{\boldsymbol{A}}^2 = \frac{1}{2}(\boldsymbol{x} - \boldsymbol{x}^*)^{\mathrm{T}} \boldsymbol{A} (\boldsymbol{x} - \boldsymbol{x}^*) = \phi(\boldsymbol{x}) - \phi(\boldsymbol{x}^*) \tag{5.28}
$$

定理 5.2 表明, 向量 $\boldsymbol{x}_{k+1}$ 是函数 ϕ 在集合 $\boldsymbol{x}_0 + \mathrm{span}\{\boldsymbol{p}_0, \boldsymbol{p}_1, \cdots, \boldsymbol{p}_k\}$ 中的极小值点, 因此也是范数 $\|\boldsymbol{x} - \boldsymbol{x}^*\|_{\boldsymbol{A}}^2$ 在该集合中的极小值点。根据式 (5.18) 可知, 该集合与集合 $\boldsymbol{x}_0 + \mathrm{span}\{\boldsymbol{r}_0, \boldsymbol{A}\boldsymbol{r}_0, \cdots, \boldsymbol{A}^k \boldsymbol{r}_0\}$ 相同。由式 (5.26) 可知, 多项式 $\boldsymbol{P}_k^*$ 是如下优化问题的最优解:

$$
\min_{\boldsymbol{P}_k} \{\|\boldsymbol{x}_0 + \boldsymbol{P}_k(\boldsymbol{A}) \boldsymbol{r}_0 - \boldsymbol{x}^*\|_{\boldsymbol{A}}\} \tag{5.29}
$$

该优化问题的优化空间由所有 k 次多项式所构成。在本节下文中, 将多次使用此最优性质。

由于

$$
\boldsymbol{r}_0 = \boldsymbol{A}\boldsymbol{x}_0 - \boldsymbol{b} = \boldsymbol{A}\boldsymbol{x}_0 - \boldsymbol{A}\boldsymbol{x}^* = \boldsymbol{A}(\boldsymbol{x}_0 - \boldsymbol{x}^*)
$$

于是有

$$
\boldsymbol{x}_{k+1} - \boldsymbol{x}^* = \boldsymbol{x}_0 + \boldsymbol{P}_k^*(\boldsymbol{A}) \boldsymbol{r}_0 - \boldsymbol{x}^* = [\boldsymbol{I} + \boldsymbol{P}_k^*(\boldsymbol{A}) \boldsymbol{A}](\boldsymbol{x}_0 - \boldsymbol{x}^*) \tag{5.30}
$$

假设 $0 < \lambda_1 \leqslant \lambda_2 \leqslant \cdots \leqslant \lambda_n$ 为矩阵 $\boldsymbol{A}$ 的特征值, $\boldsymbol{v}_1, \boldsymbol{v}_2, \cdots, \boldsymbol{v}_n$ 为对应的标准正交特征向量, 则有

$$\boldsymbol{A} = \sum_{i=1}^{n} \lambda_i \boldsymbol{v}_i \boldsymbol{v}_i^{\mathrm{T}}$$

这 n 个特征向量张成了整个空间 $\mathbb{R}^n$, 因而存在标量 $\{\xi_i\}_{1\leqslant i\leqslant n}$ 满足

$$\boldsymbol{x}_0 - \boldsymbol{x}^* = \sum_{i=1}^{n} \xi_i \boldsymbol{v}_i \tag{5.31}$$

容易验证, 对于任意多项式 P_k, 矩阵 $\boldsymbol{A}$ 的特征向量也是矩阵 $\boldsymbol{P}_k(\boldsymbol{A})$ 的特征向量。对于矩阵 $\boldsymbol{A}$ 的任意特征值 λ_i 及其特征向量 $\boldsymbol{v}_i$, 存在如下关系式:

$$\boldsymbol{P}_k(\boldsymbol{A})\boldsymbol{v}_i = P_k(\lambda_i)\boldsymbol{v}_i \quad (i = 1, 2, \cdots, n)$$

将式 (5.31) 代入式 (5.30) 中可得

$$\boldsymbol{x}_{k+1} - \boldsymbol{x}^* = \sum_{i=1}^{n} [1 + \lambda_i P_k^*(\lambda_i)] \xi_i \boldsymbol{v}_i$$

利用关系式 $\|\boldsymbol{z}\|_{\boldsymbol{A}}^2 = \boldsymbol{z}^{\mathrm{T}}\boldsymbol{A}\boldsymbol{z} = \sum_{i=1}^{n} \lambda_i (\boldsymbol{v}_i^{\mathrm{T}}\boldsymbol{z})^2$ 可知

$$\|\boldsymbol{x}_{k+1} - \boldsymbol{x}^*\|_{\boldsymbol{A}}^2 = \sum_{i=1}^{n} \lambda_i [1 + \lambda_i P_k^*(\lambda_i)]^2 \xi_i^2 \tag{5.32}$$

共轭梯度方法产生的多项式 P_k^* 关于此范数是最优的, 即有

$$\|\boldsymbol{x}_{k+1} - \boldsymbol{x}^*\|_{\boldsymbol{A}}^2 = \min_{P_k} \left\{ \sum_{i=1}^{n} \lambda_i [1 + \lambda_i P_k(\lambda_i)]^2 \xi_i^2 \right\}$$

从该表达式中提取 $\{[1 + \lambda_i P_k(\lambda_i)]^2\}_{1\leqslant i\leqslant n}$ 的最大项可得

$$\begin{aligned} \|\boldsymbol{x}_{k+1} - \boldsymbol{x}^*\|_{\boldsymbol{A}}^2 &\leqslant \min_{P_k} \left\{ \max_{1\leqslant i\leqslant n} \{[1 + \lambda_i P_k(\lambda_i)]^2\} \left(\sum_{j=1}^{n} \lambda_j \xi_j^2 \right) \right\} \\ &= \min_{P_k} \left\{ \max_{1\leqslant i\leqslant n} \{[1 + \lambda_i P_k(\lambda_i)]^2\} \|\boldsymbol{x}_0 - \boldsymbol{x}^*\|_{\boldsymbol{A}}^2 \right\} \end{aligned} \tag{5.33}$$

式中利用了等式 $\|\boldsymbol{x}_0 - \boldsymbol{x}^*\|_{\boldsymbol{A}}^2 = \sum_{j=1}^{n} \lambda_j \xi_j^2$。

由式 (5.33) 可知, 通过评估如下非负标量:

$$\min_{P_k} \left\{ \max_{1\leqslant i\leqslant n} \{[1 + \lambda_i P_k(\lambda_i)]^2\} \right\} \tag{5.34}$$

就能对共轭梯度方法的收敛速度进行量化。换言之, 可以通过找寻多项式 P_k,

以使得此标量尽可能小。在一些实际情形中, 可以显式获得最优多项式, 进而给出关于共轭梯度方法一些有意义的性质。下面的结论就是其中一个例子。

【定理 5.4】 若矩阵 $\boldsymbol{A}$ 仅含有 r 个不同的特征值, 则共轭梯度方法最多通过 r 次迭代即可获得问题的解。

【证明】 假设矩阵 $\boldsymbol{A}$ 的特征值 $\lambda_1, \lambda_2, \cdots, \lambda_n$ 中含有 r 个不同的值, 现将它们记为 $\tau_1 < \tau_2 < \cdots < \tau_r$。定义如下多项式:

$$Q_r(\lambda) = \frac{(-1)^r}{\tau_1\tau_2\cdots\tau_r}(\lambda-\tau_1)(\lambda-\tau_2)\cdots(\lambda-\tau_r)$$

可以验证 $Q_r(\lambda_i) = 0\ (i=1,2,\cdots,n)$ 和 $Q_r(0)=1$, 由此可知 $Q_r(\lambda)-1$ 是 r 次多项式, 且 $\lambda=0$ 是其根。若定义

$$\overline{P}_{r-1}(\lambda) = (Q_r(\lambda)-1)/\lambda \Leftrightarrow Q_r(\lambda) = 1+\lambda\overline{P}_{r-1}(\lambda)$$

则 $\overline{P}_{r-1}(\lambda)$ 是 $r-1$ 次多项式。在式 (5.34) 中令 $k=r-1$ 可得

$$\begin{aligned} 0 &\leqslant \min_{P_{r-1}}\left\{\max_{1\leqslant i\leqslant n}\{[1+\lambda_i P_{r-1}(\lambda_i)]^2\}\right\} \\ &\leqslant \max_{1\leqslant i\leqslant n}\{[1+\lambda_i\overline{P}_{r-1}(\lambda_i)]^2\} = \max_{1\leqslant i\leqslant n}\{(Q_r(\lambda_i))^2\} = 0 \end{aligned}$$

因此, 当 $k=r-1$ 时, 由式 (5.34) 定义的标量等于零, 此时在式 (5.33) 中令 $k=r-1$ 可得 $\|\boldsymbol{x}_r-\boldsymbol{x}^*\|_{\boldsymbol{A}}^2 = 0$, 由该式可知 $\boldsymbol{x}_r = \boldsymbol{x}^*$。证毕。

文献 [195] 使用类似的推理方法得到下面的结论, 其给出了一个关于共轭梯度方法性能的重要特征。

【定理 5.5】 如果矩阵 $\boldsymbol{A}$ 的特征值为 $\lambda_1 \leqslant \lambda_2 \leqslant \cdots \leqslant \lambda_n$, 则有

$$\|\boldsymbol{x}_{k+1}-\boldsymbol{x}^*\|_{\boldsymbol{A}}^2 \leqslant \left(\frac{\lambda_{n-k}-\lambda_1}{\lambda_{n-k}+\lambda_1}\right)^2 \|\boldsymbol{x}_0-\boldsymbol{x}^*\|_{\boldsymbol{A}}^2 \tag{5.35}$$

这里并不给出定理 5.5 的详细证明, 仅描述如何由式 (5.33) 得到此结论。不妨选择一个 k 次多项式 $\overline{P}_k$, 以使得 $k+1$ 次多项式 $Q_{k+1}(\lambda) = 1+\lambda\overline{P}_k(\lambda)$ 的根包含 k 个最大特征值 $\lambda_n, \lambda_{n-1}, \cdots, \lambda_{n-k+1}$, 以及 λ_1 与 λ_{n-k} 的均值。可以证明, 当式 (5.33) 中的多项式取 $\overline{P}_k$ 时, 利用其余特征值 $\lambda_1, \lambda_2, \cdots, \lambda_{n-k}$ 得到的最大值为 $\left(\dfrac{\lambda_{n-k}-\lambda_1}{\lambda_{n-k}+\lambda_1}\right)^2$。

下面针对具体问题, 描述如何利用定理 5.5 预测共轭梯度方法的收敛性能。假设矩阵 $\boldsymbol{A}$ 的特征值分布如图 5.3 所示, 其中包含 m 个大特征值和 $n-m$ 个相对较小的特征值, $n-m$ 个小特征值均分布在 1 附近。若定义 $\varepsilon = \lambda_{n-m}-\lambda_1$, 则由定理 5.5 可知, 共轭梯度算法经过 $m+1$ 次迭代后可得

$$\|\boldsymbol{x}_{m+1}-\boldsymbol{x}^*\|_{\boldsymbol{A}} \approx \varepsilon\|\boldsymbol{x}_0-\boldsymbol{x}^*\|_{\boldsymbol{A}}$$

因此, 对于数值较小的 ε, 共轭梯度方法仅仅需要 $m+1$ 次迭代即可获得一个较好的近似解。

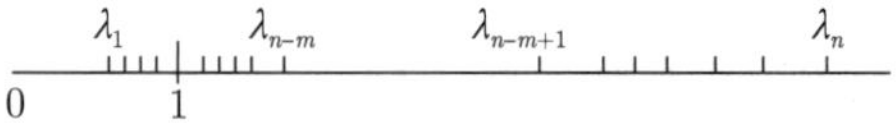

图 5.3　两组特征值分布

假设矩阵 $\boldsymbol{A}$ 含有 5 个大特征值, 以及若干个小特征值 (集中在 0.95 至 1.05 之间), 图 5.4 描述了共轭梯度方法求解此问题时的性能曲线。此外, 再假设矩阵 $\boldsymbol{A}$ 的特征值服从某种随机分布 (均匀分布), 图 5.4 同样画出了共轭梯度方法求解此问题时的性能曲线。针对这两类问题, 图 5.4 均给出了 $\log(\|\boldsymbol{x}-\boldsymbol{x}^*\|_{\boldsymbol{A}}^2)$ 随着迭代序数的变化曲线。

对于具有聚集特征值的问题, 定理 5.5 表明共轭梯度方法的估计误差将在第 6 次迭代完成时显著下降。然而, 从图 5.4 中可以看出, 在第 5 次迭代完成时估计误差已经大幅下降, 这表明定理 5.5 给出的仅仅是上界, 实际的收敛速度可以更快一些。此外, 从图 5.4 中还能看出, 对于特征值均匀分布的问题 (图中的虚线), 其收敛速度更加缓慢, 也更为均匀。

图 5.4 还显示出了另一个有趣的特征, 对于具有聚集特征值的问题, 再完成一次迭代 (总共 7 次迭代), 估计误差再次出现大幅下降现象, 定理 5.4 可用于解释此性质。根据图 5.3 中的矩阵特征值分布规律, 可以近似认为矩阵 $\boldsymbol{A}$ 含有 6 个不同的特征值, 其中包含 5 个大特征值和 1 个小特征值 1, 此时可以预期, 经过 6 次迭代后估计误差将接近零。然而, 真实情况是其中一些特征值在 1 附近稍微有些扩散, 因此直至完成 7 次迭代, 其估计误差才会变得非常小。

更准确的结论是, 如果矩阵 $\boldsymbol{A}$ 的特征值聚集成 r 组 (或称为 r 簇), 则共轭梯度方法大约经过 r 次迭代即可近似获得问题的解 (见文献 [136])。为了证明此结论, 可以构造多项式 $\overline{P}_{r-1}$, 以使 r 次多项式 $(1+\lambda\overline{P}_{r-1}(\lambda))$ 的 r 个零点分布在每个簇的内部。该多项式在特征值 $\lambda_1,\lambda_2,\cdots,\lambda_n$ 处的取值不

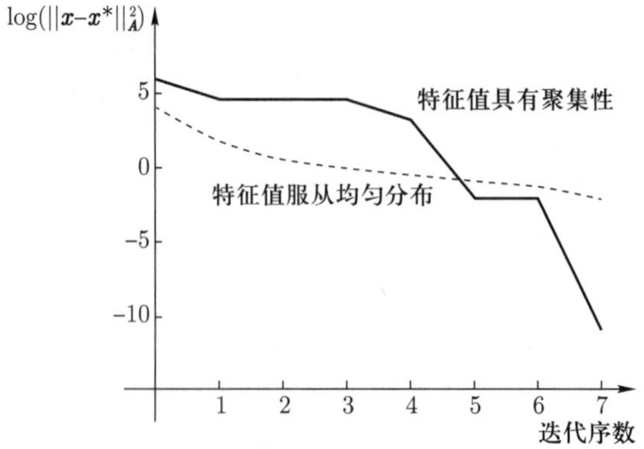

图 5.4　共轭梯度方法求解两类问题的性能曲线

会等于零, 但却很小, 于是当 $k \geqslant r-1$ 时, 由式 (5.34) 定义的非负标量很小。下面给出一个具体的例子, 假设矩阵 $\boldsymbol{A}$ 的阶数为 14, 其特征值可以划分成 4 组, 其中两组仅包含 1 个特征值, 分别为 120 和 140, 另一组包含 10 个特征值, 均分布在 10 附近, 最后一组特征值集中在 0.95 至 1.05 之间。图 5.5 描述了其收敛性质, 可以看出, 经过 4 次迭代后估计误差已经得到大幅下降, 经过 6 次迭代后可以取得很好的估计精度。

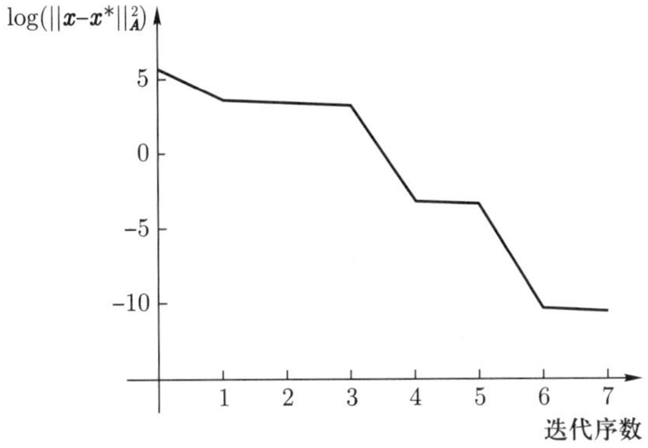

图 5.5　共轭梯度方法的性能曲线

共轭梯度方法另一个更近似的收敛表达式可由矩阵 $\boldsymbol{A}$ 的欧几里得条件数来获得, 此条件数的定义如下:

$$\kappa(\boldsymbol{A})=\|\boldsymbol{A}\|_2\|\boldsymbol{A}^{-1}\|_2=\lambda_n/\lambda_1$$

可以验证如下关系式:

$$\|\boldsymbol{x}_k-\boldsymbol{x}^*\|_{\boldsymbol{A}} \leqslant 2\left(\frac{\sqrt{\kappa(\boldsymbol{A})}-1}{\sqrt{\kappa(\boldsymbol{A})}+1}\right)^k\|\boldsymbol{x}_0-\boldsymbol{x}^*\|_{\boldsymbol{A}} \tag{5.36}$$

这个界通常高估了估计误差, 但是在仅能获得矩阵 $\boldsymbol{A}$ 的最小和最大特征值 λ_1 和 λ_n 的情形下, 这个界也能发挥作用。这个界可以与第 3 章式 (3.29) 给出的最速下降方法的界进行比较, 两者在形式上是相同的, 但是最速下降方法的界直接取决于条件数 $\kappa(\boldsymbol{A})$, 而不是这里的平方根 $\sqrt{\kappa(\boldsymbol{A})}$。

5.1.5　预处理

我们可以对线性方程组进行变换, 以改善矩阵 $\boldsymbol{A}$ 的特征值分布, 从而对共轭梯度方法进行加速。这个过程可以称为预处理, 其关键在于利用一个非奇异矩阵 $\boldsymbol{C}$ 得到新的变量 $\widehat{\boldsymbol{x}}$, 如下所示:

$$\widehat{\boldsymbol{x}}=\boldsymbol{C}\boldsymbol{x} \tag{5.37}$$

相应地, 式 (5.2) 定义的二次函数 ϕ 将变为

$$\widehat{\phi}(\widehat{\boldsymbol{x}})=\frac{1}{2}\widehat{\boldsymbol{x}}^{\mathrm{T}}(\boldsymbol{C}^{-\mathrm{T}}\boldsymbol{A}\boldsymbol{C}^{-1})\widehat{\boldsymbol{x}}-(\boldsymbol{C}^{-\mathrm{T}}\boldsymbol{b})^{\mathrm{T}}\widehat{\boldsymbol{x}} \tag{5.38}$$

如果利用算法 5.2 对函数 $\widehat{\phi}$ 最小化, 或者等价地求解如下线性方程组:

$$(\boldsymbol{C}^{-\mathrm{T}}\boldsymbol{A}\boldsymbol{C}^{-1})\widehat{\boldsymbol{x}}=\boldsymbol{C}^{-\mathrm{T}}\boldsymbol{b}$$

此时的收敛速度将取决于矩阵 $\boldsymbol{C}^{-\mathrm{T}}\boldsymbol{A}\boldsymbol{C}^{-1}$ 的特征值, 而并不是矩阵 $\boldsymbol{A}$ 的特征值。因此, 我们的目标是通过选择矩阵 $\boldsymbol{C}$, 使矩阵 $\boldsymbol{C}^{-\mathrm{T}}\boldsymbol{A}\boldsymbol{C}^{-1}$ 的特征值分布对于上述收敛理论更加有利。具体而言, 可以尝试选择矩阵 $\boldsymbol{C}$, 使矩阵 $\boldsymbol{C}^{-\mathrm{T}}\boldsymbol{A}\boldsymbol{C}^{-1}$ 的条件数明显小于矩阵 $\boldsymbol{A}$ 的条件数, 此时式 (5.36) 中的分式项将变得更小。此外, 也可以选择矩阵 $\boldsymbol{C}$, 使矩阵 $\boldsymbol{C}^{-\mathrm{T}}\boldsymbol{A}\boldsymbol{C}^{-1}$ 的特征值呈现聚集特性, 根据前面的讨论可知, 共轭梯度方法获得一个好的近似解的迭代次数不会比特征值的聚集数量大很多。

在实际计算过程中无须显式计算式 (5.37)。相反, 可以以向量 $\widehat{\boldsymbol{x}}$ 为变量, 将算法 5.2 应用于对式 (5.38) 的求解, 然后对变换求逆, 并以向量 $\boldsymbol{x}$ 为变量重新表述全部迭代公式。利用此推演过程就可以得到算法 5.3, 即预处理共轭梯度算法。注意到算法 5.3 中并没有直接使用矩阵 $\boldsymbol{C}$, 而是使用了矩阵 $\boldsymbol{M}=\boldsymbol{C}^{\mathrm{T}}\boldsymbol{C}$, 根据此矩阵的构造方式可知, 其为对称正定矩阵。

【算法 5.3 预处理共轭梯度算法】

步骤 1: 确定迭代起始点 $\boldsymbol{x}_0$ 和预处理矩阵 $\boldsymbol{M}$。

步骤 2: 设置 $\boldsymbol{r}_0\leftarrow\boldsymbol{A}\boldsymbol{x}_0-\boldsymbol{b}$。

步骤 3: 求解线性方程组 $\boldsymbol{M}\boldsymbol{y}_0=\boldsymbol{r}_0$, 以获得 $\boldsymbol{y}_0$。

步骤 4: 设置 $\boldsymbol{p}_0\leftarrow-\boldsymbol{y}_0$ 和 $k\leftarrow 0$。

步骤 5: 只要 $\boldsymbol{r}_k\neq\boldsymbol{0}$, 就依次循环计算:

$$\alpha_k\leftarrow\frac{\boldsymbol{r}_k^{\mathrm{T}}\boldsymbol{y}_k}{\boldsymbol{p}_k^{\mathrm{T}}\boldsymbol{A}\boldsymbol{p}_k} \tag{5.39a}$$

$$\boldsymbol{x}_{k+1}\leftarrow\boldsymbol{x}_k+\alpha_k\boldsymbol{p}_k \tag{5.39b}$$

$$\boldsymbol{r}_{k+1}\leftarrow\boldsymbol{r}_k+\alpha_k\boldsymbol{A}\boldsymbol{p}_k \tag{5.39c}$$

$$\text{求解线性方程组 }\boldsymbol{M}\boldsymbol{y}_{k+1}=\boldsymbol{r}_{k+1} \tag{5.39d}$$

$$\beta_{k+1}\leftarrow\frac{\boldsymbol{r}_{k+1}^{\mathrm{T}}\boldsymbol{y}_{k+1}}{\boldsymbol{r}_k^{\mathrm{T}}\boldsymbol{y}_k} \tag{5.39e}$$

$$\boldsymbol{p}_{k+1}\leftarrow-\boldsymbol{y}_{k+1}+\beta_{k+1}\boldsymbol{p}_k \tag{5.39f}$$

$$k\leftarrow k+1 \tag{5.39g}$$

如果在算法 5.3 中令 $\boldsymbol{M}=\boldsymbol{I}$, 该算法将退化为标准的共轭梯度算法 (即

算法 5.2)。算法 5.2 的性质可以以不同的形式推广至此处。例如, 式 (5.16) 给出的残差向量之间的正交性将变为

$$r_i^{\mathrm{T}} M^{-1} r_j = 0 \quad (\text{对于所有的 } i \neq j) \tag{5.40}$$

从计算量的角度来看, 预处理共轭梯度算法与非预处理共轭梯度算法的主要区别在于, 前者需要求解形式为 $\boldsymbol{M}\boldsymbol{y} = \boldsymbol{r}$ 的线性方程组 (见步骤式 (5.39d))。

5.1.6 实际的预处理器

实际中并不存在一种对所有类型的矩阵都最佳的预处理策略。对各种指标之间的权衡需要因问题而进行调整, 主要考虑的指标包括矩阵 $\boldsymbol{M}$ 的有效性、计算复杂度、矩阵 $\boldsymbol{M}$ 的存储量、求解线性方程组 $\boldsymbol{M}\boldsymbol{y} = \boldsymbol{r}$ 的复杂度。

针对一些特定类型的矩阵, 学者们已经提出了良好的预处理策略, 尤其是对偏微分方程 (Partial Differential Equations, PDEs) 离散化所产生的矩阵。通常, 预处理器的定义方式是使线性方程组 $\boldsymbol{M}\boldsymbol{y} = \boldsymbol{r}$ 等价为原始线性方程组 $\boldsymbol{A}\boldsymbol{x} = \boldsymbol{b}$ 的一种简化形式。在偏微分方程的例子中, $\boldsymbol{M}\boldsymbol{y} = \boldsymbol{r}$ 可以表示成一个关于原始连续问题的离散化方程, 但是比方程 $\boldsymbol{A}\boldsymbol{x} = \boldsymbol{b}$ 更加粗略。类似于优化和数值分析的很多其他领域, 关于问题结构和来源的知识是制定有效技术来解决问题的关键, 在偏微分方程的例子中, 线性方程组 $\boldsymbol{A}\boldsymbol{x} = \boldsymbol{b}$ 是其有限维表示。

学者们也提出了具有通用性的预处理器, 但是它们成功与否将随问题的不同而发生很大变化。此类中最重要的策略包括对称逐次超松弛 (Symmetric Successive Over Relaxation, SSOR) 预处理、不完全 Cholesky 分解预处理以及带状预处理等 (见文献 [72]、[136] 以及 [272] 中的讨论)。总体而言, 不完全 Cholesky 分解预处理可能是最有效的方法。该预处理方法的基本思想是简单的, 遵循 Cholesky 分解过程, 但并不是精确求得满足等式 $\boldsymbol{A} = \boldsymbol{L}\boldsymbol{L}^{\mathrm{T}}$ 的 Cholesky 矩阵因子 $\boldsymbol{L}$, 而是得到一个比矩阵 $\boldsymbol{L}$ 更稀疏的近似矩阵 $\widetilde{\boldsymbol{L}}$, 并且满足 $\boldsymbol{A} \approx \widetilde{\boldsymbol{L}}\widetilde{\boldsymbol{L}}^{\mathrm{T}}$。通常要求矩阵 $\widetilde{\boldsymbol{L}}$ 不能比原始矩阵 $\boldsymbol{A}$ 的下三角更稠密, 或者稠密得多。若令 $\boldsymbol{C} = \widetilde{\boldsymbol{L}}^{\mathrm{T}}$, 则有 $\boldsymbol{M} = \widetilde{\boldsymbol{L}}\widetilde{\boldsymbol{L}}^{\mathrm{T}}$ 以及

$$\boldsymbol{C}^{-\mathrm{T}}\boldsymbol{A}\boldsymbol{C}^{-1} = \widetilde{\boldsymbol{L}}^{-1}\boldsymbol{A}\widetilde{\boldsymbol{L}}^{-\mathrm{T}} \approx \boldsymbol{I}$$

此时矩阵 $\boldsymbol{C}^{-\mathrm{T}}\boldsymbol{A}\boldsymbol{C}^{-1}$ 的特征值分布将更有利于问题求解。我们并不需要直接计算矩阵 $\boldsymbol{M}$, 而是存储矩阵 $\widetilde{\boldsymbol{L}}$, 并基于矩阵 $\widetilde{\boldsymbol{L}}$ 求解两个三角线性方程组, 从而得到线性方程组 $\boldsymbol{M}\boldsymbol{y} = \boldsymbol{r}$ 的解。由于矩阵 $\widetilde{\boldsymbol{L}}$ 的稀疏性与矩阵 $\boldsymbol{A}$ 相似, 因此求解线性方程组 $\boldsymbol{M}\boldsymbol{y} = \boldsymbol{r}$ 的复杂度与计算矩阵与向量乘积 $\boldsymbol{A}\boldsymbol{p}$ 的复杂度接近。

不完全 Cholesky 分解预处理方法可能存在一些缺陷。例如, 所生成的

矩阵可能不具有 (充分) 正定性, 在这种情况下可以增加对角元素的值, 以确保能获得矩阵 $\widetilde{\boldsymbol{L}}$。此外, 由于对矩阵因子 $\widetilde{\boldsymbol{L}}$ 施加了稀疏条件, 在不完全因子分解的过程中可能出现数值不稳定或者崩塌现象。该问题可以通过在矩阵 $\widetilde{\boldsymbol{L}}$ 中填充额外元素来加以解决, 但是更稠密的矩阵因子将导致每次迭代中的计算复杂度更高。

5.2 非线性共轭梯度方法

前面已经指出, 算法 5.2 给出的共轭梯度方法可用于对式 (5.2) 定义的凸二次函数 ϕ 最小化。我们很自然会提出一个问题: 能否使用此方法对更一般的凸函数, 甚至是普通的非线性函数 f 进行优化。事实上, 本节将指出, 共轭梯度方法的非线性变形已经得到了充分的研究, 并已通过实践证明了其有效性。

5.2.1 Fletcher–Reeves 算法

Fletcher 和 Reeves 在文献 [107] 中对算法 5.2 做了两点简单的修正, 将共轭梯度方法推广于普通的非线性函数。首先, 式 (5.24a) 中的步长 α_k 是将函数 ϕ 沿着方向 $\boldsymbol{p}_k$ 进行寻优的极小值点, 但是这里则对非线性函数 f 沿着方向 $\boldsymbol{p}_k$ 进行线搜索, 并获得一个近似极小值点, 以作为步长 α_k。其次, 算法 5.2 中的残差向量 $\boldsymbol{r}$ 是函数 ϕ 的梯度向量 (见式 (5.3)), 但是这里需要将其替换成非线性函数 f 的梯度向量。通过这些修正可以得到下面的非线性优化算法。

【算法 5.4 Fletcher–Reeves 算法】

步骤 1: 确定迭代起始点 $\boldsymbol{x}_0$。

步骤 2: 计算 $f_0 = f(x_0)$ 和 $\nabla f_0 = \nabla f(x_0)$。

步骤 3: 设置 $\boldsymbol{p}_0 \leftarrow -\nabla f_0$ 和 $k \leftarrow 0$。

步骤 4: 只要 $\nabla f_k \neq \boldsymbol{0}$, 就依次循环计算:

步骤 4-1: 计算步长 α_k, 并计算 $\boldsymbol{x}_{k+1} \leftarrow \boldsymbol{x}_k + \alpha_k \boldsymbol{p}_k$;

步骤 4-2: 计算 ∇f_{k+1};

步骤 4-3: 计算 $\beta_{k+1}^{\mathrm{FR}}$ 如下:

$$\beta_{k+1}^{\mathrm{FR}} \leftarrow \frac{\nabla f_{k+1}^{\mathrm{T}} \nabla f_{k+1}}{\nabla f_k^{\mathrm{T}} \nabla f_k} \tag{5.41a}$$

步骤 4-4: 计算 $\boldsymbol{p}_{k+1}$ 如下:

$$\boldsymbol{p}_{k+1} \leftarrow -\nabla f_{k+1} + \beta_{k+1}^{\mathrm{FR}} \boldsymbol{p}_k \tag{5.41b}$$

步骤 4-5: 设置

$$k \leftarrow k+1 \tag{5.41c}$$

如果 f 是强凸二次函数, 且步长 α_k 是精确极小值点, 此时算法 5.4 将退化为线性共轭梯度方法, 即算法 5.2。算法 5.4 适用于求解大规模非线性优化问题, 因为每次迭代仅需要计算目标函数及其梯度。每一步计算都不涉及矩阵运算, 仅需要存储几个向量即可。

为了使算法 5.4 完整规范, 还需确定如何选择步长 α_k。式 (5.41b) 中的第 2 项可能导致搜索方向 $\boldsymbol{p}_k$ 不是下降方向。为了使其成为下降方向, 步长 α_k 应当满足一定的条件。通过将式 (5.41b)(需要用 k 替换 $k+1$) 与梯度向量 ∇f_k 进行内积运算可得

$$\nabla f_k^{\mathrm{T}} \boldsymbol{p}_k = -\|\nabla f_k\|^2 + \beta_k^{\mathrm{FR}} \nabla f_k^{\mathrm{T}} \boldsymbol{p}_{k-1} \tag{5.42}$$

如果线搜索是精确的, 也就是步长 α_{k-1} 是函数 f 沿搜索方向 $\boldsymbol{p}_{k-1}$ 的极小值点, 则有 $\nabla f_k^{\mathrm{T}} \boldsymbol{p}_{k-1} = 0$。在这种情形下, 由式 (5.42) 可知 $\nabla f_k^{\mathrm{T}} \boldsymbol{p}_k < 0$, 此时向量 $\boldsymbol{p}_k$ 确实是下降方向。然而, 如果线搜索并不精确, 式 (5.42) 中的第 2 项可能比第 1 项更起主导作用, 此时可能有 $\nabla f_k^{\mathrm{T}} \boldsymbol{p}_k > 0$, 这意味着向量 $\boldsymbol{p}_k$ 是上升方向。幸运的是, 可以避免此类情形发生, 仅需使步长 α_k 满足强 Wolfe 条件即可, 如下所示:

$$f(\boldsymbol{x}_k + \alpha_k \boldsymbol{p}_k) \leqslant f(\boldsymbol{x}_k) + c_1 \alpha_k \nabla f_k^{\mathrm{T}} \boldsymbol{p}_k \tag{5.43a}$$

$$|(\nabla f(\boldsymbol{x}_k + \alpha_k \boldsymbol{p}_k))^{\mathrm{T}} \boldsymbol{p}_k| \leqslant -c_2 \nabla f_k^{\mathrm{T}} \boldsymbol{p}_k \tag{5.43b}$$

式中 $0 < c_1 < c_2 < 1/2$。注意到这里限定 $c_2 < 1/2$, 并以此代替式 (3.7) 中更宽松的条件 $c_2 < 1$。下面的引理 5.6 表明, 满足式 (5.43b) 的步长可以使得式 (5.42) 成为负数。因此, 只要线搜索方法得到的步长 α_k 满足式 (5.43), 则搜索方向 $\boldsymbol{p}_k$ 就是函数 f 的下降方向。

5.2.2 Polak–Ribière 算法及其变形

Fletcher–Reeves 算法 (FR 算法) 存在很多变形形式, 它们的主要区别在于参数 β_k 的设置方式不同, 其中一种重要变形是由 Polak 和 Ribière 提出的, 他们将参数 β_k 设定为

$$\beta_{k+1}^{\mathrm{PR}} = \frac{\nabla f_{k+1}^{\mathrm{T}} (\nabla f_{k+1} - \nabla f_k)}{\|\nabla f_k\|^2} \tag{5.44}$$

将由式 (5.44) 替代式 (5.41a) 所得到的算法称为 Polak–Ribière (PR) 算法。如果 f 是强凸二次函数, 且线搜索是精确的, 该算法等同于 FR 算法。因为由式 (5.16) 可知, 在这种情况下梯度向量是相互正交的, 从而有 $\beta_{k+1}^{\mathrm{PR}} = \beta_{k+1}^{\mathrm{FR}}$。

然而, 当目标函数是一般的非线性函数, 且采用非精确线搜索时, 两种算法的性能差异则较大。数值经验表明, PR 算法具有更强的鲁棒性和更高的效率。

关于 PR 算法有一个令人意外的结论, 即强 Wolfe 条件 (式 (5.43)) 并不能确保向量 $\boldsymbol{p}_k$ 一定是一个下降方向。但如果将参数 β 修正为

$$\beta_{k+1}^{+} = \max\{\beta_{k+1}^{\mathrm{PR}}, 0\} \tag{5.45}$$

由此产生的算法称为 PR+ 算法, 此时对强 Wolfe 条件进行简单修正就能确保向量 $\boldsymbol{p}_k$ 是一个下降方向。

关于参数 β_{k+1} 还有很多其他计算公式, 当目标函数是凸二次函数, 并采用精确线搜索时, 这些公式与 Fletcher–Reeves 公式是一致的。例如, 参数 β_{k+1} 的 Hestenes–Stiefel 公式为

$$\beta_{k+1}^{\mathrm{HS}} = \frac{\nabla f_{k+1}^{\mathrm{T}}(\nabla f_{k+1} - \nabla f_k)}{(\nabla f_{k+1} - \nabla f_k)^{\mathrm{T}}\boldsymbol{p}_k} \tag{5.46}$$

由此衍生出 Hestenes–Stiefel 算法 (HS 算法), 其在理论收敛性能和实际性能方面与 PR 算法都十分相近。HS 算法要求连续两次搜索方向关于区间 $[x_k, x_{k+1}]$ 上的平均 Hessian 矩阵共轭, 平均 Hessian 矩阵的定义如下:

$$\overline{\boldsymbol{G}}_k \equiv \int_0^1 [\nabla^2 f(\boldsymbol{x}_k + \tau\alpha_k\boldsymbol{p}_k)]\mathrm{d}\tau$$

利用此性质可以得到式 (5.46), 下面对其进行证明。回顾泰勒定理 (见第 2 章定理 2.1) 可得 $\nabla f_{k+1} = \nabla f_k + \alpha_k\overline{\boldsymbol{G}}_k\boldsymbol{p}_k$, 由于搜索方向为 $\boldsymbol{p}_{k+1} = -\nabla f_{k+1} + \beta_{k+1}\boldsymbol{p}_k$, 利用条件 $\boldsymbol{p}_{k+1}^{\mathrm{T}}\overline{\boldsymbol{G}}_k\boldsymbol{p}_k = 0$ 可知式 (5.46) 成立。

后续的讨论将指出, 只要参数 β_k 的界满足如下条件:

$$|\beta_k| \leqslant \beta_k^{\mathrm{FR}} \quad (\text{对于所有的 } k \geqslant 2) \tag{5.47}$$

就有可能确保全局收敛。因此, 可以对 PR 算法进行如下修正:

$$\beta_k = \begin{cases} -\beta_k^{\mathrm{FR}}, & \beta_k^{\mathrm{PR}} < -\beta_k^{\mathrm{FR}} \\ \beta_k^{\mathrm{PR}}, & |\beta_k^{\mathrm{PR}}| \leqslant \beta_k^{\mathrm{FR}} \quad (\text{对于所有的 } k \geqslant 2) \\ \beta_k^{\mathrm{FR}}, & \beta_k^{\mathrm{PR}} > \beta_k^{\mathrm{FR}} \end{cases} \tag{5.48}$$

由此修正策略衍生出的算法称为 Fletcher–Reeves–Polak–Ribière 算法 (FR–PR 算法), 其在一些应用中具有很好的性能。

除了上述方法以外, 学者们最近还提出了共轭梯度方法的其他变形形式。下面给出计算参数 β_{k+1} 的两种公式, 分别为

$$\beta_{k+1} = \frac{\|\nabla f_{k+1}\|^2}{(\nabla f_{k+1} - \nabla f_k)^{\mathrm{T}}\boldsymbol{p}_k} \tag{5.49}$$

$$\beta_{k+1}=\left(\widehat{\boldsymbol{y}}_k-2\boldsymbol{p}_k\frac{\|\widehat{\boldsymbol{y}}_k\|^2}{\widehat{\boldsymbol{y}}_k^{\mathrm{T}}\boldsymbol{p}_k}\right)^{\mathrm{T}}\frac{\nabla f_{k+1}}{\widehat{\boldsymbol{y}}_k^{\mathrm{T}}\boldsymbol{p}_k} \tag{5.50}$$

式中 $\widehat{\boldsymbol{y}}_k=\nabla f_{k+1}-\nabla f_k$。式 (5.49) 源自文献 [85], 式 (5.50) 源自文献 [161], 这两种方法都具有良好的理论和计算性能。只要步长 α_k 满足 Wolfe 条件, 这两种方法均能确保向量 $\boldsymbol{p}_k$ 是一个下降方向。需要指出的是, 基于式 (5.49) 和式 (5.50) 的共轭梯度算法可以与 PR 算法在性能上一较高下。

5.2.3 二次终止和重启

非线性共轭梯度方法的实现过程与线性共轭梯度方法有着强相关性。当沿着方向 $\boldsymbol{p}_k$ 进行线搜索时, 常采用第 3 章给出的二次 (或者三次) 内插方法求解步长 α_k。如果目标函数 f 是强凸二次函数, 该方法得到的步长 α_k 即为精确线搜索给出的极小值点, 此时非线性共轭梯度方法将变成线性共轭梯度方法, 即算法 5.2。

在非线性共轭梯度方法中, 一种常用的修正策略是, 每完成 n 次迭代就在式 (5.41a) 中令 $\beta_k=0$, 也就是采用最速下降方法重新启动迭代。重启的目的是周期性地更新算法, 删除可能无用的旧信息。针对迭代重启策略, 可以证明一个非常强的理论结果: 重启能使迭代具有 n 步二次收敛性, 即有

$$\|\boldsymbol{x}_{k+n}-\boldsymbol{x}^*\|=O(\|\boldsymbol{x}_k-\boldsymbol{x}^*\|^2) \tag{5.51}$$

经过仔细思考会发现这个结果是可以预期的。考虑某个函数 f, 假设其在解的某个邻域内是强凸二次函数, 但在其他区域并不是二次函数。若算法能够收敛至问题的解, 迭代序列最终会进入目标函数为二次函数的区域。在该区域内的某个点, 迭代将会重启, 而从该点以后, 算法的性能与线性共轭梯度方法 (即算法 5.2) 相同。特别地, 算法将在重启后的 n 次迭代内得到有限终止。迭代重启非常重要, 因为只有当初始搜索方向 $\boldsymbol{p}_0$ 等于负梯度向量时, 算法 5.2 的有限终止性质以及其他良好性质才能成立。

即使目标函数 f 在解的邻域内并不是精确二次函数, 但依据泰勒定理 (即定理 2.1) 可知, 只要 f 是光滑函数, 其仍然可以充分逼近二次函数。因此, 尽管我们并不期望算法重启后能在 n 步内终止迭代, 但正如式 (5.51) 所示, 迭代序列将会明显趋近于问题的解。

虽然从理论上看式 (5.51) 是有意义的, 但可能与实际情况无关, 因为非线性共轭梯度方法仅被推荐用于求解 n 较大的优化问题。针对这些问题, 往往并不需要重启迭代, 因为获得近似解的迭代次数通常小于 n。因此, 非线性共轭梯度方法的实现有时并不包含重启环节, 或者重启策略不是依据迭代次数而设定。最常用的重启策略利用了式 (5.16), 该式表明, 如果 f 是凸二次函数, 梯度向量会相互正交。因此, 当相邻两个梯度向量不足够正交时, 就重

启迭代, 其度量标准如下所示:

$$\frac{|\nabla f_k^{\mathrm{T}} \nabla f_{k-1}|}{\|\nabla f_k\|^2} \geqslant v \tag{5.52}$$

式中参数 v 的典型值取 0.1。

我们还可以根据式 (5.45) 设定重启策略, 因为只要 $\beta_{k+1}^{\mathrm{PR}}$ 为负数, 向量 $\boldsymbol{p}_{k+1}$ 就变成了最速下降方向。与式 (5.52) 制定的重启策略不同, 此时重启发生的频次会很低, 因为在大多数情况下 $\beta_{k+1}^{\mathrm{PR}}$ 都将是正数。

5.2.4 Fletcher–Reeves 算法的性能

下面更深入地研究 Fletcher–Reeves 算法 (即算法 5.4) 的性能, 我们将证明此算法具有全局收敛性, 并解释其在实际应用中出现的一些低效现象。

下面的结果给出了能使所有搜索方向都是下降方向的线搜索条件。假设水平集 $L = \{\boldsymbol{x}\colon f(\boldsymbol{x}) \leqslant f(\boldsymbol{x}_0)\}$ 有界, 且函数 f 是二次连续可微的, 根据第 3 章引理 3.1 可知, 存在步长 α_k 满足强 Wolfe 条件。

【引理 5.6】 如果算法 5.4 中的步长 α_k 满足强 Wolfe 条件 (式 (5.43)), 其中 $0 < c_2 < 1/2$, 则该算法将产生下降方向 $\boldsymbol{p}_k$, 并且满足如下不等式:

$$-\frac{1}{1-c_2} \leqslant \frac{\nabla f_k^{\mathrm{T}} \boldsymbol{p}_k}{\|\nabla f_k\|^2} \leqslant \frac{2c_2-1}{1-c_2} \quad (\text{对于所有的 } k = 0, 1, 2, \cdots) \tag{5.53}$$

【证明】 注意到函数 $t(\xi) \overset{\text{定义}}{=\!=} (2\xi-1)/(1-\xi)$ 在区间 $[0, 1/2]$ 上是单调递增的, 并且满足 $t(0) = -1$ 和 $t(1/2) = 0$。由 $c_2 \in (0, 1/2)$ 可知

$$-1 < \frac{2c_2-1}{1-c_2} < 0 \tag{5.54}$$

因此, 一旦证明式 (5.53) 成立, 下降条件 $\nabla f_k^{\mathrm{T}} \boldsymbol{p}_k < 0$ 就能够成立。

下面利用归纳法证明式 (5.53)。首先当 $k = 0$ 时, 由于 $\boldsymbol{p}_0 = -\nabla f_0$, 式 (5.53) 的中间项等于 -1, 此时利用式 (5.54) 以及 $c_2 \in (0, 1/2)$ 可知, 式 (5.53) 中的两个不等式均成立。其次, 假设式 (5.53) 对于某个 $k \geqslant 1$ 成立, 于是有 $\nabla f_k^{\mathrm{T}} \boldsymbol{p}_k < 0$, 由式 (5.41a) 和式 (5.41b) 可得

$$\frac{\nabla f_{k+1}^{\mathrm{T}} \boldsymbol{p}_{k+1}}{\|\nabla f_{k+1}\|^2} = -1 + \beta_{k+1} \frac{\nabla f_{k+1}^{\mathrm{T}} \boldsymbol{p}_k}{\|\nabla f_{k+1}\|^2} = -1 + \frac{\nabla f_{k+1}^{\mathrm{T}} \boldsymbol{p}_k}{\|\nabla f_k\|^2} \tag{5.55}$$

根据线搜索条件式 (5.43b) 可知

$$|\nabla f_{k+1}^{\mathrm{T}} \boldsymbol{p}_k| \leqslant -c_2 \nabla f_k^{\mathrm{T}} \boldsymbol{p}_k \Leftrightarrow c_2 \nabla f_k^{\mathrm{T}} \boldsymbol{p}_k \leqslant \nabla f_{k+1}^{\mathrm{T}} \boldsymbol{p}_k \leqslant -c_2 \nabla f_k^{\mathrm{T}} \boldsymbol{p}_k$$

将此不等式与式 (5.55) 相结合可得

$$-1 + c_2 \frac{\nabla f_k^{\mathrm{T}} \boldsymbol{p}_k}{\|\nabla f_k\|^2} \leqslant \frac{\nabla f_{k+1}^{\mathrm{T}} \boldsymbol{p}_{k+1}}{\|\nabla f_{k+1}\|^2} \leqslant -1 - c_2 \frac{\nabla f_k^{\mathrm{T}} \boldsymbol{p}_k}{\|\nabla f_k\|^2}$$

利用归纳假设式 (5.53) 中的左侧不等式 $-\dfrac{1}{1-c_2} \leqslant \dfrac{\nabla f_k^{\mathrm{T}} \boldsymbol{p}_k}{\|\nabla f_k\|^2}$ 可得

$$-\frac{1}{1-c_2} = -1 - \frac{c_2}{1-c_2} \leqslant \frac{\nabla f_{k+1}^{\mathrm{T}} \boldsymbol{p}_{k+1}}{\|\nabla f_{k+1}\|^2} \leqslant -1 + \frac{c_2}{1-c_2} = \frac{2c_2 - 1}{1-c_2}$$

基于该式可知, 式 (5.53) 对于 $k+1$ 也成立。证毕。

上述结论仅利用了强 Wolfe 条件中的第 2 个关系式 (5.43b), 下节需要利用强 Wolfe 条件中的第 1 个关系式 (5.43a) 建立全局收敛性。式 (5.53) 给出的关于 $\nabla f_k^{\mathrm{T}} \boldsymbol{p}_k$ 的界限制了 $\|\boldsymbol{p}_k\|$ 的增长速度, 这些界将在后续的收敛性分析中发挥关键作用。

引理 5.6 可用于解释 FR 算法的弱点。我们将要证明, 如果该算法产生了一个较差的搜索方向和一个很小的迭代更新量, 那么下一个搜索方向和迭代更新量可能也难以令人满意。参照第 3 章中的描述, 令 θ_k 表示搜索方向 $\boldsymbol{p}_k$ 与最速下降方向 $-\nabla f_k$ 之间的夹角, 其定义为

$$\cos\theta_k = \frac{-\nabla f_k^{\mathrm{T}} \boldsymbol{p}_k}{\|\nabla f_k\| \, \|\boldsymbol{p}_k\|} \tag{5.56}$$

假设向量 $\boldsymbol{p}_k$ 是一个较差的搜索方向, 其与最速下降方向 $-\nabla f_k$ 之间的夹角接近 90°, 即有 $\cos\theta_k \approx 0$。将式 (5.53) 两边同时乘以 $\|\nabla f_k\|/\|\boldsymbol{p}_k\|$, 并结合定义式 (5.56) 可得

$$\frac{1-2c_2}{1-c_2} \frac{\|\nabla f_k\|}{\|\boldsymbol{p}_k\|} \leqslant \cos\theta_k \leqslant \frac{1}{1-c_2} \frac{\|\nabla f_k\|}{\|\boldsymbol{p}_k\|} \quad (\text{对于所有的 } k = 0, 1, 2, \cdots) \tag{5.57}$$

根据这些不等式可以推断, 当且仅当

$$\|\nabla f_k\| \ll \|\boldsymbol{p}_k\|$$

时, $\cos\theta_k \approx 0$。由于向量 $\boldsymbol{p}_k$ 与梯度向量接近正交, 此时从向量 $\boldsymbol{x}_k$ 到向量 $\boldsymbol{x}_{k+1}$ 的迭代更新量可能很小, 从而有 $\boldsymbol{x}_{k+1} \approx \boldsymbol{x}_k$。由该式可知 $\nabla f_{k+1} \approx \nabla f_k$, 于是根据定义式 (5.41a) 可以进一步推得

$$\beta_{k+1}^{\mathrm{FR}} \approx 1 \tag{5.58}$$

结合式 (5.58) 和式 (5.41b), 并利用近似关系 $\|\nabla f_{k+1}\| \approx \|\nabla f_k\| \ll \|\boldsymbol{p}_k\|$ 可知

$$\boldsymbol{p}_{k+1} \approx \boldsymbol{p}_k$$

这意味着新的搜索方向与其前一次搜索方向相比, 几乎没有改进。因此, 如果对于某次迭代满足 $\cos\theta_k \approx 0$, 并且随后的迭代更新量很小, 那么将产生一段很长且没有有效进展的迭代序列。

在上述情形下, Polak–Ribière 算法的性能则截然不同。如果对于某个迭代序数 k, 搜索方向 $\boldsymbol{p}_k$ 满足 $\cos\theta_k \approx 0$, 并且随后的迭代更新量很小, 此时将关系式 $\nabla f_k \approx \nabla f_{k+1}$ 代入式 (5.44) 中可得 $\beta_{k+1}^{\mathrm{PR}} \approx 0$。由式 (5.41b) 可知, 新的搜索方向将会接近最速下降方向 $-\nabla f_{k+1}$, $\cos\theta_{k+1}$ 也将接近于 1。因此, 当 PR 算法产生了一个较差的搜索方向时, 等同于重新启动了迭代。该结论也适用于 PR+ 算法和 HS 算法。此外, 对于由式 (5.48) 定义的 FR–PR 算法而言, 由于我们已经指出 $\beta_{k+1}^{\mathrm{FR}} \approx 1$ 和 $\beta_{k+1}^{\mathrm{PR}} \approx 0$, 根据式 (5.48) 可得 $\beta_{k+1} = \beta_{k+1}^{\mathrm{PR}}$, 这是我们期望的结果。因此, 利用修正公式 (5.48) 有助于避免 FR 算法的低效性, 同时又能依赖 FR 算法实现全局收敛。

在实际计算中, 上面讨论的 Fletcher–Reeves 算法的低效性是可以被观察到的。例如, 文献 [123] 描述了一个 $n = 100$ 的优化问题, 在数百次迭代中, $\cos\theta_k$ 和 $\|\boldsymbol{x}_k - \boldsymbol{x}_{k-1}\|$ 的数量级均为 10^{-2}。FR 算法需要上千次迭代才能得到该问题的解, 而 PR 算法仅需要 37 次迭代即可获得问题的解。在此例中, 如果 Fletcher–Reeves 算法能够沿最速下降方向周期性重启迭代, 可以获得更好的性能, 因为每次重启都能终止低效率的循环迭代。一般而言, 如果没有设置重启策略, 我们不建议直接使用 FR 算法。

5.2.5 全局收敛性

正如前节所述, 线性共轭梯度方法的收敛性质很好理解, 并且是最优方法。然而, 非线性共轭梯度方法却具有异乎寻常的收敛特性。下面将给出关于 Fletcher–Reeves 算法和 Polak–Ribière 算法收敛特性的一些主要结论, 假设两种算法均采用实际的线搜索策略。

为了描述这些收敛结论, 需要对目标函数做出以下假设, 这些假设并不具有限制性。

【假设 5.1】(1) 水平集 $L = \{\boldsymbol{x}\colon f(\boldsymbol{x}) \leqslant f(\boldsymbol{x}_0)\}$ 有界; (2) 在 L 的某个开邻域 N 中, 目标函数 f 是 Lipschitz 连续可微的。

该假设表明, 存在常数 $\overline{\gamma}$ 使得

$$\|\nabla f(\boldsymbol{x})\| \leqslant \overline{\gamma} \quad (\text{对于所有的 } \boldsymbol{x} \in L) \tag{5.59}$$

本节的主要数学分析工具是 Zoutendijk 定理 (即第 3 章定理 3.2)。该定理表明, 在假设 5.1 成立的条件下, 若迭代序列的计算公式为 $\boldsymbol{x}_{k+1} = \boldsymbol{x}_k + \alpha_k \boldsymbol{p}_k$, 其中 $\boldsymbol{p}_k$ 为下降方向, 步长 α_k 满足式 (5.43) 中的 Wolfe 条件, 则有如下极限关系式:

$$\sum_{k=0}^{+\infty}(\cos(\theta_k))^2\|\nabla f_k\|^2 < +\infty \tag{5.60}$$

如果算法通过设置 $\beta_k = 0$ 周期性重启迭代, 则可以利用此结论证明其具有全局收敛性。假设 k_1, k_2 等表示重启迭代时的迭代序数, 则由式 (5.60) 可得

$$\sum_{k=k_1,k_2,\cdots}\|\nabla f_k\|^2 < +\infty \tag{5.61}$$

若令两次重启之间的迭代次数不超过 $\overline{n}$, 那么序列 $\{k_j\}_{j=1}^{+\infty}$ 是无限长的, 此时由式 (5.61) 可知 $\lim\limits_{j\to+\infty}\|\nabla f_{k_j}\| = 0$。这意味着, 梯度向量的一个子序列趋近于零, 与其等价的结论为

$$\lim_{k\to+\infty}\inf\|\nabla f_k\| = 0 \tag{5.62}$$

对于本章讨论的所有设置重启机制的算法, 该结论都适用。

然而, 研究无重启机制的共轭梯度方法的全局收敛性会更有意义, 因为对于大规模优化问题 (通常 $n \geqslant 1\,000$), 我们期望获得问题解的迭代次数远小于 n, 通常第 1 个点是常规的迭代起始点。通过对无重启机制的共轭梯度迭代长序列进行研究, 我们发现其中蕴含一些出人意料的结论。

在引理 5.6 和式 (5.60) 的基础上, 下面将证明一个关于 Fletcher–Reeves 算法的全局收敛结果。尽管无法证明梯度序列 $\{\nabla f_k\}$ 的极限等于零, 但可以证明该序列没有非零的下界, 具体结论可见定理 5.7, 源自文献 [3]。

【定理 5.7】若假设 5.1 成立, 且算法 5.4 中的步长满足强 Wolfe 条件式 (5.43), 其中 $0 < c_1 < c_2 < 1/2$, 则有

$$\lim_{k\to+\infty}\inf\|\nabla f_k\| = 0 \tag{5.63}$$

【证明】采用反证法进行证明。假设式 (5.63) 不成立, 则存在一个常数 $\gamma > 0$ 满足

$$\|\nabla f_k\| \geqslant \gamma \quad (\text{对于所有充分大的 } k) \tag{5.64}$$

将式 (5.57) 右侧的不等式代入式 (5.60) 中可知

$$\sum_{k=0}^{+\infty}\frac{\|\nabla f_k\|^4}{\|\boldsymbol{p}_k\|^2} < +\infty \tag{5.65}$$

结合式 (5.43b) 和式 (5.53) 可得

$$|\nabla f_k^{\mathrm{T}}\boldsymbol{p}_{k-1}| \leqslant -c_2\nabla f_{k-1}^{\mathrm{T}}\boldsymbol{p}_{k-1} \leqslant \frac{c_2}{1-c_2}\|\nabla f_{k-1}\|^2 \tag{5.66}$$

基于该式, 并联合式 (5.41b) 以及 β_k^{FR} 的定义式 (5.41a) 可知

$$\begin{aligned}\|\boldsymbol{p}_k\|^2 &\leqslant \|\nabla f_k\|^2 + 2\beta_k^{\mathrm{FR}}|\nabla f_k^{\mathrm{T}}\boldsymbol{p}_{k-1}| + (\beta_k^{\mathrm{FR}})^2\|\boldsymbol{p}_{k-1}\|^2 \\ &\leqslant \|\nabla f_k\|^2 + \frac{2c_2}{1-c_2}\beta_k^{\mathrm{FR}}\|\nabla f_{k-1}\|^2 + (\beta_k^{\mathrm{FR}})^2\|\boldsymbol{p}_{k-1}\|^2 \\ &= \frac{1+c_2}{1-c_2}\|\nabla f_k\|^2 + (\beta_k^{\mathrm{FR}})^2\|\boldsymbol{p}_{k-1}\|^2\end{aligned}$$

若令 $c_3 \xlongequal{\text{定义}} (1+c_2)/(1-c_2) \geqslant 1$, 重复运用上面的关系式可得

$$\begin{aligned}\|\boldsymbol{p}_k\|^2 &\leqslant c_3\|\nabla f_k\|^2 + (\beta_k^{\mathrm{FR}})^2(c_3\|\nabla f_{k-1}\|^2 + \\ &\qquad (\beta_{k-1}^{\mathrm{FR}})^2(c_3\|\nabla f_{k-2}\|^2 + \cdots + (\beta_1^{\mathrm{FR}})^2\|\boldsymbol{p}_0\|^2)) \\ &= c_3\|\nabla f_k\|^4 \sum_{j=0}^{k} \|\nabla f_j\|^{-2}\end{aligned} \tag{5.67}$$

式中利用了 $\boldsymbol{p}_0 = -\nabla f_0$ 以及下面的关系式:

$$(\beta_k^{\mathrm{FR}})^2(\beta_{k-1}^{\mathrm{FR}})^2\cdots(\beta_{k-i}^{\mathrm{FR}})^2 = \frac{\|\nabla f_k\|^4}{\|\nabla f_{k-i-1}\|^4}$$

将式 (5.59) 和 (5.64) 代入式 (5.67) 中可得

$$\|\boldsymbol{p}_k\|^2 \leqslant \frac{c_3\overline{\gamma}^4}{\gamma^2}k \tag{5.68}$$

由该式可知, 存在某个正数 γ_4 满足

$$\sum_{k=1}^{+\infty}\frac{1}{\|\boldsymbol{p}_k\|^2} \geqslant \gamma_4\sum_{k=1}^{+\infty}\frac{1}{k} \tag{5.69}$$

此外, 结合式 (5.64) 和式 (5.65) 可得

$$\sum_{k=1}^{+\infty}\frac{1}{\|\boldsymbol{p}_k\|^2} < +\infty \tag{5.70}$$

然而, 将该式与式 (5.69) 相结合可知 $\sum\limits_{k=1}^{+\infty} 1/k < +\infty$, 这是一个错误的结论。由此可知, 式 (5.64) 并不成立, 因而式 (5.63) 成立。证毕。

上述全局收敛性可以扩展至参数 β_k 满足式 (5.47) 的情形, 尤其适用于式 (5.48) 给出的 FR–PR 算法。

通常, 如果能够证明存在常数 $c_4, c_5 > 0$ 满足

$$\cos\theta_k \geqslant c_4\frac{\|\nabla f_k\|}{\|\boldsymbol{p}_k\|}, \quad \frac{\|\nabla f_k\|}{\|\boldsymbol{p}_k\|} \geqslant c_5 > 0 \quad (k = 1, 2, \cdots)$$

则由式 (5.60) 可得

$$\lim_{k\to+\infty} \|\nabla f_k\| = 0$$

事实上, 当 f 是强凸函数, 并且采用精确线搜索时, 该结论对于 Polak–Ribière 算法也是成立的。

然而, 如果目标函数是一般的 (非凸) 函数, 很难针对 PR 算法给出一个与定理 5.7 类似的结论。这个事实并不是我们所预期的, 因为 PR 算法在实践中比 FR 算法表现得更好。下面将给出一个出人意料的结论, 它表明即使采用理想线搜索策略, PR 算法也将可能陷入无限循环迭代, 并且迭代序列并不接近问题的解。这里的理想线搜索策略是指将单变量函数 $t(\alpha) = f(\boldsymbol{x}_k + \alpha\boldsymbol{p}_k)$ 的第一个正的平稳点作为步长 α_k 的结果。

【定理 5.8】考虑由式 (5.44) 给出的 PR 算法, 假设其步长由理想线搜索策略获得, 则存在一个二次连续可微的目标函数 $f\colon \mathbb{R}^3 \to \mathbb{R}$ 和迭代起始点 $\boldsymbol{x}_0 \in \mathbb{R}^3$, 使得梯度向量的范数序列 $\{\|\nabla f_k\|\}$ 存在非零的界。

该定理的证明过程十分复杂, 具体可见文献 [253]。表明定理 5.8 所期望的目标函数是存在的, 但并没有显式构造此目标函数。这个结论是有意义的, 因为利用当前使用的线搜索算法能够获得定理中的理想步长, 也就是第一个正的平稳点。定理 5.8 的证明要求一些相邻搜索方向接近彼此的负数形式。在采用理想线搜索的条件下, 只有当 $\beta_k < 0$ 时才会出现此现象, 因此该分析建议使用 PR+ 算法 (见式 (5.45)), 也就是每当 β_k 变成负数时, 就将 β_k 重置为零。前面已经指出, 如果在线搜索策略中对 Wolfe 条件稍加修正, 就能够确保由 PR+ 算法产生的向量 $\boldsymbol{p}_k$ 均为下降方向。利用此事实, 有可能针对 PR+ 算法得到一个与定理 5.7 类似的全局收敛结论。此外, 可以在不对 Wolfe 条件进行任何修正的条件下, 建立关于式 (5.49) 和式 (5.50) 的全局收敛结论, 这是这两个公式所具备的良好性质。

5.2.6 数值性能

表 5.1 给出了 FR 算法、PR 算法以及 PR+ 算法在没有设置迭代重启条件下的性能。在这里的测试中, 强 Wolfe 条件式 (5.43) 中的参数选为 $c_1 = 10^{-4}$ 和 $c_2 = 0.1$。迭代终止条件设为

$$\|\nabla f_k\|_\infty < 10^{-5}(1 + |f_k|)$$

如果经过 10 000 次迭代后此条件仍然不满足, 则认为算法失效, 并在表中用符号 $*$ 来表示。

表 5.1 中的最后一列表示在 PR+ 算法中, 需要基于式 (5.45) 进行调整 (使得 $\beta_k^{\mathrm{PR}} \geqslant 0$) 的迭代次数。针对问题 GENROS, FR 算法在距离问题解的较远处的迭代更新量很小, 这导致目标函数的改进量非常小, 因而在最大迭

代次数范围内未能取得收敛。

PR 算法或者其变形形式 PR+ 算法并不总比 FR 算法的效率更高, 且它们比 FR 算法还多一个存储向量。尽管如此, 我们还是推荐使用 PR 算法、PR+ 算法、FR–PR 算法或者基于式 (5.49) 和式 (5.50) 所构成的算法。

表 5.1　3 种非线性共轭梯度方法求解一组测试问题所需的迭代次数以及函数梯度值

测试问题名称 (见文献 [123])	变量维数 n	FR 算法	PR 算法	PR+ 算法	
		迭代次数/函数梯度	迭代次数/函数梯度	迭代次数/函数梯度	调整次数
CALCVAR3	200	2 808/5 617	2 631/5 263	2 631/5 263	0
GENROS	500	*	1 068/2 151	1 067/2 149	1
XPOWSING	1 000	533/1 102	212/473	97/229	3
TRIDIA1	1 000	264/531	262/527	262/527	0
MSQRT1	1 000	422/849	113/231	113/231	0
XPOWELL	1 000	568/1 175	212/473	97/229	3
TRIGON	1 000	231/467	40/92	40/92	0

5.3　注释与参考文献

共轭梯度方法是由 Hestenes 和 Stiefel 于 20 世纪 50 年代在文献 [168] 中提出的方法, 可以作为矩阵分解方法的替代方案, 用于求解对称正定矩阵线性方程组的解。几年以后, 在稀疏线性代数的一个重要发展中, 此类方法才被认为是一种迭代方法, 可以在迭代次数明显小于 n 的情况下给出线性方程组较好的近似解。本书对线性共轭梯度方法的描述借鉴了文献 [195]。关于共轭梯度方法和 Lanczos 方法的发展历史, 推荐读者参阅文献 [135]。

有趣的是, 在线性共轭梯度方法淡出人们的研究热点以后, Fletcher 和 Reeves 才在文献 [107] 中提出了非线性共轭梯度方法, 但是几年前, 学者们又重新将线性共轭梯度方法作为一种求解线性方程组的迭代方法展开研究。文献 [237] 提出了 PR 算法, 文献 [253] 给出了一个实例, 用于说明该算法对于非凸问题可能无法收敛。此外, 文献 [248] 讨论了迭代重启方法。

文献 [161] 报道了迄今为止非线性共轭梯度方法取得的一些最好的计算结果, 其中的方法是基于式 (5.50) 实现的, 并且采用了高精度的线搜索程序。表 5.1 中的计算结果源自文献 [123], 该文献还描述了一种线搜索方法, 可使得 PR+ 算法总能产生下降方向, 并证明了其具有全局收敛性。

文献 [245] 中的分析进一步证明了使用精确线搜索时 FR 算法的低效性。该文献表明, 如果迭代进入某个区域, 其目标函数是如下二维二次函数:

$$f(\boldsymbol{x})=\frac{1}{2}\boldsymbol{x}^{\mathrm{T}}\boldsymbol{x}$$

那么梯度向量 ∇f_k 与搜索方向 $\boldsymbol{p}_k$ 之间的夹角将会保持不变。由于该夹角可以任意接近 90°, 因此 FR 算法的收敛速度可能比最速下降方法更加缓慢。然而, 在这种情况下 PR 算法具有截然不同的性能。对于 PR 算法而言, 如果某次迭代更新量很小, 那么如同前文所述, 下一次迭代搜索方向将会接近最速下降方向, 从而避免生成一组变化量很小的迭代序列。

非线性共轭梯度方法的全局收敛性得到了学者们的广泛关注, 具体可见文献 [3]、[85]、[123] 以及 [161] 等。关于共轭梯度方法最新的一些研究成果可以参阅文献 [147] 和文献 [162]。

大多数关于共轭梯度方法收敛速度的理论都假设其采用了精确线搜索。文献 [82] 证明其收敛速度是线性的, 并通过构造一个实例验证其无法获得 Q 超线性收敛速度。文献 [245] 表明, 当共轭梯度方法的迭代序列进入目标函数为二次函数所对应的区域时, 该方法要么发生有限终止, 要么具有线性收敛速度。对于一般的目标函数, 文献 [46] 和文献 [63] 证明了式 (5.51) 成立, 也就是具有 n 步二次收敛性。文献 [265] 还证明了该类方法具有 n 步超二次收敛速度, 也就是满足

$$\|\boldsymbol{x}_{k+n}-\boldsymbol{x}^*\|=o(\|\boldsymbol{x}_k-\boldsymbol{x}^*\|^2)$$

文献 [251] 给出了更好的结果, 并对小规模问题进行了数值实验, 用以观察其在实践中的收敛速度。该文献还针对渐近精确线搜索总结出一些已有的关于收敛速度的结论, 其中包括文献 [11] 和文献 [282] 中的结果。文献 [265] 和文献 [278] 指出, 在搜索方向一致线性独立的假设下, 可以获得更快的收敛速度, 但是该假设在实践中并不常见, 难以得到有效验证。

针对基于精确线搜索的 FR 算法和 PR 算法, 文献 [225] 研究了它们的全局效率, 定义了 “计算强度” 的度量方法, 及其在某类迭代中的最优界。该文献表明, 在强凸问题上, FR 算法和 PR 算法不仅难以获得最优界, 而且可能比最速下降方法的收敛速度更加缓慢。随后, 文献 [225] 提出了一种能够达到此最优界的算法, 与平行切线方法 (见文献 [195]) 相关。我们认为这种方法在实践中不太可能有效, 但据了解, 目前尚没有结论性的研究报道。

5.4 练习题

5.1 编程实现算法 5.2, 并利用此程序求解系数矩阵为希尔伯特矩阵的线性方程组, 希尔伯特矩阵中的元素记为 $A_{i,j}=1/(i+j-1)$。将方程组的右侧向量设为 $\boldsymbol{b}=[1\ \ 1\ \ \cdots\ \ 1]^{\mathrm{T}}$, 迭代起始点设为 $\boldsymbol{x}_0=\boldsymbol{0}$。将变量维数依次

设为 $n = 5, 8, 12, 20$, 并分别统计残差降低至 10^{-6} 以下时的迭代次数。

5.2 如果非零向量 $\boldsymbol{p}_0, \boldsymbol{p}_1, \cdots, \boldsymbol{p}_l$ 满足式 (5.5), 其中 $\boldsymbol{A}$ 是对称正定矩阵, 那么这些向量线性独立。该结论表明, 矩阵 $\boldsymbol{A}$ 最多有 n 个共轭方向。

5.3 证明式 (5.7) 成立。

5.4 如果 $f(\boldsymbol{x})$ 是强凸二次函数, 证明函数 $h(\boldsymbol{\sigma}) \xlongequal{\text{定义}} f(\boldsymbol{x}_0 + \sigma_0 \boldsymbol{p}_0 + \cdots + \sigma_{k-1} \boldsymbol{p}_{k-1})$ 也是关于变量 $\boldsymbol{\sigma} = [\sigma_0 \ \ \sigma_1 \ \ \cdots \ \ \sigma_{k-1}]^{\mathrm{T}}$ 的强凸二次函数。

5.5 利用式 (5.14) 验证式 (5.17) 和式 (5.18) 对于 $k = 1$ 成立。

5.6 证明式 (5.24d) 与式 (5.14d) 相互等价。

5.7 假设 $\{\lambda_i, \boldsymbol{v}_i\}$ $(i = 1, 2, \cdots, n)$ 是对称矩阵 $\boldsymbol{A}$ 的一对特征值和特征向量, 证明矩阵 $[\boldsymbol{I} + \boldsymbol{P}_k(\boldsymbol{A})\boldsymbol{A}]^{\mathrm{T}} \boldsymbol{A} [\boldsymbol{I} + \boldsymbol{P}_k(\boldsymbol{A})\boldsymbol{A}]$ 的一对特征值和特征向量分别为 $\lambda_i [1 + \lambda_i P_k(\lambda_i)]^2$ 和 $\boldsymbol{v}_i$。

5.8 构造若干具有不同特征值分布的矩阵 (包括聚集分布和非聚集分布), 利用共轭梯度方法对其进行求解, 并分析其性能是否可以由定理 5.5 进行解释。

5.9 将标准共轭梯度方法应用于变量 $\widehat{\boldsymbol{x}}$, 并转换用原始变量进行表述, 以此推导算法 5.3 成立。

5.10 证明修正共轭条件式 (5.40) 成立。

5.11 当利用精确线搜索对二次函数进行优化时, 证明 Polak–Ribière 公式 (5.44) 和 Hestenes–Stiefel 公式 (5.46) 均与 Fletcher–Reeves 公式 (5.41a) 一致。

5.12 证明对于满足 $|\beta_k| \leqslant \beta_k^{\mathrm{FR}}$ 的任意参数 β_k, 引理 5.6 总能成立。

第 6 章

拟牛顿方法

20 世纪 50 年代中期, 在阿贡国家实验室工作的物理学家 W. C. Davidon 曾使用坐标下降方法 (见第 9.3 节) 进行了一次长时间的优化计算。令 Davidon 感到沮丧的是, 由于当时的计算机并不稳定, 计算机系统经常在全部计算完成前就崩溃了, 于是 Davidon 决定找寻一种加速迭代的方法。他提出的第一种拟牛顿方法被证明是非线性优化中最具创造性的思想之一。Fletcher 和 Powell 很快就证明了新方法比现有其他方法更快、更可靠, 这一显著进步瞬间影响了非线性优化的发展。在随后的 20 年时间里, 学者们提出了大量变形方法, 数百篇论文对此展开了深入研究。然而, 令人感到有趣且讽刺的事情是, Davidon 的论文在当时并没有被公开发表, 30 多年来, 该论文只是作为一份技术报告留存下来 (见文献 [87]), 直至 1991 年才正式发表在期刊 *SIAM Journal on Optimization* 的第 1 期中 (见文献 [88])。

与最速下降方法类似, 拟牛顿方法在每次迭代中仅需要目标函数的梯度向量。通过观测梯度向量的变化量, 该类方法构建了一个关于目标函数足够好的模型, 以获得超线性收敛速度。相比于最速下降方法, 其改进是显著的, 尤其在求解复杂问题时。此外, 由于拟牛顿方法并不需要计算目标函数的二阶导数, 因此其效率一般会比牛顿方法更高。现如今, 优化软件库中包含各种求解无约束、有约束和大规模优化问题的拟牛顿方法。本章讨论求解中小规模问题的拟牛顿方法, 第 7 章还将阐述该类方法在大规模优化问题中的推广应用。

自动微分技术的发展, 使得牛顿方法在无须已知目标函数二阶导数的情况下仍可能得到应用 (见第 8 章)。尽管如此, 自动微分工具在很多情况下尚无法使用, 在自动微分软件中使用二阶导数可能比使用梯度向量复杂得多。这些原因使得拟牛顿方法成为一种具有吸引力的方法。

6.1 BFGS 方法

最著名的拟牛顿方法是 BFGS 方法, 该方法是以其 4 位发明者 Broyden、

Fletcher、Goldfarb 以及 Shanno 的名字命名的。本节将推导 BFGS 方法 (及其 “近亲” 方法——DFP 方法), 然后描述其理论性质与实现策略。

我们的推导开始于构造目标函数在当前迭代点 $\boldsymbol{x}_k$ 处的二次模型函数, 如下所示:

$$m_k(\boldsymbol{p}) = f_k + \nabla f_k^{\mathrm{T}} \boldsymbol{p} + \frac{1}{2} \boldsymbol{p}^{\mathrm{T}} \boldsymbol{B}_k \boldsymbol{p} \tag{6.1}$$

式中 $\boldsymbol{B}_k$ 为 n 阶对称正定矩阵, 该矩阵将会在每次迭代中得到修正或者更新。注意到模型函数 $m_k(\boldsymbol{p})$ 在点 $\boldsymbol{p} = \boldsymbol{0}$ 处的函数值和梯度向量分别等于 f_k 和 ∇f_k。该凸二次模型函数的极小值点 $\boldsymbol{p}_k$ 的显式表达式为

$$\boldsymbol{p}_k = -\boldsymbol{B}_k^{-1} \nabla f_k \tag{6.2}$$

如果将向量 $\boldsymbol{p}_k$ 作为搜索方向, 则其迭代公式可以描述为

$$\boldsymbol{x}_{k+1} = \boldsymbol{x}_k + \alpha_k \boldsymbol{p}_k \tag{6.3}$$

式中 α_k 为步长, 满足第 3 章式 (3.6) 中的 Wolfe 条件。该迭代公式非常类似于基于线搜索的牛顿方法, 主要区别在于其使用近似 Hessian 矩阵 $\boldsymbol{B}_k$ 代替真实 Hessian 矩阵。

为了避免在每次迭代中重新计算矩阵 $\boldsymbol{B}_k$, Davidon 提出了一种更新矩阵 $\boldsymbol{B}_k$ 的简单方式, 其中利用了在最新迭代中获得的曲率信息。假设已经得到一个新的迭代点 $\boldsymbol{x}_{k+1}$, 并且想要构造一个新的二次模型函数, 如下所示:

$$m_{k+1}(\boldsymbol{p}) = f_{k+1} + \nabla f_{k+1}^{\mathrm{T}} \boldsymbol{p} + \frac{1}{2} \boldsymbol{p}^{\mathrm{T}} \boldsymbol{B}_{k+1} \boldsymbol{p}$$

基于最新迭代中所获得的信息, 需要矩阵 $\boldsymbol{B}_{k+1}$ 满足什么条件呢? 合理的条件是, 令函数 m_{k+1} 在两个最新迭代点 $\boldsymbol{x}_k$ 和 $\boldsymbol{x}_{k+1}$ 处的梯度向量分别与目标函数 f 在这两个迭代点处的梯度向量一致 (即需要满足两个条件)。由于 $\nabla m_{k+1}(\boldsymbol{0})$ 刚好等于 ∇f_{k+1}, 所以第 2 个条件自然能够成立。第 1 个条件可以在数学上表示为

$$\nabla m_{k+1}(-\alpha_k \boldsymbol{p}_k) = \nabla f_{k+1} - \alpha_k \boldsymbol{B}_{k+1} \boldsymbol{p}_k = \nabla f_k$$

对该式稍加整理可得

$$\boldsymbol{B}_{k+1} \alpha_k \boldsymbol{p}_k = \nabla f_{k+1} - \nabla f_k \tag{6.4}$$

为了简化符号表述, 不妨定义下面两个向量:

$$\boldsymbol{s}_k = \boldsymbol{x}_{k+1} - \boldsymbol{x}_k = \alpha_k \boldsymbol{p}_k, \quad \boldsymbol{y}_k = \nabla f_{k+1} - \nabla f_k \tag{6.5}$$

于是可以将式 (6.4) 简化为

$$\boldsymbol{B}_{k+1}\boldsymbol{s}_k = \boldsymbol{y}_k \tag{6.6}$$

式 (6.6) 被称为割线方程。

一旦给定了迭代位移向量 $\boldsymbol{s}_k$ 和梯度变化向量 $\boldsymbol{y}_k$, 割线方程则需要对称正定矩阵 $\boldsymbol{B}_{k+1}$ 将向量 $\boldsymbol{s}_k$ 映射为向量 $\boldsymbol{y}_k$。这是有可能实现的, 但是需要向量 $\boldsymbol{s}_k$ 和向量 $\boldsymbol{y}_k$ 满足如下曲率条件:

$$\boldsymbol{s}_k^{\mathrm{T}}\boldsymbol{y}_k > 0 \tag{6.7}$$

将式 (6.6) 两边左乘向量 $\boldsymbol{s}_k^{\mathrm{T}}$ 即可得到式 (6.7)。如果 f 为强凸函数, 不等式 (6.7) 对于任意两个迭代点 $\boldsymbol{x}_k$ 和 $\boldsymbol{x}_{k+1}$ 均能成立 (见练习题 6.1)。然而, 对于非凸函数而言, 该条件并不总能成立, 在此情况下可以对线搜索中的步长 α 施加一定约束, 以迫使式 (6.7) 成立。事实上, 如果令线搜索中的步长 α 满足第 3 章式 (3.6) 中的 Wolfe 条件或者第 3 章式 (3.7) 中的强 Wolfe 条件, 就可以确保式 (6.7) 成立, 下面验证此结论。结合式 (6.5) 和第 3 章式 (3.6b) 可知 $\nabla f_{k+1}^{\mathrm{T}}\boldsymbol{s}_k \geqslant c_2\nabla f_k^{\mathrm{T}}\boldsymbol{s}_k$, 由该式可得

$$\boldsymbol{y}_k^{\mathrm{T}}\boldsymbol{s}_k = \nabla f_{k+1}^{\mathrm{T}}\boldsymbol{s}_k - \nabla f_k^{\mathrm{T}}\boldsymbol{s}_k \geqslant (c_2-1)\nabla f_k^{\mathrm{T}}\boldsymbol{s}_k = (c_2-1)\alpha_k\nabla f_k^{\mathrm{T}}\boldsymbol{p}_k \tag{6.8}$$

由于 $c_2 < 1$ 且向量 $\boldsymbol{p}_k$ 是下降方向, 所以式 (6.8) 中的右侧项为正数, 于是曲率条件式 (6.7) 成立。

当式 (6.7) 中的曲率条件成立时, 割线方程式 (6.6) 总存在解 $\boldsymbol{B}_{k+1}$。事实上, 该方程存在无穷多个解, 因为 n 阶对称正定矩阵的自由度为 $n(n+1)/2$, 大于割线方程式 (6.6) 中的等式个数 n。此外, 矩阵 $\boldsymbol{B}_{k+1}$ 需要满足正定性, 从而新增了 n 个不等式, 即矩阵的主子式均为正数, 但是这些条件并不能涵盖剩余的自由度。

为了能唯一确定矩阵 $\boldsymbol{B}_{k+1}$, 需要对矩阵 $\boldsymbol{B}_{k+1}$ 新增一个额外条件, 即在满足割线方程式 (6.6) 的对称矩阵集中, 矩阵 $\boldsymbol{B}_{k+1}$ 应在某种意义下与当前矩阵 $\boldsymbol{B}_k$ 的距离最为接近。在数学上, 需要求解如下最小化问题:

$$\min_{\boldsymbol{B}}\{\|\boldsymbol{B}-\boldsymbol{B}_k\|\} \tag{6.9a}$$

$$\text{s.t.}\ \ \boldsymbol{B}=\boldsymbol{B}^{\mathrm{T}},\quad \boldsymbol{B}\boldsymbol{s}_k=\boldsymbol{y}_k \tag{6.9b}$$

式中向量 $\boldsymbol{s}_k$ 和向量 $\boldsymbol{y}_k$ 满足式 (6.7), $\boldsymbol{B}_k$ 为对称正定矩阵。在式 (6.9a) 中可以使用不同的矩阵范数, 而不同的矩阵范数将产生不同的拟牛顿方法。使用加权 Frobenius 范数可以使最小化问题式 (6.9) 变得更易于求解, 并且能够获得具有尺度不变特性的优化方法, 该范数可以表示为

$$\|\boldsymbol{A}\|_{\boldsymbol{W}} = \|\boldsymbol{W}^{1/2}\boldsymbol{A}\boldsymbol{W}^{1/2}\|_{\mathrm{F}} \tag{6.10}$$

式中 $\|\cdot\|_{\mathrm{F}}$ 的定义为 $\|\boldsymbol{C}\|_{\mathrm{F}}^2=\sum_{i=1}^{n}\sum_{j=1}^{n}c_{ij}^2$, 加权矩阵 $\boldsymbol{W}$ 应满足 $\boldsymbol{W}\boldsymbol{y}_k=\boldsymbol{s}_k$。具体而言, 可以假设 $\boldsymbol{W}=\overline{\boldsymbol{G}}_k^{-1}$, 其中 $\overline{\boldsymbol{G}}_k$ 表示平均 Hessian 矩阵, 定义为

$$\overline{\boldsymbol{G}}_k=\left[\int_0^1\nabla^2 f(\boldsymbol{x}_k+\tau\alpha_k\boldsymbol{p}_k)\mathrm{d}\tau\right] \tag{6.11}$$

基于第 2 章泰勒定理 (即第 2 章定理 2.1) 可以得到如下性质:

$$\boldsymbol{y}_k=\overline{\boldsymbol{G}}_k\alpha_k\boldsymbol{p}_k=\overline{\boldsymbol{G}}_k\boldsymbol{s}_k \tag{6.12}$$

上述加权矩阵 $\boldsymbol{W}$ 可以使范数式 (6.10) 无量纲, 这是一个理想的性质, 因为我们并不希望式 (6.9) 的解依赖于问题的物理单位。

如果使用上述加权 Frobenius 范数以及加权矩阵, 约束优化问题式 (6.9) 的唯一最优解应为

$$(\mathrm{DFP})\quad \boldsymbol{B}_{k+1}=(\boldsymbol{I}-\rho_k\boldsymbol{y}_k\boldsymbol{s}_k^{\mathrm{T}})\boldsymbol{B}_k(\boldsymbol{I}-\rho_k\boldsymbol{s}_k\boldsymbol{y}_k^{\mathrm{T}})+\rho_k\boldsymbol{y}_k\boldsymbol{y}_k^{\mathrm{T}} \tag{6.13}$$

式中

$$\rho_k=\frac{1}{\boldsymbol{y}_k^{\mathrm{T}}\boldsymbol{s}_k} \tag{6.14}$$

式 (6.13) 被称为 DFP 更新公式, 因为其最早是由 Davidon 于 1959 年提出的, 随后 Fletcher 和 Powell 对其进行了深入的研究, 提出了具体的实现策略, 并对其进行了推广。

将矩阵 $\boldsymbol{B}_k$ 的逆矩阵记为

$$\boldsymbol{H}_k=\boldsymbol{B}_k^{-1}$$

矩阵 $\boldsymbol{H}_k$ 对于实现上述方法是有益的, 因为利用此矩阵, 仅需要计算矩阵与向量的乘积即可获得搜索方向式 (6.2)。利用附录 A 中的 Sherman–Morrison–Woodbury 公式 (A.28), 可以得到近似 Hessian 矩阵的逆矩阵 $\boldsymbol{H}_k$ 的更新公式, 如下所示:

$$(\mathrm{DFP})\quad \boldsymbol{H}_{k+1}=\boldsymbol{H}_k-\frac{\boldsymbol{H}_k\boldsymbol{y}_k\boldsymbol{y}_k^{\mathrm{T}}\boldsymbol{H}_k}{\boldsymbol{y}_k^{\mathrm{T}}\boldsymbol{H}_k\boldsymbol{y}_k}+\frac{\boldsymbol{s}_k\boldsymbol{s}_k^{\mathrm{T}}}{\boldsymbol{y}_k^{\mathrm{T}}\boldsymbol{s}_k} \tag{6.15}$$

该式对应于矩阵 $\boldsymbol{B}_k$ 的 DFP 更新公式 (6.13)。式 (6.15) 等号右侧的最后两项均为秩 1 矩阵, 因此, 该式其实是对矩阵 $\boldsymbol{H}_k$ 进行秩 2 修正。不难发现, 式 (6.13) 也是对矩阵 $\boldsymbol{B}_k$ 进行秩 2 修正。这其实是拟牛顿更新的基本思想, 该类方法并不是在每次迭代中重新计算近似 Hessian 矩阵 (或是其逆矩阵), 而是将最新观察到的关于目标函数的信息与当前近似 Hessian 矩阵中已有的知识相结合, 用于对近似 Hessian 矩阵 (或是其逆矩阵) 进行简单的修正更新。

DFP 更新公式是非常有效的, 但是很快就被 BFGS 更新公式所替代, BFGS 更新公式目前被认为是所有拟牛顿更新公式中最有效的。事实上, 将推导式 (6.13) 的过程稍做修改, 就可以得到 BFGS 更新公式。为了获得此更新公式, 将不再对近似 Hessian 矩阵 $\boldsymbol{B}_k$ 施加约束条件, 而是对其逆矩阵 $\boldsymbol{H}_k$ 施加类似的约束。具体而言, 更新的近似矩阵 $\boldsymbol{H}_{k+1}$ 必须是对称正定矩阵, 并且同样需要满足式 (6.6) 中的割线方程, 即有

$$\boldsymbol{H}_{k+1}\boldsymbol{y}_k = \boldsymbol{s}_k$$

与式 (6.9) 类似的是, 矩阵 $\boldsymbol{H}_{k+1}$ 也需要与矩阵 $\boldsymbol{H}_k$ 的距离最为接近, 于是可以构建如下约束优化问题:

$$\min_{\boldsymbol{H}}\{\|\boldsymbol{H} - \boldsymbol{H}_k\|\} \tag{6.16a}$$

$$\text{s.t.}\ \ \boldsymbol{H} = \boldsymbol{H}^{\mathrm{T}}, \quad \boldsymbol{H}\boldsymbol{y}_k = \boldsymbol{s}_k \tag{6.16b}$$

式中的范数仍然取上面描述的加权 Frobenius 范数, 只是这里的加权矩阵 $\boldsymbol{W}$ 应满足等式 $\boldsymbol{W}\boldsymbol{s}_k = \boldsymbol{y}_k$。具体而言, 可以将矩阵 $\boldsymbol{W}$ 设为式 (6.11) 定义的平均 Hessian 矩阵 $\overline{\boldsymbol{G}}_k$, 此时式 (6.16) 唯一的最优解可以表示为

$$\text{(BFGS)} \quad \boldsymbol{H}_{k+1} = (\boldsymbol{I} - \rho_k\boldsymbol{s}_k\boldsymbol{y}_k^{\mathrm{T}})\boldsymbol{H}_k(\boldsymbol{I} - \rho_k\boldsymbol{y}_k\boldsymbol{s}_k^{\mathrm{T}}) + \rho_k\boldsymbol{s}_k\boldsymbol{s}_k^{\mathrm{T}} \tag{6.17}$$

式中 ρ_k 的定义见式 (6.14)。

在给出 BFGS 方法完整的计算步骤之前, 尚需解决如何选择近似 Hessian 矩阵的逆矩阵的初始值 $\boldsymbol{H}_0$ 的问题。遗憾的是, 并不存在一个可以在所有情况下都取得理想效果的万能公式。我们可以根据待求解优化问题的具体信息来选择矩阵 $\boldsymbol{H}_0$, 例如, 可以利用有限差分方法在迭代起始点 $\boldsymbol{x}_0$ 处计算近似 Hessian 矩阵, 并将其逆矩阵作为 $\boldsymbol{H}_0$ 的选项。此外, 也可以简单地将 $\boldsymbol{H}_0$ 设为单位矩阵, 或是设为单位矩阵的某个倍数, 此倍数的设置应能反映对变量的标定情况。

【算法 6.1 BFGS 方法】

步骤 1: 确定迭代起始点 $\boldsymbol{x}_0$、收敛门限 $\varepsilon > 0$ 以及近似 Hessian 矩阵的逆矩阵 $\boldsymbol{H}_0$, 并令 $k \leftarrow 0$。

步骤 2: 只要 $\|\nabla f_k\| > \varepsilon$, 就依次循环计算:

计算搜索方向

$$\boldsymbol{p}_k = -\boldsymbol{H}_k\nabla f_k \tag{6.18}$$

利用线搜索方法确定步长 α_k, 并使其满足第 3 章式 (3.6) 中的 Wolfe 条件;

计算 $\boldsymbol{x}_{k+1} = \boldsymbol{x}_k + \alpha_k\boldsymbol{p}_k$;

计算 $\boldsymbol{s}_k = \boldsymbol{x}_{k+1} - \boldsymbol{x}_k$ 和 $\boldsymbol{y}_k = \nabla f_{k+1} - \nabla f_k$;

利用式 (6.17) 计算矩阵 $\boldsymbol{H}_{k+1}$;

令 $k \leftarrow k+1$。

在算法 6.1 中, 每次迭代所需要的计算量仅为 $O(n^2)$ (包括计算目标函数及其梯度向量), 计算量尚未达到 $O(n^3)$。事实上, 求解线性方程组和计算两个矩阵乘积时的计算量通常为 $O(n^3)$。算法 6.1 是鲁棒的, 具有超线性收敛速度, 对于大多数实际应用而言, 这个速度已经足够快了。尽管牛顿方法具有更快的收敛速度 (即二次收敛速度), 但是牛顿方法在每次迭代中的计算成本更高, 因为需要计算二阶导数, 并且还需要求解线性方程组。

我们还可以推导另一种形式的 BFGS 方法, 对近似 Hessian 矩阵 $\boldsymbol{B}_k$ 进行更新, 而不是对逆矩阵 $\boldsymbol{H}_k$ 进行更新。将附录 A 中的 Sherman–Morrison–Woodbury 公式 (A.28) 应用于式 (6.17) 可得

$$\text{(BFGS)} \quad \boldsymbol{B}_{k+1}=\boldsymbol{B}_k-\frac{\boldsymbol{B}_k\boldsymbol{s}_k\boldsymbol{s}_k^{\mathrm{T}}\boldsymbol{B}_k}{\boldsymbol{s}_k^{\mathrm{T}}\boldsymbol{B}_k\boldsymbol{s}_k}+\frac{\boldsymbol{y}_k\boldsymbol{y}_k^{\mathrm{T}}}{\boldsymbol{y}_k^{\mathrm{T}}\boldsymbol{s}_k} \tag{6.19}$$

对于无约束最小化问题而言, 直接实现这个版本的 BFGS 方法会使计算效率变得更低, 因为需要通过求解线性方程组 $\boldsymbol{B}_k\boldsymbol{p}_k=-\nabla f_k$ 来获得搜索方向 $\boldsymbol{p}_k$, 从而使得每次迭代中的计算量增至 $O(n^3)$。然而, 在后续的讨论中将指出, 通过对矩阵 $\boldsymbol{B}_k$ 的 Cholesky 矩阵因子进行更新, 有可能以较低的计算复杂度实现此版本的 BFGS 方法。

6.1.1 BFGS 方法的若干性质

对于实际问题而言, 通常很容易就能观察到 BFGS 方法的超线性收敛速度。下面针对第 2 章式 (2.22) 中的 Rosenbrock 函数, 描述最速下降方法、BFGS 方法以及非精确牛顿方法在最后几次迭代中的收敛情况。表 6.1 给出了这 3 种方法在最后几次迭代中的 $\|\boldsymbol{x}_k-\boldsymbol{x}^*\|$ 的数值。此外, 这 3 种方法的步长均需满足 Wolfe 条件。经统计可知, 从迭代起始点 $[-1.2\ \ 1]^{\mathrm{T}}$ 开始进行迭代, 若要将梯度向量的范数降低至 10^{-5} 以下, 最速下降方法需要 5 264 次迭代, 而 BFGS 方法和牛顿方法仅分别需要 34 次迭代和 21 次迭代即可收敛。

表 6.1 最速下降方法、BFGS 方法以及非精确牛顿方法在最后几次迭代中的 $\|\boldsymbol{x}_k-\boldsymbol{x}^*\|$ 的数值

最速下降方法	BFGS 方法	非精确牛顿方法
1.83e-04	1.70e-03	3.48e-02
1.83e-04	1.17e-03	1.44e-02
1.82e-04	1.34e-04	1.82e-04
1.82e-04	1.01e-06	1.17e-08

在推导 BFGS 方法和 DFP 方法的过程中，有几个问题值得进一步讨论。注意到 BFGS 更新公式是通过求解最小化问题式 (6.16) 所获得的，但是该优化问题中并没有直接要求更新矩阵满足正定性。然而，很容易证明，只要 $\boldsymbol{H}_k$ 是对称正定矩阵，$\boldsymbol{H}_{k+1}$ 也一定是对称正定矩阵，下面就将证明此结论。由式 (6.8) 可知，$\boldsymbol{y}_k^{\mathrm{T}}\boldsymbol{s}_k$ 是正数，此时可以很好地利用式 (6.14) 和式 (6.17) 对矩阵进行更新。对于任意非零向量 $\boldsymbol{z}$，由式 (6.17) 可得

$$\boldsymbol{z}^{\mathrm{T}}\boldsymbol{H}_{k+1}\boldsymbol{z}=\boldsymbol{w}^{\mathrm{T}}\boldsymbol{H}_k\boldsymbol{w}+\rho_k(\boldsymbol{z}^{\mathrm{T}}\boldsymbol{s}_k)^2\geqslant 0$$

式中 $\boldsymbol{w}=\boldsymbol{z}-\rho_k\boldsymbol{y}_k(\boldsymbol{s}_k^{\mathrm{T}}\boldsymbol{z})$。显然，上面的等号右侧仅在 $\boldsymbol{s}_k^{\mathrm{T}}\boldsymbol{z}=0$ 时等于零，但此时 $\boldsymbol{w}=\boldsymbol{z}\neq\boldsymbol{0}$，这意味着等号右侧第 1 项大于零 (因为 $\boldsymbol{H}_k$ 是对称正定矩阵)。由此可知，$\boldsymbol{H}_{k+1}$ 也一定是对称正定矩阵。

当对变量进行变换 (例如标定变换) 时，为了使拟牛顿更新公式对其具有不变性，需要目标函数式 (6.9a) 和式 (6.16a) 对此变换也具有不变性。式 (6.9a) 和式 (6.16a) 的范数中定义的加权矩阵 $\boldsymbol{W}$ 能够保证该性质成立。选择其他形式的加权矩阵也是可行的，但是不同的加权矩阵将得到不同的更新公式。然而，经过大量的数值实验，尚未发现其他更新公式比 BFGS 更新公式的效率高很多。

当目标函数是二次函数时，BFGS 方法具有很多有趣的性质。本章的后续将基于 Broyden 族更新公式讨论这些性质，事实上，BFGS 更新公式只是该类更新公式中的一个特例。

我们有理由提出疑问，如同式 (6.17) 这样的更新公式是否会在一些情况下产生较差的迭代点。如果在某次迭代中，矩阵 $\boldsymbol{H}_k$ 是真实 Hessian 矩阵的逆矩阵的一个较差的估计值，此时是否还有希望对其进行修正？例如，当内积 $\boldsymbol{y}_k^{\mathrm{T}}\boldsymbol{s}_k$ 是一个很小的正数时，由式 (6.14) 和式 (6.17) 可知，矩阵 $\boldsymbol{H}_{k+1}$ 中会包含非常大的数。这样的结果是否合理？与此相关的问题还涉及舍入误差，当使用有限精度来实现这些方法时就会出现舍入误差。这些误差是否会增大到消除拟牛顿近似 Hessian 矩阵中的所有信息呢？

上述问题在理论层面和实验层面都得到了研究，研究结果表明，BFGS 更新公式具有良好的自校正性质。如果矩阵 $\boldsymbol{H}_k$ 未能正确估计目标函数的曲率，并且此错误估计减慢了迭代速度，那么近似 Hessian 矩阵将在后面几次迭代中自行完成修正。研究结果还表明，DFP 方法在修正差的近似 Hessian 矩阵时的效率相对较低，这也是 DFP 方法实际性能较差的主要原因。只有当采用非常充分的线搜索策略时，BFGS 方法才具有自校正性质。特别地，Wolfe 线搜索条件可以确保梯度向量在式 (6.1) 包含有效曲率信息的迭代点处被采样。

有意思的是，DFP 更新公式与 BFGS 更新公式之间是相互对偶的关系，也就是通过交换 $\boldsymbol{s}\leftrightarrow\boldsymbol{y}$ 和 $\boldsymbol{B}\leftrightarrow\boldsymbol{H}$，就可以由其中一个公式得到另一个公式。从这些方法的推导过程中可知，这种对称性是可以预期的性质。

6.1.2 实现策略

为了使算法 6.1 变得更加高效, 还有一些细节需要补充讨论。在实现线搜索的过程中, 步长要么满足第 3 章式 (3.6) 中的 Wolfe 条件, 要么满足第 3 章式 (3.7) 中的强 Wolfe 条件, 但无论满足哪个条件, 都应当先选择单位步长 $\alpha_k = 1$, 因为在一定条件下最终总要接受单位步长, 以使得整个算法具有超线性收敛速度。数值实验结果充分说明, 从函数计算的角度来看, 采用非精确线搜索策略会更加经济。通常将第 3 章式 (3.6) 中的参数 c_1 和 c_2 分别设为 $c_1 = 10^{-4}$ 和 $c_2 = 0.9$。

正如前文所述, 起始矩阵 $\boldsymbol{H}_0$ 经常会设置为单位矩阵的某个倍数 (即设为 $\beta\boldsymbol{I}$), 然而尚无选择倍数 β 的一般性策略。如果 β 的数值太大, 将导致第 1 个迭代更新向量 $\boldsymbol{p}_0 = -\beta\boldsymbol{g}_0$ 的数值过大, 此时为了找寻合适的步长 α_0, 需要多次计算函数值。一些软件要求用户为第 1 个迭代更新向量的范数指定一个值 δ, 并通过设置 $\boldsymbol{H}_0 = \delta\|\boldsymbol{g}_0\|^{-1}\boldsymbol{I}$ 以达到此范数。

一种非常有效的启发式方法是, 在获得第 1 个迭代更新向量之后以及在第 1 次进行 BFGS 矩阵更新之前, 对起始矩阵进行标定。若刚开始将起始矩阵设为 $\boldsymbol{H}_0 = \boldsymbol{I}$, 当获得第 1 个迭代更新向量之后, 将起始矩阵 $\boldsymbol{H}_0$ 重新设为

$$\boldsymbol{H}_0 \leftarrow \frac{\boldsymbol{y}_k^{\mathrm{T}}\boldsymbol{s}_k}{\boldsymbol{y}_k^{\mathrm{T}}\boldsymbol{y}_k}\boldsymbol{I} \quad (k=0) \tag{6.20}$$

然后再利用式 (6.14) 和式 (6.17) 更新矩阵, 以获得矩阵 $\boldsymbol{H}_1$。式 (6.20) 的目的是使矩阵 $\boldsymbol{H}_0$ 的数量级与矩阵 $(\nabla^2 f(\boldsymbol{x}_0))^{-1}$ 的数量级相当。假设由式 (6.11) 定义的平均 Hessian 矩阵满足正定性, 则存在其平方根因子 $\overline{\boldsymbol{G}}_k^{1/2}$ 满足 $\overline{\boldsymbol{G}}_k = \overline{\boldsymbol{G}}_k^{1/2}\overline{\boldsymbol{G}}_k^{1/2}$(见练习题 6.6)。因此, 若定义 $\boldsymbol{z}_k = \overline{\boldsymbol{G}}_k^{1/2}\boldsymbol{s}_k$, 利用式 (6.12) 可得

$$\frac{\boldsymbol{y}_k^{\mathrm{T}}\boldsymbol{s}_k}{\boldsymbol{y}_k^{\mathrm{T}}\boldsymbol{y}_k} = \frac{(\overline{\boldsymbol{G}}_k^{1/2}\boldsymbol{s}_k)^{\mathrm{T}}\overline{\boldsymbol{G}}_k^{1/2}\boldsymbol{s}_k}{(\overline{\boldsymbol{G}}_k^{1/2}\boldsymbol{s}_k)^{\mathrm{T}}\overline{\boldsymbol{G}}_k\overline{\boldsymbol{G}}_k^{1/2}\boldsymbol{s}_k} = \frac{\boldsymbol{z}_k^{\mathrm{T}}\boldsymbol{z}_k}{\boldsymbol{z}_k^{\mathrm{T}}\overline{\boldsymbol{G}}_k\boldsymbol{z}_k} \tag{6.21}$$

式 (6.21) 的倒数是矩阵 $\overline{\boldsymbol{G}}_k$ 的某个特征值的近似值, 因此也接近矩阵 $\nabla^2 f(\boldsymbol{x}_k)$ 的某个特征值。由此可知, 分式 (6.21) 近似于矩阵 $(\nabla^2 f(\boldsymbol{x}_k))^{-1}$ 的某个特征值。式 (6.20) 中也可使用其他标定因子, 只是该式给出的标定因子可能是实际应用中最为成功的。

式 (6.19) 中给出了关于 BFGS 方法的另一种矩阵更新公式, 对近似 Hessian 矩阵 $\boldsymbol{B}_k$ 进行更新, 而不是对近似 Hessian 矩阵的逆矩阵 $\boldsymbol{H}_k$ 进行更新, 由此可以得到算法 6.1 的一种变形方法。实现该变形方法的有效方式并不是直接存储矩阵 $\boldsymbol{B}_k$, 而是存储该矩阵的 Cholesky 矩阵因子 $\boldsymbol{L}_k\boldsymbol{D}_k\boldsymbol{L}_k^{\mathrm{T}}$。基于式 (6.19) 可以直接得到矩阵 $\boldsymbol{L}_k$ 和矩阵 $\boldsymbol{D}_k$ 的更新公式, 并且其计算复

杂度为 $O(n^2)$。此外, 线性方程组 $\boldsymbol{B}_k\boldsymbol{p}_k = -\nabla f_k$ 的求解可以分解为求解两个三角线性方程组 (系数矩阵分别为 $\boldsymbol{L}_k$ 和 $\boldsymbol{L}_k^{\mathrm{T}}$) 以及求解一个对角线性方程组 (系数矩阵为 $\boldsymbol{D}_k$), 其计算复杂度依然为 $O(n^2)$。因此, 实现变形方法总的计算复杂度可以与算法 6.1 相当。这种变形方法的潜在优势是, 当矩阵 $\boldsymbol{D}_k$ 中的对角元素不够大时, 有机会对其中的元素进行修正, 以防止在计算向量 $\boldsymbol{p}_k$ 时, 因除以矩阵 $\boldsymbol{D}_k$ 中的对角元素而出现的不稳定性。然而, 数值实验结果表明, 这种变形方法在实际应用中并没有明显的优势, 我们倾向于使用算法 6.1 这种更简单的策略。

在 BFGS 方法中, 如果线搜索中的步长不满足 Wolfe 条件, 则可能导致该方法的性能下降。例如, 一些软件会实现基于 Armijo 条件的回溯线搜索策略 (见第 3.1 节), 即先尝试单位步长 $\alpha_k = 1$, 然后相继减少步长直至满足第 3 章式 (3.6a) 中的充分下降条件。这种步长选择策略并不能保证曲率条件 $\boldsymbol{y}_k^{\mathrm{T}}\boldsymbol{s}_k > 0$ (即式 (6.7)) 得到满足, 因为满足曲率条件的步长可能需要大于 1。为了解决此问题, 当 $\boldsymbol{y}_k^{\mathrm{T}}\boldsymbol{s}_k$ 为负数或者非常接近于零时, 一些策略会选择直接跳过 BFGS 方法中的矩阵更新步骤, 即直接令 $\boldsymbol{H}_{k+1} = \boldsymbol{H}_k$。然而, 我们并不推荐此策略, 因为这可能会频繁跳过矩阵更新环节, 从而使矩阵 $\boldsymbol{H}_k$ 无法包含目标函数 f 的重要曲率信息。第 18 章将讨论一种阻尼 BFGS 更新方法, 它是一种更有效的策略, 适用于曲率条件式 (6.7) 未满足的情形。

6.2 SR1 方法

在 BFGS 和 DFP 更新公式中, 更新后的矩阵 $\boldsymbol{B}_{k+1}$(或者 $\boldsymbol{H}_{k+1}$) 与更新前的矩阵 $\boldsymbol{B}_k$ (或者 $\boldsymbol{H}_k$) 相差一个秩 2 矩阵。事实上, 除此以外还存在更简单的秩 1 更新公式, 可以保持更新矩阵的对称性, 并满足割线方程。然而, 与秩 2 更新公式不同的是, 对称秩 1 (Symmetric Rank-one, 记为 SR1) 更新公式并不能保证更新矩阵一定具有正定性。数值实验结果表明, 基于 SR1 更新公式的优化方法可以获得较好的计算结果, 下面将推导该更新公式, 并讨论其性质。

对称秩 1 更新公式具有如下一般形式:

$$\boldsymbol{B}_{k+1} = \boldsymbol{B}_k + \sigma\boldsymbol{v}\boldsymbol{v}^{\mathrm{T}}$$

式中 σ 可以取 1, 也可以取 -1; 标量 σ 与向量 $\boldsymbol{v}$ 的设置应使得矩阵 $\boldsymbol{B}_{k+1}$ 满足割线方程式 (6.6), 即 $\boldsymbol{y}_k = \boldsymbol{B}_{k+1}\boldsymbol{s}_k$。将上面的矩阵更新公式代入割线方程式 (6.6) 中可得

$$\boldsymbol{y}_k = \boldsymbol{B}_k\boldsymbol{s}_k + [\sigma\boldsymbol{v}^{\mathrm{T}}\boldsymbol{s}_k]\boldsymbol{v} \tag{6.22}$$

由于式 (6.22) 中括号内的项是个标量, 由此可以推断, 向量 $\boldsymbol{v}$ 一定是向量 $\boldsymbol{y}_k - \boldsymbol{B}_k\boldsymbol{s}_k$ 的某个倍数, 也就是存在标量 δ 满足 $\boldsymbol{v} = \delta(\boldsymbol{y}_k - \boldsymbol{B}_k\boldsymbol{s}_k)$。将该式代入式 (6.22) 中可知

$$\boldsymbol{y}_k - \boldsymbol{B}_k\boldsymbol{s}_k = \sigma\delta^2[\boldsymbol{s}_k^{\mathrm{T}}(\boldsymbol{y}_k - \boldsymbol{B}_k\boldsymbol{s}_k)](\boldsymbol{y}_k - \boldsymbol{B}_k\boldsymbol{s}_k) \tag{6.23}$$

显然, 式 (6.23) 成立当且仅当参数 σ 和 δ 分别设为

$$\sigma = \operatorname{sign}[\boldsymbol{s}_k^{\mathrm{T}}(\boldsymbol{y}_k - \boldsymbol{B}_k\boldsymbol{s}_k)], \quad \delta = \pm|\boldsymbol{s}_k^{\mathrm{T}}(\boldsymbol{y}_k - \boldsymbol{B}_k\boldsymbol{s}_k)|^{-1/2}$$

因此, 满足割线方程的唯一对称秩 1 更新公式可以表示为

$$(\text{SR1}) \quad \boldsymbol{B}_{k+1} = \boldsymbol{B}_k + \frac{(\boldsymbol{y}_k - \boldsymbol{B}_k\boldsymbol{s}_k)(\boldsymbol{y}_k - \boldsymbol{B}_k\boldsymbol{s}_k)^{\mathrm{T}}}{(\boldsymbol{y}_k - \boldsymbol{B}_k\boldsymbol{s}_k)^{\mathrm{T}}\boldsymbol{s}_k} \tag{6.24}$$

将附录 A 中的 Sherman–Morrison 公式 (A.27) 应用于式 (6.24), 就可以得到近似 Hessian 矩阵的逆矩阵 $\boldsymbol{H}_k$ 的更新公式, 如下所示:

$$(\text{SR1}) \quad \boldsymbol{H}_{k+1} = \boldsymbol{H}_k + \frac{(\boldsymbol{s}_k - \boldsymbol{H}_k\boldsymbol{y}_k)(\boldsymbol{s}_k - \boldsymbol{H}_k\boldsymbol{y}_k)^{\mathrm{T}}}{(\boldsymbol{s}_k - \boldsymbol{H}_k\boldsymbol{y}_k)^{\mathrm{T}}\boldsymbol{y}_k} \tag{6.25}$$

推导 SR1 更新公式的过程十分简单, 此过程也在其他文献中多次描述。

不难推断, 如果 $\boldsymbol{B}_k$ 是正定矩阵, $\boldsymbol{B}_{k+1}$ 未必具有此性质 (对于矩阵 $\boldsymbol{H}_k$ 而言也是如此)。在非线性优化理论发展的早期阶段 (当时仅有线搜索迭代方法), 这一推断被视为是一个重要缺陷。然而, 随着信赖域方法的出现, SR1 更新公式被证明是非常有价值的, 并且能生成不定近似 Hessian 矩阵的特点实际上成为了它的主要优点之一。

SR1 更新公式的主要缺点在于, 式 (6.24) 和式 (6.25) 中的分母项可能会消失 (即趋近于零)。事实上, 即使目标函数是凸二次函数, 在一些迭代步骤中满足割线方程式 (6.6) 的对称秩 1 更新矩阵也可能并不存在。基于此观察, 需要重新审视前面的推导过程。

若根据矩阵 $\boldsymbol{B}_k$ 进行推理 (类似的推理过程也适用于矩阵 $\boldsymbol{H}_k$), 则可以得到以下 3 种情形和相关结论:

(1) 如果 $(\boldsymbol{y}_k - \boldsymbol{B}_k\boldsymbol{s}_k)^{\mathrm{T}}\boldsymbol{s}_k \neq 0$, 根据前面的推导过程可知, 存在唯一的对称秩 1 更新矩阵满足割线方程式 (6.6), 并且该更新矩阵可由式 (6.24) 获得。

(2) 如果 $\boldsymbol{y}_k = \boldsymbol{B}_k\boldsymbol{s}_k$, 满足割线方程式 (6.6) 的唯一更新矩阵就是 $\boldsymbol{B}_{k+1} = \boldsymbol{B}_k$。

(3) 如果 $\boldsymbol{y}_k \neq \boldsymbol{B}_k\boldsymbol{s}_k$, 且 $(\boldsymbol{y}_k - \boldsymbol{B}_k\boldsymbol{s}_k)^{\mathrm{T}}\boldsymbol{s}_k = 0$, 此时由式 (6.23) 可知, 并不存在满足割线方程式 (6.6) 的对称秩 1 更新矩阵。

第 3 种情形给上述简单、优美的数学推导蒙上了一层阴影, 由此可知, SR1 方法有可能会出现数值不稳定的现象, 甚至还可能导致数值崩溃。因此, 秩 1 更新并不能提供足够多的自由度, 以获得具有所有期望特征的矩阵, 此

时需要进行秩 2 修正。这个推理过程使我们回想起了 BFGS 方法, 此方法可以保证所有近似 Hessian 矩阵都具有正定性 (因而也具有非奇异性)。

尽管如此, 我们还是要关注 SR1 更新公式, 主要有以下 3 个原因:

(1) 一个简单的保护措施就足以避免 SR1 方法出现数值崩溃, 以及避免该方法在数值上出现不稳定性。

(2) 由 SR1 更新公式得到的矩阵能够充分接近真实 Hessian 矩阵, 并且其精度通常比 BFGS 更新矩阵还要高。

(3) 在求解约束优化问题的拟牛顿方法中, 或是在对部分可分离目标函数进行优化的方法中 (见第 7 章和第 18 章), 曲率条件 $\boldsymbol{y}_k^{\mathrm{T}}\boldsymbol{s}_k > 0$ 可能无法满足, 此时将不再推荐使用 BFGS 更新公式。事实上, 在这两类方法中, 使用不定的近似 Hessian 矩阵是可行的, 因为它们反映了真实 Hessian 矩阵的不定性。

下面引入一种策略, 以防止 SR1 方法在数值上出现崩溃。从实际计算中可以发现, 当分母项很小时, 若选择简单跳过矩阵更新, SR1 方法仍能获得较好的性能。具体而言, 执行式 (6.24) 中的对称秩 1 更新的条件是

$$|\boldsymbol{s}_k^{\mathrm{T}}(\boldsymbol{y}_k - \boldsymbol{B}_k\boldsymbol{s}_k)| \geqslant r\|\boldsymbol{s}_k\|\,\|\boldsymbol{y}_k - \boldsymbol{B}_k\boldsymbol{s}_k\| \tag{6.26}$$

式中 $r \in (0,1)$ 是一个很小的正数, 例如 $r = 10^{-8}$。如果式 (6.26) 不成立, 则可令 $\boldsymbol{B}_{k+1} = \boldsymbol{B}_k$ (即不进行矩阵更新)。在 SR1 方法的实现过程中, 大多数情况都使用了此策略。

为什么在 SR1 方法中主张采用跳过矩阵更新这一策略, 但是对于前节中的 BFGS 方法, 却并不鼓励使用这样的策略呢? 因为这两种方法对应的情形是截然不同的。对于 SR1 方法而言, 条件 $\boldsymbol{s}_k^{\mathrm{T}}(\boldsymbol{y}_k - \boldsymbol{B}_k\boldsymbol{s}_k) \approx 0$ 不会经常发生, 因为其要求某些向量以特定的方式对齐排列。即使该条件成立, 跳过矩阵更新对整个迭代也不会产生负面影响。这个事实是容易理解的, 因为该条件意味着 $\boldsymbol{s}_k^{\mathrm{T}}\overline{\boldsymbol{G}}_k\boldsymbol{s}_k \approx \boldsymbol{s}_k^{\mathrm{T}}\boldsymbol{B}_k\boldsymbol{s}_k$, 其中 $\overline{\boldsymbol{G}}_k$ 为两个最新迭代点之间的平均 Hessian 矩阵 (见式 (6.11)), 由此可知, 矩阵 $\boldsymbol{B}_k$ 沿着向量 $\boldsymbol{s}_k$ 的曲率已经比较准确了。此外, 对于 BFGS 方法而言, 如果线搜索获得的步长不满足 Wolfe 条件 (例如步长不够大), BFGS 矩阵更新所要求的曲率条件 $\boldsymbol{s}_k^{\mathrm{T}}\boldsymbol{y}_k \geqslant 0$ 很可能无法满足, 这意味着实现 BFGS 方法的过程中会经常跳过矩阵更新, 从而影响了近似 Hessian 矩阵的精确性。

下面将基于信赖域框架描述 SR1 方法的完整计算过程。相比于线搜索框架, 更倾向于采用信赖域框架的原因在于它更适应不定近似 Hessian 矩阵的情形。

【算法 6.2 SR1 信赖域方法】

步骤 1: 确定迭代起始点 $\boldsymbol{x}_0$、近似 Hessian 矩阵的初始值 $\boldsymbol{B}_0$、信赖域半径 $\varDelta_0$、收敛门限 $\varepsilon > 0$、参数 $\eta \in (0, 10^{-3})$ 以及 $r \in (0,1)$, 并令 $k \leftarrow 0$。

步骤 2: 只要 $\|\nabla f_k\| > \varepsilon$, 就依次循环计算:

通过求解下面的子问题获得向量 $\boldsymbol{s}_k$:

$$\begin{cases}\min\limits_{\boldsymbol{s}}\left\{\nabla f_k^{\mathrm{T}}\boldsymbol{s}+\dfrac{1}{2}\boldsymbol{s}^{\mathrm{T}}\boldsymbol{B}_k\boldsymbol{s}\right\}\\ \text{s.t. } \|\boldsymbol{s}\|\leqslant \Delta_k\end{cases} \tag{6.27}$$

依次计算

$$\boldsymbol{y}_k=\nabla f(\boldsymbol{x}_k+\boldsymbol{s}_k)-\nabla f_k$$

$$ared=f_k-f(\boldsymbol{x}_k+\boldsymbol{s}_k)\ (\text{实际减少量})$$

$$pred=-\left(\nabla f_k^{\mathrm{T}}\boldsymbol{s}_k+\frac{1}{2}\boldsymbol{s}_k^{\mathrm{T}}\boldsymbol{B}_k\boldsymbol{s}_k\right)\ (\text{预测减少量})$$

如果 $\dfrac{ared}{pred}>\eta$, 则令 $\boldsymbol{x}_{k+1}=\boldsymbol{x}_k+\boldsymbol{s}_k$, 否则, 令 $\boldsymbol{x}_{k+1}=\boldsymbol{x}_k$;

如果 $\dfrac{ared}{pred}>0.75$, 若 $\|\boldsymbol{s}_k\|\leqslant 0.8\Delta_k$, 则令 $\Delta_{k+1}=\Delta_k$; 若 $\|\boldsymbol{s}_k\|>0.8\Delta_k$, 则令 $\Delta_{k+1}=2\Delta_k$;

如果 $0.1\leqslant\dfrac{ared}{pred}\leqslant 0.75$, 则令 $\Delta_{k+1}=\Delta_k$;

如果 $\dfrac{ared}{pred}<0.1$, 则令 $\Delta_{k+1}=0.5\Delta_k$;

如果式 (6.26) 成立, 则利用式 (6.24) 计算矩阵 $\boldsymbol{B}_{k+1}$ (即使 $\boldsymbol{x}_{k+1}=\boldsymbol{x}_k$);

如果式 (6.26) 不成立, 则令 $\boldsymbol{B}_{k+1}\leftarrow\boldsymbol{B}_k$;

令 $k\leftarrow k+1$。

算法 6.2 具有信赖域方法的典型形式 (参考第 4 章算法 4.1), 该算法明确了修正信赖域半径的具体策略, 当然, 其他启发式方法也可应用其中。

需要指出的是, 即使在算法 6.2 中产生了一个未被接受的迭代更新向量 $\boldsymbol{s}_k$, 沿着此方向对矩阵 $\boldsymbol{B}_k$ 进行更新也十分重要, 因为这有利于获得快速收敛速度。如果迭代更新向量 $\boldsymbol{s}_k$ 较差, 则说明在此方向上, 矩阵 $\boldsymbol{B}_k$ 并不是真实 Hessian 矩阵的很好的近似估计值。此时需要提高近似 Hessian 矩阵的质量, 否则后续迭代还会沿着类似的方向产生迭代更新向量, 而多次拒绝这样的迭代更新向量将会影响超线性收敛速度。

SR1 更新公式的性质

SR1 更新公式的一个主要优势是能产生精度较高的近似 Hessian 矩阵, 下面通过研究二次函数来证明此性质。对于二次函数而言, 步长的大小并不会对矩阵更新公式产生影响。因此, 为了简化讨论, 下面仅考虑单位步长的情形, 此时可以将迭代公式表示为

$$\boldsymbol{p}_k = -\boldsymbol{H}_k \nabla f_k, \quad \boldsymbol{x}_{k+1} = \boldsymbol{x}_k + \boldsymbol{p}_k \tag{6.28}$$

由该式可知 $\boldsymbol{p}_k = \boldsymbol{s}_k$。

【定理 6.1】 设 $f\colon \mathbb{R}^n \to \mathbb{R}$ 为强凸二次函数 $f(\boldsymbol{x}) = \boldsymbol{b}^{\mathrm{T}}\boldsymbol{x} + \dfrac{1}{2}\boldsymbol{x}^{\mathrm{T}}\boldsymbol{A}\boldsymbol{x}$, 其中 $\boldsymbol{A}$ 为对称正定矩阵。对于任意迭代起始点 $\boldsymbol{x}_0$ 和任意初始值 $\boldsymbol{H}_0$ (满足对称性), 如果对所有的迭代序数 k 均满足 $(\boldsymbol{s}_k - \boldsymbol{H}_k\boldsymbol{y}_k)^{\mathrm{T}}\boldsymbol{y}_k \neq 0$, 则由式 (6.25) 和式 (6.28) 构成的 SR1 方法最多计算 n 个迭代更新向量 $\{\boldsymbol{s}_k\}_{0\leqslant k\leqslant n-1}$ 即可收敛至二次函数 f 的极小值点。此外, 如果该方法计算得到了 n 个迭代更新向量 $\{\boldsymbol{s}_k\}_{0\leqslant k\leqslant n-1}$, 且向量组 $\{\boldsymbol{s}_k\}_{0\leqslant k\leqslant n-1}$(亦即搜索方向 $\{\boldsymbol{p}_k\}_{0\leqslant k\leqslant n-1}$) 是线性独立的, 则有 $\boldsymbol{H}_n = \boldsymbol{A}^{-1}$。

【证明】 由于对所有的迭代序数 k, 均假设 $(\boldsymbol{s}_k - \boldsymbol{H}_k\boldsymbol{y}_k)^{\mathrm{T}}\boldsymbol{y}_k \neq 0$ 成立, 于是可以进行 SR1 矩阵更新。先利用归纳法证明如下关系式:

$$\boldsymbol{H}_k\boldsymbol{y}_j = \boldsymbol{s}_j \quad (j = 0, 1, \cdots, k-1) \tag{6.29}$$

也就是说, 割线方程不仅对于当前最新的搜索方向成立, 对于前面所有的搜索方向也成立。

当 $k = 1$ 时, 由 SR1 更新公式的推导过程可知, 割线方程 $\boldsymbol{H}_1\boldsymbol{y}_0 = \boldsymbol{s}_0$ 成立。现假设式 (6.29) 对于某个迭代序数 $k > 1$ 成立, 下面证明其对于迭代序数 $k+1$ 也成立。由归纳假设以及式 (6.29) 可得

$$\begin{aligned}(\boldsymbol{s}_k - \boldsymbol{H}_k\boldsymbol{y}_k)^{\mathrm{T}}\boldsymbol{y}_j &= \boldsymbol{s}_k^{\mathrm{T}}\boldsymbol{y}_j - \boldsymbol{y}_k^{\mathrm{T}}(\boldsymbol{H}_k\boldsymbol{y}_j) \\ &= \boldsymbol{s}_k^{\mathrm{T}}\boldsymbol{y}_j - \boldsymbol{y}_k^{\mathrm{T}}\boldsymbol{s}_j = 0 \quad (\text{对于所有的 } j < k)\end{aligned} \tag{6.30}$$

式中最后一个等号利用了等式 $\boldsymbol{y}_i = \boldsymbol{A}\boldsymbol{s}_i$ (该式的成立是由于目标函数 f 是二次函数)。结合式 (6.25) 和式 (6.30), 并利用归纳假设式 (6.29) 可知

$$\boldsymbol{H}_{k+1}\boldsymbol{y}_j = \boldsymbol{H}_k\boldsymbol{y}_j = \boldsymbol{s}_j \quad (\text{对于所有的 } j < k)$$

根据割线方程可得 $\boldsymbol{H}_{k+1}\boldsymbol{y}_k = \boldsymbol{s}_k$, 因此, 式 (6.29) 对于迭代序数 $k+1$ 也是成立的。根据归纳法原理可知, 式 (6.29) 对于所有的迭代序数 k 均成立。

如果 SR1 方法计算得到了 n 个迭代更新向量 $\{\boldsymbol{s}_k\}_{0\leqslant k\leqslant n-1}$, 且向量组 $\{\boldsymbol{s}_k\}_{0\leqslant k\leqslant n-1}$ 线性独立, 根据式 (6.29) 可得

$$\boldsymbol{s}_j = \boldsymbol{H}_n\boldsymbol{y}_j = \boldsymbol{H}_n\boldsymbol{A}\boldsymbol{s}_j \quad (j = 0, 1, \cdots, n-1)$$

将这 n 个等式联立可知 $\boldsymbol{H}_n\boldsymbol{A} = \boldsymbol{I}$, 进一步可得 $\boldsymbol{H}_n = \boldsymbol{A}^{-1}$。因此, 在迭代点 $\boldsymbol{x}_n$ 处获得的迭代更新向量为牛顿迭代更新向量, 于是迭代点 $\boldsymbol{x}_{n+1}$ 即为目标函数 f 的极小值点, 此时迭代将会终止。

最后考虑迭代更新向量线性相关的情形。假设迭代更新向量 $\boldsymbol{s}_k$ $(k < n)$ 是前面的迭代更新向量的线性组合, 则存在标量 $\{\xi_j\}_{0\leqslant j\leqslant k-1}$ 满足

$$\boldsymbol{s}_k = \xi_0 \boldsymbol{s}_0 + \xi_1 \boldsymbol{s}_1 + \cdots + \xi_{k-1} \boldsymbol{s}_{k-1} \tag{6.31}$$

结合式 (6.29) 和式 (6.31) 可得

$$\begin{aligned}
\boldsymbol{H}_k \boldsymbol{y}_k &= \boldsymbol{H}_k \boldsymbol{A} \boldsymbol{s}_k = \xi_0 \boldsymbol{H}_k \boldsymbol{A} \boldsymbol{s}_0 + \xi_1 \boldsymbol{H}_k \boldsymbol{A} \boldsymbol{s}_1 + \cdots + \xi_{k-1} \boldsymbol{H}_k \boldsymbol{A} \boldsymbol{s}_{k-1} \\
&= \xi_0 \boldsymbol{H}_k \boldsymbol{y}_0 + \xi_1 \boldsymbol{H}_k \boldsymbol{y}_1 + \cdots + \xi_{k-1} \boldsymbol{H}_k \boldsymbol{y}_{k-1} \\
&= \xi_0 \boldsymbol{s}_0 + \xi_1 \boldsymbol{s}_1 + \cdots + \xi_{k-1} \boldsymbol{s}_{k-1} \\
&= \boldsymbol{s}_k
\end{aligned}$$

由于 $\boldsymbol{y}_k - \nabla f_{k+1} - \nabla f_k$, 并且由式 (6.28) 可知 $\boldsymbol{s}_k = \boldsymbol{p}_k = -\boldsymbol{H}_k \nabla f_k$, 于是有

$$\boldsymbol{H}_k(\nabla f_{k+1} - \nabla f_k) = -\boldsymbol{H}_k \nabla f_k$$

利用矩阵 $\boldsymbol{H}_k$ 的非奇异性可得 $\nabla f_{k+1} = \boldsymbol{0}$, 由该式可知, 迭代点 $\boldsymbol{x}_{k+1}$ 为目标函数 f 的极小值点。证毕。

式 (6.29) 表明, 如果 f 为二次函数, 无论线搜索如何实现, 割线方程不仅对当前最新的搜索方向成立, 对前面所有的搜索方向也成立。需要指出的是, 针对 BFGS 更新公式也可以建立类似的结论, 只是需要更加严格的条件, 即线搜索必须是精确的。我们将在下节描述该结论。

对于一般的非线性函数, SR1 更新公式在特定条件下仍能产生较好的近似 Hessian 矩阵, 下面的定理 6.2 描述了相应的结论。

【定理 6.2】 假设 f 是二次连续可微函数, 其 Hessian 矩阵在点 $\boldsymbol{x}^* \in \mathbb{R}^n$ 的邻域内是有界且 Lipschitz 连续的。令 $\{\boldsymbol{x}_k\}$ 是满足 $\boldsymbol{x}_k \to \boldsymbol{x}^*$ 的任意迭代序列。此外, 假设存在 $r \in (0,1)$, 使得不等式 (6.26) 对于所有的 k 均成立, 且 $\boldsymbol{s}_k$ 为一致线性独立的迭代更新向量。基于这些假设, 由 SR1 更新公式获得的矩阵 $\boldsymbol{B}_k$ 满足

$$\lim_{k \to +\infty} \|\boldsymbol{B}_k - \nabla^2 f(\boldsymbol{x}^*)\| = 0$$

定理 6.2 中的术语 "一致线性独立的迭代更新向量" 的大致意思是指, 所有的迭代更新向量不会全部落在维数小于 n 的子空间中。在实际计算中, 此假设虽然在大多数情况下能够得到满足, 但也不是总能成立 (见本章的注释与参考文献)。

6.3 Broyden 族方法

截至目前, 本章已经讨论了 BFGS、DFP 以及 SR1 拟牛顿更新公式, 除此之外还有其他很多更新公式。得到学者们特别关注的是 Broyden 族更新

公式, 具有如下一般形式:

$$\boldsymbol{B}_{k+1}=\boldsymbol{B}_k-\frac{\boldsymbol{B}_k\boldsymbol{s}_k\boldsymbol{s}_k^{\mathrm{T}}\boldsymbol{B}_k}{\boldsymbol{s}_k^{\mathrm{T}}\boldsymbol{B}_k\boldsymbol{s}_k}+\frac{\boldsymbol{y}_k\boldsymbol{y}_k^{\mathrm{T}}}{\boldsymbol{y}_k^{\mathrm{T}}\boldsymbol{s}_k}+\phi_k(\boldsymbol{s}_k^{\mathrm{T}}\boldsymbol{B}_k\boldsymbol{s}_k)\boldsymbol{v}_k\boldsymbol{v}_k^{\mathrm{T}} \tag{6.32}$$

式中 ϕ_k 为标量参数, 向量 $\boldsymbol{v}_k$ 的表达式为

$$\boldsymbol{v}_k=\frac{\boldsymbol{y}_k}{\boldsymbol{y}_k^{\mathrm{T}}\boldsymbol{s}_k}-\frac{\boldsymbol{B}_k\boldsymbol{s}_k}{\boldsymbol{s}_k^{\mathrm{T}}\boldsymbol{B}_k\boldsymbol{s}_k} \tag{6.33}$$

需要指出的是, BFGS 方法和 DFP 方法均隶属于 Broyden 族方法。具体而言, 当 $\phi_k=0$ 时, 式 (6.32) 即为 BFGS 更新公式; 当 $\phi_k=1$ 时, 式 (6.32) 即为 DFP 更新公式。因此, 可以将式 (6.32) 表示成这两种更新矩阵的线性组合, 如下所示:

$$\boldsymbol{B}_{k+1}=(1-\phi_k)\boldsymbol{B}_{k+1}^{\mathrm{BFGS}}+\phi_k\boldsymbol{B}_{k+1}^{\mathrm{DFP}}$$

从该式中可以看出, 所有隶属于 Broyden 族方法的更新矩阵均满足割线方程式 (6.6), 这是因为 BFGS 更新矩阵 $\boldsymbol{B}_{k+1}^{\mathrm{BFGS}}$ 和 DFP 更新矩阵 $\boldsymbol{B}_{k+1}^{\mathrm{DFP}}$ 均满足此方程式。此外, 由前面的讨论可知, 当曲率条件 $\boldsymbol{s}_k^{\mathrm{T}}\boldsymbol{y}_k>0$ 成立时, BFGS 更新矩阵 $\boldsymbol{B}_{k+1}^{\mathrm{BFGS}}$ 和 DFP 更新矩阵 $\boldsymbol{B}_{k+1}^{\mathrm{DFP}}$ 均具有正定性, 因此, 如果 $0\leqslant\phi_k\leqslant 1$, 则 Broyden 族方法的所有更新矩阵也具有正定性。

学者们更加关注限制型 Broyden 族方法, 其中将标量参数 ϕ_k 限定在区间 $[0,1]$ 以内。当该类方法应用于二次目标函数时, 具有如定理 6.3 所描述的特殊性质。对于二次函数而言, 其分析过程与步长大小无关。因此, 为了简化讨论, 下面仅考虑单位步长的情形, 于是可以将迭代公式表示为

$$\boldsymbol{p}_k=-\boldsymbol{B}_k^{-1}\nabla f_k,\quad \boldsymbol{x}_{k+1}=\boldsymbol{x}_k+\boldsymbol{p}_k \tag{6.34}$$

【定理 6.3】 设 $f:\mathbb{R}^n\to\mathbb{R}$ 为强凸二次函数 $f(\boldsymbol{x})=\boldsymbol{b}^{\mathrm{T}}\boldsymbol{x}+\dfrac{1}{2}\boldsymbol{x}^{\mathrm{T}}\boldsymbol{A}\boldsymbol{x}$, 其中 $\boldsymbol{A}$ 为对称正定矩阵。令式 (6.34) 的任意迭代起始点为 $\boldsymbol{x}_0$, 近似 Hessian 矩阵的任意初始值为对称正定矩阵 $\boldsymbol{B}_0$, 并且假设利用 Broyden 族更新公式 (6.32) 对矩阵 $\boldsymbol{B}_k$ 进行更新, 其中标量参数 $\phi_k\in[0,1]$。若将矩阵

$$\boldsymbol{A}^{1/2}\boldsymbol{B}_k^{-1}\boldsymbol{A}^{1/2} \tag{6.35}$$

的 n 个特征值记为 $\lambda_1^k\leqslant\lambda_2^k\leqslant\cdots\leqslant\lambda_n^k$, 则对于所有的迭代序数 k 均满足

$$\min\{\lambda_i^k,1\}\leqslant\lambda_i^{k+1}\leqslant\max\{\lambda_i^k,1\}\quad(i=1,2,\cdots,n) \tag{6.36}$$

如果标量参数 ϕ_k 的取值在区间 $[0,1]$ 以外, 则关系式 (6.36) 将不再成立。

下面讨论定理 6.3 的重要意义。如果矩阵式 (6.35) 的特征值 $\{\lambda_i^k\}_{1\leqslant i\leqslant n}$ 均为 1, 则拟牛顿近似 Hessian 矩阵等于二次目标函数的 Hessian 矩阵 $\boldsymbol{A}$。

这显然是一种理想的情形, 我们应当期望这些特征值尽可能接近 1。事实上, 关系式 (6.36) 表明特征值 $\{\lambda_i^k\}$ 单调 (但未必严格单调) 收敛于 1。例如, 假设在第 k 次迭代中的最小特征值为 $\lambda_1^k = 0.7$, 则式 (6.36) 表明, 第 $k+1$ 次迭代中的最小特征值满足 $\lambda_1^{k+1} \in [0.7, 1]$。我们并不能明确此特征值是否更接近于 1, 但有理由认为它更接近于 1。相反地, 如果允许标量参数 ϕ_k 在区间 $[0, 1]$ 以外, 那么此最小特征值有可能小于 0.7。值得注意的是, 即使采用非精确线搜索策略, 定理 6.3 中的结论仍然成立。

由定理 6.3 可知, 最好的矩阵更新公式似乎应隶属于限制型 Broyden 族更新公式, 但事实却未必如此。一些理论分析和数值实验结果表明, 某些允许标量参数 ϕ_k 取负值 (以严格控制的方式) 的方法可能优于 BFGS 方法。SR1 更新公式就是一个典型例子, 它同样隶属于 Broyden 族更新公式, 其中标量参数 ϕ_k 的取值为

$$\phi_k = \frac{\boldsymbol{s}_k^{\mathrm{T}} \boldsymbol{y}_k}{\boldsymbol{s}_k^{\mathrm{T}} \boldsymbol{y}_k - \boldsymbol{s}_k^{\mathrm{T}} \boldsymbol{B}_k \boldsymbol{s}_k}$$

然而 SR1 更新公式并不隶属于限制型 Broyden 族更新公式, 因为标量参数 ϕ_k 有可能落在区间 $[0, 1]$ 以外。

在本节余下的内容中, 将确定标量参数 ϕ_k 更精确的取值范围, 以确保更新矩阵 $\boldsymbol{B}_{k+1}$ 的正定性。

式 (6.32) 等号右侧最后一项是秩 1 修正, 根据附录 A 中的交错特征值定理 (即定理 A.1) 可知, 当标量参数 ϕ_k 取正数时, 秩 1 修正会使得矩阵 $\boldsymbol{B}_{k+1}$ 的特征值增加。因此, 对于所有的 $\phi_k \geqslant 0$, 矩阵 $\boldsymbol{B}_{k+1}$ 均具有正定性。同样由附录 A 中的定理 A.1 可知, 当标量参数 ϕ_k 取负数时, 秩 1 修正会使得矩阵 $\boldsymbol{B}_{k+1}$ 的特征值减少。因此, 当标量参数 ϕ_k 逐渐减少时, 矩阵 $\boldsymbol{B}_{k+1}$ 最终会变成奇异矩阵, 并进而成为不定矩阵。通过简单的计算可知, 当标量参数 ϕ_k 如下取值时:

$$\phi_k^c = \frac{1}{1 - \mu_k} \tag{6.37}$$

式中

$$\mu_k = \frac{(\boldsymbol{y}_k^{\mathrm{T}} \boldsymbol{B}_k^{-1} \boldsymbol{y}_k)(\boldsymbol{s}_k^{\mathrm{T}} \boldsymbol{B}_k \boldsymbol{s}_k)}{(\boldsymbol{y}_k^{\mathrm{T}} \boldsymbol{s}_k)^2} \tag{6.38}$$

矩阵 $\boldsymbol{B}_{k+1}$ 是奇异的。将附录 A 中的 Cauchy–Schwarz 不等式 (A.5) 应用于式 (6.38) 可得 $\mu_k \geqslant 1$, 于是有 $\phi_k^c \leqslant 0$。因此, 如果近似 Hessian 矩阵的初始值 $\boldsymbol{B}_0$ 是对称正定矩阵, 且对于所有的迭代序数 k, 条件 $\boldsymbol{s}_k^{\mathrm{T}} \boldsymbol{y}_k > 0$ 和 $\phi_k > \phi_k^c$ 均成立, 则由 Broyden 族更新公式 (6.32) 获得的 $\boldsymbol{B}_k$ 均为对称正定矩阵。

如果采用精确线搜索策略, 对于所有满足条件 $\phi_k \geqslant \phi_k^c$ 的 Broyden 族方法将获得相同的迭代序列, 此结论适用于一般的非线性函数。这是因为如果采用精确线搜索, 由 Broyden 族方法产生的搜索方向仅在长度上有所差异。尽管因标定不同会得到不同的步长, 但是线搜索将在所选择的搜索方向上获得相同的极小值点。

当目标函数是二次函数时, 基于精确线搜索的 Broyden 族方法会具有一些显著的性质, 下面的定理 6.4 描述了其中的一些性质。

【定理 6.4】若利用 Broyden 族中的任意一种方法对强凸二次函数 $f(\boldsymbol{x}) = \boldsymbol{b}^{\mathrm{T}}\boldsymbol{x} + \dfrac{1}{2}\boldsymbol{x}^{\mathrm{T}}\boldsymbol{A}\boldsymbol{x}$ 最小化, 其中 $\boldsymbol{x}_0$ 为迭代起始点, 近似 Hessian 矩阵的初始值 $\boldsymbol{B}_0$ 是对称正定矩阵。假设标量 α_k 是由精确线搜索所获得的步长, 且对于所有的迭代序数 k, 均满足 $\phi_k \geqslant \phi_k^c$, 其中 ϕ_k^c 由式 (6.37) 定义。于是可以得到如下结论:

(1) 迭代点与标量参数 ϕ_k 无关, 并且最多通过 n 次迭代即可收敛至问题的最优解。

(2) 对于迭代序数 k, 前面所有的搜索方向均满足割线方程, 如下所示:

$$\boldsymbol{B}_k\boldsymbol{s}_j = \boldsymbol{y}_j \quad (j = k-1, k-2, \cdots, 1)$$

(3) 如果初始值 $\boldsymbol{B}_0 = \boldsymbol{I}$, 此时得到的迭代序列与第 5 章共轭梯度方法所产生的迭代序列一致, 且搜索方向具有共轭性, 如下所示:

$$\boldsymbol{s}_i^{\mathrm{T}}\boldsymbol{A}\boldsymbol{s}_j = 0 \quad (\text{对于所有的 } i \neq j)$$

(4) 如果该方法进行了 n 次迭代, 则有 $\boldsymbol{B}_n = \boldsymbol{A}$。

这里省略了定理 6.4 的证明过程。需要指出的是, 该定理中的结论 (1)、结论 (2) 以及结论 (4) 与定理 6.1 中的结论遥相呼应, 后者针对 SR1 更新公式推导了类似的结论。

我们还可以对定理 6.4 中的结论稍加推广。具体而言, 只要能够确保近似 Hessian 矩阵的非奇异性 (未必一定是正定性), 该定理中的结论仍然成立。这意味着标量参数 ϕ_k 的取值可以小于 ϕ_k^c, 只要所得到的更新矩阵是非奇异矩阵即可。此外, 还可以单独对定理 6.4 中的结论 (3) 进行推广。具体而言, 如果近似 Hessian 矩阵的初始值 $\boldsymbol{B}_0$ 不是单位矩阵, 此时 Broyden 族方法等同于预处理共轭梯度方法 (其中 $\boldsymbol{B}_0$ 为预处理矩阵)。

我们对定理 6.4 给出的评论是, 其更多的是具有理论意义, 因为在 Broyden 族方法以及所有其他拟牛顿方法的实现过程中, 非精确线搜索会使得它们在性能上有显著差异。尽管如此, 此类理论分析对于拟牛顿方法的发展仍具有很强的指导意义。

6.4 收敛性分析

本节将给出 BFGS 方法和 SR1 方法在实际计算过程中的全局和局部收敛结果。这里将更详细地讨论 BFGS 方法, 因为其理论分析比 SR1 方法的理论分析更具有普适性和启发性。由于拟牛顿方法中的近似 Hessian 矩阵是通过更新公式演化得到的, 因此关于该方法的收敛性分析比最速下降方法和牛顿方法要更复杂。

尽管 BFGS 方法和 SR1 方法在实际计算中具有很强的鲁棒性, 但是很难针对一般的非线性目标函数建立精确的全局收敛结论。也就是说, 难以证明拟牛顿方法能够基于任意迭代起始点和任意近似 Hessian 矩阵的 (合理的) 初始值, 收敛至问题的平稳点。事实上, 尚无法判断拟牛顿方法是否具备这些性质。在下面的理论分析中, 要么假设目标函数是凸函数, 要么假设迭代满足某些性质。此外, 在合理的假设条件下, 存在一些关于该方法局部超线性收敛的著名结论。

本节使用符号 $\|\cdot\|$ 表示欧几里得向量或者矩阵范数, 并将 Hessian 矩阵 $\nabla^2 f(\boldsymbol{x})$ 表示为 $\boldsymbol{G}(\boldsymbol{x})$。

6.4.1 BFGS 方法的全局收敛性

这里将针对光滑凸函数, 研究基于实际线搜索策略的 BFGS 方法的全局收敛性, 并假设其迭代起始点为任意向量 $\boldsymbol{x}_0$, 近似 Hessian 矩阵的初始值为任意对称正定矩阵 $\boldsymbol{B}_0$。下面描述关于目标函数的假设条件。

【假设 6.1】

(1) 目标函数 f 是二次连续可微的。

(2) 水平集 $L=\{\boldsymbol{x}\in\mathbb{R}^n|f(\boldsymbol{x})\leqslant f(\boldsymbol{x}_0)\}$ 是凸集, 且对于所有的向量 $\boldsymbol{z}\in\mathbb{R}^n$ 和 $\boldsymbol{x}\in L$, 存在正常数 m 和 M 满足

$$m\|\boldsymbol{z}\|^2\leqslant \boldsymbol{z}^{\mathrm{T}}\boldsymbol{G}(\boldsymbol{x})\boldsymbol{z}\leqslant M\|\boldsymbol{z}\|^2 \tag{6.39}$$

假设 (2) 意味着矩阵 $\boldsymbol{G}(\boldsymbol{x})$ 在集合 L 上是对称正定矩阵, 且目标函数 f 在集合 L 上具有唯一的极小值点 $\boldsymbol{x}^*$。

结合式 (6.12) 和式 (6.39) 可得

$$\frac{\boldsymbol{y}_k^{\mathrm{T}}\boldsymbol{s}_k}{\boldsymbol{s}_k^{\mathrm{T}}\boldsymbol{s}_k}=\frac{\boldsymbol{s}_k^{\mathrm{T}}\overline{\boldsymbol{G}}_k\boldsymbol{s}_k}{\boldsymbol{s}_k^{\mathrm{T}}\boldsymbol{s}_k}\geqslant m \tag{6.40}$$

式中 $\overline{\boldsymbol{G}}_k$ 是由式 (6.11) 定义的平均 Hessian 矩阵。假设 6.1 表明 $\overline{\boldsymbol{G}}_k$ 是对称正定矩阵, 于是该矩阵的平方根分解存在。因此, 类似于式 (6.21), 通过定义向量 $\boldsymbol{z}_k=\overline{\boldsymbol{G}}_k^{1/2}\boldsymbol{s}_k$ 可得

$$\frac{\boldsymbol{y}_k^{\mathrm{T}}\boldsymbol{y}_k}{\boldsymbol{y}_k^{\mathrm{T}}\boldsymbol{s}_k}=\frac{\boldsymbol{s}_k^{\mathrm{T}}\overline{\boldsymbol{G}}_k^2\boldsymbol{s}_k}{\boldsymbol{s}_k^{\mathrm{T}}\overline{\boldsymbol{G}}_k\boldsymbol{s}_k}=\frac{\boldsymbol{z}_k^{\mathrm{T}}\overline{\boldsymbol{G}}_k\boldsymbol{z}_k}{\boldsymbol{z}_k^{\mathrm{T}}\boldsymbol{z}_k}\leqslant M \tag{6.41}$$

下面将给出关于 BFGS 方法的全局收敛结论。需要指出的是, 这里不太可能参照第 3.2 节, 给出近似 Hessian 矩阵 $\boldsymbol{B}_k$ 的条件数的界。在下面的分析中将引入两个新的工具, 分别为矩阵的迹和行列式, 并利用它们估计近似 Hessian 矩阵的最大特征值和最小特征值。矩阵的迹 (记为 $\mathrm{trace}(\cdot)$) 表示矩阵的全部特征值之和, 矩阵的行列式 (记为 $\det(\cdot)$) 则表示矩阵的全部特征值之积, 附录 A 中简要讨论了它们的性质。

【定理 6.5】 令对称正定矩阵 $\boldsymbol{B}_0$ 为近似 Hessian 矩阵的任意初始值, 向量 $\boldsymbol{x}_0$ 为满足假设 6.1 的任意迭代起始点, 于是由算法 6.1 (其中 $\varepsilon=0$) 所产生的迭代序列 $\{\boldsymbol{x}_k\}$ 收敛至函数 f 的极小值点 $\boldsymbol{x}^*$。

【证明】 首先定义下面两个标量:

$$m_k=\frac{\boldsymbol{y}_k^{\mathrm{T}}\boldsymbol{s}_k}{\boldsymbol{s}_k^{\mathrm{T}}\boldsymbol{s}_k},\quad M_k=\frac{\boldsymbol{y}_k^{\mathrm{T}}\boldsymbol{y}_k}{\boldsymbol{y}_k^{\mathrm{T}}\boldsymbol{s}_k} \tag{6.42}$$

由式 (6.40) 和式 (6.41) 可知

$$m_k\geqslant m,\quad M_k\leqslant M \tag{6.43}$$

计算式 (6.19) 给出的 BFGS 更新矩阵的迹可得

$$\mathrm{trace}(\boldsymbol{B}_{k+1})=\mathrm{trace}(\boldsymbol{B}_k)-\frac{\|\boldsymbol{B}_k\boldsymbol{s}_k\|^2}{\boldsymbol{s}_k^{\mathrm{T}}\boldsymbol{B}_k\boldsymbol{s}_k}+\frac{\|\boldsymbol{y}_k\|^2}{\boldsymbol{y}_k^{\mathrm{T}}\boldsymbol{s}_k} \tag{6.44}$$

式 (6.44) 的证明作为练习题 6.11, 留给读者完成。此外, 基于式 (6.19) 还可以得到一个关于行列式的等式, 如下所示:

$$\det(\boldsymbol{B}_{k+1})=\det(\boldsymbol{B}_k)\frac{\boldsymbol{y}_k^{\mathrm{T}}\boldsymbol{s}_k}{\boldsymbol{s}_k^{\mathrm{T}}\boldsymbol{B}_k\boldsymbol{s}_k} \tag{6.45}$$

式 (6.45) 的证明作为练习题 6.10, 留给读者完成。

其次, 定义下面两个标量:

$$\cos\theta_k=\frac{\boldsymbol{s}_k^{\mathrm{T}}\boldsymbol{B}_k\boldsymbol{s}_k}{\|\boldsymbol{s}_k\|\,\|\boldsymbol{B}_k\boldsymbol{s}_k\|},\quad q_k=\frac{\boldsymbol{s}_k^{\mathrm{T}}\boldsymbol{B}_k\boldsymbol{s}_k}{\boldsymbol{s}_k^{\mathrm{T}}\boldsymbol{s}_k} \tag{6.46}$$

式中 θ_k 表示向量 $\boldsymbol{s}_k$ 与向量 $\boldsymbol{B}_k\boldsymbol{s}_k$ 之间的夹角。根据定义式 (6.46) 可知

$$\frac{\|\boldsymbol{B}_k\boldsymbol{s}_k\|^2}{\boldsymbol{s}_k^{\mathrm{T}}\boldsymbol{B}_k\boldsymbol{s}_k}=\frac{\|\boldsymbol{B}_k\boldsymbol{s}_k\|^2\|\boldsymbol{s}_k\|^2}{(\boldsymbol{s}_k^{\mathrm{T}}\boldsymbol{B}_k\boldsymbol{s}_k)^2}\frac{\boldsymbol{s}_k^{\mathrm{T}}\boldsymbol{B}_k\boldsymbol{s}_k}{\|\boldsymbol{s}_k\|^2}=\frac{q_k}{(\cos\theta_k)^2} \tag{6.47}$$

此外, 结合式 (6.42)、式 (6.45) 以及式 (6.46) 可得

$$\det(\boldsymbol{B}_{k+1})=\det(\boldsymbol{B}_k)\frac{\boldsymbol{y}_k^{\mathrm{T}}\boldsymbol{s}_k}{\boldsymbol{s}_k^{\mathrm{T}}\boldsymbol{s}_k}\frac{\boldsymbol{s}_k^{\mathrm{T}}\boldsymbol{s}_k}{\boldsymbol{s}_k^{\mathrm{T}}\boldsymbol{B}_k\boldsymbol{s}_k}=\det(\boldsymbol{B}_k)\frac{m_k}{q_k} \tag{6.48}$$

将矩阵的迹与行列式相结合, 并引入一个关于对称正定矩阵 $\boldsymbol{B}$ 的标量函数, 如下所示:

$$\psi(\boldsymbol{B}) = \text{trace}(\boldsymbol{B}) - \ln(\det(\boldsymbol{B})) \tag{6.49}$$

式中 $\ln(\cdot)$ 表示自然对数函数。不难证明 $\psi(\boldsymbol{B}) > 0$(该不等式作为练习题 6.9, 留给读者完成)。联合式 (6.42) 以及式 (6.44)—式 (6.49) 可知

$$\begin{aligned}\psi(\boldsymbol{B}_{k+1}) =& \ \text{trace}(\boldsymbol{B}_k) + M_k - \frac{q_k}{(\cos\theta_k)^2} - \ln(\det(\boldsymbol{B}_k)) - \ln m_k + \ln q_k \\ &= \psi(\boldsymbol{B}_k) + (M_k - \ln m_k - 1) + \\ &\quad \left[1 - \frac{q_k}{(\cos\theta_k)^2} + \ln\left(\frac{q_k}{(\cos\theta_k)^2}\right)\right] + \ln(\cos\theta_k)^2\end{aligned} \tag{6.50}$$

函数 $h(t) = 1 - t + \ln(t)$ 在 $t > 0$ 时为非正数 (该结论作为练习题 6.8, 留给读者完成), 因此式 (6.50) 方括号内的项为非正数, 此时联合式 (6.43) 和式 (6.50) 可得

$$0 < \psi(\boldsymbol{B}_{k+1}) \leqslant \psi(\boldsymbol{B}_0) + c(k+1) + \sum_{j=0}^{k} \ln(\cos\theta_j)^2 \tag{6.51}$$

式中 $c = M - \ln m - 1$, 不失一般性, 这里假设 c 为正数。

下面将上述表达式与第 3.2 节中的结论联系起来。根据拟牛顿迭代公式可得 $\boldsymbol{s}_k = -\alpha_k \boldsymbol{B}_k^{-1}\nabla f_k$, 因此式 (6.46) 中的 θ_k 表示最速下降方向与搜索方向之间的夹角, 其在第 3 章的全局收敛理论中起着非常重要的作用。根据第 3 章式 (3.22) 和式 (3.23) 可知, 只有当极限式 $\cos\theta_j \to 0$ 成立时, 由线搜索方法所产生的序列 $\{\|\nabla f_k\|\}$ 才具有非零的界。

下面采用反证法进行证明。假设 $\cos\theta_j \to 0$, 则存在 $k_1 > 0$, 使得对于所有的 $j > k_1$ 均有

$$\ln(\cos\theta_j)^2 < -2c$$

式中常数 c 的定义同式 (6.51)。对于所有的 $k > k_1$, 由不等式 (6.51) 可以推得

$$\begin{aligned}0 &< \psi(\boldsymbol{B}_0) + c(k+1) + \sum_{j=0}^{k_1} \ln(\cos\theta_j)^2 + \sum_{j=k_1+1}^{k} (-2c) \\ &= \psi(\boldsymbol{B}_0) + \sum_{j=0}^{k_1} \ln(\cos\theta_j)^2 + 2ck_1 + c - ck\end{aligned}$$

显然, 当 k 足够大时, 上式等号右侧将变成负数, 这将产生矛盾。因此, 存在迭代序数的子序列 $\{j_k\}_{k=1,2,\cdots}$, 使得 $\cos\theta_{j_k} \geqslant \delta > 0$ 成立。利用第 3 章

Zoutendijk 提出的结论式 (3.14) 可知 $\lim\limits_{k\to+\infty}\inf\|\nabla f_k\|=0$。对于强凸问题而言, 此极限式足以表明 $\boldsymbol{x}_k\to\boldsymbol{x}^*$。证毕。

定理 6.5 可以推广至除 DFP 方法以外的整个限制型 Broyden 族方法中。换言之, 当 $\phi_k\in[0,1)$ 时, 定理 6.5 对于由式 (6.32) 确定的 Broyden 族方法也是成立的。然而, 当 ϕ_k 逐渐接近于 1 时, 定理 6.5 中的结论将变得不再成立, 因为此时将显著削弱矩阵更新中的一些自校正性质。

将上面的分析进行扩展可知, BFGS 迭代方法的收敛速度是线性的。特别地, 可以证明, 序列 $\|\boldsymbol{x}_k-\boldsymbol{x}^*\|$ 会足够快速地收敛于零, 使得下式成立:

$$\sum_{k=1}^{+\infty}\|\boldsymbol{x}_k-\boldsymbol{x}^*\|<+\infty \tag{6.52}$$

下面并不对该结论进行证明, 但是我们将要证明, 如果式 (6.52) 成立, 则其收敛速度实际上是超线性的。

6.4.2 BFGS 方法的超线性收敛性

当迭代具有超线性收敛速度时, Dennis 和 Moré 指出其满足第 3 章极限式 (3.36), 本节的收敛性分析正是利用了此特征公式。该结论不仅适用于凸目标函数, 还可应用于一般的非线性目标函数。为了得到超线性收敛性结论, 这里需要增加一个假设条件。

【假设 6.2】 Hessian 矩阵 $\boldsymbol{G}$ 在点 $\boldsymbol{x}^*$ 处是 Lipschitz 连续的, 即对于所有接近于点 $\boldsymbol{x}^*$ 的向量 $\boldsymbol{x}$, 均存在正常数 L 满足如下关系式:

$$\|\boldsymbol{G}(\boldsymbol{x})-\boldsymbol{G}(\boldsymbol{x}^*)\|\leqslant L\|\boldsymbol{x}-\boldsymbol{x}^*\|$$

引入如下矩阵和向量:

$$\widetilde{\boldsymbol{s}}_k=\boldsymbol{G}_*^{1/2}\boldsymbol{s}_k,\quad \widetilde{\boldsymbol{y}}_k=\boldsymbol{G}_*^{-1/2}\boldsymbol{y}_k,\quad \widetilde{\boldsymbol{B}}_k=\boldsymbol{G}_*^{-1/2}\boldsymbol{B}_k\boldsymbol{G}_*^{-1/2}$$

式中 $\boldsymbol{G}_*=\boldsymbol{G}(\boldsymbol{x}^*)$, 向量 $\boldsymbol{x}^*$ 是目标函数 f 的极小值点。类似于式 (6.46), 定义下面两个标量:

$$\cos\widetilde{\theta}_k=\frac{\widetilde{\boldsymbol{s}}_k^{\mathrm{T}}\widetilde{\boldsymbol{B}}_k\widetilde{\boldsymbol{s}}_k}{\|\widetilde{\boldsymbol{s}}_k\|\,\|\widetilde{\boldsymbol{B}}_k\widetilde{\boldsymbol{s}}_k\|},\quad \widetilde{q}_k=\frac{\widetilde{\boldsymbol{s}}_k^{\mathrm{T}}\widetilde{\boldsymbol{B}}_k\widetilde{\boldsymbol{s}}_k}{\|\widetilde{\boldsymbol{s}}_k\|^2}$$

此外, 对应于式 (6.42) 和式 (6.43), 这里定义下面两个标量:

$$\widetilde{m}_k=\frac{\widetilde{\boldsymbol{y}}_k^{\mathrm{T}}\widetilde{\boldsymbol{s}}_k}{\widetilde{\boldsymbol{s}}_k^{\mathrm{T}}\widetilde{\boldsymbol{s}}_k},\quad \widetilde{M}_k=\frac{\|\widetilde{\boldsymbol{y}}_k\|^2}{\widetilde{\boldsymbol{y}}_k^{\mathrm{T}}\widetilde{\boldsymbol{s}}_k}$$

将 BFGS 更新公式 (6.19) 同时左乘和右乘矩阵 $\boldsymbol{G}_*^{-1/2}$, 并利用前面定义的矩阵和向量可知

$$\widetilde{\boldsymbol{B}}_{k+1}=\widetilde{\boldsymbol{B}}_k-\frac{\widetilde{\boldsymbol{B}}_k\widetilde{\boldsymbol{s}}_k\widetilde{\boldsymbol{s}}_k^{\mathrm{T}}\widetilde{\boldsymbol{B}}_k}{\widetilde{\boldsymbol{s}}_k^{\mathrm{T}}\widetilde{\boldsymbol{B}}_k\widetilde{\boldsymbol{s}}_k}+\frac{\widetilde{\boldsymbol{y}}_k\widetilde{\boldsymbol{y}}_k^{\mathrm{T}}}{\widetilde{\boldsymbol{y}}_k^{\mathrm{T}}\widetilde{\boldsymbol{s}}_k}$$

由于该式与 BFGS 矩阵更新公式 (6.19) 具有相同的形式, 于是由式 (6.50) 可得

$$\begin{aligned}\psi(\widetilde{\boldsymbol{B}}_{k+1})=\psi(\widetilde{\boldsymbol{B}}_k)+(\widetilde{M}_k-\ln(\widetilde{m}_k)-1)+&\\ \left[1-\frac{\widetilde{q}_k}{(\cos\widetilde{\theta}_k)^2}+\ln\frac{\widetilde{q}_k}{(\cos\widetilde{\theta}_k)^2}\right]+\ln(\cos\widetilde{\theta}_k)^2&\end{aligned} \tag{6.53}$$

回顾式 (6.12) 可知

$$\boldsymbol{y}_k-\boldsymbol{G}_*\boldsymbol{s}_k=(\overline{\boldsymbol{G}}_k-\boldsymbol{G}_*)\boldsymbol{s}_k$$

并结合向量 $\widetilde{\boldsymbol{s}}_k$ 和向量 $\widetilde{\boldsymbol{y}}_k$ 的定义可得

$$\widetilde{\boldsymbol{y}}_k-\widetilde{\boldsymbol{s}}_k=\boldsymbol{G}_*^{-1/2}(\overline{\boldsymbol{G}}_k-\boldsymbol{G}_*)\boldsymbol{G}_*^{-1/2}\widetilde{\boldsymbol{s}}_k$$

结合假设 6.2 和定义式 (6.11) 可知

$$\|\widetilde{\boldsymbol{y}}_k-\widetilde{\boldsymbol{s}}_k\|\leqslant\|\boldsymbol{G}_*^{-1/2}\|^2\|\widetilde{\boldsymbol{s}}_k\|\,\|\overline{\boldsymbol{G}}_k-\boldsymbol{G}_*\|\leqslant\|\boldsymbol{G}_*^{-1/2}\|^2\|\widetilde{\boldsymbol{s}}_k\|L\varepsilon_k$$

式中

$$\varepsilon_k=\max\{\|\boldsymbol{x}_{k+1}-\boldsymbol{x}^*\|,\|\boldsymbol{x}_k-\boldsymbol{x}^*\|\}$$

由该不等式可得

$$\frac{\|\widetilde{\boldsymbol{y}}_k-\widetilde{\boldsymbol{s}}_k\|}{\|\widetilde{\boldsymbol{s}}_k\|}\leqslant\bar{c}\varepsilon_k \tag{6.54}$$

式中 $\bar{c}$ 为某个正常数。式 (6.54) 和式 (6.52) 在下面的超线性收敛性分析中起着重要作用。

【定理 6.6】假设目标函数 f 是二次连续可微的, 且由 BFGS 方法获得的迭代序列 $\{\boldsymbol{x}_k\}$ 收敛至该目标函数的极小值点 $\boldsymbol{x}^*$, 在该点处假设 6.2 成立。如果式 (6.52) 成立, 则迭代序列 $\{\boldsymbol{x}_k\}$ 以超线性收敛速度收敛至点 $\boldsymbol{x}^*$。

【证明】结合式 (6.54) 和附录 A 中的三角不等式 (A.4a) 可知

$$\|\widetilde{\boldsymbol{y}}_k\|-\|\widetilde{\boldsymbol{s}}_k\|\leqslant\bar{c}\varepsilon_k\|\widetilde{\boldsymbol{s}}_k\|,\quad\|\widetilde{\boldsymbol{s}}_k\|-\|\widetilde{\boldsymbol{y}}_k\|\leqslant\bar{c}\varepsilon_k\|\widetilde{\boldsymbol{s}}_k\|$$

于是有

$$(1-\bar{c}\varepsilon_k)\|\widetilde{\boldsymbol{s}}_k\|\leqslant\|\widetilde{\boldsymbol{y}}_k\|\leqslant(1+\bar{c}\varepsilon_k)\|\widetilde{\boldsymbol{s}}_k\| \tag{6.55}$$

对式 (6.54) 两边进行平方, 并结合式 (6.55) 可得

$$(1-\bar{c}\varepsilon_k)^2\|\widetilde{\boldsymbol{s}}_k\|^2-2\widetilde{\boldsymbol{y}}_k^{\mathrm{T}}\widetilde{\boldsymbol{s}}_k+\|\widetilde{\boldsymbol{s}}_k\|^2\leqslant\|\widetilde{\boldsymbol{y}}_k\|^2-2\widetilde{\boldsymbol{y}}_k^{\mathrm{T}}\widetilde{\boldsymbol{s}}_k+\|\widetilde{\boldsymbol{s}}_k\|^2\leqslant\bar{c}^2\varepsilon_k^2\|\widetilde{\boldsymbol{s}}_k\|^2$$

由该式可知

$$2\widetilde{\boldsymbol{y}}_k^{\mathrm{T}}\widetilde{\boldsymbol{s}}_k\geqslant(1-2\bar{c}\varepsilon_k+\bar{c}^2\varepsilon_k^2+1-\bar{c}^2\varepsilon_k^2)\|\widetilde{\boldsymbol{s}}_k\|^2=2(1-\bar{c}\varepsilon_k)\|\widetilde{\boldsymbol{s}}_k\|^2$$

将该式与 $\widetilde{m}_k$ 的定义相结合可得

$$\widetilde{m}_k=\frac{\widetilde{\boldsymbol{y}}_k^{\mathrm{T}}\widetilde{\boldsymbol{s}}_k}{\|\widetilde{\boldsymbol{s}}_k\|^2}\geqslant 1-\bar{c}\varepsilon_k \tag{6.56}$$

结合式 (6.55) 和式 (6.56) 还可知

$$\widetilde{M}_k=\frac{\|\widetilde{\boldsymbol{y}}_k\|^2}{\widetilde{\boldsymbol{y}}_k^{\mathrm{T}}\widetilde{\boldsymbol{s}}_k}\leqslant\frac{(1+\bar{c}\varepsilon_k)^2}{1-\bar{c}\varepsilon_k} \tag{6.57}$$

由 $\boldsymbol{x}_k\to\boldsymbol{x}^*$ 可得 $\varepsilon_k\to 0$, 于是根据式 (6.57) 可知, 存在正常数 $c>\bar{c}$, 使得对于所有足够大的迭代序数 k, 下面的不等式成立:

$$\widetilde{M}_k\leqslant 1+\frac{3\bar{c}+\bar{c}^2\varepsilon_k}{1-\bar{c}\varepsilon_k}\varepsilon_k\leqslant 1+c\varepsilon_k \tag{6.58}$$

再次利用函数 $h(t)=1-t+\ln(t)$ 的非正性可得

$$\frac{-x}{1-x}-\ln(1-x)=h\left(\frac{1}{1-x}\right)\leqslant 0$$

当迭代序数 k 足够大时, 不等式 $\bar{c}\varepsilon_k<1/2$ 成立, 于是有

$$\ln(1-\bar{c}\varepsilon_k)\geqslant\frac{-\bar{c}\varepsilon_k}{1-\bar{c}\varepsilon_k}\geqslant-2\bar{c}\varepsilon_k$$

将该不等式与式 (6.56) 相结合可知, 对于足够大的迭代序数 k, 下面的不等式成立:

$$\ln(\widetilde{m}_k)\geqslant\ln(1-\bar{c}\varepsilon_k)\geqslant-2\bar{c}\varepsilon_k>-2c\varepsilon_k \tag{6.59}$$

结合式 (6.53)、式 (6.58) 以及式 (6.59) 可得

$$0<\psi(\widetilde{\boldsymbol{B}}_{k+1})\leqslant\psi(\widetilde{\boldsymbol{B}}_k)+3c\varepsilon_k+\ln(\cos\widetilde{\theta}_k)^2+\left[1-\frac{\widetilde{q}_k}{(\cos\widetilde{\theta}_k)^2}+\ln\frac{\widetilde{q}_k}{(\cos\widetilde{\theta}_k)^2}\right] \tag{6.60}$$

对式 (6.60) 求和可知

$$\sum_{j=0}^{+\infty}\left(\ln\frac{1}{(\cos\widetilde{\theta}_j)^2}-\left[1-\frac{\widetilde{q}_j}{(\cos\widetilde{\theta}_j)^2}+\ln\frac{\widetilde{q}_j}{(\cos\widetilde{\theta}_j)^2}\right]\right)\leqslant\psi(\widetilde{\boldsymbol{B}}_0)+3c\sum_{j=0}^{+\infty}\varepsilon_j<+\infty$$

式中最后一个不等号利用了式 (6.52)。上式方括号内的项为非正数, 并且对于所有的迭代序数 j 均有 $\ln(1/(\cos\widetilde{\theta}_j)^2) \geqslant 0$, 由此可得以下两个极限式:

$$\lim_{j\to+\infty} \ln\frac{1}{(\cos\widetilde{\theta}_j)^2} = 0, \quad \lim_{j\to+\infty}\left[1 - \frac{\widetilde{q}_j}{(\cos\widetilde{\theta}_j)^2} + \ln\frac{\widetilde{q}_j}{(\cos\widetilde{\theta}_j)^2}\right] = 0$$

由上式可得

$$\lim_{j\to+\infty} \cos\widetilde{\theta}_j = 1, \quad \lim_{j\to+\infty} \widetilde{q}_j = 1 \tag{6.61}$$

至此已经证明该定理的主要结论, 下面仅需要利用极限式 (6.61) 证明关于超线性收敛的 Dennis–Moré 特征公式 (即第 3 章极限式 (3.36)) 成立即可。回顾标量 $\widetilde{q}_k$ 和 $\cos\widetilde{\theta}_k$、向量 $\widetilde{\boldsymbol{s}}_k$ 以及矩阵 $\widetilde{\boldsymbol{B}}_k$ 的定义可知

$$\begin{aligned}
\frac{\|\boldsymbol{G}_*^{-1/2}(\boldsymbol{B}_k - \boldsymbol{G}_*)\boldsymbol{s}_k\|^2}{\|\boldsymbol{G}_*^{1/2}\boldsymbol{s}_k\|^2} &= \frac{\|(\widetilde{\boldsymbol{B}}_k - \boldsymbol{I})\widetilde{\boldsymbol{s}}_k\|^2}{\|\widetilde{\boldsymbol{s}}_k\|^2} \\
&= \frac{\|\widetilde{\boldsymbol{B}}_k\widetilde{\boldsymbol{s}}_k\|^2 - 2\widetilde{\boldsymbol{s}}_k^{\mathrm{T}}\widetilde{\boldsymbol{B}}_k\widetilde{\boldsymbol{s}}_k + \widetilde{\boldsymbol{s}}_k^{\mathrm{T}}\widetilde{\boldsymbol{s}}_k}{\widetilde{\boldsymbol{s}}_k^{\mathrm{T}}\widetilde{\boldsymbol{s}}_k} \\
&= \frac{\widetilde{q}_k^2}{(\cos\widetilde{\theta}_k)^2} - 2\widetilde{q}_k + 1
\end{aligned}$$

根据式 (6.61) 可知, 上式等号右侧收敛于零, 由此可得

$$\lim_{k\to+\infty} \frac{\|(\boldsymbol{B}_k - \boldsymbol{G}_*)\boldsymbol{s}_k\|}{\|\boldsymbol{s}_k\|} = 0$$

第 3 章极限式 (3.36) 和定理 3.6 表明, 当迭代序列在解 $\boldsymbol{x}^*$ 附近时, 单位步长 $\alpha_k = 1$ 满足 Wolfe 条件, 因此 BFGS 方法的收敛速度是超线性的。证毕。

6.4.3 SR1 方法的收敛性分析

SR1 方法的收敛性并没有 BFGS 方法的收敛性容易理解。针对 SR1 方法, 除前面讨论的关于二次目标函数的结论以外, 学者们尚未建立类似于定理 6.5 的全局收敛结论, 以及类似于定理 6.6 的局部超线性收敛性结论。然而, 针对 SR1 信赖域方法 (即算法 6.2), 却存在一个有意思的结论。具体而言, 若目标函数具有唯一的平稳点 $\boldsymbol{x}^*$, 在每次迭代中式 (6.26) 均成立 (即从未跳过 SR1 矩阵更新步骤), 并且近似 Hessian 矩阵有上界, 则迭代序列 $\{\boldsymbol{x}_k\}$ 将以 $n+1$ 步超线性收敛速度收敛于平稳点 $\boldsymbol{x}^*$。需要指出的是, 即使在算法 6.2 中没有获得信赖域子问题式 (6.27) 的精确解, 该收敛性质仍然成立。

下面将上述结论描述成定理的形式。

【定理 6.7】 将由算法 6.2 获得的迭代序列记为 $\{\boldsymbol{x}_k\}$, 并假设下面的条

件成立:

(1) 迭代序列 $\{\boldsymbol{x}_k\}$ 并未终止, 该序列属于一个有界的闭凸集 D 中, 在此集合上, 目标函数 f 是二次连续可微的, 且该函数具有唯一的平稳点 $\boldsymbol{x}^*$;

(2) Hessian 矩阵 $\nabla^2 f(\boldsymbol{x}^*)$ 具有正定性, 且 $\nabla^2 f(\boldsymbol{x})$ 在平稳点 $\boldsymbol{x}^*$ 的邻域内满足 Lipschitz 连续性;

(3) 矩阵序列 $\{\boldsymbol{B}_k\}$ 的范数有界;

(4) 在每次迭代中式 (6.26) 均成立, 其中 r 是区间 $(0,1)$ 内的某个常数。

在上述假设条件下, 若满足 $\lim\limits_{k\to+\infty} \boldsymbol{x}_k = \boldsymbol{x}^*$, 则有

$$\lim_{k\to+\infty} \frac{\|\boldsymbol{x}_{k+n+1} - \boldsymbol{x}^*\|}{\|\boldsymbol{x}_k - \boldsymbol{x}^*\|} = 0$$

需要指出的是, 对于 BFGS 方法而言, 并不需要有界假设条件 (3) 成立。正如前面已经提到的, SR1 更新公式未必能确保近似 Hessian 矩阵 $\boldsymbol{B}_k$ 为正定矩阵。在实际任意一次迭代中, 矩阵 $\boldsymbol{B}_k$ 都有可能具有不定性, 这意味着无论迭代序数 k 取多大值, 信赖域的边界都可能起作用。然而, 一个有意思的事实是, 在绝大多数情况下, SR1 方法中的近似 Hessian 矩阵都满足正定性。在定理 6.7 的假设条件下, 可以得到如下准确结论:

$$\lim_{k\to+\infty} \frac{\text{矩阵集合 } \{\boldsymbol{B}_j\}_{1\leqslant j\leqslant k} \text{ 中具有正定性的矩阵个数}}{k} = 1$$

需要指出的是, 无论近似 Hessian 矩阵的初始值 $\boldsymbol{B}_0$ 是否具有正定性, 该结论都能成立。

6.5 注释与参考文献

全面阐述拟牛顿方法的文献包括文献 [92]、文献 [91] 以及文献 [101], 其中文献 [92] 给出了 BFGS 矩阵的 Cholesky 矩阵因子的更新公式。

针对 SR1 方法, 学者们提出了一些保护措施和修正策略, 而根据文献 [71] 中的分析可知, 式 (6.26) 是有益的。文献 [70]、文献 [73] 以及文献 [181] 中的计算机实验是基于线搜索方法和信赖域方法进行的, 结果表明, SR1 方法可以与 BFGS 方法相媲美。文献 [51] 描述了定理 6.7 的证明过程。

针对非线性问题, 文献 [119] 和文献 [32] 研究了 BFGS 更新矩阵的收敛性, 然而, 研究结果表明, 其收敛性并没有 SR1 更新矩阵的收敛性好。

文献 [246] 建立了 BFGS 方法的全局收敛结论, 文献 [53] 将此结论推广至除 DFP 方法以外的限制型 Broyden 族方法中。文献 [229] 讨论了拟牛顿方法的自校正性质。学者们早期对拟牛顿方法的分析大都是基于有界退化原理进行的, 这是一个用于局部分析的数学工具, 可用于量化拟牛顿更新在最

坏情况下的性能。假设迭代起始点充分接近解 $\boldsymbol{x}^*$, 且近似 Hessian 矩阵的初始值充分接近矩阵 $\nabla^2 f(\boldsymbol{x}^*)$, 此时可以利用有界退化原理证明迭代过程不会偏离解 $\boldsymbol{x}^*$。这个性质还可用于说明拟牛顿近似矩阵的质量足够好, 可产生超线性收敛速度。文献 [91] 和文献 [92] 针对此给出了详细的讨论。

6.6 练习题

6.1 试完成下面两个问题:

(a) 如果 f 是强凸函数, 证明式 (6.7) 对于任意向量 $\boldsymbol{x}_k$ 和向量 $\boldsymbol{x}_{k+1}$ 均成立。

(b) 试给出一个单变量函数的例子, 满足 $g(0)=-1$ 和 $g(1)=-1/4$, 且对于该例式 (6.7) 并不成立。

6.2 基于第 3 章第 2 个强 Wolfe 条件 (式 (3.7b)), 证明曲率条件 (式 (6.7)) 成立。

6.3 证明式 (6.17) 给出的更新矩阵与式 (6.19) 给出的更新矩阵互为逆矩阵。

6.4 利用 Sherman–Morrison 公式 (A.27) 证明式 (6.24) 给出的更新矩阵与式 (6.25) 给出的更新矩阵互为逆矩阵。

6.5 证明文中在式 (6.25) 下面描述的结论 (2) 和结论 (3) 成立。

6.6 将矩阵 $\boldsymbol{A}$ 的平方根记为 $\boldsymbol{A}^{1/2}$, 满足 $\boldsymbol{A}^{1/2}\boldsymbol{A}^{1/2}=\boldsymbol{A}$。证明任意对称正定矩阵 $\boldsymbol{A}$ 都有平方根, 且该平方根也是对称正定矩阵。(提示: 利用附录 A 式 (A.16) 给出的矩阵分解 $\boldsymbol{A}=\boldsymbol{U}\boldsymbol{D}\boldsymbol{U}^{\mathrm{T}}$ 进行证明, 其中 $\boldsymbol{U}$ 为正交矩阵, $\boldsymbol{D}$ 为对角元素均为正数的对角矩阵。)

6.7 利用 Cauchy–Schwarz 不等式 (A.5) 证明 $\mu_k \geqslant 1$, 其中 μ_k 的定义见式 (6.38)。

6.8 定义函数 $h(t)=1-t+\ln(t)$, 证明对于所有的 $t>0$, 均满足 $h(t)\leqslant 0$。(提示: $h'(t)=-1+1/t$、$h''(t)=-1/t^2<0$、$h(1)=0$ 以及 $h'(1)=0$。)

6.9 将对称正定矩阵 $\boldsymbol{B}$ 的特征值记为 $\lambda_1,\lambda_2,\cdots,\lambda_n$, 其中 $0<\lambda_1\leqslant\lambda_2\leqslant\cdots\leqslant\lambda_n$, 证明由式 (6.49) 定义的函数 ψ 可以表示为

$$\psi(\boldsymbol{B})=\sum_{i=1}^{n}(\lambda_i-\ln\lambda_i)$$

并利用这个函数证明 $\psi(\boldsymbol{B})>0$。

6.10 利用下面 3 个步骤证明式 (6.45) 成立:

(a) 首先, 证明等式 $\det(\boldsymbol{I}+\boldsymbol{x}\boldsymbol{y}^{\mathrm{T}})=1+\boldsymbol{y}^{\mathrm{T}}\boldsymbol{x}$ 成立, 其中 $\boldsymbol{x}$ 和 $\boldsymbol{y}$ 均为 n

维向量。提示: 假设 $\boldsymbol{x} \neq \mathbf{0}$, 于是可以找寻向量 $\boldsymbol{w}_1, \boldsymbol{w}_2, \cdots, \boldsymbol{w}_{n-1}$, 使得下面的矩阵 $\boldsymbol{Q}$ 非奇异, 而矩阵 $\boldsymbol{Q}$ 的定义如下:

$$\boldsymbol{Q} = [\boldsymbol{x} \ \ \boldsymbol{w}_1 \ \ \boldsymbol{w}_2 \ \ \cdots \ \ \boldsymbol{w}_{n-1}]$$

并且有 $\boldsymbol{x} = \boldsymbol{Q}\boldsymbol{e}_1$, 其中 $\boldsymbol{e}_1 = [1 \ \ 0 \ \ 0 \ \ \cdots \ \ 0]^{\mathrm{T}}$。如果定义

$$\boldsymbol{y}^{\mathrm{T}}\boldsymbol{Q} = [z_1 \ \ z_2 \ \ \cdots \ \ z_n]$$

则有

$$z_1 = \boldsymbol{y}^{\mathrm{T}}\boldsymbol{Q}\boldsymbol{e}_1 = \boldsymbol{y}^{\mathrm{T}}\boldsymbol{Q}(\boldsymbol{Q}^{-1}\boldsymbol{x}) = \boldsymbol{y}^{\mathrm{T}}\boldsymbol{x}$$

以及

$$\det(\boldsymbol{I} + \boldsymbol{x}\boldsymbol{y}^{\mathrm{T}}) = \det(\boldsymbol{Q}^{-1}(\boldsymbol{I} + \boldsymbol{x}\boldsymbol{y}^{\mathrm{T}})\boldsymbol{Q}) = \det(\boldsymbol{I} + \boldsymbol{e}_1\boldsymbol{y}^{\mathrm{T}}\boldsymbol{Q})$$

(b) 其次, 使用与上述类似的方法证明如下等式:

$$\det(\boldsymbol{I} + \boldsymbol{x}\boldsymbol{y}^{\mathrm{T}} + \boldsymbol{u}\boldsymbol{v}^{\mathrm{T}}) = (1 + \boldsymbol{y}^{\mathrm{T}}\boldsymbol{x})(1 + \boldsymbol{v}^{\mathrm{T}}\boldsymbol{u}) - (\boldsymbol{x}^{\mathrm{T}}\boldsymbol{v})(\boldsymbol{y}^{\mathrm{T}}\boldsymbol{u})$$

(c) 最后, 利用该关系式证明式 (6.45) 成立。

6.11 利用对称矩阵迹的性质和式 (6.19) 证明式 (6.44) 成立。

6.12 如果目标函数 f 满足假设 6.1, 且梯度向量序列 $\{\nabla f_k\}$ 满足 $\lim_{k \to +\infty} \inf \|\nabla f_k\| = 0$, 则迭代序列 $\{\boldsymbol{x}_k\}$ 收敛于解 $\boldsymbol{x}^*$。

第 7 章

大规模无约束优化方法

在实际应用中，很多无约束优化问题都含有成千上万个变量。为了有效求解这种大规模优化问题，需要优化方法的存储量与计算复杂度都能保持在可以接受的范围内。为了实现此目标，学者们提出了各式各样的大规模优化方法，每种方法都能解决某种特定类型的问题，其中一些方法直接针对第 3 章、第 4 章以及第 6 章中的方法进行调整，而另一些方法则对这些基本方法进行修正，从而能以较少的存储量和较低的计算复杂度近似获得迭代更新向量。第 5.2 节中的非线性共轭梯度方法可以直接用于求解大规模优化问题，不需要进行任何调整，因为该方法需要很小的存储量，且仅依赖函数的一阶导数信息。

第 3 章的线搜索方法和第 4 章的信赖域牛顿方法都需要对 Hessian 矩阵 $\nabla^2 f_k$ 进行分解。在大规模优化问题中，可以利用稀疏消除技术对矩阵 $\nabla^2 f_k$ 进行分解。这些方法获得了学者们的广泛关注，并形成了高质量的软件包。对于特定的应用，如果这些稀疏分解方法所需的计算量和存储量均可以接受，并且 Hessian 矩阵能够显式表达，此时基于稀疏分解的牛顿方法就是求解此类问题的有效方法。

然而，对于大规模优化问题而言，对 Hessian 矩阵进行分解的代价通常是巨大的，此时最好能利用迭代线性代数技术近似计算牛顿迭代更新向量。第 7.1 节分别在线搜索计算框架和信赖域计算框架下，讨论了基于迭代线性代数技术的非精确牛顿方法。所获得的方法具有良好的全局收敛性，并且在适当的参数条件下还具有超线性收敛性。当 Hessian 矩阵 $\nabla^2 f_k$ 为不定矩阵时，利用这些方法也能获得有效的搜索方向，甚至能够在不使用 Hessian 矩阵 (即无须显式计算或者存储 Hessian 矩阵) 的条件下实现这些方法。

即使真实的 Hessian 矩阵是稀疏的，由第 6 章拟牛顿方法得到的近似 Hessian 矩阵通常也是稠密的，并且当 n 较大时，存储和使用这些近似矩阵的代价也是巨大的。第 7.2 节讨论了有限记忆拟牛顿方法，其中仅利用几个维数为 n 的向量紧凑地存储近似 Hessian 矩阵。这些方法的鲁棒性强，代价较低，且易于实现，但是它们的收敛速度并不快。第 7.3 节则简要讨论了另一种方法，参照真实 Hessian 矩阵的稀疏结构，使拟牛顿近似 Hessian 矩阵 $\boldsymbol{B}_k$

保持相似的稀疏性。

第 7.4 节表明, 大规模优化问题的目标函数通常在结构上具有一种特殊性质, 即部分可分离性。该性质是指目标函数可以分解为若干更简单的函数之和, 这些简单函数的自变量空间为 $\mathbb{R}^n$ 中的某个小的子空间。利用部分可分离性可以获得有效的牛顿方法和拟牛顿方法。这些方法通常收敛速度较快且鲁棒性强, 但是需要关于目标函数的详细信息, 而这些信息在一些应用中却难以获得。

本章的最后讨论了求解大规模无约束优化问题的软件。

7.1 非精确牛顿方法

由第 2 章式 (2.15) 可知, 标准的牛顿迭代更新向量可以通过求解线性方程组来获得, 其中的系数矩阵为 n 阶对称矩阵, 该线性方程组可以表示为

$$\nabla^2 f_k \boldsymbol{p}_k^{\mathrm{N}} = -\nabla f_k \tag{7.1}$$

本节将描述近似求解向量 $\boldsymbol{p}_k^{\mathrm{N}}$ 的方法, 其计算代价并不高, 但却可以产生较好的搜索方向或者迭代更新向量。这些数值技术使用共轭梯度方法 (见第 5 章) 或者 Lanczos 方法对式 (7.1) 进行求解, 并对 Hessian 矩阵出现负曲率的情形进行修正。此外, 文中分别在线搜索计算框架和信赖域计算框架下描述相应的求解方法, 并将此类方法统称为非精确牛顿方法。

使用迭代方法求解式 (7.1) 的优势在于, 可以无须考虑对 Hessian 矩阵 $\nabla^2 f_k$ 进行矩阵分解的计算代价, 以及在此过程中可能需要的矩阵元素填充。一方面, 我们可以设计求解策略, 以确保非精确牛顿方法仍具有精确牛顿方法的快速收敛特性。另一方面, 如下文所示, 我们可以在不使用 Hessian 矩阵的条件下实现这些方法, 即无须直接计算或者存储 Hessian 矩阵 $\nabla^2 f_k$。

下面首先研究计算迭代更新向量时的非精确性如何影响非精确牛顿方法的局部收敛性; 然后分别给出基于共轭梯度方法 (可能含有预处理器) 的线搜索方法和信赖域方法, 用以获得式 (7.1) 的近似解; 最后讨论如何使用 Lanczos 方法近似求解式 (7.1)。

7.1.1 非精确牛顿方法的局部收敛性

对于求解式 (7.1) 的迭代方法而言, 大多数终止条件都需要利用下面的残差向量:

$$\boldsymbol{r}_k = \nabla^2 f_k \boldsymbol{p}_k + \nabla f_k \tag{7.2}$$

式中 $\boldsymbol{p}_k$ 表示非精确牛顿迭代更新向量。通常将共轭梯度迭代的终止准则表示为

$$\|\boldsymbol{r}_k\| \leqslant \eta_k \|\nabla f_k\| \tag{7.3}$$

式中 $\{\eta_k\}$ 称为强迫序列, 对于所有的 k 均满足 $0 < \eta_k < 1$。

下面研究强迫序列 $\{\eta_k\}$ 的取值如何影响基于式 (7.1)—式 (7.3) 的非精确牛顿方法的收敛速度。这里给出的两个定理不仅适用于牛顿共轭梯度方法, 还适用于满足式 (7.2) 和式 (7.3) 的任意非精确牛顿方法。

定理 7.1 表明, 只要能确保 $\{\eta_k\}$ 的界限偏离 1, 就可以获得局部收敛性。

【定理 7.1】 假设 $\nabla^2 f(\boldsymbol{x})$ 存在, 在局部极小值点 $\boldsymbol{x}^*$ 的邻域内连续, 且 $\nabla^2 f(\boldsymbol{x}^*)$ 是正定矩阵。考虑迭代公式 $\boldsymbol{x}_{k+1} = \boldsymbol{x}_k + \boldsymbol{p}_k$, 其中 $\boldsymbol{p}_k$ 满足式 (7.3), 且存在常数 $\eta \in [0, 1)$ 满足 $\eta_k \leqslant \eta$ (对于所有的 k)。如果迭代起始点 $\boldsymbol{x}_0$ 充分接近于点 $\boldsymbol{x}^*$, 则迭代序列 $\{\boldsymbol{x}_k\}$ 收敛于向量 $\boldsymbol{x}^*$, 并满足

$$\|\nabla^2 f(\boldsymbol{x}^*)(\boldsymbol{x}_{k+1} - \boldsymbol{x}^*)\| \leqslant \widehat{\eta} \|\nabla^2 f(\boldsymbol{x}^*)(\boldsymbol{x}_k - \boldsymbol{x}^*)\| \tag{7.4}$$

式中常数 $\widehat{\eta}$ 满足 $\eta < \widehat{\eta} < 1$。

下面并未对定理 7.1 给出严格的证明, 但是提供了一个非正式的推导过程, 其中包含了关键核心的结论, 并基于此引出了定理 7.2。

由于 Hessian 矩阵 $\nabla^2 f$ 在点 $\boldsymbol{x}^*$ 处具有正定性, 且在点 $\boldsymbol{x}^*$ 的邻域内是连续的, 因此对于所有充分接近点 $\boldsymbol{x}^*$ 的迭代点 $\boldsymbol{x}_k$, 存在一个常数 L 满足 $\|(\nabla^2 f_k)^{-1}\| \leqslant L$。于是由式 (7.2) 可知, 非精确牛顿迭代更新向量满足

$$\|\boldsymbol{p}_k\| \leqslant L(\|\nabla f_k\| + \|\boldsymbol{r}_k\|) \leqslant 2L\|\nabla f_k\|$$

式中第 2 个不等号利用了式 (7.3) 以及 $\eta_k < 1$。将该式与泰勒定理相结合, 并利用 $\nabla^2 f(\boldsymbol{x})$ 的连续性可得

$$\begin{aligned}
\nabla f_{k+1} &= \nabla f_k + \nabla^2 f_k \boldsymbol{p}_k + \int_0^1 [\nabla^2 f(\boldsymbol{x}_k + t\boldsymbol{p}_k) - \nabla^2 f(\boldsymbol{x}_k)]\boldsymbol{p}_k \mathrm{d}t \\
&= \nabla f_k + \nabla^2 f_k \boldsymbol{p}_k + o(\|\boldsymbol{p}_k\|) \\
&= \nabla f_k - (\nabla f_k - \boldsymbol{r}_k) + o(\|\nabla f_k\|) \\
&= \boldsymbol{r}_k + o(\|\nabla f_k\|)
\end{aligned} \tag{7.5}$$

对式 (7.5) 等号两边取范数, 并结合式 (7.3) 可得

$$\|\nabla f_{k+1}\| \leqslant \eta_k \|\nabla f_k\| + o(\|\nabla f_k\|) \leqslant (\eta_k + o(1))\|\nabla f_k\| \tag{7.6}$$

当迭代点 $\boldsymbol{x}_k$ 充分接近点 $\boldsymbol{x}^*$ 时, 式 (7.6) 最右侧 $o(1)$ 项将以 $(1-\eta)/2$ 为上界, 从而有

$$\|\nabla f_{k+1}\| \leqslant (\eta_k + (1-\eta)/2)\|\nabla f_k\| \leqslant \frac{1+\eta}{2}\|\nabla f_k\| \tag{7.7}$$

由该式可知，梯度向量的范数在每次迭代中以因子 $(1+\eta)/2$ 降低。只要迭代起始点 $\boldsymbol{x}_0$ 充分接近点 $\boldsymbol{x}^*$，就可以保证梯度向量的范数在每次迭代中均以此速度减小。

根据前面的光滑性假设可得

$$\nabla f_k = \nabla^2 f(\boldsymbol{x}^*)(\boldsymbol{x}_k - \boldsymbol{x}^*) + o(\|\boldsymbol{x}_k - \boldsymbol{x}^*\|)$$

因此，当迭代点 $\boldsymbol{x}_k$ 充分接近点 $\boldsymbol{x}^*$ 时，梯度向量 ∇f_k 与向量误差 $\nabla^2 f(\boldsymbol{x}^*)(\boldsymbol{x}_k - \boldsymbol{x}^*)$ 之间仅相差一个相对较小的扰动。对于迭代点 $\boldsymbol{x}_{k+1}$ 而言，类似的结论依然成立，于是由式 (7.7) 可知式 (7.4) 成立。

根据式 (7.6) 可得

$$\frac{\|\nabla f_{k+1}\|}{\|\nabla f_k\|} \leqslant \eta_k + o(1) \tag{7.8}$$

如果 $\lim\limits_{k\to+\infty} \eta_k = 0$，则利用式 (7.8) 可知

$$\lim_{k\to+\infty} \frac{\|\nabla f_{k+1}\|}{\|\nabla f_k\|} = 0$$

该式表明，梯度向量的范数 $\|\nabla f_k\|$ 是以 Q 超线性收敛于零。由此可知，迭代序列 $\{\boldsymbol{x}_k\}$ 超线性收敛于向量 $\boldsymbol{x}^*$。

此外，如果 Hessian 矩阵 $\nabla^2 f(\boldsymbol{x})$ 在点 $\boldsymbol{x}^*$ 附近是 Lipschitz 连续的，则能够获得二次收敛速度。在这种情况下，可以将式 (7.5) 改进为如下形式:

$$\nabla f_{k+1} = \boldsymbol{r}_k + O(\|\nabla f_k\|^2)$$

如果将强迫序列设为 $\eta_k = O(\|\nabla f_k\|)$，则有

$$\|\nabla f_{k+1}\| = O(\|\nabla f_k\|^2)$$

由该式可知，梯度向量的范数 Q 二次收敛于零，因此，迭代序列 $\{\boldsymbol{x}_k\}$ 也 Q 二次收敛于向量 $\boldsymbol{x}^*$。总结上面两个结论就可以获得定理 7.2。

【定理 7.2】假设定理 7.1 中的条件成立，且由非精确牛顿方法所产生的迭代序列 $\{\boldsymbol{x}_k\}$ 收敛于向量 $\boldsymbol{x}^*$。如果强迫序列满足 $\eta_k \to 0$，则迭代序列 $\{\boldsymbol{x}_k\}$ 超线性收敛于向量 $\boldsymbol{x}^*$。此外，如果 $\nabla^2 f(\boldsymbol{x})$ 在点 $\boldsymbol{x}^*$ 附近是 Lipschitz 连续的，且强迫序列满足 $\eta_k = O(\|\nabla f_k\|)$，则迭代序列 $\{\boldsymbol{x}_k\}$ 二次收敛于向量 $\boldsymbol{x}^*$。

基于定理 7.2 可知，如果将强迫序列设为 $\eta_k = \min\{0.5, \sqrt{\|\nabla f_k\|}\}$，则能够获得超线性收敛速度，如果将强迫序列设为 $\eta_k = \min\{0.5, \|\nabla f_k\|\}$，则能够获得二次收敛速度。

本小节给出的结论均在文献 [89] 中得到了证明, 它们在本质上均表现为局部收敛的特性。这些结论均假设迭代序列 $\{\boldsymbol{x}_k\}$ 最终会进入解 $\boldsymbol{x}^*$ 的附近区域, 它们还假设使用单位步长 $\alpha_k = 1$, 因此全局策略并不会影响快速收敛的特性。下文将表明, 非精确牛顿策略能够与牛顿方法中的线搜索策略以及信赖域策略相互融合, 从而产生具有良好局部和全局收敛性的方法。下面先描述线搜索方法。

7.1.2 基于线搜索的牛顿共轭梯度方法

基于线搜索的牛顿共轭梯度方法也称为截断牛顿方法, 利用共轭梯度方法求解牛顿等式 (7.1), 以此来获得搜索方向, 并将式 (7.3) 作为终止迭代的条件。然而, 当利用共轭梯度方法求解正定线性方程组时, 如果迭代点 $\boldsymbol{x}_k$ 未能接近解 $\boldsymbol{x}^*$, 则 Hessian 矩阵 $\nabla^2 f_k$ 可能具有负的特征值。因此, 一旦产生负曲率方向, 就终止共轭梯度迭代。对共轭梯度方法进行这样的调整可以使搜索方向 $\boldsymbol{p}_k$ 成为下降方向。此外, 在使用单位步长 $\alpha_k = 1$ 的条件下 (只要该步长满足接受准则), 这样的调整还能保持标准牛顿方法的快速收敛性。

下面介绍算法 7.1, 它是一种线搜索方法, 其内层迭代使用算法 5.2 的改进形式计算每个搜索方向 $\boldsymbol{p}_k$。为了便于描述此算法, 将线性方程组式 (7.1) 写成如下形式:

$$\boldsymbol{B}_k\boldsymbol{p} = -\nabla f_k \tag{7.9}$$

式中 $\boldsymbol{B}_k$ 表示 Hessian 矩阵 $\nabla^2 f_k$。在内层的共轭梯度迭代中, 将搜索方向记为 $\boldsymbol{d}_j$, 并将产生的迭代序列记为 $\boldsymbol{z}_j$。如果 $\boldsymbol{B}_k$ 是正定矩阵, 内层的迭代序列 $\{\boldsymbol{z}_j\}$ 可以收敛至牛顿迭代更新向量 $\boldsymbol{p}_k^{\mathrm{N}}$, 满足式 (7.9)。在外层主迭代中, 算法 7.1 通过引入误差门限 ε_k 控制计算结果的精度。此外, 该算法将强迫序列设为 $\eta_k = \min\{0.5, \sqrt{\|\nabla f_k\|}\}$, 用于获得超线性收敛速度, 但是注意到此种设置方式并不唯一。

【算法 7.1 基于线搜索的牛顿共轭梯度方法】

步骤 1: 确定迭代起始点 $\boldsymbol{x}_0$。

步骤 2:

for $k = 0, 1, 2, \cdots$

  计算误差门限 $\varepsilon_k = \min\{0.5, \sqrt{\|\nabla f_k\|}\}\|\nabla f_k\|$;

  设置 $\boldsymbol{z}_0 \leftarrow \boldsymbol{0}$、$\boldsymbol{r}_0 \leftarrow \nabla f_k$ 以及 $\boldsymbol{d}_0 \leftarrow -\boldsymbol{r}_0 = -\nabla f_k$;

  for $j = 0, 1, 2, \cdots$

    如果 $\boldsymbol{d}_j^{\mathrm{T}}\boldsymbol{B}_k\boldsymbol{d}_j \leqslant 0$, 若 $j = 0$, 则令 $\boldsymbol{p}_k = -\nabla f_k$, 并停止循环计算; 若 $j > 0$, 则令 $\boldsymbol{p}_k = \boldsymbol{z}_j$, 并停止循环计算;

    计算 $\alpha_j \leftarrow \dfrac{\boldsymbol{r}_j^{\mathrm{T}}\boldsymbol{r}_j}{\boldsymbol{d}_j^{\mathrm{T}}\boldsymbol{B}_k\boldsymbol{d}_j}$;

计算 $\boldsymbol{z}_{j+1} \leftarrow \boldsymbol{z}_j + \alpha_j \boldsymbol{d}_j$;

计算 $\boldsymbol{r}_{j+1} \leftarrow \boldsymbol{r}_j + \alpha_j \boldsymbol{B}_k \boldsymbol{d}_j$;

如果 $\|\boldsymbol{r}_{j+1}\| < \varepsilon_k$, 则令 $\boldsymbol{p}_k = \boldsymbol{z}_{j+1}$, 并停止循环计算;

计算 $\beta_{j+1} \leftarrow \dfrac{\boldsymbol{r}_{j+1}^{\mathrm{T}} \boldsymbol{r}_{j+1}}{\boldsymbol{r}_j^{\mathrm{T}} \boldsymbol{r}_j}$;

计算 $\boldsymbol{d}_{j+1} \leftarrow -\boldsymbol{r}_{j+1} + \beta_{j+1} \boldsymbol{d}_j$;

end (for)

更新迭代点 $\boldsymbol{x}_{k+1} \leftarrow \boldsymbol{x}_k + \alpha_k \boldsymbol{p}_k$, 其中步长 α_k 满足 Wolfe 条件、Goldstein 条件或者 Armijo 回溯条件 (如有可能, 可令 $\alpha_k = 1$);

end (for)

与算法 5.2 相比, 算法 7.1 内层迭代的主要不同之处在于: (1) 将迭代起始点明确为 $\boldsymbol{z}_0 = \boldsymbol{0}$; (2) 使用正的误差门限 ε_k, 以允许共轭梯度迭代终止于非精确解; (3) 使用负曲率测试条件 $\boldsymbol{d}_j^{\mathrm{T}} \boldsymbol{B}_k \boldsymbol{d}_j \leqslant 0$, 以确保向量 $\boldsymbol{p}_k$ 是目标函数 f 在点 $\boldsymbol{x}_k$ 处的下降方向。如果在内层迭代的第 1 次迭代 (即 $j = 0$) 就已经检测到负曲率, 则令 $\boldsymbol{p}_k = -\nabla f_k$, 它既是目标函数 f 在点 $\boldsymbol{x}_k$ 处的下降方向, 同时也是目标函数 f 在点 $\boldsymbol{x}_k$ 处的非正曲率方向。

我们可以按照第 5 章描述的方式, 在算法 7.1 的共轭梯度迭代中引入预处理机制, 以对其进行改进。

算法 7.1 虽然适用于求解大规模优化问题, 但其中也存在一个缺点。当 Hessian 矩阵 $\nabla^2 f_k$ 接近于奇异时, 基于线搜索的牛顿共轭梯度方向可能会很长且质量较差, 因此在线搜索中需要多次计算函数值, 而且还不能使目标函数得到显著降低。为了解决此问题, 可以尝试对牛顿迭代更新向量进行规范化处理, 但却难以制订一个好的规则。在标准牛顿迭代更新向量得到较好标定的情况下, 这种处理方式可能会影响牛顿方法的快速收敛性。最好能在测试条件 $\boldsymbol{d}_j^{\mathrm{T}} \boldsymbol{B} \boldsymbol{d}_j \leqslant 0$ 中引入一个门限值, 但却很难确定一个合理的门限值。下面描述的信赖域牛顿共轭梯度方法能有效解决这些问题, 因此更具优势。

基于线搜索的牛顿共轭梯度方法未必要获得 Hessian 矩阵 $\boldsymbol{B}_k = \nabla^2 f_k$ 的真实值, 事实上其仅需要 Hessian 矩阵与向量的乘积即可, 也就是对于给定的向量 $\boldsymbol{d}$, 需要计算 $\nabla^2 f_k \boldsymbol{d}$。如果难以获得计算目标函数二阶导数的程序, 或者 Hessian 矩阵需要很大的存储量, 则可以选用第 8 章的自动微分技术或者有限差分技术计算 Hessian 矩阵与向量的乘积。将此类方法称为无需 Hessian 矩阵的牛顿方法。

为简单理解有限差分技术, 可以考虑如下近似公式:

$$\nabla^2 f_k \boldsymbol{d} \approx \frac{\nabla f(\boldsymbol{x}_k + h\boldsymbol{d}) - \nabla f(\boldsymbol{x}_k)}{h} \tag{7.10}$$

式中 h 表示某个较小的差分间隔。容易证明该近似公式的误差为 $O(h)$, 第 8 章讨论了如何合理选择 h。需要指出的是, 回避计算 Hessian 矩阵所付出的代价是, 在每次共轭梯度迭代中需要新增计算一次梯度向量。

7.1.3 信赖域牛顿共轭梯度方法

第 4 章讨论了求解信赖域子问题式 (4.3) 的近似解的方法, 该近似解比 Cauchy 点具有更优的性能。这里将给出一种求解此子问题的改进型共轭梯度方法, 比 Cauchy 点更具优势。该方法是由 Steihaug 在文献 [281] 中提出的, 具体的计算步骤可见下面的算法 7.2。为了获得最小化目标函数 f 的完整算法, 需要在每次迭代中, 针对给定的误差门限 ε_k, 利用算法 7.2 求解迭代更新向量 $\boldsymbol{p}_k$, 该向量也是第 4 章算法 4.1 所需要的。

这里基于式 (7.9) 中的符号定义信赖域子问题, 如下所示:

$$\begin{cases}\min\limits_{\boldsymbol{p}\in\mathbb{R}^n}\{m_k(\boldsymbol{p})\} \xlongequal{\text{定义}} \min\limits_{\boldsymbol{p}\in\mathbb{R}^n}\left\{f_k+\nabla f_k^{\mathrm{T}}\boldsymbol{p}+\dfrac{1}{2}\boldsymbol{p}^{\mathrm{T}}\boldsymbol{B}_k\boldsymbol{p}\right\} \\ \text{s.t.}\ \ \|\boldsymbol{p}\|\leqslant\Delta_k\end{cases} \tag{7.11}$$

式中 $\boldsymbol{B}_k=\nabla^2 f_k$。下面给出的 Steihaug 方法 (亦称改进型共轭梯度方法) 可用于求解式 (7.11) 的近似解。与算法 7.1 类似, 算法 7.2 利用向量 $\boldsymbol{d}_j$ 表示搜索方向, 利用向量 $\boldsymbol{z}_j$ 表示所产生的迭代序列。

【算法 7.2 Steihaug 方法】

步骤 1: 确定误差门限 $\varepsilon_k>0$。

步骤 2: 设置 $\boldsymbol{z}_0\leftarrow\boldsymbol{0}$、$\boldsymbol{r}_0\leftarrow\nabla f_k$ 以及 $\boldsymbol{d}_0\leftarrow-\boldsymbol{r}_0=-\nabla f_k$, 如果 $\|\boldsymbol{r}_0\|<\varepsilon_k$, 则令 $\boldsymbol{p}_k=\boldsymbol{z}_0=\boldsymbol{0}$, 并终止计算。

步骤 3:

for $j=0,1,2,\cdots$

　如果 $\boldsymbol{d}_j^{\mathrm{T}}\boldsymbol{B}_k\boldsymbol{d}_j\leqslant 0$, 则找寻步长 τ, 使得 $\boldsymbol{p}_k=\boldsymbol{z}_j+\tau\boldsymbol{d}_j$ 满足 $\|\boldsymbol{p}_k\|=\Delta_k$, 并且能使第 4 章式 (4.5) 中的目标函数 $m_k(\boldsymbol{p}_k)$ 最小化, 然后停止循环, 并终止计算;

　计算 $\alpha_j\leftarrow\dfrac{\boldsymbol{r}_j^{\mathrm{T}}\boldsymbol{r}_j}{\boldsymbol{d}_j^{\mathrm{T}}\boldsymbol{B}_k\boldsymbol{d}_j}$;

　计算 $\boldsymbol{z}_{j+1}\leftarrow\boldsymbol{z}_j+\alpha_j\boldsymbol{d}_j$, 如果 $\|\boldsymbol{z}_{j+1}\|\geqslant\Delta_k$, 则找寻步长 $\tau\geqslant 0$, 使得 $\boldsymbol{p}_k=\boldsymbol{z}_j+\tau\boldsymbol{d}_j$ 满足 $\|\boldsymbol{p}_k\|=\Delta_k$, 然后停止循环, 并终止计算;

　计算 $\boldsymbol{r}_{j+1}\leftarrow\boldsymbol{r}_j+\alpha_j\boldsymbol{B}_k\boldsymbol{d}_j$;

　如果 $\|\boldsymbol{r}_{j+1}\|<\varepsilon_k$, 则令 $\boldsymbol{p}_k=\boldsymbol{z}_{j+1}$, 然后停止循环, 并终止计算;

　计算 $\beta_{j+1}\leftarrow\dfrac{\boldsymbol{r}_{j+1}^{\mathrm{T}}\boldsymbol{r}_{j+1}}{\boldsymbol{r}_j^{\mathrm{T}}\boldsymbol{r}_j}$;

　计算 $\boldsymbol{d}_{j+1}\leftarrow-\boldsymbol{r}_{j+1}+\beta_{j+1}\boldsymbol{d}_j$;

end (for)

在算法 7.2 中, 如果循环中的当前搜索方向 $\boldsymbol{d}_j$ 是矩阵 $\boldsymbol{B}_k$ 的非正曲率方向, 则停止循环, 并终止计算; 如果向量 $\boldsymbol{z}_{j+1}$ 不满足信赖域边界约束条件, 也将停止循环, 并终止计算。在这两种情况下, 算法 7.2 输出的迭代更新向量 $\boldsymbol{p}_k$ 由当前搜索方向与信赖域边界的交点确定。

每次调用算法 7.2 时都需要选择误差门限 ε_k, 为了确保信赖域牛顿共轭梯度方法具有较低的计算复杂度, 该参数的选取非常重要。当迭代点接近一个性能较好的解 $\boldsymbol{x}^*$ 时, 信赖域边界将变得不再起作用, 此时信赖域牛顿共轭梯度方法会退变为定理 7.1 和定理 7.2 中讨论的非精确牛顿方法。在这种情况下, 如果按照算法 7.1 中的方式选取误差门限 ε_k, 则能够获得快速收敛性。

在算法 7.2 中, 如果迭代点不满足信赖域边界约束条件 $\|\boldsymbol{p}\| \leqslant \Delta$, 或者如果搜索方向是矩阵 $\nabla^2 f_k$ 的负曲率方向, 又或者满足参数 ε_k 定义的收敛门限, 则将终止该算法, 这些都是算法 7.2 与第 5 章算法 5.2 的主要差异。在这些方面, 算法 7.2 与算法 7.1 的内层迭代是非常相似的。

算法 7.2 的另一个关键特征在于, 将初始值 $\boldsymbol{z}_0$ 设置为 $\boldsymbol{0}$。当 $\|\nabla f_k\|_2 \geqslant \varepsilon_k$ 时, 算法的输出结果 $\boldsymbol{p}_k$ 满足 $m_k(\boldsymbol{p}_k) \leqslant m_k(\boldsymbol{p}_k^{\mathrm{C}})$, 也就是相比于 Cauchy 点, 向量 $\boldsymbol{p}_k$ 可以使模型函数的取值变得更低 (至少相等)。为了证明此结论, 需要考虑下面几种情形。如果 $\boldsymbol{d}_0^{\mathrm{T}}\boldsymbol{B}_k\boldsymbol{d}_0 = \nabla f_k^{\mathrm{T}}\boldsymbol{B}_k\nabla f_k \leqslant 0$, 则算法输出 Cauchy 点 $\boldsymbol{p}_k^{\mathrm{C}} = -\dfrac{\Delta_k}{\|\nabla f_k\|}\nabla f_k$; 如果 $\boldsymbol{d}_0^{\mathrm{T}}\boldsymbol{B}_k\boldsymbol{d}_0 > 0$, 则算法将获得向量 $\boldsymbol{z}_1$, 其表达式为

$$\boldsymbol{z}_1 = \alpha_0\boldsymbol{d}_0 = \frac{\boldsymbol{r}_0^{\mathrm{T}}\boldsymbol{r}_0}{\boldsymbol{d}_0^{\mathrm{T}}\boldsymbol{B}_k\boldsymbol{d}_0}\boldsymbol{d}_0 = -\frac{\nabla f_k^{\mathrm{T}}\nabla f_k}{\nabla f_k^{\mathrm{T}}\boldsymbol{B}_k\nabla f_k}\nabla f_k$$

如果 $\|\boldsymbol{z}_1\| < \Delta_k$, 则向量 $\boldsymbol{z}_1$ 就是 Cauchy 点, 而算法最终的迭代输出结果 $\boldsymbol{p}_k$ 满足 $m_k(\boldsymbol{p}_k) \leqslant m_k(\boldsymbol{z}_1)$。此外, 如果 $\|\boldsymbol{z}_1\| \geqslant \Delta_k$, 此时算法终止计算, 并输出 Cauchy 点, 综合上述讨论即可证明上面的结论。该结论对于获得全局收敛性至关重要。从降低模型函数 m_k 取值的角度来看, 每次获得的迭代更新向量 $\boldsymbol{p}_k$ 至少不会比 Cauchy 点差, 因此算法 7.2 是全局收敛的。

算法 7.2 的另一个关键性质是, 随着迭代序数 j 的增加, 迭代点 $\boldsymbol{z}_j$ 的范数总在单调递增。这个性质也是初始化设置 $\boldsymbol{z}_0 = \boldsymbol{0}$ 所产生的结果。由此性质可知, 当迭代点的范数达到信赖域的边界就选择停止迭代, 这是一个合理的策略, 因为不会在信赖域内部产生新的迭代点, 可使得模型函数 m_k 的取值变得更低。下面的定理严谨地描述并证明了此性质, 并在证明过程中利用了共轭梯度方法中的扩展子空间性质, 该性质的具体描述见第 5 章定理 5.2。

【定理 7.3】由算法 7.2 产生的向量序列 $\{\boldsymbol{z}_j\}$ 满足如下关系式:

$$0 = \|\boldsymbol{z}_0\| < \cdots < \|\boldsymbol{z}_j\| < \|\boldsymbol{z}_{j+1}\| < \cdots < \|\boldsymbol{p}_k\| \leqslant \Delta_k$$

【证明】首先证明由算法 7.2 产生的向量序列满足 $\boldsymbol{z}_j^{\mathrm{T}}\boldsymbol{r}_j = 0$ (当 $j \geqslant 0$ 时) 以及 $\boldsymbol{z}_j^{\mathrm{T}}\boldsymbol{d}_j > 0$ (当 $j \geqslant 1$ 时)。

算法 7.2 基于向量 $\boldsymbol{z}_j$ 递归获得向量 $\boldsymbol{z}_{j+1}$, 若要将所有的递归项都显式

地表示出来, 则有

$$\boldsymbol{z}_j = \boldsymbol{z}_0 + \sum_{i=0}^{j-1} \alpha_i \boldsymbol{d}_i = \sum_{i=0}^{j-1} \alpha_i \boldsymbol{d}_i$$

式中第 2 个等号成立是由于 $\boldsymbol{z}_0 = \boldsymbol{0}$。将该式与向量 $\boldsymbol{r}_j$ 进行转置相乘, 并利用共轭梯度方法中的扩展子空间性质 (见第 5 章定理 5.2) 可得

$$\boldsymbol{z}_j^{\mathrm{T}} \boldsymbol{r}_j = \sum_{i=0}^{j-1} \alpha_i \boldsymbol{d}_i^{\mathrm{T}} \boldsymbol{r}_j = 0 \tag{7.12}$$

其次, 通过数学归纳法证明另一个关系式 $\boldsymbol{z}_j^{\mathrm{T}} \boldsymbol{d}_j > 0$ (当 $j \geqslant 1$ 时)。再次利用扩展子空间性质可知

$$\boldsymbol{z}_1^{\mathrm{T}} \boldsymbol{d}_1 = (\alpha_0 \boldsymbol{d}_0)^{\mathrm{T}} (-\boldsymbol{r}_1 + \beta_1 \boldsymbol{d}_0) = \alpha_0 \beta_1 \boldsymbol{d}_0^{\mathrm{T}} \boldsymbol{d}_0 > 0$$

假设 $\boldsymbol{z}_j^{\mathrm{T}} \boldsymbol{d}_j > 0$, 下面证明 $\boldsymbol{z}_{j+1}^{\mathrm{T}} \boldsymbol{d}_{j+1} > 0$。利用式 (7.12) 可知 $\boldsymbol{z}_{j+1}^{\mathrm{T}} \boldsymbol{r}_{j+1} = 0$, 于是有

$$\begin{aligned} \boldsymbol{z}_{j+1}^{\mathrm{T}} \boldsymbol{d}_{j+1} &= \boldsymbol{z}_{j+1}^{\mathrm{T}} (-\boldsymbol{r}_{j+1} + \beta_{j+1} \boldsymbol{d}_j) = \beta_{j+1} \boldsymbol{z}_{j+1}^{\mathrm{T}} \boldsymbol{d}_j \\ &= \beta_{j+1} (\boldsymbol{z}_j + \alpha_j \boldsymbol{d}_j)^{\mathrm{T}} \boldsymbol{d}_j \\ &= \beta_{j+1} \boldsymbol{z}_j^{\mathrm{T}} \boldsymbol{d}_j + \alpha_j \beta_{j+1} \boldsymbol{d}_j^{\mathrm{T}} \boldsymbol{d}_j \end{aligned}$$

已知 β_{j+1} 和 α_j 均为正数, 根据归纳假设条件 $\boldsymbol{z}_j^{\mathrm{T}} \boldsymbol{d}_j > 0$ 可得上式最后一个等号右侧是正数, 从而有 $\boldsymbol{z}_{j+1}^{\mathrm{T}} \boldsymbol{d}_{j+1} > 0$。

下面证明该定理中的核心结论。如果算法 7.2 因 $\boldsymbol{d}_j^{\mathrm{T}} \boldsymbol{B}_k \boldsymbol{d}_j \leqslant 0$ 或者 $\|\boldsymbol{z}_{j+1}\| \geqslant \varDelta_k$ 而终止计算, 此时算法的最终输出 $\boldsymbol{p}_k$ 满足 $\|\boldsymbol{p}_k\| = \varDelta_k$, 这是最大可能的长度。为涵盖算法其他所有的可能性, 这里还需要证明, 当 $\boldsymbol{z}_{j+1} = \boldsymbol{z}_j + \alpha_j \boldsymbol{d}_j$ 和 $j \geqslant 1$ 时, 关系式 $\|\boldsymbol{z}_j\| < \|\boldsymbol{z}_{j+1}\|$ 成立。利用等式 $\boldsymbol{z}_{j+1} = \boldsymbol{z}_j + \alpha_j \boldsymbol{d}_j$ 可得

$$\|\boldsymbol{z}_{j+1}\|^2 = (\boldsymbol{z}_j + \alpha_j \boldsymbol{d}_j)^{\mathrm{T}} (\boldsymbol{z}_j + \alpha_j \boldsymbol{d}_j) = \|\boldsymbol{z}_j\|^2 + 2\alpha_j \boldsymbol{z}_j^{\mathrm{T}} \boldsymbol{d}_j + \alpha_j^2 \|\boldsymbol{d}_j\|^2$$

由于 $\boldsymbol{z}_j^{\mathrm{T}} \boldsymbol{d}_j > 0$, 于是利用上面的等式可知 $\|\boldsymbol{z}_j\| < \|\boldsymbol{z}_{j+1}\|$, 从而证明了该定理中的结论。证毕。

由定理 7.3 可知, 算法 7.2 产生的迭代序列 $\{\boldsymbol{z}_j\}$ 在一条从点 $\boldsymbol{z}_1$ 至最终结果 $\boldsymbol{p}_k$ 的插值路径上进行移动, 该路径上的每个点 $\{\boldsymbol{z}_j\}$ 与起始点的距离都在增加。当 $\boldsymbol{B}_k = \nabla^2 f_k$ 为正定矩阵时, 该路径与第 4 章折线方法的路径具有相似之处, 即两种方法刚开始都沿着负梯度方向 $-\nabla f_k$ 对模型函数 m_k 最小化, 然后路径均指向牛顿迭代更新向量 $\boldsymbol{p}_k^{\mathrm{N}}$, 直至信赖域边界进行干预。文献 [320] 表明, 当 $\boldsymbol{B}_k = \nabla^2 f_k$ 为正定矩阵时, 针对式 (7.11) 中的模型函数, 由算法 7.2 所获得的函数减少量至少能够达到最优值的一半。

7.1.4 预处理信赖域牛顿共轭梯度方法

根据第 5 章的讨论可知, 预处理技术可用于对共轭梯度方法进行加速。预处理技术的目的就是要找寻一个非奇异矩阵 $\boldsymbol{D}$, 使得矩阵 $\boldsymbol{D}^{-\mathrm{T}}\nabla^2 f_k\boldsymbol{D}^{-1}$ 的特征值具有更好的分布。通过推广定理 7.3 中的结论可知, 若将算法 7.2 的预处理变形形式产生的迭代序列记为 $\{\boldsymbol{z}_j\}$, 则其加权范数 $\|\boldsymbol{D}\cdot\|$ 是单调递增的。为了保持一致性, 可以利用加权范数重新定义信赖域子问题, 如下所示:

$$\begin{cases}\min\limits_{\boldsymbol{p}\in\mathbb{R}^n}\{m_k(\boldsymbol{p})\}\overset{\text{定义}}{=\!=\!=}\min\limits_{\boldsymbol{p}\in\mathbb{R}^n}\left\{f_k+\nabla f_k^{\mathrm{T}}\boldsymbol{p}+\dfrac{1}{2}\boldsymbol{p}^{\mathrm{T}}\boldsymbol{B}_k\boldsymbol{p}\right\}\\ \text{s.t. } \|\boldsymbol{D}\boldsymbol{p}\|\leqslant\varDelta_k\end{cases}\tag{7.13}$$

若引入新的变量 $\widehat{\boldsymbol{p}}=\boldsymbol{D}\boldsymbol{p}$, 并定义如下向量和矩阵:

$$\widehat{\boldsymbol{g}}_k=\boldsymbol{D}^{-\mathrm{T}}\nabla f_k,\quad \widehat{\boldsymbol{B}}_k=\boldsymbol{D}^{-\mathrm{T}}\nabla^2 f_k\boldsymbol{D}^{-1}$$

则可以将式 (7.13) 重新表示为

$$\begin{cases}\min\limits_{\widehat{\boldsymbol{p}}\in\mathbb{R}^n}\left\{f_k+\widehat{\boldsymbol{g}}_k^{\mathrm{T}}\widehat{\boldsymbol{p}}+\dfrac{1}{2}\widehat{\boldsymbol{p}}^{\mathrm{T}}\widehat{\boldsymbol{B}}_k\widehat{\boldsymbol{p}}\right\}\\ \text{s.t. } \|\widehat{\boldsymbol{p}}\|\leqslant\varDelta_k\end{cases}$$

显然, 该式与式 (7.11) 具有相同的形式。算法 7.2 可以直接应用于求解上面的子问题, 且无须任何修正, 此时可以将其看成是求解式 (7.13) 的算法 7.2 的预处理变形形式。

很多预处理器都能应用于此框架中, 第 5 章讨论了一些预处理器。人们尤为感兴趣的是不完全 Cholesky 分解, 其可应用于很多优化问题中。对正定矩阵 $\boldsymbol{B}$ 进行不完全 Cholesky 分解, 就是要找寻下三角矩阵 $\boldsymbol{L}$ 使得

$$\boldsymbol{B}=\boldsymbol{L}\boldsymbol{L}^{\mathrm{T}}-\boldsymbol{R}$$

通常需要按照某种约束对矩阵 $\boldsymbol{L}$ 中的元素进行填充。例如, 可以约束矩阵 $\boldsymbol{L}$ 与矩阵 $\boldsymbol{B}$ 的下三角部分具有相同的稀疏结构, 或者要求矩阵 $\boldsymbol{L}$ 类似于矩阵 $\boldsymbol{B}$ 具有很多非零元素。矩阵 $\boldsymbol{R}$ 是由该近似分解中的非精确性所确定的。Hessian 矩阵 $\nabla^2 f_k$ 的不定性使得情况有些复杂, 我们必须能够处理这种不定性, 与此同时还能保持稀疏性。下面的算法 7.3 通过结合不完全 Cholesky 分解和一种改进型 Cholesky 分解, 定义了信赖域牛顿共轭梯度方法的一种预处理器。

【算法 7.3 非精确改进型 Cholesky 分解】

步骤 1: 计算矩阵 $\boldsymbol{T}=\mathrm{diag}(\|\boldsymbol{B}\boldsymbol{e}_1\|,\|\boldsymbol{B}\boldsymbol{e}_2\|,\cdots,\|\boldsymbol{B}\boldsymbol{e}_n\|)$, 其中 $\boldsymbol{e}_i$ 表示

第 i 个坐标向量。

步骤 2: 计算 $\overline{\boldsymbol{B}} \leftarrow \boldsymbol{T}^{-1/2}\boldsymbol{B}\boldsymbol{T}^{-1/2}$ 和 $\beta \leftarrow \|\overline{\boldsymbol{B}}\|$。

步骤 3: 如果 $\min\limits_i\{b_{ii}\} > 0$, 则令 $\alpha_0 \leftarrow 0$; 否则令 $\alpha_0 \leftarrow \beta/2$。

步骤 4:

for $k = 0, 1, 2, \cdots$

尝试完成如下不完全 Cholesky 分解:

$$\boldsymbol{L}\boldsymbol{L}^{\mathrm{T}} = \overline{\boldsymbol{B}} + \alpha_k \boldsymbol{I}$$

如果该分解能够顺利完成, 则终止计算, 并输出矩阵 $\boldsymbol{L}$; 否则令 $\alpha_{k+1} \leftarrow \max\{2\alpha_k, \beta/2\}$;

end (for)

利用算法 7.3 输出的下三角矩阵 $\boldsymbol{L}$, 将预处理矩阵设为 $\boldsymbol{D} = \boldsymbol{L}^{\mathrm{T}}$。文献 [72] 中的软件包 LANCELOT 和文献 [192] 中的软件包 TRON 都已经实现了基于预处理矩阵 $\boldsymbol{D}$ 的信赖域牛顿共轭梯度方法。

7.1.5 信赖域 Newton–Lanczos 方法

算法 7.2 的一个局限在于, 其可以接受任意的负曲率方向, 即使在该方向上并不能使模型函数的取值显著降低。例如, 假设子问题式 (7.11) 具有如下形式:

$$\begin{cases} \min\limits_{\boldsymbol{p}}\{m(\boldsymbol{p})\} = \min\limits_{\boldsymbol{p}}\{10^{-3}p_1 - 10^{-4}p_1^2 - p_2^2\} \\ \text{s.t.} \ \ \|\boldsymbol{p}\| \leqslant 1 \end{cases}$$

式中 p_1 和 p_2 表示向量 $\boldsymbol{p}$ 中的元素。在点 $\boldsymbol{p} = \boldsymbol{0}$ 处的最速下降方向为 $[-10^{-3} \ \ 0]^{\mathrm{T}}$, 是模型函数 $m(\boldsymbol{p})$ 的负曲率方向。算法 7.2 会沿着该方向到达信赖域的边界, 并使模型函数 m 的取值下降约 10^{-3}。注意到坐标向量 $\boldsymbol{e}_2$ 也是模型函数 $m(\boldsymbol{p})$ 的负曲率方向, 沿着该方向能使模型函数得到更显著的降低 (下降值可达 1)。

针对上述问题, 学者们已经提出了一些改进措施。根据第 4 章的讨论可知, 如果 Hessian 矩阵 $\nabla^2 f_k$ 含有负的特征值, 那么沿着矩阵 $\nabla^2 f_k$ 绝对值最大的负特征值的特征向量上, 搜索方向应该含有一个显著的分量。其意义在于, 可以使算法的迭代快速远离并非极小值点的平稳点。为了实现此目的, 可以利用第 4 章第 4.4 节中的方法计算信赖域子问题式 (7.11) 的近似精确解。该方法需要求解一些线性方程组, 其系数矩阵的形式为 $\boldsymbol{B}_k + \lambda\boldsymbol{I}$。尽管对于大规模优化问题而言, 可能需要付出很高的计算成本, 但是其能在所有情况下产生高效的搜索方向。

一种更加实用的方案是使用 Lanczos 方法 (见文献 [136]) 替代共轭梯度

方法来求解线性方程组 $\boldsymbol{B}_k\boldsymbol{p}=-\nabla f_k$。Lanczos 方法可以看成是共轭梯度方法的推广形式, 可应用于求解不定线性方程组, 当收集到负曲率信息时, 可以利用它继续完成共轭梯度计算。

经过 j 步计算以后, Lanczos 方法将产生一个 $n\times j$ 的列正交矩阵 $\boldsymbol{Q}_j$, 张成了该方法的 Krylov 子空间 (定义见第 5 章式 (5.15))。矩阵 $\boldsymbol{Q}_j$ 满足 $\boldsymbol{Q}_j^{\mathrm{T}}\boldsymbol{B}\boldsymbol{Q}_j=\boldsymbol{T}_j$, 其中 $\boldsymbol{T}_j$ 为三对角矩阵。我们可以利用三对角结构, 尝试在矩阵 $\boldsymbol{Q}_j$ 的列空间中找寻信赖域子问题的近似解, 此时需要求解如下优化问题:

$$\begin{cases}\min\limits_{\boldsymbol{w}\in\mathbb{R}^j}\left\{f_k+\boldsymbol{e}_1^{\mathrm{T}}\boldsymbol{Q}_j\nabla f_k\boldsymbol{e}_1^{\mathrm{T}}\boldsymbol{w}+\dfrac{1}{2}\boldsymbol{w}^{\mathrm{T}}\boldsymbol{T}_j\boldsymbol{w}\right\}\\ \text{s.t.}\ \ \|\boldsymbol{w}\|\leqslant\varDelta_k\end{cases}\tag{7.14}$$

式中 $\boldsymbol{e}_1=[1\ \ 0\ \ 0\ \ \cdots\ \ 0]^{\mathrm{T}}$。信赖域子问题的近似解定义为 $\boldsymbol{p}_k=\boldsymbol{Q}_j\boldsymbol{w}$。由于 $\boldsymbol{T}_j$ 是三对角矩阵, 因此可以通过对矩阵 $\boldsymbol{T}_j+\lambda\boldsymbol{I}$ 进行分解, 并利用第 4.4 节中的 (近似) 方法求解式 (7.14)。

与牛顿共轭梯度方法类似, Lanczos 迭代也是根据准则式 (7.3) 来判定是否要终止计算。预处理技术也可以融入 Lanczos 迭代中, 并能加快其收敛速度。信赖域方法求解子问题的复杂度要高于牛顿共轭梯度方法, 但这为信赖域方法带来了更强的鲁棒性。GLTR 软件包中实现了复杂的 Newton–Lanczos 方法, 读者可以参阅文献 [145]。

7.2 有限记忆拟牛顿方法

对于求解大规模优化问题而言, 如果 Hessian 矩阵的计算复杂度很高, 或者 Hessian 矩阵不具有稀疏性, 此时有限记忆拟牛顿方法将发挥一定优势。这些方法具有简单和紧凑的近似 Hessian 矩阵的形式。具体而言, 它们并不完整存储稠密的 n 阶近似 Hessian 矩阵, 而仅存储一些长度为 n 的向量, 这些向量能隐性间接地表示近似 Hessian 矩阵。虽然这些方法需要一些存储空间, 但是其收敛速度 (尽管是线性速度) 是可以被接受的。学者们已经提出了很多有限记忆方法, 本节主要讨论其中一种方法, 即 Limited-memory Broyden–Fletcher–Goldfarb–Shanno 方法, 简称 L-BFGS 方法, 它是基于 BFGS 更新公式而衍生出的方法。L-BFGS 方法的主要思想是, 利用一些最新迭代点的曲率信息构造近似 Hessian 矩阵。为了节省存储空间, 该方法将舍弃更早迭代点的曲率信息, 因为它们不太可能影响当前迭代中 Hessian 矩阵的实际特性。

在描述 L-BFGS 方法的基本原理及其收敛特性以后, 本节将讨论它与第 5 章非线性共轭梯度方法之间的关系。然后阐述如何利用近似 Hessian 矩阵的紧凑表示实现有限记忆方案。这些技术不仅可应用于 L-BFGS 方法, 还能应用于其他拟牛顿方法 (例如 SR1 方法) 的有限记忆版本中。最后还将讨论在对近似 Hessian 矩阵施加稀疏约束的条件下, 实现拟牛顿更新方案。

7.2.1 有限记忆 BFGS 方法

在描述 L-BFGS 方法之前, 需要先回顾 BFGS 方法 (即第 6 章算法 6.1)。BFGS 方法的迭代公式具有如下形式:

$$\boldsymbol{x}_{k+1} = \boldsymbol{x}_k - \alpha_k \boldsymbol{H}_k \nabla f_k \tag{7.15}$$

式中 α_k 表示步长; 矩阵 $\boldsymbol{H}_k$ 在每次迭代中需要进行更新, 由第 6 章式 (6.17) 可得其更新公式为

$$\boldsymbol{H}_{k+1} = \boldsymbol{V}_k^{\mathrm{T}} \boldsymbol{H}_k \boldsymbol{V}_k + \rho_k \boldsymbol{s}_k \boldsymbol{s}_k^{\mathrm{T}} \tag{7.16}$$

式中

$$\rho_k = \frac{1}{\boldsymbol{y}_k^{\mathrm{T}} \boldsymbol{s}_k}, \quad \boldsymbol{V}_k = \boldsymbol{I} - \rho_k \boldsymbol{y}_k \boldsymbol{s}_k^{\mathrm{T}} \tag{7.17}$$

其中

$$\boldsymbol{s}_k = \boldsymbol{x}_{k+1} - \boldsymbol{x}_k, \quad \boldsymbol{y}_k = \nabla f_{k+1} - \nabla f_k \tag{7.18}$$

由于近似 Hessian 矩阵的逆矩阵 $\boldsymbol{H}_k$ 通常是稠密的, 因此当变量维数较大时, 对其直接进行存储和计算的代价是很高的。为了避免此问题, 可以隐性间接地存储矩阵 $\boldsymbol{H}_k$, 也就是存储一定数量 (例如 m) 的向量对 $\{\boldsymbol{s}_i, \boldsymbol{y}_i\}$, 它们是更新公式 (7.16)—式 (7.18) 所需要的向量。乘积运算 $\boldsymbol{H}_k \nabla f_k$ 可以通过执行一系列向量内积与向量求和来实现, 其中涉及梯度向量 ∇f_k 与向量对 $\{\boldsymbol{s}_i, \boldsymbol{y}_i\}$。当获得新的迭代点以后, 向量对 $\{\boldsymbol{s}_i, \boldsymbol{y}_i\}$ 集合中最早的向量对将被最新的向量对 $\{\boldsymbol{s}_k, \boldsymbol{y}_k\}$ 所替代, 新的向量对由更新公式 (7.18) 获得。通过这种方式, 向量对集合中包含了最新的 m 次迭代的曲率信息。实际经验表明, 只要 m 取值适中 (例如 3 至 20 之间), 通常能够产生令人满意的结果。

下面将更加详细地描述更新过程。假设迭代序数为 k, 将当前迭代点记为 $\boldsymbol{x}_k$, 当前向量对集合记为 $\{\boldsymbol{s}_i, \boldsymbol{y}_i\}$ $(i = k-m, k-m+1, \cdots, k-1)$。首先选择近似 Hessian 矩阵的逆矩阵的初始值 $\boldsymbol{H}_k^0$(与标准 BFGS 方法不同的是, 该初始值可以在迭代过程中变化), 然后通过反复利用式 (7.16) 可知, L-BFGS 方法中的近似矩阵 $\boldsymbol{H}_k$ 可以表示为如下形式:

$$\begin{aligned}\boldsymbol{H}_k = {} & (\boldsymbol{V}_{k-1}^{\mathrm{T}} \cdots \boldsymbol{V}_{k-m}^{\mathrm{T}}) \boldsymbol{H}_k^0 (\boldsymbol{V}_{k-m} \cdots \boldsymbol{V}_{k-1}) + \\ & \rho_{k-m} (\boldsymbol{V}_{k-1}^{\mathrm{T}} \cdots \boldsymbol{V}_{k-m+1}^{\mathrm{T}}) \boldsymbol{s}_{k-m} \boldsymbol{s}_{k-m}^{\mathrm{T}} (\boldsymbol{V}_{k-m+1} \cdots \boldsymbol{V}_{k-1}) + \\ & \rho_{k-m+1} (\boldsymbol{V}_{k-1}^{\mathrm{T}} \cdots \boldsymbol{V}_{k-m+2}^{\mathrm{T}}) \boldsymbol{s}_{k-m+1} \boldsymbol{s}_{k-m+1}^{\mathrm{T}} (\boldsymbol{V}_{k-m+2} \cdots \boldsymbol{V}_{k-1}) + \cdots + \\ & \rho_{k-1} \boldsymbol{s}_{k-1} \boldsymbol{s}_{k-1}^{\mathrm{T}}\end{aligned} \tag{7.19}$$

利用该式可以得到计算乘积 $\boldsymbol{H}_k \nabla f_k$ 的有效递归算法, 具体可见下面的算法 7.4。

【算法 7.4 L-BFGS 方法中的双循环递归算法】

步骤 1: 令 $q \leftarrow \nabla f_k$。

步骤 2:

for $i = k-1, k-2, \cdots, k-m$

  计算 $\alpha_i \leftarrow \rho_i \boldsymbol{s}_i^{\mathrm{T}} \boldsymbol{q}$;

  计算 $\boldsymbol{q} \leftarrow \boldsymbol{q} - \alpha_i \boldsymbol{y}_i$;

end (for)

步骤 3: 计算 $\boldsymbol{r} \leftarrow \boldsymbol{H}_k^0 \boldsymbol{q}$。

步骤 4:

for $i = k-m, k-m+1, \cdots, k-1$

  计算 $\beta \leftarrow \rho_i \boldsymbol{y}_i^{\mathrm{T}} \boldsymbol{r}$;

  计算 $\boldsymbol{r} \leftarrow \boldsymbol{r} + (\alpha_i - \beta) \boldsymbol{s}_i$;

end (for)

算法 7.4 的最终输出结果为 $\boldsymbol{r} = \boldsymbol{H}_k \nabla f_k$。如果不考虑乘法运算 $\boldsymbol{H}_k^0 \boldsymbol{q}$, 上面的双循环递归算法共需要 $4mn$ 次乘法。如果 $\boldsymbol{H}_k^0$ 是对角矩阵, 则还需要增加 n 次乘法。除计算复杂度低以外, 上面的递归计算还具有一个优势, 那就是涉及初始矩阵 $\boldsymbol{H}_k^0$ 的乘法运算与余下的计算是分隔的, 这意味着能够自由选择初始矩阵, 并且初始矩阵 $\boldsymbol{H}_k^0$ 能在迭代过程中变化。此外, 我们还可以间接选择矩阵 $\boldsymbol{H}_k^0$。例如, 首先选择近似 Hessian 矩阵 (并不是其逆矩阵) 的初始值 $\boldsymbol{B}_k^0$, 然后通过求解线性方程组 $\boldsymbol{B}_k^0 \boldsymbol{r} = \boldsymbol{q}$ 来获得步骤 3 中的向量 $\boldsymbol{r}$。

在实际应用中, 一种有效的初始化方案是将初始矩阵设置为 $\boldsymbol{H}_k^0 = \gamma_k \boldsymbol{I}$, 其中

$$\gamma_k = \frac{\boldsymbol{s}_{k-1}^{\mathrm{T}} \boldsymbol{y}_{k-1}}{\boldsymbol{y}_{k-1}^{\mathrm{T}} \boldsymbol{y}_{k-1}} \tag{7.20}$$

由第 6 章的讨论可知, γ_k 是标定因子, 能够估计真实 Hessian 矩阵沿着最新的搜索方向的取值大小 (见第 6 章式 (6.21))。该初始矩阵可确保搜索方向 $\boldsymbol{p}_k$ 得到很好的标定, 从而使大多数迭代过程可以接受单位步长 $\alpha_k = 1$。此外, 根据第 6 章的讨论可知, 在线搜索中使用 Wolfe 条件式 (3.6) 或者强 Wolfe 条件式 (3.7) 是非常重要的, 因为这可以使 BFGS 更新变得稳定。

综合上述讨论, 下面描述 L-BFGS 方法的计算步骤, 具体可见下面的算法 7.5。

【算法 7.5 L-BFGS 方法】

步骤 1: 确定迭代起始点 $\boldsymbol{x}_0$ 和整数 $m > 0$, 并令 $k \leftarrow 0$。

步骤 2: 只要不满足收敛条件就依次循环计算:

选择初始矩阵 $\boldsymbol{H}_k^0$(可以利用式 (7.20));
利用算法 7.4 计算 $\boldsymbol{p}_k \leftarrow -\boldsymbol{H}_k\nabla f_k$;
更新迭代点 $\boldsymbol{x}_{k+1} \leftarrow \boldsymbol{x}_k + \alpha_k\boldsymbol{p}_k$, 其中步长 α_k 满足 Wolfe 条件;
如果 $k > m$, 则从存储空间中舍弃向量对 $\{\boldsymbol{s}_{k-m}, \boldsymbol{y}_{k-m}\}$, 然后计算 $\boldsymbol{s}_k \leftarrow \boldsymbol{x}_{k+1} - \boldsymbol{x}_k$ 和 $\boldsymbol{y}_k \leftarrow \nabla f_{k+1} - \nabla f_k$, 并存储新的向量对 $\{\boldsymbol{s}_k, \boldsymbol{y}_k\}$;
令 $k \leftarrow k+1$。

在实际应用中, 保留 m 个最新的向量对 $\{\boldsymbol{s}_i, \boldsymbol{y}_i\}$ 是一种性能很好的策略, 事实上, 无法证明存在其他策略, 其性能可以一直优于此策略。如果 L-BFGS 方法的初始值与第 6 章 BFGS 方法的初始值均选取 $\boldsymbol{H}_0$, 并且在前面 $m-1$ 次迭代中, L-BFGS 方法均选取初始矩阵 $\boldsymbol{H}_k^0 = \boldsymbol{H}_0$, 则在这 $m-1$ 次迭代中, 两种方法是等价的。

表 7.1 中的结果展示了算法 7.5 在 m 取不同数值条件下的性能, 给出了函数值和梯度向量的计算次数以及 CPU 总运行时间。表中的测试问题源自 CUTE (见文献 [35]), 问题的变量维数用 n 来表示, 算法的终止准则为 $\|\nabla f_k\| \leqslant 10^{-5}$。表 7.1 中的结果表明, 当 m 变小时, 算法 7.5 的鲁棒性会变差。当存储量增加时 (即 m 增大), 函数值的计算次数将会减少。此外, 随着存储量的增加, 每次迭代的计算量也将随之增加, 因此最优的 CPU 时间通常在 m 取值较小的情况下获得。显然, m 的最优值取决于问题本身。

表 7.1　算法 7.5 的性能

问题名称	变量维数 n	L-BFGS 方法 ($m=3$)		L-BFGS 方法 ($m=5$)		L-BFGS 方法 ($m=17$)		L-BFGS 方法 ($m=29$)	
		计算次数	时间	计算次数	时间	计算次数	时间	计算次数	时间
DIXMAANL	1 500	146	16.5	134	17.4	120	28.2	125	44.4
EIGENALS	110	821	21.5	569	15.7	363	16.2	168	12.5
FREUROTH	1 000	>999	—	>999	—	69	8.1	38	6.3
TRIDIA	1 000	876	46.6	611	41.4	531	84.6	462	127.1

由于其他一些竞争算法的效率较低, 因此在 Hessian 矩阵不满足稀疏性的条件下, 算法 7.5 通常是求解大规模优化问题的首选方法。在这种情形下, 需要计算和分解真实 Hessian 矩阵的牛顿方法并不可行。此外, L-BFGS 方法还可能优于无需 Hessian 矩阵的牛顿方法, 例如牛顿共轭梯度方法, 其中 Hessian 矩阵与向量的乘积可以通过有限差分或者自动微分技术来获得。L-BFGS 方法的主要缺点在于求解病态问题时的收敛速度很慢, 尤其当 Hessian 矩阵的特征值分布非常广泛时。对于某些应用, 第 5 章讨论的非线性共轭梯度方法与有限记忆拟牛顿方法具有相近的性能。

7.2.2 与共轭梯度方法之间的关系

有限记忆方法是为了改进非线性共轭梯度方法而发展起来的技术, 其早期的实现方式更像是共轭梯度方法, 而不是拟牛顿方法。这两类方法之间的关系是无记忆 BFGS 迭代的基础, 下面对其展开讨论。

考虑基于 Hestenes–Stiefel 公式 (即第 5 章式 (5.46)) 的非线性共轭梯度方法。由于 $\boldsymbol{s}_k = \alpha_k \boldsymbol{p}_k$, 因此该方法的搜索方向可以表示为

$$\begin{aligned}\boldsymbol{p}_{k+1} &= -\nabla f_{k+1} + \frac{\nabla f_{k+1}^{\mathrm{T}} \boldsymbol{y}_k}{\boldsymbol{y}_k^{\mathrm{T}} \boldsymbol{p}_k} \boldsymbol{p}_k \\ &= -\left(\boldsymbol{I} - \frac{\boldsymbol{s}_k \boldsymbol{y}_k^{\mathrm{T}}}{\boldsymbol{y}_k^{\mathrm{T}} \boldsymbol{s}_k}\right) \nabla f_{k+1} \equiv -\widehat{\boldsymbol{H}}_{k+1} \nabla f_{k+1}\end{aligned} \tag{7.21}$$

该式与拟牛顿迭代十分相似, 但是 $\widehat{\boldsymbol{H}}_{k+1} = \boldsymbol{I} - \dfrac{\boldsymbol{s}_k \boldsymbol{y}_k^{\mathrm{T}}}{\boldsymbol{y}_k^{\mathrm{T}} \boldsymbol{s}_k}$ 既不是对称矩阵, 也不是正定矩阵。虽然可以使用矩阵 $\widehat{\boldsymbol{H}}_{k+1}^{\mathrm{T}} \widehat{\boldsymbol{H}}_{k+1}$ 进行对称化, 但是割线方程 $\widehat{\boldsymbol{H}}_{k+1} \boldsymbol{y}_k = \boldsymbol{s}_k$ 也不成立, 因此无论怎样, 该矩阵都不合适。下面不妨给出满足对称、正定以及割线方程的更新矩阵:

$$\boldsymbol{H}_{k+1} = \left(\boldsymbol{I} - \frac{\boldsymbol{s}_k \boldsymbol{y}_k^{\mathrm{T}}}{\boldsymbol{y}_k^{\mathrm{T}} \boldsymbol{s}_k}\right)\left(\boldsymbol{I} - \frac{\boldsymbol{y}_k \boldsymbol{s}_k^{\mathrm{T}}}{\boldsymbol{y}_k^{\mathrm{T}} \boldsymbol{s}_k}\right) + \frac{\boldsymbol{s}_k \boldsymbol{s}_k^{\mathrm{T}}}{\boldsymbol{y}_k^{\mathrm{T}} \boldsymbol{s}_k} \tag{7.22}$$

显然, 利用式 (7.16) 对单位矩阵进行单次 BFGS 更新即可得到式 (7.22) 中的矩阵 $\boldsymbol{H}_{k+1}$。因此, 如果某种方法的搜索方向为 $\boldsymbol{p}_{k+1} = -\boldsymbol{H}_{k+1} \nabla f_{k+1}$(其中 $\boldsymbol{H}_{k+1}$ 由式 (7.22) 给出), 则该方法可以理解为是无记忆 BFGS 方法。在此无记忆 BFGS 方法中, 对之前的 Hessian 矩阵更新以前先将其重置为单位矩阵, 并且在每次迭代中仅保存最新的向量对 $\{\boldsymbol{s}_k, \boldsymbol{y}_k\}$。此外, 如果将算法 7.5 中的 m 设为 1, 并在每次迭代中令 $\boldsymbol{H}_k^0 = \boldsymbol{I}$, 此时就可以将无记忆 BFGS 方法看成是算法 7.5 的一种变形。

如果考虑将无记忆 BFGS 方法中的矩阵更新公式 (7.22) 与精确线搜索 (即满足 $\nabla f_{k+1}^{\mathrm{T}} \boldsymbol{p}_k = 0$ 对于所有 k) 相结合, 就可以发现其与共轭梯度方法更直接的关系。因为在满足精确线搜索的条件下可得如下关系式:

$$\boldsymbol{p}_{k+1} = -\boldsymbol{H}_{k+1} \nabla f_{k+1} = -\nabla f_{k+1} + \frac{\nabla f_{k+1}^{\mathrm{T}} \boldsymbol{y}_k}{\boldsymbol{y}_k^{\mathrm{T}} \boldsymbol{p}_k} \boldsymbol{p}_k \tag{7.23}$$

回顾式 (7.21) 可知, 这正是 Hestenes–Stiefel 共轭梯度方法。此外, 当 $\nabla f_{k+1}^{\mathrm{T}} \boldsymbol{p}_k = 0$ 时, 容易验证 Hestenes–Stiefel 公式可以简化为 Polak–Ribière 公式 (见第 5 章式 (5.44))。尽管精确线搜索在实际计算中难以实现, 但有趣的是, BFGS 方法却在精确线搜索的条件下与 Polak–Ribière 共轭梯度方法以及 Hestenes–Stiefel 共轭梯度方法相关联。

7.2.3 一般性的有限记忆更新

有限记忆拟牛顿近似可以在优化方法中得到广泛的应用。L-BFGS 方法 (即算法 7.5) 是基于线搜索的无约束优化方法, (隐性) 更新了近似 Hessian 矩阵的逆矩阵 $\boldsymbol{H}_k$。但是, 信赖域方法需要近似 Hessian 矩阵的估计值 $\boldsymbol{B}_k$, 而不是其逆矩阵的估计值。当然, 我们还能设计出基于 SR1 更新公式的有限记忆方法, 根据第 6 章的讨论可知, 它能替代 BFGS 更新公式, 并且还是一种较好的选择。下面将讨论一般性的有限记忆更新, 还将展示若以紧凑 (或者外积) 形式表示拟牛顿矩阵, 则可以得到所有常用拟牛顿更新公式的有效实现方法。此外, 当设计求解约束优化问题的有限记忆方法时, 这些紧凑表示也是有用的, 例如当需要拉格朗日函数的近似 Hessian 矩阵或者近似简约 Hessian 矩阵时 (见第 18 章和第 19 章)。

下面仅讨论有限记忆方法 (例如 L-BFGS 方法), 通过在每个阶段剔除和引进信息来不断更新向量对集合。另一种方法是持续存储向量对, 直至将可用的存储空间耗尽, 然后丢弃所有存储的向量对 (可能有一个除外), 并重新开始此过程。实际计算经验表明, 第 2 种方法在实践中的效率较低。

在本章中, 我们利用 $\boldsymbol{B}_k$ 表示近似 Hessian 矩阵, 利用 $\boldsymbol{H}_k$ 表示近似 Hessian 矩阵的逆矩阵, 因而始终能够满足 $\boldsymbol{B}_k^{-1} = \boldsymbol{H}_k$。

7.2.4 BFGS 更新的紧凑表示

下面将描述一种有限记忆更新方法, 利用外积形式表示拟牛顿矩阵。我们基于近似 Hessian 矩阵 $\boldsymbol{B}_k$ 的 BFGS 更新公式进行讨论。

【定理 7.4】 假设 $\boldsymbol{B}_0$ 为对称正定矩阵, 且 k 个向量对 $\{\boldsymbol{s}_i, \boldsymbol{y}_i\}_{i=0}^{k-1}$ 均满足 $\boldsymbol{s}_i^{\mathrm{T}}\boldsymbol{y}_i > 0$ $(0 \leqslant i \leqslant k-1)$。现利用这 k 个向量对以及第 6 章式 (6.19) 对矩阵 $\boldsymbol{B}_0$ 进行 k 次更新, 可以得到下面的矩阵:

$$\boldsymbol{B}_k = \boldsymbol{B}_0 - [\boldsymbol{B}_0\boldsymbol{S}_k \;\; \boldsymbol{Y}_k]\begin{bmatrix} \boldsymbol{S}_k^{\mathrm{T}}\boldsymbol{B}_0\boldsymbol{S}_k & \boldsymbol{L}_k \\ \boldsymbol{L}_k^{\mathrm{T}} & -\boldsymbol{D}_k \end{bmatrix}^{-1}\begin{bmatrix} \boldsymbol{S}_k^{\mathrm{T}}\boldsymbol{B}_0 \\ \boldsymbol{Y}_k^{\mathrm{T}} \end{bmatrix} \tag{7.24}$$

式中 $\boldsymbol{S}_k$ 和 $\boldsymbol{Y}_k$ 均为 $n \times k$ 矩阵, 它们可以按列分块表示为

$$\boldsymbol{S}_k = [\boldsymbol{s}_0 \;\; \boldsymbol{s}_1 \;\; \cdots \;\; \boldsymbol{s}_{k-1}], \quad \boldsymbol{Y}_k = [\boldsymbol{y}_0 \;\; \boldsymbol{y}_1 \;\; \cdots \;\; \boldsymbol{y}_{k-1}] \tag{7.25}$$

$\boldsymbol{L}_k$ 和 $\boldsymbol{D}_k$ 均为 k 阶矩阵, 其中的元素可以分别表示为

$$[\boldsymbol{L}_k]_{ij} = \begin{cases} \boldsymbol{s}_{i-1}^{\mathrm{T}}\boldsymbol{y}_{j-1}, & i > j \\ 0, & \text{其他} \end{cases} \tag{7.26}$$

$$\boldsymbol{D}_k = \mathrm{diag}(\boldsymbol{s}_0^{\mathrm{T}}\boldsymbol{y}_0, \boldsymbol{s}_1^{\mathrm{T}}\boldsymbol{y}_1, \cdots, \boldsymbol{s}_{k-1}^{\mathrm{T}}\boldsymbol{y}_{k-1}) \tag{7.27}$$

定理 7.4 可以通过归纳法进行证明。需要指出的是, 条件 $\boldsymbol{s}_i^{\mathrm{T}}\boldsymbol{y}_i > 0$ $(0 \leqslant i \leqslant k-1)$ 是为了确保式 (7.24) 中的中间分块矩阵可逆, 以使得表达式 (7.24) 的定义有效。当进行有限记忆更新时, 该式的作用是明显的。

类似于 L-BFGS 方法, 这里也需要存储最新的 m 个向量对 $\{\boldsymbol{s}_i, \boldsymbol{y}_i\}$, 并在每次迭代中利用最新获得的向量对替换最早的向量对, 从而更新向量对集合。在最前面的 m 次迭代中, 可以直接利用定理 7.4 中的公式进行更新, 不需要特别的调整, 只是通常将 $\boldsymbol{B}_k^0 = \delta_k \boldsymbol{I}$ 作为基本矩阵, 其中 $\delta_k = 1/\gamma_k$, γ_k 的定义见式 (7.20)。

当迭代序数 $k > m$ 时, 则需要对更新过程稍做调整, 以反映向量对集合 $\{\boldsymbol{s}_i, \boldsymbol{y}_i\}$ $(i = k-m, k-m+1, \cdots, k-1)$ 的变化属性。不妨定义下面两个 $n \times m$ 矩阵:

$$\boldsymbol{S}_k = [\boldsymbol{s}_{k-m} \ \ \cdots \ \ \boldsymbol{s}_{k-2} \ \ \boldsymbol{s}_{k-1}], \quad \boldsymbol{Y}_k = [\boldsymbol{y}_{k-m} \ \ \cdots \ \ \boldsymbol{y}_{k-2} \ \ \boldsymbol{y}_{k-1}] \tag{7.28}$$

此时针对基本矩阵 $\boldsymbol{B}_k^0 = \delta_k \boldsymbol{I}$ 进行 m 次更新, 可以得到下面的矩阵:

$$\boldsymbol{B}_k = \delta_k \boldsymbol{I} - [\delta_k \boldsymbol{S}_k \ \ \boldsymbol{Y}_k] \begin{bmatrix} \delta_k \boldsymbol{S}_k^{\mathrm{T}} \boldsymbol{S}_k & \boldsymbol{L}_k \\ \boldsymbol{L}_k^{\mathrm{T}} & -\boldsymbol{D}_k \end{bmatrix}^{-1} \begin{bmatrix} \delta_k \boldsymbol{S}_k^{\mathrm{T}} \\ \boldsymbol{Y}_k^{\mathrm{T}} \end{bmatrix} \tag{7.29}$$

式中 $\boldsymbol{L}_k$ 和 $\boldsymbol{D}_k$ 均为 m 阶矩阵, 其中的元素分别可以表示为

$$[\boldsymbol{L}_k]_{ij} = \begin{cases} \boldsymbol{s}_{k-m-1+i}^{\mathrm{T}} \boldsymbol{y}_{k-m-1+j}, & i > j \\ 0, & \text{其他} \end{cases}$$

$$\boldsymbol{D}_k = \operatorname{diag}(\boldsymbol{s}_{k-m}^{\mathrm{T}} \boldsymbol{y}_{k-m}, \cdots, \boldsymbol{s}_{k-2}^{\mathrm{T}} \boldsymbol{y}_{k-2}, \boldsymbol{s}_{k-1}^{\mathrm{T}} \boldsymbol{y}_{k-1})$$

当获得最新的迭代点 $\boldsymbol{x}_{k+1}$ 以后, 则应将矩阵 $\boldsymbol{S}_k$ 中的向量 $\boldsymbol{s}_{k-m}$ 剔除, 并引进最新的向量 $\boldsymbol{s}_k$, 从而得到矩阵 $\boldsymbol{S}_{k+1}$, 然后以相似的方式获得矩阵 $\boldsymbol{Y}_{k+1}$。基于矩阵 $\boldsymbol{S}_{k+1}$ 和矩阵 $\boldsymbol{Y}_{k+1}$, 就可以得到新的矩阵 $\boldsymbol{L}_{k+1}$ 和矩阵 $\boldsymbol{D}_{k+1}$。

由于式 (7.29) 的中间矩阵的阶数较小, 仅为 $2m$ 阶, 因而对其进行分解所需要的计算量是可以忽略的。紧凑表达式 (7.29) 背后的关键思想在于, 对基本矩阵的更新可以表示为两个狭长形矩阵 (即 $[\delta_k \boldsymbol{S}_k \ \ \boldsymbol{Y}_k]$ 及其转置) 的外积, 并与一个夹在中间的 $2m$ 阶小矩阵进行相乘。图 7.1 描绘了式 (7.29) 中矩阵 $\boldsymbol{B}_k$ 的紧凑表示。

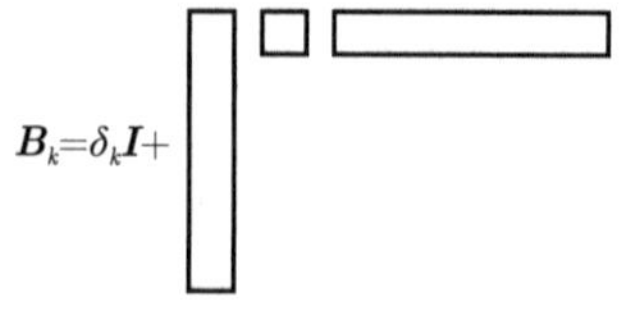

图 7.1　式 (7.29) 中矩阵 $\boldsymbol{B}_k$ 的紧凑 (或者外积) 表示示意图

对矩阵 $\boldsymbol{B}_k$ 进行有限记忆更新的计算复杂度约为 $2mn+O(m^3)$, 而形式为 $\boldsymbol{B}_k\boldsymbol{v}$ 的矩阵与向量的乘积运算需要 $(4m+1)n+O(m^2)$ 次乘法。由此分析结果可知, 当 m 较小时, 更新和计算上面的有限记忆 BFGS 矩阵 $\boldsymbol{B}_k$ 的复杂度是非常低的。

上面的近似 Hessian 矩阵 $\boldsymbol{B}_k$ 可以在求解无约束优化问题的信赖域方法中得到应用, 更为重要的是, 该矩阵还可应用于求解含边界约束的优化问题以及求解一般的约束优化问题。程序 L-BFGS-B(见文献 [322]) 频繁使用紧凑型有限记忆近似矩阵, 以求解含边界约束的大规模非线性优化问题。在这种情形下, 需要反复计算矩阵 $\boldsymbol{B}_k$ 在由约束梯度向量定义的子空间上的投影。一些求解一般的约束优化问题的软件包 (包括 KNITRO 和 IPOPT) 则利用紧凑型有限记忆矩阵 $\boldsymbol{B}_k$ 近似拉格朗日函数的 Hessian 矩阵 (见第 19.3 节)。

类似于式 (7.24), 我们还可以推导关于近似 Hessian 矩阵的逆矩阵 $\boldsymbol{H}_k$ 的 BFGS 紧凑表达式, 具体可见文献 [52]。基于该表达式的无约束 L-BFGS 方法的实现复杂度与前面给出的 L-BFGS 方法是接近的。

针对由对称秩 1(SR1) 公式所产生的矩阵, 我们也可以推导其紧凑形式。如果基于向量对 $\{\boldsymbol{s}_i,\boldsymbol{y}_i\}_{i=0}^{k-1}$ 以及 SR1 公式 (6.24) 对对称矩阵 $\boldsymbol{B}_0$ 进行 k 次更新, 则相应的矩阵 $\boldsymbol{B}_k$ 可以表示为

$$\boldsymbol{B}_k=\boldsymbol{B}_0+(\boldsymbol{Y}_k-\boldsymbol{B}_0\boldsymbol{S}_k)(\boldsymbol{D}_k+\boldsymbol{L}_k+\boldsymbol{L}_k^{\mathrm{T}}-\boldsymbol{S}_k^{\mathrm{T}}\boldsymbol{B}_0\boldsymbol{S}_k)^{-1}(\boldsymbol{Y}_k-\boldsymbol{B}_0\boldsymbol{S}_k)^{\mathrm{T}} \tag{7.30}$$

式中矩阵 $\boldsymbol{S}_k$、$\boldsymbol{Y}_k$、$\boldsymbol{D}_k$ 以及 $\boldsymbol{L}_k$ 的定义见式 (7.25)—式 (7.27)。由于 SR1 方法具有自对偶性, 因此逆矩阵 $\boldsymbol{H}_k$ 的公式可以直接利用矩阵 $\boldsymbol{H}$、向量 $\boldsymbol{y}$ 以及 $\boldsymbol{s}$ 分别替换矩阵 $\boldsymbol{B}$、向量 $\boldsymbol{s}$ 以及 $\boldsymbol{y}$ 获得。推导有限记忆 SR1 方法的过程与推导有限记忆 BFGS 方法的过程是相同的。类似于式 (7.28), 在第 k 次迭代中, 需要更新矩阵 $\boldsymbol{S}_k$ 和 $\boldsymbol{Y}_k$, 以使得它们包含 m 个最新的向量对。需要指出的是, 有限记忆 SR1 更新往往没有 L-BFGS 更新有效, 因为其未必能在解的附近产生一个正定的近似矩阵。

7.2.5 展开更新公式

读者可能想要知道, 有限记忆更新能否以更简单的方式来实现。事实上, 下面将要展示的是, 有限记忆 BFGS 更新最直接的实现方法要比上述基于紧凑表示的实现方法复杂很多。

直接的 BFGS 更新公式 (即第 6 章式 (6.19)) 可以写成如下形式:

$$\boldsymbol{B}_{k+1}=\boldsymbol{B}_k-\boldsymbol{a}_k\boldsymbol{a}_k^{\mathrm{T}}+\boldsymbol{b}_k\boldsymbol{b}_k^{\mathrm{T}} \tag{7.31}$$

式中向量 $\boldsymbol{a}_k$ 和向量 $\boldsymbol{b}_k$ 的定义如下:

$$\boldsymbol{a}_k = \frac{\boldsymbol{B}_k \boldsymbol{s}_k}{(\boldsymbol{s}_k^{\mathrm{T}} \boldsymbol{B}_k \boldsymbol{s}_k)^{1/2}}, \quad \boldsymbol{b}_k = \frac{\boldsymbol{y}_k}{(\boldsymbol{y}_k^{\mathrm{T}} \boldsymbol{s}_k)^{1/2}} \tag{7.32}$$

我们可以持续存储向量对 $\{\boldsymbol{s}_i, \boldsymbol{y}_i\}$, 但需要利用式 (7.31) 计算矩阵与向量的乘积。相应的有限记忆 BFGS 方法需要在每次迭代中定义基本矩阵 $\boldsymbol{B}_k^0$, 然后根据下面的公式更新矩阵:

$$\boldsymbol{B}_k = \boldsymbol{B}_k^0 + \sum_{i=k-m}^{k-1} [\boldsymbol{b}_i \boldsymbol{b}_i^{\mathrm{T}} - \boldsymbol{a}_i \boldsymbol{a}_i^{\mathrm{T}}] \tag{7.33}$$

式中向量对 $\{\boldsymbol{a}_i, \boldsymbol{b}_i\}$ $(i = k-m, k-m+1, \cdots, k-1)$ 可以从存储的向量对 $\{\boldsymbol{s}_i, \boldsymbol{y}_i\}$ $(i = k-m, k-m+1, \cdots, k-1)$ 中获得, 其计算过程描述见算法 7.6。

【算法 7.6 展开 BFGS 更新公式】

for $i = k-m, k-m+1, \cdots, k-1$

计算 $\boldsymbol{b}_i \leftarrow \boldsymbol{y}_i / (\boldsymbol{y}_i^{\mathrm{T}} \boldsymbol{s}_i)^{1/2}$;

计算 $\boldsymbol{a}_i \leftarrow \boldsymbol{B}_k^0 \boldsymbol{s}_i + \sum\limits_{j=k-m}^{i-1} [(\boldsymbol{b}_j^{\mathrm{T}} \boldsymbol{s}_i) \boldsymbol{b}_j - (\boldsymbol{a}_j^{\mathrm{T}} \boldsymbol{s}_i) \boldsymbol{a}_j]$;

计算 $\boldsymbol{a}_i \leftarrow \boldsymbol{a}_i / (\boldsymbol{s}_i^{\mathrm{T}} \boldsymbol{a}_i)^{1/2}$;

end (for)

需要指出的是, 每次迭代都需要重新计算向量 $\{\boldsymbol{a}_i\}_{i=k-m}^{k-1}$, 因为它们均与向量对 $\{\boldsymbol{s}_{k-m}, \boldsymbol{y}_{k-m}\}$ 有关, 而此向量对将在第 k 次迭代的最后被剔除。此外, 向量 $\{\boldsymbol{b}_i\}_{i=k-m}^{k-2}$ 与内积运算 $\{\boldsymbol{b}_j^{\mathrm{T}} \boldsymbol{s}_i\}_{i=k-m}^{k-2}$ 可以直接从前一次迭代中获得, 在当前迭代中仅需要计算最新的值 $\boldsymbol{b}_{k-1}$ 和 $\boldsymbol{b}_j^{\mathrm{T}} \boldsymbol{s}_{k-1}$ 即可。

如果将所有的计算过程都考虑进来, 并且假设 $\boldsymbol{B}_k^0 = \boldsymbol{I}$, 则获得有限记忆矩阵大约需要 $3m^2n/2$ 次乘法。对于任意的向量 $\boldsymbol{v} \in \mathbb{R}^n$, 计算乘积 $\boldsymbol{B}_k \boldsymbol{v}$ 需要 $4mn$ 次乘法。因此, 总体而言, 该方法的计算效率低于基于紧凑表示的方法。事实上, 对于乘积运算 $\boldsymbol{B}_k \boldsymbol{v}$ 而言, 两种方法的计算量是相同的, 但是更新紧凑形式的有限记忆矩阵仅需要 $2mn$ 次乘法, 相比于展开 BFGS 更新公式所需的 $3m^2n/2$ 次乘法而言, 前者的计算复杂度更低。

7.3 稀疏拟牛顿更新

下面讨论另一种求解大规模优化问题的拟牛顿方法, 其具有比较直观的吸引力。该方法要求拟牛顿近似 Hessian 矩阵 $\boldsymbol{B}_k$ 与真实 Hessian 矩阵具有相同 (或相似) 的稀疏结构。因此, 其可能会减少存储需求, 并输出更加精确的近似 Hessian 矩阵。

假设在感兴趣的变量区域内存在某个点 $\boldsymbol{x}$, 并已知该点对应的 Hessian 矩阵的某些元素具有非零值。基于此假设条件可以定义如下集合:

$$\Omega \xlongequal{\text{定义}} \{(i,j)|[\nabla^2 f(\boldsymbol{x})]_{ij} \neq 0, \text{某个点 } \boldsymbol{x} \in f \text{ 的定义域}\}$$

此外, 假设当前迭代中的近似 Hessian 矩阵具有真实 Hessian 矩阵的非零结构, 也就是当 $(i,j) \notin \Omega$ 时, 满足 $[\boldsymbol{B}_k]_{ij} = 0$。在利用矩阵 $\boldsymbol{B}_k$ 求解矩阵 $\boldsymbol{B}_{k+1}$ 的过程中, 需要矩阵 $\boldsymbol{B}_{k+1}$ 满足割线方程, 并且与矩阵 $\boldsymbol{B}_k$ 具有相同的稀疏结构, 以及与矩阵 $\boldsymbol{B}_k$ 尽可能接近。因此, 为了获得矩阵 $\boldsymbol{B}_{k+1}$, 应求解下面的二次规划问题

$$\begin{cases} \min\limits_{\boldsymbol{B}}\{\|\boldsymbol{B}-\boldsymbol{B}_k\|_{\mathrm{F}}^2\} = \min\limits_{\boldsymbol{B}}\left\{\sum\limits_{(i,j)\in\Omega}[[\boldsymbol{B}]_{ij}-[\boldsymbol{B}_k]_{ij}]^2\right\} & (7.34\text{a}) \\ \text{s.t. } \boldsymbol{B}\boldsymbol{s}_k = \boldsymbol{y}_k,\ \boldsymbol{B} = \boldsymbol{B}^{\mathrm{T}},\ [\boldsymbol{B}]_{ij} = 0 \quad (\text{其中 } (i,j) \notin \Omega) & (7.34\text{b}) \end{cases}$$

可以验证, 通过求解一个 n 阶线性方程组, 并且其稀疏结构与真实 Hessian 的稀疏结构相同 (由集合 Ω 表征), 即可获得式 (7.34) 的解 $\boldsymbol{B}_{k+1}$。一旦通过求解式 (7.34) 获得矩阵 $\boldsymbol{B}_{k+1}$, 就可以将其与信赖域方法相结合, 从而得到新的迭代点 $\boldsymbol{x}_{k+1}$。需要指出的是, 利用式 (7.34) 求得的更新矩阵 $\boldsymbol{B}_{k+1}$ 未必具有正定性。

这里不再详细描述上述方法的具体细节, 因为其中含有一些缺点。在对变量进行线性变换的条件下, 该方法的更新过程并不具有尺度不变性。更为重要的是, 其实际性能很难令人满意。上述方法的根本缺点在于, 式 (7.34a) 并不是一个充分的模型, 并且会产生较差的近似 Hessian 矩阵。

另一种方法是对割线方程约束进行松弛, 松弛方法可以描述为, 不再针对最近的一个向量对 $\{\boldsymbol{s}_k, \boldsymbol{y}_k\}$ 要求割线方程严格满足, 而要针对最近的一些向量对 $\{\boldsymbol{s}_i, \boldsymbol{y}_i\}$ $(i = k-m, k-m+1, \cdots, k-1)$ 要求割线方程近似满足。为了实现此松弛目的, 需要先利用式 (7.28) 定义矩阵 $\boldsymbol{S}_k$ 和 $\boldsymbol{Y}_k$, 其中包含 m 个最新的向量对, 然后求解下面的二次规划问题:

$$\begin{cases} \min\limits_{\boldsymbol{B}}\{\|\boldsymbol{B}\boldsymbol{S}_k-\boldsymbol{Y}_k\|_{\mathrm{F}}^2\} \\ \text{s.t. } \boldsymbol{B} = \boldsymbol{B}^{\mathrm{T}},\ [\boldsymbol{B}]_{ij} = 0 \quad (\text{其中 } (i,j) \notin \Omega) \end{cases}$$

从而获得近似 Hessian 矩阵 $\boldsymbol{B}_{k+1}$。虽然该凸优化问题存在一个解, 但是该解并不容易计算获得。此外, 该方法可能产生奇异的或者条件较差的近似 Hessian 矩阵。尽管该方法的性能常优于基于式 (7.34) 的方法的性能, 但是求解大规模优化问题的性能并不突出。

7.4 针对部分可分离函数的优化方法

在可分离的无约束优化问题中, 目标函数可以分解为若干个简单函数之和, 并且可以独立地对这些简单函数进行优化。例如, 如果目标函数具有如下形式:

$$f(\boldsymbol{x}) = f_1(x_1, x_3) + f_2(x_2, x_4, x_6) + f_3(x_5)$$

则可以对每个子函数 f_i $(i = 1, 2, 3)$ 独立进行优化, 从而获得关于变量 $\boldsymbol{x}$ 的最优解, 这是因为没有任何一个变量同时出现在多个子函数中。求解 m 个低维优化问题的总复杂度通常明显低于求解一个高维 (这里是指 n 维) 优化问题的复杂度。

在很多大规模优化问题中, 目标函数 $f\colon \mathbb{R}^n \to \mathbb{R}$ 都是不可分离的, 但是它仍然可以写成若干个更简单的函数之和, 这些更简单的函数称为元函数。每个元函数都具有一个性质, 即当自变量沿着大量线性独立的方向移动时, 其函数值不会受到影响。如果此性质成立, 则称 f 为部分可分离函数。如果函数 f 的 Hessian 矩阵 $\nabla^2 f$ 具有稀疏性, 则 f 就是部分可分离函数。此外, 很多函数的 Hessian 矩阵虽然不具有稀疏性, 但它们也可能是部分可分离函数。部分可分离函数问题表述更加简单, 自动微分求解更有效率, 并且拟牛顿更新的效果也更好。

最简单的部分可分离目标函数可以写为如下形式:

$$f(\boldsymbol{x}) = \sum_{i=1}^{ne} f_i(\boldsymbol{x}) \tag{7.35}$$

式中每个元函数 f_i 仅与变量 $\boldsymbol{x}$ 中的某几个元素有关。显然, 每个元函数的梯度向量 ∇f_i 和 Hessian 矩阵 $\nabla^2 f_i$ 中仅含有几个非零元素。对式 (7.35) 求导可得

$$\nabla f(\boldsymbol{x}) = \sum_{i=1}^{ne} \nabla f_i(\boldsymbol{x}), \quad \nabla^2 f(\boldsymbol{x}) = \sum_{i=1}^{ne} \nabla^2 f_i(\boldsymbol{x})$$

一个很自然的问题是, 如果利用拟牛顿更新公式对每个元函数 f_i 的 Hessian 矩阵 $\nabla^2 f_i(\boldsymbol{x})$ 进行估计, 而不是对完整的 Hessian 矩阵 $\nabla^2 f(\boldsymbol{x})$ 进行估计, 此时的优化效果是否会更好。答案是肯定的, 但前提是拟牛顿更新需要充分利用每个元函数的 Hessian 矩阵结构, 下面将对此事实进行论述。

不妨引入一个简单的例子, 并对其进行讨论。假设目标函数的表达式如下:

$$\begin{aligned} f(\boldsymbol{x}) &= (x_1 - x_3^2)^2 + (x_2 - x_4^2)^2 + (x_3 - x_2^2)^2 + (x_4 - x_1^2)^2 \\ &\equiv f_1(\boldsymbol{x}) + f_2(\boldsymbol{x}) + f_3(\boldsymbol{x}) + f_4(\boldsymbol{x}) \end{aligned} \tag{7.36}$$

式中每个元函数 f_i 的 Hessian 矩阵均为 4 阶稀疏且奇异矩阵, 其中含有 4 个非零元素。

下面重点讨论函数 f_1, 其他的元函数具有相似的结构。尽管在形式上 $f_1(\boldsymbol{x})$ 是关于向量 $\boldsymbol{x}$ 中所有元素的函数, 但它其实仅与变量 x_1 和变量 x_3 有关, 可以将它们称为函数 f_1 的元变量。下面将元变量合并成一个向量, 并将其记为 $\boldsymbol{x}_{[1]}$, 如下所示:

$$\boldsymbol{x}_{[1]}=\begin{bmatrix}x_1\\x_3\end{bmatrix}$$

容易验证

$$\boldsymbol{x}_{[1]}=\boldsymbol{U}_1\boldsymbol{x}$$

式中

$$\boldsymbol{U}_1=\begin{bmatrix}1&0&0&0\\0&0&1&0\end{bmatrix}$$

如果定义下面的函数:

$$\phi_1(z_1,z_2)=(z_1-z_2^2)^2$$

则可将元函数 f_1 写为 $f_1(\boldsymbol{x})=\phi_1(\boldsymbol{U}_1\boldsymbol{x})$。对该表达式利用链式法则可知

$$\nabla f_1(\boldsymbol{x})=\boldsymbol{U}_1^{\mathrm{T}}\nabla\phi_1(\boldsymbol{U}_1\boldsymbol{x}),\quad \nabla^2 f_1(\boldsymbol{x})=\boldsymbol{U}_1^{\mathrm{T}}\nabla^2\phi_1(\boldsymbol{U}_1\boldsymbol{x})\boldsymbol{U}_1 \tag{7.37}$$

式中 $\boldsymbol{U}_1$ 称为紧致化矩阵, 它能将低维函数 ϕ_1 的导数信息映射为元函数 f_1 的导数信息。根据上面的函数表达式可得

$$\nabla^2\phi_1(\boldsymbol{U}_1\boldsymbol{x})=\begin{bmatrix}2&-4x_3\\-4x_3&12x_3^2-4x_1\end{bmatrix},\quad \nabla^2 f_1(\boldsymbol{x})=\begin{bmatrix}2&0&-4x_3&0\\0&0&0&0\\-4x_3&0&12x_3^2-4x_1&0\\0&0&0&0\end{bmatrix}$$

下面描述关键思想, 即并不是利用拟牛顿更新公式对 Hessian 矩阵 $\nabla^2 f_1$ 进行估计, 而是利用拟牛顿更新公式对 2 阶 Hessian 矩阵 $\nabla^2\phi_1$ 进行估计 (将该近似矩阵记为 $\boldsymbol{B}_{[1]}$), 再根据式 (7.37) 将其转化为关于 $\nabla^2 f_1$ 的拟牛顿近似矩阵。当由向量 $\boldsymbol{x}$ 通过迭代获得向量 $\boldsymbol{x}^+$ 后, 需要记录如下信息:

$$\boldsymbol{s}_{[1]}=\boldsymbol{x}_{[1]}^+-\boldsymbol{x}_{[1]},\quad \boldsymbol{y}_{[1]}=\nabla\phi_1(\boldsymbol{x}_{[1]}^+)-\nabla\phi_1(\boldsymbol{x}_{[1]}) \tag{7.38}$$

然后利用 BFGS 更新公式或者 SR1 更新公式对矩阵 $\boldsymbol{B}_{[1]}$ 进行更新, 从而获

得新的近似矩阵 $\boldsymbol{B}_{[1]}^{+}$。因此, 我们可以得到阶数较小且稠密的拟牛顿近似矩阵, 满足

$$\boldsymbol{B}_{[1]} \approx \nabla^2 \phi_1(\boldsymbol{U}_1 \boldsymbol{x}) = \nabla^2 \phi_1(\boldsymbol{x}_{[1]}) \tag{7.39}$$

为了获得元函数 Hessian 矩阵 $\nabla^2 f_1$ 的近似估计值, 可以利用式 (7.37) 中的变换关系, 于是有

$$\nabla^2 \boldsymbol{f}_1(\boldsymbol{x}) \approx \boldsymbol{U}_1^{\mathrm{T}} \boldsymbol{B}_{[1]} \boldsymbol{U}_1$$

该变换公式的作用在于, 将矩阵 $\boldsymbol{B}_{[1]}$ 中的元素映射至 n 阶 Hessian 矩阵的正确位置上。

虽然前面的讨论仅涉及第 1 个元函数 f_1, 但可以按照与其相同的方式处理其他元函数 f_i。目标函数的完整形式可以表示为

$$\boldsymbol{f}(\boldsymbol{x}) = \sum_{i=1}^{ne} \phi_i(\boldsymbol{U}_i \boldsymbol{x}) \tag{7.40}$$

针对该式中的每个函数 ϕ_i, 可以得到其拟牛顿近似矩阵 $\boldsymbol{B}_{[i]}$。为了获得完整 Hessian 矩阵 $\nabla^2 f$ 的近似估计值, 仅需要将每个元函数的近似 Hessian 矩阵相加, 如下所示:

$$\boldsymbol{B} = \sum_{i=1}^{ne} \boldsymbol{U}_i^{\mathrm{T}} \boldsymbol{B}_{[i]} \boldsymbol{U}_i \tag{7.41}$$

我们还可以将此近似 Hessian 矩阵应用于信赖域方法中, 并求解如下线性方程组的近似解 $\boldsymbol{p}_k$:

$$\boldsymbol{B}_k \boldsymbol{p}_k = -\nabla f_k \tag{7.42}$$

事实上, 并不需要根据式 (7.41) 显式计算矩阵 $\boldsymbol{B}_k$, 而可使用共轭梯度方法求解式 (7.42), 其中若涉及形式为 $\boldsymbol{B}_k \boldsymbol{v}$ 的矩阵与向量的乘积运算, 则可将矩阵 $\boldsymbol{U}_i$ 和矩阵 $\boldsymbol{B}_{[i]}$ 代入其中进行计算。

为了阐述这种逐元素更新技术的优势, 不妨考虑一个与式 (7.36) 在形式上相同的目标函数, 只是其中含有 1 000 个变量, 而不仅是 4 个变量。函数 ϕ_i 的自变量仍然只有两个, 因此每个近似 Hessian 矩阵 $\boldsymbol{B}_{[i]}$ 仍然是一个 2 阶的小矩阵。在此情形下, 仅需要几次迭代即可收集足够多的方向向量 $\boldsymbol{s}_{[i]}$, 从而确保每个矩阵 $\boldsymbol{B}_{[i]}$ 都是 Hessian 矩阵 $\nabla^2 \phi_i$ 较准确的估计值。因此, 式 (7.41) 给出的拟牛顿近似矩阵将会是真实 Hessian 矩阵 $\nabla^2 f(\boldsymbol{x})$ 较好的估计值。相比较而言, 常规的拟牛顿方法忽略了目标函数的部分可分离结构, 通过逼近 1 000 阶的 Hessian 矩阵, 尝试估计总平均曲率 (即每个元函数曲率之和)。当变量维数 n 较大时, 在获得精度较高的拟牛顿近似矩阵之前, 需要进

行多次迭代。因此, 此类方法 (例如标准的 BFGS 方法或者 L-BFGS 方法) 比利用 Hessian 矩阵部分可分离结构的方法需要更多的迭代次数。

需要指出的是, 并不总能利用 BFGS 更新公式获得元函数的近似 Hessian 矩阵 $\boldsymbol{B}_{[i]}$, 因为无法确保曲率条件 $\boldsymbol{s}_{[i]}^{\mathrm{T}}\boldsymbol{y}_{[i]} > 0$ 能否满足。也就是说, 即使完整的 Hessian 矩阵 $\nabla^2 f(\boldsymbol{x})$(至少) 在点 $\boldsymbol{x}^*$ 处是正定的, 某些元函数的 Hessian 矩阵 $\nabla^2\phi_i(\cdot)$ 也可能是不定的。克服此问题的方法是利用 SR1 公式更新每个元函数的 Hessian 矩阵。文献 [72] 中的 LANCELOT 软件包验证了该方法的有效性, 设计此软件包时充分利用了目标函数的部分可分离性。

这种拟牛顿方法的主要局限在于, 计算式 (7.42) 中的迭代更新向量的成本 (与计算牛顿迭代更新向量的成本相当), 以及识别目标函数部分可分离结构的难度。如果能发现最好的部分可分离的分解方式, 拟牛顿方法的性能是令人满意的。此外, 即使部分可分离结构是已知的, 计算牛顿迭代更新向量也可能更为有效。例如, 建模语言 AMPL 会自动检测出目标函数 f 的部分可分离结构, 并利用此结构计算 Hessian 矩阵 $\nabla^2 f(\boldsymbol{x})$。

7.5 观点与软件

牛顿共轭梯度方法已成功应用于求解各种大规模优化问题中。这些实现方法有很多是由工程师和科学家开发的, 并使用了与问题相关的预处理器。读者可以免费下载的软件包包括 TN/TNBC(见文献 [220]) 和 TNPACK(见文献 [275])。针对更具一般性的优化问题, 软件包 LANCELOT(见文献 [72])、KNITRO/CG(见文献 [50])、TRON(见文献 [192]) 等采用牛顿共轭梯度方法求解无约束优化问题。文献 [294] 中的软件包 LOQO 利用修正稀疏矩阵分解实现了牛顿方法, 并能确保正定性。文献 [145] 中的软件包 GLTR 实现了 Newton–Lanczos 方法。截至目前, 尚没有足够多的经验表明, Newton–Lanczos 方法在实践中将明显优于算法 7.2 中的 Steihaug 策略。

计算不完全 Cholesky 预处理器的软件包包括文献 [193] 中的 ICFS 和文献 [166] 中的 MA57。文献 [209] 中的软件包 PREQN 实现了基于有限记忆 BFGS 近似的牛顿共轭梯度预处理器。

文献 [194] 中的软件包 LBFGS 和文献 [122] 中的软件包 M1QN3 实现了有限记忆 BFGS 方法, 文献 [125] 给出了该方法的另一种变形形式, 需要更少的存储量, 并且表现得相当高效。此外, 软件包 LBFGS-B(见文献 [322])、IPOPT(见文献 [301]) 以及 KNITRO 均使用了第 7.2 节中的紧凑型有限记忆表示。

软件包 LANCELOT 利用了部分可分离性, 其中提供了 SR1 拟牛顿方法、BFGS 拟牛顿方法以及牛顿方法选项。此外, 它使用基于信赖域策略的预处理共轭梯度方法计算迭代更新向量。需要指出的是, 当部分可分离函数 f 的变量经过仿射变换后, 新函数通常不再具有部分可分离结构。第 7.4 节中的针对部分可分离函数的拟牛顿方法对变量的仿射变换需要进行调整, 但这并不是一个缺点, 因为该方法对于保持可分离性的变换无须进行调整。

7.6 注释与参考文献

文献 [74] 全面研究了非精确牛顿方法。文献 [145] 讨论了 Newton–Lanczos 方法。文献 [160] 和文献 [263] 提出了求解信赖域问题的其他迭代方法。

关于 L-BFGS 方法的进一步讨论可见文献 [122]、文献 [194] 以及文献 [228]。文献 [122] 还讨论了很多能够选择标定参数的优化方法。算法 7.4(即双循环 L-BFGS 递归方法) 是计算乘积 $\boldsymbol{H}_k\nabla f_k$ 且复杂度较低的高效算法。然而, 该算法是由 BFGS 更新公式 (7.16) 的特定形式衍生出的, 对于 Broyden 族方法的其他成员 (例如 SR1 方法和 DFP 方法), 学者们尚未提出与其相似的递推公式, 或许此时并不存在类似的递推公式。本章讨论的关于有限记忆矩阵的紧凑表示参考了文献 [52]。

文献 [102]、[104]、[288] 以及 [289] 研究了稀疏拟牛顿更新。部分可分离的概念是由文献 [155] 和文献 [156] 引入的。关于该主题更加全面的讨论, 读者可以参阅文献 [72]。

7.7 练习题

7.1 对算法 7.5 进行编程, 并利用此程序对扩展 Rosenbrock 函数进行性能测试, 该函数的表达式为

$$f(\boldsymbol{x})=\sum_{i=1}^{n/2}[\alpha(x_{2i}-x_{2i-1}^2)^2+(1-x_{2i-1})^2]$$

式中 α 表示可调参数 (可以设为 1 或者 100)。当对函数 $f(\boldsymbol{x})$ 最小化时, 其最优解为 $\boldsymbol{x}^*=[1\ \ 1\ \ \cdots\ \ 1]^{\mathrm{T}}$, 此时函数最小值为 $f^*=0$。将迭代起始点设为 $[-1\ \ -1\ \ \cdots\ \ -1]^{\mathrm{T}}$, 观察当存储参数 m 取不同整数时该程序的性能。

7.2 证明式 (7.21) 中的矩阵 $\widehat{\boldsymbol{H}}_{k+1}$ 是奇异的。

7.3 在精确线搜索的条件下, 证明式 (7.23) 成立。

7.4 考虑基于式 (7.30) 的有限记忆 SR1 更新公式。对于所有的迭代序数 k, 如果基本矩阵 $\boldsymbol{B}_k^0$ 保持不变, 请解释存储量如何能够降低一半。(提示: 考虑矩阵 $\boldsymbol{Q}_k = [\boldsymbol{q}_0 \ \boldsymbol{q}_1 \ \cdots \ \boldsymbol{q}_{k-1}] = \boldsymbol{Y}_k - \boldsymbol{B}_0\boldsymbol{S}_k$。)

7.5 将下面的函数:

$$f(\boldsymbol{x}) = x_2x_3\mathrm{e}^{x_1+x_3-x_4} + (x_2x_3)^2 + (x_3 - x_4)$$

写成式 (7.40) 的形式。此外, 写出其中每一个紧凑型矩阵 $\boldsymbol{U}_i$。

7.6 判断由部分可分离拟牛顿更新公式 (7.38) 和式 (7.41) 获得的近似矩阵 $\boldsymbol{B}$ 是否满足割线方程 $\boldsymbol{Bs} = \boldsymbol{y}$。

7.7 变分法的一个经典应用是求解最小曲面问题, 很多教材都对此问题进行了描述。我们希望在单位正方形上找寻一个面积最小的曲面, 并且其能在正方形的 4 条边上对一个指定的连续函数进行内插。将此问题进行标准离散化后, 未知变量就是该单位正方形中的矩形网格点对应的函数值 $z(x,y)$。

具体而言, 将正方形的每条边均匀划分为 q 个间隔, 从而能够获得 $(q+1)^2$ 个网格点。将这些网格点记为

$$\boldsymbol{x}_{(i-1)(q+1)+1}, \ \boldsymbol{x}_{(i-1)(q+1)+2}, \ \cdots, \ \boldsymbol{x}_{i(q+1)} \quad (i = 1, 2, \cdots, q+1)$$

因此, 对应于同一个 i 上的所有点都在同一条直线上。对于每一个网格点, 将其曲面高度记为变量 z_i。单位正方形的 4 条边上共有 $4q$ 个网格点, 它们的高度 z_i 由给定的函数所确定。优化问题就是确定其余 $(q+1)^2 - 4q$ 个高度变量 z_i, 以使得曲面总面积最小。

基于上述划分方式, 一个典型的子正方形如下所示:

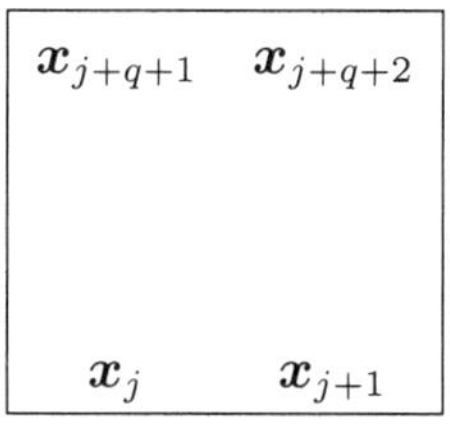

将此正方形记为 $\boldsymbol{A}_j$, 面积为 q^2。将期望函数记为 $z(x,y)$, 我们需要计算正方形 $\boldsymbol{A}_j$ 对应的曲面面积。根据微积分教材中的结论可知, 曲面面积可以表示为如下形式:

$$f_j(\boldsymbol{x}) \equiv \iint_{(x,y)\in\boldsymbol{A}_j} \sqrt{1 + \left(\frac{\partial z}{\partial x}\right)^2 + \left(\frac{\partial z}{\partial y}\right)^2}\mathrm{d}x\mathrm{d}y$$

若利用有限差分近似该式中的导数, 则面积 f_j 具有如下形式:

$$f_j(\boldsymbol{x}) = \frac{1}{q^2}\left[1 + \frac{q^2}{2}[(x_j - x_{j+q+1})^2 + (x_{j+1} - x_{j+q})^2]\right]^{1/2} \tag{7.43}$$

7.8 计算元函数式 (7.43) 关于完整变量 $\boldsymbol{x}$ 的梯度向量。证明此梯度向量中最多含有 4 个非零值, 且其中两个非零值是另外两个非零值的相反数。此外, 计算函数 f_j 的 Hessian 矩阵, 并证明这 16 个非零值中仅有 3 个不同的值。最后证明 Hessian 矩阵是奇异的。

第 8 章

计算导数

大多数非线性优化方法和非线性方程组的求解方法都需要计算导数。在一些情况下导数计算很容易通过手工来完成, 此时有理由期望用户能提供代码来计算导数。然而, 还有很多其他情况, 函数非常复杂, 此时需要寻找自动计算或者逼近导数的方法。事实上存在很多有意思的方法, 其中最重要的是下面 3 种方法。

(1) 有限差分法。该技术源自泰勒定理 (见第 2 章)。对于一个给定的点 $\boldsymbol{x}$, 当自变量在该点附近产生微小的扰动时, 函数值会发生变化, 通过观察该函数相对于无穷小扰动的变化量, 就可以估计其在点 $\boldsymbol{x}$ 处的导数值。例如, 计算光滑函数 $f:\mathbb{R}^n\to\mathbb{R}$ 关于第 i 个变量 x_i 的偏导数, 可以通过中心差分公式来逼近, 如下所示:

$$\frac{\partial f}{\partial x_i}\approx\frac{f(\boldsymbol{x}+\varepsilon\boldsymbol{e}_i)-f(\boldsymbol{x}-\varepsilon\boldsymbol{e}_i)}{2\varepsilon}$$

式中 ε 为一个很小的正数; $\boldsymbol{e}_i$ 表示第 i 个单位向量, 其中第 i 个元素取值为 1, 其余元素均取值为 0。

(2) 自动微分法。该技术的基本观点是, 计算函数的程序代码可以分解为若干初等算术运算的组合, 作为微积分基本规则之一的链式法则可以应用其中。一些用于自动微分的软件工具 (例如文献 [25] 中的 ADIFOR) 会生成新的代码, 用于计算函数值和导数值。对于一个给定的点 $\boldsymbol{x}$, 计算机计算该点处的函数值时会执行若干初等运算, 另外一些软件工具 (例如文献 [154] 中的 ADOL-C) 会记录这些初等运算, 通过处理这些信息可以获得该函数在点 $\boldsymbol{x}$ 处的导数。

(3) 符号微分法。在该技术中, 函数 f 的代数规范是由符号操作工具来控制的, 从而为梯度向量中的每个分量产生新的代数表达式。常用的符号操作工具可以在 MATHEMATICA (见文献 [311])、MAPLE(见文献 [304]) 以及 MACSYMA (见文献 [197]) 等软件包中找寻。

本章讨论前面两种方法, 即有限差分法和自动微分法。

导数的应用并不仅局限于优化求解。对于从事优化设计和经济学领域的建模者而言，往往会对优化后的灵敏度分析感兴趣，也就是确定优化问题中的参数值或者约束值的扰动量对最优值产生多大影响。此外，导数还在非线性微分方程和仿真等其他领域中发挥重要作用。

8.1 基于有限差分法近似计算导数

有限差分法是一种计算近似导数的方法，类似于很多优化方法，其原理也源自泰勒定理。当用户无法或者不愿提供代码来计算精确导数时，很多软件包都会自动计算有限差分。虽然它们仅能获得导数的近似值，但是在很多情况下，这些结果已经足够使用了。

根据定义可知，导数是函数对自变量产生的无穷小扰动量的敏感性度量。因此，本节的方法是对自变量 $\boldsymbol{x}$ 施加微小的有限扰动，并确定其所引起的函数变化量，通过计算函数差值与自变量差值的比值，就可以确定导数的近似值。

8.1.1 近似计算梯度向量

通过计算函数 f 在 $n+1$ 个点处的取值，并结合一些初等运算，就可以获得梯度向量 $\nabla f(\boldsymbol{x})$ 的近似值。下面将描述该技术及其更加精确的改进技术，后者需要额外计算一些函数值。

在给定点 $\boldsymbol{x}$ 处近似计算偏导数 $\dfrac{\partial f}{\partial x_i}$ 的常用公式是前向差分或者单边差分，其定义如下：

$$\frac{\partial f}{\partial x_i}(\boldsymbol{x}) \approx \frac{f(\boldsymbol{x}+\varepsilon \boldsymbol{e}_i)-f(\boldsymbol{x})}{\varepsilon} \tag{8.1}$$

对于 $i=1,2,\cdots,n$ 分别利用上面的公式计算偏导数，从而构建梯度向量。该方法需要计算函数 f 在点 $\boldsymbol{x}$ 处的取值以及在 n 个扰动点 $\{\boldsymbol{x}+\varepsilon \boldsymbol{e}_i\}_{1\leqslant i\leqslant n}$ 处的取值，因此共需要计算 $n+1$ 个点的函数值。

式 (8.1) 成立的数学基础是泰勒定理，即第 2 章定理 2.1。如果函数 f 是二次连续可微的，则由式 (2.6) 可得

$$f(\boldsymbol{x}+\boldsymbol{p})=f(\boldsymbol{x})+(\nabla f(\boldsymbol{x}))^{\mathrm{T}}\boldsymbol{p}+\frac{1}{2}\boldsymbol{p}^{\mathrm{T}}\nabla^2 f(\boldsymbol{x}+t\boldsymbol{p})\boldsymbol{p} \tag{8.2}$$

式中 $t\in(0,1)$。如果在感兴趣的变量区域内 $\|\nabla^2 f(\cdot)\|$ 的上界为 L，则式 (8.2) 右边最后一项的界为 $(L/2)\|\boldsymbol{p}\|^2$，于是有

$$\|f(\boldsymbol{x}+\boldsymbol{p})-f(\boldsymbol{x})-(\nabla f(\boldsymbol{x}))^{\mathrm{T}}\boldsymbol{p}\|\leqslant (L/2)\|\boldsymbol{p}\|^2 \tag{8.3}$$

下面将向量 $\boldsymbol{p}$ 设为 $\varepsilon \boldsymbol{e}_i$, 使得向量 $\boldsymbol{x}$ 在其第 i 个分量产生微小的变化。对于向量 $\boldsymbol{p}$, 可得 $(\nabla f(\boldsymbol{x}))^{\mathrm{T}}\boldsymbol{p} = \varepsilon(\nabla f(\boldsymbol{x}))^{\mathrm{T}}\boldsymbol{e}_i = \varepsilon\dfrac{\partial f}{\partial x_i}$, 将其代入式 (8.3) 中可得

$$\frac{\partial f}{\partial x_i}(\boldsymbol{x}) \approx \frac{f(\boldsymbol{x}+\varepsilon \boldsymbol{e}_i) - f(\boldsymbol{x})}{\varepsilon} + \delta_\varepsilon \tag{8.4}$$

式中 $|\delta_\varepsilon| \leqslant (L/2)\varepsilon$。如果忽略式 (8.4) 中的误差项 δ_ε, 就可以得到前向差分公式 (8.1), 当 ε 趋于 0 时, 误差项 δ_ε 将变得越来越小。

实现式 (8.1) 的一个重要问题是如何选择参数 ε。从式 (8.4) 中可以看出, ε 应该越小越好, 但不幸的是, 式 (8.4) 忽略了舍入误差的影响, 当利用实际计算机通过浮点运算计算函数 f 时就会产生舍入误差。根据附录 A 中的讨论可知 (见式 (A.30) 和式 (A.31)), 基本舍入单位 u 至关重要, 它是指对两个浮点数进行算术运算时所产生的相对误差的界。在双精度 IEEE 浮点运算中, u 大约为 1.1×10^{-16}。这些误差对函数 f 的计算结果的影响取决于函数 f 的计算方式。它可能来自计算公式, 也可能来自微分方程求解器, 无论其是否经过改进。

下面粗略地进行估计, 不妨简单假设计算函数 f 的相对误差以 u 为界。此时, $f(\boldsymbol{x})$ 和 $f(\boldsymbol{x}+\varepsilon \boldsymbol{e}_i)$ 的计算值与精确值之间分别满足如下关系式:

$$|\mathrm{comp}(f(\boldsymbol{x})) - f(\boldsymbol{x})| \leqslant uL_f$$

$$|\mathrm{comp}(f(\boldsymbol{x}+\varepsilon \boldsymbol{e}_i)) - f(\boldsymbol{x}+\varepsilon \boldsymbol{e}_i)| \leqslant uL_f$$

式中 $\mathrm{comp}(\cdot)$ 表示计算值; L_f 表示在感兴趣的变量区域内函数绝对值 $|f(\cdot)|$ 的界。如果在式 (8.1) 和式 (8.4) 中利用函数 f 的计算值代替其精确值, 则误差的界将变为

$$(L/2)\varepsilon + 2uL_f/\varepsilon \tag{8.5}$$

我们自然会选择 ε 以使得误差尽可能小。容易验证, ε 的最优解应满足

$$\varepsilon^2 = \frac{4L_f u}{L}$$

若假设问题得到适当标定, 此时函数值与其二阶导数的比值 L_f/L 不会超过适中的量, 于是可以将 ε 设为

$$\varepsilon = \sqrt{u} \tag{8.6}$$

因为该值十分接近上面的最优解。事实上, 很多选择有限差分法估计导数的优化软件包都在使用该值。由式 (8.5) 可知, 当 ε 按照式 (8.6) 来设置时, 前向差分近似的总误差非常接近 $\sqrt{u}$。

如果使用中心差分公式进行计算, 则可以获得更加准确的导数估计值, 其定义如下:

$$\frac{\partial f}{\partial x_i}(\boldsymbol{x}) \approx \frac{f(\boldsymbol{x}+\varepsilon \boldsymbol{e}_i)-f(\boldsymbol{x}-\varepsilon \boldsymbol{e}_i)}{2\varepsilon} \tag{8.7}$$

下面将解释中心差分近似的精度高于式 (8.1) 前向差分近似的精度。但需要指出的是, 中心差分方法的计算复杂度约为前向差分方法的计算复杂度的两倍, 因为中心差分方法需要计算函数 f 在点 $\boldsymbol{x}$ 和 $\{\boldsymbol{x} \pm \varepsilon \boldsymbol{e}_i\}_{1\leqslant i\leqslant n}$ 处的取值, 因此总共需要计算 $2n+1$ 个点的函数值。

中心差分近似的数学基础仍然是泰勒定理。当函数 f 的二阶导数存在, 并且满足 Lipschitz 连续性时, 由式 (8.2) 可知

$$\begin{aligned} f(\boldsymbol{x}+\boldsymbol{p}) &= f(\boldsymbol{x})+(\nabla f(\boldsymbol{x}))^{\mathrm{T}}\boldsymbol{p}+\frac{1}{2}\boldsymbol{p}^{\mathrm{T}}\nabla^2 f(\boldsymbol{x}+t\boldsymbol{p})\boldsymbol{p} \quad (\text{其中 } t\in(0,1)) \\ &= f(\boldsymbol{x})+(\nabla f(\boldsymbol{x}))^{\mathrm{T}}\boldsymbol{p}+\frac{1}{2}\boldsymbol{p}^{\mathrm{T}}\nabla^2 f(\boldsymbol{x})\boldsymbol{p}+O(\|\boldsymbol{p}\|^3) \end{aligned} \tag{8.8}$$

若分别令 $\boldsymbol{p}=\varepsilon\boldsymbol{e}_i$ 和 $\boldsymbol{p}=-\varepsilon\boldsymbol{e}_i$, 可得

$$f(\boldsymbol{x}+\varepsilon \boldsymbol{e}_i)=f(\boldsymbol{x})+\varepsilon\frac{\partial f}{\partial x_i}+\frac{1}{2}\varepsilon^2\frac{\partial^2 f}{\partial x_i^2}+O(\varepsilon^3)$$

$$f(\boldsymbol{x}-\varepsilon \boldsymbol{e}_i)=f(\boldsymbol{x})-\varepsilon\frac{\partial f}{\partial x_i}+\frac{1}{2}\varepsilon^2\frac{\partial^2 f}{\partial x_i^2}+O(\varepsilon^3)$$

虽然上面两个表达式中的最后误差项一般并不相等, 但都以 ε^3 的某个倍数为界。将第 1 个表达式减去第 2 个表达式, 再除以 2ε 可得

$$\frac{\partial f}{\partial x_i}(\boldsymbol{x}) \approx \frac{f(\boldsymbol{x}+\varepsilon \boldsymbol{e}_i)-f(\boldsymbol{x}-\varepsilon \boldsymbol{e}_i)}{2\varepsilon}+O(\varepsilon^2)$$

从该式可以看出, 中心差分方法的误差为 $O(\varepsilon^2)$, 优于前向差分公式 (8.1) 的误差 $O(\varepsilon)$。然而, 如果考虑函数 f 的计算误差, 那么实际中获得的精度就并不那么明显。如果利用推导式 (8.6) 的假设条件进行分析, 则对于中心差分方法的 ε 的最优解约为 $u^{1/3}$, 相应的总误差约为 $u^{2/3}$。在一些情形下, 增加一些位数可以明显提高算法的性能, 并且因此而额外付出的计算量也是值得的。

8.1.2 近似计算稀疏 Jacobian 矩阵

如同第 10 章中的残差向量和第 11 章中的非线性方程组, 下面考虑向量函数 $\boldsymbol{r}:\mathbb{R}^n\to\mathbb{R}^m$, 其一阶导数矩阵 $\boldsymbol{J}(\boldsymbol{x})$ 的定义如下:

$$\boldsymbol{J}(\boldsymbol{x}) = \left[\frac{\partial r_j}{\partial x_i}\right]_{\substack{1\leqslant j\leqslant m\\1\leqslant i\leqslant n}} = \begin{bmatrix}(\nabla r_1(\boldsymbol{x}))^{\mathrm{T}}\\(\nabla r_2(\boldsymbol{x}))^{\mathrm{T}}\\\vdots\\(\nabla r_m(\boldsymbol{x}))^{\mathrm{T}}\end{bmatrix} \tag{8.9}$$

式中 r_j $(1 \leqslant j \leqslant m)$ 表示向量 $\boldsymbol{r}$ 中的第 j 个分量。前面描述的技术可以同时计算 Jacobian 矩阵 $\boldsymbol{J}(\boldsymbol{x})$ 中的每一列元素。如果向量函数 $\boldsymbol{r}$ 是二次连续可微的, 则依据泰勒定理可得

$$\|\boldsymbol{r}(\boldsymbol{x}+\boldsymbol{p}) - \boldsymbol{r}(\boldsymbol{x}) - \boldsymbol{J}(\boldsymbol{x})\boldsymbol{p}\| \leqslant (L/2)\|\boldsymbol{p}\|^2 \tag{8.10}$$

式中 L 表示在感兴趣的变量区域内矩阵 $\boldsymbol{J}$ 的 Lipschitz 常数。对于给定的向量 $\boldsymbol{p}$, 若要近似计算其与 Jacobian 矩阵 $\boldsymbol{J}(\boldsymbol{x})$ 的乘积 $\boldsymbol{J}(\boldsymbol{x})\boldsymbol{p}$ (如第 11 章第 11.1 节中求解非线性方程组的非精确牛顿方法), 则由式 (8.10) 可得其近似值为

$$\boldsymbol{J}(\boldsymbol{x})\boldsymbol{p} \approx \frac{\boldsymbol{r}(\boldsymbol{x}+\varepsilon\boldsymbol{p}) - \boldsymbol{r}(\boldsymbol{x})}{\varepsilon} \tag{8.11}$$

式中 ε 为一个很小的非零值。该近似表达式的误差为 $O(\varepsilon)$。此外, 基于式 (8.7) 还可以得到双边近似值。

如果需要逼近 Jacobian 矩阵 $\boldsymbol{J}(\boldsymbol{x})$ 中的全部元素, 则可以每次计算该矩阵中的某一列。类似于式 (8.1), 若在式 (8.10) 中令 $\boldsymbol{p} = \varepsilon\boldsymbol{e}_i$, 则其中第 i 列向量可以近似表示为

$$\frac{\partial \boldsymbol{r}}{\partial x_i}(\boldsymbol{x}) \approx \frac{\boldsymbol{r}(\boldsymbol{x}+\varepsilon\boldsymbol{e}_i) - \boldsymbol{r}(\boldsymbol{x})}{\varepsilon} \tag{8.12}$$

如果想要获得完整的 Jacobian 矩阵, 则需要计算向量函数 $\boldsymbol{r}$ 在 $n+1$ 个点处的取值。然而, 如果 Jacobian 矩阵是稀疏的, 则计算量会小得多, 有时仅需要计算向量函数 $\boldsymbol{r}$ 在 3 个或者 4 个点处的取值。问题的关键在于如何合理选择式 (8.10) 中的扰动向量 $\boldsymbol{p}$, 以同时获得 Jacobian 矩阵不同列向量的估计值。

下面通过一个简单的例子来阐述上述技术。不妨考虑下面定义的向量函数 $\boldsymbol{r}: \mathbb{R}^n \to \mathbb{R}^n$:

$$\boldsymbol{r}(\boldsymbol{x}) = \begin{bmatrix}2(x_2^3 - x_1^2)\\3(x_2^3 - x_1^2) + 2(x_3^3 - x_2^2)\\3(x_3^3 - x_2^2) + 2(x_4^3 - x_3^2)\\\vdots\\3(x_n^3 - x_{n-1}^2)\end{bmatrix} \tag{8.13}$$

由该式可知, 向量函数 $\boldsymbol{r}$ 中的每个标量函数仅与自变量 $\boldsymbol{x}$ 中的 2 个或者 3 个分量有关, 这意味着 Jacobian 矩阵中的每一行向量仅包含 2 个或者 3 个非零元素。当 $n=6$ 时, 该向量函数的 Jacobian 矩阵具有如下结构:

$$\begin{bmatrix} \times & \times & & & & \\ \times & \times & \times & & & \\ & \times & \times & \times & & \\ & & \times & \times & \times & \\ & & & \times & \times & \times \\ & & & & \times & \times \end{bmatrix} \tag{8.14}$$

其中每个符号 “×” 均表示一个非零元素, 而空白处的元素均为 0。

现要在 $n=6$ 的情形下利用有限差分方法近似计算 Jacobian 矩阵。对于此例而言, 利用手工推导获其 Jacobian 矩阵是易于实现的, 然而, 对于其他具有类似结构但形式复杂的函数而言, 手工计算会非常困难。如果将扰动向量取为 $\boldsymbol{p}=\varepsilon\boldsymbol{e}_1$, 即改变向量 $\boldsymbol{x}$ 中的第 1 个元素, 此时仅会影响向量函数 $\boldsymbol{r}$ 中的第 1 个分量和第 2 个分量, 其他分量并不会发生改变。如果利用式 (8.12) 进行计算, 则其右侧第 3、4、5、6 个分量均为 0。显然, 如果事先已知向量函数 $\boldsymbol{r}$ 中的这 4 个分量不会受到扰动向量 $\boldsymbol{p}=\varepsilon\boldsymbol{e}_1$ 的影响, 但仍然计算向量函数 $\boldsymbol{r}$ 中的这些分量, 则会浪费计算资源。因此, 需要找寻一种方法来修正扰动向量, 使其不会对向量函数 $\boldsymbol{r}$ 中的第 1 和第 2 个分量产生影响, 但却会对向量函数 $\boldsymbol{r}$ 中的其他分量产生影响, 从而能基于有限差分法计算 Jacobian 矩阵的其他列向量。不难发现, 扰动向量 $\varepsilon\boldsymbol{e}_4$ 具有所期望的性质, 它会改变向量函数 $\boldsymbol{r}$ 中的第 3、4、5 个分量, 但并不会改变向量函数 $\boldsymbol{r}$ 中的第 1 和第 2 个分量。因此, 扰动向量 $\varepsilon\boldsymbol{e}_1$ 和 $\varepsilon\boldsymbol{e}_4$ 对向量函数 $\boldsymbol{r}$ 的影响是互不重叠的。

下面通过数学分析来描述上述讨论。若令

$$\boldsymbol{p}=\varepsilon(\boldsymbol{e}_1+\boldsymbol{e}_4)$$

并记

$$[\boldsymbol{r}(\boldsymbol{x}+\boldsymbol{p})]_{1,2}=[\boldsymbol{r}(\boldsymbol{x}+\varepsilon(\boldsymbol{e}_1+\boldsymbol{e}_4))]_{1,2}=[\boldsymbol{r}(\boldsymbol{x}+\varepsilon\boldsymbol{e}_1)]_{1,2} \tag{8.15}$$

$$[\boldsymbol{r}(\boldsymbol{x}+\boldsymbol{p})]_{3,4,5}=[\boldsymbol{r}(\boldsymbol{x}+\varepsilon(\boldsymbol{e}_1+\boldsymbol{e}_4))]_{3,4,5}=[\boldsymbol{r}(\boldsymbol{x}+\varepsilon\boldsymbol{e}_4)]_{3,4,5} \tag{8.16}$$

式中 $[\cdot]_{1,2}$ 表示由第 1 和第 2 个元素构成的子向量; $[\cdot]_{3,4,5}$ 表示由第 3 至第 5 个元素构成的子向量。将式 (8.15) 代入式 (8.11) 中可得

$$[\boldsymbol{r}(\boldsymbol{x}+\boldsymbol{p})]_{1,2}=[\boldsymbol{r}(\boldsymbol{x})]_{1,2}+\varepsilon[\boldsymbol{J}(\boldsymbol{x})\boldsymbol{e}_1]_{1,2}+O(\varepsilon^2)$$

由该式可以得到 Jacobian 矩阵中的 (1, 1) 和 (2, 1) 元素的有限差分公式, 如

下所示:

$$\begin{bmatrix} \dfrac{\partial r_1}{\partial x_1}(\boldsymbol{x}) \\ \dfrac{\partial r_2}{\partial x_1}(\boldsymbol{x}) \end{bmatrix} = [\boldsymbol{J}(\boldsymbol{x})\boldsymbol{e}_1]_{1,2} \approx \frac{[\boldsymbol{r}(\boldsymbol{x}+\boldsymbol{p})]_{1,2} - [\boldsymbol{r}(\boldsymbol{x})]_{1,2}}{\varepsilon} \tag{8.17}$$

将式 (8.16) 代入式 (8.11) 中可得

$$[\boldsymbol{r}(\boldsymbol{x}+\boldsymbol{p})]_{3,4,5} = [\boldsymbol{r}(\boldsymbol{x})]_{3,4,5} + \varepsilon[\boldsymbol{J}(\boldsymbol{x})\boldsymbol{e}_4]_{3,4,5} + O(\varepsilon^2)$$

由该式可以得到 Jacobian 矩阵中的 (3, 4)、(4, 4) 以及 (5, 4) 元素的有限差分公式, 如下所示:

$$\begin{bmatrix} \dfrac{\partial r_3}{\partial x_4}(\boldsymbol{x}) \\ \dfrac{\partial r_4}{\partial x_4}(\boldsymbol{x}) \\ \dfrac{\partial r_5}{\partial x_4}(\boldsymbol{x}) \end{bmatrix} = [\boldsymbol{J}(\boldsymbol{x})\boldsymbol{e}_4]_{3,4,5} \approx \frac{[\boldsymbol{r}(\boldsymbol{x}+\boldsymbol{p})]_{3,4,5} - [\boldsymbol{r}(\boldsymbol{x})]_{3,4,5}}{\varepsilon} \tag{8.18}$$

总结上述分析可知, 通过额外计算向量函数 $\boldsymbol{r}$ 在点 $\boldsymbol{x}+\varepsilon(\boldsymbol{e}_1+\boldsymbol{e}_4)$ 处的取值, 就可以获得 Jacobian 矩阵中两个列向量的估计值。

我们还可以利用上述方法计算 Jacobian 矩阵 $\boldsymbol{J}(\boldsymbol{x})$ 中的其他列向量。具体而言, 选择 $\boldsymbol{p}=\varepsilon(\boldsymbol{e}_2+\boldsymbol{e}_5)$ 可以近似获得该矩阵的第 2 列和第 5 列, 选择 $\boldsymbol{p}=\varepsilon(\boldsymbol{e}_3+\boldsymbol{e}_6)$ 可以近似获得该矩阵的第 3 列和第 6 列。因此, 除计算向量函数 $\boldsymbol{r}$ 在点 $\boldsymbol{x}$ 处的取值以外, 还需要计算向量函数 $\boldsymbol{r}$ 在其他 3 个点处的取值, 从而得到 Jacobian 矩阵所有元素的估计值。

事实上, 为得到 Jacobian 矩阵全部元素的估计值, 无论式 (8.13) 中的 n 取多大值, 都仅需要额外计算向量函数 $\boldsymbol{r}$ 在 3 个点处的取值。这 3 个点对应的扰动向量 $\boldsymbol{p}$ 分别为

$$\boldsymbol{p} = \varepsilon(\boldsymbol{e}_1+\boldsymbol{e}_4+\boldsymbol{e}_7+\boldsymbol{e}_{10}+\cdots)$$

$$\boldsymbol{p} = \varepsilon(\boldsymbol{e}_2+\boldsymbol{e}_5+\boldsymbol{e}_8+\boldsymbol{e}_{11}+\cdots)$$

$$\boldsymbol{p} = \varepsilon(\boldsymbol{e}_3+\boldsymbol{e}_6+\boldsymbol{e}_9+\boldsymbol{e}_{12}+\cdots)$$

其中, 第 1 个向量中的第 $1,4,7,10,\cdots$ 个元素取非零值, 选择非零元素位置的依据是, Jacobian 矩阵第 $1,4,7,10,\cdots$ 列的任意两列中的非零元素都不会出现在同一行。对于其他两个向量, 该性质仍然成立。事实上, 对于其他更一般的函数, 该特性也可为选择扰动向量 $\boldsymbol{p}$ 提供依据。

利用图和图着色语言便于描述扰动向量的选择算法。对于任意的向量函数 $\boldsymbol{r}:\mathbb{R}^n\to\mathbb{R}^m$, 可以构造一个含有 n 个节点的列关联图 G。如果向量函数

$\boldsymbol{r}$ 中的某个分量同时是关于 x_i 和 x_k 的函数, 则在节点 i 与节点 k 之间连接一条弧线。换言之, 对于某个点 $\boldsymbol{x}$, Jacobian 矩阵 $\boldsymbol{J}(\boldsymbol{x})$ 中的第 i 列和第 k 列在某行 (记为第 j $(1 \leqslant j \leqslant m)$ 行) 中同时含有非零元素。图 8.1 给出了函数式 (8.13) 对应的列关联图, 其中 $n = 6$。下面给列关联图中的每个节点着色, 其基本规则如下: 如果两个节点之间没有弧线连接, 则着相同的颜色。最后针对每种颜色选择一个扰动向量, 也就是说, 如果节点 $i_1, i_2, \cdots, i_l$ 具有相同的颜色, 则相应的扰动向量 $\boldsymbol{p}$ 应设为 $\varepsilon(\boldsymbol{e}_{i_1} + \boldsymbol{e}_{i_2} + \cdots + \boldsymbol{e}_{i_l})$。

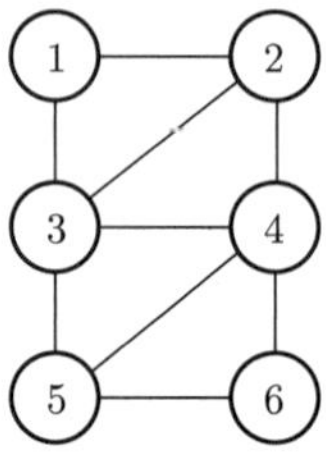

图 8.1 式 (8.13) 定义的向量函数 $\boldsymbol{r}(\boldsymbol{x})$ 所对应的列关联图

一般而言, 对于列关联图中的 n 个节点, 存在很多种满足所需条件的着色方法。最简单的方法是给每个节点着不同的颜色, 但是此方案会产生 n 个扰动向量, 所以通常不会是最有效的方法。获得使用颜色数量最少的着色方案一般非常困难, 但却存在一些简单的算法, 它们能以较小的代价获得近似最优的着色方案。文献 [83] 和文献 [68] 描述了一些方法, 并进行了性能比较。文献 [227] 表明, 如果使用一类更一般的扰动向量 $\boldsymbol{p}$, 则可能通过计算向量函数 $\boldsymbol{r}$ 在不超过 n_z 个点 (除点 $\boldsymbol{x}$ 以外) 处的取值, 获得 Jacobian 矩阵全部元素的估计值, n_z 表示 Jacobian 矩阵 $\boldsymbol{J}(\boldsymbol{x})$ 中每一行非零元素个数的最大值。

对于一些结构得到充分研究的向量函数 $\boldsymbol{r}$, 例如由微分算子离散化所得到的函数, 以及具有带状 Jacobian 矩阵的函数 (如同上面的例子), 最优着色方案是已知的。对于式 (8.14) 给出的三对角 Jacobian 矩阵以及图 8.1 给出的关联图, 三色方案是最优的选择。

8.1.3 近似计算 Hessian 矩阵

在一些情形中, 用户可能提供了计算梯度向量 $\nabla f(\boldsymbol{x})$ 的程序, 但却没有提供计算 Hessian 矩阵 $\nabla^2 f(\boldsymbol{x})$ 的程序, 此时可以将上面描述的针对向量函数 $\boldsymbol{r}$ 的求导方法应用于梯度向量 $\nabla f(\boldsymbol{x})$, 也就是计算梯度向量 $\nabla f(\boldsymbol{x})$ 的 Jacobian 矩阵。利用前面讨论的图着色技术可以获得稀疏 Hessian 矩阵的近似估计值, 且需要的扰动向量个数远小于 n。然而, 该方法并没有考虑 Hessian 矩阵的对称性, 所以一般会得到一个非对称的近似矩阵。为了恢复 Hessian 矩阵的对称性, 可以将该近似矩阵与其转置矩阵相加并除以 2。除此以外, 下面还将描述直接利用 Hessian 矩阵 $\nabla^2 f(\boldsymbol{x})$ 对称性的有限差分法。

一些重要的方法并不需要完整的 Hessian 矩阵信息, 其中最著名的就是第 7 章描述的牛顿共轭梯度方法, 每次迭代仅需要计算 Hessian 矩阵与某个给定向量 $\boldsymbol{p}$ 的乘积 (即 $\nabla^2 f(\boldsymbol{x})\boldsymbol{p}$)。再次利用泰勒定理可以得到该乘积的近似值。如果函数 f 的二阶导数存在, 并且在点 $\boldsymbol{x}$ 附近具有 Lipschitz 连续性, 则有

$$\nabla f(\boldsymbol{x}+\varepsilon\boldsymbol{p}) = \nabla f(\boldsymbol{x}) + \varepsilon\nabla^2 f(\boldsymbol{x})\boldsymbol{p} + O(\varepsilon^2) \tag{8.19}$$

由该式可得 (也可见第 7 章式 (7.10))

$$\nabla^2 f(\boldsymbol{x})\boldsymbol{p} \approx \frac{\nabla f(\boldsymbol{x}+\varepsilon\boldsymbol{p}) - \nabla f(\boldsymbol{x})}{\varepsilon} \tag{8.20}$$

该近似表达式的误差为 $O(\varepsilon)$, 其中需要计算在点 $\boldsymbol{x}+\varepsilon\boldsymbol{p}$ 处的梯度向量。式 (8.20) 对应前向差分公式 (8.1), 如果计算 $\nabla f(\boldsymbol{x}-\varepsilon\boldsymbol{p})$, 则还可以获得对应于式 (8.7) 的中心差分公式。

即便是在梯度向量无法事先获知的情况下, 也可以利用泰勒定理获得由函数值确定的 Hessian 矩阵近似公式。这主要利用式 (8.8) 进行推导, 分别将向量 $\boldsymbol{p}=\varepsilon\boldsymbol{e}_i$、$\boldsymbol{p}=\varepsilon\boldsymbol{e}_j$ 以及 $\boldsymbol{p}=\varepsilon(\boldsymbol{e}_i+\boldsymbol{e}_j)$ 代入该式中, 并对结果进行综合处理可得

$$\frac{\partial^2 f}{\partial x_i \partial x_j}(\boldsymbol{x}) = \frac{f(\boldsymbol{x}+\varepsilon\boldsymbol{e}_i+\varepsilon\boldsymbol{e}_j) - f(\boldsymbol{x}+\varepsilon\boldsymbol{e}_i) - f(\boldsymbol{x}+\varepsilon\boldsymbol{e}_j) + f(\boldsymbol{x})}{\varepsilon^2} + O(\varepsilon) \tag{8.21}$$

如果想要利用该式获得 Hessian 矩阵中的全部元素, 则需要计算函数 f 在 $n(n+1)/2$ 个点 $\{\boldsymbol{x}+\varepsilon(\boldsymbol{e}_i+\boldsymbol{e}_j)\}_{1\leqslant i\leqslant j\leqslant n}$ 处的取值以及在 n 个点 $\{\boldsymbol{x}+\varepsilon\boldsymbol{e}_i\}_{1\leqslant i\leqslant n}$ 处的取值。如果 Hessian 矩阵具有稀疏性, 且事先已知 $\partial^2 f/\partial x_i\partial x_j = 0$, 则可以跳过计算一些函数值, 从而减少计算量。

8.1.4 近似计算稀疏 Hessian 矩阵

前面曾指出, 若将梯度向量 ∇f 看成是向量函数, 并将基于有限差分的 Jacobian 矩阵估计技术应用于梯度向量 ∇f, 则可以获得 Hessian 矩阵的近似估计值。当 Hessian 矩阵具有稀疏性时, 下面讨论如何利用 Hessian 矩阵 $\nabla^2 f$ 的对称性减少扰动向量 $\boldsymbol{p}$ 的个数, 以获得 Hessian 矩阵全部元素的近似估计值。一个重要的性质是, 由于该矩阵具有对称性, 因此元素 $[\nabla^2 f(\boldsymbol{x})]_{i,j} = \partial^2 f(\boldsymbol{x})/\partial x_i\partial x_j$ 的估计值也可以作为其对称位置的元素 $[\nabla^2 f(\boldsymbol{x})]_{j,i}$ 的估计值。

下面以一个简单函数为例进行讨论。不妨考虑如下函数 $f:\mathbb{R}^n \to \mathbb{R}$:

$$f(\boldsymbol{x}) = x_1 \sum_{i=1}^{n} i^2 x_i^2 \tag{8.22}$$

容易验证, 该函数的 Hessian 矩阵 $\nabla^2 f$ 具有箭头结构, 这里以 $n=6$ 为例描述该矩阵的形式, 如下所示:

$$\begin{bmatrix} \times & \times & \times & \times & \times & \times \\ \times & \times & & & & \\ \times & & \times & & & \\ \times & & & \times & & \\ \times & & & & \times & \\ \times & & & & & \times \end{bmatrix} \tag{8.23}$$

如果要构造向量函数 ∇f 的列关联图 (类似于图 8.1), 则任何一个节点都与其他所有节点相连接, 因为 Hessian 矩阵第 1 行所有元素均为非零元素。根据前面描述的着色原理可知, 现需要给每个节点着上不同的颜色, 这意味着需要计算梯度向量 ∇f 在 $n+1$ 个点 (包括向量 $\boldsymbol{x}$ 和向量组 $\{\boldsymbol{x}+\varepsilon\boldsymbol{e}_i\}_{1\leqslant i\leqslant n}$) 处的取值。

如果考虑 Hessian 矩阵的对称性, 则可以得到一个更高效的方案。针对上面的例子, 可以先使用扰动向量 $\boldsymbol{p}=\varepsilon\boldsymbol{e}_1$ 获得 Hessian 矩阵 $\nabla^2 f(\boldsymbol{x})$ 中的第 1 列元素。由于该矩阵具有对称性, 因此第 1 列元素的估计值可以作为第 1 行元素的估计值。由式 (8.23) 可知, 下面仅需要估计对角元素 $[\nabla^2 f(\boldsymbol{x})]_{2,2}, [\nabla^2 f(\boldsymbol{x})]_{3,3}, \cdots, [\nabla^2 f(\boldsymbol{x})]_{6,6}$ 即可。对于其余节点, 其列关联图是完全断开的, 此时应对这些节点着相同的颜色, 相应的扰动向量应取为

$$\boldsymbol{p}=\varepsilon(\boldsymbol{e}_2+\boldsymbol{e}_3+\cdots+\boldsymbol{e}_6)=\varepsilon[0\ \ 1\ \ 1\ \ 1\ \ 1\ \ 1]^{\mathrm{T}} \tag{8.24}$$

注意到自变量 $\boldsymbol{x}$ 中的第 3、4、5、6 个元素的扰动不会影响梯度向量 ∇f 中的第 2 个元素, 自变量 $\boldsymbol{x}$ 中的第 2、4、5、6 个元素的扰动不会影响梯度向量 ∇f 中的第 3 个元素, 以此类推还可以得到其他类似的结论。参照式 (8.15) 和式 (8.16), 对于第 i 个分量可知

$$[\nabla f(\boldsymbol{x}+\boldsymbol{p})]_i=[\nabla f(\boldsymbol{x}+\varepsilon(\boldsymbol{e}_2+\boldsymbol{e}_3+\cdots+\boldsymbol{e}_6))]_i=[\nabla f(\boldsymbol{x}+\varepsilon\boldsymbol{e}_i)]_i$$

对于每个单独的分量, 利用前向差分公式 (8.1) 可得

$$\begin{aligned}\frac{\partial^2 f}{\partial x_i^2}(\boldsymbol{x}) &\approx \frac{[\nabla f(\boldsymbol{x}+\varepsilon\boldsymbol{e}_i)]_i-[\nabla f(\boldsymbol{x})]_i}{\varepsilon} \\ &= \frac{[\nabla f(\boldsymbol{x}+\varepsilon\boldsymbol{p})]_i-[\nabla f(\boldsymbol{x})]_i}{\varepsilon} \quad (i=2,3,\cdots,6)\end{aligned}$$

综上所述, 通过利用 Hessian 矩阵的对称性, 仅需要计算梯度向量 ∇f 在点 $\boldsymbol{x}$ 以及其他两个点处的取值即可获得 Hessian 矩阵全部元素的估计值。

最后再次指出, 利用图着色技术可以减少扰动向量的个数, 从而更高效地

选择扰动向量 $\boldsymbol{p}$。这里使用邻接图代替前面描述的关联图。邻接图中包含 n 个节点, 对于任意 $i \neq k$, 如果某个点 $\boldsymbol{x}$ 满足 $\partial^2 f(\boldsymbol{x})/\partial x_i \partial x_k \neq 0$, 则使用弧线连接节点 i 和节点 k。然而, 这里的着色方案比之前稍微复杂一些, 因为不仅要求相互连接的节点具有不同的颜色, 而且还要求图中长度为 3 个单位的连接路径中至少包含 3 种不同的颜色。具体而言, 假设图中的 4 个节点 i_1, i_2, i_3, i_4 被弧线 (i_1, i_2)、(i_2, i_3) 以及 (i_3, i_4) 连接, 则至少需要使用 3 种不同的颜色给这 4 个节点进行着色。文献 [69] 对此着色规则进行了解释, 并给出了有效的着色算法。最后构造扰动向量的方法与之前是相同的, 也就是如果节点 $i_1, i_2, \cdots, i_l$ 具有相同的颜色, 则将扰动向量设为 $\boldsymbol{p} = \varepsilon(\boldsymbol{e}_{i_1} + \boldsymbol{e}_{i_2} + \cdots + \boldsymbol{e}_{i_l})$。

8.2 基于自动微分法近似计算导数

利用函数的计算表征来获得导数解析值的技术通称为自动微分技术。一些技术通过直接控制函数的代码来获得在一般点 $\boldsymbol{x}$ 处的导数代码。另一些技术则针对特定的点 $\boldsymbol{x}$ 记录函数计算过程中的信息, 并综合这些信息获得在点 $\boldsymbol{x}$ 处的一组导数。

实现自动微分技术的基础在于, 无论函数多么复杂, 计算其函数值都可以通过一系列简单的初等运算来实现, 并且每次初等运算仅涉及一两个变量。双变量的初等运算包括加法、乘法、除法以及幂运算 a^b 等。单变量的初等运算包括三角函数、指数函数以及对数函数等。各种自动微分工具的一个共同点是它们都使用了链式法则。链式法则是初等微积分中的经典规则, 具体而言, 如果 h 是关于向量 $\boldsymbol{y} \in \mathbb{R}^m$ 的函数, 而 $\boldsymbol{y}$ 又是关于向量 $\boldsymbol{x} \in \mathbb{R}^n$ 的向量函数, 则函数 h 关于向量 $\boldsymbol{x}$ 的导数可以表示为

$$\nabla_{\boldsymbol{x}} h(\boldsymbol{y}(\boldsymbol{x})) = \sum_{i=1}^{m} \frac{\partial h}{\partial y_i} \nabla y_i(\boldsymbol{x}) \tag{8.25}$$

该式的详细推导见附录 A。

自动微分技术存在两种基本的模式, 即前向模式和逆向模式。通过一个简单的例子可以说明两者的区别。下面将讨论这样的一个实例, 并阐述如何将这些技术扩展至更一般的函数中, 包括向量函数。

8.2.1 一个实例

考虑如下含有 3 个自变量的函数:

$$f(\boldsymbol{x}) = \frac{1}{x_3}(x_1 x_2 \sin x_3 + \mathrm{e}^{x_1 x_2}) \tag{8.26}$$

图 8.2 描绘了如何将该函数的求值过程分解成若干初等运算, 同时指明了这些初等运算的排序。例如, 乘法运算 x_1x_2 必须放在幂运算 $\mathrm{e}^{x_1x_2}$ 的前面, 否则会得到错误的结果 $(\mathrm{e}^{x_1})x_2$。图 8.2 中还引入了包含中间计算结果的中间变量 $x_4, x_5, \cdots$, 它们区别于图左侧的函数自变量 x_1, x_2, x_3。我们可以使用算术术语来表示函数 f 的值, 如下所示:

$$\begin{cases} x_4 = x_1x_2 \\ x_5 = \sin x_3 \\ x_6 = \mathrm{e}^{x_4} \\ x_7 = x_4x_5 \\ x_8 = x_6 + x_7 \\ x_9 = x_8/x_3 \end{cases} \tag{8.27}$$

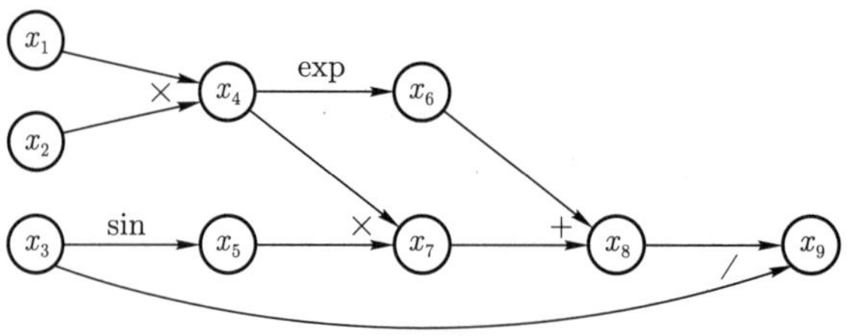

图 8.2 式 (8.26) 定义的函数 $f(\boldsymbol{x})$ 的计算流图

图 8.2 中的最终节点 x_9 给出了函数 $f(\boldsymbol{x})$ 的值。根据图论的术语可知, 只要存在一个从节点 i 到节点 j 的有向弧, 则节点 i 就是节点 j 的父节点, 节点 j 就是节点 i 的子节点。对于任意的节点, 只要其所有父节点的值已知, 就可以计算该节点的值, 因此计算过程从左至右贯穿整个图形。在此方向上进行计算的过程称为前向扫描。需要强调的是, 自动微分软件工具并不需要用户将函数求值代码分解成若干子单元 (如式 (8.27) 所示), 软件工具会直接或间接完成对中间变量的辨识和计算流图的构建。

8.2.2 前向模式

在自动微分法的前向模式中, 对于给定的方向 $\boldsymbol{p} \in \mathbb{R}^n$, 需要向前推进计算每个中间变量 x_i 关于向量 $\boldsymbol{p}$ 的方向导数, 与此同时还要计算变量 x_i 本身的值。针对上面给出的 3 变量函数的例子, 每个变量 (包含自变量和中间变量) 关于向量 $\boldsymbol{p}$ 的方向导数可以定义为

$$D_{\boldsymbol{p}}x_i \xlongequal{\text{定义}} (\nabla x_i)^{\mathrm{T}}\boldsymbol{p} = \sum_{j=1}^{3} \frac{\partial x_i}{\partial x_j}p_j \quad (i = 1, 2, \cdots, 9) \tag{8.28}$$

式中 ∇ 表示关于 3 个自变量 $\{x_i\}_{1\leqslant i\leqslant 3}$ 的梯度向量。最终的目标是计算

$D_{\boldsymbol{p}}x_9$, 其等于方向导数 $(\nabla f(\boldsymbol{x}))^{\mathrm{T}}\boldsymbol{p}$。显然, 关于自变量 $\{x_i\}_{1\leqslant i\leqslant 3}$ 的方向导数 $\{D_{\boldsymbol{p}}x_i\}_{1\leqslant i\leqslant 3}$ (可以理解为是初始值) 分别对应于向量 $\boldsymbol{p}$ 中的 3 个元素 $\{p_i\}_{1\leqslant i\leqslant 3}$。方向 $\boldsymbol{p}$ 也称为种子向量。

只要在任意节点处变量 x_i 的值已知, 就可以通过链式法则获得方向导数 $D_{\boldsymbol{p}}x_i$ 的值。例如, 假设已知 x_4、$D_{\boldsymbol{p}}x_4$、x_5 以及 $D_{\boldsymbol{p}}x_5$ 的值, 现要计算图 8.2 中变量 x_7 的值。由图 8.2 可知 $x_7 = x_4x_5$, 即 x_7 是变量 x_4 和 x_5 的函数, 因而也是自变量 x_1、x_2 以及 x_3 的函数。于是利用链式法则式 (8.25) 可得

$$\nabla x_7 = \frac{\partial x_7}{\partial x_4}\nabla x_4 + \frac{\partial x_7}{\partial x_5}\nabla x_5 = x_5\nabla x_4 + x_4\nabla x_5$$

将该表达式的两侧与向量 $\boldsymbol{p}$ 进行内积运算, 并结合定义式 (8.28) 可知

$$D_{\boldsymbol{p}}x_7 = \frac{\partial x_7}{\partial x_4}D_{\boldsymbol{p}}x_4 + \frac{\partial x_7}{\partial x_5}D_{\boldsymbol{p}}x_5 = x_5D_{\boldsymbol{p}}x_4 + x_4D_{\boldsymbol{p}}x_5 \tag{8.29}$$

因此, 可以并行对方向导数 $D_{\boldsymbol{p}}x_i$ 与中间变量 x_i 进行计算, 直至获得 $D_{\boldsymbol{p}}x_9 = D_{\boldsymbol{p}}f = (\nabla f(\boldsymbol{x}))^{\mathrm{T}}\boldsymbol{p}$。

前向模式的原理是非常简单直接的, 但是其在实际中的实现方式和对计算量的要求如何呢? 首先, 我们再次指出用户并不需要构造计算流图, 也不需要将整个计算过程分解成类似于式 (8.27) 中的初等运算, 以及定义中间变量。自动微分软件应能间接和自动完成上述任务。其次, 也没有必要同时存储计算流图中每个节点的信息 x_i 和 $D_{\boldsymbol{p}}x_i$ (这是有益的, 因为对复杂函数而言这个图可能非常大)。一旦某节点的所有子节点的计算已经完成, 就不再需要与该节点相关的值 x_i 和 $D_{\boldsymbol{p}}x_i$, 它们可能会在存储中被覆盖。

在实际中实现前向模式的关键是并行计算 x_i 和 $D_{\boldsymbol{p}}x_i$。对于在计算代码中出现的任意标量 w, 自动微分软件都会将标量 $D_{\boldsymbol{p}}w$ 与 w 进行关联。当 w 出现在某个算术运算中时, 软件都会基于链式法则执行与方向导数 $D_{\boldsymbol{p}}w$ 相关的运算。例如, 如果 w 出现在除法运算中, 除以 y 得到一个新的值 z, 如下所示:

$$z \leftarrow \frac{w}{y}$$

此时就可以利用 w、z、$D_{\boldsymbol{p}}w$ 以及 $D_{\boldsymbol{p}}y$ 计算方向导数 $D_{\boldsymbol{p}}z$, 如下所示:

$$D_{\boldsymbol{p}}z \leftarrow \frac{1}{y}D_{\boldsymbol{p}}w - \frac{w}{y^2}D_{\boldsymbol{p}}y \tag{8.30}$$

为了获得完整的梯度向量, 可以针对 n 个种子向量 $\boldsymbol{p} = \boldsymbol{e}_1, \boldsymbol{e}_2, \cdots, \boldsymbol{e}_n$ 同时执行上面的运算。根据定义式 (8.28) 可知, 当 $\boldsymbol{p} = \boldsymbol{e}_j$ 时, $D_{\boldsymbol{p}}f = \partial f/\partial x_j$ $(1 \leqslant j \leqslant n)$, 对应于梯度向量中的第 j 个分量。式 (8.30) 中的例子表明, 相比于仅计算 f 时的计算量, 并行计算 f 和 ∇f 所新增的计算量是显著的。对于除法运算 $z = w/y$ 而言, 计算梯度向量中的元素 $\{D_{\boldsymbol{e}_j}z\}_{1\leqslant j\leqslant n}$

大约需要 $2n$ 次乘法和 n 次加法。由于检索和存储数据的成本也应该考虑在内, 因此很难获得新增计算量的精确边界。另外, 存储量可能也需要增加 n 倍, 因为伴随每个中间变量 x_i, 还需要额外存储 n 个标量 $\{D_{\boldsymbol{e}_j}x_i\}_{1\leqslant j\leqslant n}$。当发现有很多变量为零时, 就可能节省成本, 尤其是在计算早期阶段 (即对应计算流图的左侧), 因此可以利用稀疏数据结构来存储 $\{D_{\boldsymbol{e}_j}x_i\}_{1\leqslant j\leqslant n}$ (见文献 [27])。

自动微分的前向模式可以通过预编译器来实现, 该预编译器将函数求值代码转换成能计算导数向量的扩展代码。另一种方法是使用 C++ 等语言中的运算符重载工具, 并以上述方式直接扩展数据结构和运算。

8.2.3 逆向模式

自动微分法的逆向模式并不是同时计算函数和梯度向量。相反, 其先计算函数 f, 再对计算流图进行逆向扫描, 以恢复函数 f 关于每个变量 x_i (既包括自变量, 也包括中间变量) 的偏导数。当此过程结束时, 利用关于自变量 $\{x_i\}_{1\leqslant i\leqslant n}$ 的偏导数 $\partial f/\partial x_i$ 组合形成梯度向量 ∇f。

代替前向模式中使用的方向导数 $D_{\boldsymbol{p}}x_i$, 逆向模式针对计算流图中的每个节点定义一个标量变量 $\overline{x}_i$。在逆向扫描过程中, 关于偏导数 $\partial f/\partial x_i$ 的信息会累积在 $\overline{x}_i$ 中。有时称 $\overline{x}_i$ 为伴随变量, 我们将它们的初始值设为零, 但除去计算流图最右侧的节点 (记为节点 N) 以外, 因为需要将其设为 $\overline{x}_N=1$。这个设置是有意义的, 因为 x_N 包含最终的函数值 f, 于是应有 $\partial f/\partial x_N=1$。

逆向模式依然使用链式法则, 下面描述其原理。对于任意节点 i 而言, 关于其偏导数 $\partial f/\partial x_i$ 可以由关于其子节点 j 的偏导数 $\partial f/\partial x_j$ 获得, 如下所示:

$$\frac{\partial f}{\partial x_i}=\sum_{j\ \text{是}\ i\ \text{的子节点}}\frac{\partial f}{\partial x_j}\frac{\partial x_j}{\partial x_i} \tag{8.31}$$

对于每个节点 i, 当已获得式 (8.31) 右边的项就将其加至 $\overline{x}_i$ 中, 如下所示:

$$\overline{x}_i+=\frac{\partial f}{\partial x_j}\frac{\partial x_j}{\partial x_i} \tag{8.32}$$

在该表达式以及下面的表达式中, 我们使用 C 语言中的算术符号, 其中 $x+=a$ 表示 $x\leftarrow x+a$。一旦获得节点 i 的所有子节点对应的项 $(\partial f/\partial x_j)(\partial x_j/\partial x_i)$, 则有 $\overline{x}_i=\partial f/\partial x_i$, 此时称节点 i 的计算全部完成, 并且节点 i 将依据式 (8.31) 为其每个父节点的求和贡献分项。该过程将以这种方式继续, 直至对所有的节点均完成计算。基于上述讨论可知, 当计算导数时, 图中的计算顺序是从子代至父代, 但是当计算函数值时, 图中的计算顺序是从父代至子代, 两者的方向是相反的。

在逆向扫描过程中处理的是数值, 而不是处理关于变量 x_i 或者偏导数 $\partial f/\partial x_i$ 的公式或者计算机代码。在前向扫描过程中, 不仅需要计算每个变量 x_i 的值, 还需要计算和存储每个偏导数 $\partial x_j/\partial x_i$ 的值。每个偏导数都与计算流图中特定的有向弧有关。在逆向扫描过程中, 式 (8.32) 利用了前向扫描过程中所获得的偏导数 $\partial x_j/\partial x_i$ 的值。

下面以函数式 (8.26) 为例, 描述逆向模式的计算过程。针对特定的点 $\boldsymbol{x} = [1 \ \ 2 \ \ \pi/2]^{\mathrm{T}}$, 图 8.3 是在图 8.2 的基础上填充了相应的数值, 其中包括与节点相关的中间变量 $x_4, x_5, \cdots, x_9$ 的值, 以及与有向弧相关的偏导数 $\partial x_j/\partial x_i$ 的值。

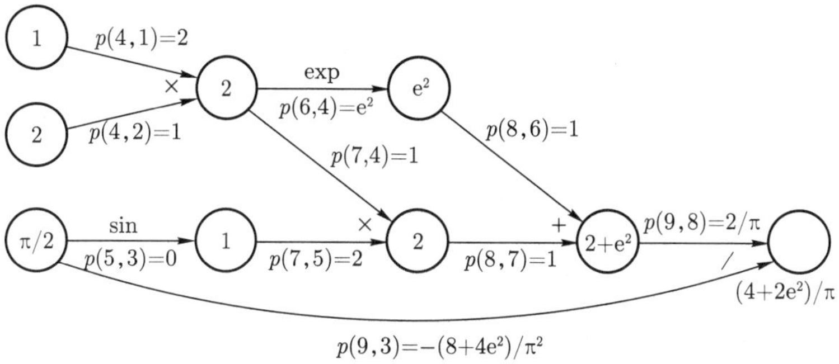

图 8.3　式 (8.26) 定义的函数 $f(\boldsymbol{x})$ 的计算流图, 针对特定的点 $\boldsymbol{x} = [1 \ \ 2 \ \ \pi/2]^{\mathrm{T}}$ 给出了中间变量和偏导数的值 (其中 $p(j,i) = \dfrac{\partial x_j}{\partial x_i}$)

如前所述, 逆向扫描的初始化方法是, 将最右侧节点的伴随变量设为 $\overline{x}_9 = 1$, 其余伴随变量 $\overline{x}_i$ 均设为零。由于 $f(\boldsymbol{x}) = x_9$, 并且节点 9 没有子节点, 于是有 $\overline{x}_9 = \partial f/\partial x_9 = 1$, 因此节点 9 的计算已经完成。

节点 9 是节点 3 和节点 8 的子节点, 于是可以利用式 (8.32) 更新 $\overline{x}_3$ 和 $\overline{x}_8$, 如下所示:

$$\overline{x}_3 \mathrel{+}= \frac{\partial f}{\partial x_9}\frac{\partial x_9}{\partial x_3} = -\frac{2+\mathrm{e}^2}{(\pi/2)^2} = \frac{-8-4\mathrm{e}^2}{\pi^2} \tag{8.33a}$$

$$\overline{x}_8 \mathrel{+}= \frac{\partial f}{\partial x_9}\frac{\partial x_9}{\partial x_8} = \frac{1}{\pi/2} = \frac{2}{\pi} \tag{8.33b}$$

节点 3 的计算尚未结束, 因为节点 3 还有另一个子节点, 也就是节点 5; 节点 8 的计算已经完成, 因为节点 9 是节点 8 唯一的子节点, 于是有 $\partial f/\partial x_8 = 2/\pi$。下面可以再次利用式 (8.32) 更新节点 8 的两个父节点的值 (即 $\overline{x}_6$ 和 $\overline{x}_7$), 如下所示:

$$\overline{x}_6 \mathrel{+}= \frac{\partial f}{\partial x_8}\frac{\partial x_8}{\partial x_6} = \frac{2}{\pi}$$

$$\bar{x}_7 += \frac{\partial f}{\partial x_8}\frac{\partial x_8}{\partial x_7} = \frac{2}{\pi}$$

此时节点 6 和节点 7 的计算已经全部完成, 于是可以利用它们更新节点 4 和节点 5。当所有的节点都计算完成后, 节点 1、节点 2 以及节点 3 的伴随变量 (也就是梯度向量) 的值分别为

$$\begin{bmatrix}\bar{x}_1\\ \bar{x}_2\\ \bar{x}_3\end{bmatrix} = \nabla f(\boldsymbol{x}) = \begin{bmatrix}(4+4\mathrm{e}^2)/\pi\\ (2+2\mathrm{e}^2)/\pi\\ (-8-4\mathrm{e}^2)/\pi^2\end{bmatrix}$$

至此, 梯度向量的计算全部完成。

逆向模式的主要优势在于, 对于标量函数 $f:\mathbb{R}^n \to \mathbb{R}$ 而言, 其计算复杂度比较低。计算梯度向量所需的额外计算量最多是单独计算函数 f 所需计算量的 4 至 5 倍。以式 (8.33) 中的除法运算为例, 不难发现, 式 (8.33a) 需要两次乘法、一次除法以及一次加法, 而式 (8.33b) 则需要一次除法和一次加法。这些计算量大约是在前向扫描过程中执行涉及这些节点的单次除法计算量的 5 倍。

前面曾指出, 在前向模式中计算梯度向量 ∇f 的计算量比单独计算函数 f 的计算量多出 n 倍, 这使其与逆向模式相比失去了竞争力。然而, 当考虑向量函数 $\boldsymbol{r}:\mathbb{R}^n \to \mathbb{R}^m$ 时, 随着 m 的逐渐增加, 前向模式与逆向模式的相对计算量会越来越接近, 这将在下一小节进行讨论。

逆向模式的一个缺点是需要存储逆向扫描所需的整个计算流图。从理论上说, 存储该图并不难以实现。每当执行初等运算时, 就可以形成并存储一个新的节点, 该节点包含中间结果、指向 (一个或者两个) 父节点的有向弧以及与这些有向弧相关的偏导数。在逆向扫描的过程中, 可以按照与写入节点相反的顺序读取节点, 从而提供一种特别简单的访问模式。通过运算符重载, 形成和写入图形的过程可以实现为对初等运算的直接扩展 (如文献 [154] 中的软件包 ADOL-C)。逆向扫描和梯度向量的计算均可作为简单函数进行调用。

不幸的是, 计算流图可能需要大量存储空间。在一台 100 兆浮点计算机上, 如果存储一个节点需要 20 B, 且计算函数的时间为 1 s, 则可能产生一个高达 2 GB 规模的图形。如果对计算流图中的各个片段执行部分前向和逆向扫描, 以及根据需要重新计算流图中的各个部分, 而不是存储其整个结构, 就能够减少存储需求, 但是需要一些额外的算术运算。文献 [150] 和文献 [157] 对该方法进行了描述, 有时也称其为检查点技术。文献 [264] 在变分数据同化的背景下描述了检查点技术的实现方法。

8.2.4 向量函数与部分可分离性

截至目前已经描述了针对一般标量函数 $f:\mathbb{R}^n\to\mathbb{R}$ 的自动微分法。然而, 对于第 10 章讨论的非线性最小二乘问题以及第 11 章研究的非线性方程组求解问题, 两者均需处理向量函数 $\boldsymbol{r}:\mathbb{R}^n\to\mathbb{R}^m$, 其中包含 m 个函数分量 $\{r_j\}_{1\leqslant j\leqslant m}$。在这种情形下, 计算流图最右边一列将包含 m 个节点, 而不是前面描述的单个节点, 并且这 m 个节点均没有子节点。对前向模式和逆向模式直接进行调整就可以获得由式 (8.9) 定义的 $m\times n$ Jacobian 矩阵 $\boldsymbol{J}(\boldsymbol{x})$。

针对向量函数的自动微分技术, 除了应用于非线性最小二乘问题以及非线性方程组求解问题以外, 它还是处理部分可分离函数的有用技术。在大规模优化问题中经常遇到部分可分离函数, 根据第 7 章可知, 存在有效求解此类目标函数的拟牛顿方法。文献 [118] 最近开发了一种自动程序, 可用于检测将给定函数 f 分解为部分可分离表示, 因此无须向用户询问太多信息就能利用这种特性所获得的效率。

简单来说, 如果函数 f 可以表示为如下形式:

$$f(\boldsymbol{x})=\sum_{i=1}^{ne}f_i(\boldsymbol{x}) \tag{8.34}$$

式中每个分量函数 $f_i(\cdot)$ 仅与向量 $\boldsymbol{x}$ 中的某几个元素有关, 此时 f 就是部分可分离函数。如果利用部分可分离分量函数构造向量函数 $\boldsymbol{r}$, 如下所示:

$$\boldsymbol{r}(\boldsymbol{x})=\begin{bmatrix}f_1(\boldsymbol{x})\\f_2(\boldsymbol{x})\\\vdots\\f_{ne}(\boldsymbol{x})\end{bmatrix}$$

则由式 (8.34) 可得

$$\nabla f(\boldsymbol{x})=(\boldsymbol{J}(\boldsymbol{x}))^{\mathrm{T}}\boldsymbol{e} \tag{8.35}$$

式中 $\boldsymbol{e}=[1\ \ 1\ \ \cdots\ \ 1]^{\mathrm{T}}$。由于部分可分离性质, 矩阵 $\boldsymbol{J}(\boldsymbol{x})$ 的大部分列向量仅包含较少的几个非零元素, 这种结构使得基于图着色技术能够高效计算 $\boldsymbol{J}(\boldsymbol{x})$, 这将在下文进行讨论。梯度向量 $\nabla f(\boldsymbol{x})$ 可以由式 (8.35) 获得。

在约束优化问题中, 若能同时计算目标函数 f 和约束函数 $c_i\ (i\in I\bigcup E)$, 这通常是有帮助的。这种做法可以使用公共的表达式 (在计算流图中显示为共享的中间节点), 从而减少总的工作量。在这种情形下, 向量函数可以定义为

$$\boldsymbol{r}(\boldsymbol{x})=\begin{bmatrix}f(\boldsymbol{x})\\ [c_j(\boldsymbol{x})]_{j\in I\cup E}\end{bmatrix}$$

图 8.2 给出了一个共享中间节点的例子, 在计算 x_6 和 x_7 时共享了 x_4。

8.2.5 计算向量函数的 Jacobian 矩阵

向量函数的前向模式与标量函数的情形是相同的。对于给定的种子向量 $\boldsymbol{p}$, 仍然将方向导数 $D_{\boldsymbol{p}}x_i$ 与计算每个中间变量 x_i 的节点相关联。最右侧的每个节点 (分别对应于函数分量 $\{r_j\}_{1\leqslant j\leqslant m}$) 包括方向导数 $D_{\boldsymbol{p}}r_j = (\nabla r_j)^{\mathrm{T}}\boldsymbol{p}\ (j=1,2,\cdots,m)$。将这 m 个标量合并成向量形式可得 $\boldsymbol{J}(\boldsymbol{x})\boldsymbol{p}$, 即 Jacobian 矩阵与选定的向量 $\boldsymbol{p}$ 的乘积。与标量函数 $(m=1)$ 的情形相似, 可以令 $\boldsymbol{p}=\boldsymbol{e}_1,\boldsymbol{e}_2,\cdots,\boldsymbol{e}_n$, 并同时计算 n 个标量 $D_{\boldsymbol{e}_j}x_i$, 从而得到完整的 Jacobian 矩阵。对于稀疏 Jacobian 矩阵而言, 可以使用有限差分法中的着色技术, 以更加智能和经济的方式选择种子向量 $\boldsymbol{p}$。与单独计算函数 $\boldsymbol{r}$ 相比, 计算量增加的倍数约等于种子向量的个数。

将逆向模式应用于向量函数 $\boldsymbol{r}(\boldsymbol{x})$ 的关键在于选择种子向量 $\boldsymbol{q}\in\mathbb{R}^m$, 并将逆向模式应用于标量函数 $(\boldsymbol{r}(\boldsymbol{x}))^{\mathrm{T}}\boldsymbol{q}$。该处理的结果是生成如下向量:

$$\nabla[(\boldsymbol{r}(\boldsymbol{x}))^{\mathrm{T}}\boldsymbol{q}] = \nabla\left[\sum_{j=1}^{m} q_j r_j(\boldsymbol{x})\right] = (\boldsymbol{J}(\boldsymbol{x}))^{\mathrm{T}}\boldsymbol{q}$$

代替前向模式中所获得的 Jacobian 矩阵与向量的乘积, 逆向模式所得到的是 Jacobian 矩阵的转置与向量的乘积。通过在包含函数分量 $r_1,r_2,\cdots,r_m$ 和向量 $\boldsymbol{q}$ 中的分量 $q_1,q_2,\cdots,q_m$ 的 m 个独立节点中引入变量 $\bar{x}_i$, 即可实现该技术。在逆向扫描的最后, 代表自变量 $x_1,x_2,\cdots,x_n$ 的节点将包含

$$\frac{\mathrm{d}}{\mathrm{d}x_i}[(\boldsymbol{r}(\boldsymbol{x}))^{\mathrm{T}}\boldsymbol{q}]\quad (i=1,2,\cdots,n)$$

它们分别对应向量 $(\boldsymbol{J}(\boldsymbol{x}))^{\mathrm{T}}\boldsymbol{q}$ 中的各个分量。

类似地, 对 m 个单位向量 $\boldsymbol{q}=\boldsymbol{e}_1,\boldsymbol{e}_2,\cdots,\boldsymbol{e}_m$ 完成上述逆向模式计算即可获得完整的 Jacobian 矩阵。此外, 对于稀疏 Jacobian 矩阵而言, 可以使用常规的着色技术来减少种子向量 $\boldsymbol{q}$ 的数量, 唯一的区别在于, 图与着色策略并不是依据 Jacobian 矩阵 $\boldsymbol{J}(\boldsymbol{x})$, 而是参照其转置 $(\boldsymbol{J}(\boldsymbol{x}))^{\mathrm{T}}$ 而设计的。与单独计算向量函数 $\boldsymbol{r}$ 相比, 计算量增加的倍数不会超过种子向量数量的 5 倍。这里的因子 5 对应于标量函数逆向模式的常见计算开销。存储向量函数的计算流图所需的空间并不大于标量函数的情形。与前面一样, 仅需要存储计算流图的拓扑信息以及与每条有向弧相关的偏导数即可。

前向模式与逆向模式可以相互结合, 从而逐渐获得矩阵 $\boldsymbol{J}(\boldsymbol{x})$ 中的全部元素。我们可以先针对前向模式选择一组种子向量 $\boldsymbol{p}$, 以得到矩阵 $\boldsymbol{J}(\boldsymbol{x})$ 中的某些列向量, 然后再面向逆向模式选择另一组种子向量 $\boldsymbol{q}$, 从而得到矩阵 $\boldsymbol{J}(\boldsymbol{x})$ 中包含剩余元素的行向量。

最后需要指出的是, 一些求解方法并不需要 Jacobian 矩阵 $\boldsymbol{J}(\boldsymbol{x})$ 中的全部元素。例如, 求解非线性方程组的非精确牛顿方法 (见第 11.1 节) 需要针对一系列向量 $\boldsymbol{p}$ 依次计算乘积 $\boldsymbol{J}(\boldsymbol{x})\boldsymbol{p}$。每一个这样的矩阵–向量乘积运算都可以通过单次前向扫描来完成, 其计算量与单独计算函数相接近。

8.2.6 计算 Hessian 矩阵: 前向模式

前面已经描述了如何利用前向模式和逆向模式获得标量函数与向量函数的一阶导数。下面将对这些技术进行扩展, 用以计算标量函数 f 的 Hessian 矩阵 $\nabla^2 f$, 以及对于给定的向量 $\boldsymbol{p}$, 计算 Hessian 矩阵与向量 $\boldsymbol{p}$ 的乘积 $\nabla^2 f(\boldsymbol{x})\boldsymbol{p}$。

回顾前向模式可知其使用了方向导数 $D_{\boldsymbol{p}} x_i$, 对于给定的向量 $\boldsymbol{p}$, 计算流图中的每个节点 i 均存储了 $(\nabla x_i)^{\mathrm{T}}\boldsymbol{p}$。对于给定的一对种子向量 $\boldsymbol{p}$ 和 $\boldsymbol{q}$ (均属于空间 $\mathbb{R}^n$ 中), 对图中的任意节点 i 均定义另一个标量, 如下所示:

$$D_{\boldsymbol{pq}} x_i = \boldsymbol{p}^{\mathrm{T}}(\nabla^2 x_i)\boldsymbol{q} \tag{8.36}$$

可以在前向扫描过程中计算这些量, 并伴随计算函数值 x_i 以及一阶导数 $D_{\boldsymbol{p}} x_i$。已知函数在自变量 $\{x_i\}_{1\leqslant i\leqslant n}$ 的节点处 (即计算流图的最左侧) 的二阶导数等于零, 由此可得 $D_{\boldsymbol{pq}} x_i = 0$ $(i = 1, 2, \cdots, n)$。当前向扫描结束时, 在计算流图的最右侧节点处满足 $D_{\boldsymbol{pq}} x_i = \boldsymbol{p}^{\mathrm{T}}\nabla^2 f(\boldsymbol{x})\boldsymbol{q}$。

在前向扫描过程中, 变量 $D_{\boldsymbol{pq}} x_i$ 的转换公式可以再次利用链式法则获得。例如, 如果 x_i 是由两个父节点的值相加所得, 即有 $x_i = x_j + x_k$, 则关于 $D_{\boldsymbol{p}} x_i$ 和 $D_{\boldsymbol{pq}} x_i$ 的累积运算应为

$$D_{\boldsymbol{p}} x_i = D_{\boldsymbol{p}} x_j + D_{\boldsymbol{p}} x_k, \quad D_{\boldsymbol{pq}} x_i = D_{\boldsymbol{pq}} x_j + D_{\boldsymbol{pq}} x_k \tag{8.37}$$

针对其他二元运算 (包括 $-$、$\times$ 以及 $/$) 的处理方式与之相类似。如果 x_i 是通过对 x_j 进行幺正变换 (记为 $L(\cdot)$) 所得, 则有

$$x_i = L(x_j) \tag{8.38a}$$

$$D_{\boldsymbol{p}} x_i = L'(x_j)(D_{\boldsymbol{p}} x_j) \tag{8.38b}$$

$$D_{\boldsymbol{pq}} x_i = L''(x_j)(D_{\boldsymbol{p}} x_j)(D_{\boldsymbol{q}} x_j) + L'(x_j)(D_{\boldsymbol{pq}} x_j) \tag{8.38c}$$

由式 (8.38c) 可知, 计算 $D_{\boldsymbol{pq}} x_i$ 需要一阶导数信息 $D_{\boldsymbol{p}} x_i$ 和 $D_{\boldsymbol{q}} x_i$, 因此在前向扫描的过程中, 需要累积这些一阶导数信息。

对于一般的稠密 Hessian 矩阵, 可以令向量对 $(\boldsymbol{p}, \boldsymbol{q})$ 遍历所有的单位向量组合 $\{(\boldsymbol{e}_j, \boldsymbol{e}_k)\}_{1\leqslant k\leqslant j\leqslant n}$, 共有 $n(n+1)/2$ 个向量对。需要指出的是, 由于 Hessian 矩阵 $\nabla^2 f(\boldsymbol{x})$ 具有对称性, 所以仅需要计算其下三角部分即可。如果 $\nabla^2 f(\boldsymbol{x})$ 具有稀疏性, 并且已知位于第 j 行、第 k 列元素是非零元素, 此

时仅需要选择向量对 $(\boldsymbol{e}_j, \boldsymbol{e}_k)$ 计算 $D_{\boldsymbol{e}_j\boldsymbol{e}_k}x_i$ 即可。

相比于单独计算函数 f, 总计算量的增加倍数为 $1+n+N_z(\nabla^2 f)$ 的一个小倍数, 其中 $N_z(\nabla^2 f)$ 表示 Hessian 矩阵 $\nabla^2 f$ 中需要计算的元素个数。$1+n+N_z(\nabla^2 f)$ 表明需要计算 x_i、$\{D_{\boldsymbol{e}_j}x_i\}_{1\leqslant j\leqslant n}$ 以及由 $N_z(\nabla^2 f)$ 个向量对 $(\boldsymbol{e}_j, \boldsymbol{e}_k)$ 所确定的 $D_{\boldsymbol{e}_j\boldsymbol{e}_k}x_i$。这里产生 "小倍数" 的原因在于, 对 $D_{\boldsymbol{p}}x_i$ 和 $D_{\boldsymbol{pq}}x_i$ 进行更新比单独对 x_i 进行更新要多出几倍的计算量 (例如式 (8.38))。对于计算流图中的每个节点, 其累积计算的 $1+n+N_z(\nabla^2 f)$ 个数都各自需要一个存储空间, 但是当节点 i 的所有子节点均已计算完成时, 就可以对节点 i 的存储空间进行覆盖。

如果并不需要完整的 Hessian 矩阵信息, 而仅需要 Hessian 矩阵与某个向量的乘积 (例如第 7 章的牛顿共轭梯度方法), 此时的计算量一定会变得更低。对于给定的向量 $\boldsymbol{q}\in\mathbb{R}^n$, 在前向扫描中利用前面的方法可以计算一阶导数 $D_{\boldsymbol{e}_1}x_i, D_{\boldsymbol{e}_2}x_i, \cdots, D_{\boldsymbol{e}_n}x_i$ 和 $D_{\boldsymbol{q}}x_i$ 以及二阶导数 $D_{\boldsymbol{e}_1\boldsymbol{q}}x_i, D_{\boldsymbol{e}_2\boldsymbol{q}}x_i, \cdots, D_{\boldsymbol{e}_n\boldsymbol{q}}x_i$。最终的节点将包含

$$\boldsymbol{e}_j^{\mathrm{T}}(\nabla^2 f(\boldsymbol{x}))\boldsymbol{q} = [\nabla^2 f(\boldsymbol{x})\boldsymbol{q}]_j \quad (j=1,2,\cdots,n)$$

它们均为向量 $\nabla^2 f(\boldsymbol{x})\boldsymbol{q}$ 中的元素。在前向扫描中, 除 x_i 以外还需要累积计算 $2n+1$ 个量, 因此计算量增加的倍数为 $2n$ 的小倍数。

另一种计算稀疏 Hessian 矩阵的方法是基于单变量函数的一阶和二阶导数的前向模式传播。为了描述该方法, 先观察 Hessian 矩阵中的第 i 行、第 j 列元素的表达式, 如下所示:

$$\begin{aligned}[\nabla^2 f(\boldsymbol{x})]_{ij} &= \boldsymbol{e}_i^{\mathrm{T}}\nabla^2 f(\boldsymbol{x})\boldsymbol{e}_j \\ &= \frac{1}{2}[(\boldsymbol{e}_i+\boldsymbol{e}_j)^{\mathrm{T}}\nabla^2 f(\boldsymbol{x})(\boldsymbol{e}_i+\boldsymbol{e}_j) - \boldsymbol{e}_i^{\mathrm{T}}\nabla^2 f(\boldsymbol{x})\boldsymbol{e}_i - \boldsymbol{e}_j^{\mathrm{T}}\nabla^2 f(\boldsymbol{x})\boldsymbol{e}_j]\end{aligned} \tag{8.39}$$

由该式可知, 将向量 $\boldsymbol{p}$ 分别选为 $\boldsymbol{p}=\boldsymbol{e}_i$、$\boldsymbol{p}=\boldsymbol{e}_j$ 以及 $\boldsymbol{p}=\boldsymbol{e}_i+\boldsymbol{e}_j$, 并计算图中所有节点 x_k 的二阶导数 $D_{\boldsymbol{pp}}x_k$, 就可以利用该内插公式获得 $[\nabla^2 f(\boldsymbol{x})]_{ij}$。事实上, 若将向量 $\boldsymbol{p}$ 设为 $\boldsymbol{e}_i+\boldsymbol{e}_j$ 的形式, 其中 $i,j\in\{1,2,\cdots,n\}$, 并且 i 与 j 可能相等, 使用前向模式计算 $D_{\boldsymbol{p}}x_k$ 和 $D_{\boldsymbol{pp}}x_k$, 就能获得 Hessian 矩阵中的全部非零元素。

该方法的一个优点是不再需要传播交叉项 $D_{\boldsymbol{pq}}x_k$, 其中 $\boldsymbol{p}\neq\boldsymbol{q}$ (例如式 (8.37) 和式 (8.38c))。因此, 传播公式在一定程度上得到了简化。对于每个节点 k, $D_{\boldsymbol{pp}}x_k$ 是其全部父节点 l 对应的 x_l、$D_{\boldsymbol{p}}x_l$ 以及 $D_{\boldsymbol{pp}}x_l$ 的函数。

注意到若定义下面的单变量函数:

$$\psi(t) = f(\boldsymbol{x}+t\boldsymbol{p}) \tag{8.40}$$

则在前向扫描完成时得到的 $D_{\boldsymbol{p}}f$ 和 $D_{\boldsymbol{pp}}f$ 分别是函数 ψ 在 $t=0$ 处的一阶

和二阶导数, 如下所示:

$$D_{\boldsymbol{p}}f=\boldsymbol{p}^{\mathrm{T}}\nabla f(\boldsymbol{x})=\psi'(t)|_{t=0},\quad D_{\boldsymbol{pp}}f=\boldsymbol{p}^{\mathrm{T}}\nabla^2 f(\boldsymbol{x})\boldsymbol{p}=\psi''(t)|_{t=0}$$

将该技术扩展至计算三阶、四阶甚至更高阶的导数是有可能实现的。类似于式 (8.39) 的内插公式可以与式 (8.40) 的单变量函数 ψ 的高阶导数结合使用, 同时需要合理选择一组向量集 $\{\boldsymbol{p}\}$, 而每个向量 $\boldsymbol{p}$ 仍设为单位向量 $\boldsymbol{e}_i$ 的求和形式。详细的讨论读者可参阅文献 [26]。

8.2.7 计算 Hessian 矩阵: 逆向模式

我们还可以基于逆向模式设计方案, 用以计算 Hessian 矩阵与某个向量的乘积 $\nabla^2 f(\boldsymbol{x})\boldsymbol{q}$, 或者计算完整的 Hessian 矩阵 $\nabla^2 f(\boldsymbol{x})$。下面阐述计算乘积 $\nabla^2 f(\boldsymbol{x})\boldsymbol{q}$ 的方法。先在前面描述的前向扫描中利用前向模式计算函数 f 和方向导数 $(\nabla f(\boldsymbol{x}))^{\mathrm{T}}\boldsymbol{q}$, 并累积两个变量 x_i 和 $D_{\boldsymbol{q}}x_i$, 再将逆向计算模式正常应用于函数 $(\nabla f(\boldsymbol{x}))^{\mathrm{T}}\boldsymbol{q}$。在逆向扫描的结尾, 计算流图最左侧的自变量节点 $i=1,2,\cdots,n$ 将包含下面的值:

$$\frac{\partial}{\partial x_i}((\nabla f(\boldsymbol{x}))^{\mathrm{T}}\boldsymbol{q})=[\nabla^2 f(\boldsymbol{x})\boldsymbol{q}]_i\quad(i=1,2,\cdots,n)$$

与单独计算函数 f 相比, 上面获得乘积 $\nabla^2 f(\boldsymbol{x})\boldsymbol{q}$ 的计算量的新增倍数是一个与 n 无关的适中数。通过对前向模式的常规分析可知, 联合计算 f 和 $(\nabla f(\boldsymbol{x}))^{\mathrm{T}}\boldsymbol{q}$ 的计算量是单独计算 f 的计算量的较小的倍数, 而逆向模式计算量的新增倍数最高可达 5。相比于单独计算函数 f, 计算量总的新增倍数接近 12。如果需要 Hessian 矩阵 $\nabla^2 f(\boldsymbol{x})$ 的全部信息, 则可以对种子向量组 $\boldsymbol{q}=\boldsymbol{e}_1,\boldsymbol{e}_2,\cdots,\boldsymbol{e}_n$ 使用上面的方法进行计算。由于该方法的计算量中引入了因子 n, 从而导致相比于单独计算函数 f, 其计算量总的新增倍数最高可达 $12n$。

类似地, 如果 Hessian 矩阵具有稀疏性, 并且结构已知, 则可以使用图着色技术计算整个 Hessian 矩阵, 其种子数量将远小于 n。选择种子向量 $\boldsymbol{q}$ 的方法可以参照前面描述的计算 Hessian 矩阵的有限差分法。与单独计算函数 f 相比, 计算量的新增倍数高达 $12N_c(\nabla^2 f)$ 的某个倍数, 其中 N_c 表示计算 Hessian 矩阵 $\nabla^2 f$ 时所使用的种子向量 $\boldsymbol{q}$ 的数量。

8.2.8 目前的局限性

当前这一代自动微分工具已经成功应用于求解一些大规模复杂优化问题, 从而证明了其价值。然而, 这些工具在一些常用的编程结构和实现一些计算机算法时可能会遇到困难。举例而言, 如果函数 $f(x)$ 的计算取决于偏微分方

程 (PDE) 的解, 则函数 f 的计算值中可能包含截断误差, 该误差是利用有限差分或者有限元技术数值求解偏微分方程时所产生的。也就是说, 实际得到的计算值为 $\widehat{f}(x)=f(x)+\tau(x)$, 其中 $\tau(x)$ 表示截断误差。尽管 $|\tau(x)|$ 通常会很小, 但是其导数 $\tau'(x)$ 也许并不小, 因此, 导数计算值 $\widehat{f}'(x)$ 中的误差可能会很大。第 8.1 节讨论的有限差分近似技术也会面临同样的问题。当计算机使用分段有理函数来近似三角函数时, 同样会产生类似的问题。

另一个潜在问题的来源是代码中存在分支, 虽然代码分支可在某些领域中提高函数计算的速度或者精度, 但也存在一些缺点。线性函数 $f(x)=x-1$ 就提供了一个病态例子。如果使用下面的 (虽然不符合正常逻辑但却是有效的) 代码来计算这个函数:

$$\text{if} \quad (x=1.0) \quad \text{then} \quad f=0.0 \quad \text{else} \quad f=x-1.0$$

此时若将自动微分应用于该程序, 将得到错误的导数值 $f'(1)=0$。文献 [151] 和文献 [152] 对这些问题进行了讨论, 并给出了相应的解决方法。

总之, 自动微分应被看作是一类日益复杂的技术, 可用于增强优化算法的功能, 使其能更广泛应用于涉及复杂函数的实际问题中。通过提供灵敏度信息, 它可以帮助建模者从计算结果中获得更多信息。自动微分技术并不意味着可以使用户无须思考导数计算问题。

8.3 注释与参考文献

文献 [152] 是关于自动微分技术全面且权威的著作。autodiff 网站中包含了关于自动微分的大量理论、软件以及应用的最新信息。自 1991 年以来, 学者们已经发表了很多关于自动微分的论文, 其中包括文献 [20]、[40] 以及 [153]。文献 [78] 是一篇值得关注的经典论文, 其中引用了大量的参考文献。关于自动微分的软件工具不仅使用了前向模式和逆向模式, 还使用了结合这两种模式的 "混合模式" 以及 "越野算法", 具体可参阅文献 [222]。

自动微分领域在 20 世纪 90 年代取得了长足的发展, 并且涌现出很多优秀的软件工具, 包括文献 [25] 中的 ADIFOR、文献 [28] 中的 ADIC 以及文献 [154] 中的 ADOL-C。近年来工程师们开发的软件工具包括: (1) TAPENADE, 通过 Web 服务器接受 Fortran 代码, 并返回微分代码; (2) TAF, 它是一种商业工具, 还可以执行 Fortran 代码源到源的自动微分; (3) OpenAD, 它可以使用 Fortran、C 以及 C++ 代码; (4) TOMLAB/MAD, 它可以使用 MATLAB 代码。

文献 [24] 描述了计算部分可分离函数的梯度向量的技术, 而文献 [118] 则研究了计算该类函数的 Hessian 矩阵的方法。

文献 [69] 比文献 [261] 更早研究了估计 Hessian 矩阵的有效方法, 虽然其中并没有使用图着色语言, 但是仍然设计出了高效的方案。文献 [66] 和文献 [67] 描述了估计稀疏 Hessian 矩阵和稀疏 Jacobian 矩阵的软件。最近发表的文献 [120] 则全面讨论了图着色技术在有限差分和自动微分技术中的应用。

8.4 练习题

8.1 针对中心差分公式, 证明扰动量 ε 的合适值应取为 $\varepsilon = u^{1/3}$, 并且当函数值 f 中包含量级为 u 的舍入误差时, 该公式可以达到的精度近似为 $u^{2/3}$。(使用与推导前向差分公式估计值式 (8.6) 相似的假设)

8.2 若采用中心差分公式进行计算, 推导与式 (8.20) 相似的 Hessian 矩阵与向量乘积的近似公式。

8.3 验证式 (8.21), 由该式可知, 仅利用函数值即可近似获得 Hessian 矩阵中的元素。

8.4 如果函数 f 的 Hessian 矩阵具有非零对角元素, 验证函数 f 的邻接图是 ∇f 的关联图的一个子图。换言之, 验证函数 f 的邻接图中任意弧也属于 ∇f 的关联图。

8.5 针对式 (8.22) 定义的函数 f, 画出其邻接图。如果对节点 1 着一种颜色, 对节点 $2,3,\cdots,n$ 着另一种颜色, 说明此着色方案是有效的。最后画出 ∇f 的关联图。

8.6 假设某个函数的 Hessian 矩阵具有如下非零结构:

$$\begin{bmatrix} \times & \times & \times & \times & & \\ \times & \times & \times & & \times & \\ \times & \times & \times & & & \times \\ \times & & & \times & & \\ & \times & & & \times & \\ & & \times & & & \times \end{bmatrix}$$

构造该函数的邻接图, 并给出一种仅使用 4 种颜色的有效着色方案。

8.7 针对式 (8.26) 定义的函数 $f(\boldsymbol{x})$, 在前向模式中记录所完成的计算。先写出关于每个节点的父节点变量的中间导数 $\{\nabla x_i\}_{4\leqslant i\leqslant 9}$, 然后写出关于函数自变量 x_1,x_2,x_3 的中间导数 $\{\nabla x_i\}_{4\leqslant i\leqslant 9}$。

8.8 式 (8.30) 给出了关于标量除法的方向导数的公式。现针对以下运算推导类似的公式:

$$(s,t)\to s+t \quad (加法运算)$$

$$t\to \mathrm{e}^t \quad (幂运算)$$

$$t\to \tan t \quad (正切运算)$$

$$(s,t)\to s^t$$

8.9 对于给定的点 $\boldsymbol{x}=[1\ \ 2\ \ \pi/2]^{\mathrm{T}}$, 基于式 (8.26) 和式 (8.27) 计算偏导数 $\partial x_j/\partial x_i$, 验证图 8.3 中有向弧的数值, 然后完成逆向扫描过程中的剩余计算, 并指明节点完成计算的顺序。

8.10 参照式 (8.33), 描述与下列前向扫描中的初等运算相对应的逆向扫描运算:

$$x_k\leftarrow x_i x_j \quad (乘法运算)$$

$$x_k\leftarrow \cos x_i \quad (余弦运算)$$

然后针对这两种运算, 分别比较前向扫描和逆向扫描的计算量。

8.11 若 x_i 依次由 3 个二元运算 $x_i=x_j-x_k$、$x_i=x_jx_k$ 以及 $x_i=x_j/x_k$ 所获得, 类似于式 (8.37), 推导关于一阶导数 $D_{\boldsymbol{p}}x_i$ 和二阶导数 $D_{\boldsymbol{pq}}x_i$ 的累积公式。

8.12 基于 $D_{\boldsymbol{p}}x_i$ 的定义式 (8.28) 和 $D_{\boldsymbol{pq}}x_i$ 的定义式 (8.36), 针对幺正变换 $x_i=L(x_j)$ 验证微分公式 (8.38)。

8.13 假设 $\boldsymbol{a}\in\mathbb{R}^n$ 为某个常数向量, 定义函数 $f(\boldsymbol{x})=\dfrac{1}{2}(\boldsymbol{x}^{\mathrm{T}}\boldsymbol{x}+(\boldsymbol{a}^{\mathrm{T}}\boldsymbol{x})^2)$。若分别计算函数 f、梯度向量 ∇f、Hessian 矩阵 $\nabla^2 f$ 以及 Hessian 矩阵与向量的乘积 $\nabla^2 f(\boldsymbol{x})\boldsymbol{p}$, 分别统计这 4 种运算所需要的计算量。

第 9 章
无导数优化

在很多实际应用中, 需要优化的目标函数的导数可能无法获知。为求解此类问题, 理论上可以利用第 8 章的有限差分法近似计算梯度向量 (可能还包括 Hessian 矩阵), 再将梯度向量的估计值代入前面章节描述的各种优化方法中。尽管在一些应用中有限差分法是有效的, 但却不能作为求解无导数优化问题的一种通用性技术, 因为可能需要计算很多函数值, 并且在噪声条件下该方法往往并不可靠。本章将噪声定义为函数值的计算误差。针对这些缺点, 学者们提出了很多方法, 这些方法无须近似计算梯度向量。相反, 它们需要计算一组采样点的函数值, 并通过其他方式确定新的迭代点。

无导数优化 (Derivative-Free Optimization, DFO) 方法的独特之处在于, 它们是利用若干采样点的函数值确定新的迭代点。其中一类方法是构造目标函数的线性模型或者二次模型, 并通过在信赖域内对该模型最小化来获得下一次迭代点。我们尤其关注这种基于模型的方法, 因为其与前面章节描述的无约束最小化方法是紧密相关的。另一些得到广泛应用的无导数优化方法包括 Nelder–Mead 单纯形反射方法、模式搜索方法、共轭方向方法以及模拟退火方法。本章将陆续简要描述这些方法, 但未讨论模拟退火方法, 因为模拟退火方法是一种非确定性方法, 与本书讨论的其他方法几乎没有共同点。

无导数优化方法并没有梯度类优化方法发展得好, 当前无导数优化方法仅对小规模优化问题是有效的。尽管学者们已经对大多数无导数优化方法进行了改进, 并使其适用于简单形式的约束条件 (例如边界约束), 但是如何使该类方法适用于更一般形式的约束条件仍然是一个值得研究的问题。因此, 本章的讨论仅限于无约束优化问题, 如下所示:

$$\min_{\boldsymbol{x}\in\mathbb{R}^n}\{f(\boldsymbol{x})\} \tag{9.1}$$

在实际应用中, 经常遇见目标函数的导数无法获知的情形。例如, 函数 $f(\boldsymbol{x})$ 的取值源自实验测量或者随机仿真, 此时函数 f 的基本解析形式是未知的。即使目标函数 f 的解析形式已知, 对其导数进行编程也可能非常耗时, 甚至不切实际。如果 $f(\boldsymbol{x})$ 仅以二进制计算机代码的形式给出, 第 8 章的自动微分工具可能并不适用。即使可以获得程序源代码, 但是如果代码是由多种语言组合编写完成, 自动微分工具也无法应用。

无导数优化方法经常用于对不可微函数最小化, 或者试图找寻目标函数的全局最小值点, 其应用效果时而理想, 时而却难以令人满意。由于本书并不讨论非光滑优化问题和全局优化问题, 因此本章的重点在于求解光滑优化问题, 也就是目标函数 f 具有连续导数。此外, 本章第 9.1 节和第 9.6 节还将讨论噪声的影响。

9.1 有限差分方法和噪声

如前所述, 一种常规的无导数优化方法是基于有限差分法对梯度向量进行估计, 然后再使用梯度类方法进行优化。由于这种方法时常能取得成功, 所以应当考虑使用此方法。然而, 当目标函数包含噪声时, 有限差分估计可能并不准确。本节将对噪声的影响进行量化。

当计算函数值时, 会有多种因素产生噪声。如果 $f(\boldsymbol{x})$ 的取值源自随机仿真, 由于仿真次数有限, 因而在计算函数值时会出现随机误差。当利用微分方程求解器或是其他一些复杂数值程序计算函数 f 时, 一些小的非零误差容限将会使得函数 f 中出现噪声。

因此在很多应用中, 目标函数 f 应具有如下形式:

$$f(\boldsymbol{x}) = h(\boldsymbol{x}) + \phi(\boldsymbol{x}) \tag{9.2}$$

式中 $h(\boldsymbol{x})$ 表示光滑函数, $\phi(\boldsymbol{x})$ 表示噪声。虽然式 (9.2) 将 $\phi(\boldsymbol{x})$ 写成关于自变量 $\boldsymbol{x}$ 的函数, 但实际上并非如此。例如, 如果函数 f 的取值源自随机仿真, 即使对于相同的自变量 $\boldsymbol{x}$, 在每次计算中 ϕ 的取值可能都不相同。然而, 式 (9.2) 中的模型可用于度量噪声对估计梯度向量的影响, 并且其对于发展无导数优化方法也是有用的。

回顾第 8 章式 (8.7) 给出的中心差分公式, 对于给定的差分间隔 ε, 函数 f 在点 $\boldsymbol{x}$ 处的梯度向量的计算公式可以表示为

$$\nabla_{\varepsilon} f(\boldsymbol{x}) = \begin{bmatrix} \dfrac{f(\boldsymbol{x}+\varepsilon \boldsymbol{e}_1) - f(\boldsymbol{x}-\varepsilon \boldsymbol{e}_1)}{2\varepsilon} \\ \dfrac{f(\boldsymbol{x}+\varepsilon \boldsymbol{e}_2) - f(\boldsymbol{x}-\varepsilon \boldsymbol{e}_2)}{2\varepsilon} \\ \vdots \\ \dfrac{f(\boldsymbol{x}+\varepsilon \boldsymbol{e}_n) - f(\boldsymbol{x}-\varepsilon \boldsymbol{e}_n)}{2\varepsilon} \end{bmatrix} \tag{9.3}$$

式中 $\boldsymbol{e}_i$ 表示仅第 i 个元素取值为 1、其余元素取值均为零的单位向量。下

面给出 $\nabla_\varepsilon f(\boldsymbol{x})$ 与光滑函数 $h(\boldsymbol{x})$ 的梯度向量 $\nabla h(\boldsymbol{x})$ 之间的差异, 并利用差分间隔 ε 和噪声量级 η 进行刻画。为此, 需要先给出噪声量级 η 的定义式, 如下所示:

$$\eta(\boldsymbol{x};\varepsilon)=\sup_{\|\boldsymbol{z}-\boldsymbol{x}\|_\infty\leqslant\varepsilon}|\phi(\boldsymbol{z})| \tag{9.4}$$

由该式可知, 噪声量级 η 表示以点 $\boldsymbol{x}$ 为中心、以 2ε 为边长的矩形区域内噪声 ϕ 的最大值。结合中心差分公式 (9.3) 和第 8 章式 (8.5) 可以得到如下结论。

【引理 9.1】 假设 $\nabla^2 h$ 在矩形邻域 $\{\boldsymbol{z}|\,\|\boldsymbol{z}-\boldsymbol{x}\|_\infty\leqslant\varepsilon\}$ 中满足 Lipschitz 连续性, 其 Lipschitz 常数为 L_h, 则可以得到如下关系式:

$$\|\nabla_\varepsilon f(\boldsymbol{x})-\nabla h(\boldsymbol{x})\|_\infty\leqslant L_h\varepsilon^2+\frac{\eta(\boldsymbol{x};\varepsilon)}{\varepsilon} \tag{9.5}$$

由该式可知, 近似公式 (9.3) 中的误差源自两个方面: 第 1 个方面是有限差分固有的近似误差 (即式 (9.5) 中的第 1 项 $O(\varepsilon^2)$); 第 2 个方面是噪声 (即式 (9.5) 中的第 2 项 $\eta(\boldsymbol{x};\varepsilon)/\varepsilon$)。若相比于差分间隔 ε, 噪声具有更显著的影响, 此时并不能期望 $\nabla_\varepsilon f(\boldsymbol{x})$ 具有很高的精度, 在这种情形下, 如果 $-\nabla_\varepsilon f(\boldsymbol{x})$ 还可以成为函数 f 的一个下降方向, 那纯粹是因为运气足够好。

当利用有限差分法近似计算梯度向量时, 需要计算在当前迭代点附近且间隔较近的一组点的函数值, 但是无导数优化方法通常需要将这些点分隔开, 并利用它们构造目标函数的某种模型函数。第 9.2 节和第 9.6 节将讨论此方法, 有可能增强对噪声的鲁棒性。

9.2 基于模型的方法

根据前面章节的讨论可知, 求解无约束优化问题最有效的方法是对目标函数 f 的二次模型函数最小化, 从而得到迭代更新向量。该模型函数是基于当前迭代点处的函数以及导数信息所获得的。如果目标函数的导数无法获知, 则可以选择一组合适的采样点, 并利用这些采样点对函数 f 进行内插。由于所得到的模型函数通常是非凸函数, 所以本章讨论的模型化方法将利用信赖域策略获得迭代更新向量。

假设在当前迭代点 $\boldsymbol{x}_k$ 附近选择一组内插点集合 $Y=\{\boldsymbol{y}^1,\boldsymbol{y}^2,\cdots,\boldsymbol{y}^q\}$, 其中 $\boldsymbol{y}^i\in\mathbb{R}^n$ $(i=1,2,\cdots,q)$。假设当前迭代点 $\boldsymbol{x}_k$ 也是该集合中的一个元素, 并且集合 Y 中每个点的函数值均不低于点 $\boldsymbol{x}_k$ 的函数值, 所要构造的二次模型函数具有如下形式:

$$m_k(\boldsymbol{x}_k+\boldsymbol{p})=c+\boldsymbol{g}^{\mathrm{T}}\boldsymbol{p}+\frac{1}{2}\boldsymbol{p}^{\mathrm{T}}\boldsymbol{G}\boldsymbol{p} \tag{9.6}$$

注意这里并不能将向量 $\boldsymbol{g}$ 和矩阵 $\boldsymbol{G}$ 分别定义成 $\boldsymbol{g}=\nabla f(\boldsymbol{x}_k)$ 和 $\boldsymbol{G}=\nabla^2 f(\boldsymbol{x}_k)$, 因为其中的导数无法获知。为了确定标量 c、向量 $\boldsymbol{g}$ 以及对称矩阵 $\boldsymbol{G}$, 可以建立以下 q 个内插条件:

$$m_k(\boldsymbol{y}^l)=f(\boldsymbol{y}^l)\quad(l=1,2,\cdots,q) \tag{9.7}$$

式 (9.6) 共需要确定 $(n+1)(n+2)/2$ 个模型系数, 包括标量 c、向量 $\boldsymbol{g}$ 以及对称矩阵 $\boldsymbol{G}$ 中的元素, 因此只有当

$$q=\frac{1}{2}(n+1)(n+2) \tag{9.8}$$

时, 利用内插条件 (式 (9.7)) 才能唯一确定模型函数 m_k。在这种情况下, 可以将式 (9.7) 表示成关于全部模型系数的线性方程组, 并且该系数矩阵是方阵。如果所选择的采样点 $\boldsymbol{y}^1,\boldsymbol{y}^2,\cdots,\boldsymbol{y}^q$ 可以使线性方程组的系数矩阵为非奇异矩阵, 就能唯一确定模型函数 m_k。

一旦建立模型函数 m_k, 即可通过求解信赖域子问题来获得迭代更新向量 $\boldsymbol{p}$, 该子问题可以描述为

$$\begin{cases}\min\limits_{\boldsymbol{p}\in\mathbb{R}^n}\{m_k(\boldsymbol{x}_k+\boldsymbol{p})\}\\ \text{s.t.}\quad \|\boldsymbol{p}\|_2\leqslant\varDelta\end{cases} \tag{9.9}$$

式中 $\varDelta>0$ 表示信赖域半径。这里可以利用第 4 章优化技术求解子问题式 (9.9) 的近似解。如果 $\boldsymbol{x}_k+\boldsymbol{p}$ 可以使目标函数得到充分下降, 则新迭代点将变为 $\boldsymbol{x}_{k+1}=\boldsymbol{x}_k+\boldsymbol{p}$, 随后对信赖域半径 $\varDelta$ 进行更新, 并开始新一轮迭代。如果目标函数未能得到充分下降, 则拒绝对迭代点进行更新, 并且需要对内插点集合 Y 进行改良, 或者缩小信赖域的半径。

为了降低计算复杂度, 应考虑在每次迭代中对模型函数 m_k 进行更新, 而不是从零开始重新计算模型函数 m_k。在实际计算中, 我们会在二次多项式空间中选择一个实用的基函数, 最常见的基函数是拉格朗日多项式和牛顿多项式。利用这些基函数的性质, 不仅可以度量样本集 Y 的合理性, 还可以在必要时更新此样本集。能有效解决这些问题的完整计算步骤一般会比第 6 章的拟牛顿方法复杂得多, 所以下面仅大致描述基于模型的无导数优化方法。

在信赖域方法中, 目标函数的 (实际) 减少量与模型函数的 (预测) 减少量的比值决定了是否接受新的迭代更新向量, 以及信赖域半径的更新策略。该比值的定义式如下:

$$\rho=\frac{f(\boldsymbol{x}_k)-f(\boldsymbol{x}_k^+)}{m_k(\boldsymbol{x}_k)-m_k(\boldsymbol{x}_k^+)} \tag{9.10}$$

式中 $\boldsymbol{x}_k^+$ 表示实验点。在本节中, 整数 q 的定义见式 (9.8)。

【算法 9.1 基于模型的无导数优化方法】

步骤 1: 选择初始内插点集合 $Y=\{\boldsymbol{y}^1,\boldsymbol{y}^2,\cdots,\boldsymbol{y}^q\}$, 使得由式 (9.7) 确定的线性方程组的系数矩阵为非奇异矩阵; 在集合 Y 中选择一个点 $\boldsymbol{x}_0$, 使得集合中所有的点 $\boldsymbol{y}^i\in Y$ 均满足 $f(\boldsymbol{x}_0)\leqslant f(\boldsymbol{y}^i)$; 设置初始信赖域半径 Δ_0 和常数 $\eta\in(0,1)$, 并令 $k\leftarrow 0$。

步骤 2: 只要不满足收敛条件就依次循环计算:

构造二次模型函数 $m_k(\boldsymbol{x}_k+\boldsymbol{p})$, 使其满足内插条件式 (9.7);
求解子问题式 (9.9) 的近似解, 从而获得迭代更新向量 $\boldsymbol{p}$;
计算实验点 $\boldsymbol{x}_k^+=\boldsymbol{x}_k+\boldsymbol{p}$;
利用式 (9.10) 计算比值 ρ;
如果 $\rho\geqslant\eta$, 则利用点 $\boldsymbol{x}_k^+$ 替代集合 Y 中的某个点, 设置 $\Delta_{k+1}\geqslant\Delta_k$, 令 $\boldsymbol{x}_{k+1}\leftarrow\boldsymbol{x}_k^+$ 和 $k\leftarrow k+1$, 并跳入下一次循环;
如果 $\rho<\eta$, 并且不需要对集合 Y 进行更新, 则设置 $\Delta_{k+1}<\Delta_k$, 令 $\boldsymbol{x}_{k+1}\leftarrow\boldsymbol{x}_k$ 和 $k\leftarrow k+1$, 并跳入下一次循环;
如果 $\rho<\eta$, 并且需要对集合 Y 进行更新, 则利用几何改进方法更新集合 Y(至少替换集合 Y 中的一个点, 目的在于改进式 (9.7) 的条件数);
令 $\Delta_{k+1}\leftarrow\Delta_k$;
在集合 Y 中找寻函数值最小的点 $\widehat{\boldsymbol{x}}$;
令 $\boldsymbol{x}_k^+\leftarrow\widehat{\boldsymbol{x}}$, 并利用式 (9.10) 重新计算比值 ρ;
如果 $\rho\geqslant\eta$, 则令 $\boldsymbol{x}_{k+1}\leftarrow\boldsymbol{x}_k^+$;
如果 $\rho<\eta$, 则令 $\boldsymbol{x}_{k+1}\leftarrow\boldsymbol{x}_k$;
令 $k\leftarrow k+1$。

当条件 $\rho\geqslant\eta$ 成立时, 即目标函数得到充分下降, 此种情形最容易处理, 仅需要将实验点 $\boldsymbol{x}_k^+$ 作为新的迭代点, 并利用点 $\boldsymbol{x}_k^+$ 替换集合 Y 中的某个点即可。

如果充分下降条件未能得到满足 (即 $\rho<\eta$), 则可能存在两个原因: (1) 内插点集合 Y 的几何条件不够理想; (2) 信赖域半径太大。第 1 个原因出现的场景是, 迭代过程局限在 $\mathbb{R}^n$ 中的一个低维平面中, 并且该低维平面并不包含问题的解, 此时算法可以收敛至该子集的一个极小值点。庆幸的是, 此现象是可以被监测到的, 仅需要观察由内插条件式 (9.7) 所确定的线性方程组的系数矩阵, 并且计算该矩阵的条件数。如果条件数太大, 则对集合 Y 进行改进, 通常的做法是利用一个新的点替换集合 Y 中的某个点, 目的在于使系数矩阵尽可能远离秩亏损。如果集合 Y 的几何条件足够理想, 此时仅需要利用第 4 章的方法缩小信赖域半径 Δ。

我们可以将 $\mathbb{R}^n$ 中的一个单纯形的顶点和各条边的中点所构成的集合作为 Y 的初始选择, 这是选择初始集合的一个好方法。

在实际计算中，如果使用二次模型函数，则会限制所能求解的优化问题的规模。在启动算法以前还需要计算 $O(n^2)$ 次函数值，即使 n 的取值比较适中 (例如 $n=50$)，其计算量也有些大。此外，每次迭代的计算复杂度也很高。即使每次迭代只是对模型函数 m_k 进行更新，而不是从零开始重新计算模型函数 m_k，构造 m_k 和计算迭代更新向量所需要的计算量也能达到 $O(n^4)$。

为了缓解计算量的压力，可以使用线性模型函数代替二次模型函数，此时需要将式 (9.6) 中的矩阵 $\boldsymbol{G}$ 设为零矩阵。由于线性模型函数中仅包含 $n+1$ 个参数，此时仅需要在集合 Y 中保留 $n+1$ 个插值点即可，而每次迭代的计算复杂度降低为 $O(n^3)$。如果使用线性模型函数，仅需要对算法 9.1 进行微小的调整即可，只是此时的收敛速度会变得比较缓慢，因为线性模型函数并不包含目标函数的曲率信息。因此，一些基于模型的无导数优化方法在迭代开始时会使用线性模型函数，并利用 $n+1$ 个初始点计算迭代更新向量，随后如果完成了 $q=(n+1)(n+2)/2$ 个函数值的计算，则将切换成二次模型函数。

9.2.1 插值和多项式基函数

下面详细讨论如何利用内插技术构造目标函数的模型函数。首先，考虑下面的线性模型函数:

$$m_k(\boldsymbol{x}_k+\boldsymbol{p})=f(\boldsymbol{x}_k)+\boldsymbol{g}^{\mathrm{T}}\boldsymbol{p} \tag{9.11}$$

为确定该式中的向量 $\boldsymbol{g}\in\mathbb{R}^n$，需要利用 n 个内插条件 $m_k(\boldsymbol{y}^l)=f(\boldsymbol{y}^l)$ $(l=1,2,\cdots,n)$，根据式 (9.11) 可以将这些内插条件表示为

$$(\boldsymbol{s}^l)^{\mathrm{T}}\boldsymbol{g}=f(\boldsymbol{y}^l)-f(\boldsymbol{x}_k)\quad(l=1,2,\cdots,n) \tag{9.12}$$

式中

$$\boldsymbol{s}^l=\boldsymbol{y}^l-\boldsymbol{x}_k\quad(l=1,2,\cdots,n) \tag{9.13}$$

式 (9.12) 表示关于向量 $\boldsymbol{g}$ 的线性方程组，其系数矩阵中的每一行向量为 $(\boldsymbol{s}^l)^{\mathrm{T}}$ $(l=1,2,\cdots,n)$。基于式 (9.12) 能唯一确定线性模型函数式 (9.11) 的充要条件是，采样点集 $\{\boldsymbol{y}^1,\boldsymbol{y}^2,\cdots,\boldsymbol{y}^n\}$ 可以使得向量组 $\{\boldsymbol{s}^1,\boldsymbol{s}^2,\cdots,\boldsymbol{s}^n\}$ 线性独立。如果此条件成立，则由点 $\boldsymbol{x}_k,\boldsymbol{y}^1,\boldsymbol{y}^2,\cdots,\boldsymbol{y}^n$ 所形成的单纯形就是非退化单纯形。

其次，讨论如何构建式 (9.6) 中的二次模型函数，其中 $c=f(\boldsymbol{x}_k)$。需要先将此二次模型函数展开成如下形式:

$$m_k(\boldsymbol{x}_k+\boldsymbol{p})=f(\boldsymbol{x}_k)+\boldsymbol{g}^{\mathrm{T}}\boldsymbol{p}+\sum_{i<j}G_{ij}p_ip_j+\frac{1}{2}\sum_i G_{ii}p_i^2 \tag{9.14}$$

$$\xlongequal{\text{定义}} f(\boldsymbol{x}_k)+\widehat{\boldsymbol{g}}^{\mathrm{T}}\widehat{\boldsymbol{p}} \tag{9.15}$$

式中 $q-1$ 阶向量 $\widehat{\boldsymbol{g}}$ 包含向量 $\boldsymbol{g}$ 和矩阵 $\boldsymbol{G}$ 中的全部元素, 如下所示:

$$\widehat{\boldsymbol{g}} \equiv \left[\boldsymbol{g}^{\mathrm{T}} \ \ \{G_{ij}\}_{i<j} \ \ \left\{\frac{1}{\sqrt{2}}G_{ii}\right\}\right]^{\mathrm{T}} \tag{9.16}$$

而 $q-1$ 阶向量 $\widehat{\boldsymbol{p}}$ 的定义如下:

$$\widehat{\boldsymbol{p}} \equiv \left[\boldsymbol{p}^{\mathrm{T}} \ \ \{p_i p_j\}_{i<j} \ \ \left\{\frac{1}{\sqrt{2}}p_i^2\right\}\right]^{\mathrm{T}}$$

式 (9.15) 与式 (9.11) 具有相同的形式, 确定未知向量 $\widehat{\boldsymbol{g}}$ 的方法与线性模型函数的情形是相同的。

我们可以通过多种方式表示多元二次函数。式 (9.14) 是单项式基函数的形式, 其优势在于, 通过将矩阵 $\boldsymbol{G}$ 中对应的元素设为零, 就很容易利用已知的 Hessian 矩阵结构。然而, 如果想要避免内插条件式 (9.7) 出现奇异性, 选用其他基函数会更加方便。

若将 n 元二次函数所构成的线性空间的基函数表示为 $\{\phi_i(\boldsymbol{x})\}_{i=1}^q$, 则可以将函数式 (9.6) 写成如下形式:

$$m_k(\boldsymbol{x}) = \sum_{i=1}^{q} \alpha_i \phi_i(\boldsymbol{x})$$

式中 α_i 表示待求系数。如果行列式

$$\delta(Y) \xlongequal{\text{定义}} \det \begin{pmatrix} \phi_1(\boldsymbol{y}^1) & \cdots & \phi_1(\boldsymbol{y}^q) \\ \vdots & & \vdots \\ \phi_q(\boldsymbol{y}^1) & \cdots & \phi_q(\boldsymbol{y}^q) \end{pmatrix} \tag{9.17}$$

不等于零, 那么基于内插点集合 $Y = \{\boldsymbol{y}^1, \boldsymbol{y}^2, \cdots, \boldsymbol{y}^q\}$ 便可以唯一确定系数 α_i。

随着迭代的进行, 行列式 $\delta(Y)$ 可能逐渐接近于零, 从而导致在数值上出现问题, 甚至完全失效。因此, 一些基于模型的无导数优化方法中会引入一些机制, 可以较好地设置采样点位置, 下面将描述其中一种策略。

9.2.2 更新内插点集合

启用几何改进机制的前提并不是行列式 $\delta(Y)$ 小于某个阈值, 而是出现某个实验点不能使目标函数 f 得到充分下降。在这种情形下, 替换采样点的目的是使式 (9.17) 得到增加。下面基于拉格朗日多项式函数说明如何选择被替换的采样点, 其中需要利用行列式 $\delta(Y)$ 的性质。

对于每个点 $\boldsymbol{y} \in Y$, 定义拉格朗日多项式函数 $L(\cdot, \boldsymbol{y})$, 其至多为二次多项式, 并且满足 $L(\boldsymbol{y}, \boldsymbol{y}) = 1$ 和 $L(\widehat{\boldsymbol{y}}, \boldsymbol{y}) = 0$, 其中 $\widehat{\boldsymbol{y}} \neq \boldsymbol{y}$, $\widehat{\boldsymbol{y}} \in Y$。假设选择

点 $\boldsymbol{y}_+$ 替换点 $\boldsymbol{y}_-$, 从而得到新的集合 Y^+。根据文献 [256] 可知, 在特定条件下并经过适当的归一化处理, 可以得到如下关系式:

$$|\delta(Y^+)| \leqslant |L(\boldsymbol{y}_+, \boldsymbol{y}_-)||\delta(Y)| \tag{9.18}$$

在算法 9.1 中, 可以充分利用该不等式对内插点集合进行更新。

首先, 考虑第 1 种情形, 也就是实验点 $\boldsymbol{x}^+$ 能使目标函数得到充分下降 (即 $\rho \geqslant \eta$), 此时需要将点 $\boldsymbol{x}^+$ 加入集合 Y 中, 并将集合 Y 中的某个点 $\boldsymbol{y}_-$ 移出。根据式 (9.18) 可知, 可以通过下面的准则选择被移出的点 $\boldsymbol{y}_-$:

$$\boldsymbol{y}_- = \underset{\boldsymbol{y} \in Y}{\operatorname{argmax}}\{|L(\boldsymbol{x}^+, \boldsymbol{y})|\}$$

其次, 考虑第 2 种情形, 也就是目标函数 f 未能得到充分下降 (即 $\rho < \eta$), 此时应先判断是否需要对集合 Y 进行更新, 也就是评估集合 Y 的几何条件是否足够理想。假设当前迭代点为 $\boldsymbol{x}_k$, 如果利用信赖域中的任意点 $\boldsymbol{y}$ 替换满足条件 $\|\boldsymbol{x}_k - \boldsymbol{y}^i\| \leqslant \Delta$ 的所有采样点 $\boldsymbol{y}^i \in Y$, 行列式的绝对值 $|\delta(Y)|$ 都没能成倍增加, 则认为集合 Y 的几何条件足够理想。如果集合 Y 的几何条件足够理想, 但是目标函数 f 未能得到充分下降, 则减少信赖域半径, 并开始新一轮迭代。

如果集合 Y 的几何条件并不足够理想, 则启用几何改进机制, 此时需要从集合 Y 中选择一个点 $\boldsymbol{y}_- \in Y$, 并且利用集合 Y 以外的另一个点 $\boldsymbol{y}^+$ 替换它, 唯一的目的是提高行列式式 (9.17) 的数值。对于集合 Y 中的每个采样点 $\boldsymbol{y}^i \in Y$, 需要先确定其潜在的替代者 $\boldsymbol{y}_r^i$, 如下所示:

$$\boldsymbol{y}_r^i = \underset{\|\boldsymbol{y} - \boldsymbol{x}_k\| \leqslant \Delta}{\operatorname{argmax}}\ \{|L(\boldsymbol{y}, \boldsymbol{y}^i)|\}$$

然后通过下面的准则选择被移出的点 $\boldsymbol{y}_-$:

$$\boldsymbol{y}_- = \underset{\boldsymbol{y}^i \in Y}{\operatorname{argmax}}\{|L(\boldsymbol{y}_r^i, \boldsymbol{y}^i)|\}$$

在实际计算中, 有效实现上述准则并不容易, 还需要考虑一些可能出现的困难 (见文献 [76] 中的讨论)。如何改进内插点集的位置是目前正在研究的问题, 并有望在今后几年取得新的进展。

9.2.3 Hessian 矩阵变化量最小的方法

下面讨论的方法可以作为第 6 章拟牛顿方法的扩展。该方法虽然使用了二次模型函数, 但每次迭代的计算复杂度仅为 $O(n^3)$, 明显低于上述方法所需的计算复杂度 $O(n^4)$。为了能够降低计算复杂度, 该方法仅需要保留式 (9.7) 中的 $O(n)$ 个内插条件, 并且利用剩余的自由度使模型函数的 Hessian 矩阵在相邻两次迭代间的变化量尽可能小。这种变化量最小特性是拟牛顿方法的关键要素之一, 另一个关键要素是在最近两个迭代点处利用模型函数对梯度向量 ∇f 进行内插。下面描述的方法是在对函数值进行内插的基础上, 融入 Hessian 矩阵变化量最小的特性。

在该方法的第 k 次迭代中, 当对迭代点 $\boldsymbol{x}_k$ 进行更新并得到新的迭代点 $\boldsymbol{x}_{k+1}$ 以后, 就需要构造式 (9.6) 中的二次模型函数 m_{k+1}。为了获得模型函数 m_{k+1} 中的系数 f_{k+1}、$\boldsymbol{g}_{k+1}$ 以及 $\boldsymbol{G}_{k+1}$, 可以求解如下优化问题:

$$\begin{cases} \min\limits_{f,\boldsymbol{g},\boldsymbol{G}}\{\|\boldsymbol{G}-\boldsymbol{G}_k\|_{\mathrm{F}}^2\} & \text{(9.19a)} \\ \text{s.t.}\quad \boldsymbol{G}=\boldsymbol{G}^{\mathrm{T}} & \\ \qquad m(\boldsymbol{y}^l)=f(\boldsymbol{y}^l)\quad (l=1,2,\cdots,\widehat{q}) & \text{(9.19b)} \end{cases}$$

式中 $\|\cdot\|_{\mathrm{F}}$ 表示 Frobenius 范数 (见附录 A 式 (A.9)); $\boldsymbol{G}_k$ 表示前一次迭代中的模型函数 m_k 的 Hessian 矩阵; $\widehat{q}$ 表示与 n 具有相同量级的整数。整数 $\widehat{q}$ 必须大于 $n+1$, 以确保 $\boldsymbol{G}_{k+1}$ 不等于 $\boldsymbol{G}_k$。在实际计算中, 整数 $\widehat{q}$ 的一个合理选择是 $\widehat{q}=2n+1$, 也就是内插点数量约为线性模型中使用的内插点数量的两倍。

优化问题式 (9.19) 是含有等式约束的二次规划问题, 其 KKT 条件可以表示成线性方程组的形式。一旦确定了模型函数 m_{k+1}, 就可以通过求解信赖域子问题式 (9.9) 获得新的迭代更新向量。同样地, 该方法也需要保证内插点集合 Y 的几何条件足够理想。因此, 这里给出两个最基本的条件: (1) 无论式 (9.19b) 右侧选取哪些采样点, 式 (9.19b) 都能成立; (2) 采样点集 $\{\boldsymbol{y}^i\}$ 不能位于同一个超平面上。如果这两个条件都能成立, 则优化问题式 (9.19) 具有唯一解。

基于子问题式 (9.19) 的实际算法与算法 9.1 是相似的, 计算步骤中都包含产生新的迭代点以及改进集合 Y 的几何条件。文献 [260] 给出的实现方法还具有一些其他特性, 能够较好地分离内插点, 并且步长不会太小。该方法的一个优势在于, 仅需要 $O(n)$ 个内插点就能获得较好的迭代更新向量。在实际计算中, 在函数值的计算次数小于 $(n+1)(n+2)/2$ 的条件下, 该方法的迭代点通常就能接近问题的解。然而, 由于该方法在近期刚得到发展, 所以尚没有足够多的数值实验能评估它的全部潜能。

9.3 坐标搜索方法与模式搜索方法

坐标搜索方法与模式搜索方法都不是利用函数值直接构建目标函数 f 的模型函数, 而是从当前迭代点开始, 沿着特定的方向找寻具有更低函数值的点。如果发现符合要求的点, 则更新迭代点至该点, 并重复此过程, 有时还会调整下一次迭代的搜索方向。如果未能发现令人满意的新迭代点, 则可以调整当前搜索方向上的步长, 或者生成新的搜索方向。

下面先描述一种简单的搜索方法, 在实际中人们经常使用此方法, 再讨论一种更具一般性的方法, 它可能更加有效, 并且具有更强的理论性质。

9.3.1 坐标搜索方法

坐标搜索方法也称为坐标下降方法或者交替变量方法, 依次在 n 个坐标方向 $\boldsymbol{e}_1, \boldsymbol{e}_2, \cdots, \boldsymbol{e}_n$ 进行线搜索, 以获得新的迭代点, 并循环此优化过程。具体而言, 在第 1 次迭代中, 固定自变量 $\boldsymbol{x}$ 中除去第 1 个元素 x_1 以外的其他元素, 然后仅对第 1 个元素 x_1 进行优化, 以使得目标函数最小化 (至少使目标函数值得到降低)。在第 2 次迭代中, 对第 2 个元素 x_2 重复上述过程, 并以此类推。经过 n 次迭代后再重新对第 1 个元素 x_1 进行优化, 并重复整个循环。尽管上述优化过程简单直观, 但实际中该方法的效率很低。图 9.1 描绘了对二元二次目标函数进行优化的迭代路径, 从图中可以看出, 经过几次迭代后, 无论是在垂直方向 (对应于 x_2 轴) 还是在水平方向 (对应于 x_1 轴), 迭代进展都十分缓慢。

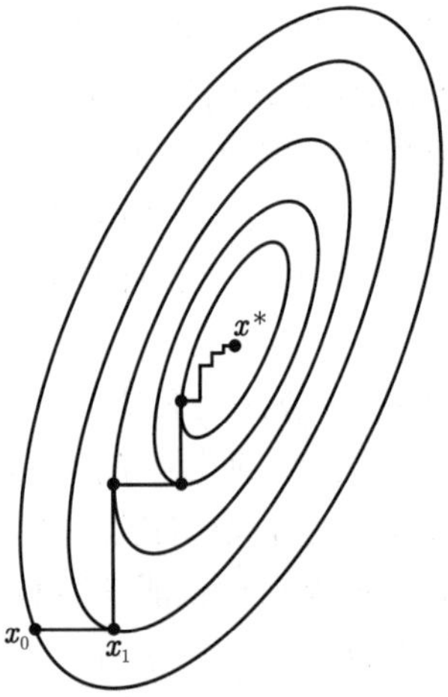

图 9.1 坐标搜索方法对二元二次目标函数进行优化的迭代路径 (迭代进展缓慢)

一般而言, 即使坐标搜索方法经过无穷次迭代, 也可能无法收敛至目标函数的梯度向量等于零的点, 即便采用了精确线搜索策略。相反, 第 3 章第 3.2 节中指出, 在合理的假设条件下, 最速下降方法能产生一组迭代序列 $\{\boldsymbol{x}_k\}$, 可使得 $\|\nabla f_k\| \to 0$。文献 [243] 中指出, 沿着任意一组线性独立的方向进行循环搜索并不能确保算法的全局收敛性。若从理论上进行分析, 此问题出现的原因是最速下降方向 $-\nabla f_k$ 可能逐渐垂直于 (即正交于) 坐标搜索方向。在

这些情形下, 即使 ∇f_k 不趋近于零, Zoutendijk 条件式 (3.14) 依然成立, 因为 $\cos\theta_k$ 会快速收敛于零。

当坐标搜索方法确实收敛至问题的一个解时, 其收敛速度通常远低于最速下降方法, 并且随着自变量个数的增加, 两种方法在收敛速度上的差异还会逐渐增大。然而, 坐标搜索方法仍然有其优势, 因为该方法不需要计算梯度向量 ∇f_k, 并且如果自变量在目标函数中并未呈现紧耦合关系, 其收敛速度也可被接受。

学者们还提出了很多坐标搜索方法的变形形式, 并且证明了其中一些方法具有全局收敛性。一种简单的变形方法是 "来回往返" 方法, 其搜索方向具有如下形式:

$$\boldsymbol{e}_1, \boldsymbol{e}_2, \cdots, \boldsymbol{e}_{n-1}, \boldsymbol{e}_n, \boldsymbol{e}_{n-1}, \cdots, \boldsymbol{e}_2, \boldsymbol{e}_1, \boldsymbol{e}_2, \cdots \quad \text{(重复循环)}$$

另一种策略则受到了图 9.1 的启示, 循环进行坐标搜索, 经过若干次循环后, 将连接此循环中的第 1 个点和最后一个点的直线所在方向作为搜索方向。基于上述思想衍生出了若干新方法, 读者可以参阅文献 [101] 和文献 [130]。

下面描述的模式搜索方法是对坐标搜索方法的推广, 它能在每次迭代中使用更丰富的搜索方向集。

9.3.2 模式搜索方法

下面讨论模式搜索方法, 该方法在每次迭代中都要选择一组特定的搜索方向集合, 并沿着每个方向以给定的步长计算目标函数 f 的值。这些候选点会在当前迭代点附近形成一个 "轮廓" 或者 "框架"。如果发现某个点能使得目标函数的取值得到显著降低, 则将其作为新的迭代点, 而轮廓的中心也将迁移至该点。无论轮廓的中心是否发生迁移, 都需要以某种方式改变轮廓, 既可以改变搜索方向, 也可以改变步长, 并重复此过程。对于模式搜索方法中的某些特定方法, 有可能证明其具有全局收敛性, 也就是存在一个平稳聚点。

函数值中的噪声或是其他形式的非精确性都可能影响模式搜索方法的性能, 并且一定会影响其收敛理论。对于非光滑优化问题而言, 尽管能经常观察到模式搜索方法具有令人满意的收敛性能, 但一些简单的例子表明, 非光滑性也可能导致不理想的结果。

为了描述模式搜索方法, 下面定义一些符号。将当前迭代点定义为 $\boldsymbol{x}_k$, 将搜索方向集合定义为 D_k, 将线搜索参数 (即步长) 定义为 γ_k。所有的搜索方向 $\boldsymbol{p}_k \in D_k$ 形成了轮廓的点集 $\{\boldsymbol{x}_k + \gamma_k \boldsymbol{p}_k\}$。如果该点集中的某个点可以使目标函数的取值显著降低, 则对迭代点进行更新, 并且还可能增加步长 γ_k, 从而在下一次迭代中扩展轮廓。如果点集中没有任何点的函数值明显小于 f_k, 则减少步长 γ_k(即收缩轮廓), 并令 $\boldsymbol{x}_{k+1} = \boldsymbol{x}_k$, 然后重复此过程。无论何种情况, 都可能在下一次迭代之前改变方向集合 D_k, 并且此方向集合需要服从某种约束。

下面详细描述模式搜索方法。

【算法 9.2 模式搜索方法】

步骤 1: 设置收敛门限 γ_{tol} 和收缩参数 $\theta_{\max}$; 选定充分下降函数 $\rho: [0,+\infty)\to\mathbb{R}$, $\rho(t)$ 是关于 t 的递增函数, 且当 $t\downarrow 0$ 时, $\rho(t)/t\to 0$; 确定迭代起始点 $\boldsymbol{x}_0$、初始步长 $\gamma_0>\gamma_{\text{tol}}$ 以及初始方向集合 D_0。

步骤 2:

for $k=1,2,3,\cdots$

如果 $\gamma_k\leqslant\gamma_{\text{tol}}$, 则停止计算;

如果存在某个方向 $\boldsymbol{p}_k\in D_k$ 满足 $f(\boldsymbol{x}_k+\gamma_k\boldsymbol{p}_k)<f(\boldsymbol{x}_k)-\rho(\gamma_k)$, 则利用方向 $\boldsymbol{p}_k$ 更新迭代点 $\boldsymbol{x}_{k+1}\leftarrow\boldsymbol{x}_k+\gamma_k\boldsymbol{p}_k$, 并增加步长 $\gamma_{k+1}\leftarrow\phi_k\gamma_k$ (其中 $\phi_k\geqslant 1$);

如果不存在某个方向 $\boldsymbol{p}_k\in D_k$ 满足 $f(\boldsymbol{x}_k+\gamma_k\boldsymbol{p}_k)<f(\boldsymbol{x}_k)-\rho(\gamma_k)$, 则令 $\boldsymbol{x}_{k+1}\leftarrow\boldsymbol{x}_k$, 并减少步长 $\gamma_{k+1}\leftarrow\theta_k\gamma_k$ (其中 $0<\theta_k\leqslant\theta_{\max}<1$);

end (for)

合理选择方向集合 D_k 对于模式搜索方法的实际性能以及所能证明的理论结果都至关重要。一个关键的条件是, 只要 $\nabla f(\boldsymbol{x}_k)\neq\boldsymbol{0}$ (即迭代点 $\boldsymbol{x}_k$ 不是平稳点), 方向集合中至少存在一个目标函数的下降方向。为了更清楚地阐述此条件, 需要回顾第 3 章式 (3.12), 该式定义了任意搜索方向 $\boldsymbol{p}$ 与最速下降方向 $-\nabla f_k$ 之间的夹角 θ_k 满足

$$\cos\theta_k=\frac{-\nabla f_k^{\mathrm{T}}\boldsymbol{p}}{\|\nabla f_k\|\,\|\boldsymbol{p}\|}\tag{9.20}$$

回顾第 3 章定理 3.2 可知, 如果每次迭代中的搜索方向 $\boldsymbol{p}$ 满足 $\cos\theta_k\geqslant\delta$ (其中 $\delta>0$ 为某个常数), 并且线搜索参数满足特定的条件, 则线搜索方法可以全局收敛至目标函数的某个平稳点。基于此结论可以得到方向集合 D_k 的第 1 个条件, 即无论 ∇f_k 取何值, 至少存在一个方向 $\boldsymbol{p}\in D_k$ 满足 $\cos\theta_k\geqslant\delta$。该条件可以描述为

$$\kappa(D_k)\xlongequal{\text{定义}}\min_{\boldsymbol{v}\in\mathbb{R}^n}\max_{\boldsymbol{p}\in D_k}\left\{\frac{\boldsymbol{v}^{\mathrm{T}}\boldsymbol{p}}{\|\boldsymbol{v}\|\,\|\boldsymbol{p}\|}\right\}\geqslant\delta\tag{9.21}$$

方向集合 D_k 需要满足的第 2 个条件是, 该集合中的搜索方向的长度大致接近。该条件的意义在于, 方向集合的轮廓直径与步长参数 γ_k 充分匹配。因此, 第 2 个条件可以描述为, 对于任意的迭代序数 k 均有

$$\beta_{\min}\leqslant\|\boldsymbol{p}\|\leqslant\beta_{\max}\quad(\text{对于所有的 }\boldsymbol{p}\in D_k)\tag{9.22}$$

式中 $\beta_{\min}$ 和 $\beta_{\max}$ 表示正常数。如果式 (9.21) 和式 (9.22) 同时成立, 则对于所有迭代序数 k, 存在某个搜索向量 $\boldsymbol{p}\in D_k$ 满足如下关系式:

$$-\nabla f_k^{\mathrm{T}}\boldsymbol{p} \geqslant \kappa(D_k)\|\nabla f_k\|\,\|\boldsymbol{p}\| \geqslant \delta\beta_{\min}\|\nabla f_k\|$$

下面列举两个同时满足式 (9.21) 和式 (9.22) 的方向集合 D_k 的例子。第 1 个集合中的搜索方向包括 $2n$ 个向量, 如下所示:

$$\{\boldsymbol{e}_1, \boldsymbol{e}_2, \cdots, \boldsymbol{e}_n, -\boldsymbol{e}_1, -\boldsymbol{e}_2, \cdots, -\boldsymbol{e}_n\} \tag{9.23}$$

第 2 个集合中的搜索方向包括 $n+1$ 个向量, 如下所示:

$$\boldsymbol{p}_i = \frac{1}{2n}\boldsymbol{e} - \boldsymbol{e}_i \quad (i = 1, 2, \cdots, n), \quad \boldsymbol{p}_{n+1} = \frac{1}{2n}\boldsymbol{e} \tag{9.24}$$

式中 $\boldsymbol{e} = [1 \ \ 1 \ \ \cdots \ \ 1]^{\mathrm{T}}$。针对 $n = 3$ 的情形, 图 9.2 从几何上描绘了这两个方向集合中的搜索方向。

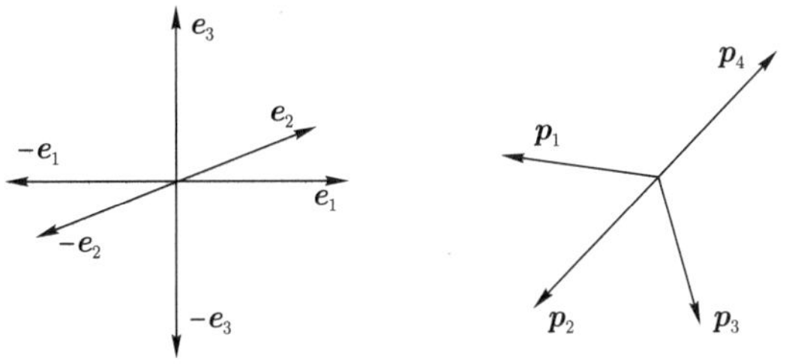

图 9.2 $\mathbb{R}^3$ 中的两个方向集合 (左边是坐标方向集合; 右边是单纯形方向集合)

如果在算法 9.2 的每次迭代中将方向集合设为 $D_k = \{\boldsymbol{e}_i, -\boldsymbol{e}_i\}$ $(i = 1, 2, \cdots, n)$, 此时得到的搜索方法与第 9.3.1 小节中的坐标搜索方法相似。针对此方向集合, 对于任意的迭代序数 k 均有 $\kappa(D_k) = 0$。因此, 根据前面的讨论可知, 在每次迭代中 $\cos\theta_k$ 可以充分接近于零。

一般而言, 同时满足式 (9.21) 和式 (9.22) 的搜索方向仅能形成方向集合 D_k 的一个子集, 该方向集合中可能还包含其他搜索方向。我们可以根据目标函数 f 及其标定的知识, 以及之前迭代的经验, 启发式选择这些额外的搜索方向。此外, 还可以将它们选择为核心方向集 (即满足条件 $\delta > 0$) 的线性组合。

注意到算法 9.2 选择的点 $\boldsymbol{x}_k + \gamma_k\boldsymbol{p}_k$ (其中 $\boldsymbol{p}_k \in D_k$) 未必具有最小的函数值。事实上, 为了减少计算函数值的次数, 并不需要计算轮廓中每个点的函数值, 而是每次仅计算一个函数值, 直至获得一个满足充分下降条件的候选点就停止计算。

在算法 9.2 的实现过程中, 另一个重要细节是如何设置充分下降函数 $\rho(t)$。如果将 $\rho(\cdot)$ 设为零, 则任意使目标函数 f 的取值得到下降的候选点均可以作为新的迭代点。根据第 3 章的讨论可知, 基于此弱条件通常难以获得较强的全局收敛性。这里推荐一个较好的下降函数, 其表达式为 $\rho(t) = Mt^{3/2}$, 其中 M 表示某个正数。

9.4 共轭方向方法

第 5 章讨论了如何对强凸二次函数最小化, 该函数的表达式为

$$f(\boldsymbol{x})=\frac{1}{2}\boldsymbol{x}^{\mathrm{T}}\boldsymbol{A}\boldsymbol{x}-\boldsymbol{b}^{\mathrm{T}}\boldsymbol{x} \tag{9.25}$$

理论分析结果表明, 依次沿着 n 个共轭方向进行一维优化即可获得凸二次函数的极小值点。第 5 章定义的共轭方向是梯度向量的线性组合。与此不同的是, 本节将讨论如何利用函数值计算共轭方向, 并基于此设计对式 (9.25) 最小化的优化方法, 其中仅需要计算函数值。此外, 文中还将对该方法进行推广, 以使其适用于更一般的非线性目标函数。

下面利用平行子空间性质以 $n=2$ 为例进行讨论。考虑两条平行直线 $l_1(\alpha)=\boldsymbol{x}_1+\alpha\boldsymbol{p}$ 和 $l_2(\alpha)=\boldsymbol{x}_2+\alpha\boldsymbol{p}$, 其中 $\boldsymbol{x}_1$、$\boldsymbol{x}_2$ 以及 $\boldsymbol{p}$ 均为 $\mathbb{R}^2$ 中给定的向量, α 表示定义这两条直线的标量参数。下面将证明, 如果 $\boldsymbol{x}_1^*$ 和 $\boldsymbol{x}_2^*$ 分别是目标函数 $f(\boldsymbol{x})$ 在直线 l_1 和直线 l_2 上的极小值点, 则向量 $\boldsymbol{x}_1^*-\boldsymbol{x}_2^*$ 与向量 $\boldsymbol{p}$ 关于矩阵 $\boldsymbol{A}$ 共轭。因此, 如果沿着连接点 $\boldsymbol{x}_1^*$ 和点 $\boldsymbol{x}_2^*$ 的直线进行一维优化, 就可以得到目标函数 f 的极小值点, 因为此时已经连续沿着两个共轭方向 $\boldsymbol{p}$ 和 $\boldsymbol{x}_2^*-\boldsymbol{x}_1^*$ 进行了一维优化。图 9.3 描绘了共轭方向的几何构造的过程。

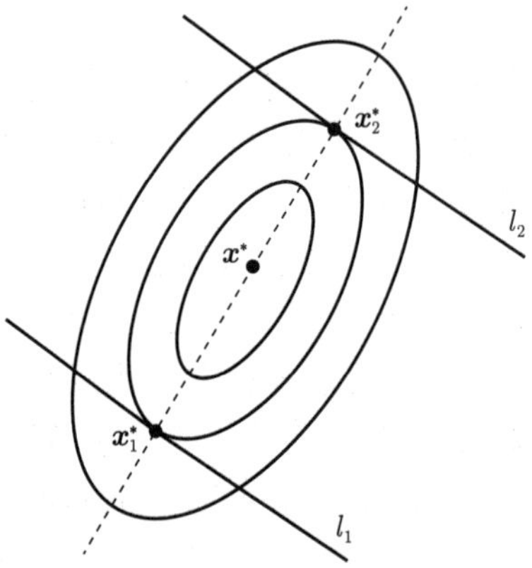

图 9.3 共轭方向的几何构造 (向量 $\boldsymbol{x}^*$ 表示目标函数 f 的极小值点)

基于上述讨论, 下面给出对二元二次目标函数 f 最小化的方法。首先选择一组线性独立的方向, 也就是坐标方向 $\boldsymbol{e}_1$ 和坐标方向 $\boldsymbol{e}_2$。其次从任意迭代起始点 $\boldsymbol{x}_0$ 出发, 沿着方向 $\boldsymbol{e}_2$ 对函数 f 最小化, 得到点 $\boldsymbol{x}_1$。再次从点 $\boldsymbol{x}_1$ 出发, 依次沿着坐标方向 $\boldsymbol{e}_1$ 和坐标方向 $\boldsymbol{e}_2$ 对函数 f 进行一维优化, 得到点 $\boldsymbol{z}$。根据平行子空间性质可知, 向量 $\boldsymbol{z}-\boldsymbol{x}_1$ 与向量 $\boldsymbol{e}_2$ 关于矩阵 $\boldsymbol{A}$ 共轭, 这是因为 $\boldsymbol{x}_1$ 和 $\boldsymbol{z}$ 分别是目标函数 f 在平行于方向 $\boldsymbol{e}_2$ 的两条直线上的极小值点。最后从点 $\boldsymbol{x}_1$ 出发, 沿着方向 $\boldsymbol{z}-\boldsymbol{x}_1$ 对函数 f 最小化, 就可以得到目标

函数 f 的极小值点。

下面描述平行子空间最小化性质的最一般的形式。假设向量 $\boldsymbol{x}_1$ 和向量 $\boldsymbol{x}_2$ 是 $\mathbb{R}^n$ 中的两个不同的点,$\{\boldsymbol{p}_1, \boldsymbol{p}_2, \cdots, \boldsymbol{p}_l\}$ 是 $\mathbb{R}^n$ 中的一组线性独立的方向。定义两个相互平行的线性几何体, 如下所示:

$$S_1 = \left\{ \boldsymbol{x}_1 + \sum_{i=1}^{l} \alpha_i \boldsymbol{p}_i \middle| \alpha_i \in \mathbb{R}, i = 1, 2, \cdots, l \right\}$$

$$S_2 = \left\{ \boldsymbol{x}_2 + \sum_{i=1}^{l} \alpha_i \boldsymbol{p}_i \middle| \alpha_i \in \mathbb{R}, i = 1, 2, \cdots, l \right\}$$

如果目标函数 f 在集合 S_1 和集合 S_2 上的极小值点分别记为 $\boldsymbol{x}_1^*$ 和 $\boldsymbol{x}_2^*$, 则向量 $\boldsymbol{x}_2^* - \boldsymbol{x}_1^*$ 与向量组 $\boldsymbol{p}_1, \boldsymbol{p}_2, \cdots, \boldsymbol{p}_l$ 关于矩阵 $\boldsymbol{A}$ 共轭。该结论是易于证明的, 利用极小值点的性质可知

$$\left.\frac{\partial f(\boldsymbol{x}_1^* + \alpha_i \boldsymbol{p}_i)}{\partial \alpha_i}\right|_{\alpha_i=0} = (\nabla f(\boldsymbol{x}_1^*))^{\mathrm{T}} \boldsymbol{p}_i = 0 \quad (i = 1, 2, \cdots, l)$$

$$\left.\frac{\partial f(\boldsymbol{x}_2^* + \alpha_i \boldsymbol{p}_i)}{\partial \alpha_i}\right|_{\alpha_i=0} = (\nabla f(\boldsymbol{x}_2^*))^{\mathrm{T}} \boldsymbol{p}_i = 0 \quad (i = 1, 2, \cdots, l)$$

将这两组等式与式 (9.25) 相结合可得

$$\begin{aligned} 0 &= (\nabla f(\boldsymbol{x}_1^*) - \nabla f(\boldsymbol{x}_2^*))^{\mathrm{T}} \boldsymbol{p}_i = (\boldsymbol{A}\boldsymbol{x}_1^* - \boldsymbol{b} - \boldsymbol{A}\boldsymbol{x}_2^* + \boldsymbol{b})^{\mathrm{T}} \boldsymbol{p}_i \\ &= (\boldsymbol{x}_1^* - \boldsymbol{x}_2^*)^{\mathrm{T}} \boldsymbol{A} \boldsymbol{p}_i \quad (i = 1, 2, \cdots, l) \end{aligned} \tag{9.26}$$

下面考虑 $n = 3$ 的情形, 并且说明如何利用平行子空间性质得到由 3 个方向构成的共轭方向集合。首先选择一组线性独立的方向, 也就是坐标方向 $\boldsymbol{e}_1$、坐标方向 $\boldsymbol{e}_2$ 以及坐标方向 $\boldsymbol{e}_3$。其次从任意迭代起始点 $\boldsymbol{x}_0$ 出发, 沿着最后一个方向 $\boldsymbol{e}_3$ 对函数 f 最小化, 得到点 $\boldsymbol{x}_1$。再次从点 $\boldsymbol{x}_1$ 出发, 依次沿着坐标方向 $\boldsymbol{e}_1$、坐标方向 $\boldsymbol{e}_2$ 以及坐标方向 $\boldsymbol{e}_3$ 对函数 f 进行一维优化, 得到点 $\boldsymbol{z}$。最后沿着方向 $\boldsymbol{p}_1 = \boldsymbol{z} - \boldsymbol{x}_1$ 对函数 f 最小化, 得到点 $\boldsymbol{x}_2$。根据前面的结论可知, 向量 $\boldsymbol{p}_1 = \boldsymbol{z} - \boldsymbol{x}_1$ 与向量 $\boldsymbol{e}_3$ 关于矩阵 $\boldsymbol{A}$ 共轭。此外, 利用第 5 章的结论可知, 向量 $\boldsymbol{x}_2$ 是函数 f 在集合 $S_1 = \{\boldsymbol{y} + \alpha_1 \boldsymbol{e}_3 + \alpha_2 \boldsymbol{p}_1 | \alpha_1 \in \mathbb{R}, \alpha_2 \in \mathbb{R}\}$ 上的极小值点, 其中向量 $\boldsymbol{y}$ 表示从点 $\boldsymbol{x}_1$ 出发, 依次沿着坐标方向 $\boldsymbol{e}_1$ 和坐标方向 $\boldsymbol{e}_2$ 对函数 f 进行一维优化所得到的极小值点。

下面延续上述计算结果开始新的迭代。首先舍弃方向 $\boldsymbol{e}_1$, 并定义新的搜索方向集合 $\{\boldsymbol{e}_2, \boldsymbol{e}_3, \boldsymbol{p}_1\}$。其次从点 $\boldsymbol{x}_2$ 出发, 依次沿着方向 $\boldsymbol{e}_2$、方向 $\boldsymbol{e}_3$ 以及方向 $\boldsymbol{p}_1$ 进行一维优化, 得到点 $\widehat{\boldsymbol{z}}$。于是向量 $\widehat{\boldsymbol{z}}$ 是函数 f 在集合 $S_2 = \{\widehat{\boldsymbol{y}} + \alpha_1 \boldsymbol{e}_3 + \alpha_2 \boldsymbol{p}_1 | \alpha_1 \in \mathbb{R}, \alpha_2 \in \mathbb{R}\}$ 上的极小值点, 其中向量 $\widehat{\boldsymbol{y}}$ 表示从点 $\boldsymbol{x}_2$ 出发, 沿着方向 $\boldsymbol{e}_2$ 对函数 f 进行一维优化所得到的极小值点。将平行子空

间最小化性质应用于集合 S_1 和集合 S_2 可知, 向量 $\boldsymbol{p}_2 = \widehat{\boldsymbol{z}} - \boldsymbol{x}_2$ 与向量 $\boldsymbol{e}_3$ 和向量 $\boldsymbol{p}_1$ 均关于矩阵 $\boldsymbol{A}$ 共轭。最后从点 $\widehat{\boldsymbol{z}}$ 出发, 沿着方向 $\boldsymbol{p}_2$ 对函数 f 最小化, 就得到了目标函数 f 的极小值点 $\boldsymbol{x}_3$。经过上述计算过程就得到了一组共轭方向 $\{\boldsymbol{e}_3, \boldsymbol{p}_1, \boldsymbol{p}_2\}$。

下面针对任意整数 n 描述一般性的共轭方向方法, 其中每次迭代均包含一个内层迭代和一个外层迭代。内层迭代将沿着一组线性独立的搜索方向进行 n 次一维优化。当完成内层迭代时, 会生成一个新的共轭方向, 并利用此方向替换前面存储的搜索方向集合中的某个方向。

【算法 9.3 基于共轭方向的无导数优化方法】

步骤 1: 确定迭代起始点 $\boldsymbol{x}_0$; 设置 n 个初始搜索方向 $\boldsymbol{p}_i = \boldsymbol{e}_i$ $(i = 1, 2, \cdots, n)$。

步骤 2: 对函数 f 沿着直线 $\boldsymbol{x}_0 + \alpha \boldsymbol{p}_n$ 进行一维优化得到 α, 并令 $\boldsymbol{x}_1 \leftarrow \boldsymbol{x}_0 + \alpha \boldsymbol{p}_n$ 和 $k \leftarrow 1$。

步骤 3: 只要不满足收敛条件就依次循环计算:

令 $\boldsymbol{z}_1 \leftarrow \boldsymbol{x}_k$;

for $j = 1, 2, \cdots, n$

  对 $f(\boldsymbol{z}_j + \alpha_j \boldsymbol{p}_j)$ 进行一维优化得到 α_j;

  令 $\boldsymbol{z}_{j+1} \leftarrow \boldsymbol{z}_j + \alpha_j \boldsymbol{p}_j$;

end (for)

令 $\boldsymbol{p}_j \leftarrow \boldsymbol{p}_{j+1}$ $(j = 1, 2, \cdots, n-1)$ 和 $\boldsymbol{p}_n \leftarrow \boldsymbol{z}_{n+1} - \boldsymbol{z}_1$;

对 $f(\boldsymbol{z}_{n+1} + \alpha_n \boldsymbol{p}_n)$ 进行一维优化得到 α_n;

令 $\boldsymbol{x}_{k+1} \leftarrow \boldsymbol{z}_{n+1} + \alpha_n \boldsymbol{p}_n$;

令 $k \leftarrow k + 1$。

算法 9.3 中的线搜索可以通过二次内插来实现, 需要在每个搜索方向上计算 3 个函数值。由于式 (9.25) 对应的线搜索目标函数是强凸二次函数, 此时二次内插函数与线搜索目标函数是完全匹配的, 因而很容易获得一维极小值点。根据平行子空间性质可知, 在第 k 次迭代的外层迭代中, 搜索方向 $\boldsymbol{p}_{n-k}, \boldsymbol{p}_{n-k+1}, \cdots, \boldsymbol{p}_n$ 关于矩阵 $\boldsymbol{A}$ 相互共轭。因此, 只要共轭方向均为非零向量, 算法 9.3 经过 $n-1$ 次迭代即可获得式 (9.25) 的极小值点。然而, 我们并不能排除共轭方向出现零向量的可能性, 所以还需要利用下面描述的保护措施提高算法 9.3 的鲁棒性。在通常情况下, 算法 9.3 经过 $n-1$ 次迭代即可终止计算, 此时共完成了 $O(n^2)$ 个函数值的计算。

将算法 9.3 进行扩展也可以对非二次目标函数最小化, 唯一需要修正的是线搜索策略, 此时必须利用内插技术获得一维近似解。由于可能会出现非凸问题, 因此应当以较高的精度完成一维搜索, 文献 [39] 对此问题进行了讨论。数值实验表明, 扩展后的算法对低维优化问题能获得较好的效果, 但有时会致使搜索方向集合 $\{\boldsymbol{p}_i\}$ 趋于线性独立。为了避免此种情形发生, 学者们提出了一些针对算法 9.3 的改进措施, 其中一个策略是对方向集合 $\{\boldsymbol{p}_i\}$ 的共轭

性进行度量。为此, 定义如下标定方向:

$$\widehat{\boldsymbol{p}}_i = \frac{\boldsymbol{p}_i}{\sqrt{\boldsymbol{p}_i^{\mathrm{T}}\boldsymbol{A}\boldsymbol{p}_i}} \quad (i=1,2,\cdots,n) \tag{9.27}$$

文献 [239] 指出, 行列式的绝对值

$$|\det([\widehat{\boldsymbol{p}}_1 \ \ \widehat{\boldsymbol{p}}_2 \ \ \cdots \ \ \widehat{\boldsymbol{p}}_n])| \tag{9.28}$$

达到最大值的充要条件是, 方向集合 $\{\boldsymbol{p}_i\}$ 关于矩阵 $\boldsymbol{A}$ 相互共轭。因此, 当利用最新生成的共轭方向替换方向集合 $\{\boldsymbol{p}_1,\boldsymbol{p}_2,\cdots,\boldsymbol{p}_n\}$ 中的某个方向时, 会使式 (9.28) 的取值变得更低, 此时就不再替换方向。

针对二次目标函数式 (9.25), 下面给出的算法 9.4 描述了如何实现上述改进策略。事实上, 通过一些代数上的处理 (这里不详细阐述), 可以在无需 Hessian 矩阵 $\boldsymbol{A}$ 的情形下计算标定向量 $\widehat{\boldsymbol{p}}_i$, 这是因为在沿着方向 $\boldsymbol{p}_i$ 进行线搜索的过程中, 已经获得了标量 $\boldsymbol{p}_i^{\mathrm{T}}\boldsymbol{A}\boldsymbol{p}_i$。此外, 通过比较一些函数值就可以判定式 (9.28) 的取值是否会变得更低。算法 9.4 在算法 9.3 的内层迭代 (即 for 循环) 之后立即开始执行。

【算法 9.4 更新方向集合】

步骤 1: 找寻整数 $m \in \{1,2,\cdots,n\}$, 使得 $\psi_m = f(\boldsymbol{z}_{m-1}) - f(\boldsymbol{z}_m)$ 取最大值。

步骤 2: 计算 $f_1 = f(\boldsymbol{z}_1)$、$f_2 = f(\boldsymbol{z}_{n+1})$ 以及 $f_3 = f(2\boldsymbol{z}_{n+1} - \boldsymbol{z}_1)$。

步骤 3: 如果 $f_3 \geqslant f_1$ 或者 $(f_1-2f_2+f_3)(f_1-f_2-\psi_m)^2 \geqslant \psi_m(f_1-f_3)^2/2$, 则保持方向集合 $\{\boldsymbol{p}_1,\boldsymbol{p}_2,\cdots,\boldsymbol{p}_n\}$ 不变, 并且令 $\boldsymbol{x}_{k+1} \leftarrow \boldsymbol{z}_{n+1}$。

步骤 4: 如果同时满足 $f_3 < f_1$ 和 $(f_1-2f_2+f_3)(f_1-f_2-\psi_m)^2 < \psi_m(f_1-f_3)^2/2$, 则依次计算:

步骤 4-1: 令 $\widehat{\boldsymbol{p}} \leftarrow \boldsymbol{z}_{n+1} - \boldsymbol{z}_1$, 并对 $f(\boldsymbol{z}_{n+1} + \widehat{\alpha}\widehat{\boldsymbol{p}})$ 进行一维优化得到 $\widehat{\alpha}$;

步骤 4-2: 令 $\boldsymbol{x}_{k+1} \leftarrow \boldsymbol{z}_{n+1} + \widehat{\alpha}\widehat{\boldsymbol{p}}$;

步骤 4-3: 利用向量 $\widehat{\boldsymbol{p}}$ 替换方向集合中的向量 $\boldsymbol{p}_m$。

算法 9.4 也可应用于一般的非线性函数, 但此时的一维优化是通过非精确的线搜索来实现的。数值实验表明, 所得到的共轭方向方法对小规模优化问题是有效的。

9.5 Nelder–Mead 单纯形反射方法

自 1965 年文献 [223] 提出 Nelder–Mead 单纯形反射方法以来, 经过这些年的发展, 其已成为一种流行的无导数优化方法。该方法的每个阶段都需

要在 $\mathbb{R}^n$ 中跟踪 $n+1$ 个点, 这些点的凸包形成一个单纯形, 因而将其命名为单纯形反射方法。需要指出的是, 该方法与第 13 章描述的求解线性规划问题的单纯形方法无关。将单纯形 S 中的 $n+1$ 个顶点记为 $\{\boldsymbol{z}_1, \boldsymbol{z}_2, \cdots, \boldsymbol{z}_{n+1}\}$, 从其中一个顶点 (例如顶点 $\boldsymbol{z}_1$) 出发, 取单纯形 S 的 n 条边可以构造一个关联矩阵 $\boldsymbol{V}(S)$, 如下所示:

$$\boldsymbol{V}(S) = [\boldsymbol{z}_2 - \boldsymbol{z}_1 \;\; \boldsymbol{z}_3 - \boldsymbol{z}_1 \;\; \cdots \;\; \boldsymbol{z}_{n+1} - \boldsymbol{z}_1]$$

如果 $\boldsymbol{V}(S)$ 是非奇异矩阵, 则称此单纯形为非退化的或是非奇异的。例如, 如果 $\mathbb{R}^3$ 中某个单纯形的 4 个顶点不共面, 则该单纯形就是非退化的。

在每次迭代中, Nelder–Mead 方法都需要尝试剔除对应最差函数值的顶点, 并找寻另一个具有更优函数值的点来替换它。将此最差顶点与剩余顶点的质心连接形成直线, 并将单纯形沿着该直线进行反射、扩展或者收缩, 就可以得到一个新的顶点。如果通过这种方式无法获得一个更优的顶点, 则仅保留当前对应最优函数值的顶点, 再收缩单纯形, 并将其他顶点往此最优顶点方向进行迁移。

下面定义一些符号, 并基于此描述 Nelder–Mead 方法的单次迭代步骤。将当前单纯形中的 $n+1$ 个顶点记为 $\{\boldsymbol{x}_1, \boldsymbol{x}_2, \cdots, \boldsymbol{x}_{n+1}\}$, 并选择它们的顺序以满足如下关系式:

$$f(\boldsymbol{x}_1) \leqslant f(\boldsymbol{x}_2) \leqslant \cdots \leqslant f(\boldsymbol{x}_{n+1})$$

显然, $\boldsymbol{x}_{n+1}$ 是最差顶点, 而前面 n 个更优的顶点的质心可以表示为

$$\overline{\boldsymbol{x}} = \sum_{i=1}^{n} \boldsymbol{x}_i$$

连接最差顶点 $\boldsymbol{x}_{n+1}$ 与质心 $\overline{\boldsymbol{x}}$ 的直线上的每个点均可以表示为

$$\overline{\boldsymbol{x}}(t) = \overline{\boldsymbol{x}} + t(\boldsymbol{x}_{n+1} - \overline{\boldsymbol{x}})$$

【算法 9.5 Nelder–Mead 方法单次迭代步骤】

步骤 1: 计算反射点 $\overline{\boldsymbol{x}}(-1)$ 及其对应的函数值 $f_{-1} = f(\overline{\boldsymbol{x}}(-1))$。

步骤 2: 如果 $f(\boldsymbol{x}_1) \leqslant f_{-1} < f(\boldsymbol{x}_n)$ (在新的单纯形中, 反射点既不是最优顶点, 也不是最差顶点), 则利用反射点 $\overline{\boldsymbol{x}}(-1)$ 替换最差顶点 $\boldsymbol{x}_{n+1}$, 并进入下一次迭代。

步骤 3: 如果 $f_{-1} < f(\boldsymbol{x}_1)$ (反射点比当前最优顶点更优, 此时沿着该方向尝试找寻新的点), 则计算扩展点 $\overline{\boldsymbol{x}}(-2)$ 及其对应的函数值 $f_{-2} = f(\overline{\boldsymbol{x}}(-2))$, 再按照下面两种情形进行处理:

步骤 3-1: 如果 $f_{-2} < f_{-1}$, 则利用扩展点 $\overline{\boldsymbol{x}}(-2)$ 替换最差顶点 $\boldsymbol{x}_{n+1}$, 并进入下一次迭代;

步骤 3-2: 如果 $f_{-2} \geqslant f_{-1}$, 则利用反射点 $\overline{\boldsymbol{x}}(-1)$ 替换最差顶点 $\boldsymbol{x}_{n+1}$, 并进入下一次迭代。

步骤 4: 如果 $f_{-1} \geqslant f(\boldsymbol{x}_n)$ (反射点比点 $\boldsymbol{x}_n$ 更差, 此时收缩单纯形), 则按照下面 3 种情形进行处理:

步骤 4-1: 如果 $f(\boldsymbol{x}_n) \leqslant f_{-1} < f(\boldsymbol{x}_{n+1})$ (尝试向外部收缩), 则计算外部收缩点 $\overline{\boldsymbol{x}}(-1/2)$ 及其对应的函数值 $f_{-1/2} = f(\overline{\boldsymbol{x}}(-1/2))$, 若 $f_{-1/2} \leqslant f_{-1}$, 则利用外部收缩点 $\overline{\boldsymbol{x}}(-1/2)$ 替换最差顶点 $\boldsymbol{x}_{n+1}$, 并进入下一次迭代;

步骤 4-2: 如果 $f_{-1} \geqslant f(\boldsymbol{x}_{n+1})$ (尝试向内部收缩), 则计算内部收缩点 $\overline{\boldsymbol{x}}(1/2)$ 及其对应的函数值 $f_{1/2} = f(\overline{\boldsymbol{x}}(1/2))$, 若 $f_{1/2} < f_{n+1}$, 则利用内部收缩点 $\overline{\boldsymbol{x}}(1/2)$ 替换最差顶点 $\boldsymbol{x}_{n+1}$, 并进入下一次迭代;

步骤 4-3: (向外部收缩和向内部收缩均未被接受, 往最优顶点 $\boldsymbol{x}_1$ 方向收缩单纯形) 令 $x_i \leftarrow (x_1 + x_i)/2\ (i = 2, 3, \cdots, n+1)$。

图 9.4 描绘了将算法 9.5 应用于 $\mathbb{R}^2$ 空间中的几何场景。当前最差顶点为 $\boldsymbol{x}_3$, 可能替换它的点包括 $\overline{\boldsymbol{x}}(-1)$、$\overline{\boldsymbol{x}}(-2)$、$\overline{\boldsymbol{x}}(-1/2)$ 以及 $\overline{\boldsymbol{x}}(1/2)$。如果这 4 个点均不满足要求, 则将原单纯形 (即实线三角形) 收缩为图中的小三角形 (即虚线三角形), 此时仅保留最优顶点 $\boldsymbol{x}_1$。标量 t 用于定义候选点 $\overline{\boldsymbol{x}}(t)$, 在算法 9.5 中, t 被指定为 -1、-2、$-1/2$ 以及 $1/2$。由于特定的条件限制, 将 t 设置为其他值也是有可能的。

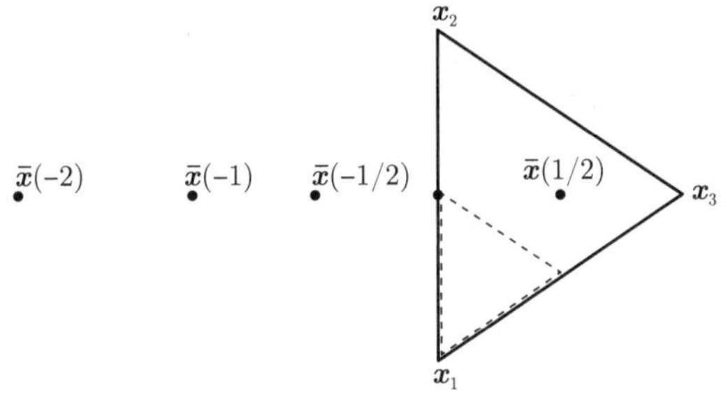

图 9.4　Nelder–Mead 方法的单次迭代几何示意图 (以 $\boldsymbol{x}_1, \boldsymbol{x}_2, \boldsymbol{x}_3$ 为顶点的实线三角形表示当前单纯形; $\overline{\boldsymbol{x}}(-1)$ 表示反射点;$\overline{\boldsymbol{x}}(-2)$ 表示扩展点;$\overline{\boldsymbol{x}}(1/2)$ 表示内部收缩点; $\overline{\boldsymbol{x}}(-1/2)$ 表示外部收缩点; 虚线三角形表示收缩后的单纯形)

尽管已经观察到 Nelder–Mead 方法的迭代过程可能在非最优点处停滞, 但实际性能通常是可以被接受的。当检测到迭代停滞时, 可以使用重启机制 (见文献 [178])。在每次迭代中, 如果没有机会执行最后的单纯形收缩步骤 (即步骤 4-3), 函数平均值

$$\frac{1}{n+1}\sum_{i=1}^{n+1} f(\boldsymbol{x}_i) \tag{9.29}$$

都会得到降低。此外, 如果 f 是凸函数, 即使执行了最后的单纯形收缩步骤,

也能确保函数平均值不会增加。

近些年来, 关于 Nelder–Mead 方法的收敛理论得到了一定的发展, 读者可以参阅文献 [179] 和文献 [186]。

9.6 隐式滤波方法

下面描述的隐式滤波方法是针对函数模型式 (9.2) 提出的, 其中 h 表示光滑函数。最简单的隐式滤波方法是基于线搜索的最速下降方法 (见第 3 章) 的一种变形形式, 其中梯度向量 ∇f_k 可以由式 (9.3) 给出的有限差分估计值来替换, 差分间隔参数 ε 可以不用非常小。

如果随着迭代点逼近问题的解, 函数中的噪声量级能逐渐降低, 在此种情形下隐式滤波方法将取得最好的效果。如果可以控制噪声量级, 这种情况就有可能会发生, 例如, 函数 f 是以用户指定的误差容限来求解微分方程所获得, 或者根据用户指定的次数进行随机实验 (通常实验次数越多, 噪声越小)。隐式滤波方法能规律性地减少差分间隔参数 ε (但并不希望其像误差那样迅速衰减), 从而在给定的噪声量级下保证梯度向量 $\nabla_\varepsilon f(\boldsymbol{x})$ 具有合理的精度。对于每个差分间隔参数 ε, 隐式滤波方法都需要进行内层循环, 使用搜索方向 $-\nabla_\varepsilon f(\boldsymbol{x})$ 进行 Armijo 线搜索。如果至少回溯 $a_{\max}$ 次以后, 内层循环仍然没能获得令人满意的步长, 则转至外层循环, 并且选择一个更小的 ε, 然后重复进行计算。下面给出隐式滤波方法的详细计算步骤。

【算法 9.6 隐式滤波方法】

步骤 1: 选择差分间隔参数序列 $\{\varepsilon_k\}\downarrow 0$、Armijo 参数 c、$\rho\in(0,1)$ 以及最大回溯参数 $a_{\max}$。

步骤 2: 令 $k\leftarrow 0$, 并且确定迭代起始点 $\boldsymbol{x}\leftarrow\boldsymbol{x}_0$。

步骤 3: 只要不满足终止条件就依次循环计算:

步骤 3-1: 令 $flag\leftarrow 0$;

步骤 3-2: 只要 $flag=0$ 就依次循环计算:

步骤 3-2-1: 计算 $f(\boldsymbol{x})$ 和 $\nabla_{\varepsilon_k} f(\boldsymbol{x})$;

步骤 3-2-2: 如果 $\|\nabla_{\varepsilon_k} f(\boldsymbol{x})\|\leqslant\varepsilon_k$, 则令 $flag\leftarrow 1$;

步骤 3-2-3: 如果 $\|\nabla_{\varepsilon_k} f(\boldsymbol{x})\|>\varepsilon_k$, 则在区间 $[0,a_{\max}]$ 内找寻最小的整数 m 以使得

$$f(\boldsymbol{x}-\rho^m\nabla_{\varepsilon_k} f(\boldsymbol{x}))\leqslant f(\boldsymbol{x})-c\rho^m\|\nabla_{\varepsilon_k} f(\boldsymbol{x})\|_2^2$$

如果这样的整数 m 并不存在, 则令 $flag\leftarrow 1$, 否则令 $\boldsymbol{x}\leftarrow\boldsymbol{x}-\rho^m\nabla_{\varepsilon_k} f(\boldsymbol{x})$;

步骤 3-3: 令 $\boldsymbol{x}_k\leftarrow\boldsymbol{x}$ 和 $k\leftarrow k+1$。

注意到算法 9.6 的内层循环其实是在回溯线搜索方法 (即第 3 章算法 3.1) 的基础上增加了收敛准则的判断, 该准则可用于检测是否已经收敛至极小值点 (在由差分间隔参数 ε_k 确定的精度下)。如果梯度向量估计值 $\nabla_{\varepsilon_k} f$ 足够小, 或者通过线搜索未能发现令人满意的新迭代点 (说明梯度向量的近似估计值 $\nabla_{\varepsilon_k} f(\boldsymbol{x})$ 的精度并不足以使目标函数 f 得到下降), 则将差分间隔参数降低至 ε_{k+1}, 然后重复进行计算。

下面的定理描述了算法 9.6 的基本收敛结论。

【定理 9.2】 假设 $\nabla^2 h$ 是 Lipschitz 连续的, 并且算法 9.6 能产生无限长迭代序列 $\{\boldsymbol{x}_k\}$, 满足

$$\lim_{k\to+\infty} \varepsilon_k^2 + \frac{\eta(\boldsymbol{x}_k;\varepsilon_k)}{\varepsilon_k} = 0$$

此外, 假设算法 9.6 中除有限次内层循环以外, 所有的内层循环都会终止于条件 $\|\nabla_{\varepsilon_k} f(\boldsymbol{x}_k)\| \leqslant \varepsilon_k$, 则迭代序列 $\{\boldsymbol{x}_k\}$ 的所有极限点均为平稳点。

【证明】 由于 $\{\varepsilon_k\} \downarrow 0$, 根据该定理中对内层循环的假设可知 $\nabla_{\varepsilon_k} f(\boldsymbol{x}_k) \to 0$。再回顾式 (9.5) 给出的误差界, 该式等号左侧会趋近于零, 从而有 $\nabla h(\boldsymbol{x}_k) \to \mathbf{0}$。因此, 所有极限点均满足 $\nabla h(\boldsymbol{x}) = \mathbf{0}$。证毕。

在算法 9.6 中, 还可以利用梯度向量的估计值 $\nabla_{\varepsilon_k} f$ 构造拟牛顿近似 Hessian 矩阵, 从而利用拟牛顿搜索方向代替负梯度搜索方向, 此时就能得到更复杂的隐式滤波方法。

9.7 注释与参考文献

文献 [39] 是一篇关于无导数优化的经典文献, 其中主要研究了一维优化问题, 并对舍入误差和全局最小化问题进行了讨论。近些年关于无导数优化的研究文献包括文献 [76]、[183]、[256] 以及 [314]。

文献 [307] 最早提出了基于模型的无导数优化方法。该方法利用内插条件式 (9.7) 构造二次模型函数, 并且通过求解子问题式 (9.9) 获得迭代更新向量。针对基于模型的无导数优化方法, Powell 利用线性和二次多项式函数, 首次提出了改善内插点几何条件的实际方法, 文献 [256] 对此工作进行了评述。

文献 [75] 提出和分析了基于模型的无导数优化方法, 并研究了如何使用牛顿多项式基函数。文献 [258] 和文献 [260] 提出的方法将 Hessian 矩阵变化量最小准则与内插技术相结合。本章第 9.2 节描述的基于模型的无导数优化方法参考了文献 [76]、文献 [258] 以及文献 [259]。

关于本章描述的模式搜索方法, 读者可以参阅综述论文 [183] 及其引用的参考文献, 该综述论文给出了较全面的讨论。

本章算法 9.3 给出的共轭方向方法是由文献 [239] 提出的。文献 [195] 讨论了坐标下降方法的收敛速度, 并且引用了关于该方法更多的参考文献。关于隐式滤波方法的进一步讨论, 读者可以参阅文献 [60]、文献 [179] 以及它们所引用的参考文献。

实现基于模型的无导数优化方法的软件包包括文献 [258] 中的 COBYLA、文献 [75] 中的 DFO、文献 [257] 中的 UOBYQA、文献 [200] 中的 WEDGE 以及文献 [260] 中的 NEWUOA。最早的软件包是 COBYLA, 其中使用了线性模型函数。软件包 DFO、UOBYQA 以及 WEDGE 使用了二次模型函数。软件包 NEWUOA 实现的方法利用了 Hessian 矩阵变化量最小准则 (即式 (9.19))。文献 [171] 中的软件包 APPS 实现了模式搜索方法, 而文献 [173] 中的软件包 DIRECT 则设计找寻全局最优解。

9.8 练习题

9.1 证明引理 9.1。

9.2 试完成下面 3 个问题:

(a) 为了唯一确定式 (9.6) 中的模型系数, 验证所需的内插条件个数为 $q=(n+1)(n+2)/2$。

(b) 验证 $\mathbb{R}^n$ 中的非退化单纯形的顶点个数与各条边的中点个数相加等于 $q=(n+1)(n+2)/2$, 因此该点集可作为无导数优化方法的初始内插点集合。

(c) 如果式 (9.6) 中的 $\boldsymbol{G}$ 为零矩阵, 则需要多少个内插条件可以唯一确定式 (9.6) 中的模型系数? 如果 $\boldsymbol{G}$ 为对角矩阵, 则需要多少个内插条件可以唯一确定式 (9.6) 中的模型系数? 如果 $\boldsymbol{G}$ 为三对角矩阵, 则需要多少个内插条件可以唯一确定式 (9.6) 中的模型系数?

9.3 描述向量组 $\{\boldsymbol{s}^l\}_{1\leqslant l\leqslant n}$ 所满足的条件, 以唯一确定模型函数式 (9.14)。

9.4 若要确定二元二次模型函数, 试完成下面两个问题:

(a) 验证位于同一条直线上的 6 个点无法确定该二次函数。

(b) 验证位于平面内一个圆周上的 6 个点无法唯一确定该二次函数。

9.5 使用数学归纳法证明, 当算法 9.3 中的第 k 次迭代的外层迭代结束时, 搜索方向 $\boldsymbol{p}_{n-k},\boldsymbol{p}_{n-k+1},\cdots,\boldsymbol{p}_n$ 关于矩阵 $\boldsymbol{A}$ 相互共轭。基于此结论证明, 如果算法 9.3 中的步长 α_i 从不为零, 则至多经过 n 次外层迭代即可终止于二次函数式 (9.25) 的极小值点。

9.6 现需要沿着搜索方向 $\boldsymbol{p}$, 利用二次内插找寻强凸二次目标函数 f 的一维极小值点, 试编写一个程序实现此目的, 并描述该程序中所使用的公式。

9.7 利用 6 个点进行内插, 以确定下面的二元二次模型函数:

$$m(x_1,x_2)=f+g_1x_1+g_2x_2+\frac{1}{2}G_{11}^2x_1^2+G_{12}x_1x_2+\frac{1}{2}G_{22}^2x_2^2$$

这 6 个内插点的数据分别为: $\boldsymbol{y}^1=[0\quad 0]^{\mathrm{T}}$, $\boldsymbol{y}^2=[1\quad 0]^{\mathrm{T}}$, $\boldsymbol{y}^3=[2\quad 0]^{\mathrm{T}}$, $\boldsymbol{y}^4=[1\quad 1]^{\mathrm{T}}$, $\boldsymbol{y}^5=[0\quad 2]^{\mathrm{T}}$, $\boldsymbol{y}^6=[0\quad 1]^{\mathrm{T}}$, $f(\boldsymbol{y}^1)=1$, $f(\boldsymbol{y}^2)=2.0084$, $f(\boldsymbol{y}^3)=7.0091$, $f(\boldsymbol{y}^4)=1.0168$, $f(\boldsymbol{y}^5)=-0.9909$, $f(\boldsymbol{y}^6)=-0.9916$。

9.8 针对式 (9.23) 给出的方向集合, 确定使式 (9.21) 成立的 δ。

9.9 对于任意 $i\in\{1,2,\cdots,n\}$, 定义方向集合 $D_k=\{\boldsymbol{e}_i,-\boldsymbol{e}_i\}$, 验证 $\kappa(D_k)=0$, 其中 $\kappa(\cdot)$ 的表达式见式 (9.21)。

9.10 针对式 (9.24) 给出的方向集合, 证明其满足式 (9.21), 并确定所对应的 δ。

9.11 在 Nelder–Mead 单纯形反射方法的单次迭代中, 如果采用 4 个点 $\overline{\boldsymbol{x}}(-1)$、$\overline{\boldsymbol{x}}(-2)$、$\overline{\boldsymbol{x}}(-1/2)$ 以及 $\overline{\boldsymbol{x}}(1/2)$ 中的任意一个点替换单纯形中的最差顶点 $\boldsymbol{x}_{n+1}$, 证明 $n+1$ 个单纯形顶点的函数平均值式 (9.29) 会降低。

9.12 假设目标函数 f 是凸函数, 在 Nelder–Mead 单纯形反射方法的单次迭代中, 如果采用最后一步 (即步骤 4-3) 对单纯形进行收缩, 证明 $n+1$ 个单纯形顶点的函数平均值式 (9.29) 不会增加。此外, 证明除非满足 $f(\boldsymbol{x}_1)=f(\boldsymbol{x}_2)=\cdots=f(\boldsymbol{x}_{n+1})$, 否则函数平均值式 (9.29) 会降低。

9.13 考虑由式 (9.2) 定义的函数 f, 如果使用前向差分公式代替中心差分公式计算近似梯度向量 $\nabla_\varepsilon f$ (此时需要计算的函数值数量会降低一半, 但是精度也会变得更低), 定义式如下:

$$\nabla_\varepsilon f(\boldsymbol{x})=\begin{bmatrix}\dfrac{f(\boldsymbol{x}+\varepsilon\boldsymbol{e}_1)-f(\boldsymbol{x})}{\varepsilon}\\\dfrac{f(\boldsymbol{x}+\varepsilon\boldsymbol{e}_2)-f(\boldsymbol{x})}{\varepsilon}\\\vdots\\\dfrac{f(\boldsymbol{x}+\varepsilon\boldsymbol{e}_n)-f(\boldsymbol{x})}{\varepsilon}\end{bmatrix}$$

证明另一个与引理 9.1 相似的结论: 假设 ∇^2h 在矩形邻域 $\{\boldsymbol{z}|\boldsymbol{z}\geqslant\boldsymbol{x},\|\boldsymbol{z}-\boldsymbol{x}\|_\infty\leqslant\varepsilon\}$ 中满足 Lipschitz 连续性, 其 Lipschitz 常数为 L_h, 则可以得到如下关系式:

$$\|\nabla_\varepsilon f(\boldsymbol{x})-\nabla h(\boldsymbol{x})\|_\infty\leqslant L_h\varepsilon+\frac{\eta(\boldsymbol{x};\varepsilon)}{\varepsilon}$$

式中

$$\eta(\boldsymbol{x};\varepsilon)=\sup_{\boldsymbol{z}\geqslant\boldsymbol{x},\|\boldsymbol{z}-\boldsymbol{x}\|_\infty\leqslant\varepsilon}\{|\phi(\boldsymbol{z})|\}$$

第 10 章

最小二乘问题

在最小二乘问题中, 目标函数 f 具有如下特殊形式:

$$f(\boldsymbol{x})=\frac{1}{2}\sum_{j=1}^{m}(r_j(\boldsymbol{x}))^2 \tag{10.1}$$

式中每个函数 $r_j:\mathbb{R}^n\to\mathbb{R}$ 均为光滑函数。本章将 $\{r_j\}_{1\leqslant j\leqslant m}$ 称为残差, 并假设 $m\geqslant n$。

在很多应用领域中都会出现最小二乘问题, 事实上该类问题很可能是无约束优化问题的最大来源。对于在化学、物理、金融以及应用经济等领域构建参数化模型的学者们而言, 他们会利用函数式 (10.1) 度量模型函数与系统观测值之间的差异 (见第 2 章例 2.1)。通过对函数式 (10.1) 最小化, 能够选择最优的模型参数值, 并实现模型函数与观测数据之间的最佳匹配。本章将阐述如何利用函数 f 及其导数的特殊结构, 设计有效且鲁棒的最小化算法。

通过利用函数 f 的特殊形式, 可以使最小二乘问题比常规的无约束优化问题更容易求解, 为了理解此事实, 先将式 (10.1) 中的每个分量 r_j 合并成一个残差向量 $\boldsymbol{r}:\mathbb{R}^n\to\mathbb{R}^m$, 如下所示:

$$\boldsymbol{r}(\boldsymbol{x})=[r_1(\boldsymbol{x})\ \ r_2(\boldsymbol{x})\ \ \cdots\ \ r_m(\boldsymbol{x})]^{\mathrm{T}} \tag{10.2}$$

使用此数学符号, 可以将函数 f 写成 $f(\boldsymbol{x})=\dfrac{1}{2}\|\boldsymbol{r}(\boldsymbol{x})\|_2^2$。函数 $f(\boldsymbol{x})$ 的导数可以利用 Jacobian 矩阵 $\boldsymbol{J}(\boldsymbol{x})$ 来表示。$\boldsymbol{J}(\boldsymbol{x})$ 是一个 $m\times n$ 矩阵, 其中的元素为残差 $\{r_j\}_{1\leqslant j\leqslant m}$ 的一阶导数, 如下所示:

$$\boldsymbol{J}(\boldsymbol{x})=\left[\frac{\partial r_j}{\partial x_i}\right]_{\substack{j=1,2,\cdots,m\\ i=1,2,\cdots,n}}=\begin{bmatrix}(\nabla r_1(\boldsymbol{x}))^{\mathrm{T}}\\(\nabla r_2(\boldsymbol{x}))^{\mathrm{T}}\\\vdots\\(\nabla r_m(\boldsymbol{x}))^{\mathrm{T}}\end{bmatrix} \tag{10.3}$$

式中 $\nabla r_j(\boldsymbol{x})$ $(j=1,2,\cdots,m)$ 表示残差 r_j 的梯度向量。函数 f 的梯度向

量和 Hessian 矩阵可以分别表示为

$$\nabla f(\boldsymbol{x})=\sum_{j=1}^{m} r_j(\boldsymbol{x})\nabla r_j(\boldsymbol{x})=(\boldsymbol{J}(\boldsymbol{x}))^{\mathrm{T}}\boldsymbol{r}(\boldsymbol{x}) \tag{10.4}$$

$$\begin{aligned}\nabla^2 f(\boldsymbol{x})&=\sum_{j=1}^{m}\nabla r_j(\boldsymbol{x})(\nabla r_j(\boldsymbol{x}))^{\mathrm{T}}+\sum_{j=1}^{m} r_j(\boldsymbol{x})\nabla^2 r_j(\boldsymbol{x})\\&=(\boldsymbol{J}(\boldsymbol{x}))^{\mathrm{T}}\boldsymbol{J}(\boldsymbol{x})+\sum_{j=1}^{m} r_j(\boldsymbol{x})\nabla^2 r_j(\boldsymbol{x})\end{aligned} \tag{10.5}$$

在很多应用中, 计算残差的一阶偏导数 (也就是计算 Jacobian 矩阵 $\boldsymbol{J}(\boldsymbol{x})$) 相对比较简单, 由此可以利用式 (10.4) 进一步计算梯度向量 $\nabla f(\boldsymbol{x})$。基于 $\boldsymbol{J}(\boldsymbol{x})$, 还可以获得 Hessian 矩阵 $\nabla^2 f(\boldsymbol{x})$ 中的第 1 项 $(\boldsymbol{J}(\boldsymbol{x}))^{\mathrm{T}}\boldsymbol{J}(\boldsymbol{x})$, 而无须计算函数 r_j 的二阶导数。通常, $(\boldsymbol{J}(\boldsymbol{x}))^{\mathrm{T}}\boldsymbol{J}(\boldsymbol{x})$ 比式 (10.5) 中的第 2 项求和项更加重要, 这可能是因为在解的附近, 残差 r_j 接近于仿射 (此时 $\nabla^2 r_j(\boldsymbol{x})$ 相对较小), 又或是由于残差 r_j 自身相对较小。大多数非线性最小二乘方法都利用了 Hessian 矩阵的上述结构特性。

对函数式 (10.1) 最小化的大多数主流方法都可以与前面章节所描述的线搜索和信赖域框架相结合。这些方法是基于牛顿方法和拟牛顿方法所形成的, 并在此基础上结合函数 f 的特殊结构得到了修正。

第 10.1 节描述了关于最小二乘应用的背景知识; 第 10.2 节讨论了线性最小二乘问题, 可为产生非线性最小二乘方法提供重要支撑; 第 10.3 节给出了本章的主要方法; 第 10.4 节讨论了最小二乘问题的一种变形问题, 即正交距离回归问题。

在本章中, 我们使用符号 $\|\cdot\|$ 来表示欧几里得范数 $\|\cdot\|_2$, 如果需要表示其他形式的范数, 书中会使用相应的下标进行标注。

10.1 问题背景

本节将讨论一个简单的参数化模型, 并说明如何使用最小二乘技术实现模型函数与数据之间的最优拟合。

【例 10.1】这里研究某种药物对患者的影响。首先在患者服药后的某个时间抽取血液样本, 然后测量每个样本中的药物浓度, 并且将每个样本对应的时间 t_j 和药物浓度 y_j 绘制成表格。

根据以往在此类实验中的经验可知, 函数 $\phi(\boldsymbol{x};t)$ 可以在 t 时刻较好地预测药物浓度, 其中模型参数为 5 维向量 $\boldsymbol{x}=[x_1\ \ x_2\ \ x_3\ \ x_4\ \ x_5]^{\mathrm{T}}$, 该函数的表达式为

$$\phi(\boldsymbol{x};t) = x_1 + tx_2 + t^2x_3 + x_4\mathrm{e}^{-x_5t} \tag{10.6}$$

现需要求解参数向量 $\boldsymbol{x}$, 使得此模型函数与观测数据在某种意义下实现最优匹配。一种能较好地度量模型预测值与观测值之间差异的准则是下面的最小二乘函数:

$$\frac{1}{2}\sum_{j=1}^{m}[\phi(\boldsymbol{x};t_j) - y_j]^2 \tag{10.7}$$

该函数是将每个时刻 t_j 的模型预测值与观测值之差的平方求和。若定义

$$r_j(\boldsymbol{x}) = \phi(\boldsymbol{x};t_j) - y_j \tag{10.8}$$

则函数式 (10.7) 与函数式 (10.1) 的形式是完全一致的。

从图 10.1 中可以看出, 对于某个特定的参数向量 $\boldsymbol{x}$, 式 (10.7) 中的每一项均表示曲线 $\phi(\boldsymbol{x};t)$ (关于时间 t 的函数) 与离散点 (t_j, y_j) 的竖直距离的平方。最小二乘问题的解 $\boldsymbol{x}^*$ 是使图 10.1 中的虚线长度平方和最小的参数向量。当获得解 $\boldsymbol{x}^*$ 以后, 就能够在任意时刻 t 利用函数 $\phi(\boldsymbol{x}^*;t)$ 估计患者血液中的药物浓度。

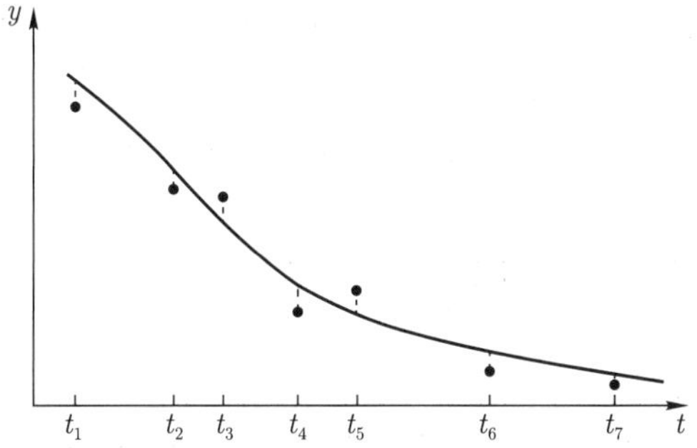

图 10.1　模型函数式 (10.6) 的光滑曲线与观测数据点 (竖线表示两者之差)

统计学家将上面的模型称为固定回归模型。它假设抽取血液样本的时间 t_j 是精确已知的, 但由于设备 (或者实验室技术人员) 的局限性, 观测值 y_j 或多或少会包含一些随机误差。

在具有上述类型且更具一般性的数据拟合问题中, 函数 $\phi(\boldsymbol{x};t)$ 中的 t 可以是一个向量, 而并非只是一个标量。具体而言, 在例 10.1 中, t 可以包含两个变量, 第 1 个变量表示患者服用药物以后的时间, 第 2 个变量表示患者的体重。因此, 可以使用面向整个患者群体的观测数据 (而不仅仅是单个患者的观测数据), 来获得最优的模型参数。

平方和函数式 (10.7) 并不是度量模型函数与观测值之间差异的唯一准则, 其他常用的度量函数还包括最大绝对值函数

$$\max_{j=1,2,\cdots,m}\{|\phi(\boldsymbol{x};t_j)-y_j|\} \tag{10.9}$$

以及绝对值求和函数

$$\sum_{j=1}^{m}|\phi(\boldsymbol{x};t_j)-y_j| \tag{10.10}$$

若利用 ℓ_1 范数和 ℓ_∞ 范数的定义, 则可以将上面两个度量函数分别表示为

$$f(\boldsymbol{x})=\|\boldsymbol{r}(\boldsymbol{x})\|_\infty,\quad f(\boldsymbol{x})=\|\boldsymbol{r}(\boldsymbol{x})\|_1 \tag{10.11}$$

根据第 17 章中的讨论可知, 式 (10.11) 中的函数最小化问题可以转化为光滑约束优化问题。

本章仅讨论式 (10.1) 中的 ℓ_2 范数。在一些情形下, 选择最小二乘准则是出于统计方面的考虑。下面对符号稍做调整, 将模型函数与观测值之间的差异用符号 ε_j 来表示, 如下所示:

$$\varepsilon_j=\phi(\boldsymbol{x};t_j)-y_j$$

通常可以假设 $\{\varepsilon_j\}$ 独立同分布, 并且具有相同的方差 σ^2 和概率密度函数 $g_\sigma(\cdot)$。当模型函数能够准确描述实际过程, 并且观测值 y_j 中的误差不包含系统偏差时, 该假设一般都能成立。在此假设条件下, 对于给定的参数向量 $\boldsymbol{x}$, 产生观测集合 $\{y_j\}_{1\leqslant j\leqslant m}$ 的概率可以由下面的函数来表征:

$$p(\boldsymbol{y};\boldsymbol{x},\sigma)=\prod_{j=1}^{m}g_\sigma(\varepsilon_j)=\prod_{j=1}^{m}g_\sigma(\phi(\boldsymbol{x};t_j)-y_j) \tag{10.12}$$

对于一组给定的观测值 $y_1,y_2,\cdots,y_m$, 参数向量 $\boldsymbol{x}$ 最可能的取值应使得 $p(\boldsymbol{y};\boldsymbol{x},\sigma)$ 取到最大值, 此时所获得的参数向量 $\boldsymbol{x}$ 的解称为最大似然估计值。

如果假设差值 $\{\varepsilon_j\}$ 服从零均值正态分布, 即有

$$g_\sigma(\varepsilon)=\frac{1}{\sqrt{2\pi\sigma^2}}\exp\left(-\frac{\varepsilon^2}{2\sigma^2}\right)$$

将其代入式 (10.12) 中可得

$$p(\boldsymbol{y};\boldsymbol{x},\sigma)=\frac{1}{(2\pi\sigma^2)^{m/2}}\exp\left(-\frac{1}{2\sigma^2}\sum_{j=1}^{m}[\phi(\boldsymbol{x};t_j)-y_j]^2\right)$$

显然, 对于固定的方差值 σ^2, 对 $p(\boldsymbol{y};\boldsymbol{x},\sigma)$ 最大化等价于对式 (10.7) 中的平方和函数最小化。总而言之, 当差值 $\{\varepsilon_j\}$ 独立且服从零均值正态分布时, 通过对平方和函数最小化就可以得到最大似然估计值。

上述关于 $\{\varepsilon_j\}$ 的假设是十分常见的, 但是这些假设并没有描述对平方和

函数最小化具有良好的统计意义。文献 [280] 给出了很多从观测数据中获得参数向量 $\boldsymbol{x}$ 的估计值的例子, 其中的关键环节是对式 (10.7) 中的函数以及该函数的推广形式

$$(\boldsymbol{r}(\boldsymbol{x}))^{\mathrm{T}}\boldsymbol{W}\boldsymbol{r}(\boldsymbol{x}) \quad (\text{其中 } \boldsymbol{W} \in \mathbb{R}^{m\times m} \text{ 是对称矩阵})$$

最小化。

10.2 线性最小二乘问题

在数据拟合问题中, 很多模型函数 $\phi(\boldsymbol{x};t)$ 都是关于参数向量 $\boldsymbol{x}$ 的线性函数。在这种情况下, 由式 (10.8) 定义的残差 $r_j(\boldsymbol{x})$ 也是线性函数, 此时就将函数式 (10.7) 中的最小化问题称为线性最小二乘问题。针对此类问题, 残差向量可以表示为 $\boldsymbol{r}(\boldsymbol{x}) = \boldsymbol{J}\boldsymbol{x} - \boldsymbol{y}$, 其中矩阵 $\boldsymbol{J}$ 和向量 $\boldsymbol{y}$ 均与向量 $\boldsymbol{x}$ 无关, 相应的目标函数如下所示:

$$f(\boldsymbol{x}) = \frac{1}{2}\|\boldsymbol{J}\boldsymbol{x} - \boldsymbol{y}\|^2 \tag{10.13}$$

式中 $\boldsymbol{y} = -\boldsymbol{r}(\boldsymbol{0})$。由式 (10.13) 可得

$$\nabla f(\boldsymbol{x}) = \boldsymbol{J}^{\mathrm{T}}(\boldsymbol{J}\boldsymbol{x} - \boldsymbol{y}), \quad \nabla^2 f(\boldsymbol{x}) = \boldsymbol{J}^{\mathrm{T}}\boldsymbol{J}$$

注意到 Hessian 矩阵 $\nabla^2 f(\boldsymbol{x})$ 中的第 2 项 (见式 (10.5)) 消失了, 这是因为对于所有的 $j = 1, 2, \cdots, m$, 均满足 $\nabla^2 r_j = \boldsymbol{0}$。容易验证, 式 (10.13) 中的函数 $f(\boldsymbol{x})$ 是凸函数, 但是该性质对于非线性问题式 (10.1) 未必成立。根据第 2 章定理 2.5 可知, 满足 $\nabla f(\boldsymbol{x}^*) = \boldsymbol{0}$ 的任意向量 $\boldsymbol{x}^*$ 都是函数 f 的全局最小值点。因此, 向量 $\boldsymbol{x}^*$ 必须满足下面的线性方程:

$$\boldsymbol{J}^{\mathrm{T}}\boldsymbol{J}\boldsymbol{x}^* = \boldsymbol{J}^{\mathrm{T}}\boldsymbol{y} \tag{10.14}$$

该式被称为式 (10.13) 的正规方程。

下面简要描述求解无约束线性最小二乘问题的 3 种主要算法。在大部分讨论中均假设 $m \geqslant n$, 且 $\boldsymbol{J}$ 为列满秩矩阵。

第 1 种方法最简单直接, 利用下面的 3 个步骤求解线性方程组式 (10.14):

步骤 1: 计算系数矩阵 $\boldsymbol{J}^{\mathrm{T}}\boldsymbol{J}$ 和右侧的向量 $\boldsymbol{J}^{\mathrm{T}}\boldsymbol{y}$;

步骤 2: 计算对称矩阵 $\boldsymbol{J}^{\mathrm{T}}\boldsymbol{J}$ 的 Cholesky 分解;

步骤 3: 利用 Cholesky 矩阵因子求解两个三角线性方程组, 从而获得解 $\boldsymbol{x}^*$。

当 $m \geqslant n$, 并且矩阵 $\boldsymbol{J}$ 的秩等于 n 时, 下面的 Cholesky 分解存在:

$$\boldsymbol{J}^{\mathrm{T}}\boldsymbol{J}=\overline{\boldsymbol{R}}^{\mathrm{T}}\overline{\boldsymbol{R}} \tag{10.15}$$

式中 $\overline{\boldsymbol{R}}$ 为 n 阶上三角矩阵, 并且其对角元素均为正数。实际中常使用上面描述的方法求解线性最小二乘问题, 并且通常是有效的, 但是该方法也存在一个显著的缺点, 那就是矩阵 $\boldsymbol{J}^{\mathrm{T}}\boldsymbol{J}$ 的条件数等于矩阵 $\boldsymbol{J}$ 的条件数的平方。由于利用数值计算得到的问题解的相对误差通常正比于条件数, 因此, 相比于能避免矩阵条件数平方的方法, 基于 Cholesky 分解的方法所得到的解的精度会更低一些。当矩阵 $\boldsymbol{J}$ 呈现病态时, Cholesky 分解过程甚至会出现崩溃, 因为舍入误差可能导致在矩阵分解的过程中, 在对角线上出现绝对值较小的负元素。

第 2 种方法是基于矩阵 $\boldsymbol{J}$ 的 QR 分解。由于任意向量的欧几里得范数不会受到正交变换的影响, 从而有

$$\|\boldsymbol{J}\boldsymbol{x}-\boldsymbol{y}\|=\|\boldsymbol{Q}^{\mathrm{T}}(\boldsymbol{J}\boldsymbol{x}-\boldsymbol{y})\| \tag{10.16}$$

式中 $\boldsymbol{Q}$ 为任意 m 阶正交矩阵。假设对矩阵 $\boldsymbol{J}$ 进行列主元 QR 分解, 如下所示:

$$\boldsymbol{J}\boldsymbol{\Pi}=\boldsymbol{Q}\begin{bmatrix}\boldsymbol{R}\\\boldsymbol{0}\end{bmatrix}=[\boldsymbol{Q}_1\ \ \boldsymbol{Q}_2]\begin{bmatrix}\boldsymbol{R}\\\boldsymbol{0}\end{bmatrix}=\boldsymbol{Q}_1\boldsymbol{R} \tag{10.17}$$

式中 $\boldsymbol{\Pi}$ 为 n 阶置换矩阵 (也是正交矩阵); $\boldsymbol{Q}$ 为 m 阶正交矩阵; $\boldsymbol{Q}_1$ 为矩阵 $\boldsymbol{Q}$ 的前 n 列所构成的矩阵, $\boldsymbol{Q}_2$ 为矩阵 $\boldsymbol{Q}$ 的后 $m-n$ 列所构成的矩阵; $\boldsymbol{R}$ 为具有正对角元素的 n 阶上三角矩阵。

综合式 (10.16) 和式 (10.17) 可得

$$\begin{aligned}\|\boldsymbol{J}\boldsymbol{x}-\boldsymbol{y}\|^2&=\left\|\begin{bmatrix}\boldsymbol{Q}_1^{\mathrm{T}}\\\boldsymbol{Q}_2^{\mathrm{T}}\end{bmatrix}(\boldsymbol{J}\boldsymbol{\Pi}\boldsymbol{\Pi}^{\mathrm{T}}\boldsymbol{x}-\boldsymbol{y})\right\|^2=\left\|\begin{bmatrix}\boldsymbol{R}\\\boldsymbol{0}\end{bmatrix}(\boldsymbol{\Pi}^{\mathrm{T}}\boldsymbol{x})-\begin{bmatrix}\boldsymbol{Q}_1^{\mathrm{T}}\boldsymbol{y}\\\boldsymbol{Q}_2^{\mathrm{T}}\boldsymbol{y}\end{bmatrix}\right\|^2\\&=\|\boldsymbol{R}(\boldsymbol{\Pi}^{\mathrm{T}}\boldsymbol{x})-\boldsymbol{Q}_1^{\mathrm{T}}\boldsymbol{y}\|^2+\|\boldsymbol{Q}_2^{\mathrm{T}}\boldsymbol{y}\|^2\end{aligned} \tag{10.18}$$

由于式中最后一项 $\|\boldsymbol{Q}_2^{\mathrm{T}}\boldsymbol{y}\|^2$ 并不会受到参数向量 $\boldsymbol{x}$ 的影响, 因此, 若能使 $\|\boldsymbol{R}(\boldsymbol{\Pi}^{\mathrm{T}}\boldsymbol{x})-\boldsymbol{Q}_1^{\mathrm{T}}\boldsymbol{y}\|^2$ 取值为零, 就可以使 $\|\boldsymbol{J}\boldsymbol{x}-\boldsymbol{y}\|$ 最小化, 由此可得问题的解为

$$\boldsymbol{x}^*=\boldsymbol{\Pi}\boldsymbol{R}^{-1}\boldsymbol{Q}_1^{\mathrm{T}}\boldsymbol{y}$$

实际中, 可以通过求解三角线性方程组 $\boldsymbol{R}\boldsymbol{z}=\boldsymbol{Q}_1^{\mathrm{T}}\boldsymbol{y}$, 并通过置换向量 $\boldsymbol{z}$ 中的元素来获得解向量, 即有 $\boldsymbol{x}^*=\boldsymbol{\Pi}\boldsymbol{z}$。

这种基于矩阵 QR 分解的方法并不会影响问题的条件, 其所得到的问题解的相对误差通常正比于矩阵 $\boldsymbol{J}$ 的条件数, 而不是条件数的平方, 因此该方法一般都是可靠的。然而, 在某些情形下, 需要更强的鲁棒性, 或是更多的关

于解对数据 (包括矩阵 $\boldsymbol{J}$ 或者向量 $\boldsymbol{y}$) 扰动的敏感度信息。在这些情况下, 可以采用第 3 种方法, 也就是基于矩阵 $\boldsymbol{J}$ 的奇异值分解方法。根据附录 A 式 (A.15) 可知, 矩阵 $\boldsymbol{J}$ 的奇异值分解可以表示为

$$\boldsymbol{J}=\boldsymbol{U}\begin{bmatrix}\boldsymbol{S}\\\boldsymbol{0}\end{bmatrix}\boldsymbol{V}^{\mathrm{T}}=[\boldsymbol{U}_1\ \ \boldsymbol{U}_2]\begin{bmatrix}\boldsymbol{S}\\\boldsymbol{0}\end{bmatrix}\boldsymbol{V}^{\mathrm{T}}=\boldsymbol{U}_1\boldsymbol{S}\boldsymbol{V}^{\mathrm{T}} \tag{10.19}$$

式中 $\boldsymbol{U}$ 为 m 阶正交矩阵; $\boldsymbol{U}_1$ 为矩阵 $\boldsymbol{U}$ 的前 n 列所构成的矩阵, $\boldsymbol{U}_2$ 为矩阵 $\boldsymbol{U}$ 的后 $m-n$ 列所构成的矩阵; $\boldsymbol{V}$ 为 n 阶正交矩阵; $\boldsymbol{S}$ 为 n 阶对角矩阵, 其中的对角元素满足 $\sigma_1\geqslant\sigma_2\geqslant\cdots\geqslant\sigma_n>0$。注意到 $\boldsymbol{J}^{\mathrm{T}}\boldsymbol{J}=\boldsymbol{V}\boldsymbol{S}^2\boldsymbol{V}^{\mathrm{T}}$, 由该式可知, 矩阵 $\boldsymbol{J}^{\mathrm{T}}\boldsymbol{J}$ 的特征向量是矩阵 $\boldsymbol{V}$ 中的列向量, 其 n 个特征值为 $\{\sigma_j^2\}_{1\leqslant j\leqslant n}$。

根据式 (10.18) 中的推导过程可知

$$\begin{aligned}\|\boldsymbol{J}\boldsymbol{x}-\boldsymbol{y}\|^2&=\left\|\begin{bmatrix}\boldsymbol{S}\\\boldsymbol{0}\end{bmatrix}(\boldsymbol{V}^{\mathrm{T}}\boldsymbol{x})-\begin{bmatrix}\boldsymbol{U}_1^{\mathrm{T}}\\\boldsymbol{U}_2^{\mathrm{T}}\end{bmatrix}\boldsymbol{y}\right\|^2\\&=\|\boldsymbol{S}(\boldsymbol{V}^{\mathrm{T}}\boldsymbol{x})-\boldsymbol{U}_1^{\mathrm{T}}\boldsymbol{y}\|^2+\|\boldsymbol{U}_2^{\mathrm{T}}\boldsymbol{y}\|^2\end{aligned} \tag{10.20}$$

同理, 如果能使 $\|\boldsymbol{S}(\boldsymbol{V}^{\mathrm{T}}\boldsymbol{x})-\boldsymbol{U}_1^{\mathrm{T}}\boldsymbol{y}\|^2$ 取值为零, 就可以使 $\|\boldsymbol{J}\boldsymbol{x}-\boldsymbol{y}\|$ 最小化, 于是问题的解应为

$$\boldsymbol{x}^*=\boldsymbol{V}\boldsymbol{S}^{-1}\boldsymbol{U}_1^{\mathrm{T}}\boldsymbol{y}$$

若将矩阵 $\boldsymbol{U}$ 和矩阵 $\boldsymbol{V}$ 中的第 i 列向量分别记为 $\boldsymbol{u}_i\in\mathbb{R}^m$ 和 $\boldsymbol{v}_i\in\mathbb{R}^n$, 则问题的解应具有如下形式:

$$\boldsymbol{x}^*=\sum_{i=1}^{n}\frac{\boldsymbol{u}_i^{\mathrm{T}}\boldsymbol{y}}{\sigma_i}\boldsymbol{v}_i \tag{10.21}$$

由该式可以获得解 $\boldsymbol{x}^*$ 的敏感度信息, 并且此信息是有用的。当 σ_i 很小时, 由于因子 $\boldsymbol{u}_i^{\mathrm{T}}\boldsymbol{y}$ 的存在, 解 $\boldsymbol{x}^*$ 对向量 $\boldsymbol{y}$ 和矩阵 $\boldsymbol{J}$ 中的数据扰动都十分敏感。当矩阵 $\boldsymbol{J}$ 接近秩亏损时, 也就是当 $\sigma_n/\sigma_1\ll 1$ 时, 这种信息是特别有用的。在一些情况下, 为了获得敏感度信息, 在奇异值分解算法中多付出的计算成本是值得的。

这 3 种方法都有着各自的应用价值。当 $m\gg n$ 时, 基于 Cholesky 分解的方法特别有用, 此时更实用的策略是存储矩阵 $\boldsymbol{J}^{\mathrm{T}}\boldsymbol{J}$, 而不是存储矩阵 $\boldsymbol{J}$ 本身。当 $m\gg n$, 且矩阵 $\boldsymbol{J}$ 具有稀疏性时, 该方法可能比其他方法的计算成本更低。然而, 当矩阵 $\boldsymbol{J}$ 秩亏损或者呈现病态时, 需要对该方法进行修正, 以允许对矩阵 $\boldsymbol{J}^{\mathrm{T}}\boldsymbol{J}$ 的对角元素进行旋转。基于矩阵 QR 分解的方法能够避免出现条件数的平方, 因而在数值上可能更具鲁棒性。尽管基于奇异值分解的方法所付出的计算成本最高, 但其也是最鲁棒和最可靠的方法。当矩阵 $\boldsymbol{J}$ 秩

亏损时, 一些奇异值等于零, 此时下面的向量集:

$$\boldsymbol{x}^* = \sum_{\sigma_i \neq 0} \frac{\boldsymbol{u}_i^{\mathrm{T}} \boldsymbol{y}}{\sigma_i} \boldsymbol{v}_i + \sum_{\sigma_i = 0} \tau_i \boldsymbol{v}_i \quad (\text{对于任意系数 } \tau_i) \tag{10.22}$$

都是式 (10.20) 的极小值点。在这些解集中, 所期望的解通常具有最小的范数, 若将式 (10.22) 中的每个 τ_i 均设为零, 即可获此最小范数解。当矩阵 $\boldsymbol{J}$ 满秩但却呈现病态时, 排序在后面的若干奇异值 $\sigma_n, \sigma_{n-1}, \cdots$ 相比 σ_1 较小。当 σ_i 很小时, 式 (10.22) 中的系数 $\boldsymbol{u}_i^{\mathrm{T}} \boldsymbol{y}/\sigma_i$ 对 $\boldsymbol{u}_i^{\mathrm{T}} \boldsymbol{y}$ 的扰动特别敏感, 此时若在式 (10.22) 的求和中将这些项忽略, 则所得到的近似解能比真实解对数据扰动的敏感度更低。

对于大规模问题而言, 使用迭代方法 (例如共轭梯度方法) 求解正规方程式 (10.14) 可能是有效的。若直接实现共轭梯度方法 (即第 5 章算法 5.2), 则需要在每次迭代中执行一次矩阵 (即 $\boldsymbol{J}^{\mathrm{T}} \boldsymbol{J}$) 与向量的乘积运算。此运算可以依次将向量与矩阵 $\boldsymbol{J}$ 和 $\boldsymbol{J}^{\mathrm{T}}$ 相乘来实现, 也就是说, 利用这两个矩阵完成矩阵与向量的乘积运算, 从而实现共轭梯度方法。学者们还提出了一些共轭梯度方法的修正形式, 这些方法在每次迭代中都需要相似的计算量 (包括矩阵 $\boldsymbol{J}$ 和 $\boldsymbol{J}^{\mathrm{T}}$ 与向量的乘积运算), 只是它们具有更优越的数值特性。文献 [234] 描述了另一些较好的方法, 特别需要指出的是, 其中提出的 LSQR 算法已成为非常成功的软件代码的基础。

10.3 非线性最小二乘问题的求解方法

10.3.1 高斯 – 牛顿方法

下面将要描述对非线性目标函数式 (10.1) 最小化的方法, 其中利用了式 (10.4) 中的梯度向量 ∇f 以及式 (10.5) 中的 Hessian 矩阵 $\nabla^2 f$ 的代数结构。在这些方法中, 最简单的应该是高斯 – 牛顿方法, 其可以看成是含有线搜索的修正型牛顿方法。代替求解标准牛顿方程 $\nabla^2 f(\boldsymbol{x}_k)\boldsymbol{p} = -\nabla f(\boldsymbol{x}_k)$, 高斯 – 牛顿方法需要求解如下方程来获得搜索方向 $\boldsymbol{p}_k^{\mathrm{GN}}$:

$$\boldsymbol{J}_k^{\mathrm{T}} \boldsymbol{J}_k \boldsymbol{p}_k^{\mathrm{GN}} = -\boldsymbol{J}_k^{\mathrm{T}} \boldsymbol{r}_k \tag{10.23}$$

相比于普通的牛顿方法, 这种简单的修正可以带来一些优势。首先, 使用如下近似:

$$\nabla^2 f_k \approx \boldsymbol{J}_k^{\mathrm{T}} \boldsymbol{J}_k \tag{10.24}$$

可以避免计算每个残差函数的 Hessian 矩阵 $\{\nabla^2 r_j\}_{1\leqslant j\leqslant m}$, 但式 (10.5) 中的第 2 项需要计算这些矩阵。事实上, 在计算梯度向量 $\nabla f_k = \boldsymbol{J}_k^{\mathrm{T}}\boldsymbol{r}_k$ 时已经获得了 Jacobian 矩阵 $\boldsymbol{J}_k$, 因而在计算近似估计式 (10.24) 时无须计算额外的导数, 在一些应用中能够明显节省计算时间, 此为优势 1。其次, 在很多情形下, 式 (10.5) 中的第 1 项 $\boldsymbol{J}^{\mathrm{T}}\boldsymbol{J}$ 在数值上明显高于第 2 项 (至少在解 $\boldsymbol{x}^*$ 的附近是这样), 此时矩阵 $\boldsymbol{J}_k^{\mathrm{T}}\boldsymbol{J}_k$ 是 Hessian 矩阵 $\nabla^2 f_k$ 的一个非常好的近似估计值, 从而使高斯–牛顿方法的收敛速度与牛顿方法的收敛速度十分接近。当式 (10.5) 第 2 项中的每个求和项 $r_j(\boldsymbol{x})\nabla^2 r_j(\boldsymbol{x})$ 的范数 $|r_j(\boldsymbol{x})|\,\|\nabla^2 r_j(\boldsymbol{x})\|$ 明显小于矩阵 $\boldsymbol{J}^{\mathrm{T}}\boldsymbol{J}$ 的特征值时, 式 (10.5) 中的第 1 项在数值上将占据主导作用。正如本章章首所述, 当残差 r_j 很小或是接近仿射 (此时 $\|\nabla^2 r_j\|$ 很小) 时, 就能够观察到此现象。实际中很多最小二乘问题在解附近的残差都很小, 从而使高斯–牛顿方法具有快速局部收敛性, 此为优势 2。

再次, 高斯–牛顿方法的第 3 个优势是, 只要 $\boldsymbol{J}_k$ 是满秩矩阵, 并且梯度 ∇f_k 不为零, 那么搜索方向 $\boldsymbol{p}_k^{\mathrm{GN}}$ 就是函数 f 的一个下降方向, 因而也是一个可以进行线搜索的合适方向。结合式 (10.4) 和式 (10.23) 可得

$$(\boldsymbol{p}_k^{\mathrm{GN}})^{\mathrm{T}}\nabla f_k = (\boldsymbol{p}_k^{\mathrm{GN}})^{\mathrm{T}}\boldsymbol{J}_k^{\mathrm{T}}\boldsymbol{r}_k = -(\boldsymbol{p}_k^{\mathrm{GN}})^{\mathrm{T}}\boldsymbol{J}_k^{\mathrm{T}}\boldsymbol{J}_k\boldsymbol{p}_k^{\mathrm{GN}} = -\|\boldsymbol{J}_k\boldsymbol{p}_k^{\mathrm{GN}}\|^2 \leqslant 0 \tag{10.25}$$

除非 $\boldsymbol{J}_k\boldsymbol{p}_k^{\mathrm{GN}} = \boldsymbol{0}$, 否则式 (10.25) 最后的不等式就是严格不等式。根据式 (10.23) 以及矩阵 $\boldsymbol{J}_k$ 的满秩性可知, 当 $\boldsymbol{J}_k\boldsymbol{p}_k^{\mathrm{GN}} = \boldsymbol{0}$ 时可得 $\boldsymbol{J}_k^{\mathrm{T}}\boldsymbol{r}_k = \nabla f_k = \boldsymbol{0}$, 这意味着向量 $\boldsymbol{x}_k$ 是一个平稳点。最后, 高斯–牛顿方法的第 4 个优势源自式 (10.23) 与线性最小二乘问题中的正规方程式 (10.14) 之间的相似性。由式 (10.23) 可知, 向量 $\boldsymbol{p}_k^{\mathrm{GN}}$ 是如下线性最小二乘问题的解:

$$\min_{\boldsymbol{p}}\left\{\frac{1}{2}\|\boldsymbol{J}_k\boldsymbol{p} + \boldsymbol{r}_k\|^2\right\} \tag{10.26}$$

因此, 将上节中的线性最小二乘方法应用于求解子问题式 (10.26) 中即可获得搜索方向。如果采用基于矩阵 QR 分解或者矩阵奇异值分解的方法进行求解, 就无须计算式 (10.23) 中的矩阵 $\boldsymbol{J}_k^{\mathrm{T}}\boldsymbol{J}_k$ (即近似 Hessian 矩阵), 此时可以直接对 Jacobian 矩阵 $\boldsymbol{J}_k$ 进行处理。如果利用共轭梯度方法求解式 (10.26), 那么此事实同样成立。对于共轭梯度方法, 需要利用矩阵 $\boldsymbol{J}_k^{\mathrm{T}}\boldsymbol{J}_k$ 来完成矩阵与向量的乘积运算, 可以通过将向量依次与矩阵 $\boldsymbol{J}_k$ 和 $\boldsymbol{J}_k^{\mathrm{T}}$ 相乘来实现此运算。

如果残差个数 m 较大, 而变量个数 n 相对较小, 此时直接存储 Jacobian 矩阵 $\boldsymbol{J}$ 也许并不明智。在这种情况下, 计算矩阵 $\boldsymbol{J}^{\mathrm{T}}\boldsymbol{J}$ 和梯度向量 $\boldsymbol{J}^{\mathrm{T}}\boldsymbol{r}$ 更好的策略应该是依次计算 r_j 和 ∇r_j $(j = 1, 2, \cdots, m)$, 然后完成下面的累加运算:

$$J^{\mathrm{T}}J=\sum_{j=1}^{m}(\nabla r_j)(\nabla r_j)^{\mathrm{T}},\quad J^{\mathrm{T}}r=\sum_{j=1}^{m}r_j(\nabla r_j) \tag{10.27}$$

此时, 直接求解正规方程式 (10.23) 即可获得高斯–牛顿迭代更新向量。

子问题式 (10.26) 给出了理解高斯–牛顿搜索方向的另一种方式。我们可以将残差向量函数近似表示为线性模型, 即有 $\boldsymbol{r}(\boldsymbol{x}_k+\boldsymbol{p})\approx\boldsymbol{r}_k+\boldsymbol{J}_k\boldsymbol{p}$, 并将其代入函数 $\|\cdot\|^2/2$ 中, 从而得到式 (10.26)。换言之, 其中使用了如下近似目标函数:

$$f(\boldsymbol{x}_k+\boldsymbol{p})=\frac{1}{2}\|\boldsymbol{r}(\boldsymbol{x}_k+\boldsymbol{p})\|^2\approx\frac{1}{2}\|\boldsymbol{J}_k\boldsymbol{p}+\boldsymbol{r}_k\|^2$$

并将此近似目标函数的极小值点作为搜索方向 $\boldsymbol{p}_k^{\mathrm{GN}}$。

为了实现高斯–牛顿方法, 通常需要在搜索方向 $\boldsymbol{p}_k^{\mathrm{GN}}$ 上进行线搜索, 要求步长 α_k 满足第 3 章讨论的一些条件, 例如第 3 章式 (3.4) 给出的 Armijo 条件, 以及第 3 章式 (3.6) 给出的 Wolfe 条件。

10.3.2 高斯–牛顿方法的收敛性

第 3 章的理论可应用于研究高斯–牛顿方法的收敛性。假设在感兴趣区域内, Jacobian 矩阵 $\boldsymbol{J}(\boldsymbol{x})$ 的奇异值是一致有界的, 并且此界具有非零值, 也就是存在正常数 $\gamma>0$ 满足

$$\|\boldsymbol{J}(\boldsymbol{x})\boldsymbol{z}\|\geqslant\gamma\|\boldsymbol{z}\|\quad(\text{对于所有的 }\boldsymbol{z}) \tag{10.28}$$

式中 $\boldsymbol{x}$ 表示水平集 L 的邻域 N 中的任意向量, 水平集 L 的定义如下:

$$L\xlongequal{\text{定义}}\{\boldsymbol{x}|f(\boldsymbol{x})\leqslant f(\boldsymbol{x}_0)\} \tag{10.29}$$

式中向量 $\boldsymbol{x}_0$ 表示高斯–牛顿方法的迭代起始点。此外, 这里还假设水平集 L 是有界的。下面将基于上面的全部假设, 证明关于高斯–牛顿方法的全局收敛结论, 该结论可以看成是定理 3.2 的推论。

【定理 10.1】假设每个残差函数 $\{r_j\}_{1\leqslant j\leqslant m}$ 在有界水平集式 (10.29) 的某个邻域 N 上都是 Lipschitz 连续可微的, 并且 Jacobian 矩阵 $\boldsymbol{J}(\boldsymbol{x})$ 在集合 N 上满足式 (10.28) 给出的一致满秩条件。若迭代序列 $\{\boldsymbol{x}_k\}$ 由高斯–牛顿方法产生, 并且步长 α_k 满足第 3 章式 (3.6), 则有

$$\lim_{k\to+\infty}\boldsymbol{J}_k^{\mathrm{T}}\boldsymbol{r}_k=\boldsymbol{0}$$

【证明】对于某个正常数 l 和 β, 可以将有界水平集 L 的邻域 N 选得足够小, 使得对于所有 $\boldsymbol{x},\widetilde{\boldsymbol{x}}\in N$, 下面的关系式均能成立:

$$|r_j(\boldsymbol{x})|\leqslant\beta,\quad\|\nabla r_j(\boldsymbol{x})\|\leqslant\beta\quad(j=1,2,\cdots,m)$$

$$|r_j(\boldsymbol{x})-r_j(\widetilde{\boldsymbol{x}})|\leqslant l\|\boldsymbol{x}-\widetilde{\boldsymbol{x}}\|,\quad \|\nabla r_j(\boldsymbol{x})-\nabla r_j(\widetilde{\boldsymbol{x}})\|\leqslant l\|\boldsymbol{x}-\widetilde{\boldsymbol{x}}\| \quad (j=1,2,\cdots,m)$$

不难推断, 存在常数 $\overline{\beta}>0$, 使得对于所有的 $\boldsymbol{x}\in L$, 都满足 $\|(\boldsymbol{J}(\boldsymbol{x}))^{\mathrm{T}}\| = \|\boldsymbol{J}(\boldsymbol{x})\|\leqslant\overline{\beta}$。此外, 将关于函数求和与求积的 Lipschitz 连续性的结论 (见附录式 (A.43)) 应用于梯度向量 $\nabla f(\boldsymbol{x})=\sum\limits_{j=1}^{m}r_j(\boldsymbol{x})\nabla r_j(\boldsymbol{x})$ 中可知, ∇f 是 Lipschitz 连续的。因此, 第 3 章定理 3.2 中的假设条件能够得到满足。

下面验证搜索方向 $\boldsymbol{p}_k^{\mathrm{GN}}$ 与负梯度向量 $-\nabla f_k$ 之间的角度 θ_k 一致有界, 并且此界并不是 $\pi/2$。结合第 3 章式 (3.12)、式 (10.25) 以及式 (10.28) 可知, 若令 $\boldsymbol{x}=\boldsymbol{x}_k\in L$ 和 $\boldsymbol{p}^{\mathrm{GN}}=\boldsymbol{p}_k^{\mathrm{GN}}$, 则有

$$\cos\theta_k=-\frac{(\nabla f)^{\mathrm{T}}\boldsymbol{p}^{\mathrm{GN}}}{\|\boldsymbol{p}^{\mathrm{GN}}\|\|\nabla f\|}=\frac{\|\boldsymbol{J}\boldsymbol{p}^{\mathrm{GN}}\|^2}{\|\boldsymbol{p}^{\mathrm{GN}}\|\|\boldsymbol{J}^{\mathrm{T}}\boldsymbol{J}\boldsymbol{p}^{\mathrm{GN}}\|}\geqslant\frac{\gamma^2\|\boldsymbol{p}^{\mathrm{GN}}\|^2}{\overline{\beta}^2\|\boldsymbol{p}^{\mathrm{GN}}\|^2}=\frac{\gamma^2}{\overline{\beta}^2}>0$$

根据第 3 章定理 3.2 中的式 (3.14) 可得 $\nabla f(\boldsymbol{x}_k)\to\boldsymbol{0}$, 由该式可知定理中的结论成立。证毕。

如果对于某个 k, 矩阵 $\boldsymbol{J}_k$ 秩亏损, 此时式 (10.28) 并不能满足, 式 (10.23) 中的系数矩阵变成了奇异矩阵。然而, 线性方程组式 (10.23) 仍然有解, 因为该线性方程组与最小化问题式 (10.26) 是等价的。事实上, 在这种情况下将会存在无穷多个解 $\boldsymbol{p}_k^{\mathrm{GN}}$, 且每个解都具有式 (10.22) 的形式。然而, 此时无法保证 $\cos\theta_k$ 具有一致非零界, 因而也无法获得定理 10.1 中的结论。

如果 Hessian 矩阵式 (10.5) 中的第 1 项 $\boldsymbol{J}_k^{\mathrm{T}}\boldsymbol{J}_k$ 比第 2 项 (即二阶导数项) 在数值上占据主导作用, 高斯–牛顿方法可以很快收敛至解 $\boldsymbol{x}^*$。假设迭代点 $\boldsymbol{x}_k$ 接近于解 $\boldsymbol{x}^*$, 并且式 (10.28) 成立。利用第 3 章关于牛顿方法的分析 (包括式 (3.31)、式 (3.32) 以及式 (3.33)), 步长为 1 的高斯–牛顿搜索方向满足

$$\begin{aligned}\boldsymbol{x}_k+\boldsymbol{p}_k^{\mathrm{GN}}-\boldsymbol{x}^* &= \boldsymbol{x}_k-\boldsymbol{x}^*-[\boldsymbol{J}^{\mathrm{T}}\boldsymbol{J}(\boldsymbol{x}_k)]^{-1}\nabla f(\boldsymbol{x}_k)\\ &= [\boldsymbol{J}^{\mathrm{T}}\boldsymbol{J}(\boldsymbol{x}_k)]^{-1}[\boldsymbol{J}^{\mathrm{T}}\boldsymbol{J}(\boldsymbol{x}_k)(\boldsymbol{x}_k-\boldsymbol{x}^*)+\nabla f(\boldsymbol{x}^*)-\nabla f(\boldsymbol{x}_k)]\end{aligned}$$

式中 $\boldsymbol{J}^{\mathrm{T}}\boldsymbol{J}(\boldsymbol{x})$ 是 $(\boldsymbol{J}(\boldsymbol{x}))^{\mathrm{T}}\boldsymbol{J}(\boldsymbol{x})$ 的简写形式。若使用矩阵 $\boldsymbol{H}(\boldsymbol{x})$ 表示式 (10.5) 中的二阶导数项, 则根据附录式 (A.57) 可得

$$\begin{aligned}\nabla f(\boldsymbol{x}_k)-\nabla f(\boldsymbol{x}^*) &= \int_0^1\boldsymbol{J}^{\mathrm{T}}\boldsymbol{J}(\boldsymbol{x}^*+t(\boldsymbol{x}_k-\boldsymbol{x}^*))(\boldsymbol{x}_k-\boldsymbol{x}^*)\mathrm{d}t\\ &\quad+\int_0^1\boldsymbol{H}(\boldsymbol{x}^*+t(\boldsymbol{x}_k-\boldsymbol{x}^*))(\boldsymbol{x}_k-\boldsymbol{x}^*)\mathrm{d}t\end{aligned}$$

借鉴第 3 章式 (3.32) 和式 (3.33) 中的数学分析, 并且假设函数 $\boldsymbol{J}^{\mathrm{T}}\boldsymbol{J}(\cdot)$ 在解 $\boldsymbol{x}^*$ 附近具有 Lipschitz 连续性, 则有

$$
\begin{aligned}
&\|\boldsymbol{x}_k + \boldsymbol{p}_k^{\mathrm{GN}} - \boldsymbol{x}^*\| \\
&\leqslant \int_0^1 \|[\boldsymbol{J}^{\mathrm{T}}\boldsymbol{J}(\boldsymbol{x}_k)]^{-1}\boldsymbol{H}(\boldsymbol{x}^* + t(\boldsymbol{x}_k - \boldsymbol{x}^*))\| \, \|\boldsymbol{x}_k - \boldsymbol{x}^*\|\mathrm{d}t + O(\|\boldsymbol{x}_k - \boldsymbol{x}^*\|^2) \\
&\approx \|[\boldsymbol{J}^{\mathrm{T}}\boldsymbol{J}(\boldsymbol{x}^*)]^{-1}\boldsymbol{H}(\boldsymbol{x}^*)\| \, \|\boldsymbol{x}_k - \boldsymbol{x}^*\| + O(\|\boldsymbol{x}_k - \boldsymbol{x}^*\|^2)
\end{aligned} \tag{10.30}
$$

因此, 如果 $\|[\boldsymbol{J}^{\mathrm{T}}\boldsymbol{J}(\boldsymbol{x}^*)]^{-1}\boldsymbol{H}(\boldsymbol{x}^*)\| \ll 1$, 可以期望, 在高斯 – 牛顿方法中使用单位步长可以使迭代序列更加接近问题的解 $\boldsymbol{x}^*$, 并获得快速局部收敛性。如果 $\boldsymbol{H}(\boldsymbol{x}^*) = \boldsymbol{0}$, 那么收敛速度就是二次的。

当 n 和 m 都很大, 且 Jacobian 矩阵 $\boldsymbol{J}(\boldsymbol{x})$ 具有稀疏性时, 在每次迭代中通过分解矩阵 $\boldsymbol{J}_k$ 或者 $\boldsymbol{J}_k^{\mathrm{T}}\boldsymbol{J}_k$ 计算精确步长的复杂度, 可能明显高于通过计算目标函数和梯度向量获得精确步长的复杂度。在这种情况下, 可以设计非精确形式的高斯 – 牛顿方法, 它们类似于第 7 章讨论的非精确牛顿方法, 只是将 Hessian 矩阵 $\nabla^2 f(\boldsymbol{x}_k)$ 用其近似值 $\boldsymbol{J}_k^{\mathrm{T}}\boldsymbol{J}_k$ 进行替换。该近似矩阵的半正定性可以使算法在一些方面得到简化。

10.3.3 Levenberg–Marquardt 方法

根据前面的讨论可知, 高斯 – 牛顿方法类似于基于线搜索的牛顿方法, 两者的主要区别在于, 前者使用了近似 Hessian 矩阵式 (10.24), 计算该近似值更加简单, 而且通常是有效的。Levenberg–Marquardt 方法使用了相同的近似 Hessian 矩阵, 但是该方法利用信赖域策略取代了线搜索策略。采用信赖域策略可以避免高斯 – 牛顿方法的一个缺点, 那就是当 Jacobian 矩阵 $\boldsymbol{J}(\boldsymbol{x})$ 秩亏损或者接近秩亏损时, 性能会受到较大的影响。由于两种方法使用了相同的近似 Hessian 矩阵, 因而它们的局部收敛性也是相似的。

我们可以利用第 4 章的信赖域框架描述和分析 Levenberg–Marquardt 方法。事实上, 对于一般的无约束优化问题, Levenberg–Marquardt 方法有时也被认为是第 4 章信赖域方法的前身。如果采用球形信赖域, 在每次迭代中需要求解的子问题可以表示为

$$
\begin{cases}
\min\limits_{\boldsymbol{p}} \left\{ \dfrac{1}{2}\|\boldsymbol{J}_k\boldsymbol{p} + \boldsymbol{r}_k\|^2 \right\} \\
\text{s.t.} \quad \|\boldsymbol{p}\| \leqslant \Delta_k
\end{cases} \tag{10.31}
$$

式中 $\Delta_k > 0$ 表示信赖域半径。不难验证, 这里其实是将第 4 章式 (4.3) 中的模型函数 $m_k(\cdot)$ 表示为如下形式:

$$
m_k(\boldsymbol{p}) = \frac{1}{2}\|\boldsymbol{r}_k\|^2 + \boldsymbol{p}^{\mathrm{T}}\boldsymbol{J}_k^{\mathrm{T}}\boldsymbol{r}_k + \frac{1}{2}\boldsymbol{p}^{\mathrm{T}}\boldsymbol{J}_k^{\mathrm{T}}\boldsymbol{J}_k\boldsymbol{p} \tag{10.32}
$$

在本节的下文中, 我们省略了迭代序数 k, 主要关注子问题式 (10.31)。根

据第 4 章的结论, 可以将式 (10.31) 的解描述为如下形式: 如果由高斯–牛顿方程式 (10.23) 得到的解 $\boldsymbol{p}^{\mathrm{GN}}$ 严格位于信赖域内部 (即有 $\|\boldsymbol{p}^{\mathrm{GN}}\| < \Delta$), 那么向量 $\boldsymbol{p}^{\mathrm{GN}}$ 就是子问题式 (10.31) 的最优解; 否则存在 $\lambda > 0$, 使子问题式 (10.31) 的最优解 $\boldsymbol{p} = \boldsymbol{p}^{\mathrm{LM}}$ 满足 $\|\boldsymbol{p}\| = \Delta$ 以及等式

$$(\boldsymbol{J}^{\mathrm{T}}\boldsymbol{J} + \lambda\boldsymbol{I})\boldsymbol{p} = -\boldsymbol{J}^{\mathrm{T}}\boldsymbol{r} \tag{10.33}$$

上述结论将在下面的引理 10.2 中得到证明, 而引理 10.2 是第 4 章定理 4.1 的一个直接推论。

【引理 10.2】 考虑如下信赖域子问题:

$$\begin{cases} \min\limits_{\boldsymbol{p}}\{\|\boldsymbol{J}\boldsymbol{p} + \boldsymbol{r}\|^2\} \\ \text{s.t.} \quad \|\boldsymbol{p}\| \leqslant \Delta \end{cases}$$

如果向量 $\boldsymbol{p}^{\mathrm{LM}}$ 是该问题的一个解, 则当且仅当向量 $\boldsymbol{p}^{\mathrm{LM}}$ 是可行解, 且存在标量 $\lambda \geqslant 0$ 满足

$$(\boldsymbol{J}^{\mathrm{T}}\boldsymbol{J} + \lambda\boldsymbol{I})\boldsymbol{p}^{\mathrm{LM}} = -\boldsymbol{J}^{\mathrm{T}}\boldsymbol{r} \tag{10.34a}$$

$$\lambda(\Delta - \|\boldsymbol{p}^{\mathrm{LM}}\|) = 0 \tag{10.34b}$$

【证明】 由于 $\boldsymbol{J}^{\mathrm{T}}\boldsymbol{J}$ 是半正定矩阵, 且 $\lambda \geqslant 0$, 此时第 4 章定理 4.1 中的半正定条件式 (4.8c) 直接成立。此外, 式 (10.34a) 和式 (10.34b) 分别对应于第 4 章式 (4.8a) 和式 (4.8b)。因此, 由第 4 章定理 4.1 可知结论成立。证毕。

注意到式 (10.33) 恰好是下面的线性最小二乘问题的正规方程:

$$\min_{\boldsymbol{p}}\left\{\frac{1}{2}\left\|\begin{bmatrix}\boldsymbol{J} \\ \sqrt{\lambda}\boldsymbol{I}\end{bmatrix}\boldsymbol{p} + \begin{bmatrix}\boldsymbol{r} \\ \boldsymbol{0}\end{bmatrix}\right\|^2\right\} \tag{10.35}$$

与高斯–牛顿方法相类似, 式 (10.33) 与式 (10.35) 之间的等价性提供了另一种求解子优化问题的方法, 无须计算矩阵乘积 (即 $\boldsymbol{J}^{\mathrm{T}}\boldsymbol{J}$) 以及 Cholesky 分解。

10.3.4 Levenberg–Marquardt 方法的实现

为了找寻 λ 使其与引理 10.2 中的半径 Δ 近似匹配, 可以使用第 4 章描述的求根算法。由于近似 Hessian 矩阵 $\boldsymbol{B} = \boldsymbol{J}^{\mathrm{T}}\boldsymbol{J}$ 已经是半正定矩阵, 所以只要当前估计值 $\lambda^{(l)}$ 为正数, Cholesky 矩阵因子 $\boldsymbol{R}$ 就一定能存在, 从而确保求根算法的正常运行。由于矩阵 $\boldsymbol{B}$ 具有特殊结构, 这里并不需要完全参照第 4 章算法 4.1, 即在每次迭代中都要对矩阵 $\boldsymbol{B} + \lambda^{(l)}\boldsymbol{I}$ 重新进行一次 Cholesky 分解。我们提出了另一种更有效的方法, 该方法需要对式 (10.35) 中的系数

矩阵进行 QR 分解，如下所示:

$$\begin{bmatrix} \boldsymbol{R}_\lambda \\ \boldsymbol{0} \end{bmatrix} = \boldsymbol{Q}_\lambda^{\mathrm{T}} \begin{bmatrix} \boldsymbol{J} \\ \sqrt{\lambda}\boldsymbol{I} \end{bmatrix} \tag{10.36}$$

式中 $\boldsymbol{Q}_\lambda$ 为正交矩阵; $\boldsymbol{R}_\lambda$ 为上三角矩阵，并且矩阵 $\boldsymbol{R}_\lambda$ 满足 $\boldsymbol{R}_\lambda^{\mathrm{T}}\boldsymbol{R}_\lambda = \boldsymbol{J}^{\mathrm{T}}\boldsymbol{J} + \lambda\boldsymbol{I}$。

为了节省计算量，下面提出通过综合运用 Householder 变换与 Givens 变换来实现式 (10.36) 中的矩阵分解。利用 Householder 变换计算矩阵 $\boldsymbol{J}$ 的 QR 分解，如下所示:

$$\boldsymbol{J} = \boldsymbol{Q} \begin{bmatrix} \boldsymbol{R} \\ \boldsymbol{0} \end{bmatrix} \tag{10.37}$$

由该式可得

$$\begin{bmatrix} \boldsymbol{R} \\ \boldsymbol{0} \\ \sqrt{\lambda}\boldsymbol{I} \end{bmatrix} = \begin{bmatrix} \boldsymbol{Q}^{\mathrm{T}} & \\ & \boldsymbol{I} \end{bmatrix} \begin{bmatrix} \boldsymbol{J} \\ \sqrt{\lambda}\boldsymbol{I} \end{bmatrix} \tag{10.38}$$

除了矩阵 $\sqrt{\lambda}\boldsymbol{I}$ 中的 n 个非零 (对角) 元素外，式 (10.38) 等号左侧的矩阵具有上三角性。我们可以通过 $n(n+1)/2$ 次 Givens 旋转变换将这些非零元素逐个消除，具体而言，就是利用矩阵 $\boldsymbol{R}$ 中的对角元素消除矩阵 $\sqrt{\lambda}\boldsymbol{I}$ 中的非零元素以及旋转过程中所产生的新的填充元素。下面描述整个过程的前面几个步骤，后面的步骤则依次类推:

步骤 1: 将矩阵 $\boldsymbol{R}$ 中的第 n 行与矩阵 $\sqrt{\lambda}\boldsymbol{I}$ 中的第 n 行进行旋转，以消除矩阵 $\sqrt{\lambda}\boldsymbol{I}$ 第 n 行、第 n 列元素。

步骤 2: 将矩阵 $\boldsymbol{R}$ 中的第 $n-1$ 行与矩阵 $\sqrt{\lambda}\boldsymbol{I}$ 中的第 $n-1$ 行进行旋转，以消除矩阵 $\sqrt{\lambda}\boldsymbol{I}$ 第 $n-1$ 行、第 $n-1$ 列元素，该操作会在矩阵 $\sqrt{\lambda}\boldsymbol{I}$ 第 $n-1$ 行、第 n 列填充新的元素，此时可以将矩阵 $\boldsymbol{R}$ 中的第 n 行与矩阵 $\sqrt{\lambda}\boldsymbol{I}$ 中的第 $n-1$ 行进行旋转，以消除新填充进来的元素。

步骤 3: 将矩阵 $\boldsymbol{R}$ 中的第 $n-2$ 行与矩阵 $\sqrt{\lambda}\boldsymbol{I}$ 中的第 $n-2$ 行进行旋转，以消除矩阵 $\sqrt{\lambda}\boldsymbol{I}$ 第 $n-2$ 行、第 $n-2$ 列元素，该操作会在矩阵 $\sqrt{\lambda}\boldsymbol{I}$ 第 $n-2$ 行、第 $n-1$ 列以及第 $n-2$ 行、第 n 列填充新的元素，此时可以按照类似于步骤 2 中的方法依次消除新填充进来的元素。

若将所有这些 Givens 变换的作用合并成一个正交矩阵 $\overline{\boldsymbol{Q}}_\lambda$，则基于式 (10.38) 可得

$$\overline{\boldsymbol{Q}}_\lambda^{\mathrm{T}} \begin{bmatrix} \boldsymbol{R} \\ \boldsymbol{0} \\ \sqrt{\lambda}\boldsymbol{I} \end{bmatrix} = \begin{bmatrix} \boldsymbol{R}_\lambda \\ \boldsymbol{0} \\ \boldsymbol{0} \end{bmatrix}$$

此时可以将式 (10.36) 中的正交矩阵 $\boldsymbol{Q}_\lambda$ 表示为

$$\boldsymbol{Q}_\lambda = \begin{bmatrix} \boldsymbol{Q} & \\ & \boldsymbol{I} \end{bmatrix} \overline{\boldsymbol{Q}}_\lambda$$

综合运用 Householder 变换与 Givens 变换的优势在于, 当求根算法中的 λ 发生变化时, 仅需要重新计算矩阵 $\overline{\boldsymbol{Q}}_\lambda$, 而不需要重新计算基于 Householder 变换的矩阵分解式 (10.38)。当 $m \gg n$ 时, 该特性能够节省很多计算量, 因为当完成式 (10.37) 的 QR 分解后 (其计算量为 $O(mn^2)$), 对于每个 λ, 重新计算矩阵 $\overline{\boldsymbol{Q}}_\lambda$ 和 $\boldsymbol{R}_\lambda$ 所需要的计算量仅为 $O(n^3)$。

最小二乘问题中的变量往往未能得到良好的标定。例如, 一些变量的数量级可能高达 10^4, 而另一些变量的数量级可能低至 10^{-6}。如果对这么大的变量变化范围置之不理, 则上面的优化方法可能会在数值上出现困难, 又或是产生质量较差的解。一种减少差标定影响的有效方法是使用椭球形信赖域代替上面定义的球形信赖域。迭代更新向量限制在该椭圆内, 并且椭圆主轴长度与相应变量的典型值相关, 此时的信赖域子问题可以建模为如下形式:

$$\begin{cases} \min\limits_{\boldsymbol{p}} \left\{ \dfrac{1}{2} \|\boldsymbol{J}_k \boldsymbol{p} + \boldsymbol{r}_k\|^2 \right\} \\ \text{s.t.} \quad \|\boldsymbol{D}_k \boldsymbol{p}\| \leqslant \varDelta \end{cases} \tag{10.39}$$

式中 $\boldsymbol{D}_k$ 为对角矩阵, 并且其对角元素均为正数 (参见第 7 章式 (7.13))。类似于方程式 (10.33), 式 (10.39) 的最优解应满足如下方程:

$$(\boldsymbol{J}_k^{\mathrm{T}} \boldsymbol{J}_k + \lambda \boldsymbol{D}_k^2) \boldsymbol{p}_k^{\mathrm{LM}} = -\boldsymbol{J}_k^{\mathrm{T}} \boldsymbol{r}_k \tag{10.40}$$

等价地, 也可以通过求解线性最小二乘问题

$$\min_{\boldsymbol{p}} \left\{ \left\| \begin{bmatrix} \boldsymbol{J}_k \\ \sqrt{\lambda} \boldsymbol{D}_k \end{bmatrix} \boldsymbol{p} + \begin{bmatrix} \boldsymbol{r}_k \\ \boldsymbol{0} \end{bmatrix} \right\|^2 \right\} \tag{10.41}$$

获得式 (10.39) 的最优解。

标定矩阵 $\boldsymbol{D}_k$ 的对角元素可以随着迭代而变化, 因为我们会收集关于向量 $\boldsymbol{x}$ 中各个元素变化的典型范围的信息。如果这些元素的变化保持在一定边界范围内, 针对球形信赖域情形下的收敛理论稍做修改还将继续成立, 而且上面描述的计算矩阵 $\boldsymbol{R}_\lambda$ 的方法也无须进行修正。文献 [280] 建议将矩阵 $\boldsymbol{D}_k^2$ 中的对角元素与 $\boldsymbol{J}_k^{\mathrm{T}} \boldsymbol{J}_k$ 中的对角元素相匹配, 使得算法在对向量 $\boldsymbol{x}$ 中的元素进行对角标定的情况下保持不变。在讨论求解无约束优化问题的信赖域方法中, 第 4.6 节描述了利用 Hessian 矩阵中的对角元素进行标定的方法, 该方法类似于文献 [280] 中的方法。

对于 m 和 n 较大, 且 $\boldsymbol{J}(\boldsymbol{x})$ 是稀疏矩阵的问题, 我们会倾向于选择第 7

章算法 7.2 (即 CG–Steihaug 算法) 求解式 (10.31) 或者式 (10.39) 的近似解, 只是需要使用矩阵 $\boldsymbol{J}_k^{\mathrm{T}}\boldsymbol{J}_k$ 代替 Hessian 矩阵 $\nabla^2 f_k$。根据矩阵 $\boldsymbol{J}_k^{\mathrm{T}}\boldsymbol{J}_k$ 的半正定性可以对此算法做一些简化, 因为不会出现负曲率的情形。在实现第 7 章算法 7.2 的过程中, 并不需要显式计算矩阵的乘积 $\boldsymbol{J}_k^{\mathrm{T}}\boldsymbol{J}_k$, 仅需要依次计算向量与矩阵 $\boldsymbol{J}_k$ 和 $\boldsymbol{J}_k^{\mathrm{T}}$ 的乘积即可, 该算法涉及的矩阵与向量的乘积运算均可由此方式来完成。

10.3.5 Levenberg–Marquardt 方法的收敛性

为了使 Levenberg–Marquardt 方法具有全局收敛性, 我们并不需要求解信赖域问题式 (10.31) 的精确解。下面的收敛结果可以作为第 4 章定理 4.6 的直接推论。

【定理 10.3】 假设第 4 章算法 4.1 中的 $\eta \in (0, 1/4)$, 并且由式 (10.29) 定义的水平集 L 有界, 残差函数 $\{r_j(\cdot)\}_{1\leqslant j\leqslant m}$ 在水平集 L 的一个邻域 N 中是 Lipschitz 连续可微的。此外, 假设对于每个迭代序数 k, 式 (10.31) 的近似解 $\boldsymbol{p}_k$ 均满足如下关系式:

$$m_k(\mathbf{0}) - m_k(\boldsymbol{p}_k) \geqslant c_1\|\boldsymbol{J}_k^{\mathrm{T}}\boldsymbol{r}_k\| \min\left\{\Delta_k, \frac{\|\boldsymbol{J}_k^{\mathrm{T}}\boldsymbol{r}_k\|}{\|\boldsymbol{J}_k^{\mathrm{T}}\boldsymbol{J}_k\|}\right\} \tag{10.42}$$

式中 c_1 为某个正常数, 且存在某个常数 $\gamma \geqslant 1$ 满足 $\|\boldsymbol{p}_k\| \leqslant \gamma\Delta_k$, 则有

$$\lim_{k\to+\infty} \nabla f_k = \lim_{k\to+\infty} \boldsymbol{J}_k^{\mathrm{T}}\boldsymbol{r}_k = \mathbf{0}$$

【证明】 根据对残差函数 $r_j(\cdot)$ 的光滑性假设可知, 存在常数 $M > 0$, 使得对于所有迭代序数 k, 均满足 $\|\boldsymbol{J}_k^{\mathrm{T}}\boldsymbol{J}_k\| \leqslant M$。此外, 目标函数 f 存在下界 (零)。因此, 第 4 章定理 4.6 中的假设成立, 从而获得上面描述的结论。证毕。

与第 4 章类似, 我们并不需要显式计算式 (10.42) 的右侧项。事实上, 仅需要式 (10.31) 的近似解所取得的模型函数的减少量至少与 Cauchy 点所取得的减少量相当即可, 后者可以利用第 4 章的方法进行计算, 计算过程并不复杂。如果采用 CG–Steihaug 迭代方法 (即第 7 章算法 7.2), 不等式 (10.42) 对于 $c_1 = 1/2$ 自动成立, 因为第 7 章算法 7.2 给出的关于向量 $\boldsymbol{p}_k$ 的第 1 个估计值就是 Cauchy 点, 而随后的估计值能够使模型函数得到进一步降低。

Levenberg–Marquardt 方法的局部收敛特性类似于高斯–牛顿方法。在解 $\boldsymbol{x}^*$ 附近, 式 (10.5) 中的 Hessian 矩阵 $\nabla^2 f(\boldsymbol{x}^*)$ 的第 1 项在数值上占据主导作用 (相比于第 2 项), 信赖域边界约束变得不起作用, 此时 Levenberg–Marquardt 方法将采用高斯–牛顿迭代更新向量, 从而具有式 (10.30) 描述的快速局部收敛性。

10.3.6 求解大残差问题的方法

在大残差问题中, 式 (10.31) 中的二次模型函数将不能充分近似于目标函数 f, 因为此时 Hessian 矩阵 $\nabla^2 f(\boldsymbol{x})$ 中的二阶导数项会变得更加重要, 以至于不能被忽略。在数据拟合问题中, 大残差的出现可能表明用于拟合的模型函数不够准确, 又或是观测值中含有误差。尽管如此, 人们还是需要利用当前模型函数和观测数据求解最小二乘问题, 用于指明对观测值加权、建模以及数据采集中需要改进的地方。

对于大残差问题, 高斯–牛顿方法和 Levenberg–Marquardt 方法的渐近收敛速度仅仅是线性的, 慢于常规无约束优化方法 (例如牛顿方法或者拟牛顿方法) 所具有的超线性收敛速度。如果每个 Hessian 矩阵 $\nabla^2 r_j$ 都容易进行计算, 则最好是忽略最小二乘目标函数的代数结构, 然后利用基于信赖域的牛顿方法或者基于线搜索的牛顿方法对目标函数 f 最小化。拟牛顿方法具有超线性收敛速度, 并且不需要计算 Hessian 矩阵 $\nabla^2 r_j$, 因此也可以作为一种备选方法。然而, 在迭代早期 (也就是迭代点到达解的邻域之前), 牛顿方法和拟牛顿方法的性能可能会差于高斯–牛顿方法和 Levenberg–Marquardt 方法。

一般而言, 我们事先无法知道一个优化问题的残差大小。因此, 一种合理的处理方式是采用混合式方法, 也就是在小残差条件下, 其性能类似于高斯–牛顿方法或者 Levenberg–Marquardt 方法 (因而可以节省一些计算量), 但如果残差变大, 则切换为牛顿方法或者拟牛顿方法。

构造混合式方法的方式主要有两种。第 1 种方式源自文献 [101], 其能够保持近似 Hessian 矩阵序列 $\{\boldsymbol{B}_k\}$ 的正定性。如果基于迭代点 $\boldsymbol{x}_k$ 得到的高斯–牛顿迭代更新向量, 能使得目标函数 f 减少至一定程度 (例如, 因子 5), 则接受此迭代更新向量, 并使用矩阵 $\boldsymbol{J}_k^{\mathrm{T}}\boldsymbol{J}_k$ 代替矩阵 $\boldsymbol{B}_k$; 否则基于矩阵 $\boldsymbol{B}_k$ 计算搜索方向, 并通过线搜索策略获得新的迭代点 $\boldsymbol{x}_{k+1}$。无论何种情况, 都是利用 BFGS 公式对矩阵 $\boldsymbol{B}_k$ 进行更新, 以获得新的近似矩阵 $\boldsymbol{B}_{k+1}$。在零残差条件下, 该方法最终总会采用高斯–牛顿迭代更新向量得到新的迭代点, 并具有二次收敛速度; 在非零残差条件下, 该方法最终将简化为 BFGS 方法, 并获得超线性收敛速度。文献 [101] 给出的数值实验结果表明 (见其中的表 6.1.2 和表 6.1.3), 该方法对于小残差、大残差以及零残差问题都具有良好的数值性能。

将高斯–牛顿方法与拟牛顿方法的思想相结合的第 2 种方式是, 仅仅对 Hessian 矩阵中的二阶导数项进行近似。具体而言, 就是生成矩阵序列 $\{\boldsymbol{S}_k\}$, 使其近似于式 (10.5) 中的求和项 $\displaystyle\sum_{j=1}^{m} r_j(\boldsymbol{x})\nabla^2 r_j(\boldsymbol{x})$, 从而得到完整 Hessian 矩阵的近似值

$$\boldsymbol{B}_k = \boldsymbol{J}_k^{\mathrm{T}} \boldsymbol{J}_k + \boldsymbol{S}_k$$

基于该矩阵, 利用信赖域策略或者线搜索策略计算迭代更新向量 $\boldsymbol{p}_k$。这种方式需要设计矩阵 $\boldsymbol{S}_k$ 的更新公式, 以使得近似 Hessian 矩阵 $\boldsymbol{B}_k$ 或是该矩阵的部分矩阵在最新的迭代点处, 具有与所对应的精确矩阵相似的性质。更新公式是基于割线方程所获得的, 该方程同样出现在无约束优化问题的求解中 (见第 6 章式 (6.6)) 和非线性方程组的求解中 (见第 11 章式 (11.27))。在当前问题中, 存在很多不同的方法定义割线方程, 并指明关于矩阵 $\boldsymbol{S}_k$ 的完整更新公式所需要的其他条件。下面将描述文献 [90] 中的方法, 该方法可能是同类方法中最著名的方法, 因为其在著名的软件包 NL2SOL 中得到了实现。

在文献 [90] 中, 割线方程是通过下面的方法来获得的。在理想情况下, 矩阵 $\boldsymbol{S}_{k+1}$ 应该接近于 Hessian 矩阵在点 $\boldsymbol{x} = \boldsymbol{x}_{k+1}$ 处的二阶项, 如下所示:

$$\boldsymbol{S}_{k+1} \approx \sum_{j=1}^{m} r_j(\boldsymbol{x}_{k+1}) \nabla^2 r_j(\boldsymbol{x}_{k+1})$$

由于我们并不希望计算该式中的 Hessian 矩阵 $\{\nabla^2 r_j\}_{1 \leqslant j \leqslant m}$, 因此采用近似矩阵 $(\boldsymbol{B}_j)_{k+1}$ 来代替矩阵 $\nabla^2 r_j$, 并且使近似矩阵 $(\boldsymbol{B}_j)_{k+1}$ 在最新的迭代点处具有 Hessian 矩阵 $\nabla^2 r_j$ 的性质, 如下所示:

$$(\boldsymbol{B}_j)_{k+1}(\boldsymbol{x}_{k+1} - \boldsymbol{x}_k) = \nabla r_j(\boldsymbol{x}_{k+1}) - \nabla r_j(\boldsymbol{x}_k)$$

式中 $\nabla r_j(\boldsymbol{x}_{k+1})$ 表示矩阵 $\boldsymbol{J}(\boldsymbol{x}_{k+1})$ 中的第 j 行向量的转置; $\nabla r_j(\boldsymbol{x}_k)$ 表示矩阵 $\boldsymbol{J}(\boldsymbol{x}_k)$ 中的第 j 行向量的转置。利用该性质可以得到关于矩阵 $\boldsymbol{S}_{k+1}$ 的割线方程

$$\begin{aligned}
\boldsymbol{S}_{k+1}(\boldsymbol{x}_{k+1} - \boldsymbol{x}_k) &= \sum_{j=1}^{m} r_j(\boldsymbol{x}_{k+1})(\boldsymbol{B}_j)_{k+1}(\boldsymbol{x}_{k+1} - \boldsymbol{x}_k) \\
&= \sum_{j=1}^{m} r_j(\boldsymbol{x}_{k+1})[\nabla r_j(\boldsymbol{x}_{k+1}) - \nabla r_j(\boldsymbol{x}_k)] \\
&= \boldsymbol{J}_{k+1}^{\mathrm{T}} \boldsymbol{r}_{k+1} - \boldsymbol{J}_k^{\mathrm{T}} \boldsymbol{r}_{k+1}
\end{aligned}$$

与前面章节讨论的相一致, 仅有上面的等式还不足以完全确定近似矩阵 $\boldsymbol{S}_{k+1}$ 的表达式。文献 [90] 对矩阵 $\boldsymbol{S}_{k+1}$ 增加了一些其他条件, 包括矩阵 $\boldsymbol{S}_{k+1}$ 具有对称性, 以及矩阵 $\boldsymbol{S}_{k+1}$ 应使得差值矩阵 $\boldsymbol{S}_{k+1} - \boldsymbol{S}_k$ 在某种意义下达到最小值, 由此得到下面的更新公式:

$$\boldsymbol{S}_{k+1} = \boldsymbol{S}_k + \frac{(\boldsymbol{y}^{\#} - \boldsymbol{S}_k \boldsymbol{s})\boldsymbol{y}^{\mathrm{T}} + \boldsymbol{y}(\boldsymbol{y}^{\#} - \boldsymbol{S}_k \boldsymbol{s})^{\mathrm{T}}}{\boldsymbol{y}^{\mathrm{T}} \boldsymbol{s}} - \frac{(\boldsymbol{y}^{\#} - \boldsymbol{S}_k \boldsymbol{s})^{\mathrm{T}} \boldsymbol{s}}{(\boldsymbol{y}^{\mathrm{T}} \boldsymbol{s})^2} \boldsymbol{y} \boldsymbol{y}^{\mathrm{T}} \tag{10.43}$$

式中

$$
\begin{aligned}
\boldsymbol{s} &= \boldsymbol{x}_{k+1} - \boldsymbol{x}_k \\
\boldsymbol{y} &= \boldsymbol{J}_{k+1}^{\mathrm{T}} \boldsymbol{r}_{k+1} - \boldsymbol{J}_k^{\mathrm{T}} \boldsymbol{r}_k \\
\boldsymbol{y}^{\#} &= \boldsymbol{J}_{k+1}^{\mathrm{T}} \boldsymbol{r}_{k+1} - \boldsymbol{J}_k^{\mathrm{T}} \boldsymbol{r}_{k+1}
\end{aligned}
$$

需要指出的是, 与第 6 章给出的求解无约束优化问题的 DFP 更新公式相比, 式 (10.43) 略有差异, 但如果向量 $\boldsymbol{y}^{\#}$ 与向量 $\boldsymbol{y}$ 相同, 那么这两个更新公式就是一致的。

文献 [90] 将近似 Hessian 矩阵 $\boldsymbol{J}_k^{\mathrm{T}}\boldsymbol{J}_k + \boldsymbol{S}_k$ 与信赖域策略相结合, 但还需要进行一些修正, 以提高其性能。上述关于矩阵 $\boldsymbol{S}_k$ 的更新公式的一个不足之处在于, 当迭代趋近于一个零残差解时, 无法保证矩阵 $\boldsymbol{S}_k$ 趋向于零 (也就是逐渐消失), 这会影响其超线性收敛特性。为了避免此缺点, 可以在矩阵更新前对矩阵 $\boldsymbol{S}_k$ 进行标定, 也就是利用矩阵 $\tau_k \boldsymbol{S}_k$ 代替式 (10.43) 右侧的矩阵 $\boldsymbol{S}_k$, 其中标量 τ_k 的表达式为

$$
\tau_k = \min\left\{1, \frac{|\boldsymbol{s}^{\mathrm{T}}\boldsymbol{y}^{\#}|}{|\boldsymbol{s}^{\mathrm{T}}\boldsymbol{S}_k\boldsymbol{s}|}\right\}
$$

整个算法最终的修正策略是, 如果所得到的高斯–牛顿模型能够产生足够好的迭代更新向量, 则将矩阵 $\boldsymbol{S}_k$ 从近似 Hessian 矩阵中忽略。

10.4 正交距离回归问题

前面的例 10.1 假设所记录的抽取血液样本的时间没有误差, 因此模型函数 $\phi(\boldsymbol{x};t_j)$ 与观测值 y_j 之间的误差主要源自模型的不准确性, 或是 y_j 中的观测误差。相比于观测值 y_j 中的误差, 假设时间 t_j 的误差非常小。该假设通常是合理的, 但是在某些情况下, 如果未考虑时间 t_j 中可能存在的误差, 最终得到的结果会严重失真。在统计学文献中, 将考虑此类误差的模型称为 "变量含误差模型"(见文献 [280] 中的第 10 章), 在线性模型条件下, 将其中的优化问题称为总体最小二乘问题 (见文献 [136] 中的第 5 章), 在非线性模型条件下, 将其中的优化问题称为正交距离回归问题 (见文献 [30])。

为在数学上建立相应的优化问题, 首先需要先引入时间 t_j 中的扰动误差 δ_j, 以及观测值 y_j 中的扰动误差 ε_j, 然后对这 $2m$ 个扰动误差进行寻优计算, 以使得模型函数与观测值之间的差异最小化, 其中采用加权最小二乘目标函数来度量两者间的差异。具体而言, 首先将变量 t_j、y_j、δ_j 以及 ε_j 之间的关系描述为

$$y_j = \phi(\boldsymbol{x}; t_j + \delta_j) + \varepsilon_j \quad (j = 1, 2, \cdots, m) \tag{10.44}$$

然后定义下面的最小化问题:

$$\begin{cases} \min\limits_{\boldsymbol{x}, \delta_j, \varepsilon_j} \left\{ \dfrac{1}{2} \sum\limits_{j=1}^{m} (w_j^2 \varepsilon_j^2 + d_j^2 \delta_j^2) \right\} \\ \text{s.t.} \quad y_j = \phi(\boldsymbol{x}; t_j + \delta_j) + \varepsilon_j \quad (j = 1, 2, \cdots, m) \end{cases} \tag{10.45}$$

式中 w_j 和 d_j 均表示加权值, 它们可以由人们主观来选择, 也可以根据误差的重要性自动进行估计。

当利用图形描述上述问题时 (如图 10.2 所示), 我们能够直观感受为何使用“正交距离回归”这一术语。当所有的加权值 w_j 和 d_j 均相等时, 式 (10.45) 累加求和中的每一项均表示点 (t_j, y_j) 与曲线 $\phi(\boldsymbol{x}; t)$ (关于时间 t 的函数) 之间的最短距离。每个点与曲线之间的最短路径与曲线在交点处正交。

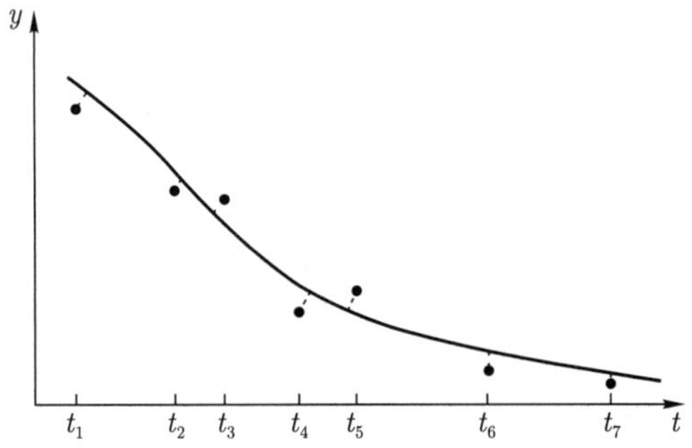

图 10.2　正交距离回归将每个点到曲线的距离平方和最小化

利用等式约束式 (10.44) 可以直接消除式 (10.45) 中的变量 ε_j, 从而得到下面的无约束最小二乘问题:

$$\begin{aligned} \min_{\boldsymbol{x}, \boldsymbol{\delta}} \{F(\boldsymbol{x}, \boldsymbol{\delta})\} &= \min_{\boldsymbol{x}, \boldsymbol{\delta}} \left\{ \frac{1}{2} \sum_{j=1}^{m} \{w_j^2 [y_j - \phi(\boldsymbol{x}; t_j + \delta_j)]^2 + d_j^2 \delta_j^2\} \right\} \\ &= \min_{\boldsymbol{x}, \boldsymbol{\delta}} \left\{ \frac{1}{2} \sum_{j=1}^{2m} (r_j(\boldsymbol{x}, \boldsymbol{\delta}))^2 \right\} \end{aligned} \tag{10.46}$$

式中 $\boldsymbol{\delta} = [\delta_1 \ \ \delta_2 \ \ \cdots \ \ \delta_m]^{\mathrm{T}}$; $r_j(\boldsymbol{x}, \boldsymbol{\delta})$ 的定义式为

$$r_j(\boldsymbol{x}, \boldsymbol{\delta}) = \begin{cases} w_j [\phi(\boldsymbol{x}; t_j + \delta_j) - y_j] & (j = 1, 2, \cdots, m) \\ d_{j-m} \delta_{j-m} & (j = m+1, m+2, \cdots, 2m) \end{cases} \tag{10.47}$$

注意到式 (10.46) 是一个标准的最小二乘问题, 其中包含 $2m$ 个残差和 $m + n$ 个未知参数, 因而可以利用本章的优化方法对其进行求解。然而, 直

接使用本章的优化方法可能导致较高的计算复杂度, 因为其中未知参数个数 $(m+n)$ 和观测值个数 $(2m)$ 均明显大于原问题 (即例 10.1 中的问题)。

幸运的是, 式 (10.46) 中的残差函数的 Jacobian 矩阵具有特殊结构, 该结构可用于实现高斯–牛顿方法和 Levenberg–Marquardt 方法。具体而言, Jacobian 矩阵中的很多元素均等于零, 如下所示:

$$\frac{\partial r_j}{\partial \delta_i} = \frac{\partial[\phi(\boldsymbol{x}; t_j+\delta_j) - y_j]}{\partial \delta_i} = 0 \quad (i,j=1,2,\cdots,m; i \neq j)$$

$$\frac{\partial r_j}{\partial x_i} = 0 \quad (j=m+1,m+2,\cdots,2m; i=1,2,\cdots,n)$$

$$\frac{\partial r_{m+j}}{\partial \delta_i} = \begin{cases} d_j, & 若\ i=j \\ 0, & 其他 \end{cases} \qquad (i,j=1,2,\cdots,m)$$

因此, 由式 (10.47) 定义的残差向量函数 $\boldsymbol{r}$ 的 Jacobian 矩阵可以表示成如下分块形式:

$$\boldsymbol{J}(\boldsymbol{x},\boldsymbol{\delta}) = \begin{bmatrix} \widehat{\boldsymbol{J}} & \boldsymbol{V} \\ \boldsymbol{0} & \boldsymbol{D} \end{bmatrix} \tag{10.48}$$

式中 $\boldsymbol{V}$ 和 $\boldsymbol{D}$ 均为 m 阶对角矩阵; $\widehat{\boldsymbol{J}}$ 是函数 $w_j\phi(\boldsymbol{x}; t_j+\delta_j)$ 关于向量 $\boldsymbol{x}$ 的偏导矩阵, 其为 $m\times n$ 矩阵。文献 [30] 将 Levenberg–Marquardt 方法应用于求解最小二乘问题式 (10.46), 利用块状消元法有效求解子问题式 (10.33) 和式 (10.35)。根据式 (10.48) 中的分块矩阵形式, 可以分别将迭代更新向量 $\boldsymbol{p}$ 和残差向量 $\boldsymbol{r}$ 表示成下面的分块形式:

$$\boldsymbol{p} = \begin{bmatrix} \boldsymbol{p_x} \\ \boldsymbol{p_\delta} \end{bmatrix}, \quad \boldsymbol{r} = \begin{bmatrix} \widehat{\boldsymbol{r}}_1 \\ \widehat{\boldsymbol{r}}_2 \end{bmatrix}$$

然后将正规方程式 (10.33) 写成如下分块形式:

$$\begin{bmatrix} \widehat{\boldsymbol{J}}^{\mathrm{T}}\widehat{\boldsymbol{J}}+\lambda\boldsymbol{I} & \widehat{\boldsymbol{J}}^{\mathrm{T}}\boldsymbol{V} \\ \boldsymbol{V}\widehat{\boldsymbol{J}} & \boldsymbol{V}^2+\boldsymbol{D}^2+\lambda\boldsymbol{I} \end{bmatrix} \begin{bmatrix} \boldsymbol{p_x} \\ \boldsymbol{p_\delta} \end{bmatrix} = -\begin{bmatrix} \widehat{\boldsymbol{J}}^{\mathrm{T}}\widehat{\boldsymbol{r}}_1 \\ \boldsymbol{V}\widehat{\boldsymbol{r}}_1+\boldsymbol{D}\widehat{\boldsymbol{r}}_2 \end{bmatrix} \tag{10.49}$$

由于式中分块矩阵的右下角子矩阵 $\boldsymbol{V}^2+\boldsymbol{D}^2+\lambda\boldsymbol{I}$ 具有对角形式, 因而容易从线性方程组式 (10.49) 中消除向量 $\boldsymbol{p_\delta}$, 从而得到仅关于向量 $\boldsymbol{p_x}$ 更低阶 (即 n 阶) 的线性方程组。由此获得迭代更新向量的总计算量仅略高于求解 $m\times n$ 标准最小二乘问题的计算量。

10.5 注解与参考文献

文献 [29] 全面讨论了线性最小二乘方法, 包括关于各种方法的详细误差分析以及软件列表。该文献不仅讨论了基本的最小二乘问题式 (10.13), 还讨论了变量有界 (例如 $\boldsymbol{x} \geqslant \mathbf{0}$) 或者变量服从线性约束 (例如 $\boldsymbol{A}\boldsymbol{x} \geqslant \boldsymbol{b}$) 的情形。文献 [136] 中的第 5 章研究总结了最新的技术, 讨论了不同的方法 (例如正规方程方法和 QR 分解方法) 对不同类型问题的适用性。文献 [188] 是关于线性最小二乘问题的经典文献。

非常大规模的非线性最小二乘问题出现在很多应用领域, 包括医学成像、地球物理学、经济学以及工程设计等。在很多情况下, 变量个数 n 和残差个数 m 都很大, 但是仅仅残差个数 m 很大的情形也十分常见。

文献 [190] 与文献 [203] 在最初描述 Levenberg–Marquardt 方法时, 并没有将此方法与信赖域的概念联系在一起。相反, 其直接对式 (10.33) 中的 λ 进行调整, 是基于一定的系数增加 λ 还是降低 λ, 则取决于前面一次试验的迭代更新向量能否使目标函数 $f(\cdot)$ 得到显著降低。这种调整 λ 的启发式方法, 类似于第 4 章算法 4.1 中调整信赖域半径 Δ_k 所采用的方法。可以证明, 上述方法 (与信赖域分析无关) 的收敛性与定理 10.3 描述的收敛性相似 (见文献 [231])。文献 [210] 则明确建立了 Levenberg–Marquardt 方法与信赖域概念之间的联系。

文献 [318] 提出了一种非精确的 Levenberg–Marquardt 方法, 可用于求解大规模非线性最小二乘问题。此方法直接控制参数 λ, 而不是利用其与信赖域方法之间的关系。此外, 该方法获得的迭代更新向量 $\overline{\boldsymbol{p}}_k$ 与第 7 章式 (7.2) 和式 (7.3) 相似, 需要满足如下关系式:

$$\|(\boldsymbol{J}_k^{\mathrm{T}}\boldsymbol{J}_k + \lambda_k \boldsymbol{I})\overline{\boldsymbol{p}}_k + \boldsymbol{J}_k^{\mathrm{T}}\boldsymbol{r}_k\| \leqslant \eta_k \|\boldsymbol{J}_k^{\mathrm{T}}\boldsymbol{r}_k\|$$

式中 $\eta_k \in [0, \eta]$ 为某个常数; $\eta \in (0, 1)$ 也是某个常数; $\{\eta_k\}$ 是一个强迫序列。根据实际减少量与预测减少量的比值, 可决定是否接受迭代更新向量 $\overline{\boldsymbol{p}}_k$, 并且在一定假设条件下可以证明其能收敛至平稳点。通过使用文献 [234] 中的 LSQR 算法计算式 (10.35) 的近似解, 可以有效实现上述方法。这是因为对于很多不同的 λ_k, LSQR 算法能以较小的边际成本, 同时获得对应于不同 λ_k 的式 (10.35) 的近似解。因此, 针对一系列 λ_k, 可以获得相应的迭代更新向量 $\overline{\boldsymbol{p}}_k$, 而我们最终选择的迭代更新向量, 其实际减少量与预测减少量的比值应能令人满意, 并在此基础上对应于最小的 λ_k。

非线性最小二乘软件因其需求量大而十分普及。主要的数值软件库 (例如 IMSL、HSL、NAG 以及 SAS) 以及编程环境 (例如 Mathematica 软件和 Matlab 软件) 都能够实现鲁棒非线性最小二乘方法。其他高质量实现非线性最小二乘方法的软件包包括 DFNLP、MINPACK、NL2SOL 以及 NLSSOL (具

体可见文献 [217] 中的第 3 章)。非线性规划软件包 LANCELOT、KNITRO 以及 SNOPT 均能够针对大规模问题, 实现高斯–牛顿方法和 Levenberg–Marquardt 方法。此外, 文献 [31] 中的软件包 ORDPACK 可以实现正交距离回归方法。

所有这些例程 (可以通过 Web 访问) 都为用户提供了两个选项: 第 1 个选项是显式提供 Jacobian 矩阵; 第 2 个选项是允许代码利用有限差分方法计算 Jacobian 矩阵。针对第 2 个选项, 用户仅需要编写代码来计算残差向量 $\boldsymbol{r}(\boldsymbol{x})$ 即可 (见第 8 章)。文献 [280] 中的第 15 章描述了在选择统计应用软件时面临的一些重要的实际问题。

10.6 练习题

10.1 假设 $\boldsymbol{J}$ 为 $m \times n$ 矩阵 (其中 $m \geqslant n$), 定义向量 $\boldsymbol{y} \in \mathbb{R}^m$, 证明以下两个结论:

(a) 矩阵 $\boldsymbol{J}$ 具有列满秩性, 当且仅当 $\boldsymbol{J}^{\mathrm{T}}\boldsymbol{J}$ 是非奇异矩阵。

(b) 矩阵 $\boldsymbol{J}$ 具有列满秩性, 当且仅当 $\boldsymbol{J}^{\mathrm{T}}\boldsymbol{J}$ 是正定矩阵。

10.2 证明式 (10.13) 中的函数 $f(\boldsymbol{x})$ 是凸函数。

10.3 证明以下两个结论:

(a) 如果 $\boldsymbol{Q}$ 为正交矩阵, 则对于任意具有合适长度的向量 $\boldsymbol{x}$, 均满足 $\|\boldsymbol{Q}\boldsymbol{x}\| = \|\boldsymbol{x}\|$。

(b) 如果矩阵 $\boldsymbol{J}$ 具有列满秩性 (其秩为 n), 证明当 $\boldsymbol{\Pi} = \boldsymbol{I}$ 时, 式 (10.15) 中的矩阵 $\overline{\boldsymbol{R}}$ 与式 (10.17) 中的矩阵 $\boldsymbol{R}$ 是完全相等的。

10.4 完成以下两个问题:

(a) 证明由式 (10.22) 定义的向量 $\boldsymbol{x}^*$ 是式 (10.13) 的极小值点。

(b) 计算 $\|\boldsymbol{x}^*\|$, 并证明: 对于所有满足 $\sigma_i = 0$ 的序数 i, 当 $\tau_i = 0$ 时, 此范数达到最小值。

10.5 假设每个残差函数 r_j 及其梯度向量均满足 Lipschitz 连续性, 且 Lipschitz 常数为 L, 也就是对于所有的 $\boldsymbol{x}, \widetilde{\boldsymbol{x}} \in D$ (其中 D 为 $\mathbb{R}^n$ 中的紧致子集) 均满足

$$\|r_j(\boldsymbol{x}) - r_j(\widetilde{\boldsymbol{x}})\| \leqslant L\|\boldsymbol{x} - \widetilde{\boldsymbol{x}}\|,$$

$$\|\nabla r_j(\boldsymbol{x}) - \nabla r_j(\widetilde{\boldsymbol{x}})\| \leqslant L\|\boldsymbol{x} - \widetilde{\boldsymbol{x}}\| \quad (j = 1, 2, \cdots, m)$$

还假设 r_j 在集合 D 上有界, 也就是对于所有的 $\boldsymbol{x} \in D$, 存在常数 $M > 0$, 使得 $|r_j(\boldsymbol{x})| \leqslant M$ $(j = 1, 2, \cdots, m)$。计算式 (10.3) 的 Jacobian 矩阵 $\boldsymbol{J}$ 在集合 D 上的 Lipschitz 常数, 以及式 (10.4) 的梯度向量 ∇f 在集合 D 上的

Lipschitz 常数。

10.6　将 (10.33) 的解 $\boldsymbol{p}$ 用矩阵 $\boldsymbol{J}(\boldsymbol{x})$ 的奇异值分解和标量 λ 进行表示，并采用同样的方法表示其范数平方 $\|\boldsymbol{p}\|^2$, 然后证明下式:

$$\lim_{\lambda\to 0}\boldsymbol{p}=\sum_{\sigma_i\neq 0}\frac{\boldsymbol{u}_i^{\mathrm{T}}\boldsymbol{r}}{\sigma_i}\boldsymbol{v}_i$$

第 11 章

非线性方程组

在很多实际应用中, 我们并不需要直接对某个目标函数进行优化, 而是要确定模型中的变量的值, 使其满足一些给定的关系式。当这些关系式以 n 个方程的形式呈现, 且方程的个数与模型中的变量个数相等时, 问题就变成了求非线性方程组的解。在数学上可以描述为

$$\boldsymbol{r}(\boldsymbol{x}) = \boldsymbol{0} \tag{11.1}$$

式中 $\boldsymbol{r}\colon \mathbb{R}^n \to \mathbb{R}^n$ 为向量函数, 如下所示:

$$\boldsymbol{r}(\boldsymbol{x}) = \begin{bmatrix} r_1(\boldsymbol{x}) \\ r_2(\boldsymbol{x}) \\ \vdots \\ r_n(\boldsymbol{x}) \end{bmatrix}$$

本章假设每个函数 $r_i\colon \mathbb{R}^n \to \mathbb{R}$ $(i = 1, 2, \cdots, n)$ 都是光滑函数。如果向量 $\boldsymbol{x}^*$ 能使得式 (11.1) 成立, 则将其称为非线性方程组的解或者根。不妨考虑一个简单的例子, 方程组的形式为

$$\boldsymbol{r}(\boldsymbol{x}) = \begin{bmatrix} x_2^2 - 1 \\ \sin x_1 - x_2 \end{bmatrix} = \boldsymbol{0}$$

显然, 该方程组中包含 $n = 2$ 个方程, 并且存在无穷多个解, 其中的两个解为 $\boldsymbol{x}^* = [3\pi/2 \quad -1]^{\mathrm{T}}$ 和 $\boldsymbol{x}^* = [\pi/2 \quad 1]^{\mathrm{T}}$。一般而言, 非线性方程组式 (11.1) 可能没有解, 也可能只有一个解, 还可能存在很多个解。

非线性方程组的求解技术在原理、分析以及实现策略上与前面章节中讨论的优化技术是有重合的。在优化问题和非线性方程组问题的求解中, 牛顿方法是很多重要算法的基础。在这两个领域中, 线搜索策略、信赖域策略以及在每次迭代中线性代数子问题的非精确解等环节都很关键, 除此以外, 还有一些其他重要的问题, 例如导数计算与全局收敛等。

由于一些求解非线性方程组的重要方法是通过对所有方程的平方和最小

化来实现的, 如下所示:

$$\min_{\boldsymbol{x}} \left\{ \sum_{i=1}^{n} (r_i(\boldsymbol{x}))^2 \right\}$$

因此, 非线性方程组问题与第 10 章讨论的非线性最小二乘问题有着特别紧密的联系。主要区别在于, 当求解非线性方程组时, 方程个数与变量个数是相等的 (在第 10 章中通常方程个数大于变量个数), 并且在问题的解处方程等式是严格成立的, 而不仅仅是使全部方程的平方和最小化。这一点是非常重要的, 因为非线性方程可能表示物理或者经济约束 (例如守恒定律或者一致性原理), 为了使问题的解有意义, 这些等式约束必须严格成立。

在很多应用中, 我们需要求解一组紧密相关的非线性方程, 如下例所示 (见文献 [212])。

【例 11.1】 在控制领域中存在一个很有意思的问题, 那就是分析飞机对飞行员指令发生响应的稳定性。下面给出一个基于力平衡方程的简化模型, 其中忽略了重力项。

一架特定飞机的平衡方程由一个含有 8 个未知数的方程组构成, 包含 5 个方程, 如下所示:

$$F(\boldsymbol{x}) \equiv \boldsymbol{A}\boldsymbol{x} + \boldsymbol{\varphi}(\boldsymbol{x}) = \boldsymbol{0} \tag{11.2}$$

式中函数 $F: \mathbb{R}^8 \to \mathbb{R}^5$; 矩阵 $\boldsymbol{A}$ 中的元素为

$$\boldsymbol{A} = \begin{bmatrix} -3.933 & 0.107 & 0.126 & 0 & -9.99 & 0 & -45.83 & -7.64 \\ 0 & -0.987 & 0 & -22.95 & 0 & -28.37 & 0 & 0 \\ 0.002 & 0 & -0.235 & 0 & 5.67 & 0 & -0.921 & -6.51 \\ 0 & 1.0 & 0 & -1.0 & 0 & -0.168 & 0 & 0 \\ 0 & 0 & -1.0 & 0 & -0.196 & 0 & -0.0071 & 0 \end{bmatrix}$$

非线性部分的定义为

$$\boldsymbol{\varphi}(\boldsymbol{x}) = \begin{bmatrix} -0.727x_2x_3 + 8.39x_3x_4 - 684.4x_4x_5 + 63.5x_2x_4 \\ 0.949x_1x_3 + 0.173x_1x_5 \\ -0.716x_1x_2 - 1.578x_1x_4 + 1.132x_2x_4 \\ -x_1x_5 \\ x_1x_4 \end{bmatrix}$$

其中前面 3 个变量 x_1, x_2, x_3 分别表示滚转、俯仰以及偏航速率; x_4 表示迎角增量; x_5 表示侧滑角; 最后 3 个变量 x_6, x_7, x_8 均为控制参数, 分别表示升降舵、副翼和方向舵的偏转。

对于一组给定的控制参数 x_6, x_7, x_8, 我们会得到一个关于 5 个未知数的非线性方程组，含有 5 个方程。如果想要研究飞机特性随着控制参数的变化规律，则需要针对每组控制参数求解此非线性方程组，以确定变量 $x_1, x_2, \cdots, x_5$ 的值。

尽管非线性方程组问题的求解方法与无约束最小二乘优化问题的求解方法有很多相似之处，但是它们之间仍然存在一些重要差异。为了获得具有二次收敛性的优化方法，我们需要计算目标函数的二阶导数，但是在求解非线性方程组时，计算一阶导数就足够了。拟牛顿方法在求解非线性方程组时的作用可能不如其在求解无约束优化问题时的作用大。在求解无约束优化问题时，我们会很自然地将目标函数作为衡量迭代进展的评价函数，但是在求解非线性方程组时，却可以使用各种不同的评价函数，并且这些函数都存在一些缺点。线搜索方法和信赖域方法在求解优化问题时具有同等重要的作用，但是可以判定信赖域方法在求解非线性方程组时具有一定的理论优势。

为了阐述在求解非线性方程组时遇到的一些困难，不妨讨论一个简单的标量函数的例子 (即 $n = 1$)。该标量函数为

$$r(x) = \sin 5x - x \tag{11.3}$$

图 11.1 描绘了其函数曲线。从图中可以发现，非线性方程 $r(x) = 0$ 共有 3 个解，它们也称为函数 $r(x)$ 的根。这 3 个根分别为 0 以及 (近似于)± 0.519148。方程组问题具有多根的情形与优化问题的目标函数具有多个局部极小值点的情形是相似的。然而，两者也并不完全相同。在优化问题中，某个局部极小值点所对应的目标函数值可能低于另一个局部极小值点所对应的目标函数值，因而前者是更好的解，但是在非线性方程组问题中，从数学的角度来看，所有的解都同等好。如果发现所获得的解在物理上没有意义，则可能需要重新表述模型。

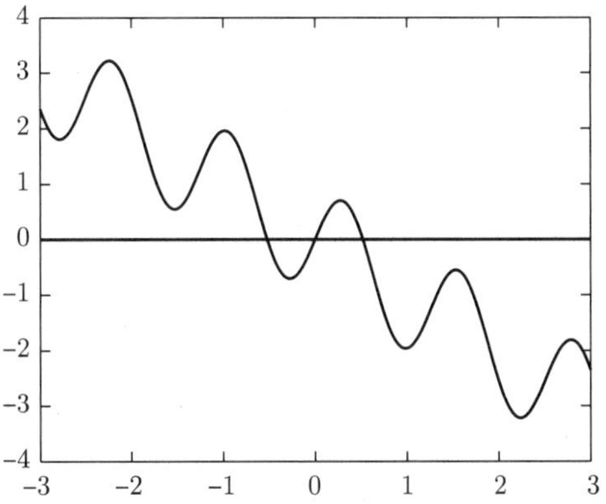

图 11.1　函数 $r(x) = \sin 5x - x$ 有 3 个根

本章首先描述与牛顿方法相关的方法，并研究它们的局部收敛性，除基本的牛顿方法外，所涉及的方法还包括 Broyden 族拟牛顿方法、非精确牛顿

方法以及张量方法。其次讨论全局收敛性, 这是一个尝试将远处的迭代起始点收敛至极值点的问题。最后还将讨论一类方法, 称为延拓 (或者同伦) 方法, 将一个简单问题 (其解是易于获得的) 逐渐转化成求解方程组 $F(\boldsymbol{x}) = \mathbf{0}$ 的问题。在该类方法中, 我们会追踪随着问题而变化的解, 直至终止于方程组 $F(\boldsymbol{x}) = \mathbf{0}$ 的解。

本章假设向量函数 $\boldsymbol{r}$ 在区域 D 上是连续可微的, 这里的区域 D 中包含了所有感兴趣的自变量 $\boldsymbol{x}$。换言之, 由向量函数 $\boldsymbol{r}(\boldsymbol{x})$ 的一阶偏导数所构成的 Jacobian 矩阵 $\boldsymbol{J}(\boldsymbol{x})$ (定义见附录 A 和第 10 章式 (10.3)) 存在且连续。如果向量 $\boldsymbol{x}^*$ 满足 $\boldsymbol{r}(\boldsymbol{x}^*) = \mathbf{0}$, 且 $\boldsymbol{J}(\boldsymbol{x}^*)$ 是奇异矩阵, 则称其为退化解 (或者退化根), 否则称其为非退化解 (或者非退化根)。

11.1 局部方法

11.1.1 求解非线性方程组的牛顿方法

由第 2 章定理 2.1 可知, 当对函数 $f\colon \mathbb{R}^n \to \mathbb{R}$ 最小化时, 牛顿方法会在当前迭代点 $\boldsymbol{x}_k$ 处进行泰勒级数展开, 并取其前面 3 项形成二次模型函数, 而牛顿迭代更新向量可使得该模型函数最小化。当求解非线性方程组时, 牛顿方法的推导过程与之相类似, 只是采用了线性模型函数, 需要计算每个函数 $r_i(\boldsymbol{x})$ $(i = 1, 2, \cdots, n)$ 在当前迭代点 $\boldsymbol{x}_k$ 处的取值及其一阶导数。为了证明该策略的合理性, 下面引出多维形式的泰勒定理。

【定理 11.1】 假设 $\boldsymbol{r} : \mathbb{R}^n \to \mathbb{R}^n$ 是某个凸开集 D 上的连续可微函数, 并且向量 $\boldsymbol{x}$ 和向量 $\boldsymbol{x} + \boldsymbol{p}$ 均在集合 D 中, 则有如下等式:

$$\boldsymbol{r}(\boldsymbol{x} + \boldsymbol{p}) = \boldsymbol{r}(\boldsymbol{x}) + \int_0^1 \boldsymbol{J}(\boldsymbol{x} + t\boldsymbol{p})\boldsymbol{p}\mathrm{d}t \tag{11.4}$$

我们可以定义关于 $\boldsymbol{r}(\boldsymbol{x}_k + \boldsymbol{p})$ 的线性模型 $\boldsymbol{M}_k(\boldsymbol{p})$, 利用 $\boldsymbol{J}(\boldsymbol{x})\boldsymbol{p}$ 近似式 (11.4) 等号右侧的第 2 项, 该线性模型可以表示为

$$\boldsymbol{M}_k(\boldsymbol{p}) \xlongequal{\text{定义}} \boldsymbol{r}(\boldsymbol{x}_k) + \boldsymbol{J}(\boldsymbol{x}_k)\boldsymbol{p} \tag{11.5}$$

基本的牛顿方法就是选择迭代更新向量 $\boldsymbol{p}_k$ 以满足 $\boldsymbol{M}_k(\boldsymbol{p}_k) = \mathbf{0}$, 由此可得 $\boldsymbol{p}_k = -(\boldsymbol{J}(\boldsymbol{x}_k))^{-1}\boldsymbol{r}(\boldsymbol{x}_k)$。下面描述求解非线性方程组的牛顿方法。

【算法 11.1 求解非线性方程组的牛顿方法】

步骤 1: 确定迭代起始点 $\boldsymbol{x}_0$。

步骤 2:

for $k = 0, 1, 2, \cdots$

计算向量 $\boldsymbol{p}_k$ 以满足如下牛顿方程:

$$\boldsymbol{J}(\boldsymbol{x}_k)\boldsymbol{p}_k = -\boldsymbol{r}(\boldsymbol{x}_k) \tag{11.6}$$

更新迭代点 $\boldsymbol{x}_{k+1} \leftarrow \boldsymbol{x}_k + \boldsymbol{p}_k$;

end (for)

这里利用线性模型函数代替无约束优化中的二次模型函数推导牛顿迭代更新向量, 其原因在于线性模型一般都有解, 并且具有快速收敛性。事实上, 在无约束优化问题中, 如果将算法 11.1 应用于求解非线性方程组 $\nabla f(\boldsymbol{x}) = \mathbf{0}$, 即可得到牛顿方法 (见第 2 章式 (2.15))。针对含有等式约束的优化问题, 算法 11.1 可用于求解由一阶最优性条件 (见第 18 章式 (18.3)) 所形成的非线性方程组, 从而得到序列二次规划方法, 该方法将在第 18 章进行讨论。此外, 算法 11.1 与求解非线性最小二乘问题的高斯–牛顿方法也是相关的, 通常情况下 $\boldsymbol{J}(\boldsymbol{x}_k)$ 是非奇异矩阵, 此时式 (11.6) 与第 10 章式 (10.23) 是等价的。

当迭代点 $\boldsymbol{x}_k$ 接近于非退化根 $\boldsymbol{x}^*$ 时, 牛顿方法具有超线性收敛速度, 该结论将在下面的定理 11.2 中得到证明。牛顿方法的潜在缺点包括:

(1) 当迭代起始点与方程的解相距较远时, 算法 11.1 的性能可能并不稳定。当 $\boldsymbol{J}(\boldsymbol{x}_k)$ 是奇异矩阵时, 甚至无法对牛顿迭代更新向量进行计算。

(2) 一阶信息 (即 Jacobian 矩阵 $\boldsymbol{J}(\boldsymbol{x})$) 可能难以进行计算。

(3) 当维数 n 较大时, 准确计算牛顿迭代更新向量 $\boldsymbol{p}_k$ 的复杂度可能会很高。

(4) 非线性方程组的根 $\boldsymbol{x}^*$ 可能是退化的, 即 $\boldsymbol{J}(\boldsymbol{x}^*)$ 可能是奇异矩阵。

一个退化问题的简单例子是标量函数 $r(x) = x^2$, 其具有唯一的退化根 $x^* = 0$。对于任意的非零迭代起始点 x_0, 由算法 11.1 产生的迭代点为

$$x_k = \frac{1}{2^k}x_0$$

该迭代序列会收敛于零, 但仅具有线性收敛速度。

正如本章后续所述, 可以通过多种方式对牛顿方法进行修正和改良, 以解决上述大部分问题。这些改进方法构成了求解非线性方程组的很多软件的基础。

在下面的定理 11.2 中将要描述算法 11.1 的收敛性质。为了得到其中的部分结论, 需要假设 Jacobian 矩阵具有 Lipschitz 连续性, 也就是对问题解域内的所有向量 $\boldsymbol{x}_0$ 和向量 $\boldsymbol{x}_1$, 存在常数 β_L 满足

$$\|\boldsymbol{J}(\boldsymbol{x}_0) - \boldsymbol{J}(\boldsymbol{x}_1)\| \leqslant \beta_L \|\boldsymbol{x}_0 - \boldsymbol{x}_1\| \tag{11.7}$$

【定理 11.2】 假设 $\boldsymbol{r}$ 是某个凸开集 $D \subset \mathbb{R}^n$ 上的连续可微函数, 并且 $\boldsymbol{x}^* \in D$ 是方程组 $\boldsymbol{r}(\boldsymbol{x}) = \mathbf{0}$ 的非退化解, 将由算法 11.1 产生的迭代序列记为 $\{\boldsymbol{x}_k\}$。当 $\boldsymbol{x}_k \in D$ 充分接近于解 $\boldsymbol{x}^*$ 时可得

$$\|\boldsymbol{x}_{k+1}-\boldsymbol{x}^*\| = o(\|\boldsymbol{x}_k-\boldsymbol{x}^*\|) \tag{11.8}$$

即迭代序列 $\{\boldsymbol{x}_k\}$ 具有局部 Q 超线性收敛性。此外, 如果 $\boldsymbol{r}$ 在解 $\boldsymbol{x}^*$ 附近是 Lipschitz 连续可微的函数, 则当 $\boldsymbol{x}_k$ 充分接近于解 $\boldsymbol{x}^*$ 时可得

$$\|\boldsymbol{x}_{k+1}-\boldsymbol{x}^*\| = O(\|\boldsymbol{x}_k-\boldsymbol{x}^*\|^2) \tag{11.9}$$

即迭代序列 $\{\boldsymbol{x}_k\}$ 具有局部 Q 二次收敛性。

【证明】 由于 $\boldsymbol{r}(\boldsymbol{x}^*)=\boldsymbol{0}$, 根据定理 11.1 可得

$$\boldsymbol{r}(\boldsymbol{x}_k)=\boldsymbol{r}(\boldsymbol{x}_k)-\boldsymbol{r}(\boldsymbol{x}^*)=\boldsymbol{J}(\boldsymbol{x}_k)(\boldsymbol{x}_k-\boldsymbol{x}^*)+\boldsymbol{w}(\boldsymbol{x}_k,\boldsymbol{x}^*) \tag{11.10}$$

式中

$$\boldsymbol{w}(\boldsymbol{x}_k,\boldsymbol{x}^*)=\int_0^1[\boldsymbol{J}(\boldsymbol{x}_k+t(\boldsymbol{x}^*-\boldsymbol{x}_k))-\boldsymbol{J}(\boldsymbol{x}_k)](\boldsymbol{x}_k-\boldsymbol{x}^*)\mathrm{d}t \tag{11.11}$$

结合附录 A 式 (A.12) 和 Jacobian 矩阵 $\boldsymbol{J}$ 的连续性可知

$$\begin{aligned}\|\boldsymbol{w}(\boldsymbol{x}_k,\boldsymbol{x}^*)\| &= \left\|\int_0^1[\boldsymbol{J}(\boldsymbol{x}_k+t(\boldsymbol{x}^*-\boldsymbol{x}_k))-\boldsymbol{J}(\boldsymbol{x}_k)](\boldsymbol{x}_k-\boldsymbol{x}^*)\mathrm{d}t\right\| \\ &\leqslant \int_0^1\|\boldsymbol{J}(\boldsymbol{x}_k+t(\boldsymbol{x}^*-\boldsymbol{x}_k))-\boldsymbol{J}(\boldsymbol{x}_k)\|\;\|\boldsymbol{x}_k-\boldsymbol{x}^*\|\mathrm{d}t \\ &= o(\|\boldsymbol{x}_k-\boldsymbol{x}^*\|)\end{aligned} \tag{11.12}$$

由于 $\boldsymbol{J}(\boldsymbol{x}^*)$ 是非奇异矩阵, 因此存在半径 $\delta>0$ 和正常数 β^*, 使得球体

$$B(\boldsymbol{x}^*,\delta)=\{\boldsymbol{x}|\;\|\boldsymbol{x}-\boldsymbol{x}^*\|\leqslant\delta\} \tag{11.13}$$

内部的所有向量 $\boldsymbol{x}$ 均满足

$$\|(\boldsymbol{J}(\boldsymbol{x}))^{-1}\|\leqslant\beta^*\quad(\boldsymbol{x}\in D) \tag{11.14}$$

假设 $\boldsymbol{x}_k\in B(\boldsymbol{x}^*,\delta)$, 将式 (11.10) 两边乘以矩阵 $(\boldsymbol{J}(\boldsymbol{x}_k))^{-1}$, 再结合式 (11.6) 可得

$$\begin{aligned}-\boldsymbol{p}_k&=(\boldsymbol{x}_k-\boldsymbol{x}^*)+\|(\boldsymbol{J}(\boldsymbol{x}_k))^{-1}\|o(\|\boldsymbol{x}_k-\boldsymbol{x}^*\|)\\ &\Rightarrow\|\boldsymbol{x}_k+\boldsymbol{p}_k-\boldsymbol{x}^*\|=o(\|\boldsymbol{x}_k-\boldsymbol{x}^*\|)\\ &\Rightarrow\|\boldsymbol{x}_{k+1}-\boldsymbol{x}^*\|=o(\|\boldsymbol{x}_k-\boldsymbol{x}^*\|)\end{aligned} \tag{11.15}$$

由该式可知, 式 (11.8) 成立。

此外, 如果 Lipschitz 连续假设式 (11.7) 成立, 则可以对式 (11.11) 定义的剩余项 $\boldsymbol{w}(\boldsymbol{x}_k,\boldsymbol{x}^*)$ 给出更加精确的估计值。将式 (11.7) 应用于式 (11.12) 中可得

$$\|\boldsymbol{w}(\boldsymbol{x}_k, \boldsymbol{x}^*)\| = O(\|\boldsymbol{x}_k - \boldsymbol{x}^*\|^2) \tag{11.16}$$

再次将式 (11.10) 两边乘以矩阵 $(\boldsymbol{J}(\boldsymbol{x}_k))^{-1}$ 可得

$$-\boldsymbol{p}_k - (\boldsymbol{x}_k - \boldsymbol{x}^*) = (\boldsymbol{J}(\boldsymbol{x}_k))^{-1}\boldsymbol{w}(\boldsymbol{x}_k, \boldsymbol{x}^*)$$

类似于式 (11.15) 中的推导过程可知式 (11.9) 成立。证毕。

11.1.2 非精确牛顿方法

非精确牛顿方法无须精确求解牛顿方程式 (11.6), 但是其所得到的搜索方向 $\boldsymbol{p}_k$ 需要满足如下条件:

$$\|\boldsymbol{r}_k + \boldsymbol{J}_k\boldsymbol{p}_k\| \leqslant \eta_k\|\boldsymbol{r}_k\| \quad (\text{对于某个 } \eta_k \in [0, \eta]) \tag{11.17}$$

式中 $\eta \in [0, 1)$ 为某个常数。第 7 章称 $\{\eta_k\}$ 为强迫序列。不同的方法会选择不同的强迫序列, 并利用不同的算法获得近似解 $\boldsymbol{p}_k$。下面描述该类方法的统一计算框架。

【计算框架 11.2 求解非线性方程组的非精确牛顿方法】

步骤 1: 选择常数 $\eta \in [0, 1)$。

步骤 2: 确定迭代起始点 $\boldsymbol{x}_0$。

步骤 3:

for $k = 0, 1, 2, \cdots$

　　选择强迫序列 $\eta_k \in [0, \eta]$;

　　找寻满足式 (11.17) 的向量 $\boldsymbol{p}_k$;

　　更新迭代点 $\boldsymbol{x}_{k+1} \leftarrow \boldsymbol{x}_k + \boldsymbol{p}_k$;

end (for)

需要指出的是, 该类方法的收敛理论仅取决于式 (11.17), 而并不取决计算向量 $\boldsymbol{p}_k$ 的具体技术。然而, 在此类方法中最重要的是利用迭代技术求解形式为 $\boldsymbol{J}\boldsymbol{p} = -\boldsymbol{r}$ 的线性方程组, 包括 GMRES 方法 (见文献 [273] 和 [302]) 以及 Krylov 子空间方法等。类似于第 5 章的共轭梯度方法 (由于系数矩阵 $\boldsymbol{J}$ 并不是对称正定矩阵, 因此该方法不能直接应用于此), 该类方法在每次迭代中都需要针对某个向量 $\boldsymbol{d}$ 完成矩阵与向量的乘积运算 (即计算 $\boldsymbol{J}\boldsymbol{d}$), 并且需要存储多个维度为 n 的向量。此外, 由于 GMRES 方法在每次迭代中需要额外存储一个向量, 所以必须周期性地对 GMRES 方法进行重启 (通常每进行 10 次或者 20 次迭代后重启), 从而将其内存需求保持在一个合理的水平。

我们可以在无须已知 Jacobian 矩阵 $\boldsymbol{J}$ 的显式表达式的情况下, 对矩阵与向量的乘积 $\boldsymbol{J}\boldsymbol{d}$ 进行计算。根据第 8 章式 (8.11) 可知, 若利用有限差分法近似计算乘积 $\boldsymbol{J}\boldsymbol{d}$, 则仅需要计算向量函数 $\boldsymbol{r}(\cdot)$ 的值即可。若精确计算乘积

$\boldsymbol{J}\boldsymbol{d}$ (其精度至少在有限精度算术范围以内), 则可以利用基于前向模式的自动微分法, 计算量至多为计算函数 $\boldsymbol{r}(\cdot)$ 的复杂度的某个小的倍数。关于该方法的计算细节可见第 8.2 节。

这里并不讨论求解稀疏线性方程组的迭代方法, 我们推荐感兴趣的读者参阅文献 [177] 和文献 [272], 其中对大多数重要技术给出了全面的讨论, 并且描述了实现方法。下面证明一个关于非精确牛顿方法的局部收敛定理, 类似于定理 11.2。

【定理 11.3】 假设 $\boldsymbol{r}$ 是某个凸开集 $D \subset \mathbb{R}^n$ 上的连续可微函数, 且 $\boldsymbol{x}^* \in D$ 是方程组 $\boldsymbol{r}(\boldsymbol{x}) = \boldsymbol{0}$ 的非退化解, 将由计算框架 11.2 产生的迭代序列记为 $\{\boldsymbol{x}_k\}$。当 $\boldsymbol{x}_k \in D$ 充分接近于解 $\boldsymbol{x}^*$ 时, 可以得到下面 3 个结论:

(1) 如果式 (11.17) 中的 η 充分小, 则迭代序列 $\{\boldsymbol{x}_k\}$ 以 Q 线性速度收敛于解 $\boldsymbol{x}^*$。

(2) 如果 $\eta_k \to 0$, 则迭代序列 $\{\boldsymbol{x}_k\}$ 具有 Q 超线性收敛性。

(3) 如果 Jacobian 矩阵 $\boldsymbol{J}(\cdot)$ 在点 $\boldsymbol{x}^*$ 的邻域内是 Lipschitz 连续的, 并且 $\eta_k = O(\|\boldsymbol{r}_k\|)$, 则迭代序列 $\{\boldsymbol{x}_k\}$ 具有 Q 二次收敛性。

【证明】 首先可将式 (11.17) 重新写为

$$\boldsymbol{J}(\boldsymbol{x}_k)\boldsymbol{p}_k + \boldsymbol{r}(\boldsymbol{x}_k) = \boldsymbol{v}_k \tag{11.18}$$

式中 $\|\boldsymbol{v}_k\| \leqslant \eta_k \|\boldsymbol{r}(\boldsymbol{x}_k)\|$。由于向量 $\boldsymbol{x}^*$ 是方程组 $\boldsymbol{r}(\boldsymbol{x}) = \boldsymbol{0}$ 的非退化根, 则类似于式 (11.14) 中的分析过程可知, 存在半径 $\delta > 0$ 和正常数 β^*, 使得对于所有的 $\boldsymbol{x} \in B(\boldsymbol{x}^*, \delta)$, 均满足 $\|(\boldsymbol{J}(\boldsymbol{x}))^{-1}\| \leqslant \beta^*$。将式 (11.18) 两边乘以矩阵 $(\boldsymbol{J}(\boldsymbol{x}_k))^{-1}$ 可得

$$\|\boldsymbol{p}_k + (\boldsymbol{J}(\boldsymbol{x}_k))^{-1}\boldsymbol{r}(\boldsymbol{x}_k)\| = \|(\boldsymbol{J}(\boldsymbol{x}_k))^{-1}\boldsymbol{v}_k\| \leqslant \beta^* \eta_k \|\boldsymbol{r}(\boldsymbol{x}_k)\| \tag{11.19}$$

类似于式 (11.10) 可知

$$\boldsymbol{r}(\boldsymbol{x}) = \boldsymbol{J}(\boldsymbol{x})(\boldsymbol{x} - \boldsymbol{x}^*) + \boldsymbol{w}(\boldsymbol{x}, \boldsymbol{x}^*) \tag{11.20}$$

若定义 $\rho(\boldsymbol{x}) \xlongequal{\text{定义}} \dfrac{\|\boldsymbol{w}(\boldsymbol{x}, \boldsymbol{x}^*)\|}{\|\boldsymbol{x} - \boldsymbol{x}^*\|}$, 则当 $\boldsymbol{x} \to \boldsymbol{x}^*$ 时可得 $\rho(\boldsymbol{x}) \to 0$。因此, 由式 (11.20) 可知, 当 δ 足够小时, 对于所有的 $\boldsymbol{x} \in B(\boldsymbol{x}^*, \delta)$, 均满足如下关系式:

$$\|\boldsymbol{r}(\boldsymbol{x})\| \leqslant 2\|\boldsymbol{J}(\boldsymbol{x}^*)\|\,\|\boldsymbol{x} - \boldsymbol{x}^*\| + o(\|\boldsymbol{x} - \boldsymbol{x}^*\|) \leqslant 4\|\boldsymbol{J}(\boldsymbol{x}^*)\|\,\|\boldsymbol{x} - \boldsymbol{x}^*\| \tag{11.21}$$

在式 (11.20) 中令 $\boldsymbol{x} = \boldsymbol{x}_k$, 并结合式 (11.19) 和式 (11.21) 可得

$$\begin{aligned}\|\boldsymbol{x}_k + \boldsymbol{p}_k - \boldsymbol{x}^*\| &= \|\boldsymbol{p}_k + (\boldsymbol{J}(\boldsymbol{x}_k))^{-1}(\boldsymbol{r}(\boldsymbol{x}_k) - \boldsymbol{w}(\boldsymbol{x}_k, \boldsymbol{x}^*))\| \\ &\leqslant \beta^* \eta_k \|\boldsymbol{r}(\boldsymbol{x}_k)\| + \|(\boldsymbol{J}(\boldsymbol{x}_k))^{-1}\|\,\|\boldsymbol{w}(\boldsymbol{x}_k, \boldsymbol{x}^*)\|\end{aligned}$$

$$\leqslant [4\|\boldsymbol{J}(\boldsymbol{x}^*)\|\beta^*\eta_k + \beta^*\rho(\boldsymbol{x}_k)]\|\boldsymbol{x}_k - \boldsymbol{x}^*\| \tag{11.22}$$

选择向量 $\boldsymbol{x}_k$ 充分接近于向量 $\boldsymbol{x}^*$, 以使其满足 $\rho(\boldsymbol{x}_k) \leqslant 1/(4\beta^*)$, 并且令 $\eta = 1/(8\|\boldsymbol{J}(\boldsymbol{x}^*)\|\beta^*)$, 此时式 (11.22) 方括号里面的求和项不超过 1/2。由于 $\boldsymbol{x}_{k+1} = \boldsymbol{x}_k + \boldsymbol{p}_k$, 于是有 $\|\boldsymbol{x}_{k+1} - \boldsymbol{x}^*\| \leqslant \|\boldsymbol{x}_k - \boldsymbol{x}^*\|/2$, 因此迭代序列 $\{\boldsymbol{x}_k\}$ 以 Q 线性速度收敛于解 $\boldsymbol{x}^*$, 从而证明了结论 (1)。

其次, 如果 $\eta_k \to 0$, 则当 $\boldsymbol{x}_k \to \boldsymbol{x}^*$ 时, 式 (11.22) 方括号里面的求和项趋近于零, 于是迭代序列 $\{\boldsymbol{x}_k\}$ 具有 Q 超线性收敛性, 从而证明了结论 (2)。最后, 将上面的结论与定理 11.2 第 2 部分的证明过程相结合, 便可以得到结论 (3), 具体证明过程作为练习题 11.6 留给读者自行完成。证毕。

11.1.3 Broyden 族拟牛顿方法

拟牛顿方法也称为割线方法, 该类方法不需要计算 Jacobian 矩阵 $\boldsymbol{J}(\boldsymbol{x})$。相反地, 该类方法试图构造 Jacobian 矩阵的近似矩阵, 并且在每次迭代中对该近似矩阵进行更新, 以使其在最新迭代点处与真实 Jacobian 矩阵具有类似的特性。将对应于迭代序数 k 的近似 Jacobian 矩阵记为 $\boldsymbol{B}_k$, 并利用该矩阵构造一个与式 (11.5) 相近的线性模型

$$\boldsymbol{M}_k(\boldsymbol{p}) = \boldsymbol{r}(\boldsymbol{x}_k) + \boldsymbol{B}_k\boldsymbol{p} \tag{11.23}$$

令此线性模型等于零即可得到迭代更新向量。如果 $\boldsymbol{B}_k$ 为非奇异矩阵, 就可以得到迭代更新向量的显式表达式 (参考式 (11.6))

$$\boldsymbol{p}_k = -\boldsymbol{B}_k^{-1}\boldsymbol{r}(\boldsymbol{x}_k) \tag{11.24}$$

下面阐述如何选取近似 Jacobian 矩阵, 以使其与真实 Jacobian 矩阵具有类似的特性。令 $\boldsymbol{s}_k$ 表示由向量 $\boldsymbol{x}_k$ 进化为向量 $\boldsymbol{x}_{k+1}$ 的迭代更新向量, 向量 $\boldsymbol{y}_k$ 表示函数 $\boldsymbol{r}(\cdot)$ 在这两次迭代中的变化量, 于是有

$$\boldsymbol{s}_k = \boldsymbol{x}_{k+1} - \boldsymbol{x}_k, \boldsymbol{y}_k = \boldsymbol{r}(\boldsymbol{x}_{k+1}) - \boldsymbol{r}(\boldsymbol{x}_k) \tag{11.25}$$

根据定理 11.1 可以推得向量 $\boldsymbol{s}_k$ 与向量 $\boldsymbol{y}_k$ 满足如下关系式:

$$\boldsymbol{y}_k = \int_0^1 \boldsymbol{J}(\boldsymbol{x}_k + t\boldsymbol{s}_k)\boldsymbol{s}_k\mathrm{d}t \approx \boldsymbol{J}(\boldsymbol{x}_{k+1})\boldsymbol{s}_k + o(\|\boldsymbol{s}_k\|) \tag{11.26}$$

由该式可知, 近似 Jacobian 矩阵的更新矩阵 $\boldsymbol{B}_{k+1}$ 满足

$$\boldsymbol{y}_k = \boldsymbol{B}_{k+1}\boldsymbol{s}_k \tag{11.27}$$

式 (11.27) 称为割线方程, 基于该方程可以确保矩阵 $\boldsymbol{B}_{k+1}$ 与 $\boldsymbol{J}(\boldsymbol{x}_{k+1})$ 沿着方向 $\boldsymbol{s}_k$ 具有相似的特性。请注意式 (11.27) 与求解无约束优化问题的拟牛

顿方法中的割线方程 (即第 6 章式 (6.6)) 之间的相似性, 产生这两个方程的机理是一致的。割线方程并没有描述矩阵 $\boldsymbol{B}_{k+1}$ 在向量 $\boldsymbol{s}_k$ 的正交方向上的特性。事实上, 可以将式 (11.27) 看成是含有 n 个方程的线性方程组, 而其中的未知数 (即矩阵 $\boldsymbol{B}_{k+1}$ 中的所有元素) 个数为 n^2。因此, 当 $n>1$ 时, 基于割线方程式 (11.27) 无法唯一确定矩阵 $\boldsymbol{B}_{k+1}$ 中的全部元素。当 $n=1$ 时, 式 (11.27) 就退化为标量割线方程 (见附录 A 式 (A.60))。

实际应用中最成功的方法应是 Broyden 族方法, 其矩阵更新公式为

$$\boldsymbol{B}_{k+1}=\boldsymbol{B}_k+\frac{(\boldsymbol{y}_k-\boldsymbol{B}_k\boldsymbol{s}_k)\boldsymbol{s}_k^{\mathrm{T}}}{\boldsymbol{s}_k^{\mathrm{T}}\boldsymbol{s}_k} \tag{11.28}$$

该更新公式可以在满足割线方程式 (11.27) 的条件下, 产生与矩阵 $\boldsymbol{B}_k$ 距离最近的更新矩阵, 该距离是由欧几里得矩阵范数 $\|\boldsymbol{B}_k-\boldsymbol{B}_{k+1}\|_2$ 进行度量的。下面的引理 (见文献 [92] 中的引理 8.1.1) 描述了此结论。

【引理 11.4】 对于所有满足等式 $\boldsymbol{B}\boldsymbol{s}_k=\boldsymbol{y}_k$ 的矩阵 $\boldsymbol{B}$ 而言, 由式 (11.28) 定义的矩阵 $\boldsymbol{B}_{k+1}$ 可以使距离 $\|\boldsymbol{B}-\boldsymbol{B}_k\|_2$ 达到最小值。

【证明】 假设 $\boldsymbol{B}$ 为满足等式 $\boldsymbol{B}\boldsymbol{s}_k=\boldsymbol{y}_k$ 的任意矩阵。联合欧几里得矩阵范数的性质 (见附录 A 式 (A.10)) 以及等式 $\left\|\dfrac{\boldsymbol{s}\boldsymbol{s}^{\mathrm{T}}}{\boldsymbol{s}^{\mathrm{T}}\boldsymbol{s}}\right\|=1$(见练习题 11.1) 可得

$$\begin{aligned}\|\boldsymbol{B}_{k+1}-\boldsymbol{B}_k\|&=\left\|\frac{(\boldsymbol{y}_k-\boldsymbol{B}_k\boldsymbol{s}_k)\boldsymbol{s}_k^{\mathrm{T}}}{\boldsymbol{s}_k^{\mathrm{T}}\boldsymbol{s}_k}\right\|=\left\|\frac{(\boldsymbol{B}-\boldsymbol{B}_k)\boldsymbol{s}_k\boldsymbol{s}_k^{\mathrm{T}}}{\boldsymbol{s}_k^{\mathrm{T}}\boldsymbol{s}_k}\right\|\\&\leqslant\|\boldsymbol{B}-\boldsymbol{B}_k\|\left\|\frac{\boldsymbol{s}_k\boldsymbol{s}_k^{\mathrm{T}}}{\boldsymbol{s}_k^{\mathrm{T}}\boldsymbol{s}_k}\right\|=\|\boldsymbol{B}-\boldsymbol{B}_k\|\end{aligned}$$

由该式可知

$$\boldsymbol{B}_{k+1}\in\underset{\boldsymbol{B}:\ \boldsymbol{y}_k=\boldsymbol{B}\boldsymbol{s}_k}{\operatorname{argmin}}\{\|\boldsymbol{B}-\boldsymbol{B}_k\|\}$$

证毕。

在 Broyden 族方法的实现过程中, 可以沿着搜索方向 $\boldsymbol{p}_k$ 进行线搜索, 此时由式 (11.25) 定义的迭代更新向量应为 $\boldsymbol{s}_k=\alpha\boldsymbol{p}_k$(其中 $\alpha>0$)。下面描述该方法的详细计算步骤, 其中包含线搜索环节。

【算法 11.3 Broyden 族方法】

步骤 1: 确定迭代起始点 $\boldsymbol{x}_0$ 以及非奇异的近似 Jacobian 矩阵 $\boldsymbol{B}_0$。

步骤 2:

for $k=0,1,2,\cdots$

计算向量 $\boldsymbol{p}_k$ 以满足如下线性方程组:

$$\boldsymbol{B}_k\boldsymbol{p}_k=-\boldsymbol{r}(\boldsymbol{x}_k) \tag{11.29}$$

沿着搜索方向 $\boldsymbol{p}_k$ 进行线搜索, 以确定步长 α_k;

更新迭代点 $\boldsymbol{x}_{k+1} \leftarrow \boldsymbol{x}_k + \alpha_k \boldsymbol{p}_k$;

计算迭代更新向量 $\boldsymbol{s}_k \leftarrow \boldsymbol{x}_{k+1} - \boldsymbol{x}_k$;

计算向量函数的变化量 $\boldsymbol{y}_k \leftarrow \boldsymbol{r}(\boldsymbol{x}_{k+1}) - \boldsymbol{r}(\boldsymbol{x}_k)$;

利用式 (11.28) 计算更新矩阵 $\boldsymbol{B}_{k+1}$;

end (for)

在一定假设条件下, Broyden 族方法具有超线性收敛速度, 即有

$$\|\boldsymbol{x}_{k+1} - \boldsymbol{x}^*\| = o(\|\boldsymbol{x}_k - \boldsymbol{x}^*\|) \tag{11.30}$$

尽管此局部收敛速度并没有牛顿方法的 Q 二次收敛速度快, 但是对于大多数实际需求而言已经足够快了。

下面通过一个简单的例子说明牛顿方法与 Broyden 族方法在收敛速度上的差异。定义向量函数 $\boldsymbol{r}\colon \mathbb{R}^2 \to \mathbb{R}^2$ 为如下形式:

$$\boldsymbol{r}(\boldsymbol{x}) = \begin{bmatrix} (x_1+3)(x_2^3-7)+18 \\ \sin(x_2 \mathrm{e}^{x_1} - 1) \end{bmatrix} \tag{11.31}$$

非线性方程组 $\boldsymbol{r}(\boldsymbol{x}) = \mathbf{0}$ 有一个非退化根 $\boldsymbol{x}^* = [0 \quad 1]^{\mathrm{T}}$。将两种方法的迭代起始点均设为 $\boldsymbol{x}_0 = [-0.5 \quad 1.4]^{\mathrm{T}}$, 并将该点对应的真实 Jacobian 矩阵 $\boldsymbol{J}(\boldsymbol{x}_0)$ 作为近似 Jacobian 矩阵的初始值 $\boldsymbol{B}_0$。表 11.1 给出了两种方法计算得到的迭代误差 $\|\boldsymbol{x}_k - \boldsymbol{x}^*\|$ 收敛序列。

表 11.1　两种方法计算得到的迭代误差 $\|\boldsymbol{x}_k - \boldsymbol{x}^*\|$ 收敛序列

迭代序数 k	牛顿方法	Broyden 族方法
0	0.64×10^{0}	0.64×10^{0}
1	0.62×10^{-1}	0.62×10^{-1}
2	0.52×10^{-3}	0.21×10^{-3}
3	0.25×10^{-3}	0.18×10^{-7}
4	0.43×10^{-4}	0.12×10^{-15}
5	0.14×10^{-6}	
6	0.57×10^{-9}	
7	0.18×10^{-11}	
8	0.87×10^{-15}	

牛顿方法具有明显的 Q 二次收敛性, 主要表现在每次迭代后的误差指数项翻倍。Broyden 族方法所需要的迭代次数是牛顿方法迭代次数的两倍, 并且当迭代趋近于收敛时, 误差减少的速度略有所提升。此外, 向量函数范数 $\|\boldsymbol{r}(\boldsymbol{x}_k)\|$ 收敛于零的速度与迭代误差 $\|\boldsymbol{x}_k - \boldsymbol{x}^*\|$ 收敛于零的速度相近, 下面讨论其原因。由式 (11.10) 可得

$$\boldsymbol{r}(\boldsymbol{x}_k) = \boldsymbol{r}(\boldsymbol{x}_k) - \boldsymbol{r}(\boldsymbol{x}^*) \approx \boldsymbol{J}(\boldsymbol{x}^*)(\boldsymbol{x}_k - \boldsymbol{x}^*)$$

又因为 Jacobian 矩阵 $\boldsymbol{J}(\boldsymbol{x}^*)$ 具有非奇异性, 于是向量函数范数 $\|\boldsymbol{r}(\boldsymbol{x}_k)\|$ 的上界和下界分别是迭代误差 $\|\boldsymbol{x}_k - \boldsymbol{x}^*\|$ 的某个倍数, 反之亦然。针对式 (11.31) 给出的例子, 表 11.2 给出了两种方法计算得到的向量函数范数 $\|\boldsymbol{r}(\boldsymbol{x}_k)\|$ 收敛序列。

表 11.2 两种方法计算得到的向量函数范数 $\|\boldsymbol{r}(\boldsymbol{x}_k)\|$ 收敛序列

迭代序数 k	牛顿方法	Broyden 族方法
0	0.74×10^{1}	0.74×10^{1}
1	0.59×10^{0}	0.59×10^{0}
2	0.20×10^{-2}	0.23×10^{-2}
3	0.21×10^{-2}	0.16×10^{-6}
4	0.37×10^{-3}	0.22×10^{-15}
5	0.12×10^{-5}	
6	0.49×10^{-8}	
7	0.15×10^{-10}	
8	0.11×10^{-18}	

Broyden 族方法的收敛性分析比牛顿方法的收敛性分析复杂得多, 下面描述其收敛性结论, 但是未给出相应的证明过程。

【定理 11.5】若定理 11.2 中的假设条件成立, 则存在正常数 ε 和 δ, 使得当迭代起始点 $\boldsymbol{x}_0$ 和近似 Jacobian 矩阵的初始值 $\boldsymbol{B}_0$ 满足如下条件时:

$$\|\boldsymbol{x}_0 - \boldsymbol{x}^*\| \leqslant \delta, \quad \|\boldsymbol{B}_0 - \boldsymbol{J}(\boldsymbol{x}^*)\| \leqslant \varepsilon \tag{11.32}$$

由式 (11.24) 和式 (11.28) 定义的 Broyden 族方法可以获得迭代序列 $\{\boldsymbol{x}_k\}$, 并且其 Q 超线性收敛于解 $\boldsymbol{x}^*$。

式 (11.32) 中的第 2 个条件要求近似 Jacobian 矩阵的初始值 $\boldsymbol{B}_0$ 接近于在解 $\boldsymbol{x}^*$ 处的真实 Jacobian 矩阵 $\boldsymbol{J}(\boldsymbol{x}^*)$, 这在实际计算中难以得到保证。与无约束最小化问题不同的是, 选择良好的初始值 $\boldsymbol{B}_0$ 对于这里的 Broyden 族方法的性能至关重要。在一些 Broyden 族方法的实现过程中, 人们会推荐将初始值 $\boldsymbol{B}_0$ 设为 Jacobian 矩阵 $\boldsymbol{J}(\boldsymbol{x}_0)$, 或该矩阵的有限差分近似。

在 Broyden 族方法中, 即使真实的 Jacobian 矩阵是稀疏的, 其近似矩阵 $\boldsymbol{B}_k$ 通常也还是稠密的。因此, 当 n 较大时, 在实现 Broyden 族方法的过程中将 $\boldsymbol{B}_k$ 作为一个 n 阶完整的矩阵来存储是效率低下的。对此, 我们可以使用有限内存方法, 将矩阵 $\boldsymbol{B}_k$ 存储为若干个向量 (维度为 n), 而线性方程组式 (11.29) 的求解技术则利用了附录 A 中的 Sherman–Morrison–Woodbury 公式 (A.28)。这些方法类似于第 7 章描述的大规模无约束优化问题的求解方法。

11.1.4 张量方法

张量方法是在牛顿方法采用的线性模型式 (11.5) 的基础上新增加一个额外项, 以使其具有向量函数 $\boldsymbol{r}(\cdot)$ 的非线性和高阶性质。通过此处理, 可以使迭代点以更加快速、可靠的方式收敛于退化根 (记为 $\boldsymbol{x}^*$), 尤其当退化根 $\boldsymbol{x}^*$ 使得 Jacobian 矩阵 $\boldsymbol{J}(\boldsymbol{x}^*)$ 的秩为 $n-1$ 或者 $n-2$ 时。这里仅大致描述张量方法, 关于其详细内容, 读者可以参阅文献 [277]。

我们使用 $\widehat{\boldsymbol{M}}_k(\boldsymbol{p})$ 表示张量方法所依赖的模型函数, 该函数具有如下形式:

$$\widehat{\boldsymbol{M}}_k(\boldsymbol{p}) = \boldsymbol{r}(\boldsymbol{x}_k) + \boldsymbol{J}(\boldsymbol{x}_k)\boldsymbol{p} + \frac{1}{2}\boldsymbol{T}_k\boldsymbol{p}\boldsymbol{p} \tag{11.33}$$

式中 $\boldsymbol{T}_k$ 表示由 n^3 个元素 $(\boldsymbol{T}_k)_{ijl}$ 所定义的张量, 其对于 $\mathbb{R}^n$ 中的任意一对向量 $\boldsymbol{u}$ 和向量 $\boldsymbol{v}$ 的作用方式可以通过下式来描述:

$$(\boldsymbol{T}_k\boldsymbol{u}\boldsymbol{v})_i = \sum_{j=1}^{n}\sum_{l=1}^{n}(\boldsymbol{T}_k)_{ijl}u_j v_l$$

如果遵循牛顿方法的推理过程, 则可以利用向量函数 $\boldsymbol{r}$ 在迭代点 $\boldsymbol{x}_k$ 处的二阶导数来构建张量 $\boldsymbol{T}_k$, 如下所示:

$$(\boldsymbol{T}_k)_{ijl} = [\nabla^2 r_i(\boldsymbol{x}_k)]_{jl}$$

针对式 (11.31) 给出的例子可得

$$\begin{aligned}(\boldsymbol{T}(\boldsymbol{x})\boldsymbol{u}\boldsymbol{v})_1 = \boldsymbol{u}^{\mathrm{T}}\nabla^2 r_1(\boldsymbol{x})\boldsymbol{v} &= \boldsymbol{u}^{\mathrm{T}}\begin{bmatrix} 0 & 3x_2^2 \\ 3x_2^2 & 6x_2(x_1+3) \end{bmatrix}\boldsymbol{v} \\ &= 3x_2^2(u_1v_2 + u_2v_1) + 6x_2(x_1+3)u_2v_2\end{aligned}$$

然而, 在大多数情况下使用精确的二阶导数并不实用。如果想要存储这些二阶导数信息, 大约需要 $n^3/2$ 个存储单元, 约为牛顿方法所需存储单元的 n 倍。此外, 可能并不存在向量 $\boldsymbol{p}$ 满足等式 $\widehat{\boldsymbol{M}}_k(\boldsymbol{p}) = \boldsymbol{0}$, 这意味着可能无法定义迭代更新向量。

与上面定义的张量不同, 文献 [277] 中的方法所定义的张量 $\boldsymbol{T}_k$ 几乎不需要额外的存储单元, 并且能使 $\widehat{\boldsymbol{M}}_k$ 具有一些潜在的良好性质。具体而言, 张量 $\boldsymbol{T}_k$ 可以使得 $\widehat{\boldsymbol{M}}_k(\boldsymbol{p})$ 对向量函数 $\boldsymbol{r}(\boldsymbol{x}_k+\boldsymbol{p})$ 在之前的一些迭代点 (由算法所产生) 处完成函数内插, 也就是满足下式:

$$\widehat{\boldsymbol{M}}_k(\boldsymbol{x}_{k-j} - \boldsymbol{x}_k) = \boldsymbol{r}(\boldsymbol{x}_{k-j}) \quad (j = 1, 2, \cdots, q) \tag{11.34}$$

式中 q 为某个正整数。结合式 (11.33) 和式 (11.34) 可知, 张量 $\boldsymbol{T}_k$ 需要满足如下条件:

$$\frac{1}{2}\boldsymbol{T}_k\boldsymbol{s}_{jk}\boldsymbol{s}_{jk} = \boldsymbol{r}(\boldsymbol{x}_{k-j}) - \boldsymbol{r}(\boldsymbol{x}_k) - \boldsymbol{J}(\boldsymbol{x}_k)\boldsymbol{s}_{jk}$$

式中

$$\boldsymbol{s}_{jk} \xlongequal{\text{定义}} \boldsymbol{x}_{k-j} - \boldsymbol{x}_k \quad (j = 1, 2, \cdots, q)$$

文献 [277] 表明, 为了使该条件成立, 应使得张量 $\boldsymbol{T}_k$ 作用于任意一对向量 $\boldsymbol{u}$ 和向量 $\boldsymbol{v}$ 时满足

$$\boldsymbol{T}_k\boldsymbol{u}\boldsymbol{v} = \sum_{j=1}^{q} \boldsymbol{a}_j(\boldsymbol{s}_{jk}^{\mathrm{T}}\boldsymbol{u})(\boldsymbol{s}_{jk}^{\mathrm{T}}\boldsymbol{v})$$

式中 $\boldsymbol{a}_j$ $(j = 1, 2, \cdots, q)$ 均为维度为 n 的向量。内插点数 q 的选取应当适中, 通常小于 $\sqrt{n}$。存储张量 $\boldsymbol{T}_k$ 共需要 $2nq$ 个存储单元, 其中需要存储向量组 $\{\boldsymbol{a}_j\}_{1\leqslant j\leqslant q}$ 和 $\{\boldsymbol{s}_{jk}\}_{1\leqslant j\leqslant q}$。请注意张量方法与 Broyden 族方法之间的联系, 后者也需要选择模型函数的信息 (尽管在模型函数的一阶项中), 用于在之前的迭代点处对函数进行内插。

我们可以通过多种方式对张量方法进行改进。内插点的选取应使得方向集 $\{\boldsymbol{s}_{jk}\}$ 更加线性独立。满足等式 $\widehat{\boldsymbol{M}}_k(\boldsymbol{p}) = \boldsymbol{0}$ 的向量 $\boldsymbol{p}$ 仍可能不存在, 但可以选择迭代更新向量以使得 $\|\widehat{\boldsymbol{M}}_k(\boldsymbol{p})\|_2^2$ 最小化, 可以利用最小二乘技术进行求解。最后需要指出的是, 尚无法保证由此获得的迭代更新向量是评价函数 $\|\boldsymbol{r}(\boldsymbol{x})\|_2^2/2$ (将在下节进行讨论) 的下降方向, 在这种情况下可以选用标准的牛顿迭代更新向量 $-\boldsymbol{J}_k^{-1}\boldsymbol{r}_k$ 来对其替换。

11.2 实用方法

下面讨论上述牛顿类方法在实际应用中的变形形式, 将结合线搜索策略或者信赖域策略对迭代更新向量进行修正, 以获得更好的全局收敛性。

11.2.1 评价函数

如上所述, 无论是基于单位步长的牛顿方法 (见式 (11.6)), 还是基于单位步长的 Broyden 族方法 (见式 (11.24) 和式 (11.28)), 它们都无法保证一定能收敛至非线性方程组 $\boldsymbol{r}(\boldsymbol{x}) = \boldsymbol{0}$ 的解, 除非迭代起始点接近于此方程的解。在一些情况下, 未知向量、函数向量或者 Jacobian 矩阵中的一些分量的值可能会溢出。另一种更加奇异的特性是循环迭代, 也就是迭代点在参数空间中的不同区域间反复循环, 而并不会趋近于方程的根。下面给出一个标量函数的例子, 其函数形式为

$$r(x) = -x^5 + x^3 + 4x$$

此时的非线性方程 $r(x) = 0$ 共有 5 个非退化根。如果迭代起始点为 $x_0 = 1$, 那么牛顿方法所产生的迭代序列将会在 1 和 -1 之间反复振荡 (见练习题 11.3), 并且并不会收敛于这 5 个根中的任何一个根。

通过结合第 3 章的线搜索策略或者第 4 章的信赖域策略, 可以使牛顿方法和 Broyden 族方法变得更加鲁棒。在描述这些技术之前, 需要先定义一个评价函数, 它是关于未知向量 $\boldsymbol{x}$ 的标量函数, 能够反映新的迭代点相比于当前迭代点是变得更好还是更差, 判断标准是迭代点与非线性方程组 $\boldsymbol{r}(\boldsymbol{x}) = \boldsymbol{0}$ 的根的远近。在求解无约束优化问题时, 目标函数 f 很自然就能成为评价函数, 因为大部分方法对函数 f 进行优化时都要求函数值在每次迭代中能有所下降。在求解非线性方程组时, 我们是对向量函数 $\boldsymbol{r}$ 中的 n 个分量以某种方式进行综合来获得评价函数。

使用最广泛的评价函数是平方和函数, 其表达式如下:

$$f(\boldsymbol{x}) = \frac{1}{2}\|\boldsymbol{r}(\boldsymbol{x})\|^2 = \frac{1}{2}\sum_{i=1}^{n}(r_i(\boldsymbol{x}))^2 \tag{11.35}$$

式中因子 “1/2” 是为了便于数学处理。非线性方程组 $\boldsymbol{r}(\boldsymbol{x}) = \boldsymbol{0}$ 的任意一个根 $\boldsymbol{x}^*$ 都能使 $f(\boldsymbol{x}^*) = 0$, 由于对所有的向量 $\boldsymbol{x}$ 均满足 $f(\boldsymbol{x}) \geqslant 0$, 因此每个方程的根都是评价函数 f 的全局极小值点。然而, 如果某个局部极小值点使函数 f 的取值为正数, 那么此点并不是方程组 $\boldsymbol{r}(\boldsymbol{x}) = \boldsymbol{0}$ 的根。尽管如此, 评价函数式 (11.35) 仍然得到了成功应用, 并且在很多软件包中得以实现。

针对式 (11.3) 给出的例子, 图 11.2 描绘了其评价函数曲线。图中有 3 个局部极小值点 (亦为全局最小值点) 对应该方程的 3 个根, 但除此以外还有很多其他局部极小值点 (例如在 ± 1.53053 附近)。对于并不是方程根的局部极小值点, 它们具备一个有意思的性质。由于局部极小值点 $\boldsymbol{x}^*$ 满足

$$\nabla f(\boldsymbol{x}^*) = (\boldsymbol{J}(\boldsymbol{x}^*))^{\mathrm{T}}\boldsymbol{r}(\boldsymbol{x}^*) = \boldsymbol{0} \tag{11.36}$$

如果向量 $\boldsymbol{x}^*$ 不是根, 则有 $\boldsymbol{r}(\boldsymbol{x}^*) \neq \boldsymbol{0}$, 结合式 (11.36) 可知, $\boldsymbol{J}(\boldsymbol{x}^*)$ 一定是奇异矩阵。

由于本节描述的方法可能会收敛于平方和评价函数的 (非方程根的) 局部极小值点, 所以这里讨论的全局收敛结果, 并没有无约束优化问题 (类似) 求解方法的全局收敛结果令人满意。

实际中还可以使用其他形式的评价函数, 其中一种是基于 ℓ_1 范数的评价函数, 其表达式如下:

$$f_1(\boldsymbol{x}) = \|\boldsymbol{r}(\boldsymbol{x})\|_1 = \sum_{i=1}^{n}|r_i(\boldsymbol{x})|$$

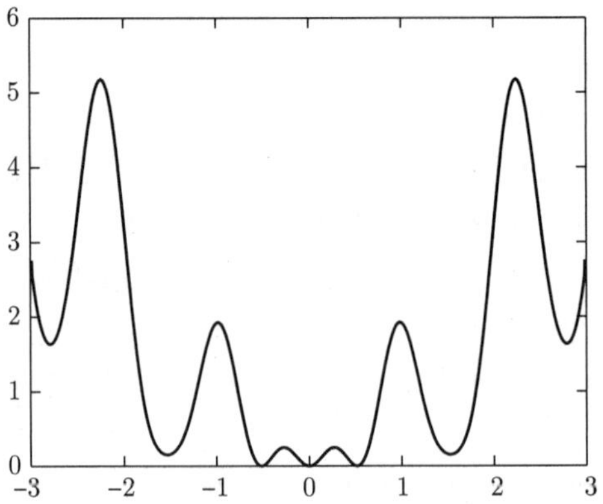

图 11.2 评价函数 $\frac{1}{2}[\sin 5x - x]^2$ 曲线 (有很多局部极小值点)

在本书第 17 章和第 18 章讨论的约束优化问题的求解方法中, 将会对该函数进行研究。

11.2.2 线搜索方法

如果将第 3 章的线搜索策略应用于平方和评价函数 $f(\boldsymbol{x}) = \frac{1}{2}\|\boldsymbol{r}(\boldsymbol{x})\|^2$, 则可以得到具有全局收敛性的求解方法。由式 (11.6) 可知, 牛顿迭代更新向量 $\boldsymbol{p}_k$ 满足

$$\boldsymbol{J}(\boldsymbol{x}_k)\boldsymbol{p}_k = -\boldsymbol{r}(\boldsymbol{x}_k) \tag{11.37}$$

当 $\boldsymbol{r}_k \neq \boldsymbol{0}$ 时, 由于

$$\boldsymbol{p}_k^{\mathrm{T}} \nabla f(\boldsymbol{x}_k) = \boldsymbol{p}_k^{\mathrm{T}} \boldsymbol{J}_k^{\mathrm{T}} \boldsymbol{r}_k = -\|\boldsymbol{r}_k\|^2 < 0 \tag{11.38}$$

因此向量 $\boldsymbol{p}_k$ 是评价函数 $f(\cdot)$ 的下降方向。步长 α_k 可以通过第 3 章的方法来获得, 而线搜索方法的迭代公式可以描述为

$$\boldsymbol{x}_{k+1} = \boldsymbol{x}_k + \alpha_k \boldsymbol{p}_k \quad (k = 0, 1, 2, \cdots) \tag{11.39}$$

如果步长 α_k 满足第 3 章式 (3.6) 中的 Wolfe 条件, 则能够得到定理 11.6 中的收敛性结论, 该结论可以直接由第 3 章定理 3.2 证得。

【定理 11.6】 假设 Jacobian 矩阵 $\boldsymbol{J}(\boldsymbol{x})$ 在水平集 $L \xlongequal{\text{定义}} \{\boldsymbol{x}\colon f(\boldsymbol{x}) \leqslant f(\boldsymbol{x}_0)\}$ 的某个邻域 D 上是 Lipschitz 连续的, 并且 $\|\boldsymbol{J}(\boldsymbol{x})\|$ 和 $\|\boldsymbol{r}(\boldsymbol{x})\|$ 在 D 上存在上界。现利用式 (11.39) 给出的线搜索方法对平方和评价函数 f 最小化, 其中搜索方向 $\boldsymbol{p}_k$ 满足 $\boldsymbol{p}_k^{\mathrm{T}} \nabla f_k < 0$, 步长 α_k 满足第 3 章式 (3.6) 中的 Wolfe 条件, 则 Zoutendijk 条件成立, 如下所示:

$$\sum_{k\geqslant 0}(\cos\theta_k)^2\|\boldsymbol{J}_k^{\mathrm{T}}\boldsymbol{r}_k\|^2<+\infty$$

式中

$$\cos\theta_k=-\frac{\boldsymbol{p}_k^{\mathrm{T}}\nabla f(\boldsymbol{x}_k)}{\|\boldsymbol{p}_k\|\,\|\nabla f(\boldsymbol{x}_k)\|} \tag{11.40}$$

通过验证梯度向量 ∇f 在 D 上具有 Lipschitz 连续性, 并且评价函数 f 在 D 上存在下界 (等于零), 然后应用第 3 章定理 3.2 即可证明定理 11.6 成立, 这里忽略其证明过程。

如果存在某个常数 $\delta\in(0,1)$, 使得对于所有足够大的迭代序数 k, 迭代序列均满足

$$\cos\theta_k\geqslant\delta \tag{11.41}$$

则根据定理 11.6 可知 $\boldsymbol{J}_k^{\mathrm{T}}\boldsymbol{r}_k\to\boldsymbol{0}$, 这意味着迭代点收敛于评价函数 f 的平稳点。此外, 如果已知 $\|(\boldsymbol{J}(\boldsymbol{x}_k))^{-1}\|$ 有界, 则有 $\boldsymbol{r}_k\to\boldsymbol{0}$。

下面分别针对牛顿方法和非精确牛顿方法所产生的搜索方向, 研究 $\cos\theta_k$ 的数值大小。对于式 (11.6) 给出的精确牛顿迭代更新向量, 由式 (11.38) 和式 (11.40) 可得

$$\cos\theta_k=-\frac{\boldsymbol{p}_k^{\mathrm{T}}\nabla f(\boldsymbol{x}_k)}{\|\boldsymbol{p}_k\|\,\|\nabla f(\boldsymbol{x}_k)\|}=\frac{\|\boldsymbol{r}_k\|^2}{\|\boldsymbol{J}_k^{-1}\boldsymbol{r}_k\|\,\|\boldsymbol{J}_k^{\mathrm{T}}\boldsymbol{r}_k\|}\geqslant\frac{1}{\|\boldsymbol{J}_k^{\mathrm{T}}\|\,\|\boldsymbol{J}_k^{-1}\|}=\frac{1}{\kappa(\boldsymbol{J}_k)} \tag{11.42}$$

如果向量 $\boldsymbol{p}_k$ 是由非精确牛顿方法所产生的搜索方向, 此时其需要满足式 (11.17), 从而有

$$\begin{aligned}\|\boldsymbol{r}_k+\boldsymbol{J}_k\boldsymbol{p}_k\|^2\leqslant\eta_k^2\|\boldsymbol{r}_k\|^2&\Rightarrow 2\boldsymbol{p}_k^{\mathrm{T}}\boldsymbol{J}_k^{\mathrm{T}}\boldsymbol{r}_k+\|\boldsymbol{r}_k\|^2+\|\boldsymbol{J}_k\boldsymbol{p}_k\|^2\leqslant\eta^2\|\boldsymbol{r}_k\|^2\\&\Rightarrow\boldsymbol{p}_k^{\mathrm{T}}\nabla f_k=\boldsymbol{p}_k^{\mathrm{T}}\boldsymbol{J}_k^{\mathrm{T}}\boldsymbol{r}_k\leqslant[(\eta^2-1)/2]\|\boldsymbol{r}_k\|^2\end{aligned}$$

与此同时, 我们还可以获得关系式

$$\|\boldsymbol{p}_k\|\leqslant\|\boldsymbol{J}_k^{-1}\|[\|\boldsymbol{r}_k+\boldsymbol{J}_k\boldsymbol{p}_k\|+\|\boldsymbol{r}_k\|]\leqslant(\eta+1)\|\boldsymbol{J}_k^{-1}\|\,\|\boldsymbol{r}_k\|$$

以及

$$\|\nabla f_k\|=\|\boldsymbol{J}_k^{\mathrm{T}}\boldsymbol{r}_k\|\leqslant\|\boldsymbol{J}_k\|\,\|\boldsymbol{r}_k\|$$

综合上述结论可知

$$\cos\theta_k=-\frac{\boldsymbol{p}_k^{\mathrm{T}}\nabla f_k}{\|\boldsymbol{p}_k\|\,\|\nabla f_k\|}\geqslant\frac{1-\eta^2}{2(1+\eta)\|\boldsymbol{J}_k\|\,\|\boldsymbol{J}_k^{-1}\|}=\frac{1-\eta}{2\kappa(\boldsymbol{J}_k)}$$

因此, 只要条件数 $\kappa(\boldsymbol{J}_k)$ 有界, 无论是牛顿方法还是非精确牛顿方法, 都存在

下界 $\delta \in (0,1)$ 使得式 (11.41) 成立。

然而, 如果条件数 $\kappa(\boldsymbol{J}_k)$ 很大, 那么此下界将会接近于零, 此时使用牛顿搜索方向会导致求解方法的性能变得较差。事实上, 下面的例子 (见文献 [241]) 将表明, 如果 $\cos\theta_k$ 趋近于零, 将导致求解方法失效。这个例子揭示出线搜索方法的一个重要缺点。

【**例 11.2**】将向量函数设为

$$\boldsymbol{r}(\boldsymbol{x}) = \begin{bmatrix} x_1 \\ \dfrac{10x_1}{x_1+0.1} + 2x_2^2 \end{bmatrix} \tag{11.43}$$

并求解该非线性方程组的根。此方程组具有唯一的根 $\boldsymbol{x}^* = \boldsymbol{0}$。我们使用基于线搜索的牛顿迭代公式 (11.37) 和式 (11.39) 对该问题进行求解, 其中步长 α_k 是将评价函数 f 沿着搜索方向 $\boldsymbol{p}_k$ 最小化所获得。文献 [241] 证明, 如果迭代起始点设为 $[3\quad 1]^{\mathrm{T}}$, 那么迭代点将收敛于 $[1.8016\quad 0]^{\mathrm{T}}$(精确到小数点后面 4 位数)。然而, 该收敛点并不是式 (11.43) 的根, 甚至不是函数 f 的平稳点。事实上, 在此收敛点处存在一个沿着方向 $-\nabla f$ 的迭代更新向量, 能使函数 $\boldsymbol{r}$ 中的两个分量的值都得到降低, 下面验证此结论。向量函数 $\boldsymbol{r}$ 的 Jacobian 矩阵等于

$$\boldsymbol{J}(\boldsymbol{x}) = \begin{bmatrix} 1 & 0 \\ \dfrac{1}{(x_1+0.1)^2} & 4x_2 \end{bmatrix}$$

当 $x_2 = 0$ 时, 该 Jacobian 矩阵一定是奇异的, 此时的梯度向量可以表示为

$$\nabla f(\boldsymbol{x}) = \begin{bmatrix} x_1 + \dfrac{10x_1}{(x_1+0.1)^3} \\ 0 \end{bmatrix}$$

当 $x_1 > 0$ 时, $\nabla f(\boldsymbol{x})$ 指向 x_1 轴的正方向。因此, 收敛点 $[1.8016\quad 0]^{\mathrm{T}}$ 一定不是函数 f 的平稳点。

该例子的计算结果表明, 当迭代点接近于 x_1 轴 (但并不在 x_1 轴上) 时, 其产生的牛顿迭代更新向量趋近于 x_2 轴的平行方向, 从而接近于梯度向量 $\nabla f(\boldsymbol{x})$ 的正交方向。因此, 对于牛顿搜索方向而言, $\cos\theta_k$ 可能会非常接近于零。

在例 11.2 中, 基于精确线搜索的牛顿方法的收敛点对应的 Jacobian 矩阵是奇异的, 因而我们对此收敛点并不感兴趣。由于非线性方程组经常包含此类奇异点, 所以上述结果值得被关注。

为了避免此种情形发生, 并能确保式 (11.41) 成立, 这就需要对牛顿搜索方向进行修正。一种可行的方法是在矩阵 $\boldsymbol{J}_k^{\mathrm{T}}\boldsymbol{J}_k$ 的基础上叠加单位矩阵的某

个倍数 (即 $\lambda_k \boldsymbol{I}$), 并且将迭代更新向量设为

$$\boldsymbol{p}_k = -(\boldsymbol{J}_k^{\mathrm{T}}\boldsymbol{J}_k + \lambda_k \boldsymbol{I})^{-1}\boldsymbol{J}_k^{\mathrm{T}}\boldsymbol{r}_k \tag{11.44}$$

对于任意的 $\lambda_k > 0$, 式 (11.44) 括号里面的矩阵都是非奇异的。如果 λ_k 具有非零的下界, 则式 (11.41) 能够得到满足。因此, 一些实际的求解方法会自适应选取 λ_k, 以确保式 (11.44) 括号里面的矩阵始终保持非奇异性。该方法类似于第 10 章讨论的经典 Levenberg–Marquardt 方法。为了避免显式计算 $\boldsymbol{J}_k^{\mathrm{T}}\boldsymbol{J}_k$, 以及避免对矩阵 $\boldsymbol{J}_k^{\mathrm{T}}\boldsymbol{J}_k + \lambda \boldsymbol{I}$ 进行 Cholesky 分解, 我们可以使用求解最小二乘问题时所采用的技术 (见第 10 章式 (10.36))。该技术需要利用下面的结论, 即如果矩阵 $\boldsymbol{R}$ 是矩阵

$$\begin{bmatrix} \boldsymbol{J}_k \\ \sqrt{\lambda}\boldsymbol{I} \end{bmatrix} \tag{11.45}$$

QR 分解的上三角矩阵因子, 则 $\boldsymbol{J}_k^{\mathrm{T}}\boldsymbol{J}_k + \lambda \boldsymbol{I}$ 的 Cholesky 矩阵因子等于 $\boldsymbol{R}^{\mathrm{T}}$。与实现第 10 章式 (10.36) 中的矩阵分解类似, 这里同样可以综合运用 Householder 变换与 Givens 变换来实现此矩阵分解。正如第 10 章式 (10.36) 下方所指出的, 如果需要针对一系列候选 λ_k 进行矩阵分解, 该方法能够节省计算量。

Levenberg–Marquardt 方法的缺点是难以确定标量 λ_k 的大小。如果其值过大, 则会影响牛顿方法的快速收敛性。当 $\lambda_k \to +\infty$ 时, 迭代更新向量 $\boldsymbol{p}_k$ 接近于向量 $-\boldsymbol{J}_k^{\mathrm{T}}\boldsymbol{r}_k$ 的某个倍数, 此时向量 $\boldsymbol{p}_k$ 将变得很小, 并且趋近于函数 f 的最速下降方向。如果其值过小, 则当 Jacobian 矩阵为奇异矩阵时, 该方法将会失效。一种更令人满意的方法是采用下一小节描述的信赖域方法, 间接选择 λ_k。

本小节的最后描述了一种结合牛顿类迭代更新向量和线搜索的求解方法, 在必要时对迭代更新向量进行正则化处理。这里并没有对该方法的细节展开讨论, 我们推荐读者参阅前面引用的一些文献, 其中给出了详细的讨论。

【算法 11.4 基于线搜索的牛顿类方法】

步骤 1: 确定 c_1 和 c_2, 并使其满足 $0 < c_1 < c_2 < 1/2$。

步骤 2: 确定迭代起始点 $\boldsymbol{x}_0$。

步骤 3:

for $k = 0, 1, 2, \cdots$

  利用式 (11.6)(如果 $\boldsymbol{J}_k$ 接近奇异矩阵, 则使用式 (11.44) 进行正则化处理), 或者式 (11.17), 或者式 (11.24) 计算牛顿类迭代更新向量;

  如果单位步长 $\alpha = 1$ 满足第 3 章式 (3.6) 中的 Wolfe 条件, 则令步长 $\alpha_k = 1$; 否则通过线搜索找寻步长 $\alpha_k > 0$, 以满足第 3 章式

(3.6) 中的 Wolfe 条件;

更新迭代点 $\boldsymbol{x}_{k+1} \leftarrow \boldsymbol{x}_k + \alpha_k \boldsymbol{p}_k$;

end (for)

11.2.3 信赖域方法

在求解非线性方程组时, 最常使用的信赖域方法是将第 4 章算法 4.1 应用于对评价函数 $f(\boldsymbol{x}) = \|\boldsymbol{r}(\boldsymbol{x})\|^2/2$ 最小化, 而模型函数 $m_k(\boldsymbol{p})$ 的 (近似) Hessian 矩阵设为 $\boldsymbol{B}_k = (\boldsymbol{J}(\boldsymbol{x}_k))^{\mathrm{T}}\boldsymbol{J}(\boldsymbol{x}_k)$, 于是模型函数的表达式可以写为

$$m_k(\boldsymbol{p}) = \frac{1}{2}\|\boldsymbol{r}_k + \boldsymbol{J}_k\boldsymbol{p}\|_2^2 = f_k + \boldsymbol{p}^{\mathrm{T}}\boldsymbol{J}_k^{\mathrm{T}}\boldsymbol{r}_k + \frac{1}{2}\boldsymbol{p}^{\mathrm{T}}\boldsymbol{J}_k^{\mathrm{T}}\boldsymbol{J}_k\boldsymbol{p}$$

通过求解子问题

$$\begin{cases} \min\limits_{\boldsymbol{p}}\{m_k(\boldsymbol{p})\} \\ \text{s.t.}\ \ \|\boldsymbol{p}\| \leqslant \Delta_k \end{cases} \tag{11.46}$$

的近似解便可以获得迭代更新向量 $\boldsymbol{p}_k$, 式 (11.46) 中的 Δ_k 表示信赖域半径。在很多信赖域方法中, 目标函数的实际减少量与预测减少量的比值 ρ_k(见第 4 章式 (4.4)) 起着关键性作用, 其表达式如下:

$$\rho_k = \frac{\|\boldsymbol{r}(\boldsymbol{x}_k)\|^2 - \|\boldsymbol{r}(\boldsymbol{x}_k + \boldsymbol{p}_k)\|^2}{\|\boldsymbol{r}(\boldsymbol{x}_k)\|^2 - \|\boldsymbol{r}(\boldsymbol{x}_k) + \boldsymbol{J}(\boldsymbol{x}_k)\boldsymbol{p}_k\|^2} \tag{11.47}$$

基于上述模型函数, 下面描述求解非线性方程组的信赖域方法的计算框架。

【算法 11.5 求解非线性方程组的信赖域方法】

步骤 1: 设置 $\overline{\Delta} > 0$、$\Delta_0 \in (0, \overline{\Delta})$ 以及 $\eta \in [0, 1/4)$。

步骤 2:

for $k = 0, 1, 2, \cdots$

求解式 (11.46) 获得近似解 $\boldsymbol{p}_k$;

利用式 (11.47) 计算比例因子 ρ_k;

如果 $\rho_k < 1/4$, 则令 $\Delta_{k+1} = \|\boldsymbol{p}_k\|/4$;

在满足 $\rho_k \geqslant 1/4$ 的情形下, 如果 $\rho_k > 3/4$ 且 $\|\boldsymbol{p}_k\| = \Delta_k$, 则令 $\Delta_{k+1} = \min\{2\Delta_k, \overline{\Delta}\}$, 否则, 令 $\Delta_{k+1} = \Delta_k$;

如果 $\rho_k > \eta$, 则令 $\boldsymbol{x}_{k+1} = \boldsymbol{x}_k + \boldsymbol{p}_k$, 否则, 令 $\boldsymbol{x}_{k+1} = \boldsymbol{x}_k$;

end (for)

折线方法是第 4 章信赖域算法 4.1 中求解子问题的一种特殊方法, 该方法利用 Cauchy 点 $\boldsymbol{p}_k^{\mathrm{C}}$ 和模型函数 m_k 的无约束极小值点构造式 (11.46) 的近似解。Cauchy 点 $\boldsymbol{p}_k^{\mathrm{C}}$ 的表达式为

$$\boldsymbol{p}_k^{\mathrm{C}} = -\tau_k(\Delta_k/\|\boldsymbol{J}_k^{\mathrm{T}}\boldsymbol{r}_k\|)\boldsymbol{J}_k^{\mathrm{T}}\boldsymbol{r}_k \tag{11.48}$$

式中

$$\tau_k = \min\{1, \|\boldsymbol{J}_k^{\mathrm{T}}\boldsymbol{r}_k\|^3/(\Delta_k\boldsymbol{r}_k^{\mathrm{T}}\boldsymbol{J}_k(\boldsymbol{J}_k^{\mathrm{T}}\boldsymbol{J}_k)\boldsymbol{J}_k^{\mathrm{T}}\boldsymbol{r}_k)\} \tag{11.49}$$

相比于第 4 章式 (4.11) 和式 (4.12)(更具一般性的表达式), 这里无须考虑模型函数 $m_k(\boldsymbol{p})$ 的 Hessian 矩阵为不定矩阵的情形, 因为模型函数的 Hessian 矩阵 $\boldsymbol{J}_k^{\mathrm{T}}\boldsymbol{J}_k$ 具有正定性。当 $\boldsymbol{J}_k$ 为非奇异矩阵时, 模型函数 $m_k(\boldsymbol{p})$ 的无约束极小值点是唯一的, 不妨将其记为 $\boldsymbol{p}_k^{\mathrm{J}}$, 其表达式如下:

$$\boldsymbol{p}_k^{\mathrm{J}} = -(\boldsymbol{J}_k^{\mathrm{T}}\boldsymbol{J}_k)^{-1}(\boldsymbol{J}_k^{\mathrm{T}}\boldsymbol{r}_k) = -\boldsymbol{J}_k^{-1}\boldsymbol{r}_k$$

下面描述利用折线方法求解式 (11.46) 的近似解 $\boldsymbol{p}_k$ 的计算过程。

【算法 11.6 折线方法】

步骤 1: 计算 Cauchy 点 $\boldsymbol{p}_k^{\mathrm{C}}$。

步骤 2: 如果 $\|\boldsymbol{p}_k^{\mathrm{C}}\| = \Delta_k$, 则令 $\boldsymbol{p}_k \leftarrow \boldsymbol{p}_k^{\mathrm{C}}$; 否则, 计算无约束极小值点 $\boldsymbol{p}_k^{\mathrm{J}}$, 并令 $\boldsymbol{p}_k \leftarrow \boldsymbol{p}_k^{\mathrm{C}} + \tau(\boldsymbol{p}_k^{\mathrm{J}} - \boldsymbol{p}_k^{\mathrm{C}})$, 其中 τ 是在区间 $[0,1]$ 内满足条件 $\|\boldsymbol{p}_k\| \leqslant \Delta_k$ 的最大值。

第 4 章引理 4.2 表明, 当 $\boldsymbol{J}_k$ 为非奇异矩阵时, 折线方法所得到的向量 $\boldsymbol{p}_k$ 是模型函数 m_k 在分段线性路径上的极小值点 (在满足信赖域约束的条件下), 而分段线性路径是指从原点到 Cauchy 点 $\boldsymbol{p}_k^{\mathrm{C}}$, 再从 Cauchy 点 $\boldsymbol{p}_k^{\mathrm{C}}$ 到无约束极小值点 $\boldsymbol{p}_k^{\mathrm{J}}$ 所组成的两段线性路径。因此, 模型函数的减少量至少与 Cauchy 点所取得的模型函数的减少量相匹配, 将第 4 章式 (4.20) 应用于求解非线性方程组问题时可得

$$m_k(\boldsymbol{0}) - m_k(\boldsymbol{p}_k) \geqslant c_1\|\boldsymbol{J}_k^{\mathrm{T}}\boldsymbol{r}_k\|\min\left\{\Delta_k, \frac{\|\boldsymbol{J}_k^{\mathrm{T}}\boldsymbol{r}_k\|}{\|\boldsymbol{J}_k^{\mathrm{T}}\boldsymbol{J}_k\|}\right\} \tag{11.50}$$

式中 c_1 为某个正常数。

根据第 4 章定理 4.1 可知, 式 (11.46) 的精确解可以表示为

$$\boldsymbol{p}_k = -(\boldsymbol{J}_k^{\mathrm{T}}\boldsymbol{J}_k + \lambda_k\boldsymbol{I})^{-1}\boldsymbol{J}_k^{\mathrm{T}}\boldsymbol{r}_k \tag{11.51}$$

式中 $\lambda_k \geqslant 0$, 当无约束极小值点 $\boldsymbol{p}_k^{\mathrm{J}}$ 满足 $\|\boldsymbol{p}_k^{\mathrm{J}}\| < \Delta_k$ 时, 可得 $\lambda_k = 0$。事实上, 式 (11.51) 与第 10 章式 (10.34a) 是完全相同的, 而求解非线性方程组问题的 Levenberg–Marquardt 方法是求解非线性最小二乘问题的 Levenberg–Marquardt 方法的一个特例。Levenberg–Marquardt 方法是利用第 4.4 节中的方法求解式 (11.51) 中的标量 λ_k。第 4 章描述的精确信赖域算法 4.3 需要进行矩阵 Cholesky 分解, 而第 10 章则将其改进为对矩阵式 (11.45) 进行 QR 分解。需要指出的是, 即使未能获得对应于式 (11.46) 最优解的精确 λ_k, 但只要由式 (11.51) 计算得到的迭代更新向量 $\boldsymbol{p}_k$ 满足式 (11.50) 以及

$$\|\boldsymbol{p}_k\| \leqslant \gamma \Delta_k \tag{11.52}$$

式中 $\gamma \geqslant 1$ 为某个常数, 则该方法仍然具有全局收敛性。

折线方法在每次迭代中仅需要求解一个线性方程组, 但如果某种方法要获得式 (11.46) 的精确解, 则该方法需要在每次迭代中求解多个线性方程组。正如第 4 章所述, 在每次迭代中所付出的计算量与所需的函数和导数的计算总次数之间要进行权衡。

针对其他形式的评价函数和信赖域模型, 还可以得到不同的信赖域方法。例如, 针对基于 ℓ_1 范数的评价函数和基于 ℓ_∞ 范数的信赖域模型, 需要求解的子问题可以表示为

$$\begin{cases} \min\limits_{\boldsymbol{p}}\{\|\boldsymbol{J}_k\boldsymbol{p}+\boldsymbol{r}_k\|_1\} \\ \text{s.t.}\ \ \|\boldsymbol{p}\|_\infty \leqslant \Delta_k \end{cases} \tag{11.53}$$

子问题式 (11.53) 可以利用线性规划技术进行求解。该方法与求解非线性规划问题的 Sℓ_1QP 方法和 SLQP 方法紧密相关 (见第 18.5 节中的讨论)。

下面的定理 11.7 指出, 只要迭代更新向量 $\boldsymbol{p}_k$(即子问题式 (11.46) 的近似解) 满足式 (11.50) 和式 (11.52), 则由算法 11.5 所得到的迭代序列就具有全局收敛性。直接利用第 4 章定理 4.5 和定理 4.6 中的结论就可以证明定理 11.7。具体而言, 第 4 章定理 4.5 适用于 $\eta = 0$ 的情形, 即只要评价函数 f_k 得到降低, 就利用迭代更新向量对迭代点进行更新; 第 4 章定理 4.6 适用于 $\eta > 0$ 的情形, 此时更新迭代点的条件将更为严格。

【定理 11.7】假设 Jacobian 矩阵 $\boldsymbol{J}(\boldsymbol{x})$ 在水平集 $L \xlongequal{\text{定义}} \{\boldsymbol{x} : f(\boldsymbol{x}) \leqslant f(\boldsymbol{x}_0)\}$ 的某个邻域 D 上是 Lipschitz 连续的, 并且 $\|\boldsymbol{J}(\boldsymbol{x})\|$ 在 D 上存在上界。此外, 假设在每次迭代中所获得的式 (11.46) 的近似解均满足式 (11.50) 和式 (11.52)。如果在算法 11.5 中令 $\eta = 0$, 则有

$$\lim_{k\to+\infty} \inf \|\boldsymbol{J}_k^{\mathrm{T}}\boldsymbol{r}_k\| = 0$$

如果令 $\eta \in (0, 1/4)$, 则有

$$\lim_{k\to+\infty} \|\boldsymbol{J}_k^{\mathrm{T}}\boldsymbol{r}_k\| = 0$$

下面将在获得子问题式 (11.46) 的精确解的情形下, 讨论信赖域方法的局部收敛性。假设迭代序列 $\{\boldsymbol{x}_k\}$ 能够收敛到非线性方程组 $\boldsymbol{r}(\boldsymbol{x}) = \boldsymbol{0}$ 的非退化解 $\boldsymbol{x}^*$。下面的结论的重要意义在于, 对于设计良好的算法, 为获得全局收敛性所进行的算法改进并不会影响第 11.1 节描述的快速局部收敛性。

【定理 11.8】假设由算法 11.5 产生的迭代序列 $\{\boldsymbol{x}_k\}$ 收敛至非线性方

程组 $\boldsymbol{r}(\boldsymbol{x})=\mathbf{0}$ 的非退化解 $\boldsymbol{x}^*$, 并且 Jacobian 矩阵 $\boldsymbol{J}(\boldsymbol{x})$ 在点 $\boldsymbol{x}^*$ 的开邻域 D 上是 Lipschitz 连续的。此外, 对于充分大的迭代序数 k, 迭代更新向量 $\boldsymbol{p}_k$ 是子问题式 (11.46) 的精确解 (即全局最优解), 于是迭代序列 $\{\boldsymbol{x}_k\}$ 将二次收敛于向量 $\boldsymbol{x}^*$。

【证明】 这里需要证明的结论是, 存在某个迭代序数 K, 当迭代序数大于 K 时, 信赖域半径不会变得更小, 也就是对于所有的 $k \geqslant K$, 均有 $\Delta_k \geqslant \Delta_K$。基于此结论可知, 算法 11.5 最终将会在每次迭代中获得牛顿迭代更新向量, 此时结合定理 11.2 即可证明其具有二次收敛性。

假设向量 $\boldsymbol{p}_k$ 表示式 (11.46) 的精确解。若无约束牛顿迭代更新向量 $-\boldsymbol{J}_k^{-1}\boldsymbol{r}_k$ 满足信赖域边界约束, 则有 $\boldsymbol{p}_k=-\boldsymbol{J}_k^{-1}\boldsymbol{r}_k$; 若牛顿迭代更新向量 $-\boldsymbol{J}_k^{-1}\boldsymbol{r}_k$ 不满足信赖域边界约束 (即有 $\|\boldsymbol{J}_k^{-1}\boldsymbol{r}_k\|>\Delta_k$), 但是向量 $\boldsymbol{p}_k$ 仍然满足 $\|\boldsymbol{p}_k\| \leqslant \Delta_k$。总结这两种情形可知

$$\|\boldsymbol{p}_k\| \leqslant \|\boldsymbol{J}_k^{-1}\boldsymbol{r}_k\| \tag{11.54}$$

下面考虑式 (11.47) 定义的比例因子 ρ_k, 即目标函数的实际减少量与预测减少量的比值。根据 ρ_k 的定义可以直接推得

$$|1-\rho_k| \leqslant \frac{\left|\|\boldsymbol{r}_k+\boldsymbol{J}_k\boldsymbol{p}_k\|^2-\|\boldsymbol{r}(\boldsymbol{x}_k+\boldsymbol{p}_k)\|^2\right|}{\|\boldsymbol{r}(\boldsymbol{x}_k)\|^2-\|\boldsymbol{r}(\boldsymbol{x}_k)+\boldsymbol{J}(\boldsymbol{x}_k)\boldsymbol{p}_k\|^2} \tag{11.55}$$

利用定理 11.1 可以将式 (11.55) 右侧分子第 2 项表示为

$$\|\boldsymbol{r}(\boldsymbol{x}_k+\boldsymbol{p}_k)\|^2=\|[\boldsymbol{r}(\boldsymbol{x}_k)+\boldsymbol{J}(\boldsymbol{x}_k)\boldsymbol{p}_k]-\boldsymbol{w}(\boldsymbol{x}_k,\boldsymbol{x}_k+\boldsymbol{p}_k)\|^2 \tag{11.56}$$

式中向量函数 $\boldsymbol{w}(\cdot,\cdot)$ 的定义见式 (11.11)。由于函数 $\boldsymbol{J}$ 具有 Lipschitz 连续性, 且 Lipschitz 常数为 β_L(见式 (11.7)), 则有

$$\begin{aligned}\|\boldsymbol{w}(\boldsymbol{x}_k,\boldsymbol{x}_k+\boldsymbol{p}_k)\| &\leqslant \int_0^1 \|J(\boldsymbol{x}_k+t\boldsymbol{p}_k)-J(\boldsymbol{x}_k)\|\,\|\boldsymbol{p}_k\|\mathrm{d}t \\ &\leqslant \int_0^1 \beta_L\|\boldsymbol{p}_k\|^2 t\mathrm{d}t=(\beta_L/2)\|\boldsymbol{p}_k\|^2\end{aligned}$$

因此, 利用式 (11.56) 以及关系式 $\|\boldsymbol{r}(\boldsymbol{x}_k)+\boldsymbol{J}(\boldsymbol{x}_k)\boldsymbol{p}_k\| \leqslant \|\boldsymbol{r}(\boldsymbol{x}_k)\|=(2f(\boldsymbol{x}_k))^{1/2}$ (因为向量 $\boldsymbol{p}_k$ 是子问题式 (11.46) 的最优解), 式 (11.55) 右侧分子满足如下关系式:

$$\begin{aligned}&\left|\|\boldsymbol{r}_k+\boldsymbol{J}_k\boldsymbol{p}_k\|^2-\|\boldsymbol{r}(\boldsymbol{x}_k+\boldsymbol{p}_k)\|^2\right| \\ &\leqslant 2\|\boldsymbol{r}_k+\boldsymbol{J}_k\boldsymbol{p}_k\|\,\|\boldsymbol{w}(\boldsymbol{x}_k,\boldsymbol{x}_k+\boldsymbol{p}_k)\|+\|\boldsymbol{w}(\boldsymbol{x}_k,\boldsymbol{x}_k+\boldsymbol{p}_k)\|^2 \\ &\leqslant (2f(\boldsymbol{x}_k))^{1/2}\beta_L\|\boldsymbol{p}_k\|^2+(\beta_L/2)^2\|\boldsymbol{p}_k\|^4 \leqslant \varepsilon(\boldsymbol{x}_k)\|\boldsymbol{p}_k\|^2\end{aligned} \tag{11.57}$$

式中

$$\varepsilon(\boldsymbol{x}_k) = (2f(\boldsymbol{x}_k))^{1/2}\beta_L + (\beta_L/2)^2\|\boldsymbol{p}_k\|^2$$

由于假设 $\boldsymbol{x}_k \to \boldsymbol{x}^*$, 于是有 $f(\boldsymbol{x}_k) \to 0$ 以及 $\|\boldsymbol{r}_k\| \to 0$, 又因为向量 $\boldsymbol{x}^*$ 是一个非退化根, 基于式 (11.14) 可知, 对于所有充分大的迭代序数 k, 存在正常数 β^* 使得关系式 $\|(\boldsymbol{J}(\boldsymbol{x}_k))^{-1}\| \leqslant \beta^*$ 成立。将此关系式与式 (11.54) 相结合可得

$$\|\boldsymbol{p}_k\| \leqslant \|\boldsymbol{J}_k^{-1}\boldsymbol{r}_k\| \leqslant \beta^*\|\boldsymbol{r}_k\| \to 0 \tag{11.58}$$

由该式可知, $\varepsilon(\boldsymbol{x}_k) \to 0$。

下面考虑式 (11.55) 右侧的分母项。不妨定义一个新的向量 $\overline{\boldsymbol{p}}_k$, 其长度与迭代更新向量 $\boldsymbol{p}_k$ 的长度相同, 其方向与牛顿迭代更新向量 $-\boldsymbol{J}_k^{-1}\boldsymbol{r}_k$ 的方向相同, 此时可以表示为

$$\overline{\boldsymbol{p}}_k = -\frac{\|\boldsymbol{p}_k\|}{\|\boldsymbol{J}_k^{-1}\boldsymbol{r}_k\|}\boldsymbol{J}_k^{-1}\boldsymbol{r}_k$$

由于向量 $\overline{\boldsymbol{p}}_k$ 是式 (11.46) 的可行解, 而向量 $\boldsymbol{p}_k$ 是该子问题的最优解, 于是有

$$\begin{aligned}
\|\boldsymbol{r}_k\|^2 - \|\boldsymbol{r}_k + \boldsymbol{J}_k\boldsymbol{p}_k\|^2 &\geqslant \|\boldsymbol{r}_k\|^2 - \left\|\boldsymbol{r}_k - \frac{\|\boldsymbol{p}_k\|}{\|\boldsymbol{J}_k^{-1}\boldsymbol{r}_k\|}\boldsymbol{r}_k\right\|^2 \\
&= 2\frac{\|\boldsymbol{p}_k\|}{\|\boldsymbol{J}_k^{-1}\boldsymbol{r}_k\|}\|\boldsymbol{r}_k\|^2 - \frac{\|\boldsymbol{p}_k\|^2}{\|\boldsymbol{J}_k^{-1}\boldsymbol{r}_k\|^2}\|\boldsymbol{r}_k\|^2 \\
&\geqslant \frac{\|\boldsymbol{p}_k\|}{\|\boldsymbol{J}_k^{-1}\boldsymbol{r}_k\|}\|\boldsymbol{r}_k\|^2
\end{aligned}$$

式中最后一个不等号利用了式 (11.54)。将上面的不等式与式 (11.58) 相结合可得

$$\|\boldsymbol{r}_k\|^2 - \|\boldsymbol{r}_k + \boldsymbol{J}_k\boldsymbol{p}_k\|^2 \geqslant \frac{\|\boldsymbol{p}_k\|}{\|\boldsymbol{J}_k^{-1}\boldsymbol{r}_k\|}\|\boldsymbol{r}_k\|^2 \geqslant \frac{1}{\beta^*}\|\boldsymbol{p}_k\|\,\|\boldsymbol{r}_k\| \tag{11.59}$$

将式 (11.57) 和式 (11.59) 代入式 (11.55) 中, 并再次利用式 (11.58) 可知

$$|1-\rho_k| \leqslant \frac{\beta^*\varepsilon(\boldsymbol{x}_k)\|\boldsymbol{p}_k\|^2}{\|\boldsymbol{p}_k\|\,\|\boldsymbol{r}_k\|} \leqslant (\beta^*)^2\varepsilon(\boldsymbol{x}_k) \to 0 \tag{11.60}$$

因此, 对于充分大的迭代序数 k, 我们有 $\rho_k > 1/4$, 此时结合算法 11.5 可知, 信赖域半径不会变得更小, 于是存在迭代序数 K 满足

$$\varDelta_k \geqslant \varDelta_K \quad (\text{对于所有的 } k \geqslant K)$$

由于 $\|\boldsymbol{J}_k^{-1}\boldsymbol{r}_k\| \leqslant \beta^*\|\boldsymbol{r}_k\| \to 0$, 牛顿迭代更新向量 $-\boldsymbol{J}_k^{-1}\boldsymbol{r}_k$ 的范数终将小于 $\varDelta_K$ (自然也小于 $\varDelta_k$), 因此算法 11.5 最终将会在每次迭代中接受牛顿迭代更新向量, 所以其具有二次收敛性。证毕。

需要指出的是，我们可以将定理 11.8 中的假设条件 $\boldsymbol{x}_k \to \boldsymbol{x}^*$ 替换为假设条件“向量 $\boldsymbol{x}^*$ 为迭代序列 $\{\boldsymbol{x}_k\}$ 的一个极限点”。事实上，在定理 11.8 中，如果向量 $\boldsymbol{x}^*$ 为迭代序列 $\{\boldsymbol{x}_k\}$ 的一个极限点，则有 $\boldsymbol{x}_k \to \boldsymbol{x}^*$ (该结论的证明作为练习题 11.9，留给读者完成)。

11.3 延拓/同伦方法

11.3.1 基本原理

上面提到的牛顿类方法都存在一个共同的缺点，那就是除非 Jacobian 矩阵 $\boldsymbol{J}(\boldsymbol{x})$ 在迭代区域内是非奇异的 (该条件并不总能得到满足)，否则该类方法可能会收敛至评价函数的某个局部极小值点，而并非是非线性方程组 $\boldsymbol{r}(\boldsymbol{x}) = \boldsymbol{0}$ 的解。本节讨论的延拓方法则更可能在复杂情形下收敛至非线性方程组 $\boldsymbol{r}(\boldsymbol{x}) = \boldsymbol{0}$ 的解。该类方法的基本原理是易于描述的。具体而言，延拓方法并非直接求解原始非线性方程组 $\boldsymbol{r}(\boldsymbol{x}) = \boldsymbol{0}$ 的解，而是重新建立一个更“简单”的方程组，并且新方程组的解是显而易见的，然后将所构建的简单方程组逐步转化为原始方程组 $\boldsymbol{r}(\boldsymbol{x}) = \boldsymbol{0}$，并追踪其解的轨迹，用以从简单方程组的解转移至原始方程组的解。

下面定义一种简单的同伦映射 $\boldsymbol{H}(\boldsymbol{x}, \lambda)$，其表达式如下:

$$\boldsymbol{H}(\boldsymbol{x}, \lambda) = \lambda \boldsymbol{r}(\boldsymbol{x}) + (1 - \lambda)(\boldsymbol{x} - \boldsymbol{a}) \tag{11.61}$$

式中 λ 为标量参数; $\boldsymbol{a} \in \mathbb{R}^n$ 为常数向量。当 $\lambda = 0$ 时，式 (11.61) 表示人为定义的简单方程组 $\boldsymbol{H}(\boldsymbol{x}, 0) = \boldsymbol{x} - \boldsymbol{a} = \boldsymbol{0}$，其解是显而易见的，即有 $\boldsymbol{x} = \boldsymbol{a}$; 当 $\lambda = 1$ 时，则有 $\boldsymbol{H}(\boldsymbol{x}, 1) = \boldsymbol{r}(\boldsymbol{x})$，此时对应于原始方程组。

基于上面定义的同伦映射，下面给出一种求解方程组 $\boldsymbol{r}(\boldsymbol{x}) = \boldsymbol{0}$ 的方法。首先，在式 (11.61) 中设置 $\lambda = 0$，并令 $\boldsymbol{x} = \boldsymbol{a}$; 其次，按照小步长将 λ 从 0 逐渐增加至 1，针对每个 λ，计算方程组 $\boldsymbol{H}(\boldsymbol{x}, \lambda) = \boldsymbol{0}$ 的解; 最后，将对应于 $\lambda = 1$ 的解作为原始方程组 $\boldsymbol{r}(\boldsymbol{x}) = \boldsymbol{0}$ 的解。

从表面上看这种简单的方法是合理的，图 11.3 描绘了该方法可以得到成功应用的一种情形。从图中可以看出，对应于每个 $\lambda \in [0, 1]$，方程 $\boldsymbol{H}(\boldsymbol{x}, \lambda) = \boldsymbol{0}$ 都存在唯一的解 x。满足方程 $\boldsymbol{H}(\boldsymbol{x}, \lambda) = \boldsymbol{0}$ 的点 $(\boldsymbol{x}, \lambda)$ 的轨迹称为零路径。

然而，如图 11.4 所示，这种方法也经常会失效。从图中可以看出，曲线的下分支仅涵盖从 $\lambda = 0$ 至 $\lambda = \lambda_{\mathrm{T}}$ 这段区间，除非该方法能有幸跳转至路径的最上方的分支，否则其将失去轨迹。将 $\lambda = \lambda_{\mathrm{T}}$ 称为转折点，因为在此点上，只有不再持续增加 λ，才能顺利沿着轨迹前行。事实上，实际的延拓方法

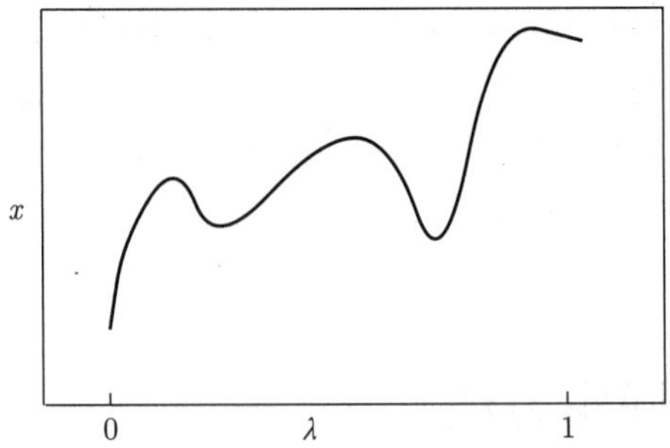

图 11.3　零路径轨迹 (满足方程组 $\boldsymbol{H}(\boldsymbol{x},\lambda)=\mathbf{0}$ 的点 (x,λ) 的轨迹)

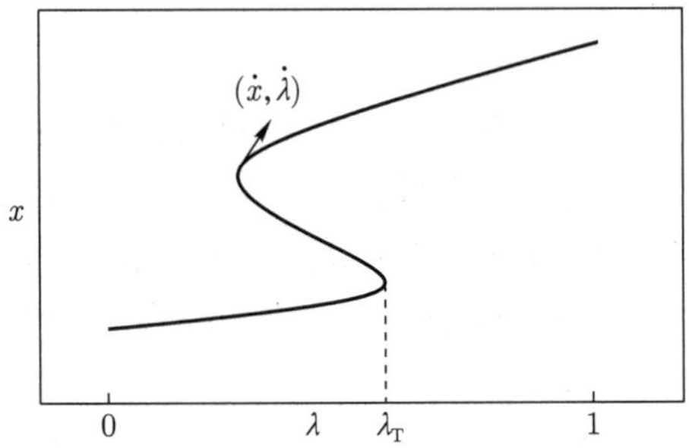

图 11.4　含有转折点的零路径轨迹 (连接起点 $(a,0)$ 和终点 $(x^*,1)$ 的轨迹所对应的 λ 并不是从 0 单调增长至 1)

正是按照图 11.4 所示的方式完成计算, 也就是其明确遵循零路径, 尽管有时需要降低 λ。

11.3.2　实用的延拓方法

在一种实用技术中, 我们将 $\boldsymbol{x}$ 和 λ 均看成是关于某个独立变量 s 的函数, 并基于此对零路径进行建模, 而变量 s 则表示沿着该路径的弧长。因此, 点 $(\boldsymbol{x}(s),\lambda(s))$ 表示从起始点 $(\boldsymbol{x}(0),\lambda(0))=(\boldsymbol{a},0)$ 出发, 沿着零路径前行, 并且经过距离 s 后所到达的位置。由此可知

$$\boldsymbol{H}(\boldsymbol{x}(s),\lambda(s))=\mathbf{0}\quad(\text{对于所有的 } s\geqslant 0)$$

将该等式两边对变量 s 求导可得

$$\frac{\partial}{\partial\boldsymbol{x}}\boldsymbol{H}(\boldsymbol{x},\lambda)\dot{\boldsymbol{x}}+\frac{\partial}{\partial\lambda}\boldsymbol{H}(\boldsymbol{x},\lambda)\dot{\lambda}=\mathbf{0}\tag{11.62}$$

式中 $(\dot{\boldsymbol{x}},\dot{\lambda})=(\mathrm{d}x/\mathrm{d}s,\mathrm{d}\lambda/\mathrm{d}s)$。如图 11.4 所示, $[\dot{\boldsymbol{x}}(s)\;\;\dot{\lambda}(s)]^{\mathrm{T}}$ 表示零路径的切向量。由式 (11.62) 可知, 切向量位于下面的 $n\times(n+1)$ 矩阵:

$$\left[\frac{\partial}{\partial\boldsymbol{x}}\boldsymbol{H}(\boldsymbol{x},\lambda)\;\;\frac{\partial}{\partial\lambda}\boldsymbol{H}(\boldsymbol{x},\lambda)\right]\tag{11.63}$$

的零空间中。如果该矩阵是行满秩的，则其零空间的维度等于 1，在这种情况下为了获得切向量 $[\dot{\boldsymbol{x}} \ \ \dot{\lambda}]^{\mathrm{T}}$，需要为其指定长度和方向。通过引入归一化条件可以使切向量的长度始终保持为一个常数，即

$$\|\dot{\boldsymbol{x}}(s)\|^2 + |\dot{\lambda}(s)|^2 = 1 \quad (\text{对于所有的 } s) \tag{11.64}$$

式中 s 表示从起始点 $(\boldsymbol{a}, 0)$ 到点 $(\boldsymbol{x}(s), \lambda(s))$ 的路径弧长。此外，这里还需要选择符号，以确保能继续沿着零路径前行。选择 $[\dot{\boldsymbol{x}} \ \ \dot{\lambda}]^{\mathrm{T}}$ 符号的一种有效的启发式方法是，确保 s 的当前值所对应的切向量与其前面值所对应的切向量之间的夹角小于 $\pi/2$。

下面总结计算切向量 $[\dot{\boldsymbol{x}} \ \ \dot{\lambda}]^{\mathrm{T}}$ 的完整计算过程。

【算法 11.7 计算切向量】

步骤 1: 计算式 (11.63) 中的矩阵的列主元 QR 分解，如下所示:

$$\boldsymbol{Q}^{\mathrm{T}} \left[\frac{\partial}{\partial \boldsymbol{x}} \boldsymbol{H}(\boldsymbol{x}, \lambda) \ \ \frac{\partial}{\partial \lambda} \boldsymbol{H}(\boldsymbol{x}, \lambda) \right] \boldsymbol{\Pi} = [\boldsymbol{R} \ \ \boldsymbol{w}]$$

式中 $\boldsymbol{Q}$ 为 n 阶正交矩阵; $\boldsymbol{R}$ 为 n 阶上三角矩阵; $\boldsymbol{\Pi}$ 为 $n+1$ 阶置换矩阵; $\boldsymbol{w} \in \mathbb{R}^n$。

步骤 2: 计算式 (11.63) 中的矩阵零空间中的一个向量 $\boldsymbol{v}$，如下所示:

$$\boldsymbol{v} = \boldsymbol{\Pi} \begin{bmatrix} \boldsymbol{R}^{-1} \boldsymbol{w} \\ -1 \end{bmatrix}$$

步骤 3: 计算切向量 $[\dot{\boldsymbol{x}} \ \ \dot{\lambda}]^{\mathrm{T}} = \pm \dfrac{\boldsymbol{v}}{\|\boldsymbol{v}\|_2}$，其中的符号依据上面描述的夹角的标准进行选取。

附录 A 中给出了关于矩阵 QR 分解的实现方法。

由于对于任意给定的点 $(\boldsymbol{x}(s), \lambda(s))$ 都可以获得其切向量，并且起始点 $(\boldsymbol{x}(0), \lambda(0)) = (\boldsymbol{a}, 0)$ 是已知的，于是通过调用标准初值一阶常微分方程求解器即可追踪零路径，并且当发现变量 s 满足 $\lambda(s) = 1$ 时即可停止计算。

下面描述追踪零路径的第 2 种方法，与上面描述的第 1 种方法十分相似，只是第 2 种方法是基于代数的视角进行求解，而并非基于微分方程的视角进行求解。对于当前给定的点 $(\boldsymbol{x}, \lambda)$，可以利用算法 11.7 计算其切向量 $[\dot{\boldsymbol{x}} \ \ \dot{\lambda}]^{\mathrm{T}}$，并且在该方向上利用小步长 (可设为 ε) 来获得“预测”点 $(\boldsymbol{x}^{\mathrm{P}}, \lambda^{\mathrm{P}})$，如下所示:

$$(\boldsymbol{x}^{\mathrm{P}}, \lambda^{\mathrm{P}}) = (\boldsymbol{x}, \lambda) + \varepsilon(\dot{\boldsymbol{x}}, \dot{\lambda})$$

一般而言，这个新的预测点 $(\boldsymbol{x}^{\mathrm{P}}, \lambda^{\mathrm{P}})$ 不会正好落在零路径上，对此可以通过“校正”迭代使其回到零路径上，并得到一个新的迭代点 $(\boldsymbol{x}^{+}, \lambda^{+})$，以满足方程组 $\boldsymbol{H}(\boldsymbol{x}^{+}, \lambda^{+}) = \boldsymbol{0}$。图 11.5 描绘了此校正迭代过程。在校正过程中，我们会在迭代变量 $(\boldsymbol{x}, \lambda)$ 中选择一个分量 (或称元素) 使其保持不变，该分量应

是在前面几次迭代中变化最快的元素。若将该分量的序号记为 i, 并利用牛顿方法进行校正迭代, 则迭代更新向量应满足如下等式:

$$\begin{bmatrix} \dfrac{\partial \boldsymbol{H}}{\partial \boldsymbol{x}} & \dfrac{\partial \boldsymbol{H}}{\partial \lambda} \\ \hdashline \multicolumn{2}{c}{\boldsymbol{e}_i^{\mathrm{T}}} \end{bmatrix} \begin{bmatrix} \delta \boldsymbol{x} \\ \delta \lambda \end{bmatrix} = \begin{bmatrix} -\boldsymbol{H} \\ \boldsymbol{0} \end{bmatrix}$$

式中 $\partial \boldsymbol{H}/\partial \boldsymbol{x}$、$\partial \boldsymbol{H}/\partial \lambda$ 以及 $\boldsymbol{H}$ 需要利用校正过程中的最近一次迭代点进行计算; $\boldsymbol{e}_i \in \mathbb{R}^{n+1}$ 表示第 i 个元素为 1、其余元素均为零的 $n+1$ 阶向量。需要指出的是, 由于预测点 $(\boldsymbol{x}^{\mathrm{P}}, \lambda^{\mathrm{P}})$ 通常与目标点 $(\boldsymbol{x}^{+}, \lambda^{+})$ 充分接近, 因此采用牛顿方法足以获得良好的效果。此外, 上面方程组的最后一行表示将向量 $\begin{bmatrix} \delta \boldsymbol{x} \\ \delta \lambda \end{bmatrix}$ 的第 i 个元素固定为零。在图 11.5 中, 在当前迭代中 λ 分量是保持不变的。在后续的迭代中, 当 λ 到达转折点时, 选择 x 作为固定分量可能更为合适。

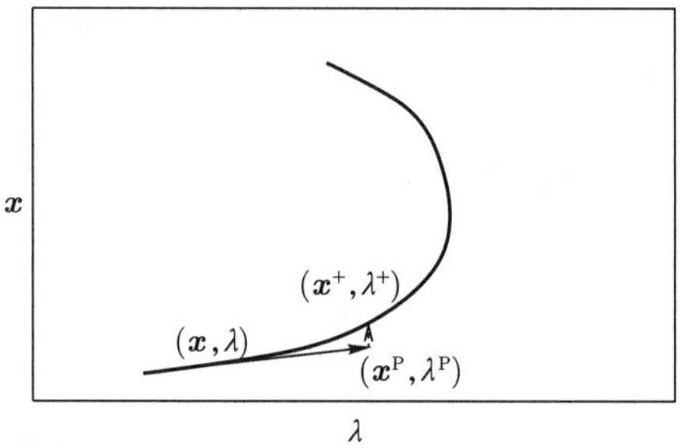

图 11.5　基于代数方法的预测点校正过程 (在校正过程中将 λ 分量保持不变)

上面描述的两种路径追踪方法均能够沿着图 11.4 中描绘的曲线获得非线性方程组的解。然而, 它们均要求式 (11.63) 中的 $n \times (n+1)$ 矩阵对于路径中的所有点 $(\boldsymbol{x}, \lambda)$ 均具有行满秩性, 唯有此才能确定其切向量。下面的定理 11.9 (见文献 [305]) 表明, 在一定假设条件下该矩阵的行满秩性是可以得到保证的。

【**定理 11.9**】假设向量函数 $\boldsymbol{r}$ 是二次连续可微的, 则几乎对于所有的向量 $\boldsymbol{a} \in \mathbb{R}^n$, 均存在从起始点 $(\boldsymbol{a}, 0)$ 出发的零路径, 使得在该路径上式 (11.63) 中的 $n \times (n+1)$ 矩阵均具有行满秩性。如果该路径对于 $\lambda \in [0, 1)$ 有界, 则存在聚点 $(\overline{\boldsymbol{x}}, 1)$ 使得 $r(\overline{\boldsymbol{x}}) = \boldsymbol{0}$。此外, 如果 Jacobian 矩阵 $\boldsymbol{J}(\overline{\boldsymbol{x}})$ 是非奇异的, 则零路径在起始点 $(\boldsymbol{a}, 0)$ 和聚点 $(\overline{\boldsymbol{x}}, 1)$ 之间的弧长是有限长的。

该定理表明, 除非在选择向量 $\boldsymbol{a}$ 时的运气很差, 否则利用上面描述的方法可以获得一条路径, 该路径要么发散, 要么趋向于原始非线性方程组的解 $\overline{\boldsymbol{x}}$(如果 $\boldsymbol{J}(\overline{\boldsymbol{x}})$ 是非奇异矩阵)。更详细的收敛性结果可以参阅文献 [305] 以及其中引用的文献。

最后我们通过一个例子来说明, 即使对于一个看起来很简单的问题, 零路径发散 (在定理 11.9 中是不理想的结果) 也有可能会发生。

【例 11.3】 考虑非线性方程 $r(x) = x^2 - 1 = 0$, 它有两个非退化解, 分别为 1 和 -1 。若令 $a = -2$, 并将其代入式 (11.61) 中可以得到同伦映射 $H(x, \lambda)$ 的表达式

$$H(x, \lambda) = \lambda(x^2 - 1) + (1 - \lambda)(x + 2) = \lambda x^2 + (1 - \lambda)x + (2 - 3\lambda) \tag{11.65}$$

下面利用延拓方法对其进行求解。图 11.6 画出了该函数的零路径。从图中可以看出, 并没有路径可以连接起始点 $(-2, 0)$ 与点 $(1, 1)$ 或者连接起始点 $(-2, 0)$ 与点 $(-1, 1)$, 因此延拓方法对于本例而言是失效的。根据一元二次方程的求根公式可得

$$x = \frac{-(1 - \lambda) \pm \sqrt{(1 - \lambda)^2 - 4\lambda(2 - 3\lambda)}}{2\lambda}$$

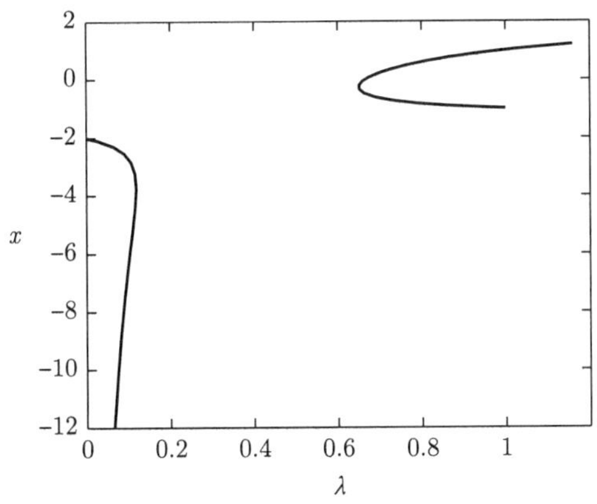

图 11.6　同伦映射 $H(x, \lambda) = \lambda(x^2 - 1) + (1 - \lambda)(x + 2)$ 对应的零路径 (从 $\lambda = 0$ 到 $\lambda = 1$ 之间并没有连续的零路径)

下面可以基于此求根公式判定 λ 取何值时, x 无实解。显然, 当根号里面的项取负数时, x 取复数, 相应的 λ 的取值范围如下:

$$\lambda \in \left(\frac{5 - 2\sqrt{3}}{13}, \frac{5 + 2\sqrt{3}}{13} \right) \approx (0.118, 0.651)$$

因此, 从起始点 $(-2, 0)$ 出发的零路径是无界的, 这也是定理 11.9 中可能出现的一种结果。

这个例子表明, 即便对于一个相当简单的非线性方程, 延拓方法也可能无法获得一个解。然而, 一般而言, 延拓方法比本章前面描述的基于评价函数的方法更加可靠。当然, 延拓方法获得更强的鲁棒性也是需要付出代价的, 因为其计算复杂度通常明显高于基于评价函数的方法。

11.4 注解与参考文献

非线性微分方程和非线性积分方程是产生非线性方程组的一个重要来源。当将问题表述为有限维非线性方程组时, 未知向量 $\boldsymbol{x}$ 则是 (无限维) 解的离散近似。在其他应用中, 向量 $\boldsymbol{x}$ 本质上是有限维的。例如, 它可以表示在一个配电网络中的一对城市间要运输的材料数量。在所有情形下, 方程在模型中应满足一致性、守恒原则以及最优性原则。文献 [10] 和文献 [212] 讨论了很多有意思的应用问题。

关于 Broyden 族方法的收敛性分析以及定理 11.5 的证明, 读者可以参阅文献 [92] 中的第 8 章以及文献 [177] 中的第 6 章。此外, 文献 [177] 中的第 7.3 节描述了 Broyden 族方法的有限内存实现过程。

例 11.2 以及文献 [241] 中描述的方法的影响力已经超出了求解非线性方程组的领域范畴。该例子表明, 线搜索方法可能无法使目标函数得到充分下降, 但是在信赖域方法中所设计的 Cauchy 更新向量却能使充分下降条件得以满足, 从而获得较好的收敛特性。文献 [241] 中提出的折线方法可被视为最早的信赖域方法之一。

11.5 练习题

11.1 对于任意向量 $\boldsymbol{s} \in \mathbb{R}^n$, 证明如下等式:

$$\left\| \frac{\boldsymbol{s}\boldsymbol{s}^{\mathrm{T}}}{\boldsymbol{s}^{\mathrm{T}}\boldsymbol{s}} \right\| = 1$$

式中 $\|\cdot\|$ 表示欧几里得范数。

11.2 定义标量函数 $r\colon \mathbb{R} \to \mathbb{R}$ 为 $r(x) = x^q$, 其中 q 表示大于 2 的整数。注意到 $x^* = 0$ 是方程 $r(x) = 0$ 的唯一根, 并且是退化根。针对该方程, 验证牛顿方法具有 Q 线性收敛性, 并确定附录 A 式 (A.34) 中的收敛率 r。

11.3 定义函数 $r(x) = -x^5 + x^3 + 4x$, 将牛顿方法应用于求解非线性方程 $r(x) = 0$ 的根, 并将迭代起始点设为 $x_0 = 1$, 验证由该方法所产生的迭代序列具有文中描述的反复振荡特性。此外, 确定该方程的全部根, 并验证它们均为非退化根。

11.4 定义标量函数 $r(x) = \sin 5x - x$, 验证平方和评价函数具有无穷多个局部极小值点, 并确定此类点所满足的一般性公式。

11.5 令函数 $\boldsymbol{r}\colon \mathbb{R}^n \to \mathbb{R}^n$, 并定义如下标量函数:

$$\phi(\lambda) = \|(\boldsymbol{J}^{\mathrm{T}}\boldsymbol{J} + \lambda \boldsymbol{I})^{-1}\boldsymbol{J}^{\mathrm{T}}\boldsymbol{r}\|$$

证明当 $\boldsymbol{J}^{\mathrm{T}}\boldsymbol{r} \neq \mathbf{0}$ 时, $\phi(\lambda)$ 是关于 λ 的单调递减函数。(提示: 利用矩阵 $\boldsymbol{J}$ 的奇异值分解进行证明。)

11.6 证明定理 11.3 中的结论 (3) 成立。

11.7 考虑基于线搜索的牛顿方法, 其中步长 α_k 是评价函数 $f(\cdot)$ 的精确极小值点, 如下所示:

$$\alpha_k = \underset{\alpha}{\operatorname{argmin}}\{f(\boldsymbol{x}_k - \alpha \boldsymbol{J}_k^{-1}\boldsymbol{r}_k)\}$$

如果 Jacobian 矩阵 $\boldsymbol{J}(\boldsymbol{x})$ 在非线性方程组的解 $\boldsymbol{x}^*$ 处是非奇异的, 证明当 $\alpha_k \to 1$ 时, 满足 $\boldsymbol{x}_k \to \boldsymbol{x}^*$。

11.8 定义矩阵 $\boldsymbol{J} \in \mathbb{R}^{n\times m}$ 和向量 $\boldsymbol{r} \in \mathbb{R}^n$, 并假设 $\boldsymbol{J}\boldsymbol{J}^{\mathrm{T}}\boldsymbol{r} = \mathbf{0}$, 证明 $\boldsymbol{J}^{\mathrm{T}}\boldsymbol{r} = \mathbf{0}$。(提示: 在一行篇幅内即可完成全部证明过程。)

11.9 将定理 11.8 中的假设条件 $\boldsymbol{x}_k \to \boldsymbol{x}^*$ 替换为假设条件 "非退化解 $\boldsymbol{x}^*$ 为迭代序列 $\{\boldsymbol{x}_k\}$ 的一个极限点"。通过在定理 11.8 的证明中补充一些理论分析, 证明解 $\boldsymbol{x}^*$ 是迭代序列 $\{\boldsymbol{x}_k\}$ 唯一可能的极限点。(提示: 对于所有充分大的迭代序数 k, 证明关系式 $\|\boldsymbol{J}_{k+1}^{-1}\boldsymbol{r}_{k+1}\| \leqslant \dfrac{1}{2}\|\boldsymbol{J}_k^{-1}\boldsymbol{r}_k\|$ 成立, 于是对于任意常数 $\varepsilon > 0$, 当迭代序数 k 充分大时满足 $\|\boldsymbol{x}_k - \boldsymbol{x}^*\| \leqslant \varepsilon$。)

11.10 考虑对延拓方法失效的例子 (即例 11.3) 进行修正, 如下所示:

$$r(x) = x^2 - 1, \quad a = \frac{1}{2}$$

此时针对同伦映射 $H(x,\lambda) = \lambda(x^2-1) + (1-\lambda)(x-a)$, 验证存在连接起始点 $(1/2, 0)$ 与点 $(1,1)$ 的零路径, 从而说明延拓方法对于该起始点是有效的。

附录 A

背景知识

A.1 线性代数的基础知识

A.1.1 向量与矩阵

本书仅研究实向量和实矩阵向量通常用黑斜体的英文小写字母表示, 矩阵通常用黑斜体的英文大写字母表示。由维数为 n 的实向量构成的空间记为 $\mathbb{R}^n$, 由 $m \times n$ 实矩阵构成的空间记为 $\mathbb{R}^{m\times n}$。

对于给定的向量 $\boldsymbol{x} \in \mathbb{R}^n$, 书中利用 x_i 表示其中第 i 个元素, 并且始终假设 $\boldsymbol{x}$ 是一个列向量, 如下所示:

$$\boldsymbol{x} = \begin{bmatrix} x_1 \\ x_2 \\ \vdots \\ x_n \end{bmatrix}$$

列向量 $\boldsymbol{x}$ 的转置记为 $\boldsymbol{x}^{\mathrm{T}}$, 是一个行向量, 如下所示:

$$\boldsymbol{x}^{\mathrm{T}} = [x_1 \ \ x_2 \ \ \cdots \ \ x_n]$$

我们也可以使用圆括号将列向量 $\boldsymbol{x}$ 表示为 $\boldsymbol{x} = (x_1 \ \ x_2 \ \ \cdots \ \ x_n)$。$\boldsymbol{x} \geqslant \mathbf{0}$ 表示向量 $\boldsymbol{x}$ 中的每一个元素均为非负数, 即有 $x_i \geqslant 0 \ (i = 1, 2, \cdots, n)$, $\boldsymbol{x} > \mathbf{0}$ 则表示向量 $\boldsymbol{x}$ 中的每一个元素均为正数, 即有 $x_i > 0 \ (i = 1, 2, \cdots, n)$。

对于给定的向量 $\boldsymbol{x} \in \mathbb{R}^n$ 和向量 $\boldsymbol{y} \in \mathbb{R}^n$, 它们的标准内积可以写为 $\boldsymbol{x}^{\mathrm{T}}\boldsymbol{y} = \sum\limits_{i=1}^{n} x_i y_i$。

对于给定的矩阵 $\boldsymbol{A} \in \mathbb{R}^{m\times n}$, 其中的元素是由双重下角标来表示, 即有 $A_{ij} \ (i = 1, 2, \cdots, m; \ j = 1, 2, \cdots, n)$。矩阵 $\boldsymbol{A}$ 的转置记为 $\boldsymbol{A}^{\mathrm{T}}$, 其是 $n \times m$ 矩阵, 其中的元素记为 A_{ji}。如果 $m = n$, 则矩阵 $\boldsymbol{A}$ 就是方阵。如果 $\boldsymbol{A} = \boldsymbol{A}^{\mathrm{T}}$,

则表明矩阵 $\boldsymbol{A}$ 是对称矩阵。

如果存在某个正标量 α 满足

$$\boldsymbol{x}^{\mathrm{T}}\boldsymbol{A}\boldsymbol{x} \geqslant \alpha\boldsymbol{x}^{\mathrm{T}}\boldsymbol{x} \quad (\text{对于所有的 } \boldsymbol{x} \in \mathbb{R}^n) \tag{A.1}$$

此时方阵 $\boldsymbol{A}$ 就是正定矩阵。如果满足

$$\boldsymbol{x}^{\mathrm{T}}\boldsymbol{A}\boldsymbol{x} \geqslant 0 \quad (\text{对于所有的 } \boldsymbol{x} \in \mathbb{R}^n)$$

此时方阵 $\boldsymbol{A}$ 就是半正定矩阵。如果一个对称矩阵的特征值均为正数, 则可以判定其为正定矩阵。此外, 还可以利用矩阵的 Cholesky 分解来判断其是否为正定矩阵。这两种技术将在后面的小节中进行讨论。

将矩阵 $\boldsymbol{A} \in \mathbb{R}^{m\times n}$ 的对角元素记为 A_{ii} $(i = 1, 2, \cdots, \min\{m, n\})$。若 $A_{ij} = 0$ (当 $i < j$ 时), 则称 $\boldsymbol{A} \in \mathbb{R}^{m\times n}$ 为下三角矩阵, 其对角线上方的元素均为零。若 $A_{ij} = 0$ (当 $i > j$ 时), 则称 $\boldsymbol{A} \in \mathbb{R}^{m\times n}$ 为上三角矩阵, 其对角线下方的元素均为零。若 $A_{ij} = 0$ (当 $i \neq j$ 时), 则称 $\boldsymbol{A}$ 为对角矩阵。

单位矩阵记为 $\boldsymbol{I}$, 是对角元素均等于 1 的对角方阵。

对于 n 阶方阵 $\boldsymbol{A}$, 如果对于任意的向量 $\boldsymbol{b} \in \mathbb{R}^n$, 都存在某个向量 $\boldsymbol{x} \in \mathbb{R}^n$ 满足 $\boldsymbol{A}\boldsymbol{x} = \boldsymbol{b}$, 则称矩阵 $\boldsymbol{A}$ 为非奇异矩阵。对于非奇异矩阵 $\boldsymbol{A}$, 存在唯一的 n 阶方阵 $\boldsymbol{B}$ 满足 $\boldsymbol{A}\boldsymbol{B} = \boldsymbol{B}\boldsymbol{A} = \boldsymbol{I}$, 此时将矩阵 $\boldsymbol{B}$ 记为 $\boldsymbol{A}^{-1}$, 并称其为矩阵 $\boldsymbol{A}$ 的逆矩阵。易证得, 矩阵 $\boldsymbol{A}^{\mathrm{T}}$ 的逆矩阵是矩阵 $\boldsymbol{A}^{-1}$ 的转置。

如果方阵 $\boldsymbol{Q}$ 是正交矩阵, 则满足 $\boldsymbol{Q}\boldsymbol{Q}^{\mathrm{T}} = \boldsymbol{Q}^{\mathrm{T}}\boldsymbol{Q} = \boldsymbol{I}$, 这意味着正交矩阵的逆等于其转置。

A.1.2 范数

对于任意的向量 $\boldsymbol{x} \in \mathbb{R}^n$, 可以定义下面 3 种向量范数:

$$\|\boldsymbol{x}\|_1 \xlongequal{\text{定义}} \sum_{i=1}^{n} |x_i| \tag{A.2a}$$

$$\|\boldsymbol{x}\|_2 \xlongequal{\text{定义}} \left(\sum_{i=1}^{n} x_i^2\right)^{1/2} = (\boldsymbol{x}^{\mathrm{T}}\boldsymbol{x})^{1/2} \tag{A.2b}$$

$$\|\boldsymbol{x}\|_\infty \xlongequal{\text{定义}} \max_{i=1,2,\cdots,n} \{|x_i|\} \tag{A.2c}$$

式中 $\|\cdot\|_2$ 称为欧氏范数; $\|\cdot\|_1$ 称为 ℓ_1 范数; $\|\cdot\|_\infty$ 称为 ℓ_∞ 范数。这 3 种范数均能在某种意义下刻画向量的长度。这 3 种范数是相互等价的, 即其中一个范数的上、下界是其他范数的某个倍数。具体而言, 对于任意向量 $\boldsymbol{x} \in \mathbb{R}^n$ 均满足

$$\|\boldsymbol{x}\|_\infty \leqslant \|\boldsymbol{x}\|_2 \leqslant \sqrt{n}\|\boldsymbol{x}\|_\infty, \quad \|\boldsymbol{x}\|_\infty \leqslant \|\boldsymbol{x}\|_1 \leqslant n\|\boldsymbol{x}\|_\infty \tag{A.3}$$

一般而言, 范数 $\|\cdot\|$ 可以看成是从 $\mathbb{R}^n$ 到非负实数域上的映射, 并且满足下面 3 个性质:

$$\|\boldsymbol{x}+\boldsymbol{z}\| \leqslant \|\boldsymbol{x}\|+\|\boldsymbol{z}\| \quad (\text{对于所有的 } \boldsymbol{x}, \boldsymbol{z} \in \mathbb{R}^n) \tag{A.4a}$$

$$\|\boldsymbol{x}\|=\mathbf{0} \Rightarrow \boldsymbol{x}=\mathbf{0} \tag{A.4b}$$

$$\|\alpha \boldsymbol{x}\|=|\alpha|\|\boldsymbol{x}\| \quad (\text{对于所有的 } \alpha \in \mathbb{R} \text{ 和 } \boldsymbol{x} \in \mathbb{R}^n) \tag{A.4c}$$

当且仅当向量 $\boldsymbol{x}$ 或者向量 $\boldsymbol{z}$ 是另一个向量的非负倍数时, 式 (A.4a) 中的等号才成立。

另一个关于欧氏范数 $\|\cdot\|=\|\cdot\|_2$ 的重要性质是 Cauchy–Schwarz 不等式, 即

$$|\boldsymbol{x}^{\mathrm{T}} \boldsymbol{z}| \leqslant \|\boldsymbol{x}\|\,\|\boldsymbol{z}\| \tag{A.5}$$

式中等号成立当且仅当其中一个向量是另一个向量的倍数, 下面证明此结论。依据范数的非负性可得

$$0 \leqslant \|\alpha \boldsymbol{x}+\boldsymbol{z}\|^2=\alpha^2\|\boldsymbol{x}\|^2+2 \alpha \boldsymbol{x}^{\mathrm{T}} \boldsymbol{z}+\|\boldsymbol{z}\|^2$$

式中右侧是关于 α 的二次凸函数, 只有当其 (不同) 实根个数少于两个时, 该函数才具有非负性, 于是有

$$(2 \boldsymbol{x}^{\mathrm{T}} \boldsymbol{z})^2 \leqslant 4\|\boldsymbol{x}\|^2\|\boldsymbol{z}\|^2$$

由该式可知式 (A.5) 成立。当上面的二次凸函数等于零时, 即存在某个 α 使得等式 $\alpha \boldsymbol{x}+\boldsymbol{z}=\mathbf{0}$ 成立, 这意味着该二次函数具有唯一的实根, 从而有 $|\boldsymbol{x}^{\mathrm{T}} \boldsymbol{z}|=\|\boldsymbol{x}\|\,\|\boldsymbol{z}\|$, 反之亦然。

任何范数 $\|\cdot\|$ 都有对偶范数 (记为 $\|\cdot\|_{\mathrm{D}}$), 定义如下:

$$\|\boldsymbol{x}\|_{\mathrm{D}}=\max_{\|\boldsymbol{y}\|=1}\{\boldsymbol{x}^{\mathrm{T}} \boldsymbol{y}\} \tag{A.6}$$

易证得 $\|\cdot\|_1$ 和 $\|\cdot\|_\infty$ 两者互为对偶范数, 而 $\|\cdot\|_2$ 是其自身的对偶范数。

下面基于上面 3 种向量范数导出特殊的矩阵范数。不妨将式 (A.2) 中的 3 种向量范数统一表示为 $\|\cdot\|$, 基于此可以定义下面的矩阵范数:

$$\|\boldsymbol{A}\| \xlongequal{\text{定义}} \sup_{\boldsymbol{x} \neq \mathbf{0}}\left\{\frac{\|\boldsymbol{A} \boldsymbol{x}\|}{\|\boldsymbol{x}\|}\right\} \tag{A.7}$$

该矩阵范数是式 (A.2) 中的向量范数的从属范数, 它们的显式表达式分别为

$$\|\boldsymbol{A}\|_1=\max_{j=1,2,\cdots,n}\left\{\sum_{i=1}^m|A_{ij}|\right\} \tag{A.8a}$$

$$\|\boldsymbol{A}\|_2=\lambda_{\max}\{(\boldsymbol{A}^{\mathrm{T}}\boldsymbol{A})^{1/2}\} \tag{A.8b}$$

$$\|\boldsymbol{A}\|_\infty=\max_{i=1,2,\cdots,m}\left\{\sum_{j=1}^{n}|A_{ij}|\right\} \tag{A.8c}$$

矩阵 $\boldsymbol{A}$ 的 Frobenius 范数 $\|\boldsymbol{A}\|_F$ 的定义如下:

$$\|\boldsymbol{A}\|_F=\left(\sum_{i=1}^{m}\sum_{j=1}^{n}A_{ij}^2\right)^{1/2} \tag{A.9}$$

虽然该矩阵范数应用广泛, 但其并不是任意向量范数的从属范数。需要指出的是, 上述矩阵范数也具有与式 (A.3) 类似的等价性。

对于矩阵欧氏范数 $\|\cdot\|=\|\cdot\|_2$, 其满足如下不等式:

$$\|\boldsymbol{AB}\|\leqslant\|\boldsymbol{A}\|\,\|\boldsymbol{B}\| \tag{A.10}$$

式中矩阵 $\boldsymbol{A}$ 与矩阵 $\boldsymbol{B}$ 的阶数满足矩阵乘法运算要求。

非奇异矩阵的条件数定义如下:

$$\kappa(\boldsymbol{A})=\|\boldsymbol{A}\|\,\|\boldsymbol{A}^{-1}\| \tag{A.11}$$

注意到任意矩阵范数都可应用于该定义式中。针对不同的矩阵范数, 可以使用不同的下角标来区分。具体而言, 矩阵范数 $\|\cdot\|_1$、$\|\cdot\|_2$ 以及 $\|\cdot\|_\infty$ 的条件数分别记为 $\kappa_1(\cdot)$、$\kappa_2(\cdot)$ 以及 $\kappa_\infty(\cdot)$。此外, 如果条件数 $\kappa(\cdot)$ 没有下角标, 则默认为 $\kappa_2(\cdot)$。

对于定义在特定域上的标量函数、向量函数以及矩阵函数, 范数也是有意义的。针对这些函数, 可以定义关于函数的希尔伯特空间, 其内积和范数是依据该特定域上的积分定义的。这里省略了其中的细节, 其原因在于书中的理论与算法均是在 $\mathbb{R}^n$ 空间中进行讨论的, 尽管其中很多算法可以扩展至更一般的希尔伯特空间中。此外, 为了对牛顿类方法进行分析, 这里给出如下不等式:

$$\left\|\int_a^b \boldsymbol{F}(t)\mathrm{d}t\right\|\leqslant\int_a^b\|\boldsymbol{F}(t)\|\mathrm{d}t \tag{A.12}$$

式中 $\boldsymbol{F}(t)$ 是定义在区间 $[a,b]$ 上的连续函数, 可以是标量函数、向量函数以及矩阵函数中的任意一种形式。式 (A.12) 对于本书考虑的函数类型都能成立。

A.1.3 子空间

考虑定义在欧氏空间 $\mathbb{R}^n$ 中的某个子集 $S\subset\mathbb{R}^n$。如果子集 S 中的任意两个元素 $\boldsymbol{x}$ 和 $\boldsymbol{y}$ 均满足

$$\alpha \boldsymbol{x} + \beta \boldsymbol{y} \in S \quad (对于所有的\ \alpha, \beta \in \mathbb{R})$$

则称子集 S 为 $\mathbb{R}^n$ 中的子空间。例如, 如果 S 是欧氏空间 $\mathbb{R}^2$ 中的子空间, 则其可以是下面 4 种集合中的任意一种: (1) 整个空间 $\mathbb{R}^2$; (2) 任意通过原点的直线; (3) 原点; (4) 空集。

对于给定的任意向量集合 $\boldsymbol{a}_i \in \mathbb{R}^n$ $(i = 1, 2, \cdots, m)$, 若令

$$S = \{\boldsymbol{w} \in \mathbb{R}^n | \boldsymbol{a}_i^{\mathrm{T}} \boldsymbol{w} = 0,\ i = 1, 2, \cdots, m\} \tag{A.13}$$

则可以证明 S 是 $\mathbb{R}^n$ 中的子空间。然而, 下面的集合:

$$\{\boldsymbol{w} \in \mathbb{R}^n | \boldsymbol{a}_i^{\mathrm{T}} \boldsymbol{w} \geqslant 0,\ i = 1, 2, \cdots, m\} \tag{A.14}$$

通常不是子空间。例如, 若令 $n = 2$、$m = 1$ 以及 $\boldsymbol{a}_1 = [1\ \ 0]^{\mathrm{T}}$, 则式 (A.14) 中的集合是由全部向量 $[w_1\ \ w_2]^{\mathrm{T}}$ (其中 $w_1 \geqslant 0$) 构成, 若选择该集合中的两个向量 $\boldsymbol{x} = [1\ \ 0]^{\mathrm{T}}$ 和 $\boldsymbol{y} = [2\ \ 3]^{\mathrm{T}}$, 则容易确定两个标量 α 和 β, 使得向量 $\alpha \boldsymbol{x} + \beta \boldsymbol{y}$ 中的第 1 个元素为负数, 从而使其落在该集合以外。

本书在讨论约束优化问题的二阶最优性条件时需要利用式 (A.13) 和式 (A.14) 中的集合形式。

若欧氏空间 $\mathbb{R}^n$ 中的向量组 $\{\boldsymbol{s}_1, \boldsymbol{s}_2, \cdots, \boldsymbol{s}_m\}$ 线性独立, 则如果存在一组实数 $\alpha_1, \alpha_2, \cdots, \alpha_m$ 满足

$$\alpha_1 \boldsymbol{s}_1 + \alpha_2 \boldsymbol{s}_2 + \cdots + \alpha_m \boldsymbol{s}_m = \boldsymbol{0}$$

则有 $\alpha_1 = \alpha_2 = \cdots = \alpha_m$。线性独立的另一种理解方式是, 向量组 $\{\boldsymbol{s}_1, \boldsymbol{s}_2, \cdots, \boldsymbol{s}_m\}$ 中的任意向量都不能被该集合中的其他向量线性表征。假设 $\boldsymbol{s}_i \in S$ $(i = 1, 2, \cdots, m)$, 如果子空间 S 中的任意向量 $\boldsymbol{s} \in S$ 均可以表示为

$$\boldsymbol{s} = \alpha_1 \boldsymbol{s}_1 + \alpha_2 \boldsymbol{s}_2 + \cdots + \alpha_m \boldsymbol{s}_m$$

式中 $\alpha_1, \alpha_2, \cdots, \alpha_m$ 是相应的系数, 则称 $\{\boldsymbol{s}_1, \boldsymbol{s}_2, \cdots, \boldsymbol{s}_m\}$ 是子空间 S 的张成集。

如果向量组 $\boldsymbol{s}_1, \boldsymbol{s}_2, \cdots, \boldsymbol{s}_m$ 是线性独立的, 并且是子空间 S 的张成集, 则称它们是 S 的基。基向量的个数 m 即为 S 的维数, 记为 $\dim(S)$。对于任意子空间 S, 可以有多种方式选择基, 但是不同的基中所包含的向量个数是相同的。

如果 $\boldsymbol{A}$ 是任意实矩阵, 则其零空间定义为

$$\mathrm{Null}(\boldsymbol{A}) = \{\boldsymbol{w} | \boldsymbol{A}\boldsymbol{w} = \boldsymbol{0}\}$$

值域空间定义为

$$\mathrm{Range}(\boldsymbol{A}) = \{\boldsymbol{w} | \boldsymbol{w} = \boldsymbol{A}\boldsymbol{v},\ 对于所有的\ \boldsymbol{v}\}$$

根据线性代数理论可知

$$\text{Null}(\boldsymbol{A}) \oplus \text{Range}(\boldsymbol{A}^{\text{T}}) = \mathbb{R}^n$$

式中 n 表示矩阵 $\boldsymbol{A}$ 的列数; $\oplus$ 表示两个集合的直和, 即有 $\boldsymbol{A} \oplus \boldsymbol{B} = \{\boldsymbol{x}+\boldsymbol{y} | \boldsymbol{x} \in \boldsymbol{A},\ \boldsymbol{y} \in \boldsymbol{B}\}$。

如果 $\boldsymbol{A}$ 是 n 阶非奇异矩阵, 则有 $\text{Null}(\boldsymbol{A}) = \text{Null}(\boldsymbol{A}^{\text{T}}) = \{\boldsymbol{0}\}$ 和 $\text{Range}(\boldsymbol{A}) = \text{Range}(\boldsymbol{A}^{\text{T}}) = \mathbb{R}^n$。在这种情况下, 矩阵 $\boldsymbol{A}$ 的列向量构成了空间 $\mathbb{R}^n$ 中的基, 矩阵 $\boldsymbol{A}^{\text{T}}$ 的列向量也能构成空间 $\mathbb{R}^n$ 中的基。

A.1.4 特征值、特征向量以及奇异值分解

对于 n 阶矩阵 $\boldsymbol{A}$, 如果存在非零向量 $\boldsymbol{q}$ 满足

$$\boldsymbol{A}\boldsymbol{q} = \lambda \boldsymbol{q}$$

则称标量 λ 为矩阵 $\boldsymbol{A}$ 的特征值; 向量 $\boldsymbol{q}$ 为矩阵 $\boldsymbol{A}$ 的特征向量。如果矩阵 $\boldsymbol{A}$ 没有零特征值, 该矩阵就是非奇异的。对称矩阵的特征值均为实数, 而非对称矩阵的特征值可能存在虚部。如果矩阵 $\boldsymbol{A}$ 是对称正定的, 则其特征值均为正实数。

所有矩阵 (并不一定是方阵) 都可以分解为 3 个矩阵的乘积, 并且这 3 个矩阵都具有特殊的性质, 称该分解为奇异值分解 (SVD)。假设矩阵 $\boldsymbol{A} \in \mathbb{R}^{m\times n}$, 其中 $m > n$, 这意味着矩阵 $\boldsymbol{A}$ 的行数大于列数, 此时奇异值分解可以表示为

$$\boldsymbol{A} = \boldsymbol{U} \begin{bmatrix} \boldsymbol{S} \\ \boldsymbol{0} \end{bmatrix} \boldsymbol{V}^{\text{T}} \tag{A.15}$$

式中 $\boldsymbol{U}$ 表示 m 阶正交矩阵; $\boldsymbol{V}$ 表示 n 阶正交矩阵; $\boldsymbol{S}$ 表示 n 阶对角矩阵, 其对角元素为 $\{\sigma_i\}_{1\leqslant i\leqslant n}$, 并且满足

$$\sigma_1 \geqslant \sigma_2 \geqslant \cdots \geqslant \sigma_n \geqslant 0$$

这些对角元素称为矩阵 $\boldsymbol{A}$ 的奇异值。对于任意 $m \times n$ 矩阵 $\boldsymbol{A}$ (可能是非方阵), 可以将式 (A.11) 中的条件数定义为 σ_1/σ_n, 当矩阵 $\boldsymbol{A}$ 为非奇异方阵时, 该比值等于 $\kappa_2(\boldsymbol{A})$。

若 $m \leqslant n$ (即矩阵 $\boldsymbol{A}$ 的列数不小于其行数), 则矩阵 $\boldsymbol{A}$ 的奇异值分解具有如下形式:

$$\boldsymbol{A} = \boldsymbol{U}[\boldsymbol{S}\ \ \boldsymbol{0}]\boldsymbol{V}^{\text{T}}$$

式中 $\boldsymbol{U}$ 表示 m 阶正交矩阵; $\boldsymbol{V}$ 表示 n 阶正交矩阵; $\boldsymbol{S}$ 表示 m 阶对角矩阵, 其非负对角元素为 $\sigma_1 \geqslant \sigma_2 \geqslant \cdots \geqslant \sigma_m$。

如果 $\boldsymbol{A}$ 为 n 阶对称矩阵, 其 n 个实特征值分别为 $\lambda_1, \lambda_2, \cdots, \lambda_n$, 相应的特征向量分别为 $\boldsymbol{q}_1, \boldsymbol{q}_2, \cdots, \boldsymbol{q}_n$, 此时可以将矩阵 $\boldsymbol{A}$ 的谱分解表示为

$$\boldsymbol{A} = \sum_{i=1}^{n} \lambda_i \boldsymbol{q}_i \boldsymbol{q}_i^{\mathrm{T}}$$

该谱分解也具有矩阵形式。不妨定义下面两个矩阵:

$$\boldsymbol{\Lambda} = \mathrm{diag}[\lambda_1 \quad \lambda_2 \quad \cdots \quad \lambda_n], \quad \boldsymbol{Q} = [\boldsymbol{q}_1 \quad \boldsymbol{q}_2 \quad \cdots \quad \boldsymbol{q}_n]$$

于是可以将矩阵 $\boldsymbol{A}$ 表示为

$$\boldsymbol{A} = \boldsymbol{Q}\boldsymbol{\Lambda}\boldsymbol{Q}^{\mathrm{T}} \tag{A.16}$$

当 $\boldsymbol{A}$ 为对称正定矩阵时, 式 (A.16) 等价于式 (A.15) 中的奇异值分解, 其中 $\boldsymbol{U} = \boldsymbol{V} = \boldsymbol{Q}$ 和 $\boldsymbol{S} = \boldsymbol{\Lambda}$, 并且在这种情况下奇异值 $\{\sigma_i\}$ 与特征值 $\{\lambda_i\}$ 是一致的。

对于对称正定矩阵 $\boldsymbol{A}$, 其奇异值与特征值是相等的, 此时由式 (A.8b) 定义的欧氏范数满足

$$\|\boldsymbol{A}\| = \sigma_1(\boldsymbol{A}) = \boldsymbol{A} \text{ 的最大特征值}$$
$$\|\boldsymbol{A}^{-1}\| = (\sigma_n(\boldsymbol{A}))^{-1} = \boldsymbol{A} \text{ 的最小特征值的倒数}$$

因此, 对于任意的向量 $\boldsymbol{x} \in \mathbb{R}^n$ 可得

$$\sigma_n(\boldsymbol{A})\|\boldsymbol{x}\|^2 = \frac{\|\boldsymbol{x}\|^2}{\|\boldsymbol{A}^{-1}\|} \leqslant \boldsymbol{x}^{\mathrm{T}}\boldsymbol{A}\boldsymbol{x} \leqslant \|\boldsymbol{A}\| \, \|\boldsymbol{x}\|^2 = \sigma_1(\boldsymbol{A})\|\boldsymbol{x}\|^2$$

如果 $\boldsymbol{Q}$ 为正交矩阵, 则其欧氏范数满足

$$\|\boldsymbol{Q}\boldsymbol{x}\| = \|\boldsymbol{x}\|$$

并且该矩阵的所有奇异值均等于 1。

A.1.5 行列式与迹

n 阶矩阵 $\boldsymbol{A}$ 的迹定义为

$$\mathrm{trace}(\boldsymbol{A}) = \sum_{i=1}^{n} A_{ii} \tag{A.17}$$

若矩阵 $\boldsymbol{A}$ 的特征值为 $\lambda_1, \lambda_2, \cdots, \lambda_n$, 则矩阵 $\boldsymbol{A}$ 的迹可以表示为

$$\mathrm{trace}(\boldsymbol{A}) = \sum_{i=1}^{n} \lambda_i \tag{A.18}$$

由该式可知, 矩阵的迹等于其特征值之和。

若将 n 阶矩阵 $\boldsymbol{A}$ 的行列式记为 $\det(\boldsymbol{A})$, 其等于矩阵 $\boldsymbol{A}$ 的全部特征值的乘积, 即有

$$\det(\boldsymbol{A}) = \prod_{i=1}^{n} \lambda_i \tag{A.19}$$

行列式具有如下一些重要性质:

(1)$\det(\boldsymbol{A}) = 0$ 当且仅当矩阵 $\boldsymbol{A}$ 是奇异的;

(2)$\det(\boldsymbol{AB}) = \det(\boldsymbol{A})\det(\boldsymbol{B})$;

(3)$\det(\boldsymbol{A}^{-1}) = 1/\det(\boldsymbol{A})$。

任意正交矩阵 $\boldsymbol{Q}$ 满足 $\boldsymbol{QQ}^{\mathrm{T}} = \boldsymbol{Q}^{\mathrm{T}}\boldsymbol{Q} = \boldsymbol{I}$, 这意味着 $\boldsymbol{Q}^{-1} = \boldsymbol{Q}^{\mathrm{T}}$, 由此可得 $\det(\boldsymbol{Q}) = \det(\boldsymbol{Q}^{\mathrm{T}}) = \pm 1$。

在第 6 章的分析中将使用上面的性质。

A.1.6 矩阵分解: Cholesky 分解、LU 分解以及 QR 分解

矩阵分解在算法设计与算法分析中都十分重要。式 (A.15) 中的奇异值分解是一种常用的矩阵分解, 除此以外下面还将讨论另外 3 种矩阵分解。

这里描述的所有矩阵分解方法都需要使用置换矩阵。假设需要交换矩阵 $\boldsymbol{A}$ 中的第 1 行与第 4 行, 此时可以将矩阵 $\boldsymbol{A}$ 左乘以一个置换矩阵 $\boldsymbol{P}$, 其是将单位矩阵 $\boldsymbol{I}$ 中的第 1 行与第 4 行进行交换所形成的矩阵, 并且此单位矩阵的行数与矩阵 $\boldsymbol{A}$ 的行数是相等的。例如, 假设 $\boldsymbol{A}$ 是一个 5 阶矩阵, 则置换矩阵 $\boldsymbol{P}$ 应为

$$\boldsymbol{P} = \begin{bmatrix} 0 & 0 & 0 & 1 & 0 \\ 0 & 1 & 0 & 0 & 0 \\ 0 & 0 & 1 & 0 & 0 \\ 1 & 0 & 0 & 0 & 0 \\ 0 & 0 & 0 & 0 & 1 \end{bmatrix}$$

如果需要交换一个矩阵的列向量, 也可以通过类似的方式构造置换矩阵。

矩阵 $\boldsymbol{A} \in \mathbb{R}^{n\times n}$ 的 LU 分解定义如下:

$$\boldsymbol{PA} = \boldsymbol{LU} \tag{A.20}$$

式中 $\boldsymbol{P}$ 表示 n 阶置换矩阵 (通过交换 n 阶单位矩阵的行向量来获得); $\boldsymbol{L}$ 表示单位下三角矩阵 (即对角元素等于 1 的下三角矩阵); $\boldsymbol{U}$ 表示上三角矩阵。

LU 分解可用于高效计算线性方程组 $\boldsymbol{Ax} = \boldsymbol{b}$ 的解, 具体包括下面 3 个步骤:

步骤 1: 构造向量 $\widetilde{\boldsymbol{b}} = \boldsymbol{Pb}$ (即交换向量 $\boldsymbol{b}$ 中的元素位置);

步骤 2: 通过三角前向替换求解线性方程组 $\boldsymbol{Lz} = \widetilde{\boldsymbol{b}}$, 得到向量 $\boldsymbol{z}$;

步骤 3: 通过三角后向替换求解线性方程组 $\boldsymbol{Ux}=\boldsymbol{z}$, 得到向量 $\boldsymbol{x}$。

LU 分解式 (A.20) 可以通过行主元高斯消元方法来实现。如果 $\boldsymbol{A}$ 是稠密矩阵, 则该方法大约需要 $2n^3/3$ 次浮点运算。实现该方法的标准化程序 (例如文献 [7] 中的 LAPACK 软件包) 是公开的, 其计算步骤可见下面的算法 A.1。

【算法 A.1 行主元高斯消元算法】

步骤 1: 对于给定的矩阵 $\boldsymbol{A}\in\mathbb{R}^{n\times n}$, 设置 $\boldsymbol{P}\leftarrow\boldsymbol{I}$ 和 $\boldsymbol{L}\leftarrow\boldsymbol{0}$。

步骤 2:

for $i=1,2,\cdots,n$

  找寻索引 $j\in\{i,i+1,\cdots,n\}$, 使得 $|A_{ji}|=\max\limits_{k=i,i+1,\cdots,n}\{|A_{ki}|\}$;

  如果 $A_{ij}=0$, 则停止循环计算 (此时可以判断 $\boldsymbol{A}$ 为奇异矩阵);

  如果 $i\neq j$, 则分别交换矩阵 $\boldsymbol{A}$ 和矩阵 $\boldsymbol{L}$ 中的第 i 行与第 j 行;

  设置 $L_{ii}\leftarrow 1$;

  for $k=i+1,i+2,\cdots,n$

    计算 $L_{ki}\leftarrow A_{ki}/A_{ii}$;

    for $l=i+1,i+2,\cdots,n$

      计算 $A_{kl}\leftarrow A_{kl}-L_{ki}A_{il}$;

    end (for)

  end (for)

end (for)

步骤 3: 设置 $\boldsymbol{U}\leftarrow$ 矩阵$\boldsymbol{A}$ 的上三角部分。

基本算法 A.1 的变形形式可在分解过程中重新对列向量和行向量进行调整, 但是这些操作并不会增强算法的实际稳定性。然而, 当 $\boldsymbol{A}$ 是稀疏矩阵时, 通过确保矩阵因子 $\boldsymbol{L}$ 和 $\boldsymbol{U}$ 也具有相当的稀疏性, 则列主元就可以提升高斯消元方法的性能。

高斯消元方法也可应用于非方阵的情形。如果 $\boldsymbol{A}$ 是 $m\times n$ 矩阵 (其中 $m>n$), 则标准的行主元算法可以获得矩阵分解式 (A.20), 其中 $\boldsymbol{L}\in\mathbb{R}^{m\times n}$ 表示单位下三角矩阵; $\boldsymbol{U}\in\mathbb{R}^{n\times n}$ 表示上三角矩阵。当 $m<n$ 时, 则可以对矩阵 $\boldsymbol{A}^{\mathrm{T}}$ (而不是矩阵 $\boldsymbol{A}$) 进行 LU 分解, 如下所示:

$$\boldsymbol{PA}^{\mathrm{T}}=\begin{bmatrix}\boldsymbol{L}_1\\\boldsymbol{L}_2\end{bmatrix}\boldsymbol{U} \tag{A.21}$$

式中 $\boldsymbol{L}_1$ 表示 m 阶单位下三角矩阵 (方阵); $\boldsymbol{U}$ 表示 m 阶上三角矩阵; $\boldsymbol{L}_2$ 表示一般的 $(n-m)\times m$ 矩阵。如果矩阵 $\boldsymbol{A}$ 具有行满秩性, 则可以利用上面的矩阵分解计算其零空间。不妨定义矩阵

$$\boldsymbol{M}=\boldsymbol{P}^{\mathrm{T}}\begin{bmatrix}\boldsymbol{L}_1^{-\mathrm{T}}\boldsymbol{L}_2^{\mathrm{T}}\\-\boldsymbol{I}\end{bmatrix} \tag{A.22}$$

则容易验证矩阵 $\boldsymbol{M}$ 为 $n \times (n-m)$ 矩阵, 并且满足 $\boldsymbol{AM} = \mathbf{0}$, 因此矩阵 $\boldsymbol{M}$ 的列向量张成了矩阵 $\boldsymbol{A}$ 的零空间。

当 $\boldsymbol{A} \in \mathbb{R}^{n\times n}$ 为对称正定矩阵时, 利用约一半的计算量 (约为 $n^3/3$ 次浮点运算) 还可以得到一个类似的但却更加特殊的矩阵分解。该矩阵分解称为 Cholesky 分解, 需要计算一个下三角矩阵 $\boldsymbol{L}$ 以满足

$$\boldsymbol{A} = \boldsymbol{L}\boldsymbol{L}^{\mathrm{T}} \tag{A.23}$$

如果矩阵 $\boldsymbol{L}$ 的对角元素均为正数, 则该矩阵分解就是唯一的。Cholesky 分解的计算步骤可见下面的算法 A.2。

【算法 A.2 Cholesky 分解算法 ($\boldsymbol{A} \in \mathbb{R}^{n\times n}$ 为对称正定矩阵)】

for $i = 1, 2, \cdots, n$
  计算 $L_{ii} \leftarrow \sqrt{A_{ii}}$;
  for $j = i+1, i+2, \cdots, n$
    计算 $L_{ji} \leftarrow A_{ji}/L_{ii}$;
    for $k = i+1, i+2, \cdots, j$
      计算 $A_{jk} \leftarrow A_{jk} - L_{ji}L_{ki}$;
    end (for)
  end (for)
end (for)

需要指出的是, 算法 A.2 仅利用了矩阵 $\boldsymbol{A}$ 的下三角元素。事实上, 在任何情况下都仅需要存储矩阵 $\boldsymbol{A}$ 的下三角元素, 因为对角线上方的元素与对角线下方的元素是相同的。

与高斯消元方法不同的是, Cholesky 分解方法可以在无须交换行向量或者列向量的条件下, 对对称正定矩阵完成有效分解。然而, 对称置换 (以同样的方式重新排列行与列) 可用于改善矩阵 $\boldsymbol{L}$ 的稀疏结构。在这种情况下, Cholesky 分解方法将产生一种含有置换矩阵的分解形式

$$\boldsymbol{P}^{\mathrm{T}}\boldsymbol{A}\boldsymbol{P} = \boldsymbol{L}\boldsymbol{L}^{\mathrm{T}}$$

式中 $\boldsymbol{P}$ 表示某个置换矩阵。

Cholesky 分解也可用于计算线性方程组 $\boldsymbol{Ax} = \boldsymbol{b}$ 的解, 并且与利用高斯消元方法求解线性方程组的过程相似, 只是这里需要利用矩阵 $\boldsymbol{L}$ 进行三角前向替换, 以及利用矩阵 $\boldsymbol{L}^{\mathrm{T}}$ 进行三角后向替换。

Cholesky 分解还可用于验证对称矩阵 $\boldsymbol{A}$ 的正定性。如果算法 A.2 能够顺利计算所有的 $\{L_{ii}\}$, 并且均为正数, 则说明矩阵 $\boldsymbol{A}$ 具有正定性。

另一种关于矩形矩阵 $\boldsymbol{A} \in \mathbb{R}^{m\times n}$ 的重要分解 (即 QR 分解) 形式为

$$\boldsymbol{AP} = \boldsymbol{QR} \tag{A.24}$$

式中 $\boldsymbol{P}$ 表示 n 阶置换矩阵; $\boldsymbol{Q}$ 表示 m 阶正交矩阵; $\boldsymbol{R}$ 表示 $m \times n$ 上三角

矩阵。对于方阵 $\boldsymbol{A}$ (即 $m=n$) 而言, QR 分解同样可用于计算线性方程组 $\boldsymbol{Ax}=\boldsymbol{b}$ 的解, 具体包括下面 3 个步骤:

步骤 1: 计算向量 $\widetilde{\boldsymbol{b}}=\boldsymbol{Q}^{\mathrm{T}}\boldsymbol{b}$;

步骤 2: 通过后向替换求解线性方程组 $\boldsymbol{Rz}=\widetilde{\boldsymbol{b}}$, 得到向量 $\boldsymbol{z}$;

步骤 3: 构造向量 $\boldsymbol{x}=\boldsymbol{P}^{\mathrm{T}}\boldsymbol{z}$ (即交换向量 $\boldsymbol{z}$ 中的元素位置)。

对于稠密矩阵 $\boldsymbol{A}$ 而言, 对其进行 QR 分解大约需要 $4m^2n/3$ 次浮点运算。如果 $\boldsymbol{A}$ 为方阵, 则其计算复杂度约为基于高斯消元的 LU 分解的两倍。此外, 相比于 LU 分解, QR 分解更难以保持稀疏性。

QR 分解的计算过程与高斯消元以及 Cholesky 分解的计算过程几乎一样简单。最常使用的方法是将一系列特殊的正交矩阵作用于矩阵 $\boldsymbol{A}$ 中, 有的方法采用 Householder 变换, 有的方法采用 Givens 旋转。这里并不对它们展开描述, 读者可以参阅文献 [136] 中的第 5 章, 其中对这些内容展开了详细的描述。

对于矩形矩阵 $\boldsymbol{A}$ (其中 $m<n$) 而言, 可以对矩阵 $\boldsymbol{A}^{\mathrm{T}}$ 进行 QR 分解, 用于找寻一个矩阵, 其列向量能够张成矩阵 $\boldsymbol{A}$ 的零空间。具体而言, 可以将矩阵 $\boldsymbol{A}^{\mathrm{T}}$ 的 QR 分解表示为

$$\boldsymbol{A}^{\mathrm{T}}\boldsymbol{P}=\boldsymbol{QR}=[\boldsymbol{Q}_1\ \ \boldsymbol{Q}_2]\boldsymbol{R}$$

式中 $\boldsymbol{Q}_1$ 表示由矩阵 $\boldsymbol{Q}$ 的前 m 列构成的矩阵; $\boldsymbol{Q}_2$ 表示由矩阵 $\boldsymbol{Q}$ 的后 $n-m$ 列构成的矩阵。容易验证, 矩阵 $\boldsymbol{Q}_2$ 的列向量张成了矩阵 $\boldsymbol{A}$ 的零空间。相比于高斯消元方法所获得的零空间的基矩阵 (即式 (A.22)), 这里得到的基矩阵 $\boldsymbol{Q}_2$ 具有更好的性质, 因为矩阵 $\boldsymbol{Q}_2$ 的列向量是相互正交的, 并且它们的长度均等于 1。然而, 获得基矩阵 $\boldsymbol{Q}_2$ 的计算量可能会更大, 尤其当矩阵 $\boldsymbol{A}$ 具有稀疏性时。

当 $\boldsymbol{A}$ 是列满秩矩阵时, 我们可以利用 Cholesky 分解的性质分析式 (A.24) 中矩阵 $\boldsymbol{R}$ 的唯一性。将式 (A.24) 与其转置进行相乘可得

$$\boldsymbol{P}^{\mathrm{T}}\boldsymbol{A}^{\mathrm{T}}\boldsymbol{AP}=\boldsymbol{R}^{\mathrm{T}}\boldsymbol{Q}^{\mathrm{T}}\boldsymbol{QR}=\boldsymbol{R}^{\mathrm{T}}\boldsymbol{R}$$

对比式 (A.23) 可知, 矩阵 $\boldsymbol{R}^{\mathrm{T}}$ 就是对称正定矩阵 $\boldsymbol{P}^{\mathrm{T}}\boldsymbol{A}^{\mathrm{T}}\boldsymbol{AP}$ 的 Cholesky 矩阵因子。由 Cholesky 分解的性质可知, 如果限定矩阵 $\boldsymbol{L}$ 的对角元素均为正数, 则矩阵 $\boldsymbol{L}$ 就是唯一的。因此, 对于给定的置换矩阵 $\boldsymbol{P}$, 如果限定矩阵 $\boldsymbol{R}$ 的对角元素均为正数, 那么矩阵 $\boldsymbol{R}$ 也是唯一的。另外, 由式 (A.24) 可得 $\boldsymbol{Q}=\boldsymbol{APR}^{-1}$, 所以在上述条件下矩阵 $\boldsymbol{Q}$ 也是唯一的。

根据欧氏范数的定义可知, 式 (A.24) 中的矩阵 $\boldsymbol{P}$ 和矩阵 $\boldsymbol{Q}$ 的欧氏范数均等于 1, 此时由性质式 (A.10) 可得

$$\|\boldsymbol{A}\|=\|\boldsymbol{QRP}^{\mathrm{T}}\|\leqslant\|\boldsymbol{Q}\|\,\|\boldsymbol{R}\|\,\|\boldsymbol{P}^{\mathrm{T}}\|=\|\boldsymbol{R}\|$$

类似地还可得

$$\|\boldsymbol{R}\| = \|\boldsymbol{Q}^{\mathrm{T}}\boldsymbol{A}\boldsymbol{P}\| \leqslant \|\boldsymbol{Q}^{\mathrm{T}}\|\,\|\boldsymbol{A}\|\,\|\boldsymbol{P}\| = \|\boldsymbol{A}\|$$

结合上面两个不等式可知 $\|\boldsymbol{A}\| = \|\boldsymbol{R}\|$。如果 $\boldsymbol{A}$ 是方阵, 则通过类似的分析还可得 $\|\boldsymbol{A}^{-1}\| = \|\boldsymbol{R}^{-1}\|$。因此, 当基于式 (A.11) 估计矩阵 $\boldsymbol{A}$ 的欧氏范数的条件数时, 可以直接利用矩阵 $\boldsymbol{R}$ 替换矩阵 $\boldsymbol{A}$ 进行计算。这个结论很有意义, 因为有很多方法可以估计三角矩阵 $\boldsymbol{R}$ 的条件数, 文献 [136] 对其进行了详细的讨论。

A.1.7 对称不定矩阵分解

当 $\boldsymbol{A}$ 是对称不定矩阵时, 算法 A.2 可能会对负数开根号, 从而致使其失效。然而, 还可以得到另一个类似于 Cholesky 分解的矩阵分解, 如下所示:

$$\boldsymbol{P}\boldsymbol{A}\boldsymbol{P}^{\mathrm{T}} = \boldsymbol{L}\boldsymbol{B}\boldsymbol{L}^{\mathrm{T}} \tag{A.25}$$

式中 $\boldsymbol{L}$ 表示单位下三角矩阵; $\boldsymbol{B}$ 表示块状对角矩阵, 其中每个子矩阵块可以是一阶, 也可以是二阶; $\boldsymbol{P}$ 表示置换矩阵。下面描述对称不定矩阵分解的第 1 步。首先在矩阵 $\boldsymbol{A}$ 中找寻合适的主块子矩阵 $\boldsymbol{E}$。选择矩阵 $\boldsymbol{E}$ 的准则可以描述为: 矩阵 $\boldsymbol{E}$ 既可以是矩阵 $\boldsymbol{A}$ 的单个对角元素 (即一阶主块), 也可以是二阶主块子矩阵, 后者包含矩阵 $\boldsymbol{A}$ 中的两个对角元素 (记为 a_{ii} 和 a_{jj}), 以及相应的非对角元素 (记为 a_{ij} 和 a_{ji})。无论在何种情形下, 矩阵 $\boldsymbol{E}$ 都必须是非奇异的。然后找寻一个置换矩阵 $\boldsymbol{P}_1$, 使得矩阵 $\boldsymbol{E}$ 为矩阵 $\boldsymbol{A}$ 的顺序主子阵, 如下所示:

$$\boldsymbol{P}_1\boldsymbol{A}\boldsymbol{P}_1^{\mathrm{T}} = \begin{bmatrix} \boldsymbol{E} & \boldsymbol{C}^{\mathrm{T}} \\ \boldsymbol{C} & \boldsymbol{H} \end{bmatrix} \tag{A.26}$$

接着将矩阵 $\boldsymbol{E}$ 作为主块, 并对式 (A.26) 等号右侧的分块矩阵进行块状分解可得

$$\boldsymbol{P}_1\boldsymbol{A}\boldsymbol{P}_1^{\mathrm{T}} = \begin{bmatrix} \boldsymbol{I} & 0 \\ \boldsymbol{C}\boldsymbol{E}^{-1} & \boldsymbol{I} \end{bmatrix} \begin{bmatrix} \boldsymbol{E} & 0 \\ 0 & \boldsymbol{H} - \boldsymbol{C}\boldsymbol{E}^{-1}\boldsymbol{C}^{\mathrm{T}} \end{bmatrix} \begin{bmatrix} \boldsymbol{I} & \boldsymbol{E}^{-1}\boldsymbol{C}^{\mathrm{T}} \\ 0 & \boldsymbol{I} \end{bmatrix}$$

式中 $\boldsymbol{H} - \boldsymbol{C}\boldsymbol{E}^{-1}\boldsymbol{C}^{\mathrm{T}}$ 称为剩余矩阵或者 Schur 补矩阵, 其阶数为 $n-1$ 或者 $n-2$。对称不定矩阵分解的第 2 步是将第 1 步的计算过程应用于剩余矩阵 $\boldsymbol{H} - \boldsymbol{C}\boldsymbol{E}^{-1}\boldsymbol{C}^{\mathrm{T}}$ 中。后续将递归使用相同的计算过程, 直至最终得到矩阵分解式 (A.25)。当分解完成时, 矩阵 $\boldsymbol{P}$ 等于分解过程中的每一步置换矩阵的乘积, 而矩阵 $\boldsymbol{B}$ 的对角线上则包含了主块子矩阵 $\boldsymbol{E}$。

对称不定矩阵分解大约需要 $n^3/3$ 次浮点运算, 与正定矩阵 Cholesky 分解的计算量是相当的。然而, 对称不定矩阵分解还需要选择合适的主块子矩阵 $\boldsymbol{E}$, 并且进行置换处理, 这些操作的复杂度也可能是较高的。事实上有多

种策略可以确定主块子矩阵 $\boldsymbol{E}$, 其对于矩阵分解的复杂度以及数值性质都具有重要的影响。在理想情况下, 分解过程中的每一步在选择矩阵 $\boldsymbol{E}$ 时都应当具有较低的计算成本, 剩余矩阵中的元素至多保持适度的增长, 并且避免对矩阵元素进行过度填充 (即矩阵 $\boldsymbol{L}$ 不应比矩阵 $\boldsymbol{A}$ 稠密太多)。

针对主块子矩阵 $\boldsymbol{E}$ 的选择问题, 文献 [43] 提出了一种著名的策略 (称为 Bunch–Parlett 策略)。该策略需要遍历剩余矩阵中的全部元素, 从中找寻绝对值最大的对角元素和绝对值最大的非对角元素, 并将相应的最大绝对值分别记为 ξ_{dia} 和 ξ_{off}。如果将绝对值等于 ξ_{dia} 的对角元素作为一阶主块, 则剩余矩阵的元素增长将会受到比值 $\xi_{\text{dia}}/\xi_{\text{off}}$ 的限制。若此增长率能够被接受, 则选择该对角元素作为主块; 如果不能被接受, 则在非对角线上选择绝对值等于 ξ_{off} 的元素 (记为 a_{ij}), 并且将 $\boldsymbol{E}$ 设为如下二阶矩阵:

$$\boldsymbol{E} = \begin{bmatrix} a_{ii} & a_{ij} \\ a_{ij} & a_{jj} \end{bmatrix}$$

Bunch–Parlett 策略在数值上是鲁棒的, 并且能够确保得到矩阵 $\boldsymbol{L}$, 其元素最大值为 2.781。该策略的缺点在于, 为了在每次迭代中确定最大绝对值 ξ_{dia} 和 ξ_{off}, 需要多次进行浮点数比较。完成整个矩阵分解共需要 $O(n^3)$ 次数值比较。由于每次数值比较的复杂度与算术运算的复杂度大致相当, 因此所付出的计算成本并不低。

文献 [42] 提出了一种复杂度更低的选择主块的策略 (称为 Bunch–Kaufman 策略), 其在每个阶段最多搜索矩阵中的两列元素, 因而仅需要进行 $O(n^2)$ 次浮点数比较。该策略的原理和细节有些复杂, 感兴趣的读者可以参阅文献 [42] 或者文献 [136] 中的第 4.4 节。此外, 该方法有可能在下三角矩阵因子 $\boldsymbol{L}$ 中产生非常大的元素, 从而不适合与修正的 Cholesky 分解进行融合。

另一种选择策略为有界 Bunch–Kaufman 策略, 其本质是 Bunch–Kaufman 策略与 Bunch–Parlett 策略的一种折中。该策略会观察矩阵 $\boldsymbol{L}$ 中的元素量级, 如果 Bunch–Kaufman 策略选择的主块可以使矩阵 $\boldsymbol{L}$ 中的元素保持适度的增长, 则有界 Bunch–Kaufman 策略会接受此选择; 如果其导致矩阵 $\boldsymbol{L}$ 中的元素过度增长, 则有界 Bunch–Kaufman 策略将继续找寻其他可以接受的主块。有界 Bunch–Kaufman 策略的复杂度通常与 Bunch–Kaufman 策略的复杂度相近, 但是在最坏的情况下也可能接近 Bunch–Parlett 策略的复杂度。

至此, 尚未考虑主块子矩阵 $\boldsymbol{E}$ 的选取对于矩阵 $\boldsymbol{L}$ 的稀疏性的影响。如果要进行分解的矩阵是高阶稀疏矩阵, 考虑该问题是重要的, 因为其会显著影响 CPU 时间和算法存储量。文献 [95]、文献 [97] 以及文献 [113] 提出了考虑稀疏性的改进型选择策略。

A.1.8 Sherman–Morrison–Woodbury 公式

现对非奇异方阵 $\boldsymbol{A}$ 进行秩 1 更新, 如下所示:

$$\bar{\boldsymbol{A}} = \boldsymbol{A} + \boldsymbol{a}\boldsymbol{b}^{\mathrm{T}}$$

式中 $\boldsymbol{a}, \boldsymbol{b} \in \mathbb{R}^n$, 如果 $\bar{\boldsymbol{A}}$ 是非奇异矩阵, 则有

$$\bar{\boldsymbol{A}}^{-1} = \boldsymbol{A}^{-1} - \frac{\boldsymbol{A}^{-1}\boldsymbol{a}\boldsymbol{b}^{\mathrm{T}}\boldsymbol{A}^{-1}}{1 + \boldsymbol{b}^{\mathrm{T}}\boldsymbol{A}^{-1}\boldsymbol{a}} \tag{A.27}$$

该式容易得到验证, 即将矩阵 $\bar{\boldsymbol{A}}$ 与矩阵 $\bar{\boldsymbol{A}}^{-1}$ 进行相乘, 并根据它们的定义验证其是否等于单位矩阵即可。

式 (A.27) 还可以扩展到矩阵高阶秩的更新中。定义矩阵 $\boldsymbol{U}, \boldsymbol{V} \in \mathbb{R}^{n\times p}$, 其中 p 位于 1 与 n 之间。若定义

$$\widehat{\boldsymbol{A}} = \boldsymbol{A} + \boldsymbol{U}\boldsymbol{V}^{\mathrm{T}}$$

则 $\widehat{\boldsymbol{A}}$ 是非奇异矩阵, 当且仅当 $\boldsymbol{I} + \boldsymbol{V}^{\mathrm{T}}\boldsymbol{A}^{-1}\boldsymbol{U}$ 也是非奇异矩阵, 并且此时满足如下等式:

$$\widehat{\boldsymbol{A}}^{-1} = \boldsymbol{A}^{-1} - \boldsymbol{A}^{-1}\boldsymbol{U}(\boldsymbol{I} + \boldsymbol{V}^{\mathrm{T}}\boldsymbol{A}^{-1}\boldsymbol{U})^{-1}\boldsymbol{V}^{\mathrm{T}}\boldsymbol{A}^{-1} \tag{A.28}$$

式 (A.28) 可用于求解线性方程组 $\widehat{\boldsymbol{A}}\boldsymbol{x} = \boldsymbol{d}$, 如下所示:

$$\boldsymbol{x} = \widehat{\boldsymbol{A}}^{-1}\boldsymbol{d} = \boldsymbol{A}^{-1}\boldsymbol{d} - \boldsymbol{A}^{-1}\boldsymbol{U}(\boldsymbol{I} + \boldsymbol{V}^{\mathrm{T}}\boldsymbol{A}^{-1}\boldsymbol{U})^{-1}\boldsymbol{V}^{\mathrm{T}}\boldsymbol{A}^{-1}\boldsymbol{d}$$

由该式可知, 为了获得线性方程组 $\widehat{\boldsymbol{A}}\boldsymbol{x} = \boldsymbol{d}$ 的解 $\boldsymbol{x}$, 需要完成下面 3 个部分的运算: (1) 求解系数矩阵为 $\boldsymbol{A}$ 的 $p+1$ 个线性方程组 (即获得 $\boldsymbol{A}^{-1}\boldsymbol{d}$ 和 $\boldsymbol{A}^{-1}\boldsymbol{U}$); (2) 对 p 阶矩阵 $\boldsymbol{I} + \boldsymbol{V}^{\mathrm{T}}\boldsymbol{A}^{-1}\boldsymbol{U}$ 进行求逆运算; (3) 其他一些初等矩阵代数运算。当 $p \ll n$ 时, 对 p 阶矩阵 $\boldsymbol{I} + \boldsymbol{V}^{\mathrm{T}}\boldsymbol{A}^{-1}\boldsymbol{U}$ 进行求逆的运算量并不大。

A.1.9 交错特征值定理

下面描述交错特征值定理, 其证明可见文献 [136] 中的定理 8.1.8。

【定理 A.1 交错特征值定理】 假设对称矩阵 $\boldsymbol{A} \in \mathbb{R}^{n\times n}$ 的特征值 $\lambda_1, \lambda_2, \cdots, \lambda_n$ 满足

$$\lambda_1 \geqslant \lambda_2 \geqslant \cdots \geqslant \lambda_n$$

向量 $\boldsymbol{z} \in \mathbb{R}^n$ 满足 $\|\boldsymbol{z}\| = 1$, 并且 $\alpha \in \mathbb{R}$ 为标量。若令矩阵 $\boldsymbol{A} + \alpha\boldsymbol{z}\boldsymbol{z}^{\mathrm{T}}$ 的特征值为 $\xi_1, \xi_2, \cdots, \xi_n$ (按降序排列), 则当 $\alpha > 0$ 时满足

$$\xi_1 \geqslant \lambda_1 \geqslant \xi_2 \geqslant \lambda_2 \geqslant \xi_3 \geqslant \cdots \geqslant \xi_n \geqslant \lambda_n$$

并且有

$$\sum_{i=1}^{n} (\xi_i - \lambda_i) = \alpha \tag{A.29}$$

当 $\alpha < 0$ 时满足

$$\lambda_1 \geqslant \xi_1 \geqslant \lambda_2 \geqslant \xi_2 \geqslant \lambda_3 \geqslant \cdots \geqslant \lambda_n \geqslant \xi_n$$

并且式 (A.29) 依然成立。

通俗地说, 修正矩阵 $\boldsymbol{A} + \alpha \boldsymbol{z}\boldsymbol{z}^{\mathrm{T}}$ 的特征值与原始矩阵 $\boldsymbol{A}$ 的特征值是相互交错的。如果系数 α 是正数, 则对特征值进行非负的调整; 如果系数 α 是负数, 则对特征值进行非正的调整。对特征值进行数值调整的总和等于 α, 该值等于修正矩阵的欧氏范数 $\|\alpha \boldsymbol{z}\boldsymbol{z}^{\mathrm{T}}\|_2$。

A.1.10 误差分析与浮点运算

在本书的大部分内容中, 算法及其分析都涉及实数运算。然而, 现代数字计算机并不能存储或者计算任意实数, 仅能处理其中某个子集, 即浮点数集。存储在计算机上的任意数, 无论是直接从文件或者程序中读取, 还是作为中间计算结果, 都必须以浮点数来近似。一般而言, 由实际计算所得到的数与精确算术所得到的数是有差异的。当然, 我们会尝试优化计算方式, 以使得此差异尽可能小。

讨论误差时需要区分绝对误差和相对误差。如果 $\boldsymbol{x}$ 是某个精确值 (可以是标量、向量或者矩阵), $\widetilde{\boldsymbol{x}}$ 是其近似值, 绝对误差就是两者之差的范数, 即有 $\|\boldsymbol{x} - \widetilde{\boldsymbol{x}}\|$ (这里的范数可以是式 (A.2a)、式 (A.2b) 以及式 (A.2c) 中的任意一种)。相对误差是绝对误差与精确值范数的比值, 即有

$$\frac{\|\boldsymbol{x} - \widetilde{\boldsymbol{x}}\|}{\|\boldsymbol{x}\|}$$

当该比值远小于 1 时, 可以使用近似值的范数 (即 $\|\widetilde{\boldsymbol{x}}\|$) 作为分母, 此时不会对该比值带来很大影响。

与优化算法相关的计算大都是双精度运算。存储双精度数需要 64 b, 这些比特大多用于存储小数部分 (包含 t 位), 其余比特则用于对指数 e 和其他信息进行编码, 这些信息包括数的符号, 以及判断数是零还是“未被定义”。通常小数部分具有如下形式:

$$.\,d_1 d_2 \cdots d_t$$

式中 $\{d_i\}_{1 \leqslant i \leqslant t}$ 只能取 0 或者 1。在一些系统中, d_1 的默认值为 1, 并且无须

对其进行存储。浮点数的数值为

$$\sum_{i=1}^{t} d_i 2^{-i} \times 2^{\mathrm{e}}$$

2^{-t-1} 的值称为基本舍入单位, 并将其记为 u。令 L 和 U 分别表示指数 e 的上下界, 对于绝对值在区间 $[2^L,\ 2^U]$ 以内的任意实数, 都可以利用一个相对精度在 u 以内的浮点数来表示, 即

$$\mathrm{fl}(x) = x(1+\varepsilon) \quad (\text{其中 } |\varepsilon| \leqslant u) \tag{A.30}$$

式中 $\mathrm{fl}(\cdot)$ 表示浮点近似值。对于双精度 IEEE 浮点运算而言, u 大约为 1.1×10^{-16}。换言之, 如果实数 x 与它的浮点近似都可以写成 10 进制形式 (一般的形式), 则它们之间至少有 15 个数字是一致的。

关于浮点运算的更多信息, 读者可参阅文献 [136] 中的第 2.4 节、文献 [169] 以及文献 [233]。

当对一个或者两个浮点数进行算术运算时, 其结果也必须存储为浮点数。这个过程会引入小的舍入误差, 其大小可以根据参与计算的实数大小进行量化。如果 x 和 y 表示两个浮点数, 则有

$$|\mathrm{fl}(x*y) - x*y| \leqslant u|x*y| \tag{A.31}$$

式中 $*$ 表示 $+$、$-$、$\times$、$\div$ 中的任意一种运算。

尽管单次浮点运算中的误差看起来并不明显, 但是当 x 和 y 均为浮点近似时或者当依次进行一系列计算时, 误差就可能变得更加显著。例如, 假设 x 和 y 是两个比较大的实数, 并且数值非常接近。当计算机存储这两个数时, 会使用两个浮点数 $\mathrm{fl}(x)$ 和 $\mathrm{fl}(y)$ 来近似它们, 即

$$\mathrm{fl}(x) = x + \varepsilon_x, \mathrm{fl}(y) = y + \varepsilon_y \quad (\text{其中 } |\varepsilon_x| \leqslant u|x|,\ |\varepsilon_y| \leqslant u|y|)$$

若要对这两个存储的浮点数做减法, 则最终结果 $\mathrm{fl}(\mathrm{fl}(x) - \mathrm{fl}(y))$ 满足

$$\mathrm{fl}(\mathrm{fl}(x) - \mathrm{fl}(y)) = (\mathrm{fl}(x) - \mathrm{fl}(y))(1+\varepsilon_{xy}) \quad (\text{其中 } |\varepsilon_{xy}| \leqslant u)$$

综合上面两个公式可知, 浮点运算结果 $\mathrm{fl}(\mathrm{fl}(x) - \mathrm{fl}(y))$ 与其真实值 $x-y$ 之间的误差可达

$$\varepsilon_x + \varepsilon_y + \varepsilon_{xy}|x-y|$$

其界为 $u(|x|+|y|+|x-y|)$。当 x 和 y 很大, 并且非常接近时, 相对误差约为 $2u|x|/|x-y|$, 由于 $|x| \gg |x-y|$, 所以此相对误差可能非常大。

上述现象可称为抵消现象, 其解释 (尽管可能并不严谨) 如下: 如果 x 和 y 都能精确到 k 位, 并且它们的前 $\overline{k}$ 位是一致的, 则 $x-y$ 仅包含大约 $k-\overline{k}$ 个有效位, 因为前面 $\overline{k}$ 位已经相互抵消了。因此, 在数值计算领域有一个非

常著名的格言, 即如果有可能的话, 应当避免对两个相近的数做减法。

A.1.11 条件性与稳定性

条件性和稳定性是数值计算中频繁使用的两个术语。然而, 不同的学者对于它们的定义往往存在差异。尽管如此, 下面给出的一般性定义是得到广泛认可的, 也是本书所使用的定义。

条件性是指所研究的数值问题的特性, 可以是线性代数问题、优化问题、微分方程问题或是其他问题。当问题模型中的数据产生微小扰动时, 问题的解并未发生明显的变化, 则称该问题具有良好的条件性, 否则视其为病态问题。

下面讨论一个简单的例子。考虑如下二阶线性方程组:

$$\begin{bmatrix} 1 & 2 \\ 1 & 1 \end{bmatrix} \begin{bmatrix} x_1 \\ x_2 \end{bmatrix} = \begin{bmatrix} 3 \\ 2 \end{bmatrix}$$

通过计算系数矩阵的逆矩阵可以得到该线性方程组的解为

$$\begin{bmatrix} x_1 \\ x_2 \end{bmatrix} = \begin{bmatrix} -1 & 2 \\ 1 & -1 \end{bmatrix} \begin{bmatrix} 3 \\ 2 \end{bmatrix} = \begin{bmatrix} 1 \\ 1 \end{bmatrix}$$

如果将线性方程组的右侧第 1 个元素替换为 3.000 01, 此时的解将变为 $\begin{bmatrix} x_1 \\ x_2 \end{bmatrix} = \begin{bmatrix} 0.99999 \\ 1.00001 \end{bmatrix}$, 与精确解 $\begin{bmatrix} 1 \\ 1 \end{bmatrix}$ 的差异很小。如果改变线性方程组的右侧第 2 个元素, 或是改变系数矩阵中的元素, 同样可以发现该问题的解对于数据扰动并不敏感。因此, 我们可以判断上面的线性方程组问题具有良好的条件性。下面不妨讨论一个病态问题, 同样是二阶线性方程组问题, 如下所示:

$$\begin{bmatrix} 1.00001 & 1 \\ 1 & 1 \end{bmatrix} \begin{bmatrix} x_1 \\ x_2 \end{bmatrix} = \begin{bmatrix} 2.00001 \\ 2 \end{bmatrix}$$

其精确解为 $\begin{bmatrix} 1 \\ 1 \end{bmatrix}$。如果将线性方程组的右侧第 1 个元素由 2.000 01 变为 2, 其解变为 $\begin{bmatrix} x_1 \\ x_2 \end{bmatrix} = \begin{bmatrix} 0 \\ 2 \end{bmatrix}$, 显然解发生了较大的变化。

对于一般的线性方程组问题 $\boldsymbol{A}\boldsymbol{x} = \boldsymbol{b}$, 其中 $\boldsymbol{A} \in \mathbb{R}^{n\times n}$ 为方阵, 该矩阵的条件数 (定义见式 (A.11)) 可用于量化问题的条件性。具体而言, 如果矩阵 $\boldsymbol{A}$ 和向量 $\boldsymbol{b}$ 受到扰动后变为矩阵 $\widetilde{\boldsymbol{A}}$ 和向量 $\widetilde{\boldsymbol{b}}$, 而向量 $\widetilde{\boldsymbol{x}}$ 是线性方程组 $\widetilde{\boldsymbol{A}}\widetilde{\boldsymbol{x}} = \widetilde{\boldsymbol{b}}$ 的解, 则有

$$\frac{\|\boldsymbol{x}-\widetilde{\boldsymbol{x}}\|}{\|\boldsymbol{x}\|} \approx \kappa(\boldsymbol{A})\left[\frac{\|\boldsymbol{A}-\widetilde{\boldsymbol{A}}\|}{\|\boldsymbol{A}\|}+\frac{\|\boldsymbol{b}-\widetilde{\boldsymbol{b}}\|}{\|\boldsymbol{b}\|}\right]$$

该式源自文献 [136] 中的第 2.7 节。因此, 如果条件数 $\kappa(\boldsymbol{A})$ 的数值较大, 则说明线性方程组问题 $\boldsymbol{Ax}=\boldsymbol{b}$ 是病态的; 如果条件数 $\kappa(\boldsymbol{A})$ 的数值适中, 则说明该问题具有良好的条件性。

需要指出的是, 条件性的概念与求解问题的具体算法无关, 仅与数值问题自身有关。

此外, 稳定性是算法的一种特性。如果某种算法 (即使使用浮点运算) 能对所有条件良好的同一类问题都产生较准确的结果, 则称该算法是稳定的。

仍然将线性方程组 $\boldsymbol{Ax}=\boldsymbol{b}$ 作为例子进行讨论。我们可以证明, 当算法 A.1 与三角替换相结合时, 所得到的计算结果 $\widetilde{\boldsymbol{x}}$ 的相对误差可以近似表示为

$$\frac{\|\boldsymbol{x}-\widetilde{\boldsymbol{x}}\|}{\|\boldsymbol{x}\|} \approx \kappa(\boldsymbol{A})\frac{\operatorname{growth}(\boldsymbol{A})}{\|\boldsymbol{A}\|}u \tag{A.32}$$

式中 $\operatorname{growth}(\boldsymbol{A})$ 表示在算法 A.1 的计算过程中, 矩阵 $\boldsymbol{A}$ 中出现的最大元素的大小。可以证明, 在最坏情况下, $\dfrac{\operatorname{growth}(\boldsymbol{A})}{\|\boldsymbol{A}\|}$ 的值可能在 2^{n-1} 附近, 这说明算法 A.1 是一种不稳定的算法。因为即使当 n 的取值比较适中 (例如 $n=200$), 条件数 $\kappa(\boldsymbol{A})$ 的取值也比较适中时, 式 (A.32) 的右侧也可能比较大。然而, 大的增长因子在实际中很少出现, 于是可以得到结论: 算法 A.1 在所有实际应用中都是稳定的。

没有行交换的高斯消元法通常是不稳定的。如果算法 A.1 中忽略了可能的行交换, 即使对一些条件良好的矩阵, 该算法也无法完成矩阵分解, 例如

$$\boldsymbol{A}=\begin{bmatrix}0 & 1\\ 1 & 2\end{bmatrix}$$

对于线性方程组 $\boldsymbol{Ax}=\boldsymbol{b}$ 而言, 其中 $\boldsymbol{A}$ 为对称正定矩阵, 若将 Cholesky 分解与三角替换相结合会得到一个求解向量 $\boldsymbol{x}$ 的稳定算法。

A.2 分析、几何以及拓扑基础

A.2.1 序列

假设 $\{\boldsymbol{x}_k\}$ 是 $\mathbb{R}^n$ 中的一个点序列。如果对于任意 $\varepsilon>0$, 存在整数 K 满足

$$\|\boldsymbol{x}_k - \boldsymbol{x}\| \leqslant \varepsilon \quad (\text{对于所有的 } k \geqslant K)$$

则称序列 $\{\boldsymbol{x}_k\}$ 收敛至点 $\boldsymbol{x}$, 并记为 $\lim\limits_{k\to+\infty} \boldsymbol{x}_k = \boldsymbol{x}$。例如, 若将序列 $\{\boldsymbol{x}_k\}$ 定义为 $\boldsymbol{x}_k = \begin{bmatrix} 1-2^{-k} \\ 1/k^2 \end{bmatrix}$, 则该序列收敛至点 $\begin{bmatrix} 1 \\ 0 \end{bmatrix}$。

给定索引集合 $S \subset \{1,2,3,\cdots\}$, 定义一个对应于集合 S 的 $\{\boldsymbol{t}_k\}$ 的子序列, 并将其记为 $\{\boldsymbol{t}_k\}_{k\in S}$。如果存在一个无限索引集合 $\{k_1,k_2,k_3,\cdots\}$, 使得子序列 $\{\boldsymbol{x}_{k_i}\}_{i=1,2,3,\cdots}$ 收敛至点 $\widehat{\boldsymbol{x}}$, 即有

$$\lim_{i\to+\infty} \boldsymbol{x}_{k_i} = \widehat{\boldsymbol{x}}$$

则称 $\widehat{\boldsymbol{x}} \in \mathbb{R}^n$ 是序列 $\{\boldsymbol{x}_k\}$ 的聚点或者极限点。聚点的另一种定义为: 对于任意 $\varepsilon > 0$ 和所有正整数 K, 满足

$$\|\boldsymbol{x}_k - \widehat{\boldsymbol{x}}\| \leqslant \varepsilon \quad (\text{存在某个 } k \geqslant K)$$

考虑下面的序列:

$$\begin{bmatrix} 1 \\ 1 \end{bmatrix}, \begin{bmatrix} 1/2 \\ 1/2 \end{bmatrix}, \begin{bmatrix} 1 \\ 1 \end{bmatrix}, \begin{bmatrix} 1/4 \\ 1/4 \end{bmatrix}, \begin{bmatrix} 1 \\ 1 \end{bmatrix}, \begin{bmatrix} 1/8 \\ 1/8 \end{bmatrix}, \cdots \tag{A.33}$$

其含有两个聚点, 分别为 $\widehat{\boldsymbol{x}} = \begin{bmatrix} 0 \\ 0 \end{bmatrix}$ 和 $\widehat{\boldsymbol{x}} = \begin{bmatrix} 1 \\ 1 \end{bmatrix}$。需要指出的是, 一个序列甚至可以有无限多个聚点。例如, 对于序列 $\{x_k = \sin(k)\}$ 而言, 区间 $[-1,1]$ 内的每一个实数都是其聚点。一个序列收敛, 当且仅当其仅有一个聚点。

如果对于任意 $\varepsilon > 0$, 存在正整数 K, 使得对于任意 $k \geqslant K$ 和 $l \geqslant K$, 均满足 $\|\boldsymbol{x}_k - \boldsymbol{x}_l\| \leqslant \varepsilon$, 则称其为 Cauchy 序列。一个序列收敛当且仅当其是一个 Cauchy 序列。

下面考虑标量序列 $\{t_k\}$, 也就是对于所有的 k, 均有 $t_k \in \mathbb{R}$。序列有上界是指存在一个标量 u, 使得对于所有的 k 均满足 $t_k \leqslant u$; 序列有下界是指存在一个标量 v, 使得对于所有的 k 均满足 $t_k \geqslant v$。如果对于所有的 k, 均满足 $t_{k+1} \geqslant t_k$, 则称 $\{t_k\}$ 是非递减序列; 如果对于所有的 k, 均满足 $t_{k+1} \leqslant t_k$, 则称 $\{t_k\}$ 是非递增序列。如果 $\{t_k\}$ 为非递减序列, 并且存在上界, 则该序列收敛, 也就是存在标量 t 满足 $\lim\limits_{k\to+\infty} t_k = t$。类似地, 如果 $\{t_k\}$ 为非递增序列, 并且存在下界, 则该序列收敛。

标量序列 $\{t_k\}$ 的上确界定义为: 对于所有的 $k = 1,2,3,\cdots$, 满足不等式 $t_k \leqslant u$ 的最小实数 u。标量序列 $\{t_k\}$ 的下确界定义为: 对于所有的 $k = 1,2,3,\cdots$, 满足不等式 $v \leqslant t_k$ 的最大实数 v。上确界序列 $\{u_i\}$ 定义如下:

$$u_i \xlongequal{\text{定义}} \sup\{t_k|k \geqslant i\}$$

显然, $\{u_i\}$ 是一个非递增序列。如果该序列存在下界, 该序列会收敛至一个有限数 $\overline{u}$, 记为 $\limsup t_k$。类似地, 下确界序列 $\{v_i\}$ 定义如下:

$$v_i \xlongequal{\text{定义}} \inf\{t_k|k \geqslant i\}$$

它是一个非递减序列。如果该序列存在上界, 该序列会收敛至 $\overline{v}$, 记为 $\liminf t_k$。例如, 序列 $1, 1/2, 1, 1/4, 1, 1/8, \cdots$ 的 $\liminf$ 等于 0, $\limsup$ 等于 1。

A.2.2 收敛速度

衡量算法性能的一个关键指标是其收敛速度, 这里对不同类型的收敛性进行定义。

令 $\{\boldsymbol{x}_k\}$ 是 $\mathbb{R}^n$ 中的序列, 并且收敛至点 $\boldsymbol{x}^*$。如果存在常数 $r \in (0,1)$ 满足

$$\frac{\|\boldsymbol{x}_{k+1} - \boldsymbol{x}^*\|}{\|\boldsymbol{x}_k - \boldsymbol{x}^*\|} \leqslant r \quad (\text{对于所有充分大的 } k) \tag{A.34}$$

则称该序列是 Q 线性收敛。这意味着在每次迭代中, 迭代点与点 $\boldsymbol{x}^*$ 的距离至少减少一个常数因子, 并且该常数因子是以 1 为上界。例如, 序列 $\{1+0.5^k\}$ Q 线性收敛于 1, 并且收敛速度为 $r=0.5$。前缀 Q 代表商, 因为这种类型的收敛性是依据连续两次迭代误差的商所定义的。

如果序列 $\{\boldsymbol{x}_k\}$ 满足

$$\lim_{k\to\infty} \frac{\|\boldsymbol{x}_{k+1} - \boldsymbol{x}^*\|}{\|\boldsymbol{x}_k - \boldsymbol{x}^*\|} = 0$$

则称该序列具有 Q 超线性收敛速度。例如, 序列 $\{1+k^{-k}\}$ Q 超线性收敛于 1(请读者对该结论进行证明)。Q 二次收敛具有更快的收敛速度, 其定义如下:

$$\frac{\|\boldsymbol{x}_{k+1} - \boldsymbol{x}^*\|}{\|\boldsymbol{x}_k - \boldsymbol{x}^*\|^2} \leqslant M \quad (\text{对于所有充分大的 } k)$$

式中 M 表示一个正常数, 其值未必小于 1。例如, 序列 $\{1+0.5^{2^k}\}$ 就具有 Q 二次收敛性。

收敛速度取决于常数 r 和 (更弱地) 依赖于 M, 它们的值不仅与算法有关, 还与具体问题的特性有关。然而, 无论它们取值如何, 二次收敛序列最终总能比线性收敛序列具有更快的收敛速度。

显然, 任何 Q 二次收敛序列也是 Q 超线性收敛序列, 而任何 Q 超线性收敛序列也一定是 Q 线性收敛序列。此外, 还可以定义更高阶的收敛速度 (例如三阶、四阶等), 但是从实际应用的角度来看, 它们并不重要。一般而言,

如果存在正常数 M, 使得序列 $\{\boldsymbol{x}_k\}$ 满足

$$\frac{\|\boldsymbol{x}_{k+1}-\boldsymbol{x}^*\|}{\|\boldsymbol{x}_k-\boldsymbol{x}^*\|^p} \leqslant M \quad (\text{对于所有充分大的 } k)$$

式中 $p>1$, 则称其为 Q-p 阶收敛序列。

求解无约束优化问题的拟牛顿方法通常具有 Q 超线性收敛速度, 牛顿方法在合适的假设条件下具有 Q 二次收敛速度。然而, 最速下降方法却仅具有 Q-线性收敛速度, 对于病态问题而言, 式 (A.34) 中的收敛常数 r 接近于 1。

本书忽略前缀字母 Q, 简单称为超线性收敛、二次收敛等。

还有一种稍弱的收敛形式, 前缀用 R (表示根) 来表征, 其与迭代误差的总体下降率有关, 而不是与迭代误差在单次迭代中的下降率有关。假设存在一组非负的标量序列 $\{v_k\}$, 其 Q 线性收敛于零, 如果满足

$$\|\boldsymbol{x}_k-\boldsymbol{x}^*\| \leqslant v_k \quad (\text{对于所有 } k)$$

则称序列 $\{\boldsymbol{x}_k\}$ R 线性收敛于向量 $\boldsymbol{x}^*$。该式表明序列 $\{\|\boldsymbol{x}_k-\boldsymbol{x}^*\|\}$ 受控于序列 $\{v_k\}$。例如, 考虑如下序列:

$$x_k=\begin{cases}1+0.5^k & (k \text{ 为偶数})\\ 1 & (k \text{ 为奇数})\end{cases} \tag{A.35}$$

其开始的一些迭代值为 $2,1,1.25,1,1.03125,1,\cdots$。由于 $|1+0.5^k-1|=0.5^k$, 并且序列 $\{0.5^k\}$ Q 线性收敛于零, 所以序列 $\{x_k\}$ R 线性收敛于 1。类似地, 如果序列 $\{\|\boldsymbol{x}_k-\boldsymbol{x}^*\|\}$ 所受控的序列 $\{v_k\}$ Q 超线性收敛于零, 则称序列 $\{\boldsymbol{x}_k\}$ R 超线性收敛于向量 $\boldsymbol{x}^*$, 如果序列 $\{\|\boldsymbol{x}_k-\boldsymbol{x}^*\|\}$ 所受控的序列 $\{v_k\}$ Q 二次收敛于零, 则称序列 $\{\boldsymbol{x}_k\}$ R 二次收敛于向量 $\boldsymbol{x}^*$。

需要指出的是, 对于式 (A.35) 给出的 R 线性收敛序列, 在每两次迭代中其迭代误差实际上都有所增加。这种现象对于具有任意高阶速度的 R 收敛序列也会发生, 但是对于 Q 线性收敛序列却不会发生, 因为后者可以保证每次迭代中的误差都有所降低 (当迭代序数 k 足够大时)。

关于收敛速度更全面的讨论可见文献 [230]。

A.2.3 欧氏空间 $\mathbb{R}^n$ 的拓扑

如果存在某个常数 $M>0$ 使得

$$\|\boldsymbol{x}\| \leqslant M \quad (\text{对于所有的 } \boldsymbol{x}\in F)$$

则称集合 F 有界。如果对于任意的 $\boldsymbol{x}\in F$, 都存在一个正数 $\varepsilon>0$, 使得以点 $\boldsymbol{x}$ 为中心、以 ε 为半径的球在集合 F 的内部, 即有

$$\{\boldsymbol{y} \in \mathbb{R}^n \big| \|\boldsymbol{y} - \boldsymbol{x}\| \leqslant \varepsilon\} \subset F$$

则称 $\mathbb{R}^n$ 中的子集 $F \subset \mathbb{R}^n$ 为开集。

对于集合 F 中的所有序列 $\{\boldsymbol{x}_k\}$, 若其全部极限点均为集合 F 中的元素, 则称 F 为闭集。例如, $F = (0,1) \cup (2,10)$ 为 $\mathbb{R}$ 中的开集; $F = [0,1] \cup [2,5]$ 为 $\mathbb{R}$ 中的闭集; $F = (0,1]$ 既不是 $\mathbb{R}$ 中的开集, 也不是 $\mathbb{R}$ 中的闭集。

集合 F 的内部记为 $\operatorname{int} F$, 指集合 F 所包含的最大开集。集合 F 的闭包记为 $\operatorname{cl} F$, 指包含 F 的最小闭集。具体而言, 对于集合 F 中的某个序列 $\{\boldsymbol{x}_k\}$, 若 $\lim\limits_{k \to +\infty} \boldsymbol{x}_k = \boldsymbol{x}$, 则有 $\boldsymbol{x} \in \operatorname{cl} F$。例如, 若 $F = (-1,1] \cup [2,4)$, 则有

$$\operatorname{cl} F = [-1,1] \cup [2,4], \quad \operatorname{int} F = (-1,1) \cup (2,4)$$

如果 F 是开集, 则有 $\operatorname{int} F = F$; 如果 F 是闭集, 则有 $\operatorname{cl} F = F$。

下面给出一些关于开集和闭集的结论。有限多个闭集的并集是闭集, 闭集的交集是闭集。有限多个开集的交集是开集, 开集的并集是开集。

如果集合 F 中的所有序列 $\{\boldsymbol{x}_k\}$ 至少有一个极限点, 并且所有极限点均在集合 F 中, 则称 F 为紧集。关于紧集更为正式的定义涉及集合 F 的覆盖, 但是这两种定义是等价的。下面给出拓扑中的一个核心结论: 若 $F \in \mathbb{R}^n$ 是有界闭集, 则 F 是紧集。

对于一个给定的点 $\boldsymbol{x} \in \mathbb{R}^n$, 如果 $N \in \mathbb{R}^n$ 是包含 $\boldsymbol{x}$ 的一个开集, 则称其为点 $\boldsymbol{x}$ 的一个邻域。一个特别有用的邻域是以点 $\boldsymbol{x}$ 为中心、以 ε 为半径的开球, 并将其记为

$$B(\boldsymbol{x}, \varepsilon) = \{\boldsymbol{y} \big| \|\boldsymbol{y} - \boldsymbol{x}\| < \varepsilon\}$$

对于一个给定的集合 $F \subset \mathbb{R}^n$, 若存在 $\varepsilon > 0$ 满足

$$\bigcup_{\boldsymbol{x} \in F} B(\boldsymbol{x}, \varepsilon) \subset N$$

则称 N 为集合 F 的一个邻域。

A.2.4 $\mathbb{R}^n$ 中的凸集

$\mathbb{R}^n$ 中的一个有限向量组 $\{\boldsymbol{x}_1, \boldsymbol{x}_2, \cdots, \boldsymbol{x}_m\}$ 的凸组合定义为

$$\boldsymbol{x} = \sum_{i=1}^{m} \alpha_i \boldsymbol{x}_i \quad \left(\text{其中} \sum_{i=1}^{m} \alpha_i = 1,\ \alpha_i \geqslant 0,\ i = 1, 2, \cdots, m\right)$$

向量组 $\{\boldsymbol{x}_1, \boldsymbol{x}_2, \cdots, \boldsymbol{x}_m\}$ 的所有凸组合构成的集合称为该向量组的凸包。

如果集合 F 为一个锥体，则对于所有的 $\boldsymbol{x} \in F$ 均满足

$$\boldsymbol{x} \in F \Rightarrow \alpha \boldsymbol{x} \in F \quad (\text{对于所有的 } \alpha > 0) \tag{A.36}$$

例如，下面的集合：

$$F = \{[x_1 \ \ x_2]^{\mathrm{T}} | x_1 > 0, x_2 \geqslant 0\}$$

就是 $\mathbb{R}^2$ 中的一个锥体。锥体未必是凸的。例如，集合 $\{[x_1 \ \ x_2]^{\mathrm{T}} | x_1 \geqslant 0$ 或者 $x_2 \geqslant 0\}$ 包含两维平面中的 3/4 区域，其是一个锥体，但并不是一个凸集。

由向量组 $\{\boldsymbol{x}_1, \boldsymbol{x}_2, \cdots, \boldsymbol{x}_m\}$ 产生的锥体是指由如下向量构成的集合：

$$\boldsymbol{x} = \sum_{i=1}^{m} \alpha_i \boldsymbol{x}_i \quad (\text{其中 } \alpha_i \geqslant 0,\ i = 1, 2, \cdots, m)$$

需要指出的是，这种形式的锥体是凸集。

最后定义集合的仿射包和集合的相对内部。$\mathbb{R}^n$ 中的仿射集定义为 $\{\boldsymbol{x}\} \oplus S$，其中 $\boldsymbol{x}$ 表示 $\mathbb{R}^n$ 中的任意向量，S 表示 $\mathbb{R}^n$ 中的任意子空间。对于给定的集合 $F \subset \mathbb{R}^n$，F 的仿射包 (记为 $\mathrm{aff}\, F$) 是指包含 F 的最小仿射集。例如，假设 F 为 3 维空间中的一个冰淇淋甜筒型圆锥体 (如图 A.1 所示)，则其集合表达式为

$$F = \left\{ \boldsymbol{x} \in \mathbb{R}^3 | x_3 \geqslant 2\sqrt{x_1^2 + x_2^2} \right\} \tag{A.37}$$

容易验证 $\mathrm{aff}\, F = \mathbb{R}^3$。如果 F 是由两个孤立点构成的集合 (即有 $F = \{[1 \ \ 0 \ \ 0]^{\mathrm{T}},\ [0 \ \ 2 \ \ 0]^{\mathrm{T}}\}$)，则其仿射包为

$$\mathrm{aff}\, F = \{[1 \ \ 0 \ \ 0]^{\mathrm{T}} + \alpha [0 \ \ 2 \ \ 0]^{\mathrm{T}} | \text{ 对于所有的 } \alpha \in \mathbb{R}\}$$

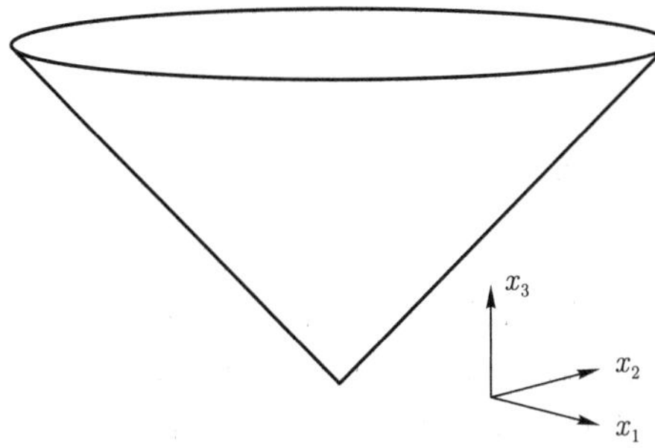

图 A.1 冰淇淋甜筒型圆锥体集合

集合 F 的相对内部 (记为 $\mathrm{ri}\, F$) 是相对于 $\mathrm{aff}\, F$ 的内部。如果 $\boldsymbol{x} \in F$，并且存在 $\varepsilon > 0$ 使得

$$(\boldsymbol{x}+\varepsilon B)\cap \operatorname{aff} F\subset F$$

则有 $\boldsymbol{x}\in \operatorname{ri} F$。

再次观察式 (A.37) 定义的圆锥体, 可以验证

$$\operatorname{ri} F=\left\{\boldsymbol{x}\in\mathbb{R}^3 | x_3>2\sqrt{x_1^2+x_2^2}\right\}$$

对于由两个孤立点构成的集合 $F=\{[1\ \ 0\ \ 0]^{\mathrm{T}},\ [0\ \ 2\ \ 0]^{\mathrm{T}}\}$, 则有 $\operatorname{ri} F=\varnothing$。若定义集合

$$F \xlongequal{\text{定义}} \{\boldsymbol{x}\in\mathbb{R}^3 | x_1\in[0,1], x_2\in[0,1], x_3=0\}$$

则有

$$\operatorname{aff} F=\mathbb{R}\times\mathbb{R}\times\{0\},\ \operatorname{ri} F=\{\boldsymbol{x}\in\mathbb{R}^3 | x_1\in(0,1),\ x_2\in(0,1),\ x_3=0\}$$

A.2.5 连续性与极限

令 $\boldsymbol{f}$ 是将定义域 $D\subset\mathbb{R}^n$ 映射至空间 $\mathbb{R}^m$ 上的函数。令 $\boldsymbol{x}_0\in \operatorname{cl} D$, 如果对于任意 $\varepsilon>0$, 均存在 $\delta>0$, 使得对于所有满足 $\boldsymbol{x}\in D$ 且 $\|\boldsymbol{x}-\boldsymbol{x}_0\|\leqslant\delta$, 均有 $\|\boldsymbol{f}(\boldsymbol{x})-\boldsymbol{f}_0\|<\varepsilon$, 则可以写为

$$\lim_{\boldsymbol{x}\to\boldsymbol{x}_0}\boldsymbol{f}(\boldsymbol{x})=\boldsymbol{f}_0 \tag{A.38}$$

可以理解为, 当 $\boldsymbol{x}$ 趋近于 $\boldsymbol{x}_0$ 时, 函数 $\boldsymbol{f}(\boldsymbol{x})$ 的极限为 $\boldsymbol{f}_0$。对于 $\boldsymbol{x}_0\in D$, 如果式 (A.38) 成立, 并且 $\boldsymbol{f}_0=\boldsymbol{f}(\boldsymbol{x}_0)$, 则称函数 $\boldsymbol{f}$ 在点 $\boldsymbol{x}_0$ 处是连续的。如果对于全部的 $\boldsymbol{x}_0\in D$, 函数 $\boldsymbol{f}$ 都是连续的, 则称函数 $\boldsymbol{f}$ 在其定义域 D 上是连续的。

例如, 考虑一个定义域为 $[-10,10]$ 的函数

$$f(x)=\begin{cases}-x, & x\in[-1,1]\ \text{且}\ x\neq 0\\ 5, & \text{区间}\ [-10,10]\ \text{内的其他}\ x\end{cases} \tag{A.39}$$

除了在点 $x_0=0$、$x_0=1$ 以及 $x_0=-1$ 以外, 该函数都是连续的。在点 $x_0=0$ 处, 当 $f_0=0$ 时式 (A.38) 成立, 但由于 $f_0\neq f(0)=5$, 因此该函数在点 $x_0=0$ 处并不连续。在点 $x_0=-1$ 处, 式 (A.38) 中的极限并不存在, 因为在该点邻域的函数值既可能接近 5, 也可能接近 1, 这取决于 x 是从右侧接近 -1, 还是从左侧接近 -1。因此, 函数在该点肯定不会连续。在点 $x_0=1$ 处也有着类似的结论。

考虑特殊情形 $n=1$, 也就是函数 $\boldsymbol{f}$ 的自变量为实标量, 此时可以定义单边极限。令 $x_0\in \operatorname{cl} D$, 如果对于任意 $\varepsilon>0$, 均存在 $\delta>0$, 使得对于所有

满足 $x \in D$ 且 $x_0 < x < x_0 + \delta$, 均有 $\|\boldsymbol{f}(x) - \boldsymbol{f}_0\| < \varepsilon$, 则可以写为

$$\lim_{x \downarrow x_0} \boldsymbol{f}(x) = \boldsymbol{f}_0 \tag{A.40}$$

可以理解为, 当 x 自上而下趋近于 x_0 时, 函数 $\boldsymbol{f}(x)$ 的极限为 $\boldsymbol{f}_0$。类似地, 如果对于任意 $\varepsilon > 0$, 均存在 $\delta > 0$, 使得对于所有满足 $x \in D$ 且 $x_0 - \delta < x < x_0$, 均有 $\|\boldsymbol{f}(x) - \boldsymbol{f}_0\| < \varepsilon$, 则可以写为

$$\lim_{x \uparrow x_0} \boldsymbol{f}(x) = \boldsymbol{f}_0 \tag{A.41}$$

可以理解为, 当 x 自下而上趋近于 x_0 时, 函数 $\boldsymbol{f}(x)$ 的极限为 $\boldsymbol{f}_0$。针对式 (A.39) 定义的函数可得

$$\lim_{x \downarrow 1} f(x) = 5, \quad \lim_{x \uparrow 1} f(x) = -1$$

再次考虑一般的函数 $\boldsymbol{f}\colon D \to \mathbb{R}^m$, 其中 $D \subset \mathbb{R}^n$, m 和 n 均为任意正整数。对于某个集合 $N \subset D$, 如果存在一个常数 $L > 0$ 满足

$$\|\boldsymbol{f}(\boldsymbol{x}_1) - \boldsymbol{f}(\boldsymbol{x}_0)\| \leqslant L\|\boldsymbol{x}_1 - \boldsymbol{x}_0\| \quad (\text{对于所有的 } \boldsymbol{x}_0,\ \boldsymbol{x}_1 \in N) \tag{A.42}$$

则称函数 $\boldsymbol{f}$ 在集合 N 上是 Lipschitz 连续的, 其中 L 表示 Lipschitz 常数。如果对于点 $\bar{\boldsymbol{x}} \in \operatorname{int} D$, 存在 $\bar{\boldsymbol{x}}$ 的邻域 $N \subset D$, 使得式 (A.42) 中的不等式对于某个常数 $L > 0$ 成立, 则称函数 $\boldsymbol{f}$ 为局部 Lipschitz 连续。

如果 $\boldsymbol{g}$ 和 $\boldsymbol{h}$ 均为将定义域 $D \subset \mathbb{R}^n$ 映射至空间 $\mathbb{R}^m$ 上的函数, 并且在集合 $N \subset D$ 上都是 Lipschitz 连续的, 则它们的和函数 $\boldsymbol{g} + \boldsymbol{h}$ 也是 Lipschitz 连续的, 并且其 Lipschitz 常数等于函数 $\boldsymbol{g}$ 的 Lipschitz 常数与函数 $\boldsymbol{h}$ 的 Lipschitz 常数的和。若令 g 和 h 均为将定义域 $D \subset \mathbb{R}^n$ 映射至空间 $\mathbb{R}$ 上的函数, 如果它们在集合 $N \subset D$ 上都是 Lipschitz 连续的并且有界 (即对于所有的 $\boldsymbol{x} \in N$, 均存在常数 $M > 0$, 使得 $|g(\boldsymbol{x})| \leqslant M$ 和 $|h(\boldsymbol{x})| \leqslant M$), 则它们的乘积 gh 在集合 N 上也是 Lipschitz 连续的。该结论可以通过一系列初等不等式进行证明, 对于任意 $\boldsymbol{x}_0, \boldsymbol{x}_1 \in N$ 可得

$$\begin{aligned}
&|g(\boldsymbol{x}_0)h(\boldsymbol{x}_0) - g(\boldsymbol{x}_1)h(\boldsymbol{x}_1)| \\
\leqslant\ & |g(\boldsymbol{x}_0)h(\boldsymbol{x}_0) - g(\boldsymbol{x}_1)h(\boldsymbol{x}_0)| + |g(\boldsymbol{x}_1)h(\boldsymbol{x}_0) - g(\boldsymbol{x}_1)h(\boldsymbol{x}_1)| \\
=\ & |h(\boldsymbol{x}_0)||g(\boldsymbol{x}_0) - g(\boldsymbol{x}_1)| + |g(\boldsymbol{x}_1)||h(\boldsymbol{x}_0) - h(\boldsymbol{x}_1)| \\
\leqslant\ & 2ML\|\boldsymbol{x}_0 - \boldsymbol{x}_1\|
\end{aligned} \tag{A.43}$$

式中 L 表示函数 g 的 Lipschitz 常数和函数 h 的 Lipschitz 常数的上界。

A.2.6 导数

令 $\phi:\mathbb{R}\to\mathbb{R}$ 表示关于单个实变量的实函数 (有时也称为一元函数)。该函数的一阶导数定义为

$$\frac{\mathrm{d}\phi}{\mathrm{d}\alpha}=\phi'(\alpha)\xlongequal{\text{定义}}\lim_{\varepsilon\to 0}\frac{\phi(\alpha+\varepsilon)-\phi(\alpha)}{\varepsilon} \tag{A.44}$$

若在该式中利用 ϕ' 代替 ϕ 可得二阶导数

$$\frac{\mathrm{d}^2\phi}{\mathrm{d}\alpha^2}=\phi''(\alpha)\xlongequal{\text{定义}}\lim_{\varepsilon\to 0}\frac{\phi'(\alpha+\varepsilon)-\phi'(\alpha)}{\varepsilon} \tag{A.45}$$

现假设 α 是关于另一个变量 β 的函数, 并将其写为 $\alpha=\alpha(\beta)$。此时可以利用链式法则计算函数 ϕ 关于变量 β 的导数, 如下所示:

$$\frac{\mathrm{d}\phi(\alpha(\beta))}{\mathrm{d}\beta}=\frac{\mathrm{d}\phi}{\mathrm{d}\alpha}\frac{\mathrm{d}\alpha}{\mathrm{d}\beta}=\phi'(\alpha)\alpha'(\beta) \tag{A.46}$$

考虑函数 $f:\mathbb{R}^n\to\mathbb{R}$, 其是关于 n 个自变量的实函数, 通常将这些变量合并为向量 $\boldsymbol{x}=[x_1\ \ x_2\ \ \cdots\ \ x_n]^{\mathrm{T}}$。如果存在向量 $\boldsymbol{g}\in\mathbb{R}^n$ 满足

$$\lim_{\boldsymbol{y}\to\boldsymbol{0}}\frac{f(\boldsymbol{x}+\boldsymbol{y})-f(\boldsymbol{x})-\boldsymbol{g}^{\mathrm{T}}\boldsymbol{y}}{\|\boldsymbol{y}\|}=0 \tag{A.47}$$

式中 $\|\boldsymbol{y}\|$ 表示向量 $\boldsymbol{y}$ 的任意一种范数, 则称函数 f 在向量 $\boldsymbol{x}$ 处可微, 并且将此种可微性称为 Frechet 可微性。如果满足式 (A.47) 的向量 $\boldsymbol{g}$ 存在, 则称其为函数 f 在向量 $\boldsymbol{x}$ 处的梯度向量, 并将其记为 $\nabla f(\boldsymbol{x})$, 其中每个元素可以表示为

$$\nabla f(\boldsymbol{x})=\begin{bmatrix}\dfrac{\partial f}{\partial x_1}\\ \dfrac{\partial f}{\partial x_2}\\ \vdots\\ \dfrac{\partial f}{\partial x_n}\end{bmatrix} \tag{A.48}$$

式中 $\partial f/\partial x_i$ 表示函数 f 关于变量 x_i 的偏导数。若将式 (A.47) 中的向量 $\boldsymbol{y}$ 设为 $\boldsymbol{y}=\varepsilon\boldsymbol{e}_i$ (其中向量 $\boldsymbol{e}_i\in\mathbb{R}^n$ 中的第 i 个元素为 1, 其余元素均为 0), 则有

$$\begin{aligned}\frac{\partial f}{\partial x_i}&\xlongequal{\text{定义}}\\ &\lim_{\varepsilon\to 0}\frac{f(x_1,\cdots,x_{i-1},x_i+\varepsilon,x_{i+1},\cdots,x_n)-f(x_1,\cdots,x_{i-1},x_i,x_{i+1},\cdots,x_n)}{\varepsilon}\\ &=\frac{f(\boldsymbol{x}+\varepsilon\boldsymbol{e}_i)-f(\boldsymbol{x})}{\varepsilon}\end{aligned}$$

若要表示关于部分未知变量的梯度向量, 则可以在符号 ∇ 中引入下角标。例如, 若令 $f(\boldsymbol{z},\boldsymbol{t})$ 表示关于两个变量的函数, 则 $\nabla_{\boldsymbol{z}} f(\boldsymbol{z},\boldsymbol{t})$ 表示关于向量 $\boldsymbol{z}$ 的梯度向量 (此时应保持向量 $\boldsymbol{t}$ 固定不变)。

由函数 f 的二阶导数所构成的矩阵称为 Hessian 矩阵, 其定义为如下形式:

$$\nabla^2 f(\boldsymbol{x}) = \begin{bmatrix} \dfrac{\partial^2 f}{\partial x_1^2} & \dfrac{\partial^2 f}{\partial x_1 \partial x_2} & \cdots & \dfrac{\partial^2 f}{\partial x_1 \partial x_n} \\ \dfrac{\partial^2 f}{\partial x_2 \partial x_1} & \dfrac{\partial^2 f}{\partial x_2^2} & \cdots & \dfrac{\partial^2 f}{\partial x_2 \partial x_n} \\ \vdots & \vdots & & \vdots \\ \dfrac{\partial^2 f}{\partial x_n \partial x_1} & \dfrac{\partial^2 f}{\partial x_n \partial x_2} & \cdots & \dfrac{\partial^2 f}{\partial x_n^2} \end{bmatrix}$$

如果对于定义域 D 上的所有 $\boldsymbol{x} \in D$, 梯度向量 $\nabla f(\boldsymbol{x})$ 均存在, 则称函数 f 在定义域 D 上可微, 如果 $\nabla f(\boldsymbol{x})$ 是关于变量 $\boldsymbol{x}$ 的连续函数, 则称函数 f 是连续可微的。类似地, 如果对于定义域 D 上的所有 $\boldsymbol{x} \in D$, Hessian 矩阵 $\nabla^2 f(\boldsymbol{x})$ 均存在, 则称函数 f 在定义域 D 上二次可微, 如果 $\nabla^2 f(\boldsymbol{x})$ 在定义域 D 上是连续的, 则称函数 f 是二次连续可微的。如果函数 f 是二次连续可微的, 则有

$$\frac{\partial^2 f}{\partial x_i \partial x_j} = \frac{\partial^2 f}{\partial x_j \partial x_i} \quad (\text{对于所有的 } i,\, j = 1, 2, \cdots, n)$$

由该式可知, Hessian 矩阵 $\nabla^2 f(\boldsymbol{x})$ 具有对称性。

考虑向量函数 $\boldsymbol{f}\colon \mathbb{R}^n \to \mathbb{R}^m$ (见第 10 章和第 11 章), 此时可以将 $\nabla \boldsymbol{f}(\boldsymbol{x})$ 定义为 $n \times m$ 矩阵, 其中第 i 列向量为 $\nabla f_i(\boldsymbol{x})$, 也就是第 i 个函数分量 f_i 关于向量 $\boldsymbol{x}$ 的梯度向量。为了便于符号表示, 通常更倾向于使用该矩阵的转置 (即 $(\nabla \boldsymbol{f}(\boldsymbol{x}))^{\mathrm{T}}$), 其行数为 m 列数为 n。$(\nabla \boldsymbol{f}(\boldsymbol{x}))^{\mathrm{T}}$ 称为 Jacobian 矩阵, 可将其记为 $\boldsymbol{J}(\boldsymbol{x})$。具体而言, 矩阵 $\boldsymbol{J}(\boldsymbol{x})$ 中的第 (i,j) 个元素为 $\partial f_i(\boldsymbol{x})/\partial x_j$。

如果向量 $\boldsymbol{x}$ 还是关于另一个向量 $\boldsymbol{t}$ 的函数 (记为 $\boldsymbol{x} = \boldsymbol{x}(\boldsymbol{t})$), 此时可以将一元函数的链式法则式 (A.46) 进行扩展。若定义函数

$$\boldsymbol{h}(\boldsymbol{t}) = \boldsymbol{f}(\boldsymbol{x}(\boldsymbol{t})) \tag{A.49}$$

则有

$$\nabla \boldsymbol{h}(\boldsymbol{t}) = \sum_{i=1}^{n} \nabla x_i(\boldsymbol{t}) \left(\frac{\partial \boldsymbol{f}}{\partial x_i} \right)^{\mathrm{T}} = \nabla \boldsymbol{x}(\boldsymbol{t}) \nabla \boldsymbol{f}(\boldsymbol{x}(\boldsymbol{t})) \tag{A.50}$$

【例 A.1】 定义函数 $f\colon \mathbb{R}^2 \to \mathbb{R}$ 为 $f(x_1, x_2) = x_1^2 + x_1 x_2$, 其中 $x_1 = \sin t_1 + t_2^2$, $x_2 = (t_1 + t_2)^2$。若根据式 (A.49) 定义 $h(\boldsymbol{t})$, 则利用链式法则式

(A.50) 可得

$$\nabla h(\boldsymbol{t}) = \sum_{i=1}^{n} \frac{\partial f}{\partial x_i} \nabla x_i(\boldsymbol{t}) = (2x_1 + x_2) \begin{bmatrix} \cos t_1 \\ 2t_2 \end{bmatrix} + x_1 \begin{bmatrix} 2(t_1 + t_2) \\ 2(t_1 + t_2) \end{bmatrix}$$

$$= [2(\sin t_1 + t_2^2) + (t_1 + t_2)^2] \begin{bmatrix} \cos t_1 \\ 2t_2 \end{bmatrix} + (\sin t_1 + t_2^2) \begin{bmatrix} 2(t_1 + t_2) \\ 2(t_1 + t_2) \end{bmatrix}$$

如果直接将向量 $\boldsymbol{x}$ 的定义代入函数 f 中可得

$$h(\boldsymbol{t}) = f(\boldsymbol{x}(\boldsymbol{t})) = (\sin t_1 + t_2^2)^2 + (\sin t_1 + t_2^2)(t_1 + t_2)^2$$

读者可以验证, 基于该式所获得的梯度向量与基于链式法则所获得的梯度向量是相等的。

如果式 (A.50) 中的 $\boldsymbol{x}(\boldsymbol{t})$ 是关于变量 $\boldsymbol{t}$ 的线性函数 (即有 $\boldsymbol{x}(\boldsymbol{t}) = \boldsymbol{C}\boldsymbol{t}$), 则有 $\nabla \boldsymbol{x}(\boldsymbol{t}) = \boldsymbol{C}^{\mathrm{T}}$, 将该式代入链式法则式 (A.50) 中可得

$$\nabla \boldsymbol{h}(\boldsymbol{t}) = \boldsymbol{C}^{\mathrm{T}} \nabla \boldsymbol{f}(\boldsymbol{C}\boldsymbol{t})$$

如果 f 是标量函数, 此时通过两次微分, 并结合链式法则可得

$$\nabla^2 h(\boldsymbol{t}) = \boldsymbol{C}^{\mathrm{T}} \nabla^2 f(\boldsymbol{C}\boldsymbol{t}) \boldsymbol{C}$$

该式的证明留给读者作为练习。

A.2.7 方向导数

函数 $f\colon \mathbb{R}^n \to \mathbb{R}$ 在方向 $\boldsymbol{p}$ 上的方向导数定义为

$$D(f(\boldsymbol{x}); \boldsymbol{p}) \xlongequal{\text{定义}} \lim_{\varepsilon \to 0} \frac{f(\boldsymbol{x} + \varepsilon \boldsymbol{p}) - f(\boldsymbol{x})}{\varepsilon} \tag{A.51}$$

即使 f 不是连续可微的函数, 其方向导数也可能存在, 事实上, 在此种情形下的方向导数最有用。例如, 考虑 ℓ_1 范数函数 $f(\boldsymbol{x}) = \|\boldsymbol{x}\|_1$, 由定义式 (A.51) 可得

$$D(\|\boldsymbol{x}\|_1; \boldsymbol{p}) = \lim_{\varepsilon \to 0} \frac{\|\boldsymbol{x} + \varepsilon \boldsymbol{p}\|_1 - \|\boldsymbol{x}\|_1}{\varepsilon} = \lim_{\varepsilon \to 0} \frac{\sum_{i=1}^{n} |x_i + \varepsilon p_i| - \sum_{i=1}^{n} |x_i|}{\varepsilon}$$

如果 $x_i > 0$, 当 ε 足够小时可得 $|x_i + \varepsilon p_i| = |x_i| + \varepsilon p_i$; 如果 $x_i < 0$, 当 ε 足够小时可得 $|x_i + \varepsilon p_i| = |x_i| - \varepsilon p_i$; 如果 $x_i = 0$, 则有 $|x_i + \varepsilon p_i| = \varepsilon p_i$。综合这 3 种情形可知

$$D(\|\boldsymbol{x}\|_1; \boldsymbol{p}) = \sum_{i|x_i<0} -p_i + \sum_{i|x_i>0} p_i + \sum_{i|x_i=0} |p_i|$$

因此, 对于任意的向量 $\boldsymbol{x}$ 和向量 $\boldsymbol{p}$, 该函数的方向导数都存在。而只要向量 $\boldsymbol{x}$ 中存在零元素, 则一阶导数 $\nabla f(\boldsymbol{x})$ 就不存在。

事实上, 只要函数 f 在点 $\boldsymbol{x}$ 的某个邻域内是连续可微的, 则有

$$D(f(\boldsymbol{x});\boldsymbol{p}) = (\nabla f(\boldsymbol{x}))^{\mathrm{T}}\boldsymbol{p}$$

为了验证该式, 需要定义如下函数:

$$\phi(\alpha) = f(\boldsymbol{x}+\alpha\boldsymbol{p}) = f(\boldsymbol{y}(\alpha)) \tag{A.52}$$

式中 $\boldsymbol{y}(\alpha) = \boldsymbol{x}+\alpha\boldsymbol{p}$。于是有

$$D(f(\boldsymbol{x});\boldsymbol{p}) = \lim_{\varepsilon\to 0}\frac{f(\boldsymbol{x}+\varepsilon\boldsymbol{p})-f(\boldsymbol{x})}{\varepsilon} = \lim_{\varepsilon\to 0}\frac{\phi(\varepsilon)-\phi(0)}{\varepsilon} = \phi'(0)$$

将链式法则式 (A.50) 应用于函数 $f(\boldsymbol{y}(\alpha))$ 可得

$$\begin{aligned}\phi'(\alpha) &= \sum_{i=1}^{n}\frac{\partial f(\boldsymbol{y}(\alpha))}{\partial y_i}\nabla y_i(\alpha) = \sum_{i=1}^{n}\frac{\partial f(\boldsymbol{y}(\alpha))}{\partial y_i}p_i \\ &= (\nabla f(\boldsymbol{y}(\alpha)))^{\mathrm{T}}\boldsymbol{p} = (\nabla f(\boldsymbol{x}+\alpha\boldsymbol{p}))^{\mathrm{T}}\boldsymbol{p}\end{aligned} \tag{A.53}$$

将 $\alpha = 0$ 代入式 (A.53) 中可知结论成立。

A.2.8 中值定理

下面回顾一元函数的中值定理。给定一个连续可微函数 $\phi:\mathbb{R}\to\mathbb{R}$ 以及两个实数 α_0 和 α_1 (满足 $\alpha_1 > \alpha_0$), 则有

$$\phi(\alpha_1) = \phi(\alpha_0) + \phi'(\xi)(\alpha_1-\alpha_0) \tag{A.54}$$

式中 $\xi\in(\alpha_0,\alpha_1)$。若将该定理推广至多元函数 $f\colon\mathbb{R}^n\to\mathbb{R}$ 的情形, 则对于任意的向量 $\boldsymbol{p}$ 可得

$$f(\boldsymbol{x}+\boldsymbol{p}) = f(\boldsymbol{x}) + (\nabla f(\boldsymbol{x}+\alpha\boldsymbol{p}))^{\mathrm{T}}\boldsymbol{p} \tag{A.55}$$

式中 $\alpha\in(0,1)$。为了证明式 (A.55), 可以先定义一元函数 $\phi(\alpha) = f(\boldsymbol{x}+\alpha\boldsymbol{p})$, 然后令 $\alpha_0 = 0$ 和 $\alpha_1 = 1$, 最后利用链式法则即可证明该式。

【例 A.2】定义函数 $f:\mathbb{R}^2\to\mathbb{R}$ 为 $f(\boldsymbol{x}) = x_1^3+3x_1x_2^2$, 并令 $\boldsymbol{x} = [0\ \ 0]^{\mathrm{T}}$, $\boldsymbol{p} = [1\ \ 2]^{\mathrm{T}}$。容易验证 $f(\boldsymbol{x}) = 0$ 和 $f(\boldsymbol{x}+\boldsymbol{p}) = 13$。不难验证

$$\nabla f(\boldsymbol{x}+\alpha\boldsymbol{p}) = \begin{bmatrix}3(x_1+\alpha p_1)^2+3(x_2+\alpha p_2)^2 \\ 6(x_1+\alpha p_1)(x_2+\alpha p_2)\end{bmatrix} = \begin{bmatrix}15\alpha^2 \\ 12\alpha^2\end{bmatrix}$$

于是有 $(\nabla f(\boldsymbol{x}+\alpha\boldsymbol{p}))^{\mathrm{T}}\boldsymbol{p} = 39\alpha^2$。因此当 $\alpha = 1/\sqrt{3}$ 时, 式 (A.55) 成立, 并且 $\alpha = 1/\sqrt{3}$ 位于区间 $(0,1)$ 以内。

针对二次可微函数, 式 (A.55) 的另一种形式为

$$f(\boldsymbol{x}+\boldsymbol{p})=f(\boldsymbol{x})+(\nabla f(\boldsymbol{x}))^{\mathrm{T}}\boldsymbol{p}+\frac{1}{2}\boldsymbol{p}^{\mathrm{T}}\nabla^2 f(\boldsymbol{x}+\alpha\boldsymbol{p})\boldsymbol{p} \tag{A.56}$$

式中 $\alpha\in(0,1)$。事实上, 式 (A.56) 是泰勒定理 (即第 2 章定理 2.1) 的一种形式, 本书多处需要使用此式。

式 (A.55) 并不能直接推广至向量函数 $\boldsymbol{r}\colon\mathbb{R}^n\to\mathbb{R}^m$ (其中 $m>1$) 的情形, 因为通常并不存在标量 α 使得式 (A.55) 针对向量函数成立。然而, 下面将给出一个与其相似并且有用的结论。参照第 10 章式 (10.3), 将向量函数 $\boldsymbol{r}(\boldsymbol{x})$ 的 Jacobian 矩阵记为 $\boldsymbol{J}(\boldsymbol{x})$, 该矩阵的行数为 m 列数为 n, 其中第 (j,i) 个元素为 $\partial r_j/\partial x_i$ $(j=1,2,\cdots,m;\ i=1,2,\cdots,n)$, 假设 $\boldsymbol{J}(\boldsymbol{x})$ 在感兴趣的定义域内是连续的。对于给定的向量 $\boldsymbol{x}$ 和向量 $\boldsymbol{p}$ 可得

$$\boldsymbol{r}(\boldsymbol{x}+\boldsymbol{p})-\boldsymbol{r}(\boldsymbol{x})=\int_0^1\boldsymbol{J}(\boldsymbol{x}+\alpha\boldsymbol{p})\boldsymbol{p}\mathrm{d}\alpha \tag{A.57}$$

如果向量 $\boldsymbol{p}$ 的范数足够小, 式 (A.57) 的等号右侧将会充分逼近向量 $\boldsymbol{J}(\boldsymbol{x})\boldsymbol{p}$, 从而有

$$\boldsymbol{r}(\boldsymbol{x}+\boldsymbol{p})-\boldsymbol{r}(\boldsymbol{x})\approx\boldsymbol{J}(\boldsymbol{x})\boldsymbol{p}$$

如果 Jacobian 矩阵 $\boldsymbol{J}$ 在点 $\boldsymbol{x}$ 和点 $\boldsymbol{x}+\boldsymbol{p}$ 附近是 Lipschitz 连续的, 并且具有 Lipschitz 常数 L, 则可以利用式 (A.12) 获得该近似中的误差

$$\begin{aligned}\|\boldsymbol{r}(\boldsymbol{x}+\boldsymbol{p})-\boldsymbol{r}(\boldsymbol{x})-\boldsymbol{J}(\boldsymbol{x})\boldsymbol{p}\|&=\left\|\int_0^1[\boldsymbol{J}(\boldsymbol{x}+\alpha\boldsymbol{p})-\boldsymbol{J}(\boldsymbol{x})]\boldsymbol{p}\mathrm{d}\alpha\right\|\\&\leqslant\int_0^1\|\boldsymbol{J}(\boldsymbol{x}+\alpha\boldsymbol{p})-\boldsymbol{J}(\boldsymbol{x})\|\,\|\boldsymbol{p}\|\mathrm{d}\alpha\\&\leqslant\int_0^1 L\alpha\|\boldsymbol{p}\|^2\mathrm{d}\alpha=\frac{1}{2}L\|\boldsymbol{p}\|^2\end{aligned}$$

A.2.9　隐函数定理

隐函数定理是优化算法的局部收敛理论以及最优性特征 (见第 12 章) 中的很多重要结论的基础。下面基于文献 [187] 中的第 131 页以及文献 [19] 中的命题 A.25 描述隐函数定理。

【定理 A.2 隐函数定理】假设函数 $\boldsymbol{h}:\mathbb{R}^n\times\mathbb{R}^m\to\mathbb{R}^n$ 满足以下条件: (1) 对于某个向量 $\boldsymbol{z}^*\in\mathbb{R}^n$ 满足 $\boldsymbol{h}(\boldsymbol{z}^*,\boldsymbol{0})=\boldsymbol{0}$; (2) 在点 $(\boldsymbol{z}^*,\boldsymbol{0})$ 的某个邻域内, 函数 $\boldsymbol{h}(\cdot,\cdot)$ 连续可微; (3) 当 $(\boldsymbol{z},\boldsymbol{t})=(\boldsymbol{z}^*,\boldsymbol{0})$ 时, 矩阵 $\nabla_{\boldsymbol{z}}\boldsymbol{h}(\boldsymbol{z},\boldsymbol{t})$ 是非奇异的。此时, 存在包含点 $\boldsymbol{z}^*$ 的开集 $\mathcal{N}_{\boldsymbol{z}}\subset\mathbb{R}^n$ 和包含 $\boldsymbol{0}$ 的开集 $\mathcal{N}_{\boldsymbol{t}}\subset\mathbb{R}^m$, 以及唯一的连续函数 $\boldsymbol{z}\colon\mathcal{N}_{\boldsymbol{t}}\to\mathcal{N}_{\boldsymbol{z}}$, 满足 $\boldsymbol{z}^*=\boldsymbol{z}(\boldsymbol{0})$, 并且对于任意 $\boldsymbol{t}\in\mathcal{N}_{\boldsymbol{t}}$,

均有 $\boldsymbol{h}(\boldsymbol{z}(\boldsymbol{t}),\boldsymbol{t})=\boldsymbol{0}$。如果 $\boldsymbol{h}$ 是关于两类自变量的 $p\ (p>0)$ 次连续可微函数, 那么 $\boldsymbol{z}(\boldsymbol{t})$ 也是关于变量 $\boldsymbol{t}$ 的 p 次连续可微函数, 并且对于任意 $\boldsymbol{t}\in N_{\boldsymbol{t}}$ 均满足

$$\nabla\boldsymbol{z}(\boldsymbol{t})=-\nabla_{\boldsymbol{t}}\boldsymbol{h}(\boldsymbol{z}(\boldsymbol{t}),\boldsymbol{t})[\nabla_{\boldsymbol{z}}\boldsymbol{h}(\boldsymbol{z}(\boldsymbol{t}),\boldsymbol{t})]^{-1}$$

该定理常用于参数化的线性方程组中, 向量 $\boldsymbol{z}$ 是如下线性方程组的解:

$$\boldsymbol{M}(\boldsymbol{t})\boldsymbol{z}=\boldsymbol{g}(\boldsymbol{t})$$

式中 $\boldsymbol{M}(\cdot)\in\mathbb{R}^{n\times n}$, 并且矩阵 $\boldsymbol{M}(\boldsymbol{0})\in\mathbb{R}^{n\times n}$ 是非奇异的; $\boldsymbol{g}(\cdot)\in\mathbb{R}^{n}$。为了利用隐函数定理, 可以定义如下函数:

$$\boldsymbol{h}(\boldsymbol{z},\boldsymbol{t})=\boldsymbol{M}(\boldsymbol{t})\boldsymbol{z}-\boldsymbol{g}(\boldsymbol{t})$$

如果 $\boldsymbol{M}(\cdot)$ 和 $\boldsymbol{g}(\cdot)$ 在 $\boldsymbol{0}$ 的某个邻域内是连续可微的, 那么隐函数定理表明 $\boldsymbol{z}=(\boldsymbol{M}(\boldsymbol{t}))^{-1}\boldsymbol{g}(\boldsymbol{t})$ 在 $\boldsymbol{0}$ 的某个邻域内是关于变量 $\boldsymbol{t}$ 的连续函数。

A.2.10　阶数符号

很多分析都会关心序列元素的最终特性, 也就是当序列索引足够大时, 序列元素所呈现出的性质。例如, 序列中的元素是否有界、两个序列之间的元素大小是否相当、序列元素是否呈现下降趋势以及下降速度等。当研究上述问题时, 可以使用阶数符号, 这是一种有用且简单的方法, 可以避免定义很多常数, 而这些常数会使得分析和论证变得复杂。

通常使用 3 种不同的阶数符号, 分别为 $O(\cdot)$、$o(\cdot)$ 以及 $\Omega(\cdot)$。假设有两个非负的无限长标量序列 $\{\eta_k\}$ 和 $\{v_k\}$, 如果存在常数 C 满足

$$|\eta_k|\leqslant C|v_k|\quad(\text{对于所有充分大的 } k)$$

则记为

$$\eta_k=O(v_k)$$

如果序列的比值 $\{\eta_k/v_k\}$ 趋近于零, 也就是满足

$$\lim_{k\to+\infty}\frac{\eta_k}{v_k}=0$$

则记为

$$\eta_k=o(v_k)$$

最后, 如果存在两个常数 C_0 和 C_1 满足 $0<C_0\leqslant C_1<+\infty$, 并且有

$$C_0|v_k|\leqslant|\eta_k|\leqslant C_1|v_k|\quad(\text{对于所有的 } k)$$

也就是说，这两个序列中的相应元素始终保持在相同的变化范围内，则记为

$$\eta_k = \Omega(v_k)$$

其等价于 $\eta_k = O(v_k)$ 和 $v_k = O(\eta_k)$ 同时满足。

上面的阶数符号还经常应用于连续函数中。例如，考虑函数 $\eta(\cdot)\colon \mathbb{R} \to \mathbb{R}$，如果存在常数 C，使得对于所有的 $v \in \mathbb{R}$ 均满足 $|\eta(v)| \leqslant C|v|$，则记为

$$\eta(v) = O(v)$$

通常仅关心 v 的取值很大或者 v 的取值接近于零的情形 (具体由问题背景确定)。类似地，当 $v \to 0$ 或者 $v \to +\infty$ 时 (同样由问题背景确定)，如果比值 $\eta(v)/v$ 接近于零，则记为

$$\eta(v) = o(v) \tag{A.58}$$

还可以对上述定义进行微小的改变。具体而言，如果存在常数 C，使得对于所有的 k 均满足 $|\eta_k| \leqslant C$，则记为

$$\eta_k = O(1)$$

如果满足 $\lim\limits_{k\to+\infty} \eta_k = 0$，则记为

$$\eta_k = o(1)$$

一些函数的自变量可能是向量或者矩阵，此时需要对上述定义进行扩展，并使用它们的范数来度量。例如，令函数 $f\colon \mathbb{R}^n \to \mathbb{R}^n$，如果存在常数 $C>0$，使得对于函数 $\boldsymbol{f}$ 的定义域内所有的 $\boldsymbol{x}$ 均满足 $\|f(\boldsymbol{x})\| \leqslant C\|\boldsymbol{x}\|$，则记为 $f(\boldsymbol{x}) = O(\|\boldsymbol{x}\|)$。通常仅关注函数 $\boldsymbol{f}$ 的定义域的某个子域，例如 $\mathbf{0}$ 的某个小邻域，具体由问题背景所决定。

A.2.11 标量方程求根

第 11 章讨论了求解非线性方程组 $F(\boldsymbol{x}) = \mathbf{0}$ 的方法，其中函数 $F\colon \mathbb{R}^n \to \mathbb{R}^n$。这里简要讨论标量方程的求解 (即 $n=1$)，此种情形下的求解方法更易于阐述。举例而言，第 4 章的信赖域方法就需要对标量方程进行求根。当然，第 11 章中的一般性结论也可应用于此，从而得到严格的收敛结果。

针对标量方程的情形，牛顿方法 (即第 11 章的牛顿方法) 的基本迭代步骤如下:

$$p_k = -F(x_k)/F'(x_k), \quad x_{k+1} \leftarrow x_k + p_k \tag{A.59}$$

该式源自第 11 章式 (11.6)。从几何上进行分析，该步骤需要先画出函数 F

的曲线在点 x_k 处的切线, 并将此切线与 x 轴的交点作为下一次迭代点 (见图 A.2)。显然, 如果函数 F 接近于线性函数, 那么此切线函数本身就是函数 F 的一个很好的近似, 此时牛顿迭代点与函数 F 的根会十分接近。

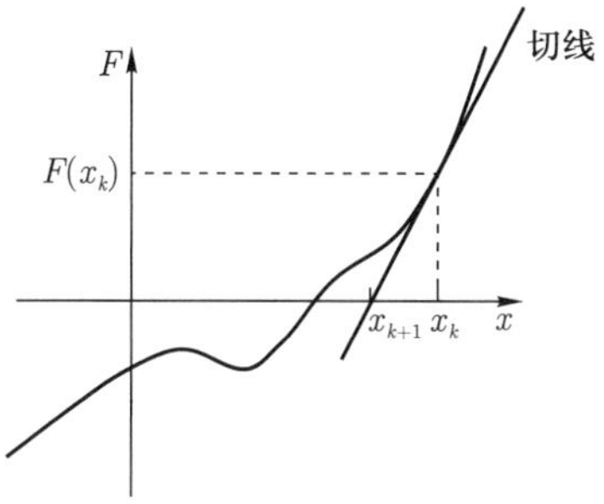

图 A.2　利用牛顿方法求解标量方程根的单次迭代过程

求解标量方程根的割线方法可以看成是 Broyden 方法在 $n=1$ 情形下的特例。庆幸的是, 在这种情形下的问题将变得更加简单, 因为仅利用割线方程第 11 章式 (11.27) 就可以确定一阶近似 Hessian 矩阵 B_k 的值, 并不需要借助额外条件来获得 B_k。结合第 11 章式 (11.24) 和式 (11.27) 可知, 在 $n=1$ 情形下的割线方法的迭代步骤可以写为

$$B_k = (F(x_k) - F(x_{k-1}))/(x_k - x_{k-1}) \tag{A.60a}$$

$$p_k = -F(x_k)/B_k, \quad x_{k+1} = x_k + p_k \tag{A.60b}$$

图 A.3 对该方法进行了描述, 从图中可以发现术语 "割线" 一词的源头。该方法需要先将点 $(x_{k-1}, F(x_{k-1}))$ 和 $(x_k, F(x_k))$ 进行连接, 并将其作为割线, 然后利用割线的斜率 B_k 来近似函数 F 在点 x_k 处的斜率, 最后将此割线与 x 轴的交点作为下一次迭代点。

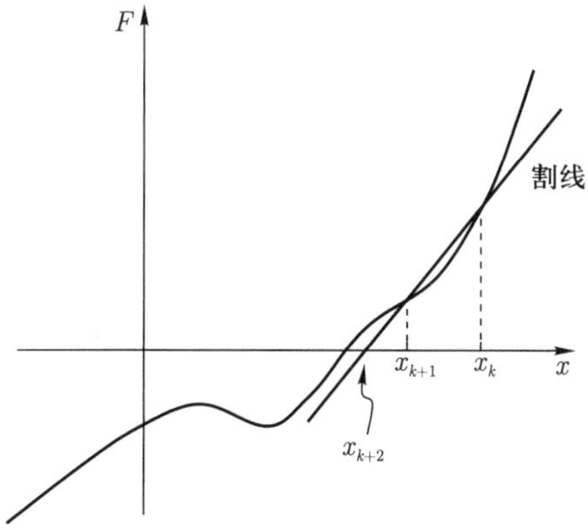

图 A.3　利用割线方法求解标量方程根的单次迭代过程

参考文献

[1] R. K. Ahuja, T. L. Magnanti, J. B. Orlin, Network Flows: Theory, Algorithms, and Applications, Prentice-Hall, Englewood Cliffs, N. J., 1993.

[2] H. Akaike, On a successive transformation of probability distribution and its application to the analysis of the optimum gradient method, Annals of the Institute of Statistical Mathematics, 11(1959), pp.1-17.

[3] M. Al-Baali, Descent property and global convergence of the Fletcher-Reeves method with inexact line search, I. M. A. Journal on Numerical Analysis, 5(1985), pp.121-24.

[4] E. D. Andersen, K. D. Andersen, Presolving in linear programming, Mathematical Programming, 71(1995), pp.221-45.

[5] E. D. Andersen, K. D. Andersen, The MOSEK interior point optimizer for linear programming: an implementation of the homogeneous algorithm, in High Performance Optimization, T. T. H. Frenk, K. Roos and S. Zhang, eds., Kluwer Academic Publishers, 2000, pp.197-232.

[6] E. D. Andersen, J. Gondzio, C. Mészáros, X. Xu, Implementation of interior-point methods for large scale linear programming, in Interior Point Methods in Mathematical Programming, T. Terlaky, ed., Kluwer, 1996, ch.6, pp.189-252.

[7] E. Anderson, Z. Bai, C. Bischof, J. Demmel, J. Dongarra, J. Du Croz, A. Greenbaum, S. Hammarling, A. Mckenney, S. Ostrouchov, D. Sorensen, LAPACK User's Guide, SIAM, Philadelphia, 1992.

[8] M. Anitescu, On solving mathematical programs with complementarity constraints as nonlinear programs, SIAM Journal on Optimization, 15(2005), p.1203-1236.

[9] Arki Consulting and Development A/S, Conopt version 3, 2004.

[10] B. M. Averick, R. G. Carter, J. J. Moré, G. Xue, The MINPACK-2 test problem collection, Preprint MCS-P153-0692, Argonne National Laboratory, 1992.

[11] P. Baptist, J. Stoer, On the relation between quadratic termination and convergence properties of minimization algorithms, Part II: Applications, Numerische Mathematik, 28(1977), pp.367-392.

[12] R. H. Bartels, G. H. Golub, The simplex method of linear programming using LU decomposition, Communications of the ACM, 12(1969), pp.266-268.

[13] R. Bartlett, L. Biegler, rSQP++: An object-oriented framework for successive quadratic programming, in Large-Scale PDE-Constrained Optimization, L. T.

Biegler, O. Ghattas, M. Heinkenschloss, B. van Bloemen Waanders, eds., vol.30, New York, 2003, Springer-Verlag, p.316-330, Lecture Notes in Computational Science and Engineering.

[14] M. Bazaraa, H. Sherali, C. Shetty, Nonlinear Programming, Theory and Applications, John Wiley & Sons, New York, second ed., 1993.

[15] A. Ben-Tal, A. Nemirovski, Lectures on Modern Convex Optimization: Analysis, Algorithms, and Engineering Applications, MPS-SIAM Series on Optimization, SIAM, 2001.

[16] H. Y. Benson, A. Sen, D. F. SHANNO, R. J. Vanderbei, Interior-point algorithms, penalty methods and equilibrium problems, Technical Report ORFE-03-02, Operations Research and Financial Engineering, Princeton University, 2003.

[17] S. Benson, J. Moré, A limited-memory variable-metric algorithm for bound constrained minimization, Numerical Analysis Report P909-0901, ANL, Argonne, IL, USA, 2001.

[18] D. P. Bertsekas, Constrained Optimization and Lagrange Multiplier Methods, Academic Press, New York, 1982.

[19] D. P. Bertsekas, Nonlinear Programming, Athena Scientific, Belmont, MA, second ed., 1999.

[20] M. Berz, C. Bischof, C. F. Corliss, A. Griewank, eds., Computational Differentiation: Techniques, Applications, and Tools, SIAM Publications, Philadelphia, PA, 1996.

[21] J. Betts, S. K. Eldersveld, P. D. Frank, J. G. Lewis, An interior-point nonlinear programming algorithm for large scale optimization, Technical report MCT TECH-003, Mathematics and Computing Technology, The Boeing Company, P.O. Box 3707, Seattle, WA 98124-2207, 2000.

[22] J. R. Birge, F. Louveaux, Introduction to Stochastic Programming, Springer-Verlag, New York, 1997.

[23] E. G. Birgin, J. M. Martinez, M. Raydan, Algorithm 813: SPG software for convex-constrained optimization, ACM Transactions on Mathematical Software, 27(2001), pp.340-349.

[24] C. Bischof, A. Bouaricha, P. Khademi, J. J. Moré, Computing gradients in large-scale optimization using automatic differentiation, INFORMS Journal on Computing, 9(1997), pp.185-194.

[25] C. Bischof, A. Carle, P. Khademi, A. Mauer, ADIFOR 2.0: Automatic differentiation of FORTRAN 77 programs, IEEE Computational Science & Engineering, 3(1996), pp.18-32.

[26] C. Biachof, G. Corliss, A. Griewank, Structured second- and higher-order derivatives through univariate Taylor series, Optimization Methods and Software, 2(1993), pp.211-232.

[27] C. Bischof, P. Khademi, A. Bouaricha, A. Carle, Efficient computation of gradients and Jacobians by transparent exploitation of sparsity in automatic differentiation, Optimization Methods and Software, 7(1996), pp.1-39.

[28] C. Bischof, L. Roh, A. Mauer, ADIC: An extensible automatic differentiation tool for ANSI-C, Software-Practice and Experience, 27(1997), pp.1427-1456.

[29] Å. Björck, Numerical Methods for Least Squares Problems, SIAM Publications, Philadelphia, PA, 1996.

[30] P. T. Boggs, R. H. Byrd, R. B. Schnabel, A stable and efficient algorithm for nonlinear orthogonal distance regression, SIAM Journal on Scientific and Statistical Computing, 8(1987), pp.1052-1078.

[31] P. T. Boggs, J. R. Donaldson, R.H. Byrd, R. B. Schnabel, ODRPACK-Software for weighted orthogonal distance regression, ACM Transactions on Mathematical Software, 15(1981), pp.348-364.

[32] P. T. Boggs, J. W. Tolle, Convergence properties of a class of rank-two updates, SIAM Journal on Optimization, 4(1994), pp.262-287.

[33] P. T. Boggs, J. W. Tolle, Sequential quadratic programming, Acta Numerica, 4(1996), pp.1-51.

[34] P. T. Boggs, J. W. Tolle, P. Wang, On the local convergence of quasi-Newton methods for constrained optimization, SIAM Journal on Control and Optimization, 20(1982), pp.161-171.

[35] I. Bongartz, A. R. Conn, N. I. M. Gould, P. L. Toint, CUTE: Constrained and unconstrained testing environment, Research Report, IBM T. J. Watson Research Center, Yorktown Heights, NY, 1993.

[36] J. F. Bonnans, E. R. Panier, A. L. Tits, J. L. Zhou, Avoiding the Maratos effect by means of a nonmonotone line search. II. Inequality constrained problems-feasible iterates, SIAM Journal on Numerical Analysis, 29(1992), pp.1187-1202.

[37] S. Boyd, L. El Ghaoui, E. Feron, V. Balakrishnan, Linear Matrix Inequalities in Systems and Control Theory, SIAM Publications, Phildelphia, 1994.

[38] S. Boyd, L. Vandenberghe, Convex Optimization, Cambridge University Press, Cambridge, 2003.

[39] R. P. Brent, Algorithms for minimization without derivatives, Prentice Hall, Englewood Cliffs, NJ, 1973.

[40] H. M. Bücker, G. F. Corliss, P. D. Hovland, U. Naumann, B. Norris, eds., AutomaticDifferentiation: Applications, Theory, and Implementations, vol. 50 of Lecture Notes in Computational Science and Engineering, Springer, New York, 2005.

[41] R. Bulirsch, J. Stoer, Introduction to Numerical Analysis, Springer-Verlag, New York, 1980.

[42] J. R. Bunch, L. Kaufman, Some stable methods for calculating inertia and solving symmetric linear systems, Mathematics of Computation, 31(1977), pp.163-179.

[43] J. R. Bunch, B. N. Parlett, Direct methods for solving symmetric indefinite systems of linear equations, SIAM Journal on Numerical Analysis, 8(1971), pp.639-655.

[44] J. V. Burke, J. J. Moré, Exposing constraints, SIAM Journal on Optimization, 4(1994), pp.573-595.

[45] W. Burmeister, Die konvergenzordnung des Fletcher-Powell algorithmus, Zeitschrift für Angewandte Mathematik und Mechanik, 53(1973), pp.693-699.

[46] R. Byrd, J. Nocedal, R. Waltz, Knitro: An integrated package for nonlinear optimization, Technical Report 18, Optimization Technology Center, Evanston, IL, June 2005.

[47] R. Byrd, J. Nocedal, R. A. Waltz, Steering exact penalty methods, Technical Report OTC 2004/07, Optimization Technology Center, Northwestern University, Evanston, IL, USA, April 2004.

[48] R. H. Byrd, J. C. Gilbert, J. Nocedal, Atrust region method based on interior point techniques for nonlinear programming, Mathematical Programming, 89(2000), pp.149-185.

[49] R. H. Byrd, N. I. M. Gould, J. Nocedal, R. A. Waltz, An algorithm for nonlinear optimization using linear programming and equality constrained subproblems, Mathematical Programming, Series B, 100(2004), pp.27-48.

[50] R. H. Byrd, M. E. Hribar, J. Nocedal, An interior point method for large scale nonlinear programming, SIAM Journal on Optimization, 9(1999), pp.877-900.

[51] R. H. Byrd, H. F. Khalfan, R. B. Schnabel, Analysis of a symmetric rank-one trust region method, SIAM Journal on Optimization, 6(1996), pp.1025-1039.

[52] R. H. Byrd, J. Nocedal, R. B. Schnabel, Representations of quasi-Newton matrices and their use in limited-memory methods, Mathematical Programming, Series A, 63(1994), pp.129-156.

[53] R. H. Byrd, J. Nocedal, Y. Yuan, Global convergence of a class of quasi-Newton methods on convex problems, SIAM Journal on Numerical Analysis, 24(1987), pp.1171-1190.

[54] R. H. Byrd, R. B. Schnabel, G. A. Schultz, Approximate solution of the trust regions problem by minimization over two-dimensional subspaces, Mathematical Programming, 40(1988), pp.247-263.

[55] R. H. Byrd, R. B. Schnabel, G. A. Shultz, Atrust region algorithm for nonlinearly constrained optimization, SIAM Journal on Numerical Analysis, 24(1987), pp.1152-1170.

[56] M. R. Celis, J. E. Dennis, R. A. Tapia, A trust region strategy for nonlinear equality constrained optimization, in Numerical Optimization, P. T. Boggs, R. H. Byrd, R. B. Schnabel, eds., SIAM, 1985, pp.71-82.

[57] R. Chamberlain, C. Lemarechal, H. C. Pedersen, M. J. D. Powell, The watchdog technique for forcing convergence in algorithms for constrained optimization, Mathematical Programming, 6(1982), pp.1-17.

[58] S. H. Cheng, N. J. Higham, A modified Cholesky algorithm based on a symmetric indefinite factorization, SIAM Journal of Matrix Analysis and Applications, 19(1998), pp.1097-1100.

[59] C. M. Chin, R. Fletcher, On the global convergence of an SLP-filter algorithm that takes EQP steps, Mathematical Programming, Series A, 96(2003), pp.161-177.

[60] T. D. Choi, C. T. Kelley, Superlinear convergence and implicit filtering, SIAM Journal on Optimization, 10(2000), pp.1149-1162.

[61] V. Chvátal, Linear Programming, W. H. Freeman and Company, New York, 1983.

[62] F. H. Clarke, Optimization and Nonsmooth Analysis, John Wiley & Sons, New York, 1983 (Reprinted by SIAM Publications, 1990).

[63] A. Cohen, Rate of convergence of several conjugate gradient algorithms, SIAM Journal on Numerical Analysis, 9(1972), pp.248-259.

[64] T. F. Coleman, Linearly constrained optimization and projected preconditioned conjugate gradients, in Proceedings of the Fifth SIAM Conference on Applied Linear Algebra, J. Lewis, ed., Philadelphia, USA, 1994, SIAM, pp.118-122.

[65] T. F. Coleman, A. R. Conn, Non-linear programming via an exact penalty-function: Asymptotic analysis, Mathematical Programming, 24(1982), pp.123-136.

[66] T. F. Coleman, B. Garbow, J. J. Moré, Software for estimating sparse Jacobian matrices, ACM Transactions on Mathematical Software, 10(1984), pp.329-345.

[67] T. F. Coleman, B. Garbow, J. J. Moré, Software for estimating sparse Hessian matrices, ACM Transactions on Mathematical Software, 11(1985), pp.363-377.

[68] T. F. Coleman, J. J. Moré, Estimation of sparse Jacobian matrices and graph coloring problems, SIAM Journal on Numerical Analysis, 20(1983), pp.187-209.

[69] T. F. Coleman, J. J. Moré, Estimation of sparse Hessian matrices and graph coloring problems, Mathematical Programming, 28(1984), pp.243-270.

[70] A. R. Conn, N. I. M. Gould, P. L. Toint, Testing a class of algorithms for solving minimization problems with simple bounds on the variables, Mathematics of Computation, 50(1988), pp.399-430.

[71] A. R. Conn, N. I. M. Gould, P. L. Toint, Convergence of quasi-Newton matrices generated by the symmetric rank one update, Mathematical Programming, 50(1991), pp.177-195.

[72] A. R. Conn, N. I. M. Gould, P. L. Toint, LANCELOT: a FORTRAN package for large-scale nonlinear optimization (Release A), no.17 in Springer Series in Computational Mathematics, Springer-Verlag, New York, 1992.

[73] A. R. Conn, N. I. M. Gould, P. L. Toint, Numerical experiments with the LANCELOT package (Release A) for large-scale nonlinear optimization, Report 92/16, Department of Mathematics, University of Namur, Belgium, 1992.

[74] A. R. Conn, N. I. M. Gould, P. L. Toint, Trust-Region Methods, MPS-SIAM Series on Optimization, SIAM, 2000.

[75] A. R. Conn, K. Scheinberg, P. L. Toint, On the convergence of derivative-free methods for unconstrained optimization, in Approximation Theory and Optimization: Tributes to M. J. D. Powell, A. Iserles and M. Buhmann, eds., Cambridge University Press, Cambridge, UK, 1997, pp.83-108.

[76] A. R. Conn, K. Scheinberg, P. L. Toint, Recent progress in unconstrained nonlinear optimization without derivatives, Mathematical Programming, Series B, 79(1997), pp.397-414.

[77] W. J. Cook, W. H. Cunningham, W. R. Pulleyblank, A. Schrijver, Combinatorial Optimization, John Wiley & Sons, New York, 1997.

[78] B. F. Corliss, L. B. Rall, An introduction to automatic differentiation, in Computational Differentiation: Techniques, Applications, and Tools, M. Berz, C. Bischof, G. F. Corliss, A. Griewank, eds., SIAM Publications, Philadelphia, PA, 1996, ch.1.

[79] T. H. Cormen, C. E. Leisserson, R. L. Rivest, Introduction to Algorithms, MIT Press, 1990.

[80] R. W. Cottle, J. S. PANG, R. E. Stone, The Linear Complementarity Problem, Academic Press, San Diego, 1992.

[81] R. Courant, Variational methods for the solution of problems with equilibrium and vibration, Bulletin of the American Mathematical Society, 49(1943), pp.1-23.

[82] H. P. Crowder, P. Wolfe, Linear convergence of the conjugate gradient method, IBM Journal of Research and Development, 16(1972), pp.431-433.

[83] A. Curtis, M. J. D. Powell, J. Reid, On the estimation of sparse Jacobian matrices, Journal of the Institute of Mathematics and its Applications, 13(1974), pp.117-120.

[84] J. Czyzyk, S. Mehrotra, M. Wagner, S. J. Wright, PCx: An interior-point code for linear programming, Optimization Methods and Software, 11/12(1999), pp.397-430.

[85] Y. Dai, Y. Yuan, A nonlinear conjugate gradient method with a strong global convergence property, SIAM Journal on Optimization, 10(1999), pp.177-182.

[86] G. B. Dantzig, Linear Programming and Extensions, Princeton University Press, Princeton, NJ, 1963.

[87] W. C. Davidon, Variable metric method for minimization, Technical Report ANL-5990 (revised), Argonne National Laboratory, Argonne, IL, 1959.

[88] W. C. Davidon, Variable metric method for minimization, SIAM Journal on Optimization, 1(1991), pp.1-17.

[89] R. S. Dembo, S. C. Eisenstat, T. Steihaug, Inexact Newton methods, SIAM Journal on Numerical Analysis, 19(1982), pp.400-408.

[90] J. E. Dennis, D. M. Gay, R. E. Welsch, Algorithm 573-NL2SOL, An adaptive nonlinear least-squares algorithm, ACM Transactions on Mathematical Software, 7(1981), pp.348-368.

[91] J. E. Dennis, J. J. Moré, Quasi-Newton methods, motivation and theory, SIAM Review, 19(1977), pp.46-89.

[92] J. E. Dennis, R. B. Schnabel, Numerical Methods for Unconstrained Optimization and Nonlinear Equations, Prentice-Hall, Englewood Cliffs, NJ, 1983. Reprinted by SIAM Publications, 1993.

[93] J. E. Dennis, R. B. Schnabel, A view of unconstrained optimization, inOptimization, vol. 1 of Handbooks in Operations Research and Management, Elsevier Science Publishers, Amsterdam, The Netherlands, 1989, pp.1-72.

[94] I. I. Dikin, Iterative solution of problems of linear and quadratic programming, Soviet Mathematics-Doklady, 8(1967), pp.674-675.

[95] I. S. Duff, J. K. Reid, The multifrontal solution of indefinite sparse symmetric linear equations, ACM Transactions on Mathematical Software, 9(1983), pp.302-325.

[96] I. S. Duff, J. K. Reid, The design of MA48: A code for the direct solution of sparse unsymmetric linear systems of equations, ACM Transactions on Mathematical Software, 22(1996), pp.187-226.

[97] I. S.Duff, J. K. Reid, N. Munksgaard, H. B. Neilsen, Direct solution of sets of linear equations whose matrix is sparse symmetric and indefinite, Journal of the Institute of Mathematics and its Applications, 23(1979), pp.235-250.

[98] A. V. Fiacco, G. P. Mccormick, Nonlinear Programming: Sequential Unconstrained Minimization Techniques, John Wiley & Sons, NewYork, N.Y., 1968. Reprinted by SIAM Publications, 1990.

[99] R. Fletcher, Ageneral quadratic programming algorithm, Journal of the Institute of Mathematics and its Applications, 7(1971), pp.76-91.

[100] R. Fletcher, Second order corrections for non-differentiable optimization, in Numerical Analysis, D. Griffiths, ed., Springer Verlag, 1982, pp.85-114. Proceedings Dundee 1981.

[101] R. Fletcher, Practical Methods of Optimization, John Wiley & Sons, New York, second ed., 1987.

[102] R. Fletcher, An optimal positive definite update for sparse Hessian matrices, SIAM Journal on Optimization, 5(1995), pp.192-218.

[103] R. Fletcher, Stable reduced hessian updates for indefinite quadratic programming, Mathematical Programming, 87(2000), pp.251-264.

[104] R. Fletcher, A.Grothey, S. Leyffer, Computing sparse Hessian and Jacobian approximations with optimal hereditary properties, Technical Report, Department of Mathematics, University of Dundee, 1996.

[105] R. Fletcher, S. Leyffer, Nonlinear programming without a penalty function, Mathematical Programming, Series A, 91(2002), pp.239-269.

[106] R. Fletcher, S. Leyffer, P. L. Toint, On the global convergence of an SLP-filter algorithm, Numerical Analysis Report NA/183, Dundee University, Dundee, Scotland, UK, 1999.

[107] R. Fletcher, C. M. Reeves, Function minimization by conjugate gradients, Computer Journal, 7(1964), pp.149-154.

[108] R. Fletcher, E. Sainz De La Maza, Nonlinear programming and nonsmooth optimization by successive linear programming, Mathematical Programming, 43(1989), pp.235-256.

[109] C. Floudas, P. Pardalos, eds., Recent Advances in Global Optimization, Princeton University Press, Princeton, NJ, 1992.

[110] J. J. H. Forrest, J. A. Tomlin, Updated triangular factors of the basis to maintain sparsity in the product form simplex method, Mathematical Programming, 2(1972), pp.263 278.

[111] A. Forsgren, P. E. Gill, M. H. Wright, Interior methods for nonlinear optimization, SIAM Review, 44(2003), pp.525-597.

[112] R. Fourer, D. M. Gay, B. W. Kernighan, AMPL: A Modeling Language for Mathematical Programming, The Scientific Press, South San Francisco, CA, 1993.

[113] R. Fourer, S. Mehrotra, Solving symmetric indefinite systems in an interior-point method for linear programming, Mathematical Programming, 62(1993), pp.15-39.

[114] M. P. Friedlander, M. A. Saunders, A globally convergent linearly constrained Lagrangian method for nonlinear optimization, SIAM Journal on Optimization, 15(2005), pp.863-897.

[115] K. R. Frisch, The logarithmic potential method of convex programming, Technical Report, University Institute of Economics, Oslo, Norway, 1955.

[116] D. Gabay, Reduced quasi-Newton methods with feasibility improvement for nonlinearly constrained optimization, Mathematical Programming Studies, 16(1982), pp.18-44.

[117] U. M. Garcia-Palomares, O. L. Mangasarian, Superlinearly convergent quasi-Newton methods for nonlinearly constrained optimization problems, Mathematical Programming, 11(1976), pp.1-13.

[118] D. M. Gay, More AD of nonlinear AMPL models: computing Hessian information and exploiting partial separability, in Computational Differentiation: Techniques, Applications, and Tools, M. Berz, C. Bischof, G. F. Corliss, A. Griewank, eds., SIAM Publications, Philadelphia, PA, 1996, pp.173-184.

[119] R. P. Ge, M. J. D. Powell, The convergence of variable metric matrices in unconstrained optimization, Mathematical Programming, 27(1983), pp.123-143.

[120] A. H. Gebremedhin, F. Manne, A. Pothen, What color is your Jacobian? Graph coloring for computing derivatives, SIAM Review, 47(2005), pp.629-705.

[121] E. M. Gertz, S. J. Wright, Object-oriented software for quadratic programming, ACM Transactions on Mathematical Software, 29(2003), pp.58-81.

[122] J. Gilbert, C. Lemaréchal, Some numerical experiments with variable-storage quasi-Newton algorithms, Mathematical Programming, Series B, 45(1989), pp.407-435.

[123] J. Gilbert, J. Nocedal, Global convergence properties of conjugate gradient methods for optimization, SIAM Journal on Optimization, 2(1992), pp.21-42.

[124] P. E. Gill, G. H. Golub, W. Murray, M. A. Saunders, Methods for modifying matrix factorizations, Mathematics of Computation, 28(1974), pp.505-535.

[125] P. E. Gill, M. W. Leonard, Limited-memory reduced-Hessian methods for unconstrained optimization, SIAM Journal on Optimization, 14(2003), pp.380-401.

[126] P. E. Gill, W. Murray, Numerically stable methods for quadratic programming, Mathematical Programming, 14(1978), pp.349-372.

[127] P. E. Gill, W. Murray, M. A. Saunders, User's guide for SNOPT (Version 5.3): A FORTRAN package for large-scale nonlinear programming, Technical Report NA 97-4, Department of Mathematics, University of California, San Diego, 1997.

[128] P. E. Gill, W. Murray, M. A. Saunders, SNOPT: An SQP algorithm for large-scale constrained optimization, SIAM Journal on Optimization, 12(2002), pp.979-1006.

[129] P. E. Gill, W. Murray, M. A. Saunders, M. H. Wright, User's guide for SOL/QPSOL, Technical Report SOL84-6, Department of Operations Research, Stanford University, Stanford, California, 1984.

[130] P. E. Gill, W. Murray, M. H.Wright, Practical Optimization, Academic Press, 1981.

[131] P. E. Gill, Numerical Linear Algebra and Optimization, Vol.1, Addison Wesley, Redwood City, California, 1991.

[132] D. Goldfarb, Curvilinear path steplength algorithms for minimization which use directions of negative curvature, Mathematical Programming, 18(1980), pp.31-40.

[133] D. Goldfarb, J. Forrest, Steepest edge simplex algorithms for linear programming, Mathematical Programming, 57(1992), pp.341-374.

[134] D. Goldfarb, J. K. Reid, A practicable steepest-edge simplex algorithm, Mathematical Programming, 12(1977), pp.361-373.

[135] G. Golub, D. O'Leary, Some history of the conjugate gradient methods and the Lanczos algorithms: 1948-1976, SIAM Review, 31(1989), pp.50-100.

[136] G. H. Golub, C. F. Van Loan, Matrix Computations, The Johns Hopkins University Press, Baltimore, third ed., 1996.

[137] J. Gondzio, HOPDM (version 2.12): A fast LP solver based on a primal-dual interior point method, European Journal of Operations Research, 85(1995), pp.221-225.

[138] J. Gondzio, Multiple centrality corrections in a primal-dual method for linear programming, Computational Optimization and Applications, 6(1996), pp.137-156.

[139] J. Gondzio, A. Grothey, Parallel interior point solver for structured quadratic programs: Application to financial planning problems, Technical Report MS-03-001, School of Mathematics, University of Edinburgh, Scotland, 2003.

[140] N. I. M. Gould, On the accurate determination of search directions for simple differentiable penalty functions, I. M. A. Journal on Numerical Analysis, 6(1986), pp.357-372.

[141] N. I. M. Gould, On the convergence of a sequential penalty function method for constrained minimization, SIAM Journal on Numerical Analysis, 26(1989), pp.107-128.

[142] N. I. M. Gould, An algorithm for large scale quadratic programming, I. M. A. Journal on Numerical Analysis, 11(1991), pp.299-324.

[143] N. I. M. Gould, M. E. Hribar, J. Nocedal, On the solution of equality constrained quadratic problems arising in optimization, SIAM Journal on Scientific Computing, 23(2001), pp.1375-1394.

[144] N. I. M. Gould, S. Leyffer, P. L. Toint, A multidimensional filter algorithm for nonlinear equations and nonlinear least squares, SIAM Journal on Optimization, 15(2004), pp.17-38.

[145] N. I. M. Gould, S. Lucidi, M. Roma, P. L. Toint, Solving the trust-region subproblem using the Lanczos method. SIAM Journal on Optimization, 9(1999), pp.504-525.

[146] N. I. M. Gould, D. Orban, P. L. Toint, GALAHAD-a library of thread-safe Fortran 90 packages for large-scale nonlinear optimization, ACM Transactions on Mathematical Software, 29(2003), pp.353-372.

[147] N. I. M. Gould, D. Orban, P. L. Toint, Numerical methods for large-scale nonlinear optimization, Acta Numerica, 14(2005), pp.299-361.

[148] N. I. M. Gould, P. L. Toint, An iterative working-set method for large-scale non-convex quadratic programming, Applied Numerical Mathematics, 43(2002), pp.109-128.

[149] N. I. M. Gould, P. L. Toint, Numerical methods for large-scale non-convex quadratic programming, in Trends in Industrial and Applied Mathematics, A. H. Siddiqi and M. Kočvara, eds., Dordrecht, The Netherlands, 2002, Kluwer Academic Publishers, pp.149-179.

[150] A. Griewank, Achieving logarithmic growth of temporal and spatial complexity in reverse automatic differentiation, Optimization Methods and Software, 1(1992), pp.35-54.

[151] A. Griewank, Automatic directional differentiation of nonsmooth composite functions, in Seventh French-German Conference on Optimization, 1994.

[152] A. Griewank, Evaluating Derivatives: Principles and Techniques of Automatic Differentiation, vol.19 of Frontiers in Applied Mathematics, SIAM, 2000.

[153] A. Griewank, G. F. Corliss, eds., Automatic Differentition of Algorithms, SIAM Publications, Philadelphia, Penn., 1991.

[154] A. Griewank, D. Juedes, J. Utke, ADOL-C, A package for the automatic differentiation of algorithms written in C/C++, ACM Transactions on Mathematical Software, 22(1996), pp.131-167.

[155] A. Griewank, P. L. Toint, Local convergence analysis of partitioned quasi-Newton updates, Numerische Mathematik, 39(1982), pp.429-448.

[156] A. Griewank, P. L. Toint, Partitioned variable metric updates for large structured optimization problems, Numerische Mathematik, 39(1982), pp.119-137.

[157] J. Grimm, L. Pottier, N. Rostaing-Schmidt, Optimal time and minimum space time product for reversing a certain class of programs, in Computational Differentiation, Techniques, Applications, and Tools, M. Berz, C. Bischof, G. Corliss, A. Griewank, eds., SIAM, Philadelphia, 1996, pp.95-106.

[158] L. Grippo, F. Lampariello, S. Lucidi, A nonmonotone line search technique for Newton's method, SIAM Journal on Numerical Analysis, 23(1986), pp.707-716.

[159] C. Guéret, C. Prins, M. Sevaux, Applications of optimization with Xpress-MP, Dash Optimization, 2002.

[160] W. W. Hager, Minimizing a quadratic over a sphere, SIAM Journal on Optimization, 12(2001), pp.188-208.

[161] W. W. Hager, H. Zhang, A new conjugate gradient method with guaranteed descent and an efficient line search, SIAM Journal on Optimization, 16(2005), pp.170-192.

[162] W. W. Hager, H. Zhang, A survey of nonlinear conjugate gradient methods. To appear in the Pacific Journal of Optimization, 2005.

[163] S. P. Han, Superlinearly convergent variable metric algorithms for general nonlinear programming problems, Mathematical Programming, 11(1976), pp.263-282.

[164] S. P. Han, A globally convergentmethod for nonlinear programming, Journal of Optimization Theory and Applications, 22(1977), pp.297-309.

[165] S. P. Han, O. L. Mangasarian, Exact penalty functions in nonlinear programming, Mathematical Programming, 17(1979), pp.251-269.

[166] HARWELL SUBROUTINE LIBRARY, A catalogue of subroutines (release 13), AERE Harwell Laboratory, Harwell, Oxfordshire, England, 1998.

[167] M. R. Hestenes, Multiplier and gradient methods, Journal of Optimization Theory and Applications, 4(1969), pp.303-320.

[168] M. R. Hestenes, E. Stiefel, Methods of conjugate gradients for solving linear systems, Journal of Research of the National Bureau of Standards, 49(1952), pp.409-436.

[169] N. J. Higham, Accuracy and Stability of Numerical Algorithms, SIAM Publications, Philadelphia, 1996.

[170] J. B. Hiriart-Urruty, C. Lemarechal, Convex Analysis and Minimization Algorithms, Springer-Verlag, Berlin, New York, 1993.

[171] P. Hough, T. Kolda, V. Torczon, Asynchronous parallel pattern search for nonlinear optimization, SIAM Journal on Optimization, 23(2001), pp.134-156.

[172] ILOG CPLEX 8.0, User' Manual, ILOG SA, Gentilly, France, 2002.

[173] D. Jones, C. Perttunen, B. Stuckman, Lipschitzian optimization without the Lipschitz constant, Journal of Optimization Theory and Applications, 79(1993), pp.157-181.

[174] P. Kall, S. W. Wallace, Stochastic Programming, John Wiley & Sons, New York, 1994.

[175] N. Karmarkar, A new polynomial-time algorithm for linear programming, Combinatorics, 4(1984), pp.373-395.

[176] C. Keller, N. I. M. Gould, A. J. Wathen, Constraint preconditioning for indefinite linear systems, SIAM Journal on Matrix Analysis and Applications, 21(2000), pp.1300-1317.

[177] C. T. Kelley, Iterative Methods for Linear and Nonlinear Equations, SIAM Publications, Philadelphia, PA, 1995.

[178] C. T. Kelley, Detection and remediation of stagnation in the Nelder-Mead algorithm using a sufficient decrease condition, SIAM Journal on Optimization, 10(1999), pp.43-55.

[179] C. T. Kelley, Iterative Methods for Optimization, no.18 in Frontiers in Applied Mathematics, SIAM Publications, Philadelphia, PA, 1999.

[180] L. G. Khachiyan, A polynomial algorithm in linear programming, Soviet Mathematics Doklady, 20(1979), pp.191-194.

[181] H. F. Khalfan, R. H. Byrd, R. B. Schnabel, A theoretical and experimental study of th symmetric rank one update, SIAM Journal on Optimization, 3(1993), pp.1-24.

[182] V. Klee, G. J. Minty, How good is the simplex algorithm? in Inequalities, O. Shisha, ed., Academic Press, New York, 1972, pp.159-175.

[183] T. G. Kolda, R. M. Lewis, V. Torczon, Optimization by direct search: New perspectives on some classical and modern methods, SIAM Review, 45(2003), pp.385-482.

[184] M. Kočvara, M. Stingl, PENNON, a code for nonconvex nonlinear and semidefinite programming, Optimization Methods and Software, 18(2003), pp.317-333.

[185] H. W. Kuhn, A.W. Tucker, Nonlinear programming, in Proceedings of the Second Berkeley Symposium on Mathematical Statistics and Probability, J. Neyman, ed., Berkeley, CA, 1951, University of California Press, pp.481-492.

[186] J. W. Lagarias, J. A. Reeds, M. H. Wright, P. E. Wright, Convergence properties of the Nelder-Mead simplex algorithm in low dimensions, SIAM Journal on Optimization, 9(1998), pp.112-147.

[187] S. Lang, Real Analysis, Addison-Wesley, Reading, MA, second ed., 1983.

[188] C. L. Lawson, R. J. Hanson, Solving Least Squares Problems, Prentice-Hall, Englewood Cliffs, NJ, 1974.

[189] C. Lemaréchal, A view of line searches, in Optimization and Optimal Control, W. Oettli, J. Stoer, eds., no.30 in Lecture Notes in Control and Information Science, Springer-Verlag, 1981, pp.59-78.

[190] K. Levenberg, A method for the solution of certain non-linear problems in least squares, Quarterly of Applied Mathematics, 2(1944), pp.164-168.

[191] S. Leyffer, G. Lopez-Calva, J. Nocedal, Interior methods for mathematical programs with complementarity constraints, Technical Report 8, Optimization Technology Center, Northwestern University, Evanston, IL, 2004.

[192] C. Lin, J. Moré, Newton's method for large bound-constrained optimization problems, SIAM Journal on Optimization, 9(1999), pp.1100-1127.

[193] C. Lin, J. J. Moré, Incomplete Cholesky factorizations with limited memory, SIAM Journal on Scientific Computing, 21(1999), pp.24-45.

[194] D. C. Liu, J. Nocedal, On the limited-memory BFGS method for large scale optimization, Mathematical Programming, 45(1989), pp.503-528.

[195] D. Luenberger, Introduction to Linear and Nonlinear Programming, Addison Wesley, second ed., 1984.

[196] L. Lukšan, J. Vlček, Indefinitely preconditioned inexact Newton method for large sparse equality constrained nonlinear programming problems, Numerical Linear Algebra with Applications, 5(1998), pp.219-247.

[197] Macsyma User's Guide, second ed., 1996.

[198] O. L. Mangasarian, Nonlinear Programming, McGraw-Hill, New York, 1969. Reprinted by SIAM Publications, 1995.

[199] N. Maratos, Exact penalty function algorithms for finite dimensional and control optimization problems, PhD thesis, University of London, 1978.

[200] M. Marazzi, J. Nocedal, Wedge trust region methods for derivative free optimization, Mathematical Programming, Series A, 91(2002), pp.289-305.

[201] H. M. Markowitz, Portfolio selection, Journal of Finance, 8(1952), pp.77-91.

[202] H. M. Markowitz, The elimination form of the inverse and its application to linear programming, Management Science, 3(1957), pp.255-269.

[203] D. W. Marquardt, An algorithm for least squares estimation of non-linear parameters, SIAM Journal, 11(1963), pp.431-441.

[204] D. Q. Mayne, E. Polak, A superlinearly convergent algorithm for constrained optimization problems, Mathematical Programming Studies, 16(1982), pp.45-61.

[205] L. Mclinden, An analogue of Moreau' proximation theorem, with applications to the nonlinear complementarity problem, Pacific Journal of Mathematics, 88(1980), pp.101-161.

[206] N. Megiddo, Pathways to the optimal set in linear programming, in Progress in Mathematical Programming: Interior-Point and Related Methods, N. Megiddo, ed., Springer-Verlag, New York, NY, 1989, ch.8, pp.131-158.

[207] S. Mehrotra, On the implementation of a primal-dual interior point method, SIAM Journal on Optimization, 2(1992), pp.575-601.

[208] S. Mizuno, M. Todd, Y. Ye, On adaptive step primal-dual interior-point algorithms for linear programming, Mathematics of Operations Research, 18(1993), pp.964-981.

[209] J. L. Morales, J. Nocedal, Automatic preconditioning by limited memory quasi-newton updating, SIAM Journal on Optimization, 10(2000), pp.1079-1096.

[210] J. J. Moré, The Levenberg-Marquardt algorithm: Implementation and theory, in Lecture Notes in Mathematics, No. 630-Numerical Analysis, G. Watson, ed., Springer-Verlag, 1978, pp.105-116.

[211] J. J. Moré, Recent developments in algorithms and software for trust region methods, in Mathematical Programming: The State of the Art, Springer-Verlag, Berlin, 1983, pp.258-287.

[212] J. J. Moré, A collection of nonlinear model problems, in Computational Solution of Nonlinear Systems of Equations, vol.26 of Lectures in Applied Mathematics, American Mathematical Society, Providence, RI, 1990, pp.723-762.

[213] J. J. Moré, D. C. Sorensen, On the use of directions of negative curvature in a modified Newton method, Mathematical Programming, 16(1979), pp.1-20.

[214] J. J. Moré, D. C. Sorensen, Computing a trust region step, SIAM Journal on Scientific and Statistical Computing, 4(1983), pp.553-572.

[215] J. J. Moré, D. C. Sorensen, Newton's method, in Studies in Numerical Analysis, vol.24 of MAA Studies in Mathematics, The Mathematical Association of America, 1984, pp.29-82.

[216] J. J. Moré, D. J. Thuente, Line search algorithms with guaranteed sufficient decrease, ACM Transactions on Mathematical Software, 20(1994), pp.286-307.

[217] J. J. Moré, S. J. Wright, Optimization Software Guide, SIAM Publications, Philadelphia, 1993.

[218] B. A. Murtagh, M. A. Saunders, MINOS 5.1 User's guide, Technical Report SOL-83-20R, Stanford University, 1987.

[219] K. G. Murty, S. N. Kabadi, Some NP-complete problems in quadratic and nonlinear programming, Mathematical Programming, 19(1987), pp.200-212.

[220] S. G. Nash, Newton-type minimization via the Lanczos method, SIAM Journal on Numerical Analysis, 21(1984), pp.553-572.

[221] S. G. Nash, SUMT (Revisited), Operations Research, 46(1998), pp.763-775.

[222] U. Naumann, Optimal accumulation of Jacobian matrices by elimination methods on the dual computational graph, Mathematical Programming, 99(2004), pp.399-421.

[223] J. A. Nelder, R. Mead, A simplex method for function minimization, The Computer Journal, 8(1965), pp.308-313.

[224] G. L. Nemhauser, L. A. Wolsey, Integer and Combinatorial Optimization, John Wiley & Sons, New York, 1988.

[225] A. S. Nemirovskii, D. B. Yudin, Problem complexity and method efficiency, John Wiley & Sons, New York, 1983.

[226] Y. E. Nesterov, A. S. Nemirovskii, Interior Point Polynomial Methods in Convex Programming, SIAM Publications, Philadelphia, 1994.

[227] G. N. Newsam, J. D. Ramsdell, Estimation of sparse Jacobian matrices, SIAM Journal on Algebraic and Discrete Methods, 4(1983), pp.404-418.

[228] J. Nocedal, Updating quasi-Newton matrices with limited storage, Mathematics of Computation, 35(1980), pp.773-782.

[229] J. Nocedal, Theory of algorithms for unconstrained optimization, Acta Numerica, 1(1992), pp.199-242.

[230] J. M. Ortega, W. C. Rheinboldt, Iterative solution of nonlinear equations in several variables, Academic Press, New York and London, 1970.

[231] M. R. Osborne, Nonlinear least squares-the Levenberg algorithm revisited, Journal of the Australian Mathematical Society, Series B, 19(1976), pp.343-357.

[232] M. R. Osborne, Finite Algorithms in Optimization and Data Analysis, John Wiley & Sons, New York, 1985.

[233] M. L.Overton, Numerical Computing with IEEE Floating Point Arithmetic, SIAM, Philadelphia, PA, 2001.

[234] C. C. Paige, M. A. Saunders, LSQR: An algorithm for sparse linear equations and sparse least squares, ACM Transactions on Mathematical Software, 8(1982), pp.43-71.

[235] C. H. Papadimitriou, K. Steiglitz, Combinatorial Optimization: Algorithms and Complexity, Prentice Hall, Englewood Cliffs, NJ, 1982.

[236] E. Polak, Optimization: Algorithms and Consistent Approximations, no.124 in Applied Mathematical Sciences, Springer, 1997.

[237] E. Polak, G. Ribière, Note sur la convergence de méthodes de directions conjuguées, Revue Française d'Informatique et de Recherche Opérationnelle, 16(1969), pp.35-43.

[238] B. T. Polyak, The conjugate gradient method in extremal problems, U.S.S.R. Computational Mathematics and Mathematical Physics, 9(1969), pp.94-112.

[239] M. J. D. Powell, An efficient method for finding the minimum of a function of several variables without calculating derivatives, Computer Journal, 91(1964), pp.155-162.

[240] M. J. D. Powell, A method for nonlinear constraints in minimization problems, in Optimization, R. Fletcher, ed., Academic Press, New York, NY, 1969, pp.283-298.

[241] M. J. D. Powell, A hybrid method for nonlinear equations, in Numerical Methods for Nonlinear Algebraic Equations, P. Rabinowitz, ed., Gordon & Breach, London, 1970, pp.87-114.

[242] M. J. D. Powell, Problems related to unconstrained optimization, in Numerical Methods for Unconstrained Optimization, W. Murray, ed., Academic Press, 1972, pp.29-55.

[243] M. J. D. Powell, On search directions for minimization algorithms, Mathematical Programming, 4(1973), pp.193-201.

[244] M. J. D. Powell, Convergence properties of a class of minimization algorithms, in Nonlinear Programming 2, O. L. Mangasarian, R. R. Meyer, S. M. Robinson, eds., Academic Press, New York, 1975, pp.1-27.

[245] M. J. D. Powell, Some convergence properties of the conjugate gradient method, Mathematical Programming, 11(1976), pp.42-49.

[246] M. J. D. Powell, Some global convergence properties of a variable metric algorithm for minimizationwithout exact line searches, in Nonlinear Programming, SIAM-AMS Proceedings, Vol.IX, R. W. Cottle, C. E. Lemke, eds., SIAM Publications, 1976, pp.53-72.

[247] M. J. D. Powell, A fast algorithm for nonlincarly constrained optimization calculations, in Numerical Analysis Dundee 1977, G. A. Watson, ed., Springer Verlag, Berlin, 1977, pp.144-157.

[248] M. J. D. Powell, Restart procedures for the conjugate gradient method, Mathematical Programming, 12(1977), pp.241-254.

[249] M. J. D. Powell, Algorithms for nonlinear constraints that use Lagrangian functions, Mathematical Programming, 14(1978), pp.224-248.

[250] M. J. D. Powell, The convergence of variable metric methods for nonlinearly constrained optimization calculations, in Nonlinear Programming 3, Academic Press, New York and London, 1978, pp.27-63.

[251] M. J. D. Powell, On the rate of convergence of variable metric algorithms for unconstrained optimization, Technical Report DAMTP 1983/NA7, Department of Applied Mathematics and Theoretical Physics, Cambridge University, 1983.

[252] M. J. D. Powell, Variable metric methods for constrained optimization, in Mathematical Programming: The State of the Art, Bonn, 1982, Springer-Verlag, Berlin, 1983, pp.288-311.

[253] M. J. D. Powell, Nonconvex minimization calculations and the conjugate gradient method, Lecture Notes in Mathematics, 1066(1984), pp.122-141.

[254] M. J. D. Powell, The performance of two subroutines for constrained optimization on some difficult test problems, in Numerical Optimization, P. T. Boggs, R. H. Byrd, R. B. Schnabel, eds., SIAM Publications, Philadelphia, 1984.

[255] M. J. D. Powell, Convergence properties of algorithms for nonlinear optimization, SIAM Review, 28(1986), pp.487-500.

[256] M. J. D. Powell, Direct search algorithms for optimization calculations, Acta Numerica, 7(1998), pp.287-336.

[257] M. J. D. Powell, UOBYQA: unconstrained optimization by quadratic approximation, Mathematical Programming, Series B, 92(2002), pp.555-582.

[258] M. J. D. Powell, On trust-region methods for unconstrained minimization without derivatives, Mathematical Programming, 97(2003), pp.605-623.

[259] M. J. D. Powell, Least Frobenius norm updating of quadratic models that satisfy interpolation conditions, Mathematical Programming, 100(2004), pp.183-215.

[260] M. J. D. Powell, The NEWUOA software for unconstrained optimization without derivatives, Numerical Analysis Report DAMPT 2004/NA05, University of Cambridge, Cambridge, UK, 2004.

[261] M. J. D. Powell, P. L. Toint, On the estimation of sparse Hessian matrices, SIAM Journal on Numerical Analysis, 16(1979), pp.1060-1074.

[262] R. L. Rardin, Optimization in Operations Research, Prentice Hall, Englewood Cliffs, NJ, 1998.

[263] F. Rendl, H. Wolkowicz, A semidefinite framework for trust region subproblems with applications to large scale minimization, Mathematical Programming, 77(1997), pp.273-299.

[264] J. M. Restrepo, G. K. Leaf, A. Griewank, Circumventing storage limitations in variational data assimilation studies, SIAM Journal on Scientific Computing, 19(1998), pp.1586-1605.

[265] K. Ritter, On the rate of superlinear convergence of a class of variable metric methods, Numerische Mathematik, 35(1980), pp.293-313.

[266] S. M. Robinson, A quadratically convergent algorithm for general nonlinear programming problems, Mathematical Programming, 3(1972), pp.145-156.

[267] S. M. Robinson, Perturbed Kuhn-Tucker points and rates of convergence for a class of nonlinear programming algorithms, Mathematical Programming, 7(1974), pp.1-16.

[268] S. M. Robinson, Generalized equations and their solutions. Part II: Applications to nonlinear programming, Mathematical Programming Study, 19(1982), pp.200-221.

[269] R. T. Rockafellar, The multipliermethod of Hestenes and Powell applied to convex programming, Journal of Optimization Theory and Applications, 12(1973), pp.555-562.

[270] R. T. Rockafellar, Lagrange multipliers and optimality, SIAM Review, 35(1993), pp.183-238.

[271] J. B. Rosen, J. Kreuser, A gradient projection algorithm for nonlinear constraints, in Numerical Methods for Non-Linear Optimization, F. A. Lootsma, ed., Academic Press, London and New York, 1972, pp.297-300.

[272] J. B. Rosen, J. Kreuser, Iterative Methods for Sparse Linear Systems, SIAM Publications, Philadelphia, PA, second ed., 2003.

[273] Y. Saad, M. Schultz, GMRES: A generalized minimal residual algorithm for solving nonsymmetric linear systems, SIAM Journal on Scientific and Statistical Computing, 7(1986), pp.856-869.

[274] H. Scheel, S. Scholtes, Mathematical programs with complementarity constraints: Stationarity, optimality and sensitivity, Mathematics of Operations Research, 25(2000), pp.1-22.

[275] T. Schlick, Modified Cholesky factorizations for sparse preconditioners, SIAM Journal on Scientific Computing, 14(1993), pp.424-445.

[276] R. B. Schnabel, E. Eskow, A new modified Cholesky factorization, SIAM Journal on Scientific Computing, 11(1991), pp.1136-1158.

[277] R. B. Schnabel, P. D. Frank, Tensor methods for nonlinear equations, SIAM Journal on Numerical Analysis, 21(1984), pp.815-843.

[278] G. Schuller, On the order of convergence of certain quasi-Newton methods, Numerische Mathematik, 23(1974), pp.181-192.

[279] G. A. Schultz, R. B. Schnabel, R. H. Byrd, A family of trust-region-based algorithms for unconstrained minimization with strong global convergence properties, SIAM Journal on Numerical Analysis, 22(1985), pp.47-67.

[280] G. A. F. Seber, C. J. Wild, Nonlinear Regression, John Wiley & Sons, New York, 1989.

[281] T. Steihaug, The conjugate gradient method and trust regions in large scale optimization, SIAM Journal on Numerical Analysis, 20(1983), pp.626-637.

[282] J. STOER, On the relation between quadratic termination and convergence properties of minimization algorithms. Part I: Theory, Numerische Mathematik, 28(1977), pp.343-366.

[283] K. Tanabe, Centered Newton method for mathematical programming, in System Modeling and Optimization: Proceedings of the 13th IFIP conference, vol.113 of Lecture Notes in Control and Information Systems, Berlin, 1988, Springer-Verlag, pp.197-206.

[284] M. J. Todd, Potential reduction methods in mathematical programming, Mathematical Programming, Series B, 76(1997), pp.3-45.

[285] M. J. Todd, Semidefinite optimization, Acta Numerica, 10(2001), pp.515-560.

[286] M. J. Todd, Detecting infeasibility in infeasible-interior-point methods for optimization, in Foundations of Computational Mathematics, Minneapolis, 2002, F. Cucker, R. DeVore, P. Olver, and E. Suli, eds., Cambridge University Press, Cambridge, 2004, pp.157-192.

[287] M. J. Todd, Y. Ye, A centered projective algorithm for linear programming, Mathematics of Operations Research, 15(1990), pp.508-529.

[288] P. L. Toint, On sparse and symmetric matrix updating subject to a linear equation, Mathematics of Computation, 31(1977), pp.954-961.

[289] P. L. Toint, Towards an efficient sparsity exploiting Newton method for minimization, in Sparse Matrices and Their Uses, Academic Press, New York, 1981, pp.57-87.

[290] L. Trefethen, D. Bau, Numerical Linear Algebra, SIAM, Philadelphia, PA, 1997.

[291] M. Ulbrich, S. Ulbrich, L. N. Vicente, A globally convergence primal-dual interior-point filter method for nonlinear programming, Mathematical Programming, Series B, 100(2004), pp.379-410.

[292] L. Vandenberghe, S. Boyd, Semidefinite programming, SIAM Review, 38(1996), pp.49-95.

[293] R. J. Vanderbei, Linear Programming: Foundations and Extensions, Springer Verlag, New York, second ed., 2001.

[294] R. J. Vanderbei, D. F. Shanno, An interior point algorithm for nonconvex nonlinear programming, Computational Optimization and Applications, 13(1999), pp.231-252.

[295] A. Vardi, A trust region algorithm for equality constrained minimization: convergence properties and implementation, SIAM Journal of Numerical Analysis, 22(1985), pp.575-591.

[296] S. A. Vavasis, Quadratic programming is NP, Information Processing Letters, 36(1990), pp.73-77.

[297] S. A. Vavasis, Nonlinear Optimization, Oxford University Press, New York and Oxford, 1991.

[298] A. Wächter, An interior point algorithm for large-scale nonlinear optimization with applications in process engineering, PhD thesis, Department of Chemical Engineering, Carnegie Mellon University, Pittsburgh, PA, USA, 2002.

[299] A. Wächter, L. T. Biegler, Failure of global convergence for a class of interior point methods for nonlinear programming, Mathematical Programming, 88(2000), pp.565-574.

[300] A. Wächter, L. T. Biegler, Line search filter methods for nonlinear programming: Motivation and global convergence, SIAM Journal on Optimization, 16(2005), pp.1-31.

[301] A. Wächter, L. T. Biegler, On the implementation of an interior-point filter line-search algorithm for large-scale nonlinear programming, Mathematical Programming, 106(2006), pp.25-57.

[302] H. Walker, Implementation of the GMRES method using Householder transformations, SIAM Journal on Scientific and Statistical Computing, 9(1989), pp.815-825.

[303] R. A. Waltz, J. L. Morales, J. Nocedal, D. Orban, An interior algorithm for nonlinear optimization that combines line search and trust region steps, Tech. Rep. 2003-6, Optimization Technology Center, Northwestern University, Evanston, IL, USA, June 2003.

[304] Waterloo Maple Software, INC, Maple V software package, 1994.

[305] L. T. Watson, Numerical linear algebra aspects of globally convergent homotopy methods, SIAM Review, 28(1986), pp.529-545.

[306] R. B. Wilson, A simplicial algorithm for concave programming, PhD thesis, Graduate School of Business Administration, Harvard University, 1963.

[307] D. Winfield, Function and functional optimization by interpolation in data tables, PhD thesis, Harvard University, Cambridge, USA, 1969.

[308] W. L. Winston, Operations Research, Wadsworth Publishing Co., third ed., 1997.

[309] P. Wolfe, A duality theorem for nonlinear programming, Quarterly of Applied Mathematics, 19(1961), pp.239-244.

[310] P. Wolfe, The composite simplex algorithm, SIAM Review, 7(1965), pp.42-54.

[311] S. Wolfram, The Mathematica Book, Cambridge University Press and Wolfram Media, Inc., third ed., 1996.

[312] L. A. Wolsey, Integer Programming, Wiley-Interscience Series in Discrete Mathematics and Optimization, John Wiley & Sons, New York, NY, 1998.

[313] M. H. Wright, Interior methods for constrained optimization, in Acta Numerica 1992, Cambridge University Press, Cambridge, 1992, pp.341-407.

[314] M. H. Wright, Direct search methods: Once scorned, now respectable, in Numerical Analysis 1995 (Proceedings of the 1995 Dundee Biennial Conference in Numerical Analysis), Addison Wesley Longman, 1996, pp.191-208.

[315] S. J. Wright, Applying new optimization algorithms to model predictive control, in Chemical Process Control-V, J. C. Kantor, ed., CACHE, 1997.

[316] S. J. Wright, Primal-Dual Interior-Point Methods, SIAM Publications, Philadelphia, PA, 1997.

[317] S. J. Wright, Modified Cholesky factorizations in interior-point algorithms for linear programming, SIAM Journal on Optimization, 9(1999), pp.1159-1191.

[318] S. J. Wright, J. N. Holt, An inexact Levenberg-Marquardt method for large sparse nonlinear least squares problems, Journal of the Australian Mathematical Society, Series B, 26(1985), pp.387-403.

[319] E. A. Yildirim, S. J. Wright, Warm-start strategies in interior-point methods for linear programming, SIAM Journal on Optimization, 12(2002), pp.782-810.

[320] Y. Yuan, On the truncated conjugate-gradient method, Mathematical Programming, Series A, 87(2000), pp.561-573.

[321] Y. Zhang, Solving large-scale linear programs with interior-point methods under the Matlab environment, Optimization Methods and Software, 10(1998), pp.1-31.

[322] C. Zhu, R. H. Byrd, P. Lu, J. Nocedal, Algorithm 778: L-BFGS-B, FORTRAN subroutines for large scale bound constrained optimization, ACM Transactions on Mathematical Software, 23(1997), pp.550-560.